防腐蚀工程师必读丛书

阴极保护和阳极保护

——原理、技术及工程应用

吴荫顺　曹　备　编著

中国石化出版社

内 容 提 要

《阴极保护和阳极保护——原理、技术及工程应用》为《防腐蚀工程师必读丛书》之一，由中国腐蚀与防护学会组织专家编写。阴极保护技术和阳极保护技术是工业上常用的主要防腐蚀工程技术。本书理论联系实际地介绍它们的理论基础和技术基础，实施工程应用时的技术要求、措施和参数，它们的应用条件和设计要点、检测技术和有效性判据，它们的运行管理、故障诊断及经济分析，以及阴极保护和阳极保护工程技术的发展动态等。

本书简要介绍了作为防腐蚀工程师必备的一些基本专业知识，也是一本防腐蚀工程技术的实用科技书和简明工具书。可用作防腐蚀工程师技术资格认证培训教材，也可供各工业部门从事防腐蚀工程工作的技术人员、管理人员以及大专院校的教师和学生阅读参考。

图书在版编目(CIP)数据

阴极保护和阳极保护:原理、技术及工程应用/吴荫顺，曹备编著.—北京:中国石化出版社,2007(2021.1 重印)
(防腐蚀工程师必读丛书)
ISBN 978-7-80229-386-1

Ⅰ.阴… Ⅱ.①吴… ②曹… Ⅲ.①阴极保护②阳极保护
Ⅳ.TG174.41

中国版本图书馆 CIP 数据核字(2007)第 109897 号

中国石化出版社出版发行
地址:北京市东城区安定门外大街 58 号
邮编:100011　电话:(010)57512500
发行部电话:(010)57512575
http://www. sinopec-press. com
E-mail:press@ sinopec. com
北京科信印刷有限公司印刷
全国各地新华书店经销
*
787×1092 毫米 16 开本 27 印张 674 千字
2021 年 1 月第 1 版第 5 次印刷
定价:78.00 元

《防腐蚀工程师必读丛书》
编写委员会

序

金属材料在自然条件或工况条件下，由于与其所处环境介质发生化学或电化学作用而引起的退化和破坏，这种现象称为腐蚀，其中也包括上述因素与力学因素或生物因素的共同作用。某种物理作用(例如金属材料在某些液态金属中的物理溶解现象)也可以归入金属腐蚀范畴。

腐蚀问题遍及各个部门及行业，对国民经济发展、人类生活和社会环境产生了巨大危害。据统计，各国由于腐蚀破坏造成的年度经济损失约占当年国民经济生产总值的1.5%~4.2%，随各国不同的经济发达程度和腐蚀控制水平而异。根据《中国腐蚀调查报告》的资料，我国近年来的年腐蚀损失约为5000亿元(约占国民经济生产总值的5%)，这是一个十分惊人的经济损失数字。除了腐蚀的经济性问题之外，腐蚀过程和结果实际上也是对地球上有限资源和能源的极大浪费，对自然环境的严重污染，对正常工业生产和人们生活的重大干扰，并给人们带来不可忽视的社会安全性问题。腐蚀问题还可成为阻碍高新技术发展和国民经济持续发展的重要制约因素。

腐蚀与防护是一个很重要的学科，它涉及许多对国民经济发展有着重要影响的行业。普遍地、正确地选用适当的腐蚀控制技术和方法，可以防止或减缓腐蚀破坏，最大程度地减轻可能由腐蚀造成的经济损失和社会危害。一般认为，只要充分利用现有的腐蚀控制技术，就可使腐蚀损失降低(挽回)25%~30%。采用适当的腐蚀控制措施和预防对策，其能够达到的目标是：可以保障公共安全，防止工业设备损伤破坏，保护环境，节约资源能源，以及挽回数以百亿、千亿元的腐蚀损失。

腐蚀结果表现为多种不同的类型，在不同条件下引起金属腐蚀的原因不尽相同，而且影响因素也非常复杂。因此，根据不同的金属/介质体系和不同的工况条件，迄今已发展出多种有效的防腐蚀技术(腐蚀控制措施)，内容非常丰富。每一种防腐蚀技术都有其适用范围和条件，只要掌握了它们的原理、技术和工程应用条件，就可以获得令人满意的防腐蚀效果。对国民经济建设的贡献将是巨大的。

当前，随着国民经济的迅速发展，我国腐蚀科学和防腐蚀工程技术领域迎来了又一个春天。防腐蚀市场的发展和巨大需求，给腐蚀科学和防腐蚀工程业界的广大科研人员和工程技术人员带来了极大的机遇。为和腐蚀作斗争，满足国民经济的巨大需求，就需要拥有大量高水平的科技人才和一支很大的防腐蚀从业人员队伍。在开展腐蚀科学研究、发展和推广应用防腐蚀技术、精心实施防腐蚀工程项目的同时，我们还应高度重视防腐蚀教育工作，培养一大批合格的、能满足国民经济需要的各类人才。

中国腐蚀与防护学会经国家主管部门授权，试点开展防腐蚀工程师(系列)技术资格认证工作。同时，对需要提高腐蚀与防护专业知识水平的人员，中国腐蚀与防护学会将组织专业培训和考试。为此中国腐蚀与防护学会组织编写了《防腐蚀工程师技术资格认证考试指南》(中国石化出版社出版，2005 年 1 月)。为了适应防腐蚀工程师(系列)技术资格认证工作的需求，以及满足腐蚀学科与防腐蚀行业的科研人员和工程技术人员进一步学习的需要，中国腐蚀与防护学会和中国石化出版社又共同组织编写了一套《防腐蚀工程师必读丛书》。这套丛书包括《腐蚀和腐蚀控制原理》(林玉珍、杨德钧)、《工程材料及其耐蚀性》(左禹、熊金平)、《表面工程技术和缓蚀剂》(李金桂、郑家燊)、《阴极保护和阳极保护——原理、技术及工程应用》(吴荫顺、曹备)、《防腐蚀涂料与涂装》(高瑾、米琪)、《腐蚀试验方法及监测技术》(李久青、杜翠薇)共 6 册。在编写过程中，力求理论联系实际，深入浅出，通俗易懂，便于自学，尽可能结合防腐蚀工程案例，使它们既可用作技术资格认证培训的教学参考书，也可作为广大科技工作者的科技参考书。

丛书编委会由中国腐蚀与防护学会邀请本学科、本行业的专家教授组成。由于时间短促和限于作者水平，书中缺点错误在所难免，敬请广大读者指正；当然，作者和编委会努力将缺点错误减至最少。我们期望这套丛书对感兴趣的读者有所裨益，对我国的国民经济建设能有所贡献。

《防腐蚀工程师必读丛书》
编写委员会

前　言

迄今已发展出多种有效的防腐蚀方法(腐蚀控制措施)。一类措施是通过正确选择金属材料、设计合理的结构以实现防腐蚀目的；另一类措施是通过调整环境介质的状态或工艺条件来控制腐蚀过程的发展；再一类措施是直接在金属与环境介质相接触的界面处，于金属表面涂覆防腐蚀涂镀层，实现金属与环境介质之间的物理隔离，防止腐蚀反应进行；而阴极保护和阳极保护则是又一类技术含量很高的独特的腐蚀控制措施。

阴极保护是对环境介质中的金属结构物施以一个很小的阴极性直流电流，使金属表面电位相对较正的阴极点被阴极极化(电位负向移动)至电位相对最负的、最活泼的阳极点电位，就可以停止金属的腐蚀反应，达到腐蚀控制的要求。阳极保护则是对环境介质中的金属结构物施以一个很小的阳极性直流电流，使金属电极电位正向移动至稳定钝化区，通过在金属表面产生钝化膜，建立起稳定钝性而阻止腐蚀反应进行，从而实现控制腐蚀的目的。

阴极保护和阳极保护都属于电化学保护技术，它们的防腐蚀效果显著，技术含量高，成本低廉，施工和维护简便，在控制腐蚀的有效性、可靠性和经济性方面已取得了令人瞩目的成绩。只要掌握了阴极保护和阳极保护的原理、技术和工程应用条件，就可以获得令人满意的防腐蚀效果。例如，在埋地管线上施加阴极保护，需要增加建设费用约1%~3%，但却可使管线的使用寿命增加一倍，而且大幅度减少了由于腐蚀导致的物料泄漏、爆炸燃烧事故、环境污染、生产中断以及人们的生活质量和健康安全方面造成的巨大损失及相应的抢修维护费用。因此它们在世界范围内获得了普遍认同和广泛应用，也是我国工业上常用的主要防腐蚀工程技术之一。

在本书中我们结合自己的研究、教学、工业实践的经验以及学习体会，介绍了阴极保护和阳极保护的理论基础和技术基础，实施工程应用时的技术要求、措施和参数，它们的应用条件和设计要点、检测技术和有效性判据，它们的运行管理、故障诊断及经济分析，以及阴极保护和阳极保护工程技术的技术进步和发展动态等；引用介绍了国内外同行在这一方面的优秀成果和经验。

我们期望本书作为一本教材、实用科技书和简明工具书能为感兴趣的读者服务，为我国的防腐蚀工程师人才培养、为阴极保护和阳极保护技术的推广应用和发展、为我国的经济建设和社会保障做出一些有用的贡献。

本书由吴荫顺和曹备共同编写。我们在编写时力求理论联系实际，简明通俗，便于自学，尽可能结合工程案例论述，适当介绍当前的发展和动态。但限于作者水平，缺点和错误在所难免，敬请读者朋友指正。在编写过程中，我们得到了许多朋友的关心和帮助，在此一并致谢。

编著者

目　　录

第1章　绪　　论

1.1　阴极保护和阳极保护技术的任务

1.1.1　目的

腐蚀对经济建设和人民生活是一种极重要的破坏因素，它给人类和社会环境、自然环境带来巨大的经济损失和社会危害。许多腐蚀失效案例表明，腐蚀过程和腐蚀破坏的结果，造成严重的直接经济损失，同时也是对地球上有限资源和能源的极大浪费，对自然环境产生严重染污，有的还严重危及到人身安全。

腐蚀问题给国民经济造成的经济损失是巨大的。根据一些国家的调查统计资料，每年因腐蚀造成的直接经济损失约占当年本国国民经济生产总值的1.5%~4.2%。

美国联邦公路管理局(FHWA)于2002年发表了历经两年调查研究而获得的直接腐蚀损失研究报告。该报告名为"美国的腐蚀损失和预防对策"。它涉及几乎所有美国各工业部门的金属腐蚀，从基础设施和运输到生产制造，共涉及5大类26个部门。研究报告得出的结果是，美国1998年度直接金属腐蚀损失为2760亿美元；而美国1998年的国民经济生产总值(GDP)是87900亿美元，即腐蚀损失占当年国民经济生产总值的3.1%。这一结果表明，腐蚀控制和腐蚀管理在过去几十年中已获得了很大成功。尽管如此，美国(以及各国)都仍然必须寻找更多、更好的途径，以激励、支持和实施最佳腐蚀控制措施。

我国于1981年对国内10家化工企业的腐蚀损失调查结果表明，这些企业由于腐蚀造成的年度直接经济损失也相当于约占当年国民经济生产总值的近4%。1999年，中国工程院启动"中国工业与自然环境腐蚀问题调查与对策"咨询项目。历时三年，完成了项目调查工作，于2003年正式发表了《中国腐蚀调查报告》。报告指出："按当前不十分完全的统计，(我国)每年为腐蚀支付的直接费用已达人民币2000亿元以上。如果考虑间接损失，腐蚀费用的总和估计可达5000亿元，约占国民经济总值的5%。"显然，我国的腐蚀损失问题是相当严重的。但是我们也应该看到，由于我国防腐蚀工程技术的不断发展和提高，已经从巨大的腐蚀损失中挽回了相当比例的经济损失，为保障我国国民经济建设的顺利发展做出了重要贡献。

腐蚀问题不仅造成巨大的经济损失和严重的社会危害，而且还可能阻碍高新技术发展和国民经济的长远发展。因此，任何国家都必须重视腐蚀问题，采取各种措施防止和减轻腐蚀及其可能产生的后果，这是防腐蚀工程技术的主要目的。经过数十年的研究、开发和工程实践，科学技术和工业的发展已奠定了坚实的防腐蚀理论基础，发展出多种经济可靠和行之有效的防腐蚀工程技术和方法，如图1-1所示。

随着现代工业和科学技术的发展，腐蚀科学和防腐蚀工程技术在国民经济中所占地位越来越重要。阴极保护和阳极保护技术(都属于电化学保护技术)已成为防腐蚀工程技术中的重要分支技术，它在世界范围获得了迅速发展和广泛的工业应用，在控制腐蚀方面的有效性、可靠性和经济性方面已取得了十分令人瞩目的成绩。

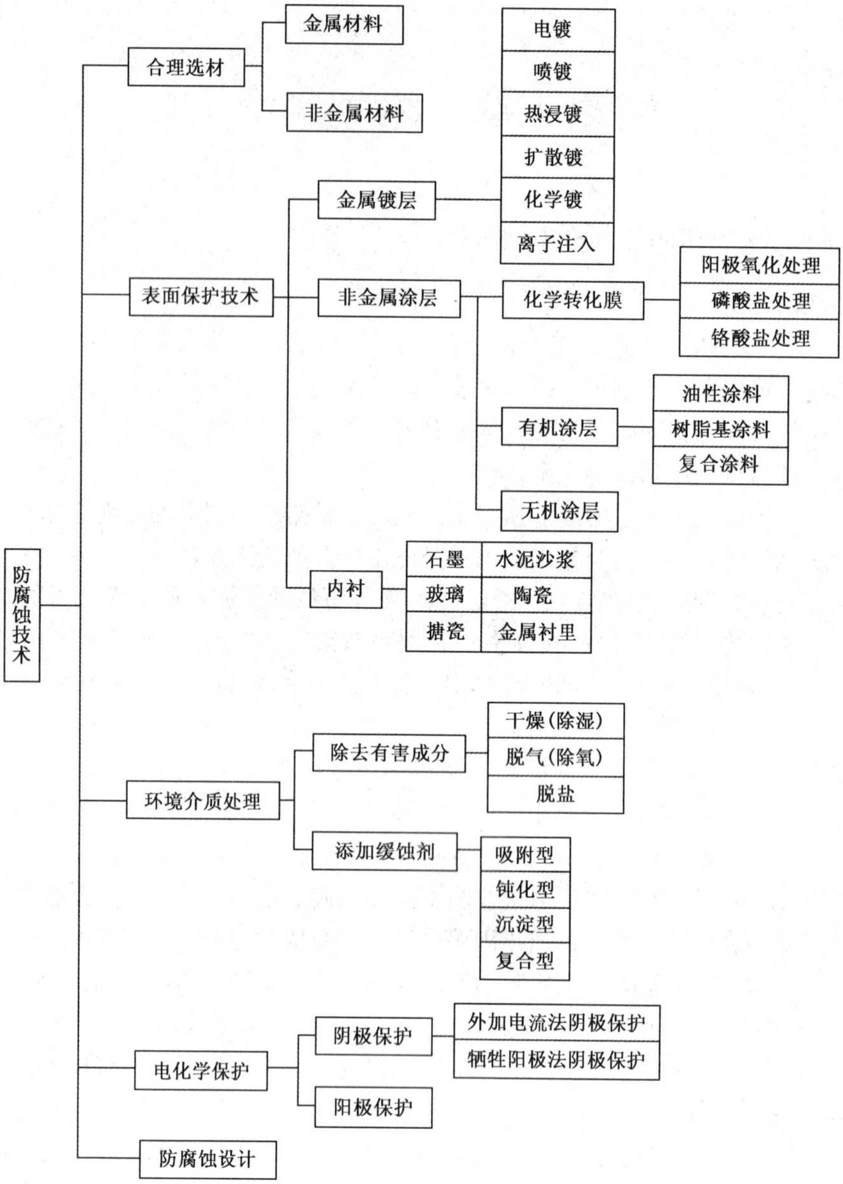

图 1-1　防腐蚀工程技术和方法简明分类

1.1.2　任务

普遍地、正确地选用适当的防腐蚀工程技术和方法可以防止或显著减缓腐蚀破坏，最大程度地减轻可能由腐蚀造成的经济损失和社会危害。据估计，只要充分利用现有的防腐蚀工程技术，就可使腐蚀损失降低 15%～30%。阴极保护和阳极保护是两种有效的防腐蚀工程技术，它们的主要任务和内容可归纳如下：

① 阐明阴极保护和阳极保护技术的防腐蚀作用原理和基础；

② 规定它们在工程应用中的各项技术措施和实用参数；

③ 确定它们的应用范围、限制条件、检测方法和有效性判据，及形成技术标准；

④ 规范阴极保护和阳极保护技术的设计、工程实施、运行管理，进行故障诊断与排除，

以及经济分析；

⑤ 改进和发展新的阴极保护和阳极保护工程技术。

阴极保护和阳极保护技术均属于电化学保护技术，是防腐蚀工程技术中广泛应用、经济有效的防腐蚀措施。

1.2 腐蚀与防腐蚀工程技术的定义和分类

1.2.1 定义

金属材料以及由它们制成的结构物，在自然环境中或在工况条件下，由于与其所处环境介质发生化学或电化学作用而引起的变质和破坏，这种现象称为腐蚀，其中也包括上述因素与力学因素或生物因素的共同作用。某些物理作用(例如金属材料在某些液态金属中的物理溶解现象)也可以归入金属腐蚀范畴。

一般而言，“生锈”专指钢铁和铁基合金而言，它们在氧和水的作用下形成了主要由含水氧化铁组成的腐蚀产物——“铁锈”。有色金属及其合金可以发生腐蚀但并不“生锈”，而是形成与铁锈相似的腐蚀产物，如铜和铜合金表面的“铜绿”[$CuSO_4 \cdot 3Cu(OH)_2$]，偶尔也有人称其为“铜锈”。

关于腐蚀和金属腐蚀还有一些其他形式的定义。由于金属和合金遭受腐蚀后又回复到了矿石的化合物状态，所以金属腐蚀也可以说是冶炼过程的逆过程。

上述定义不仅适用于金属材料，也可广义地适用于塑料、陶瓷、混凝土和木材等非金属材料。例如，涂料和橡胶由于阳光或化学物质的作用引起变质，炼钢炉衬的熔化以及一种金属被另一种熔融金属腐蚀(液态金属腐蚀)，这些过程的结果都属于材料腐蚀，这是一种广义的定义。金属及其合金至今仍然被公认为是最重要的结构材料，所以金属腐蚀自然成为最引人注意的问题之一。

腐蚀破坏的形式种类很多，在不同环境条件下引起金属腐蚀的原因不尽相同，而且影响因素也非常复杂。为防止和减缓腐蚀破坏及其损伤，通过改变某些作用条件和影响因素而阻断和控制腐蚀过程，由此所发展的方法、技术及相应的工程实施称为防腐蚀工程技术。

1.2.2 腐蚀类型

材料在不同环境条件和不同影响因素作用下所产生的腐蚀破坏现象差别很大，腐蚀的危害性和对材料、构件可能造成的损伤也各不相同。为防止不同类型腐蚀可采取的防腐蚀措施是不一样的，不存在可适用于所有各种类型腐蚀的“通用的”防腐蚀技术。因此，了解所研究腐蚀体系的腐蚀类型、腐蚀过程和作用机理对于正确而有效地采取防腐蚀措施是十分重要的。

按腐蚀破坏的形态一般可分为全面腐蚀和局部腐蚀两大类，通常用肉眼或借助放大镜从外形就能鉴别，各种显微镜则是十分有效的研究工具。正确判别腐蚀类型对判断设备和材料的失效原因十分重要，常能获得很有价值的资料。

1.2.2.1 全面腐蚀

全面腐蚀是一种常见的腐蚀形态。其特征是腐蚀分布于金属整个表面，最终使材料变薄失强而损坏。全面腐蚀可分为均匀的全面腐蚀和不均匀的全面腐蚀。全面腐蚀过程中，化学反应或电化学反应在暴露于介质的材料全部表面或大部分面积上基本均匀地进行。

在全面腐蚀的电化学过程中，构成腐蚀原电池的阴、阳极面积非常小，甚至用微观方法也不能辨认。各微阴极和微阳极的位置是变化不定的，因为金属整个表面在电解质环境中都处于活化状态，只是表面各位置点的能量水平随时间和地点存在着变化和起伏，能量高处为阳极(电位相对地较负)，能量低处为阴极(电位相对地较正)，从而在它们之间构成了无数个微观的腐蚀原电池。某一位置点相对于邻近一个位置点，因电位较低而成为这一组原电池中的阳极，但相对于另一位置点则可因电位较高而呈阴极。也就是说，每一个位置点相对于周围都可能同时既是阳极，又是阴极；这种相对关系随时间和地点而变化。通过这种不断变化的过程，统计地、从宏观上看来就使金属整个表面都遭到了腐蚀。在全面腐蚀过程中，金属表面不存在任何固定的阳极区和固定的阴极区，这是全面腐蚀的一个特点。

全面腐蚀往往造成金属的大量损失，它们是分布在整个材料表面的。但从技术观点来看，这类腐蚀并不可怕，一般不会造成突发事故。其腐蚀速度较易测定，在工程设计时可预先考虑足够的腐蚀裕量，以防止设备装置发生过早的腐蚀失效。采用电化学保护、添加缓蚀剂或采用其他的环境处理技术、选用耐蚀材料、施加涂镀层或其他表面改性技术以及合理的结构设计等，都可有效地控制材料或构件的全面腐蚀。

1.2.2.2　局部腐蚀

从金属表面开始，腐蚀过程仅局限在或集中于很小的特定部位，向材料内部发展，由此而发生的选择性破坏现象，称为局部腐蚀。局部腐蚀是相对于全面腐蚀而言的。在局部腐蚀电池中可明确区分阳极区和阴极区，并识别其位置。局部腐蚀电池的阳极反应和阴极反应一般在不同位置发生，而次生腐蚀产物可在第三位置处形成。这是一种宏观腐蚀电池。

导致局部腐蚀的宏观电池包括：异金属接触产生的电偶电池；由金属自身组织结构差异、成分不均匀性或受力状态差异而形成的局部腐蚀电池；由介质不均匀性引起的氧浓差电池、pH 差异电池、盐浓差电池和温差电池等；由于表面膜形成、溶解和断裂而形成的活化-钝化电池；由于生物因素形成的各种电化学电池等。

在发生局部腐蚀的宏观电池中，阳极区面积通常比阴极区面积小得多，从而促使阳极溶解的腐蚀速率很大。由于阳极溶解反应局限在非常局部的面积，虽然金属总失重不是很大，但产生的危害极大。例如，点腐蚀能导致容器穿孔，应力腐蚀则导致构件断裂。

由于局部腐蚀的破坏形态、形成条件、作用机理各不相同，存在着不同的分类方法。通常按腐蚀形态可进一步分类如下：

① 点腐蚀　这是一种腐蚀集中于金属表面很小范围、深入金属内部迅速发展的小孔状腐蚀形态，又称孔蚀。通常蚀孔深度比孔径大得多。这是一种隐蔽性强、破坏性大的局部腐蚀。点腐蚀多发生于表面形成钝化膜或具有阴极性镀层的金属上，含特种阴离子溶液中易于引发点腐蚀，钝性材料高于其临界点蚀电位将发生点腐蚀。

② 缝隙腐蚀　这是金属与其他材料构成表面间隙且在电解质中发生了缝隙内金属严重腐蚀的一种局部腐蚀形态。其特点是：a. 缝隙腐蚀可发生在所有金属和合金上；b. 可发生在任何侵蚀性溶液中；c. 缝隙腐蚀临界电位比点蚀电位更低；d. 缝隙宽度必须使侵蚀性溶液能进入缝内，同时又窄到能使液体停滞在缝内，才能发生缝隙腐蚀，一般的敏感宽度为 0.025~0.1mm。

③ 晶间腐蚀　这是腐蚀沿金属晶粒边界或其邻近区域向材料内部迅速发展，而晶粒本体则腐蚀很轻微的一种局部腐蚀类型。这种腐蚀使晶粒之间失去结合力，金属强度丧失，导致构件过早失效。

④ 电偶腐蚀　两种具有不同电位的金属材料在同一电解质中接触(或通过电子导体连接)，其中电位较负金属的腐蚀速度增大，电位较正金属腐蚀速度减缓而受到保护，此即所

谓电偶腐蚀，又称接触腐蚀、异金属腐蚀或双金属腐蚀。实质上它是两种不同金属构成的宏观原电池腐蚀，相互接触的异金属间电位差为电偶腐蚀的原动力。因此可利用电偶序判断在某种介质中异金属接触时的电偶腐蚀倾向，但不能定量表征其腐蚀速度。

⑤ 选择性腐蚀　指合金中某种较活泼组元在溶液中优先溶解，导致材料强度下降遭到破坏的腐蚀现象。二元或多元合金在电解质溶液中，较贵(电位较正)金属组分为阴极，较贱(电位较负)金属组分为阳极，构成腐蚀原电池。此时，作为阴极相的较贵金属组分保持稳定或溶解后重新沉淀，作为阳极相的较贱金属组分则发生阳极性溶解，故又称作成分选择性腐蚀。例如，黄铜脱锌、灰口铸铁的石墨化腐蚀、铝青铜合金的脱铝腐蚀、硅青铜合金的脱硅腐蚀、钴-钨合金的脱钴腐蚀等。

⑥ 微生物腐蚀　在微生物生命活动参与下所发生的金属腐蚀称为微生物腐蚀。在土壤、天然水和天然石油产品等多种环境中存在着微生物活动，微生物的生命活动直接或间接地参与金属的腐蚀过程，加速了材料破坏。

⑦ 应力腐蚀开裂(SCC)　拉伸应力和腐蚀介质协同作用下产生的金属腐蚀称为应力腐蚀。往往表现为材料脆性开裂或断裂，故又称为应力腐蚀开裂或应力腐蚀断裂。发生应力腐蚀开裂需具备三个基本条件，即对 SCC 敏感的材料、特定的环境介质和拉伸应力。黄铜的氨脆(也称季裂)、锅炉钢的碱脆、低碳钢的硝脆、奥氏体不锈钢的氯脆等都是典型的应力腐蚀开裂案例。

⑧ 腐蚀疲劳(CF)　在重复的交变应力和腐蚀介质协同作用下产生的金属腐蚀称为腐蚀疲劳。这也是一种脆性断裂破坏，比单纯的腐蚀破坏、单纯交变应力引起的纯疲劳破坏以及它们两者之间的叠加要严重得多。如在船舶推进器、涡轮及涡轮叶片、汽车弹簧和轴、泵轴和泵杆、矿山缆绳等方面经常出现腐蚀疲劳破坏。

⑨ 磨损腐蚀　在金属表面与其周围环境介质发生相对运动时，相对运动造成的磨损与腐蚀协同作用所引起的破坏称为磨损腐蚀，也称为磨耗腐蚀。当相对运动的动态组元是环境介质中的气体、液体或含有悬浮固体颗粒或气泡的液体时，机械力和电化学的共同作用可造成冲击腐蚀(冲蚀)、空泡腐蚀(汽蚀)和湍流腐蚀等。当其动态组元为材料或结构件的固体时，机械力和氧化(腐蚀)的共同作用则产生微动磨蚀。

由于高速流体或含悬浮固体颗粒、气泡的高速流体直接地不断冲击金属表面所造成的腐蚀破坏称为冲击腐蚀，一般发生在弯管、U 形换热器弯头等部位。

空泡腐蚀的产生是源于流体与金属表面高速相对运动的同时，在局部区域产生涡流，且伴随着流体中的气泡在金属表面不断地迅速生成和溃灭，气泡溃灭时的锤击压强可达 10^3 MPa，足以使韧性金属发生塑性变形或使脆性金属开裂，由此在金属表面产生类似点腐蚀和表面粗化的破坏特征。

当流速急剧增加到一定范围，流体质点迹线发生紊乱而产生湍流状态，湍流液体击穿了紧贴金属表面几乎静止的滞流层，对金属表面产生切应力，剥除了金属表面保护膜，使腐蚀速度增大，这就是湍流腐蚀，往往发生在设备结构和管径变化急剧的部位。

微动磨蚀则是两个相互接触的固体表面之间处于周期性小幅相对运动(往复滑动或振动)，并在腐蚀性介质中，由于其力学因素、化学因素及两者的交互作用而引起的材料损伤。这种损伤失效往往发生在发电机组、飞机零部件配合面、机械组件压配合处、受振动的轴承、螺纹连接处、铆接或键接处，以及人体内的人工植入器件等。

1.2.3 防腐蚀工程技术分类

腐蚀破坏的形式很多，在不同情况下引起金属腐蚀的原因不尽相同，而且影响因素非常复杂。因此，根据不同构件、不同工况条件采用的防腐蚀工程技术也是多种多样的，内容丰富，涉及范围广泛。每一种防腐蚀措施都有其应用条件和适用范围，对某一种体系有效的措施，不一定适用于另一种体系，有时甚至可能有害。一般情况下，同时采用两种或多种防腐蚀措施进行联合保护，其防腐蚀效果远比采用单一措施为佳。

因此，对于一个具体的腐蚀体系，究竟采用哪种防腐蚀措施，应根据腐蚀原因、环境条件、各种措施的防腐蚀效果、施工难易以及经济性等综合考虑，不能一概而论。防腐蚀工程通常有以下五类。

1.2.3.1 正确选用耐腐蚀材料

针对特定的工程性结构物、工艺用途和由工况条件所决定的腐蚀性环境介质，选用适宜的耐蚀材料是防止或减轻腐蚀的简便有效的重要措施之一。为此，首先应弄清楚设备材料服役的环境介质和工况条件，了解介质的成分、浓度、杂质种类及含量、流速、温度及温度差异，导电性和 pH 值，设备的工作压力及材料的受力状态，可能生成的腐蚀产物性质，以及在这种环境介质中可能产生的腐蚀类型，同时还应了解相关工艺和产品的特殊要求等。选材时应考虑设备的用途、工艺过程及其结构设计特点等。选材时既要充分考虑材料的耐蚀性，又要考虑材料的机械性能、物理性能和加工性能。但应注意，任何材料都不是万能的，所谓耐蚀也是相对的，应兼顾耐蚀性、可靠性与经济性。

1.2.3.2 腐蚀环境的处理和控制

腐蚀是材料与环境介质相互作用造成的破坏与变质，因此控制(改变)环境就能有效地控制腐蚀。目前，“环境处理”(也称改变环境)已是广泛采用的重要防腐蚀技术之一。所谓环境处理就是应用物理的或化学的方法降低环境介质的腐蚀性以控制腐蚀。常用的方法有：

① 去除介质中的腐蚀性组分。如脱除空气中的水分(仓库存储、防腐包装等)，去除水中的氧(锅炉供水)，脱除原油中的盐分和硫等。

② 调节介质的 pH 值。如控制水溶液、土壤的 pH 值，将其调整至低腐蚀性的范围。如锅炉给水中加氨处理，通过中和水中的 CO_2提高 pH 值等措施而减缓腐蚀。

③ 改变环境介质的条件和状态。环境的温度和压力、介质的成分、浓度和流速等均可对材料的腐蚀速率产生显著影响。

④ 缓蚀剂保护。在腐蚀环境中通过加入少量化学物质就能阻止或显著减缓金属腐蚀的方法称为缓蚀剂保护，加入的化学物质就是缓蚀剂。采用缓蚀剂保护，由于设备简单、使用方便、投资少、收效快而得到广泛应用。

1.2.3.3 电化学保护

电化学保护就是利用金属电化学腐蚀过程的极化特性以控制腐蚀的方法。具体地说，就是对金属设备或构件施加一定的保护电流，使金属的腐蚀速度降至很低水平的防腐蚀技术。电化学保护技术有两种，即阴极保护技术和阳极保护技术。

将被保护金属在指定的环境介质中通过外加电流进行阴极极化以减缓或防止金属腐蚀的方法称为阴极保护。可以通过外部电源施加极化电流或连接电位更负的活泼金属(牺牲阳极)两种途径实施阴极保护。

将被保护设备在指定的工艺介质中通过外加电流使之阳极极化至一定电位，在金属表面生成稳定钝化膜而建立起钝性，并能维持这种钝性，从而显著降低金属腐蚀速度，这就是阳极保护法。

1.2.3.4　表面涂覆层保护

表面涂覆层保护就是应用物理的、化学的(包括电化学的)和机械的方法，在金属材料表面涂覆一层比较耐腐蚀的材料，以达到减缓腐蚀、保护基体金属的目的，又称涂镀层保护或表面保护。这类方法主要包括涂镀防腐层保护、表面处理和内衬。涂镀防腐层保护按其材料不同又可分为有机涂层、无机涂层和金属性镀层。控制腐蚀的表面涂覆层技术可通过三种途径起保护作用：① 机械性保护；② 化学性保护；③ 阴极性保护。

1.2.3.5　合理的防腐蚀设计

控制腐蚀应从结构物的项目设计开始就予以重视和必要的考虑，这是从大量实践总结出来的一条重要经验。防腐蚀设计的内容包括防蚀结构设计、防蚀强度设计、防蚀方法选择、合理选材和提出制造、加工、安装中的防蚀要求等。防蚀强度设计应按全面腐蚀和局部腐蚀两类情况分别考虑。在全面腐蚀的条件下只需考虑由于腐蚀造成的壁厚减薄对强度的影响。但是，在局部腐蚀为主的情况下，强度设计没有统一的计算公式，一般是通过选材、控制环境、改进结构设计以及安装监测装置来解决。

参考文献

1 中国腐蚀与防护学会《金属腐蚀手册》编辑委员会主编．金属腐蚀手册．上海：上海科学技术出版社，1987

2 Webster's Third New International Directory. G and C Merriam Co., Sprongfield. Mass., 1966

3 Kaesche H. 吴荫顺译．金属腐蚀(第2版)．北京：化学工业出版社，1984

4 Uhlig H H. Corrosion and Corrosion Control. 2nd Edition. New York：John Wiley & Sons Inc., 1971

5 奥田聰．防食技術ハンどブック．東京：化學工業社，1972

6 Godard High P. Materials Performance, 1982, 21 (3)：7

7 Fontana M G, Green N D. 左景伊译．腐蚀工程．北京：化学工业出版社，1982

8 朱日彰等．金属腐蚀学．北京：冶金工业出版社，1989

第 2 章　腐蚀电化学基础

阴极保护和阳极保护技术，以及所有其他各种防腐蚀工程技术，都是腐蚀科学的重要组成部分。它们的研究、发展和工程应用都需要一些必要的学科基础，例如金属腐蚀学、材料学、腐蚀电化学和电工学等。其中腐蚀电化学是阴极保护和阳极保护技术发展和应用的十分普遍而重要的理论基础。

2.1　金属腐蚀的电化学电池

2.1.1　电化学腐蚀反应的特征

金属腐蚀是一种普遍存在的热力学倾向，在海水、淡水、土壤、潮湿大气和酸、碱、盐等工业介质中服役的金属结构物和设备都遭到腐蚀破坏的威胁，这些环境介质都是电解质体系。大量研究结果和实践证明，金属在电解质中的腐蚀过程实质上是一个电化学过程。金属通过其与电解质界面处电化学反应而发生的腐蚀称为电化学腐蚀。自然界和工业中的材料腐蚀在本质上绝大多数为电化学腐蚀。电化学腐蚀反应具有一般电化学反应的规律和特征，这就是腐蚀电化学的基础。阴极保护和阳极保护都是基于腐蚀电化学原理而发展起来的控制腐蚀的技术方法。

电化学腐蚀反应的特征如下：

① 金属与电解质之间存在着一个带电的界面层结构(双电层)，影响这个界面层结构的因素都能显著地影响腐蚀过程的进行。

② 金属失去电子(氧化反应)和氧化剂获得电子(还原反应)这两个过程一般不在同一位置点发生，金属及其与电解质界面的局部区域有电流流过。

③ 二次反应产物可以在远离局部阳极和局部阴极的第三地生成。

一般说来，电化学腐蚀现象是相当复杂的。电解质的化学性质、环境因素(温度、压力、流速等)、腐蚀产物的物理化学性质以及金属的特性、金属的微观和宏观的不均匀性等因素都将会对腐蚀过程产生错综复杂的影响。

2.1.2　腐蚀原电池

金属的电化学腐蚀实质上是金属通过一对共轭的氧化-还原反应而被氧化的过程，使金属表面的原子转变为离子态而进入环境介质。其工作原理酷似一个将化学能转变为电能的原电池，其氧化反应和还原反应是同时而分别在不同位置独立进行的。丹尼尔电池(Daniell Cell)就是一种著名的原电池典型。当锌片和铜片相接触且置于稀硫酸溶液中时，可以清楚地看到铜片上有大量气泡涌出，而锌片则被腐蚀溶解了。此时，锌片与铜片就构成了一个腐蚀原电池，也称为腐蚀电池，如图 2-1 所示，图中的锌片与铜片是通过外导线相连接的。图 2-2 为典型的丹尼尔电池原理图。

图 2-1 中的电流表指针转动表明，此原电池中有电流流过。电流的方向是由铜沿导线流向锌，电子则是从锌沿导线流向铜。此原电池中产生的电流是由于两个极板(锌与铜)的电位不同，它们的电位差是原电池反应及产生电池电流的原动力。

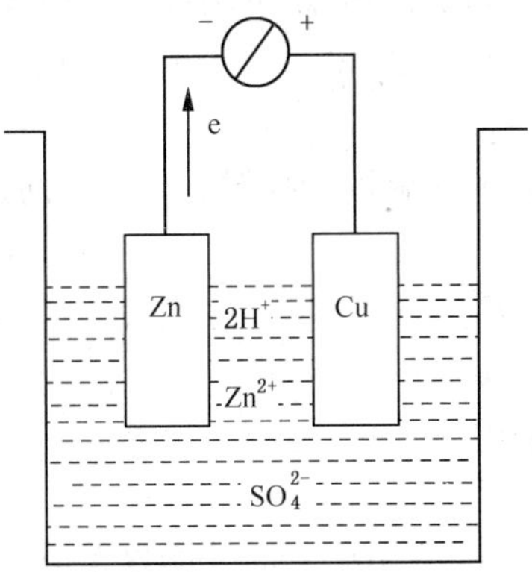

图 2-1　锌与铜在稀硫酸溶液中的原电池构型

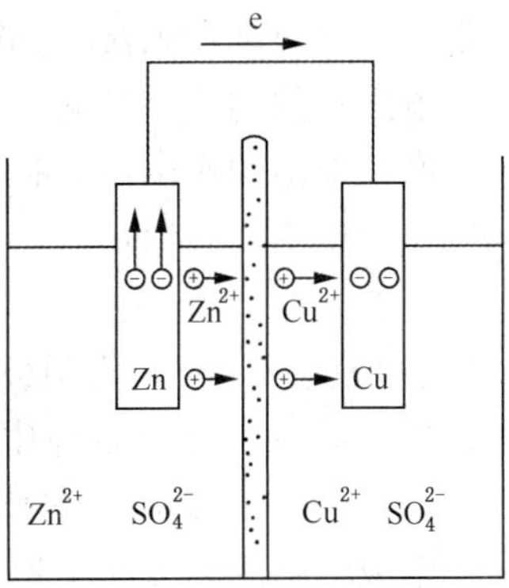

图 2-2　丹尼尔电池原理图

在锌-铜原电池中，锌的电位比铜低，锌为负极，铜为正极。在作为负极的锌板表面上将发生放出电子的氧化反应：

$$Zn \longrightarrow Zn^{2+} + 2e \qquad (2-1)$$

在作为正极的铜板表面上将发生溶液中的氧化剂(这里是 H^+)获得电子的还原反应：

$$2H^+ + 2e \longrightarrow H_2 \uparrow \qquad (2-2)$$

在腐蚀电化学中规定，原电池中发生氧化反应(放出电子的反应)的电极称为阳极，而发生还原反应(获得电子的反应)的电极称为阴极。在原电池中，低电位的负极是阳极，高电位的正极是阴极，这与电解电池的情况正好相反。此外，溶液中获得电子发生还原反应的物质也称为去极化剂。实践中一般存在如下两种类型腐蚀电池：

① 宏观电池　在金属表面存在相对固定、分离且可识别的阳极区和阴极区，它们的位置在腐蚀过程中基本不变或变化很少、很慢。如果呈小阳极/大阴极的比例关系，则腐蚀后的金属表面将出现局部腐蚀或不均匀腐蚀的形貌。造成阳极区和阴极区长期相对固定和分离的原因，一是金属本身存在着固定的表面不均匀性或异金属接触，二是环境介质(如溶液、土壤等)的不均匀性。例如，由于环境介质中存在氧浓度差异所引发的氧浓差电池就是导致金属宏观电池腐蚀和局部腐蚀的一种非常重要的腐蚀电池。

② 微电池　在金属表面存在无数的、不可识别的微小阳极区和阴极区，它们的空间距离极小。从它们的电位高低关系看，在时间上和空间上是相对地变幻不定的，因此更加无法识别、区分阳极区和阴极区，从而使金属表面各处的腐蚀深度大致相同，呈现出相对均匀的全面腐蚀。

无论宏观电池还是微电池，作为腐蚀原电池它们都构成了一个完整的电流回路。在回路中的电流轨迹就意味着电流将在原电池的电子导体(金属)和离子导体(电解质溶液)之间进行转换，而这种转换只有通过界面处的电化学反应(有自由电子参加的化学反应)才可能进行。

在电池两电极的电位差作用下，原电池的阳极/电解质溶液的界面处将发生氧化反应，金属表面原子转变为离子进入溶液，同时释放出的电子留在金属内。带正电荷的金属离子在电场和浓度场的作用下从阳极向阴极方向或本体溶液中迁移。电解质溶液是一种离子导体，从而在溶液中实现了离子导电。阳极表面产生的多余电子在电场作用下沿导线(或金属本身)流向阴极/电解质界面，由此实现了金属体内的电子导电。在阴极/电解质溶液界面处发生了氧化剂(如 H^+、O_2等)获得电子的还原反应，消耗了从阳极流至阴极的、由氧化反应释放出的电子。这样就在阳极/电解质溶液界面和阴极/电解质溶液界面处分别实现了电子导电和离子导电之间的转换，参见图 2-1 和图 2-2。

由于腐蚀电池的作用使 1mol 金属转变成离子态而形成腐蚀产物时，其吉布斯(Gibbs)自由能的变化可用下式表示：

$$\Delta G = -nF \cdot (E_{e,c} - E_{e,a}) \qquad (2-3)$$

式中 $E_{e,c}$和 $E_{e,a}$——分别为阴极反应和阳极反应的平衡电位；

n——阳极反应中每个金属原子失去的电子数；

F——法拉第常数。

由于阳极溶解的腐蚀反应和所有化学反应一样，必须在 $\Delta G<0$ 时才能自发地进行，因此形成腐蚀原电池的必要条件是：

$$E_{e,c} - E_{e,a} > 0 \qquad (2-4)$$

对于金属/电解质溶液体系，如果不存在能满足式(2-4)的阳极反应和阴极反应的组合，则不管金属表面或环境介质中是否存在不均匀性，都不可能形成腐蚀原电池。

2.1.3 双电层与电极电位

电子导体(金属)和离子导体(电解质溶液)相互接触，并有电荷在两相之间转移而发生电化学反应的体系称为电极。在电极和电解质溶液界面上发生的电化学反应称为电极反应。电极反应的结果导致在金属和溶液的界面处，即电极表面上建立起双电层。在双电层两侧之间，即电子导体相与离子导体相之间的电位差就是所谓的电极电位。

金属浸入电解质溶液中，金属表面由于晶格畸变能较高使表面金属离子易于和溶液中极性水分子作用而发生水化。如果金属离子的水化能高于金属表面晶格的键能，一些表面金属离子将脱离金属晶格进入溶液，形成水化离子。金属表面晶格的电子由于被水分子电子壳层中的同名电荷排斥，不能随水化反应转入溶液，因此就必然有相当数量的过剩电子在金属表面积累。由于金属表面负电荷的吸引和溶液中正电荷的排斥，进入溶液的水化金属离子不能向溶液深处扩散，而只能滞留在金属表面附近，这就阻碍了表面其他金属离子继续溶解。溶液中的部分水化金属离子也可能再沉积到金属表面。当溶解与沉积速度相等时，就可在该处形成一种动态平衡的电荷分布。该动态平衡过程可表示为：

$$M^{n+} \cdot ne^- + nH_2O \rightleftharpoons M^{n+} \cdot nH_2O + ne^-$$

（金属表面） （溶液中） （溶液中） （金属上） (2-5)

通常把金属/电解质溶液界面处形成的这种荷电的界面偶层称为双电层。由于双电层的形成，界面处(即双电层两侧之间)便产生了电位差。

上述为金属表面荷负电，而界面相邻溶液层荷正电的离子双电层形成过程，参见图 2-3(a)。如果金属表面晶格键能高于离子的水化能时，则金属表面可能从溶液中吸附一部分正离子，相应地使金属表面荷正电，相邻液层荷负电，从而形成另一种离子双电层，见图 2-3(b)。由于金属界面吸附了某种离子、极性分子或原子就可能形成吸附双电层。水溶液中的 Cl^-很容易吸附在金属表面上，其相邻液层由于静电作用又吸附了等量正电荷(正离子或定向排列的极性分子)，这是一种典型的吸附双电层，见图 2-3(c)。图 2-3(d)~(f)所示分别为极性分子吸附而定向排列在金属表面上以及氧原子或氢原子吸附于金属表面上所建立的双电层构型示意图。

一般认为，双电层构型犹如一个带漏电电阻的平板电容器。它由紧贴金属表面的相对稳定的紧密层和受热运动干扰的、呈扩散分布状态的分散层组成，参见图 2-3(c)。

如果通过外电源向金属/电解质溶液界面充电，可造成或改变界面剩余电荷的分布，从而形成新的双电层或改变双电层，即形成了新的电位差，建立了新的电极电位。

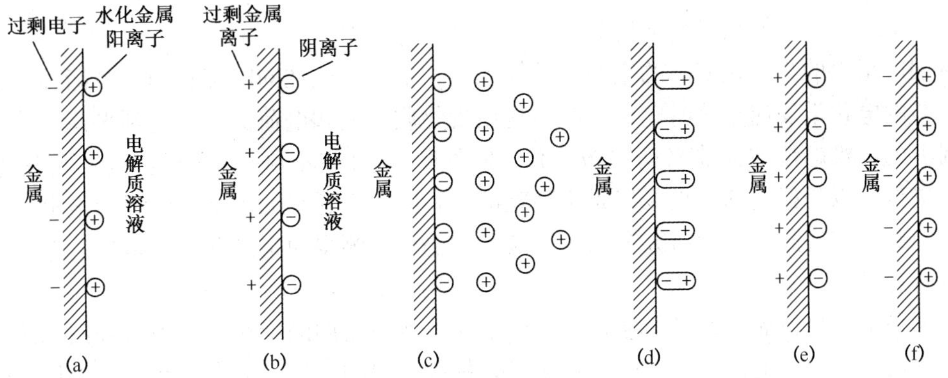

图 2-3　离子双电层[(a)、(b)]和吸附双电层[(c)~(f)]的结构示意图

2.1.4　平衡电位与非平衡电位

当金属电极浸入含有该金属离子的盐溶液中，且金属表面只有一对氧化还原电极反应时，随着金属离子在两相间迁移，反应将达到一种动态平衡，其电极过程可简明地表示为：

$$M^{n+} \cdot ne \rightleftharpoons M^{n+} + ne^- \qquad (2-6)$$

（金属表面）　（溶液中）(金属上)

令$\vec{i}_1$表示金属阳极溶解过程(右向反应)的速度；$\overleftarrow{i}_1$表示金属离子阴极还原过程(左向反应)的速度，当此电极反应达到平衡时，电荷从金属相向溶液相迁移速度和从溶液相向金属相迁移速度相等：

$$\vec{i}_1 = \overleftarrow{i}_1 = i^\circ \qquad (2-7)$$

式中，i°称为交换电流。单位面积金属上的交换电流称为交换电流密度。

在此电极过程中，不仅电荷迁移是平衡的，两个方向上的物质迁移也是平衡的。此时获得一个稳定的双电层，也即产生了一个不随时间而变的电极电位值，称之为金属的平衡电极电位(平衡电位)。考虑到电极过程的物质交换和电荷交换都是可逆的，也称为可逆电极电位(可逆电位)，相应的电极也称为可逆电极。

金属电极电位的大小是由双电层上金属表面的电荷密度决定的。它首先取决于金属的种类和性质，也与溶剂本性、电解质溶液中的金属离了活度和温度等因素密切有关。可用能斯特(Nernst)方程来计算平衡电位 $E_{M/M^{n+}}$：

$$E_{M/M^{n+}} = E^\circ_{M/M^{n+}} + \frac{RT}{nF}\ln\frac{a_O}{a_R} \qquad (2-8a)$$

$$E_{M/M^{n+}} = E^\circ_{M/M^{n+}} + \frac{RT}{nF}\ln a_{M^{n+}} \qquad (2-8b)$$

式中　a_O、a_R——分别为氧化态物质和还原态物质的活度，对于式(2-8a)，则应为 $a_R=1$；

$E_{M/M^{n+}}$——对于金属(M)和金属离子(M^{n+})这一对氧化还原体系，金属离子活度等于 $a_{M^{n+}}$时的金属平衡电极电位；

$E^\circ_{M/M^{n+}}$——金属离子活度等于 1 时的标准平衡电极电位；

R——气体常数；

T——绝对温度；

N——参与反应的电子数；

F——法拉第常数；

$a_{M^{n+}}$——金属离子的活度。

特别应指出的是，在实际的金属腐蚀问题中，电极上往往同时存在两种或两种以上不同物质参与的电化学反应，这时电极上不可能出现物质交换和电荷交换均达到平衡的情况。这种情况下的电极电位称为非平衡电极电位（非平衡电位）或不可逆电极电位（不可逆电位）。非平衡电位可以是稳定的，也可以是不稳定的，相间电荷迁移的平衡是形成稳定电位的必要条件。因此，在实际的腐蚀研究和防腐蚀技术中仍可能测得稳定的非平衡电位，这对于实践工作很有意义。

无论是平衡电位还是非平衡电位，至今还无法测得它们的绝对值，因为人们无法测得双电层两侧的电位差。但是，电池电动势是可以精确测定的。目前的办法是，人为规定标准氢电极的电极电位为零，然后将待测电极与标准氢电极组成原电池，此原电池的电动势就是待测电极的电位值。

按照国际上统一规定，所谓标准氢电极就是氢离子活度 $a_{H^+}=1$、于 25℃ 在气相中的氢分压为一个标准大气压（101325Pa）条件下的氢电极。关于电极电位的符号规定为，任一给定电极与标准氢电极组成原电池时，若该电极上实际进行的是还原反应，则电极电位为正值；若是氧化反应，则电极电位为负值。

在测量待测电极的电极电位时，与待测电极组成测量原电池的另一个用于参考比较的电极称为参比电极，也称为半电池。参比电极应是一种可逆的电极体系，在规定的条件下具有稳定的和可重现的可逆电极电位。一支稳定可靠的参比电极是实际电位测量最基本的必要条件之一。氢电极是最基本的参比电极，但制作和使用麻烦，成本很高。因此在实际测量电位时，经常采用另一些制作和使用方便、稳定可靠且价廉的参比电极，如甘汞电极、氯化银电极、硫酸铜电极等。它们相对于标准氢电极的电极电位是稳定、已知的，一般情况下不必再把电位测量数据换算成氢标电极电位值。但在记录、报告试验和测量结果时，必须说明是相对于何种参比电极的。表 2-1 给出了一些常用参比电极的电位值。

表 2-1　一些常用参比电极的电位值

名　称	半电池结构	电极电位/V①	温度系数/mV②	一般用途	备　注③
标准氢电极	$Pt[H_2]_{1atm}\|H^+_{(a=1)}$	0.000	0	酸性介质	SHE
饱和甘汞电极	$Hg[Hg_2Cl_2]$ | 饱和 KCl	0.244	-0.65	中性介质	SCE
1mol/L 甘汞电极	$Hg[Hg_2Cl_2]$ | 1mol/L KCl	0.280	-0.24	中性介质	NCE
0.1mol/L 甘汞电极	$Hg[Hg_2Cl_2]$ | 0.1mol/L KCl	0.333	-0.07	中性介质	
标准甘汞电极	$Hg[Hg_2Cl_2]\|Cl^-_{(a=1)}$	0.2676	-0.32	中性介质	
海水甘汞电极	$Hg[Hg_2Cl_2]$ | 海水	0.296	-0.28	海水	
饱和氯化银电极	$Ag[AgCl]$ | 饱和 KCl	0.196	-0.10	中性介质	
1mol/L 氯化银电极	$Ag[AgCl]$ | 1mol/L KCl	0.2344	-0.58	中性介质	
0.1mol/L 氯化银电极	$Ag[AgCl]$ | 0.1mol/L KCl	0.288	-0.44	中性介质	
标准氯化银电极	$Ag[AgCl]\|Cl^-_{(a=1)}$	0.2223	-0.65	中性介质	

续表

名　称	半电池结构	电极电位/V①	温度系数/mV②	一般用途	备　注③
海水氯化银电极	Ag[AgCl] | 海水	0.2503	−0.62	海水	
1mol/L 氧化汞电极	Hg[HgO] | 1mol/L NaOH	0.114		碱性介质	
0.1mol/L 氧化汞电极	Hg[HgO] | 0.1mol/L NaOH	0.169		碱性介质	
标准氧化汞电极	Hg[HgO] | $OH^-_{(a=1)}$	0.098	−1.12	碱性介质	
饱和硫酸亚汞电极	Hg[Hg_2SO_4] | 饱和 K_2SO_4	0.658		酸性介质	
0.5mol/L 硫酸亚汞电极	Hg[Hg_2SO_4] | 0.5mol/L K_2SO_4	0.6758		酸性介质	
0.05mol/L 硫酸亚汞电极	Hg[Hg_2SO_4] | 0.05mol/L K_2SO_4	0.682		酸性介质	
标准硫酸亚汞电极	Hg[Hg_2SO_4] | $SO_4{}^{2-}_{(a=1)}$	0.615	−0.80	酸性介质	
饱和硫酸铜电极	Cu[$CuSO_4$] | 饱和 $CuSO_4$	0.316	+0.02	土壤，中性介质	CSE
标准硫酸铜电极	Cu[$CuSO_4$] | $SO_4{}^{2-}_{(a=1)}$	0.342	+0.008	土壤，中性介质	
0.1mol/L 氢醌电极	Pt[氢醌(固)] | 0.1mol/L HCl	0.699	−0.73	酸性介质	
0.05mol/L 硫酸铅电极	PbO_2[$PbSO_4$] | 0.05mol/L H_2SO_4	1.565		酸性介质	

① 各电极的电极电位值系指 25℃时相对于标准氯电极的电位值。

② 温度系数是指每变化 1℃时电极电位变化的数值。

③ SHE 为标准氢电极；SCE 为饱和甘汞电极；NCE 为标准甘汞氢电极；CSE 为饱和硫酸铜电极。

2.1.5 可逆电极的类型

每个原电池都是由两个半电池组成的。每个半电池实际就是一个电极体系。电池总反应也是由两个电极上的电极反应组成的。可逆电池中的两个电极都是可逆电极(参比电极也应是一种可逆电极)。可逆电极就是在平衡条件下工作的、界面处电荷迁移和物质迁移都处于平衡态的电极。可逆电极按其电极反应一般可分为以下几种。

(1)第一类可逆电极

金属浸在含有该种金属离子的可溶性盐溶液中所构成的电极，又称阳离子可逆电极，或称金属电极。例如，Zn | $ZnSO_4$，此即硫酸锌电极；Cu | $CuSO_4$，此即硫酸铜电极；Ag | $AgNO_3$，此即硝酸银电极；等等。其主要特点是由金属阳离子在相界的金属相和溶液相之间迁移交换。它的电极反应通式为：

$$M \rightleftharpoons M^{n+} + ne \tag{2-9}$$

相应的可逆电极电位表达式为：

$$E_r = E^\circ + \frac{RT}{nF}\ln a_{M^{n+}} \tag{2-10}$$

显然，第一类可逆电极的可逆电位(平衡电位)与金属离子的种类、活度和溶液介质的温度有关。

(2)第二类可逆电极

由金属插入含有其难溶盐和与该难溶盐具有相同阴离子的可溶性盐溶液中所构成的电极，又称阴离子可逆电极。例如，Hg | Hg_2Cl_2(固)，KCl(a_{Cl^-})，此即甘汞电极；Ag | AgCl(固)，KCl(a_{Cl^-})，此即氯化银电极；Pb | $PbSO_4$(固)，$SO_4{}^{2-}$($a_{SO_4^{2-}}$)，此即硫酸铅电极，等等。这类电极的特点是，如果难溶盐是氯化物，则溶液中就应含有可溶性氯化物；若难溶盐是硫酸盐，溶液中就应含有一种可溶性硫酸盐。在进行电极反应时，阴离子就在金属表面难

溶盐相和溶液相之间迁移、交换。它的电极反应通式为：

$$\underset{(\text{金属})}{mM} + \underset{(\text{溶液})}{nX^{m-}} \rightleftharpoons \underset{(\text{固体难溶盐})}{M_mX_n} + \underset{(\text{金属})}{m \cdot ne} \qquad (2-11)$$

相应的可逆电极电位表达式为：

$$E_r = E^\circ - \frac{RT}{nF}\ln a_X{}^{m-} \qquad (2-12)$$

这类电极的平衡电位是由阴离子种类、活度和反应温度决定的。应该指出，在这类电极的电极反应中，进行可逆氧化还原反应的仍是金属离子而不是阴离子，仅因为从表观上看，在固/液界面上进行溶解和沉积的是阴离子，从而人们习惯地称这类电极为阴离子可逆电极。第二类电极有时也称为金属-难溶盐电极。

在这类电极中，甘汞电极应用广泛，具有代表性。甘汞电极的电极反应式为：

$$Hg + Cl^- \rightleftharpoons \frac{1}{2}Hg_2Cl_2 + e \qquad (2-13)$$

相应的电极电位表达式为：

$$E_r = E^\circ - \frac{RT}{F}\ln a_{Cl^-} \qquad (2-14)$$

(3)第三类可逆电极

由铂或其他惰性金属浸入含有同一元素的两种不同价态离子的溶液中所构成的电极。例如，Pt $|Fe^{2+}(a_{Fe^{2+}})$，$Fe^{3+}(a_{Fe^{3+}})$；Pt| Sn^{2+} ($a_{Sn^{2+}}$)，Sn^{4+} ($a_{Sn^{4+}}$)；Pt $|Fe(CN)_6^{4-}(a_1)$；$Fe(CN)_6^{3-}(a_2)$等电极。这是一种氧化-还原电极，但在电极上只发生溶液中某元素的两种价态离子之间的氧化还原反应，而电极材料本身(惰性金属)不参加反应，只起导电体作用，供给电子或接受电子。它的电极反应通式为：

$$R \rightleftharpoons O + ne \qquad (2-15)$$

式中，R 表示溶液中某元素的还原态物质；O 表示溶液中该元素的氧化态物质。

相应的电极电位表达式为：

$$E_r = E^\circ + \frac{RT}{nF}\ln\frac{a_O}{a_R} \qquad (2-16)$$

这类可逆电极的平衡电位主要取决于溶液中同元素不同价态离子的活度之比。

(4)气体电极

气体电极是气体分子或原子与其离子平衡共存构成的电极。由于气态物质在常温常压下不导电，故须借助于铂或其他惰性金属起导电作用和载体作用，使气体吸附在惰性金属表面，与溶液中相应的离子进行氧化还原反应并达到平衡状态。因此，气体可逆电极就是气态物质在固相和液相的界面上发生氧化还原反应的电极。例如，氢电极的构成是：

$$Pt,\ H_2(p_{H_2}) \mid H^+(a_{H^+}) \qquad (2-17)$$

其电极反应为：

$$2H^+ + 2e \rightleftharpoons H_2(\text{气}) \qquad (2-18)$$

相应的电极电位表达式为：

$$E_r = E^\circ + \frac{RT}{2F}\ln\frac{a_{H^+}^2}{p_{H_2}} \qquad (2-19)$$

正如前述，对于标准氢电极已规定 $E^\circ=0$。

氧电极是由铂浸在被氧气所饱和的、含有 OH^- 的溶液中所构成的。氧电极的结构式为：

$$\mathrm{Pt},\ O_2(p_{O_2})\mid OH^-\ (a_{OH^-}) \tag{2-20}$$

其电极反应为：

$$O_2+2H_2O+4e \rightleftharpoons 4OH^- \tag{2-21}$$

相应的电极电位表达式为：

$$E_r=E^\circ+\frac{RT}{4F}\ln\frac{p_{O_2}}{a_{OH^-}^4} \tag{2-22}$$

卤素也能在惰性金属表面上被吸附而形成气体电极，如氯电极。氯电极的结构式为：

$$\mathrm{Pt},\ Cl_2(p_{Cl_2})\mid Cl^-\ (a_{Cl^-}) \tag{2-23}$$

其电极反应为：

$$Cl_2+2e \rightleftharpoons 2Cl^- \tag{2-24}$$

相应的电极电位表达式为：

$$E_r=E^\circ+\frac{RT}{2F}\ln\frac{p_{Cl_2}}{a_{Cl^-}^2} \tag{2-25}$$

2.1.6 标准电极电位表与电偶序

标准氢电极的电极电位人为地规定为零，其他电极的标准电极电位通常用氢标电位表示。按氧化还原能力大小把各种可逆电极的标准平衡电极电位排列成表，此即所谓的标准电极电位表，也称为电动序。表 2-2 列出了若干电极在 25℃ 的标准电极电位及其温度系数。在一些文献和手册中对电极电位的正负号规定可能不一致，应予注意。电位的正负反映了该电极体系与标准氢电极相比较的氧化还原能力。按本书规定，对于金属电极来说，电位越负，说明这个电极金属的还原能力越强，而对应的金属离子的氧化能力则越弱。反之亦然。因此，若将标准电极电位表中任意两个电极(半电池)组成原电池，其电极电位高低就可以表征孰为阳极，孰为阴极。可从倾向性上判断哪种金属可能被加速腐蚀，哪种金属可能受到阴极性保护。此外，标准电极电位表还可用来判断一定条件下金属的活泼性，氧化还原反应的方向，溶液中各种金属离子阴极析出的先后次序等。

但是，标准电极电位表在实际条件下应用时存在着重大局限性。其一，在某些情况下，由于金属盐的溶解度限制，金属离子的活度不可能等于 1；其二，离子活度随介质而变。以至于实际的金属/介质体系一般不能处于严格意义上的平衡态，更不可能是标准态；其三，对合金材料目前尚无标准电极电位可言。

因此，在实际应用中往往采用电偶序，这是一种按照金属和合金在指定介质中所实测的稳定电位而排列的电位序列表。表 2-3 和表 2-4 给出了金属和合金分别在海水中和土壤中的电偶序。有的金属在电偶序中可能占有两个位置，分别由金属的活化态和钝化态所决定。电偶序是一种非平衡的稳定电极电位表，它随介质而变。根据电偶序可预示金属或合金在该种介质中的活泼性和腐蚀反应的倾向，可以预测异种金属在该介质中接触时发生电偶腐蚀的可能性、电偶电池中金属的极性和反应方向。当然，电偶腐蚀的程度和速度不仅取决于两种相接触的金属在电偶序中的位置，而且还决定于金属的极化性质和它们的相对面积比等许多因素。

表 2-2　25℃下水溶液中各种可逆电极的标准电极电位表及温度系数

电极反应	$E^{\circ}{}_{H}$/V	$\frac{dE^{\circ}}{dT}$/(mV/K)
$Li^{+}+e \rightleftharpoons Li$	-3.045	-0.59
$K^{+}+e \rightleftharpoons K$	-2.925	-1.07
$Ba^{2+}+2e \rightleftharpoons Ba$	-2.90	-0.40
$Ca^{2+}+2e \rightleftharpoons Ca$	-2.87	-0.21
$Na^{+}+e \rightleftharpoons Na$	-2.714	0.75
$Mg^{2+}+2e \rightleftharpoons Mg$	-2.37	0.81
$Al^{3+}+3e \rightleftharpoons Al$	-1.66	0.53
$2H_2O+2e \rightleftharpoons 2OH^{-}+H_2$(气)	-0.828	-0.80
$Zn^{2+}+2e \rightleftharpoons Zn$	-0.763	0.10
$Fe^{2+}+2e \rightleftharpoons Fe$	-0.440	0.05
$Cd^{2+}+2e \rightleftharpoons Cd$	-0.402	-0.09
$PbSO_4+2e \rightleftharpoons Pb+SO_4{}^{2-}$	-0.355	-0.99
$Tl^{+}+e \rightleftharpoons Tl$	-0.336	-1.31
$Ni^{2+}+2e \rightleftharpoons Ni$	-0.250	0.31
$Pb^{2+}+2e \rightleftharpoons Pb$	-0.129	-0.38
$2H^{+}+2e \rightleftharpoons H_2$(气)	0.0000	0
$Cu^{2+}+e \rightleftharpoons Cu^{+}$	0.153	0.07
$AgCl+e \rightleftharpoons Ag+Cl^{-}$	0.2224	-0.66
$Hg_2Cl_2+2e \rightleftharpoons 2Hg+2Cl^{-}$	0.2681	-0.31
$Cu^{2+}+2e \rightleftharpoons Cu$	0.337	0.01
$2H_2O+O_2+4e \rightleftharpoons 4OH^{-}$	0.401	—
$I_2+2e \rightleftharpoons 2I^{-}$	0.5346	-0.13
$Hg_2SO_4+2e \rightleftharpoons 2Hg+SO_4{}^{2-}$	0.6153	-0.83
$Fe^{3+}+e \rightleftharpoons Fe^{2+}$	0.771	1.19
$Hg_2^{2+}+2e \rightleftharpoons 2Hg$	0.789	-0.31
$Ag^{+}+e \rightleftharpoons Ag$	0.7991	-1.00
$2Hg^{2+}+2e \rightleftharpoons Hg_2^{2+}$	0.920	0.10
$Br_2+2e \rightleftharpoons 2Br^{-}$	1.0652	-0.61
$4H^{+}+O_2+4e \rightleftharpoons 2H_2O$	1.229	-0.85
$MnO_2+4H^{+}+2e \rightleftharpoons Mn^{2+}+2H_2O$	1.23	-0.61
$Tl^{3+}+2e \rightleftharpoons Tl^{+}$	1.25	+0.97
$Cr_2O_7^{2-}+14H^{+}+6e \rightleftharpoons 2Cr^{3+}+7H_2O$	1.33	—
$Cl_2+2e \rightleftharpoons 2Cl^{-}$	1.3595	-1.25
$PbO_2+4H^{+}+2e \rightleftharpoons Pb^{2+}+2H_2O$	1.455	-0.25
$Au^{3+}+3e \rightleftharpoons Au$	1.50	—
$MnO_4{}^{-}+8H^{+}+5e \rightleftharpoons Mn^{2+}+4H_2O$	1.51	-0.64

续表

电极反应	E°_{H}/V	$\frac{dE^{\circ}}{dT}$/(mV/K)
$Au^{+}+e \rightleftharpoons Au$	1.68	—
$MnO_4^{-}+4H^{+}+3e \rightleftharpoons MnO_2+2H_2O$	1.695	-0.67

表 2-3　金属和合金在海水中的电偶序①

金属或合金	E_H/V	金属或合金	E_H/V
镁	-1.45	镍(活化态)	-0.12
镁合金(6%Al, 3%Zn, 0.5%Mn)	-1.20	α 黄铜(30%Zn)	-0.11
锌	-0.80	青铜(5%~10%Al)	-0.10
铝合金(10%Mg)	-0.74	铜锌合金(5%~10%Zn)	-0.10
铝合金(10%Zn)	-0.70	铜	-0.08
铝	-0.53	铜镍合金(30%Ni)	-0.02
镉	-0.52	石　墨	+0.02~0.3
杜拉铝	-0.50	不锈钢 Cr13(钝化态)	+0.03
铁	-0.50	镍(钝化态)	+0.05
碳　钢	-0.40	因科镍(11%~15%Cr, 1%Mn, 1%Fe)	+0.08
灰口铁	-0.36	Cr17 不锈钢(钝化态)	+0.10
不锈钢(Cr13, Cr17, 活化态)	-0.32	Cr18Ni9 不锈钢(钝化态)	+0.17
Ni-Cu 铸铁(12%~15%Ni, 5%~7%Cu)	-0.30	哈氏合金(20%Mo, 18%Cr, 6%W, 7%Fe)	+0.17
不锈钢 Cr19Ni9(活化态)	-0.30	蒙乃尔合金	+0.17
不锈钢 Cr18Ni12Mo2Ti(活化态)	-0.30	Cr18Ni12Mo3 不锈钢(钝化态)	+0.20
铅	-0.30	银	+0.12~0.2
锡	-0.25	钛	+0.15~0.2
α+β 黄铜(40%Zn)	-0.20	铂	+0.4
锰青铜(5%Mn)	-0.20		

① 表中不锈钢的钝化状态，通常对应于流动迅速、充气较好的海水条件下建立的电极电位；相反，活化状态是对应于该金属在微弱充气的海水停滞区域建立的电位。

表 2-4　金属和合金在中性土壤中的电偶序

金属或合金	电位 E/V(饱和 $Cu/CuSO_4$)①
最活泼端	
商业纯镁	-1.75
镁合金(Mg-6Al-3Zn-0.15Mn)	-1.16
锌	-1.1
铝合金(5%Zn)	-1.05
商业纯铝	-0.8
低碳钢(洁净光亮)	-0.5~-0.8
低碳钢(带锈的)	-0.2~-0.5
铸铁(非石墨化的)	-0.5

续表

金属或合金	电位 E/V(饱和 $Cu/CuSO_4$)①
铅	−0.5
混凝土中的低碳钢	−0.2
铜，黄铜，青铜	−0.2
高硅铸铁	−0.2
带有轧制氧化皮的钢	−0.2
炭，石墨，焦炭	+0.3
最稳定端	

① 通常在各种中性土壤和水中得到的典型电位，相对于饱和硫酸铜参比电极测定。

2.2 电位-pH图

2.2.1 电位-pH图原理

平衡电位值表征物质的氧化还原能力，可用于判断电化学反应进行的可能性。平衡电位值与反应物质的活度(或逸度)有关，对于有 H^+ 或 OH^- 参与的反应，电极电位将随溶液 pH 值的变化而变化。以电位(相对于标准氢电极的电位)为纵坐标，以 pH 为横坐标绘制的电化学平衡图称为电位-pH 图，有时也采用创始人的姓名，称之为 Pourbaix 图。利用电位-pH 图可以判断在给定的电位和 pH 条件下某化学反应或电化学反应进行的可能性，了解体系的稳定物态或平衡物态，或者体系要发生某反应必须具备的电极电位和溶液 pH 值的条件。

理论的电位-pH 图绘制过程，一般包括以下四个步骤：

① 列出有关物质的各种存在状态以及它们的标准生成自由能或标准化学位值；

② 列出各有关物质之间可能发生的反应方程，写出平衡关系式，计算出反应的标准电位值；

③ 计算出各反应的平衡条件；

④ 把这些平衡条件用图解方法绘制在电位-pH 图上，最后汇总即可得到综合的电位-pH 图。

2.2.2 金属的电位-pH图

2.2.2.1 三种典型的平衡线类型

在电位-pH 图上有三种类型的平衡线，分别对应不同的反应。

① 没有 H^+ 参与的电极反应。这类反应的平衡只与电极电位有关，而与溶液 pH 值无关；这类电极反应在电位-pH 图上的平衡线为一组平行于横坐标的水平直线。此类反应如：$Fe^{3+}+e \rightleftharpoons Fe^{2+}$，$Fe^{2+}+2e \rightleftharpoons Fe$(固)，$Cl_2$(气)$+2e \rightleftharpoons 2Cl^-$。对于某一给定活度的平衡线，当电位高于平衡线对应电位时，电极反应将沿还原态向氧化态转化的方向进行，即发生氧化反应，氧化态物质是稳定的。相反，如电位低于平衡线，则还原态物质是稳定的。

② 有 H^+ 参与而无电子参与的化学反应。这类反应只与溶液 pH 值有关，而与电极电位无关；在电位-pH 图上为一组平行于纵坐标的平衡线。此类反应可以是发生在溶液中的均相反应(如 $H_2CO_3 \rightleftharpoons HCO_3^-+H^+$)，也可以是在固/液或气/液相界面上的异相反应[如 $Fe^{2+}+2H_2O \rightleftharpoons Fe(OH)_2$(固)$+2H^+$；$CO_2$(气)$+H_2O \rightleftharpoons HCO_3^-+H^+$]。对于一条确定的平衡线，如果溶液 pH 值高于相应的平衡 pH 值，反应将向着产生 H^+ 或消耗 OH^- 的方向进行。如果溶液 pH 值低于平衡 pH 值，则反应就向着消耗 H^+ 或产生 OH^- 的方向进行。

③ 有 H^+ 和电子同时参与的电极反应。此类反应的平衡既同电极电位有关，又同溶液 pH 值有关。在一定的温度和活度条件下，电极反应的平衡电位将随 pH 值变化而变化。此类反应如：$2H^+ + 2e \rightleftharpoons H_2$(气)；$Fe(OH)_3$(固)$+3H^+ + e \rightleftharpoons Fe^{2+} + 3H_2O$；它们在电位-pH图上为一组平行的斜线。每一条斜线对应于一定的反应物活度或逸度，需根据电位和 pH 值两者来判断反应进行的方向。

把某一指定体系中各个反应的平衡条件都绘制在同一个电位-pH 值坐标图中，就可以构成该体系的电位-pH 图。

2.2.2.2　$Fe-H_2O$ 系电位-pH 图

金属的电化学平衡图通常指在 101325Pa 压力和 25℃条件下某金属在水溶液中呈不同价态时的电位-pH 图。钢铁是广泛应用的工程材料，故作为典型实例在此介绍 $Fe-H_2O$ 系的电位-pH 图。对 $Fe-H_2O$ 系存在着两种分别以铁的氧化物(Fe_3O_4和 Fe_2O_3)或铁的氢氧化物[$Fe(OH)_2$和 $Fe(OH)_3$]为平衡固相的电位-pH 图。

表 2-5 列出了 $Fe-H_2O$ 系中可能存在的各组分物质和它们的标准化学位。表 2-6 给出了各组分物质的相互反应和它们的平衡条件。按照平衡电位与反应物活度(逸度)的相关方程式，可以获得表征电位-pH 图上特定图线的函数关系。对于以铁的氢氧化物[$Fe(OH)_2$和 $Fe(OH)_3$]为平衡固相的 $Fe-H_2O$ 系，例如，对应于表 2-6 中的反应ⓐ，可计算得 25℃和 $P_{H_2}=101325$Pa 条件下的平衡电位为：

$$E_a = -0.0591pH \tag{2-26}$$

对应于表 2-6 中的反应ⓑ，可计算得 25℃和 $P_{O_2}=101325$Pa 条件下的平衡电位为：

$$E_b = 1.229 - 0.0591pH \tag{2-27}$$

而对应于表 2-6 中反应① 、反应② 和反应⑦ ，可分别计算得平衡电位为：

$$E_1 = -0.440 + 0.0296\lg a_{Fe^{2+}} \tag{2-28}$$

$$E_2 = -0.045 - 0.0591pH \tag{2-29}$$

$$\lg a_{Fe^{2+}} = 13.29 - 2pH \tag{2-30}$$

表 2-5　$Fe-H_2O$ 系中的物质组成及其标准化学位 $\mu°$(25℃)

物　态	名　称	化学符号	$\mu°$/(kJ/mol)
溶液态	水	H_2O	-238.446
	氢离子	H^+	0
	氢氧根离子	OH^-	-157.297
	亚铁离子	Fe^{2+}	-84.935
	铁离子	Fe^{3+}	-10.586
	亚铁酸氢根离子	$HFeO_2^-$	-337.606
固　态	铁	Fe	0
	氢氧化亚铁	$Fe(OH)_2$	-483.545
	氢氧化铁	$Fe(OH)_3$	-694.544
气　态	氢气	H_2	0
	氧气	O_2	0

计算获得的上述各平衡关系中，E_a、E_b 和 E_2 均仅与 pH 有关，与其他反应物质浓度无关。

在电位-pH 图上呈现一条斜率为-0.0591 的斜线(参见图 2-4)。E_1与 pH 值无关，在电位-pH 图上为一组对应不同 $a_{Fe^{2+}}$活度值的水平线。反应⑦ 在电位-pH 图上为一组 $a_{Fe^{2+}}$随 pH 值变化的平行的垂直线。

用同样方法可以得到 Fe-H_2O 系中各个反应的平衡条件及其电位-pH 图，由此可汇总成该体系完整的电位-pH 图，如图 2-4 所示。图中每一组直线上的编号与表 2-6 中各平衡条件相对应，各直线旁的数字代表可溶性离子活度的对数值。虚线ⓐ的下方是 H_2的稳定区，虚线ⓑ的上方是 O_2的稳定区，而线ⓐ和线ⓑ之间的区域是 H_2O 的稳定区。

对于以铁的氧化物(Fe_3O_4和 Fe_2O_3)为平衡固相的 Fe-H_2O 系，各组分物质的相互反应和它们的平衡条件如表 2-7 所示。相应计算获得的电位-pH 图示于图 2-5。

同样可以对大量金属计算获得理论的电位-pH 图。如图 2-6~图 2-9 所示，分别为 Al-H_2O 系、Cr-H_2O 系、Cu-H_2O 系和 Ni-H_2O 系的电位-pH 平衡图。

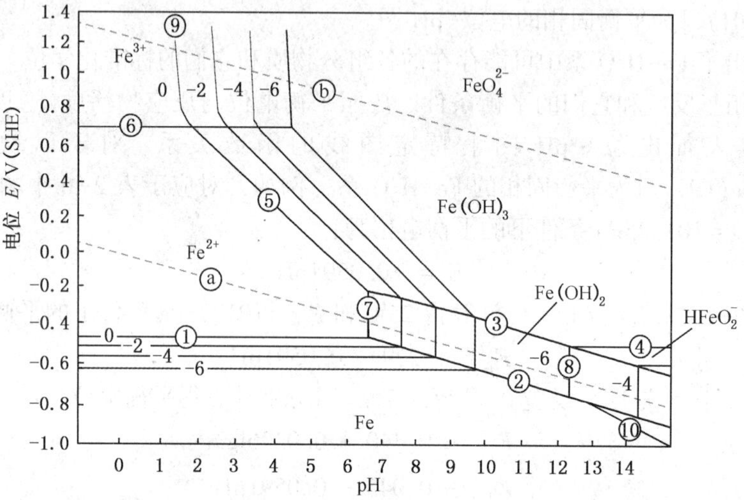

图 2-4　以铁的氢氧化物为平衡固相的 Fe-H_2O 系电位-pH 图(25℃)

表 2-6　Fe-H_2O 系中以铁的氢氧化物为平衡固相的反应和平衡条件(25℃)

序号	反应式	E°/V_H	平衡条件
ⓐ	$2H^+ + 2e \rightleftharpoons H_2$	0	$E_a = -0.0591\ pH$
ⓑ	$2H_2O \rightleftharpoons O_2 + 4H^+ + 4e$	1.229	$E_b = 1.229 - 0.0591\ pH$
①	$Fe^{2+} + 2e \rightleftharpoons Fe$	−0.440	$E_1 = -0.44 + 0.0296 \lg a_{Fe^{2+}}$
②	$Fe(OH)_2 + 2H^+ + 2e \rightleftharpoons Fe + 2H_2O$	−0.045	$E_2 = -0.045 - 0.0591pH$
③	$Fe(OH)_3 + H^+ + e \rightleftharpoons Fe(OH)_2 + H_2O$	0.271	$E_3 = 0.271 - 0.0591pH$
④	$Fe(OH)_3 + e \rightleftharpoons HFeO_2^- + H_2O$	−0.810	$E_4 = 0.810 - 0.0591 \lg a_{HFeO_2^-}$
⑤	$Fe(OH)_3 + 3H^+ + e \rightleftharpoons Fe^{2+} + 3H_2O$	1.057	$E_5 = 1.057 - 0.1773pH - 0.0591 \lg a_{Fe^{2+}}$
⑥	$Fe^{3+} + e \rightleftharpoons Fe^{2+}$	0.771	$E_6 = 0.771 + 0.0591 \lg \frac{a_{Fe^{3+}}}{a_{Fe^{2+}}}$
⑦	$Fe(OH)_2 + 2H^+ \rightleftharpoons Fe^{2+} + 2H_2O$	—	$\lg a_{Fe^{2+}} = 13.29 - 2pH$
⑧	$Fe(OH)_2 \rightleftharpoons HFeO_2^- + H^+$	—	$\lg a_{HFeO_2^-} = -18.30 + pH$
⑨	$Fe(OH)_3 + 3H^+ \rightleftharpoons Fe^{3+} + 3H_2O$	—	$\lg a_{Fe^{3+}} = 4.84 - 3pH$
⑩	$HFeO_2^- + 3H^+ + 2e \rightleftharpoons Fe + 2H_2O$	0.493	$E_{10} = 0.493 - 0.0886pH + 0.0296 \lg a_{HFeO_2^-}$

表 2-7　$Fe-H_2O$ 系中以铁的氧化物为平衡固相的反应和平衡条件(25℃)

序　号	反应式	平衡条件
ⓐ	$2H^+ + 2e \rightleftharpoons H_2$	$E_a = -0.0591\,pH$
ⓑ	$2H_2O \rightleftharpoons O_2 + 4H^+ + 4e$	$E_b = 1.229 - 0.0591pH$
①	$Fe^{2+} + 2e \rightleftharpoons Fe$	$E_1 = -0.440 + 0.0296\lg a_{Fe^{2+}}$
②	$Fe_3O_4 + 8H^+ + 8e \rightleftharpoons 3Fe + 4H_2O$	$E_2 = -0.085 - 0.0591pH$
③	$3Fe_2O_3 + 2H^+ + 2e \rightleftharpoons 2Fe_3O_4 + H_2O$	$E_3 = 0.221 - 0.0591pH$
④	$Fe_3O_4 + 2H_2O + 2e \rightleftharpoons 3HFeO_2^- + H^+$	$E_4 = -1.82 + 0.0296pH - 0.089\lg a_{HFeO_2^-}$
⑤	$Fe_2O_3 + 6H^+ + 2e \rightleftharpoons 2Fe^{2+} + 3H_2O$	$E_5 = 0.728 - 0.177pH - 0.0591\lg a_{Fe^{2+}}$
⑥	$Fe^{3+} + e \rightleftharpoons Fe^{2+}$	$E_6 = 0.771 + 0.0591\lg \dfrac{a_{Fe^{3+}}}{a_{Fe^{2+}}}$
⑦	$Fe_3O_4 + 8H^+ + 2e \rightleftharpoons 3Fe^{2+} + 4H_2O$	$E_7 = 0.980 - 0.236pH - 0.089\lg a_{Fe^{2+}}$
⑧	$HFeO_2^- + 3H^+ + 2e \rightleftharpoons Fe + 2H_2O$	$E_8 = 0.493 - 0.089pH + 0.0296\lg a_{HFeO_2^-}$
⑨	$Fe_2O_3 + 6H^+ \rightleftharpoons 2Fe^{3+} + 3H_2O$	$\lg a_{Fe^{3+}} = -0.72 - 3pH$

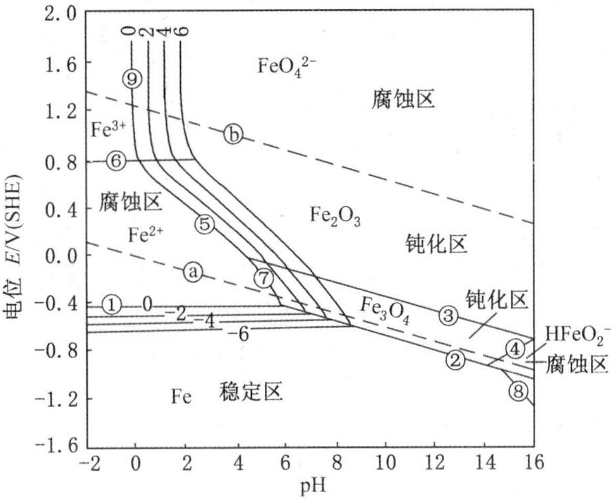

图 2-5　以铁的氧化物为平衡固相的 $Fe-H_2O$ 系电位-pH 图(25℃)

2.2.3　电位-pH 图应用及其局限性

基于化学热力学原理建立的电位-pH 图在研究金属腐蚀与防护方面已获得很广泛的应用，同时它还能对金属防腐蚀技术发展提供有益启示。

(1)电位-pH 图中每一条线都对应于一个平衡反应，代表一条两相平衡线

如图 2-4 中① 线表示固相铁和液相中 Fe^{2+}之间的两相平衡线。而三条平衡线的交点则表示三相平衡点，如图 2-4 中①、② 和⑦ 三线交点是 Fe、$Fe(OH)_2$和 Fe^{2+}间的三相平衡点。因此，电位-pH 图也被称为电化学相图。图中清楚地表示出各相的热力学稳定范围和各种物质生成的电位和 pH 条件。

(2)从电位-pH 图可以了解金属的腐蚀倾向

在腐蚀学中，一般认为，当溶液中溶解的金属离子浓度小于 10^{-6}mol/L 时，金属的均匀溶解速度可予以忽略，从而可把它认为是不溶解的(不腐蚀的)。因此，可把金属电位-pH 图中对应于 10^{-6}mol/L 的等溶解度线(平衡金属离子浓度)作为金属腐蚀与不腐蚀的分界线。如果在平衡条件的计算中，有关离子的浓度都取 10^{-6}mol/L，则可获得一种简化的电位-pH 图，如图 2-10 所示。图中通常标有三种类型区域：免蚀区、腐蚀区和钝化区。

① 免蚀区(或称稳定区)。在此区所涉及的电位和 pH 值范围内，金属处于热力学稳定

状态，不发生腐蚀。如图 2-10 中 C 点即为金属铁和氢的稳定区域，在它所涉及的电位和 pH 值范围内铁不发生腐蚀，但有氢离子(H^+)还原为氢原子(H)或氢分子(H_2)，在热力学上存在向金属中渗氢和产生氢脆的可能性。

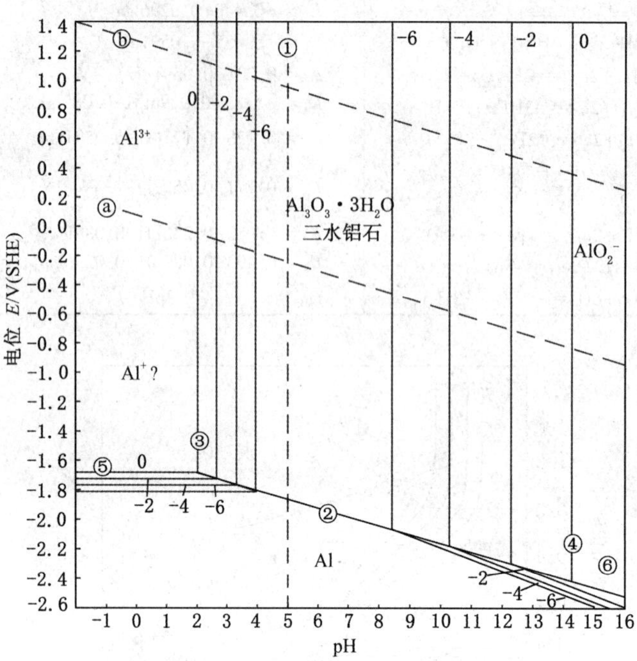

图 2-6　Al-H_2O 系电位-pH 平衡图(25℃)

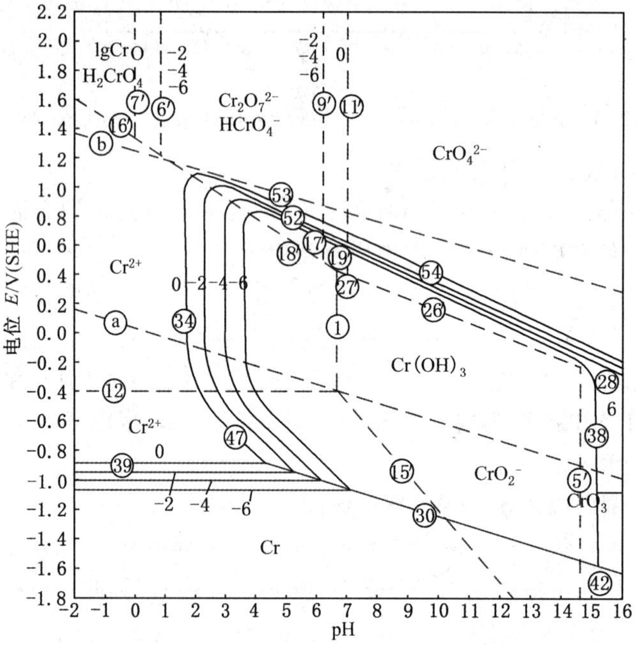

图 2-7　Cr-H_2O 系电位-pH 平衡图(25℃)

② 腐蚀区。在此区域内稳定存在的是金属的各种可溶性离子，如 Fe^{2+}、Fe^{3+} 和 $HFeO_2^-$ 等离

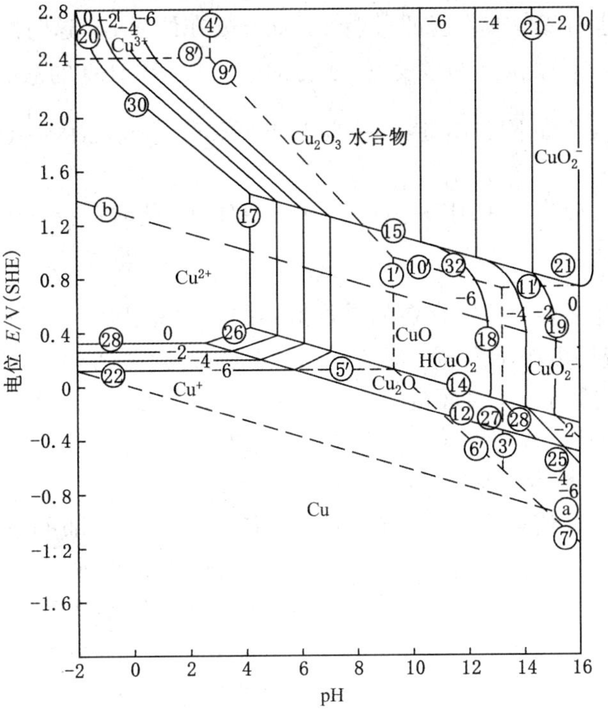

图 2-8　Cu-H_2O 系电位-pH 平衡图(25℃)

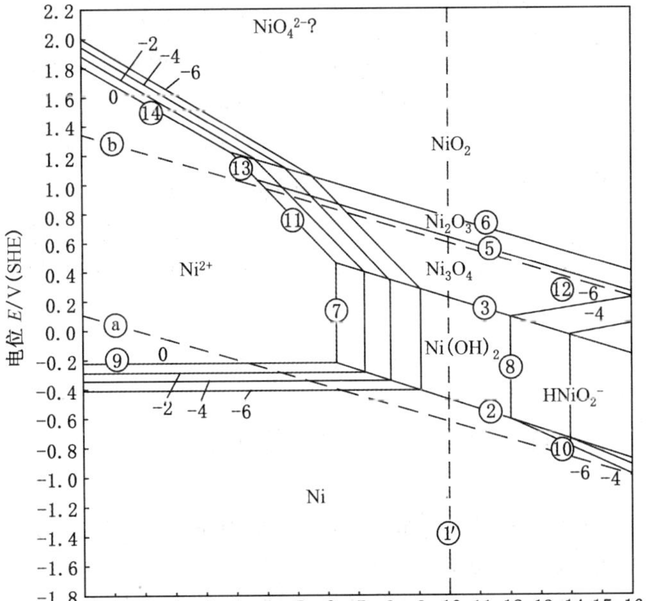

图 2-9　Ni-H_2O 系电位-pH 平衡图(25℃)

子；金属处于热力学不稳定状态，可能发生腐蚀。如图 2-10 中的位置 A 在ⓐ线以下，对应于 Fe^{2+} 和氢的稳定区，体系将发生如下反应：Fe $\longrightarrow Fe^{2+}+2e$(阳极反应)，$2H^{+}+2e \longrightarrow H_2$(阴极反应)，总的腐蚀电池反应为 $Fe+2H^+ \longrightarrow Fe^{2+}+H_2$。此时铁将发生析氢腐蚀。由于反应过程中产生了 H 或 H_2，故材料也有渗氢或氢脆的可能性。如铁处在位置 B，这时的电位高于ⓐ线而低于ⓑ线，为 H^+ 稳定区，不可能发生析氢反应。此处对应于 Fe^{2+} 和 H_2O 的稳定区，将发生 H^+ 参与的氧还原反应。因而将发生如下反应：$Fe \longrightarrow Fe^{2+}+2e$(阳极反应)，$2H^+ + \frac{1}{2}O_2+2e \longrightarrow H_2O$(阴极反应)，总的腐蚀电池反应为 $Fe+2H^+ + \frac{1}{2}O_2 \longrightarrow Fe^{2+}+H_2O$。此时铁将发生耗氧腐蚀，也称吸氧腐蚀。

③ 钝化区。在此区域内稳定存在的是难溶性的金属氧化物、氢氧化物或难溶性盐。在钝化区内金属是否腐蚀取决于表面生成的固态产物是否具有保护性。对 $Fe-H_2O$ 系，在钝化区内(如图 2-10 中位置 D)铁表面被 $Fe(OH)_2$ 和/或 $Fe(OH)_3$(或者是 Fe_2O_3、Fe_3O_4)所覆盖，如覆盖膜层是完整、致密无孔的，则铁将被保护而免遭腐蚀。

(3)电位-pH 图可提示控制腐蚀的途径

在不同的电位和 pH 值条件下，金属的腐蚀倾向是不同的，因此可通过调整电位和 pH 值来控制金属的腐蚀。如图 2-10 中位置 B 处于腐蚀区内，铁将遭受腐蚀($Fe \longrightarrow Fe^{2+}+2e$)，对此可采用三种方法将铁移出腐蚀区，以达到控制腐蚀目的。

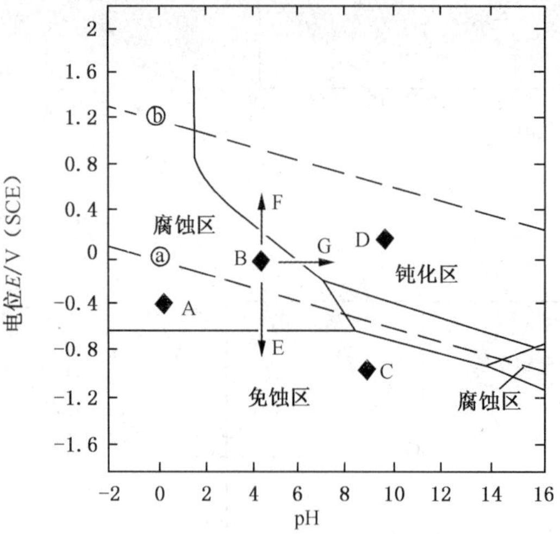

图 2-10 $Fe-H_2O$ 系的简化电位-pH 图(腐蚀状态图)

① 通过外加负电流(阴极极化)使铁的电极电位负移到免蚀区，此即阴极保护技术。

② 通过外加正电流(阳极极化)使铁的电极电位正移到钝化区，此即阳极保护技术。也可以向溶液中加入某些缓蚀性物质(阳极钝化型缓蚀剂)，使铁的电极电位正移至钝化区。

③ 调整溶液的 pH 值，使其达到 9～13 范围，以使铁进入钝化区。

(4)从电位-pH 图还可判断金属电沉积的可能性

实际的金属/溶液体系是十分复杂和多种多样的，它们的状态与理论电位-pH 图有很大差别，所以在实践中应用理论的电位-pH 图时仍有相当的局限性，应当具体问题具体分析。其局限性如下：

① 理论电位-pH 图是一种热力学状态图，只能预示电化学反应方向和金属腐蚀倾向，而不能给出反应速度和腐蚀速率大小。

② 理论电位-pH 图只能表明在平衡状态下的反应关系和腐蚀行为，但实际的金属腐蚀体系很少或几乎没有在平衡条件下进行的，而且溶液中往往含有多种其他杂质离子，它们也对平衡反应有重要影响。

③ 理论电位-pH 图只指明了金属氧化物、氢氧化物和难溶盐稳定存在的区域，但是对这些物质是否具有保护性，以及在什么条件下可能形成非定比的金属化合物等问题未提供任

何信息。

尽管有这些局限性，理论电位-pH 图仍具有重大的应用价值。如果把极化研究和钝化研究的成果应用到理论电位-pH 图中去，可获得经验的电位-pH 图，更大地扩大其应用价值。

2.3 极化与腐蚀速度

2.3.1 电极过程的控制性步骤与极化

在电极/溶液界面上发生的电极反应、化学转换、电极表面液层中的传质作用及新相生成等一系列变化，一般统称为电极过程。任何电极过程都是一种复杂的多相反应，由一系列串联的和/或平行的步骤组成。在这些快慢不同的串联步骤中，最慢的一个步骤(即对反应的阻力最大的步骤)控制着整个电极过程的速度，这一最慢步骤称为电极过程的控制性步骤。

当电极上有净电流通过时，电极电位偏离了无净电流通过时的平衡电位，这种现象称为极化。为了表示极化程度的大小，将某一净电流密度下的电极电位与平衡电位的差值称为该电极在给定电流密度下的过电位，以 η 表示：

$$\eta = E_I - E_e \qquad (2-31)$$

式中 E_I——在电流密度 I 下的极化电位；

E_e——平衡电位。

对于实际的腐蚀体系，通常也将由于净电流流过使电极电位偏离无净电流流过时的非平衡稳定电位的现象称为极化，其过电位(即实际发生的极化电位值)为：

$$\eta = E_I - E_S \qquad (2-32)$$

式中，E_S为稳定电位，即给定体系的自腐蚀电位。

流过电极的外加净电流方向(极性)决定了电极电位偏移的方向。当有正电流通过导线流入电极(即电子从电极流出)时，将加速电极上的氧化反应，使电极电位朝正向移动，称为阳极极化，此时阳极极化过电位 $\eta_a>0$；反之，当有正电流流出电极(即电子流入电极)时将加速电极上的还原反应，使电极电位朝负向移动，称为阴极极化，此时阴极极化过电位 $\eta_c<0$。

电极的极化实质上反映了电极过程受阻的情况，极化程度反映了电极过程所受阻力大小，而电极反应的过电位则代表了该电极反应的推动力。极化的产生在于电极过程自身的缓慢性，主要取决于该电极过程中的控制性步骤，反映了控制步骤的特征。随控制步骤不同而产生了不同类型的极化，如扩散(浓差)极化、化学反应极化、电化学反应(活化)极化、吸脱附极化、电结晶极化以及阳极钝化导致的电阻极化等。通常遇到的主要有浓差极化和活化极化，相应的过电位称为浓差过电位和活化过电位。

浓差极化的产生，是由于电极反应进行时反应物质在液相中输运步骤的缓慢破坏了溶液中原有浓度的均匀分布，造成电极附近的浓度与本体溶液浓度的差异，由此引起电位变化，即产生浓差极化。活化极化是由于电化学反应步骤成为电极过程的控制性步骤所产生的极化。由于电化学反应速度比电子在导体中运动速度慢，从而在相界面处不能及时地在电子导体和离子导体之间实现均衡的电荷转移，结果造成电荷在相界面积累，改变了双电层结构，使电极电位改变，产生活化极化。

此外，由于电极反应过程中可在电极表面生成一层氧化膜或其他产物膜，对电流的通过(即对电极反应)产生阻力，由此所引起的电极极化称为电阻极化。

2.3.2 电化学极化方程式

由于电化学反应是在电极/电解质界面上进行的，界面电场强度对电化学反应速度有很大影响，因此表征电化学反应速度的电流密度会随电极电位的变化而改变。电极电位对电化学反应速度的影响主要是通过影响反应活化能来实现。

根据电化学动力学理论，同一电极上的阴极过程和阳极过程的反应速度与电极电位(或过电位)之间的关系可用下列方程式表示：

$$i_c = i^\circ \exp\left[-\frac{\alpha nF(E_I - F_e)}{RT}\right] = i^\circ \exp\left(-\frac{\alpha nF\eta}{RT}\right) \tag{2-33}$$

$$i_a = i^\circ \exp\left[\frac{\beta nF(E_I - E_e)}{RT}\right] = i^\circ \exp\left(\frac{\beta nF\eta}{RT}\right) \tag{2-34}$$

式中 i°——电极反应的交换电流密度；

n——电极反应的电子数；

F——法拉第常数；

R——气体常数；

T——绝对温度；

α，β——分别为阴极反应和阳极反应的传递系数，表征电极电位对反应活化能的影响程度，且有 $\alpha+\beta=1$。

式(2-33)和式(2-34)中的氧化反应速度 i_a 和还原反应速度 i_c 都是不能用电流表直接测量的内电流。电极上无净电流流过时，$i_a=i_c$。当该电极上有外电流(净电流)流过时，实际测得的流过电极的电流密度应是两者之差。此时的阴极极化电流密度 I_c 和阳极极化电流密度 I_a 分别为：

$$I_c = i_c - i_a = i^\circ\left[\exp\left(-\frac{\alpha nF\eta_c}{RT}\right) - \exp\left(\frac{\beta nF\eta_c}{RT}\right)\right] \tag{2-35}$$

$$I_a = i_a - i_c = i^\circ\left[\exp\left(\frac{\beta nF\eta_a}{RT}\right) - \exp\left(-\frac{\alpha nF\eta_a}{RT}\right)\right] \tag{2-36}$$

式(2-35)和式(2-36)是电化学极化的最基本的方程式，也称为 Butler-Volmer 电化学极化方程式。在一定条件下可获得简化表达式：当阴极极化很大时 $i_c \gg i_a$，式(2-35)中的 i_a 可略去不计；当阳极极化很大时 $i_a \gg i_c$，式(2-36)中的 i_c 可略去不计。经进一步取对数后可得：

$$\eta_c = \frac{2.303RT}{\alpha nF}\lg i^\circ - \frac{2.303RT}{\alpha nF}\lg I_c \tag{2-37}$$

$$\eta_a = -\frac{2.303RT}{\beta nF}\lg i^\circ + \frac{2.303RT}{\beta nF}\lg I_a \tag{2-38}$$

将式(2-37)和式(2-38)写成通式：

$$\eta = a + b\lg I \tag{2-39}$$

式中，$a=\frac{2.303RT}{\alpha nF}\lg i^\circ\left(\text{或}-\frac{2.303RT}{\beta nF}\lg i^\circ\right)$，$b=-\frac{2.303RT}{\alpha nF}\left(\text{或}\frac{2.303RT}{\beta nF}\right)$。

式(2-39)就是著名的塔菲尔(Tafel)公式。该式表明，当极化很大($|\eta| \gg \frac{100}{n}$mV)时，过电位 η 与外电流密度的对数呈线性关系。

当过电位很小($|\eta| \ll \frac{50}{n}$mV)时，将式(2-35)和式(2-36)中的指数项按级数展开，并略

去一次以上的高次项，由于 $\alpha+\beta=1$，由此可得：

$$I_c = i^\circ\left[\left(1-\frac{\alpha nF\eta_c}{RT}\right)-\left(1+\frac{\beta nF\eta_c}{RT}\right)\right] = -\frac{nFi^\circ}{RT}\eta_c \tag{2-40}$$

$$I_a = i^\circ\left[\left(1+\frac{\beta nF\eta_a}{RT}\right)-\left(1-\frac{\alpha nF\eta_a}{RT}\right)\right] = -\frac{nFi^\circ}{RT}\eta_a \tag{2-41}$$

显然，当过电位 η 很小时，过电位 η 与外电流密度之间呈线性关系，其形式就如同欧姆定律表达式那样，可表示为：

$$\eta_c = -\frac{RT}{nFi^\circ}I_c = -R_F I_c \tag{2-42}$$

$$\eta_a = \frac{RT}{nFi^\circ}I_a = R_F I_a \tag{2-43}$$

式中，$R_F=\dfrac{RT}{nFi^\circ}$被称为法拉第电阻。体系的 i°越大，相应的 R_F 就越小，则反应的阻力也越小，不容易极化。

2.3.3 浓差极化方程式

若体系的阴极反应完全由扩散传质步骤控制，其反应式为：

$$\mathrm{O} + ne \rightarrow \mathrm{R} \tag{2-44}$$

而且溶液中存在足够大量的惰性电解质，从而可忽略扩散层中的电迁移效应。由于扩散传质步骤是整个电极反应中唯一“缓慢性”控制步骤，因此可认为电极仍然处在实际的电化学平衡状态。此时可用能斯特方程计算极化条件下的电极电位，如采用的是电极表面的实际浓度，则由推导所获得的浓差过电位 η 为：

$$\eta = E_I - E_e = \frac{RT}{nF}\ln\frac{c_O^S c_R^\circ}{c_R^S c_O^\circ} \tag{2-45}$$

式中　c_O^S 和 c_R^S——分别为氧化态物质和还原态物质的电极表面浓度；

c_O° 和 c_R°——分别为氧化态物质和还原态物质的本体溶液浓度。

此式适用于多种反应物和生成物的状态。

现假设反应产物 R 生成独立相，此时 $a^\circ_R=a_R^S=1$，式(2-45)简化为：

$$\eta = \frac{RT}{nF}\ln\frac{c_O^S}{c_O^\circ} \tag{2-46}$$

当扩散过程达到稳态时，根据费克定律，与此扩散速度相对应的稳态扩散电流密度为：

$$I_c = nFD_O\frac{c_O^\circ - c_O^S}{\delta_O} \tag{2-47}$$

式中　D_O——氧化态物质 O 在液相中的扩散系数；

δ_O——扩散层厚度。

相应于 $c_O^S\rightarrow 0$(称为“完全浓差极化”)，I_c 将趋近于最大极限值，通常称其为稳态极限扩散电流密度(I_d)即：

$$I_d = nFD_O\frac{c_O^\circ}{\delta_O} \tag{2-48}$$

由式(2-47)和式(2-48)可获得反应物表面浓度：

$$c_O^S = c_O^\circ\left(1-\frac{I_c}{I_d}\right) \tag{2-49}$$

从式(2-49)和式(2-46)，即可导出相应的浓差极化方程式：

$$\eta = \frac{RT}{nF}\ln\left(1 - \frac{I_c}{I_d}\right) \tag{2-50}$$

如图 2-11(a)和(b)所示分别为在直角坐标和半对数坐标中的浓差极化曲线。由此可见，浓差极化有两个重要特征：① 当 $I_c = I_d$时，出现不随电极电位而变的极限电流；② 以 E 对$\lg(1-\frac{I_c}{I_d})$作图，可得到斜率为$\frac{2.303RT}{nF}$的直线。

2.3.4 腐蚀极化图

2.3.4.1 自腐蚀电位与自腐蚀电流

在电化学腐蚀的情况下，金属的阳极溶解反应必然总是伴随着某种去极化剂的还原反应。因此，即使在最简单的情况下，在腐蚀金属电极上至少发生着两个不同的电极反应。这种在均相电极上同时相互耦合地进行着两个或两个以上电极反应的电极体系称为均相复合电极体系。而在一个孤立电极上，同时等当量地进行着一个氧化反应和一个还原反应的现象称为电极反应的耦合。在孤立电极上相互耦合的这两个电极反应，彼此遵循各自的动力学规律互不干扰，但它们又必须同时发生并维持电荷平衡。这种在性质上各自独立而又互相诱导的电化学反应称为共轭电化学反应。

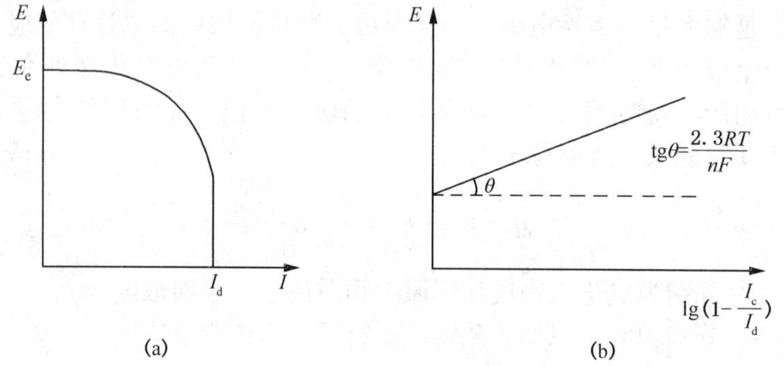

图 2-11 在直角坐标(a)和半对数坐标(b)中的具有浓差极化特征的极化曲线($a_R = 1$)

对于只有一对共轭反应的简单体系，在其反应进行过程中物质交换始终达不到平衡，此时金属和去极化剂均不断地被消耗。但是根据混合电位理论，此体系中阳极氧化反应所释放出来的电子将全部被去极化剂的阴极还原反应所消耗，体系达到了电荷平衡，且无净电荷积累。氧化反应的总电流与还原反应的总电流在数值上应相等，这些电流的作用将使局部阳极和局部阴极发生极化，在忽略溶液电阻的情况下，它们将偏离各自的平衡电位而极化到一个共同的电位 E_{corr}。E_{corr} 是一个非平衡的稳定电位，其数值介于两个电极反应的平衡电位之间，称为混合电位。对于一个实际腐蚀体系所建立起的这种混合电位称为自腐蚀电位。与之相对应，此时的阳极氧化反应总电流称为自腐蚀电流，单位面积金属上的自腐蚀电流称为自腐蚀电流密度，以 i_{corr} 表示。

2.3.4.2 腐蚀极化图

腐蚀极化图是一种表征腐蚀电池极化状态和趋势的简明示意图，也称为伊文思(Evans)图。它把代表腐蚀电池特征的阴、阳极极化曲线画在同一图中，忽略电位随电流变化的细节，且都用直线表示极化曲线。如图 2-12 所示为腐蚀极化图的构成：$E_{e,c}$ 和 $E_{e,a}$ 分别为阴极反应和阳极反应的平衡电位，$E_{e,c}S$ 和 $E_{e,a}S$ 分别表示腐蚀电池中去极化剂还原的阴极极化曲线和金属阳极溶解的阳极极化曲线。腐蚀电池工作时，局部阳极和局部阴极均发生极化，阳极电位正向移动，阴极电位则负向移动。如果溶液电阻可予忽略，此两条极化曲线必定相交于 S 点。S 点对应的电位即自腐蚀电位 E_{corr}，相应的电流即自腐蚀电流密度 i_{corr}。极化曲线的斜率称为极化率，表示电极过程所受阻力大小。

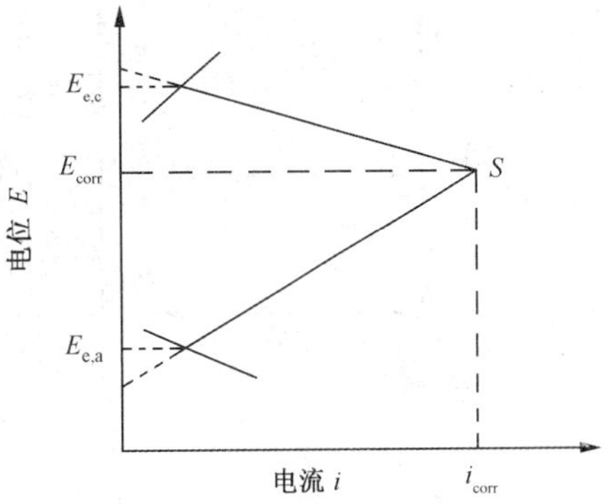

图 2-12　腐蚀极化图的示意说明

腐蚀极化图在腐蚀研究和腐蚀控制中是很有用的分析工具，有着许多实际用途，例如：

① 腐蚀极化图可用于分析腐蚀过程的主要控制性因素，说明不同体系自腐蚀电位的物理意义。当自腐蚀电位接近局部阳极反应平衡电位时，体系腐蚀过程是受阴极极化控制的，如图2-13(a)所示，此时自腐蚀电流基本上取决于阴极极化率。如图 2-13(b)所示，当自腐蚀电位接近局部阴极反应平衡电位时，腐蚀过程是受阳极极化控制的，此时自腐蚀电流取决于阳极极化率。如果自腐蚀电位落在两个局部反应平衡电位的中部区间，即局部阴极和局部阳极都有相当程度的极化，这被称为混合控制；此时自腐蚀电流取决于两种极化的共同作用，见图 2-13(c)。如果局部阳极和局部阴极之间有大电阻 R 存在(如溶液电阻很大的情况)，以致电池中流过的电流不足以使阴、阳极发生显著极化，自腐蚀电位在 E_{corr}^{C} 和 E_{corr}^{A} 之间变化不定，且有$E_{corr}^{C}-E_{corr}^{A}=i_{corr}R$，这种情况称为电阻极化控制，如图 2-13(d)所示。

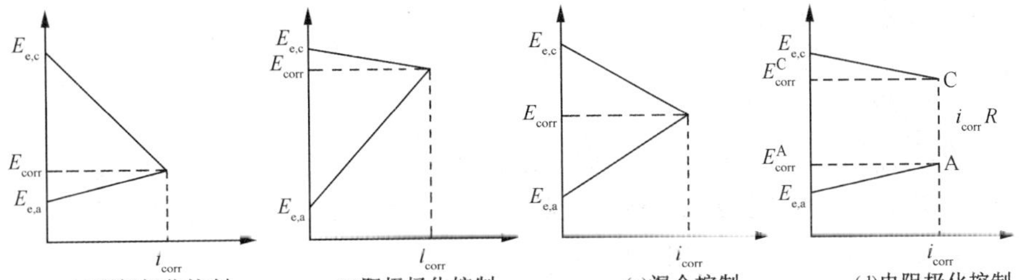

(a)阴极极化控制　(b)阳极极化控制　(c)混合控制　(d)电阻极化控制

图 2-13　几种腐蚀控制类型的腐蚀极化图

② 极化性能和起始电位对金属腐蚀速度的影响。在腐蚀电池中，若其他条件相同，局部阴极或局部阳极的极化越小(表现为极化率很小)，则自腐蚀电流越大，且引起自腐蚀电位移动。如图 2-14(a)所示，为由于添加反应剂或改变反应条件而引起阴极过程极化率增大或减小，从而导致自腐蚀电位负移或正移，相应地使自腐蚀电流密度减小或增大。如图 2-14(b)所示，由于阳极表面生成腐蚀产物膜(或钝化膜)或者添加了阳极去极化剂而引起阳极过程极化率增大或减小，导致自腐蚀电位和自腐蚀电流密度变化的情况。图2-14(c)表示，水溶液中添加不同的阴极去极化剂(如 H_2O_2 和 HNO_3)，将分别通过改变极化率和起始电位(改变阴极反应平衡电位)的方式影响自腐蚀电位和自腐蚀电流密度。由于局部阳极和局部阴极都可能具有不同的极化率和极化率变化方向，因此起始电位的差别大小并不一定能预示自腐蚀电位变化方向和自腐蚀电流密度变化大小，如图 2-14(d)所示。

2.3.5　极化曲线与电极反应

2.3.5.1　法拉第定律与腐蚀速度

众所周知，法拉第定律的基本内容包括：电极上析出或溶解的物质量与通过的电量成正

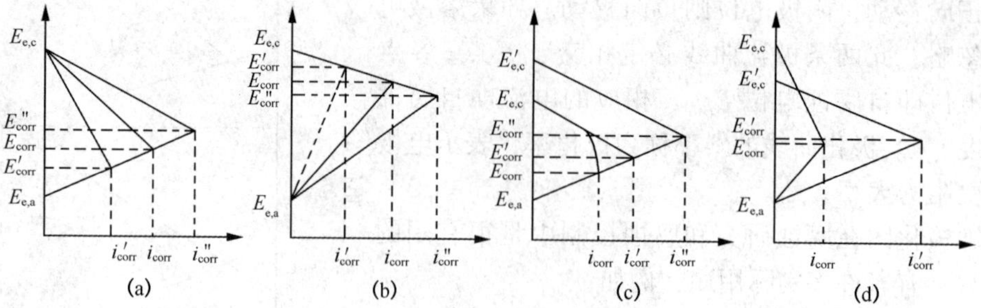

图 2-14 极化率(a、b)和起始电位(c、d)
变化对自腐蚀电位和自腐蚀电流密度的影响

比，由相同电量所析出(或溶解)的不同物质的量与其化学当量成正比。

金属的电化学腐蚀，其实质就是在通过腐蚀原电池的腐蚀电流作用下所发生的阳极溶解。所以根据法拉第定律可以把单位时间内单位面积上金属由于腐蚀造成的质量损失(即腐蚀速度 V)与腐蚀电流密度 i 相联系：

$$V = \frac{\Delta\omega}{S \cdot t} = \frac{M}{nF}i \tag{2-51}$$

式中 $\Delta\omega$——金属腐蚀的质量损失；

S——电极面积；

t——通电时间(即腐蚀周期)；

M——摩尔当量；

n——溶解金属的原子价数，

F——法拉第常数。

如果 V 的量纲为 $g/(m^2 \cdot h)$，则相应 i 的量纲应为 A/m^2，F 应取 $26.8A \cdot h$。

如已知被腐蚀金属的密度 $\rho(g/cm^3)$，则可以获得年腐蚀深度[即侵蚀速率 $d(mm/a)$]与腐蚀电流密度 $i(\mu A/cm^2)$之间的相关表达式：

$$d = 3.27 \times 10^{-3} \frac{iM}{n\rho} \tag{2-52}$$

2.3.5.2 极化曲线

以电极电位为纵坐标，以电极上通过的电流为横坐标获得的曲线称为极化曲线。它表征腐蚀原电池反应的推动力(电位)与反应速度(电流)之间的函数关系。直接从实验测得的是实验极化曲线。而构成腐蚀过程的局部阳极或局部阴极上单独电极反应(分反应)之电位与电流关系称为真实极化曲线，即理想极化曲线。

腐蚀金属电极上总是进行着局部阳极的金属溶解反应和局部阴极的去极化剂还原反应。电化学腐蚀电池中的局部阳极和局部阴极难以区分。实际中往往是把腐蚀金属电极作为整体，从自腐蚀电位开始，通过外加电流使金属极化而引起电位移动，从而获得电极电位随电流变化的实验极化曲线，这是一种表观极化曲线。

真实极化曲线实质上描述的是腐蚀电池中局部阳极和局部阴极的极化规律。腐蚀极化图就是一种由真实极化曲线构成的反映腐蚀电池内部作用情况的图解。也就是说，在未施加外电流之前，金属电极已经是一个由于腐蚀电池作用而被自腐蚀电流极化了的电极。

在实验极化曲线与真实极化曲线之间，在外加电流与局部阳极和局部阴极的反应电流之间存在着一定的关系。如图 2-15 所示，实验极化曲线(虚线)的起始电位是自腐蚀电位

E_{corr}，它是金属电极上短路腐蚀电池的混合电位。由于外加负电流使电极发生阴极极化，电位从 E_{corr} 沿着 $E_{corr}GB'$ 曲线向更负方向移动。当电位达到 E_1 时，局部阴极电流增大到 i_c（$\overline{E_1M}$线段表示），而局部阳极电流则减小到 i_a（$\overline{E_1P}$线段表示），两者之差（线段$\overline{PM}$）正是外加阴极电流 I_c（线段$\overline{E_1G}=\overline{PM}$）即：

$$I_{c(E_1G)} = i_{c(E_1M)} - i_{a(E_1P)} \qquad (2-53)$$

同样，外加阳极极化电流 I_a（线段$\overline{E_2Q}$）使电极电位从 E_{corr} 正移至 E_2。I_a 与局部阳极电流 i_a（线段$\overline{E_2N}$）和局部阴极电流 i_c（线段$\overline{E_2F}$）之差（线段$\overline{FN}$）存在如下关系：

$$I_{a(E_2Q)} = i_{a(E_2N)} - i_{c(E_2F)} \qquad (2-54)$$

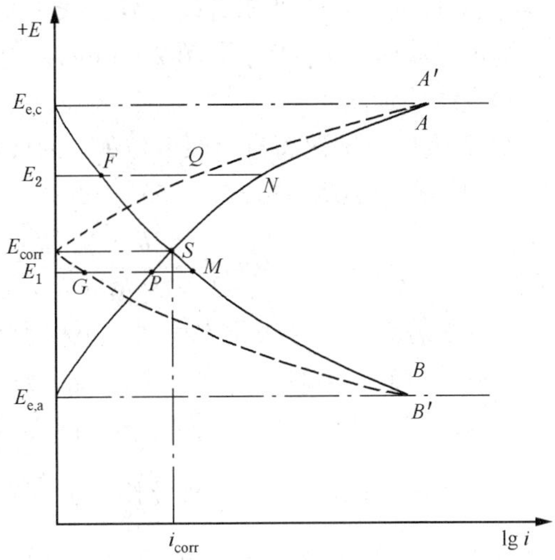

图 2-15　实验极化曲线与真实极化曲线关系的示意图

由式（2-53）和式（2-54）以及图 2-15 可见，当阴极极化达到局部阳极的平衡电位以及阳极极化达到局部阴极的平衡电位时，实验极化曲线开始与真实极化曲线重合，即进入极化曲线的塔菲尔线性区。

2.3.5.3　活化状态下腐蚀金属电极的极化关系

根据控制步骤不同，极化曲线可区分为活化极化曲线、浓差极化曲线和钝化极化曲线。

对于一个简单的均匀腐蚀金属电极体系，电极上只进行金属的阳极溶解反应和去极化剂的阴极还原反应。如果这两个反应均受界面电化学反应步骤控制，且自腐蚀电位相距两个局部反应的平衡电位均较远，此时外加极化电流 I（适用于阴极极化电流 I_c 和阳极极化电流 I_a）与电极电位 E 之间存在如下关系：

$$I = i_{corr}\left[\exp\frac{2.303\Delta E}{b_a} - \exp\frac{-2.303\Delta E}{b_c}\right] \qquad (2-55)$$

式中　i_{corr}——自腐蚀电流；

ΔE——腐蚀金属电极的极化值，$\Delta E=E-E_{corr}$，E_{corr} 为自腐蚀电位；

b_a、b_c——分别为阳极反应和阴极反应的塔菲尔常数，且有：

$$b_a = \frac{2.303RT}{\beta_a nF} \qquad b_c = \frac{2.303RT}{\alpha_c nF} \qquad (2-56)$$

式（2-55）就是所谓的腐蚀金属电极的极化方程式，也称为腐蚀金属电极的速度方程式。形式上，与电化学极化方程式相似。它在特定的情况下可获得以下简单实用的形式。

① 强极化　即当极化电位 E 偏离自腐蚀电位 E_{corr} 足够远的情况。此时 $|\Delta E|$ 很大（通常为大于 $\frac{100}{n}$mV），极化方程式（2-55）中可忽略掉一项并取对数，可得到：

$$E - E_{corr} = -b_a \lg i_{corr} + b_a \lg I_a \qquad （阳极极化） \qquad (2-57)$$

$$E_{corr} - E = -b_c \lg i_{corr} + b_c \lg|I_c| \qquad （阴极极化） \qquad (2-58)$$

此式表明，在 $E-\lg I$ 坐标（即半对数坐标）上于强极化区的极化曲线呈线性关系，该直线段称为塔菲尔直线，直线的斜率 b_a、b_c 即相应的塔菲尔常数。这也是熟知的塔菲尔常数的一种形式。阳极和阴极的塔菲尔直线之延长线应相交于自腐蚀电位 E_{corr} 处（$\Delta E=0$），此时 i_a

$=i_c=i_{corr}$。因此，从塔菲尔直线的延长线之交点或其延伸至 E_{corr} 线处的交点可以求得该体系的自腐蚀电流密度 i_{corr}，参见图 2-16(a)。这就是测定金属腐蚀速度的极化曲线外延法或称塔菲尔直线外延法。

② 微极化　即偏离自腐蚀电位 E_{corr} 的极化值 ΔE 很小的情况。此时的极化量基本上不会改变腐蚀体系的本质。将式(2-55)中的指数项按级数展开并略去高次项，可得：

$$i_{corr}=\frac{b_a b_c}{2.303(b_a+b_c)}\cdot\frac{I}{\Delta E}=\frac{b_a b_c}{2.303(b_a+b_c)}\cdot\frac{1}{R_p} \qquad (2-59)$$

这就是著名的线性极化方程式，也称为 Stern-Geary 方程式。一般认为，在 $E-I$ 坐标上于 E_{corr} 附近一个很小的极化范围内(通常 $\Delta E<\pm 10$mV)存在一段线性区或近似线性区，此区段也称为线性极化区，参见图 2-16(b)；极化电位值 ΔE 与外加极化电流呈简单线性关系。直线的斜率称为极化电阻(或极化阻力)，以 R_p 表示，即 $R_p=\dfrac{\Delta E}{I}$。由式(2-59)可见，自腐蚀电流密度 i_{corr} 与 R_p 成反比。如果通过实验测定了 R_p，并已知 b_a、b_c 的数值，便可计算得 i_{corr}。这种测定金属腐蚀速度的方法称为线性极化法或极化电阻法。

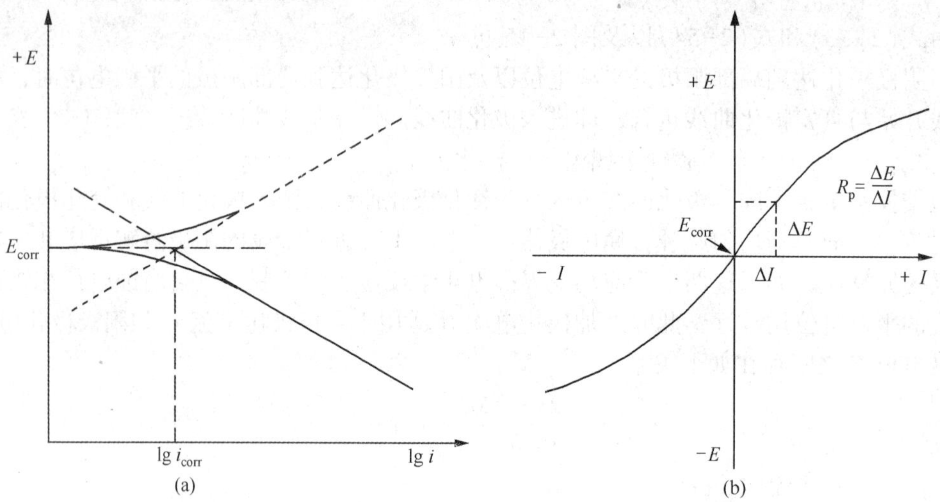

图 2-16　活化极化曲线的塔菲尔直线外延法(a)和线性极化法(b)测定自腐蚀电流密度 i_{corr}

③ 弱极化　即当极化值 $|\Delta E|$ 位于线性极化区与强极化区之间的情况，一般不大于 70mV。在 $E-I$ 坐标系和 $E-\lg I$ 坐标系中，此极化区段均为非简单线性关系，它的复杂函数关系包含了更多的信息。由此而开发出了弱极化区的多种腐蚀测量方法，如两点法、三点法和四点法等。例如，所谓 Barnartt 三点法的方法要点是，在弱极化区选取 ΔE、$2\Delta E$、和 $-2\Delta E$ 三个电位进行极化并测定对应的极化电流值 $I_{(\Delta E)}$、$I_{(2\Delta E)}$ 和 $I_{(-2\Delta E)}$，代入式(2-55)，最后可得：

$$i_{corr}=\frac{I_{(\Delta E)}}{\sqrt{r_2^2-4\sqrt{r_1}}} \qquad (2-60)$$

$$b_a=\frac{\Delta E}{\lg\left(r_2+\sqrt{r_2^2-4\sqrt{r_1}}\right)-\lg 2} \qquad (2-61)$$

$$b_c=\frac{-\Delta E}{\lg\left(r_2-\sqrt{r_2^2-4\sqrt{r_1}}\right)-\lg 2} \qquad (2-62)$$

式中，

$$r_1 = \frac{I_{(2\Delta E)}}{I_{(-2\Delta E)}},\ r_2 = \frac{I_{(2\Delta E)}}{I_{(\Delta E)}} \tag{2-63}$$

显然，采用三点法测量和计算，不仅可获得自腐蚀电流密度 i_{corr}，而且可获得塔菲尔常数 b_a 和 b_c。

2.3.5.4 浓差极化控制的腐蚀金属电极的极化关系

当腐蚀金属电极过程受反应物或反应产物的扩散速度控制时，就会引起浓差极化。这种现象往往出现在腐蚀过程的阴极还原反应中，常见的如氧还原反应。根据能斯特方程式和适当的推导，可获得腐蚀金属电极电位与外加极化电流的关系式为：

$$E - E_{corr} = \frac{b_a b_c}{b_a + b_c}\lg\left(1 - \frac{I_c}{i_L}\right) \tag{2-64}$$

式中，i_L 称为稳态极限扩散电流。此即腐蚀金属电极的浓差极化方程式。当 I_c 比 i_L 明显小得多，以至于可以忽略时，E 接近于 E_{corr}，未出现浓度极化。如与 i_L 相比，I_c 不能忽略，此时已产生明显的浓差极化。当 I_c 接近 i_L 时，电极反应完全受扩散过程控制；当 $I_c = i_L$ 时，极化曲线为平行于电位轴的直线。

对于同时存在电化学极化和浓差极化的混合控制体系，当外加极化电流小时，以电化学极化为主；当极化电流大时，以浓差极化为主。通过适当推导，此时腐蚀金属电极电位与外加极化电流的关系式为：

$$E_{corr} - E = b_c\lg\frac{I_c}{i_{corr}} - b_c\lg\left(1 - \frac{I_c}{i_L}\right) \tag{2-65}$$

不同控制步骤的电极过程具有不同的电极电位-电流函数关系，相应具有不同的极化曲线形式。这对于金属腐蚀电化学研究和电化学保护（即阴极保护和阳极保护）都是很重要的。

2.4 析氢腐蚀与耗氧腐蚀

2.4.1 金属腐蚀的阳极过程和阴极过程

2.4.1.1 腐蚀的阳极过程

金属腐蚀的阳极过程涉及金属的电化学溶解（活化溶解）和金属钝化两类情况。金属钝化将在第2.5节讨论。此处简单讨论金属与电解质溶液接触发生电化学腐蚀而产生的自溶解过程。

金属的活性阳极溶解就是金属原子失去电子成为金属离子，并离开电极表面转入溶液的过程。通常可用一个简单的反应式表示：

$$\underset{(金属)}{M} \longrightarrow \underset{(溶液)}{M^{n+}} + \underset{(金属)}{ne} \tag{2-66}$$

在与水分子形成水化离子的情况下，阳极溶解反应式可以写为：

$$M + xH_2O \longrightarrow M^{n+} \cdot xH_2O + ne \tag{2-67}$$

阳极溶解过程的反应式表面看似简单，但实际过程涉及的反应步骤十分复杂，某些主要相关问题包括以下几个方面：

① 阳极溶解反应首先必须经历金属原子离开金属晶格的步骤。能够离开晶格的原子一般先成为吸附在金属表面上的“吸附原子”，然后放电而成为离子。

② 溶液中某些分子、阴离子同金属表面上的吸附原子形成吸附络合物。在阳极溶解过程中，一些阴离子以一定的反应级数直接参与电极反应。

③ 表面吸附络合物在电极表面放电而成为吸附的络合离子，然后转入溶液成为水化的金属离子。对于生成多价态金属离子的阳极溶解过程也可能由若干个单电子步骤组成，此过程中可能有中间价态的产物生成。

④ 生成的水化金属离子离开金属表面附近的液层向溶液深处扩散。一般而言，阳极过程中金属离子扩散不会成为整个金属溶解过程的控制步骤。

2.4.1.2 腐蚀的阴极过程

金属腐蚀的阴极过程是溶液中某种（或多种）去极化剂在腐蚀电池的阴极上被还原的过程。在腐蚀电池的阴极上进行的去极化剂还原反应可能有以下几类：

① 溶液中阳离子的还原反应。例如，析氢反应：

$$2H^+ + 2e \longrightarrow H_2 \qquad (2-68)$$

贵金属离子的沉积反应：

$$Cu^{2+} + 2e \longrightarrow Cu \qquad (2-69)$$

金属离子的变价还原反应：

$$Fe^{3+} + e \longrightarrow Fe^{2+} \qquad (2-70)$$

② 溶液中阴离子的还原反应。例如，氧化性酸根的还原反应：

$$NO_3^- + 2H^+ + 2e \longrightarrow NO_2^- + H_2O \qquad (2-71)$$

$$Cr_2O_7^{2-} + 14H^+ + 6e \longrightarrow 2Cr^{3+} + 7H_2O \qquad (2-72)$$

$$S_2O_8^{2-} + 2e \longrightarrow 2SO_4^{2-} \qquad (2-73)$$

③ 溶液中的中性分子还原反应。例如，消耗氧的氧还原反应：

$$O_2 + 4H^+ + 4e \longrightarrow 2H_2O \quad \text{(酸性溶液中)} \qquad (2-74)$$

$$O_2 + 2H_2O + 4e \longrightarrow 4OH^- \quad \text{(中性或碱性溶液中)} \qquad (2-75)$$

④ 不溶性膜或沉积物的还原反应。例如，不溶性氢氧化物和氧化物的还原反应：

$$Fe(OH)_3 + e \longrightarrow Fe(OH)_2 + (OH)^- \qquad (2-76)$$

$$Fe_3O_4 + H_2O + 2e \longrightarrow 3FeO + 2OH^- \qquad (2-77)$$

无论是在海水中、土壤中，还是在潮湿大气中、工业设备中，对于金属腐蚀来说，消耗氧的还原反应和析氢还原反应是最常遇到的两个阴极去极化过程。如果腐蚀的阴极过程是析氢反应，通常称此时的金属腐蚀为析氢腐蚀。如果阴极过程是耗氧反应，则称之为耗氧腐蚀（有时也称吸氧腐蚀）。

2.4.2 析氢腐蚀

2.4.2.1 析氢反应

析氢反应是析氢腐蚀的阴极过程。在酸性和中、碱性溶液中有着不同的析氢反应。在酸性溶液中，氢的来源是水化氢离子（H_3O^+），它在阴极上放电而生成氢气：

$$2H_3O^+ + 2e \longrightarrow H_2 + 2H_2O \quad \text{(酸性溶液)} \qquad (2-78)$$

在中性、碱性溶液中，一般认为是水分子直接接受电子而生成氢气：

$$2H_2O + 2e \longrightarrow H_2 + 2OH^- \quad \text{(中性、碱性溶液)} \qquad (2-79)$$

实验证明，许多金属电极上析氢过电位 η_{H_2} 与阴极极化电流 I_c 之间遵循塔菲尔经验公式：

$$\eta_{H_2} = a + b\lg I_c \qquad (2-80)$$

在多数纯净金属表面上发生析氢反应时，式(2-80)中的经验常数 b 具有相近的数值（$b \approx 100 \sim 140$mV），表示电极界面电场对析氢反应的活化效应大致相同；而另一个经验常数 a 值却差别很大，说明不同的电极材料对析氢反应有着不同的“催化能力”。通常根据 a 值大小可将电极材料分成三类：

a. 高氢过电位金属($a \approx 1.2 \sim 1.5V$)，如铅、镉、汞、锌、钖等；

b. 中氢过电位金属($a \approx 0.5 \sim 0.7V$)，如铁、钴、镍、铜、金、银、钨等；

c. 低氢过电位金属($a \approx 0.1 \sim 0.3V$)，如铂、钯等。

反应式(2-78)和式(2-79)是阴极析氢的总反应式，而实际析氢过程则是由一系列连续步骤所构成，并根据不同的条件可能采取不同的途径。一般认为包括如下一些步骤：

① 氢离子(H^+)或水化氢离子(H_3O^+)向电极表面迁移。由于氢离子在溶液中的扩散极快(一般也不会产生浓差极化)，所以这一步骤几乎是无障碍地进行的。

② 水化氢离子或水分子在电极表面上放电，形成吸附氢原子 H_{ads}：

$$H_3O^+ + e \longrightarrow H_{ads} + H_2O \quad (2-81)$$

$$H_2O + e \longrightarrow H_{ads} + OH^- \quad (2-82)$$

③ 吸附氢原子按以下两种方式之一从电极表面脱附除去：

a. 复合脱附。由两个吸附氢原子通过化学反应复合成一个氢分子，此时金属电极表面起着某种类似催化剂的作用：

$$H_{ads} + H_{ads} \longrightarrow H_2 \quad (2-83)$$

b. 电化学脱附。氢离子或水分子在已经吸附在电极表面的氢原子上放电，并同时结合成氢分子：

$$H_3O^+ + H_{ads} + e \longrightarrow H_2 + H_2O \quad (2-84)$$

$$H_2O + H_{ads} + e \longrightarrow H_2 + OH^- \quad (2-85)$$

关于产生氢过电位的原因，目前主要有两种理论，即“缓慢放电机理”和“缓慢复合机理”。前者认为，氢过电位的产生，主要是由于氢离子放电的电化学反应步骤缓慢所引起的；而后者则认为，氢原子的复合步骤是析氢反应的控制性步骤。

2.4.2.2　析氢腐蚀发生的条件与特征

(1) 发生析氢腐蚀的电化学条件

发生析氢腐蚀需要一个金属阳极溶解反应和一个阴极析氢反应在同一个金属电极上耦合进行，构成一个腐蚀电池。在热力学上，只有当 $E_{e,M} < E_{e,H}$ 时，才可能发生析氢腐蚀。但实际上是否发生析氢腐蚀以及析氢腐蚀究竟以多大速度进行，还与析氢过电位 η_{H_2} 和金属阳极溶解过电位 η_M 的大小有关。

某些强钝化性的金属，如 Cr、Ti 等，虽然它们的平衡电位负于氢电极的平衡电位 $E_{e,H}$，但由于金属表面钝化膜的生成，阳极溶解过程的过电位很大，所以在一些酸溶液中并不发生析氢腐蚀。当溶液 pH 值下降时，$E_{e,H}$ 朝正向移动，若金属溶解反应的平衡电位不变，则析氢反应的驱动力就会增大。这就是析氢腐蚀常随酸浓度增大而加剧的原因。

(2) 金属在酸溶液中腐蚀的主要特征

① 如果酸溶液中没有氧化还原电位更正的其他去极化剂，腐蚀过程的阴极反应就只有析氢反应，此时发生的就是典型的析氢腐蚀。若酸溶液中除 H^+ 外还存在氧化还原电位更正的其他去极化剂，情况就可能不同了。例如，HNO_3 是氧化性酸，NO_3^- 是强氧化剂，因此在 HNO_3 中金属腐蚀的阴极过程就主要是 NO_3^- 被还原为 NO_2^- 的过程。

② 在绝大多数情况下，金属在酸中的析氢腐蚀是一种阳极活性溶解过程，即腐蚀是在金属表面上没有钝化膜或其他成相膜存在的情况下进行的。

③ 在大多数情况下，金属在酸中的析氢腐蚀是一种宏观上的全面均匀腐蚀。

④ 金属在酸溶液中发生析氢腐蚀时，可以认为，腐蚀过程的阴极反应(析氢反应)和金属阳极溶解反应都处于活化极化控制下，都遵循塔菲尔方程式。

2.4.2.3　析氢腐蚀的影响因素

发生析氢腐蚀时，金属阳极溶解反应和阴极析氢反应在同一金属表面上耦合进行，且都遵循塔菲尔方程式。因此，这两个电化学反应的交换电流密度 i°_M、i°_H，极化率 β_a、β_c，以及它们平衡电位的差值($E_{e,H}-E_{e,M}$)等参量都会对析氢腐蚀速度有影响。

① 析氢腐蚀的自腐蚀电位 E_{corr} 距两个平衡电位 $E_{e,H}$ 和 $E_{e,M}$ 均较远，此时析氢腐蚀过程受混合控制。系统电化学参数对析氢腐蚀速度的影响规律服从下列关系式：

$$i_{corr}=(i^\circ_M)^{\frac{\beta_a}{\beta_a+\beta_c}}(i^\circ_H)^{\frac{\beta_c}{\beta_a+\beta_c}}\cdot\exp\left(\frac{E_{e,H}-E_{e,M}}{\beta_a+\beta_e}\right)\tag{2-86}$$

式中，$\beta_a=\dfrac{b_a}{2.303}$，$\beta_c=\dfrac{b_c}{2.303}$。

② 阴极析氢反应的极化率大于阳极溶解反应的极化率，析氢腐蚀过程受阴极过程控制。此时，E_{corr} 将接近于 $E_{e,M}$。如锌在酸中的腐蚀就属于这种类型。如图 2-17 所示为金属锌在酸溶液中发生析氢腐蚀的极化图，同时还给出了由于锌中含有 Cu、Fe 等杂质以及锌被汞齐化后的极化图。

③ 金属阳极溶解反应的极化率大于阴极析氢反应的极化率，析氢腐蚀过程受阳极过程控制。此时，E_{corr} 将接近于 $E_{e,H}$。例如，处于钝态的铝在弱酸性中的腐蚀以及不锈钢在稀酸溶液中的腐蚀均属于此种类型。由于铝表面有一层在空气中形成的钝化膜，使阳极过程受阻，表现为较高的阳极极化率。溶液中的 Cl^- 容易破坏表面钝化膜，而溶液中的溶解氧则对钝化膜具有修复作用，这些都会影响到阳极极化率。如图 2-18 所示为金属铝在充气、脱氧及含 Cl^- 的弱酸溶液中的腐蚀极化图。

④ 金属阳极溶解反应与析氢反应的平衡电位差值($E_{e,H}-E_{e,M}$)很小，E_{corr} 距 $E_{e,H}$ 和 $E_{e,M}$ 都很接近。在这种情况下，腐蚀电池的驱动力很小，所以腐蚀速度一般都很小。

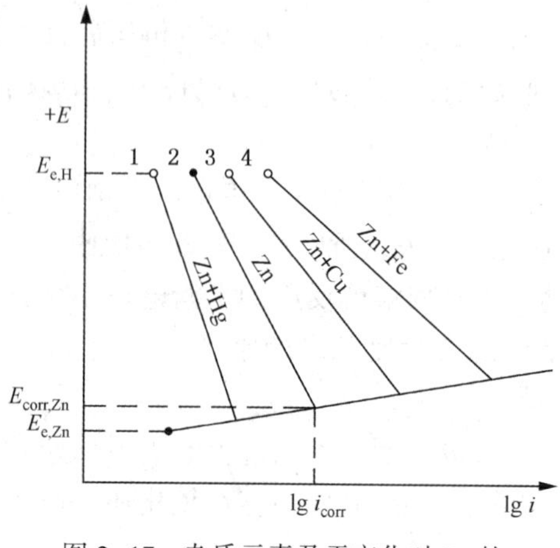

图 2-17　杂质元素及汞齐化对 Zn 的析氢腐蚀影响的极化图(阴极控制)

1—$\lg i^\circ$(Zn+Hg)；2—$\lg i^\circ$(Zn)；

3—$\lg i^\circ$(Zn+Cu)；4—$\lg i^\circ$(Zn+Fe)

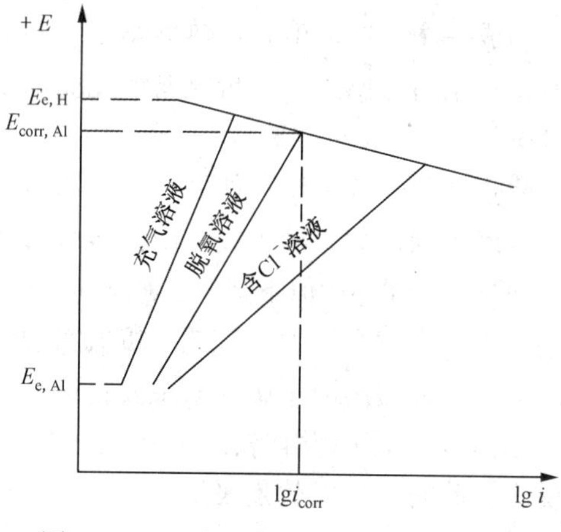

图 2-18　Al 在弱酸溶液中的腐蚀极化图(阳极控制)

2.4.3 耗氧腐蚀

2.4.3.1 氧还原反应

消耗氧的氧还原反应是溶液中的中性分子 O_2在阴极上的还原反应，如式(2-74)和式(2-75)所示。它是腐蚀电池中最常见的、重要的阴极反应之一。氧电极的平衡电位 E_{e,O_2}比氢电极的平衡电位 $E_{e,H}$更正。在有氧存在的溶液中，氧去极化的倾向比氢去极化更大。

氧还原过程是一种复杂的过程，在反应过程中可能会有中间价态的产物出现，如 H_2O_2、中间含氧吸附物质 MO_{ads}以及金属氧化物或氢氧化物等。此外，氧电极反应的可逆性很小，所以氧还原反应总伴随有很高的过电位。一般可认为氧还原反应也是由一系列串联步骤组成的，例如：

a. 分子氧向电极表面扩散；

b. 氧吸附在电极表面上；

c. 吸附氧被还原。

由于氧分子的扩散要比氢离子慢得多，所以，因氧分子输运速度缓慢而引起的浓差极化不可忽视，此时氧还原反应的阴极极化曲线(见图 2-19)明显地可分为电化学极化和浓差极化两个区域。该极化曲线大致可分为三段：

① 当阴极极化电流 I_c不太大且在供氧充分的情况下，氧还原反应过电位 η_{O_2}与 I_c服从塔菲尔关系式(如图中的 E_{e,O_2}，PBC 所示)：

$$\eta_{O_2} = a' + b'\lg I_c \qquad (2-87)$$

在这一阶段中，电极过程的速度主要取决于氧在电极上被还原的电化学反应步骤。

② 当阴极极化电流 I_c继续增大，氧的消耗加快，以致氧的传递跟不上电极上氧的反应消耗，于是产生明显的浓差极化(如图中 PFN 所示)。此时，浓差极化过电位 η'_{O_2}与 I_c的关系式为：

$$\eta'_{O_2} = \frac{2.303RT}{n'F}\lg\left(1 - \frac{I_c}{i_L}\right) \qquad (2-88)$$

③ 式(2-88)表明，当 $I_c \to i_L$，即阴极极化电流趋近氧扩散极限电流时，$\eta'_{O_2} \to \infty$，即氧还原反应过电位趋于无穷大。实际上，当阴极电位负移到一定数值后，电极上除了氧还原过程外还可能出现新的电极过程。例如，当到达氢电极平衡电位 $E_{e,H}$后，氢的去极化过程(图 2-19 中 $E_{e,H}LM$)就开始与氧的去极化过程同时进行。两条相应的极化曲线相互加合。于是总的阴极去极化过程如图 2-19 中的 $E_{e,O_2}PFSQG$ 所示。

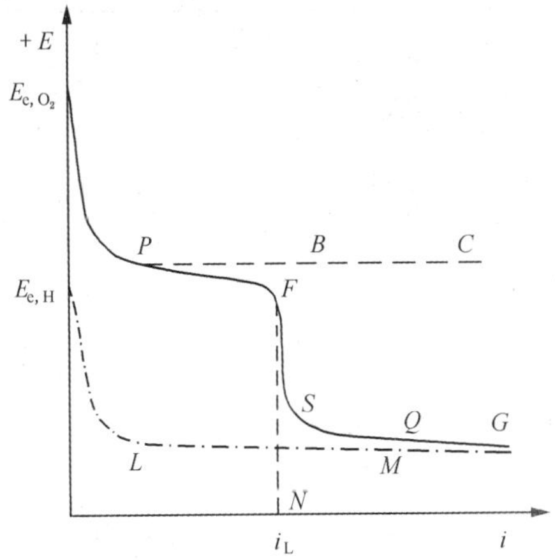

图 2-19 氧还原反应过程的阴极极化曲线示意图

2.4.3.2 金属的耗氧腐蚀

如果与金属阳极溶解反应相耦合的阴极反应是氧还原反应，则相应的金属腐蚀称为耗氧腐蚀。发生耗氧腐蚀的热力学条件是，金属阳极溶解反应的平衡电位 $E_{e,M}$比氧的阴极还原反应的平衡电位 E_{e,O_2}更负。由于 E_{e,O_2}很正，因此耗氧腐蚀是一种十分普遍的腐蚀过程。

当金属发生耗氧腐蚀并处于阴极控制时，其腐蚀速度将取决于控制步骤的反应速度。根据氧还原反应速度与氧向阴极表面输送速度的相对大小，耗氧腐蚀可能出现以下四种情况：

① 供氧速度显著大于氧还原反应速度时，金属腐蚀速度将取决于氧还原反应速度。

② 如果供氧速度较小，则金属腐蚀速度将由供氧速度所决定。一般情况下，氧以扩散方式通过金属/溶液界面附近的扩散层传递到阴极表面是过程的控制性步骤。此时将出现强烈的浓差极化，金属腐蚀速度就等于氧的极限扩散电流密度，即：

$$i_{corr} = i_L = nFD\frac{C}{\delta} \tag{2-89}$$

③ 如果氧的扩散速度和氧还原反应速度相差不多时，金属腐蚀速度将受两者的混合控制。

④ 除了氧的去极化反应外，同时还进行着氢离子或其他去极化剂的去极化过程。这时氧和氢离子(或其他去极化剂)的去极化过程是彼此独立、平行进行的过程。因此阴极上总的极化电流 I_c 应该是氧还原反应电流 i_{O_2} 与氢去极化的反应电流 i_H 之和：

$$I_c = i_{O_2} + i_H \tag{2-90}$$

如图 2-20 所示为在同一体系中氧还原反应(曲线 *ABCG*)和氢离子还原反应(曲线 *lmph*)同时进行的理想极化曲线(极化图)。在实践中经常遇到这样的腐蚀体系，例如在外加电流的阴极保护体系中，在被保护的金属表面上往往出现氧和氢离子同时被还原的情况，有时还伴随有其他还原反应(如 Cl_2 的还原)等。图中的曲线 *ABCD* 就是总的阴极还原反应的阴极极化曲线，符合式(2-90)的关系。该体系的自腐蚀电位 E_{corr} 比简单体系的 $E_{corr,H}$ 和 E_{corr,O_2} 都更正，自腐蚀电流密度 i_{corr} 也比相应的 $i_{corr,H}$ 和 i_{corr,O_2} (i_L) 更大。

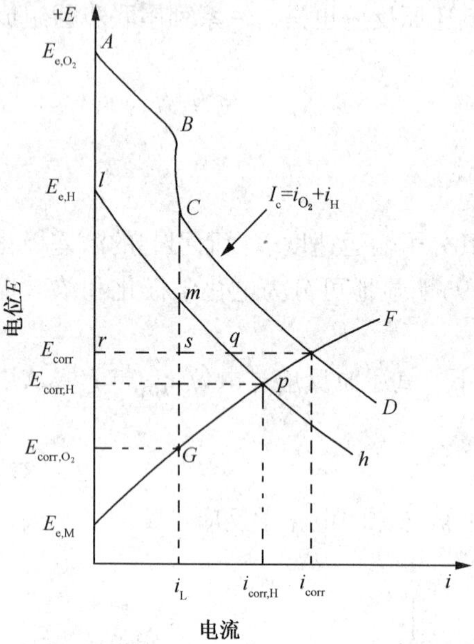

图 2-20 同时发生氧还原(*ABCG* 曲线)和氢离子还原(*lmph* 曲线)的理想极化曲线(极化图)($E_{e,M}$GPF 曲线为金属溶解的阳极极化曲线)

2.4.3.3 耗氧腐蚀的影响因素

金属发生耗氧腐蚀时，往往表现为氧去极化的阴极过程控制，而大多数情况下又表现为供氧的扩散步骤控制。因此，凡是影响氧扩散系数 D、溶液中的溶氧浓度 C 以及扩散层厚度 δ 的因素都将会影响腐蚀速度。

① 温度的影响。溶液温度升高，氧的扩散系数 D 也随之增大。同时，升高温度却使溶液中的氧浓度减小，而接近沸点时使氧溶解度大幅下降。因此，金属腐蚀速度应由这两种互相矛盾因素的相对影响关系来决定。如图 2-21 所示为温度对溶液中的溶氧浓度和耗氧腐蚀速度的影响。

② 溶氧浓度的影响。对于氧扩散控制的耗氧腐蚀体系，由于氧扩散极限电流随溶液中氧浓度增加而增大，所以腐蚀速度也随溶氧浓度增加而增大。

溶液中溶解盐的浓度会影响氧在溶液中的溶解度，从而对耗氧腐蚀速度产生影响。溶解盐对金属腐蚀有双重作用：一方面，溶盐量的增加有助于提高溶液电导，某些活性阴离子(如 Cl^-)的存在还会加速金属的阳极溶解；另一方面，氧在溶液中的溶解度则随溶盐量增加而降低。溶盐量的这种双重作用导致金属腐蚀速度在某个溶盐浓度时呈现最大值。如图 2-22所示为溶盐浓度对溶氧量(以相对溶氧浓度表示)及耗氧腐蚀速度的影响。

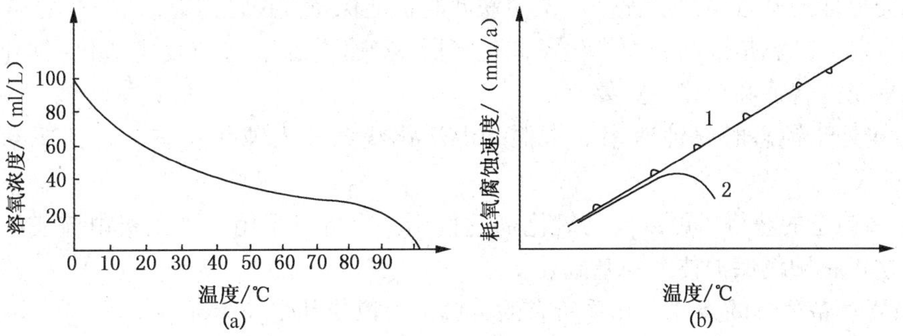

图 2-21　温度对溶氧浓度(a)和耗氧腐蚀速度(b)的影响

1—密闭系统；2—敞开系统

③ 溶液流速的影响。溶液流速的影响集中表现为对扩散层厚度 δ 的影响。在层流范围内，扩散层厚度大致和切向流速的平方根成反比。流速的增加使金属表面附近的扩散层厚度减小，耗氧腐蚀速度增大。当流速继续增加超过某一临界值而进入湍流区时，腐蚀速度将随流速增大而迅速上升，金属的腐蚀形态也会随之改变。对于具有活化-钝化转变行为的金属，适当增加流速反而可能降低腐蚀速度，这是由于供氧充分促进了钝化的缘故。

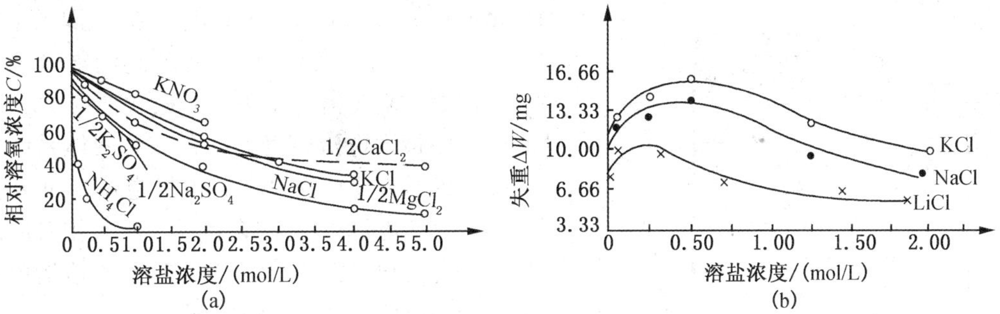

图 2-22　溶盐浓度对溶氧量(a)和耗氧腐蚀速度(b)的影响

2.5　金属的钝化

2.5.1　钝化现象

钝态即钝性状态，也称钝性，是指金属和合金在特定条件下由于阳极过程受到强烈阻滞和失去活性所产生的高耐蚀状态。金属表面由活性溶解状态转变为钝性状态的过程称为钝化过程。

许多金属在水溶液、酸或碱等介质中较易被腐蚀。但在某些特定的介质条件下，一些较活泼的金属却表现出较好的甚至很优秀的耐蚀性。例如，铁在稀硝酸溶液中会发生激烈的腐蚀反应并伴有强烈析氢现象。随着 HNO_3 浓度增大，铁的腐蚀速度急增，析氢也更激烈，但当 HNO_3 浓度达到某个临界数值后，铁的腐蚀速度立即减小到极其微小的速度（见图 2-23），析氢现象也几乎停止。例如，把铁片置于发烟硝酸中就是这种情况。这时，铁已从活化状态转变为钝化状态，即钝性状态。如果把已经在浓硝酸中被钝化了的铁取出，再浸入稀硝酸溶液中，铁仍能继续保持其稳定状态而没

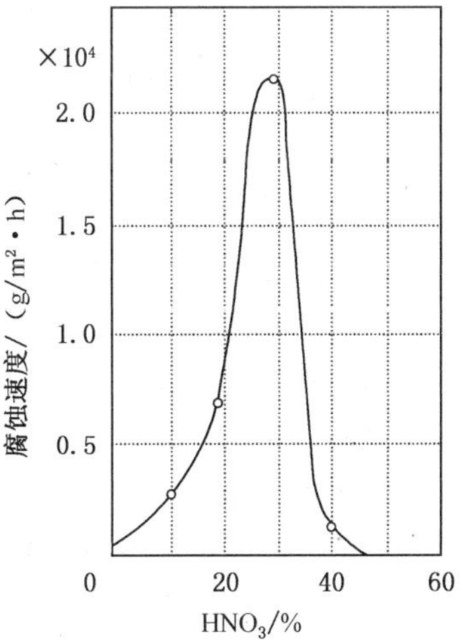

图 2-23　铁在 HNO_3 溶液中的腐蚀速度随 HNO_3 浓度的变化（25℃）

有出现原先那样的析氢腐蚀过程。这说明铁此时仍能保持其钝性状态。

简而言之，钝态是金属表面产生了钝化膜所致。相应地，金属发生活化-钝化转变过程有着许多重要的特征和规律，主要有：

① 金属处于钝态时腐蚀速率非常低。由活化状态转入钝化状态，腐蚀速率可减小达4~6个数量级。

② 金属钝态的获得，可以借助氧化剂的作用，也可以采用外加阳极电流实施阳极极化的方法。这正是阳极保护技术的基础。

③ 只要具备适宜的条件，几乎所有的金属都可以使其转变为钝态。

④ 金属从活化状态转变为钝化状态时，总是伴随着电极电位正向移动。

⑤ 还原剂、还原过程、某些离子(如卤素离子)以及表面机械擦伤作用等，都可能造成金属钝性的破坏。

2.5.2 具有活化-钝化转变特征的阳极极化曲线

具有活化-钝化转变行为的金属，它的恒电位阳极极化曲线一般呈“S”形。其典型的表观阳极极化曲线如图2-24所示，且被几个特征电位划分为六个区域：

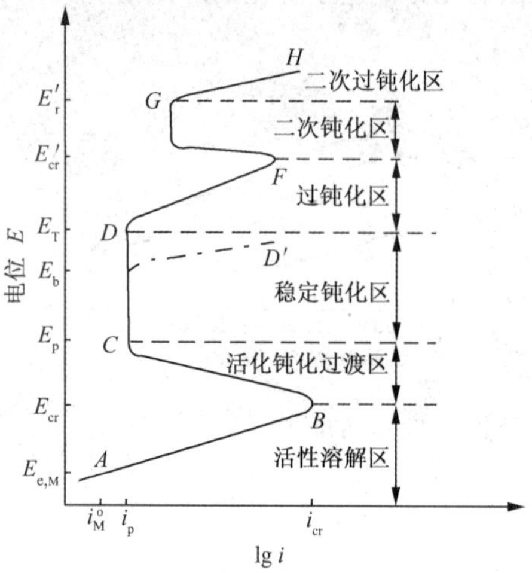

图2-24 具有活化-钝化转变行为的理论阳极极化曲线

① 活性溶解区(*AB* 段)。从金属阳极溶解反应的平衡电位 $E_{e,M}$，至临界钝化电位 E_{cr}，即图中极化曲线的 *AB* 段，也称活化区。此区间的电极电位与极化电流之间满足塔菲尔关系。极化曲线的 *B* 点处达到临界的最大电流密度，这是该溶液体系中金属上可能有的最大反应速度。若电极电位越过 *B* 点继续正移，反应电流将随之减小。与 *B* 点相对应的电位称为临界钝化电位或致钝电位 E_{cr}，相应的电流称为临界钝化电流密度或致钝电流密度 i_{cr}。

② 活化-钝化过渡区(*BC* 段)。从 *B* 点对应的 E_{cr}电位正移，金属表面上开始有保护性的膜或吸附层生成，金属逐渐由完全活化状态向钝化状态转变，阳极极化电流相应地也随之急剧下降。此时的金属表面处于不稳定状态。直至 *C* 点对应的电位 E_p，金属表面形成了基本完善的钝态，E_p称为起始稳定钝化电位。

③ 稳定钝化区(*CD* 段)。从起始稳定钝化电位 E_p至过钝化电位 E_T的区段称为稳定钝化区，也称为稳定钝化电位范围。在这一电位范围中，金属表面生成了并一直保持着完整的稳定钝化膜，此时金属阳极溶解电流几乎不随电位而变，并保持在一个很低的水平上。稳定钝化区对应的最小电流 i_p称为维钝电流，此即维持钝化膜溶解所需电流。金属在钝化区的阳极溶解产物一般不同于活性溶解时的产物。

④ 过钝化区(*DF* 段)。当电位高于过钝化电位 E_T时，阳极溶解电流将再次随电位正移而增大，因为此时金属电极上发生了新的电极反应(如析氧反应或高价金属离子溶出反应等)。

⑤ 二次钝化区(*FG* 段)。在 E'_{cr}至 E'_r电位区段中，再次出现了反应电流随电位正移而下降并保持钝态的现象，与第一次的稳定钝化区相呼应而称之为二次钝化区。这有可能是析出的氧堵塞了扩散通道，妨碍了高价离子溶出之故。

⑥ 二次过钝化区(*GH* 段)。电位再继续正移又会产生二次过钝化区，这可能是高电位场

排除氧障，也可能又发生了新的电极反应。

当溶液中含有能破坏钝化膜的侵蚀性阴离子(如 Cl^-)时，在稳定钝化区中低于过钝化电位 E_T 的某个电位处，将使钝化膜被击穿，同时反应电流再次急剧增大，发生了点腐蚀(孔蚀)。相应的电位称为临界击破电位或点蚀电位(孔蚀电位) E_b(参见图 2-24)。

显然，金属的自腐蚀电位只有落在稳定钝化区才能建立起钝态。要达到建立钝态的目的，可以通过外加电流使金属阳极极化而进入稳定钝化区，此过程称为电化学钝化，这也正是电化学阳极保护的基本原理(第 9 章将予详细介绍)。也可以通过溶液中氧化剂的还原反应使金属实现自钝化，此过程称为化学钝化。金属实现自钝化应满足两个必要条件：a. 溶液的氧化还原电位必须比致钝电位 E_{cr} 更正；b. 阴极还原反应电流必须大于致钝电流 i_{cr}。

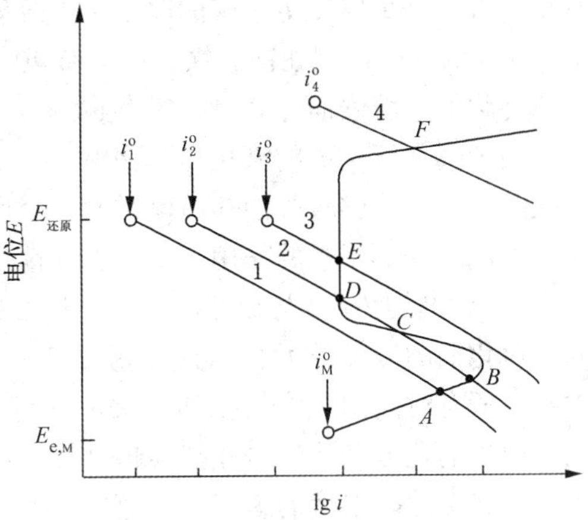

图 2-25　不同阴极过程对钝性金属行为的影响(极化图表述)

不同体系的不同阴极过程对金属的活化-钝化行为也有着重要影响。当钝性金属置于某些环境介质(如酸溶液)中时可能发生四种不同情况，如图 2-25 所示。此处不考虑阴极还原反应的极化曲线细节，仅就该极化图中阴极极化曲线与阳极极化曲线的相对位置关系来讨论金属可能呈现的状态。

① 阴极极化曲线 1 与阳极极化曲线相交于 A 点。金属的自腐蚀电位 E_{corr} 位于活化区，此时金属自然地只能发生活性溶解。上述有关自钝化的两个必要条件，一个也不满足。

② 阴极极化曲线 2 与阳极极化曲线有三个交点：B、C、D 点，分别处于活化区、不稳定的活化-钝化过渡区和稳定钝化区。由于其阴极还原反应电流小于致钝电流 i_{cr}，而体系的自腐蚀电位在这三个点之间游移振荡，使金属处于一种不稳定的腐蚀状态而建立不起稳定钝态，不能实现自钝化，且往往导致金属产生局部腐蚀。

③ 阴极极化曲线 3 与阳极极化曲线相交于 E 点，自腐蚀电位已处于稳定钝化区，上述两个必要条件都已满足，金属处于良好的自钝化状态。

④ 阴极极化曲线 4 与阳极极化曲线相交于 F 点。虽然它已满足自钝化的两个必要条件，但是由于已经钝化的金属在此高电位下又呈高价离子状态溶出，从而使钝化膜变得不稳定，从而促进了腐蚀过程。

2.5.3　金属钝化理论

迄今为止还没有一个很完整的理论能够说明所有的金属钝化现象。在已有的诸多钝化理论中，比较有代表性的是成相膜理论、吸附理论和吸附-成相膜理论。

2.5.3.1　成相膜理论

这种理论认为，金属产生钝性状态是由于在溶液中反应时金属表面上生成了一层非常薄的、致密的、覆盖性良好的保护膜(称为钝化膜)。它能阻止腐蚀性介质的继续渗透，这时腐蚀过程的速度显著减慢，甚至能达到基本停止的状态。

这层保护膜呈独立相存在，是金属和溶液介质之间相互作用的产物，通常是氧和金属的化合物。在用电化学方法进行阳极钝化过程中，金属表面由于发生如下阳极反应而生成含氧化合物薄膜：

$$2OH^- + M \longrightarrow MO + H_2O + 2e \quad (2-91)$$

$$2OH^- + M \longrightarrow M(OH)_2 + 2e \quad (2-92)$$

成相膜理论的直接证据是，曾有研究者从钝化金属表面成功地将氧化膜剥离下来，并用电子衍射法对膜进行了研究分析。此外，还有人运用椭圆仪、俄歇电子谱仪、X 光电子谱仪以及电化学方法等手段测定了膜的厚度、成分和结构。一般认为，钝化膜厚度大约在$(10\sim100)\times10^{-8}$cm 范围内，例如钝态铁表面上有 40×10^{-8}cm 厚的不可见的薄膜存在。试验证明，在大多数钝化的金属表面上有氧化膜存在。

当金属表面生成的氧化物膜完整时，金属就处于钝态而呈现良好的钝性。当氧化物膜上有孔隙存在，能够被腐蚀介质渗透时，金属就处于活化状态，氧化物膜上的孔隙缺陷处起了腐蚀电池中局部阳极的作用。所以，钝性现象实质上是形成保护膜和维持膜完整状态的因素(例如氧化剂的浓度)与破坏保护膜完整性的因素(例如氯离子的浓度)之间的动态平衡过程。如果氧化剂的浓度较大，达到和超过某一极限，则在膜上产生的孔数不多，孔的尺寸也不大。在所有时间内生成的孔和消失的孔都很少，这时金属溶解很慢。如果氧化剂的浓度不足，产生的孔数和孔的尺寸都会超过某个很大的数值，则由于金属表面阴极区氧化物还原作用，使孔隙缺陷附近的膜层开始遭到迅速破坏。

2.5.3.2　吸附理论

吸附理论认为，引起金属钝化是由于在金属表面产生了氧或含氧粒子的吸附层。这种吸附层只有单分子厚度，它可以是原子氧或分子氧，也可以是 OH^- 或 O^{2-}。实验表明，金属表面的吸附层，不一定需要将金属表面完全覆盖，只需在最活泼的、最先发生溶解的表面区域上吸附着单分子层，便能抑制阳极过程而使金属钝化。

吸附理论认为，金属钝性的表现，是由于金属表面产生吸附层之后，改变了界面反应机制，降低了金属表面本身的反应能力，而不是吸附层对于反应粒子到达反应区的阻挡作用。

吸附层的保护作用可以有各种方式。氧吸附在活性中心，使铁原子的自由键饱和，这样就降低了它的活性。另一种方式是，吸附在铁表面的氧原子部分地被金属拥有的电子所离子化；形成的电偶极正端配置在金属中，负端配置在界面溶液中的双电层内。因此，金属总的电极电位将移向较正的值，从而使金属离子进入溶液的倾向减小。例如，铂在盐酸溶液中，只要金属表面的 6%面积被吸附氧所遮盖，金属的电极电位向正方移动 0.12V，同时阳极溶解速度则降低到原来的 1/10。

2.5.3.3　吸附-成相膜理论

这是将吸附理论和成相膜理论结合在一起的一个复合理论。这种理论认为金属阳极溶解过程的优先阻滞，是由于在金属表面上形成了吸附层，在有些条件下是由于形成了较厚的氧化物或氢氧化物的膜层。

在不同的条件下，金属钝性生成的机理是不同的。在许多情况下，金属表面上吸附的氧原子不到一个单分子层，就能使阳极溶解明显地阻滞，例如铂在盐酸中和铁在氢氧化钠溶液中就是如此。

在许多情况下，也会形成某些化合物的单分子或多分子的完整吸附层，多半是氧的化学吸附层。在铬、不锈钢、镍、铁等金属上就可具有这种特征的钝性。吸附层的厚度约为$(10\sim50)\times10^{-8}$cm。

在许多情况下，金属钝性的产生是由于形成了阻挡层，例如在铝、钛、钽、铌上形成的阻挡层，它是化学吸附层与成相膜之间的过渡层，层厚约为$(50\sim100)\times10^{-8}$cm。

阻挡层进一步增厚时，它的连续性将会受到破坏。有时氧化层可能很厚，但是存在着连续性中断的孔隙。阳极过程的阻滞主要依靠紧挨着金属的吸附层或阻挡层，而不是依靠外表面较厚的多孔层。钛、钨、钼、铝、镁等金属在氧化性介质中或在阳极氧化时形成的钝化层就属于这类情况。铝阳极氧化时形成的膜，厚度可达 100~200μm。

参 考 文 献

1 Peabody A W. Control of Pipeline Corrosion. NACE Publication. Houston TX, USA, 2001

2 ASM INTERNATIONAL Handbook Committee. ASM Handbook. Formerly Ninth Edition. Metals Handbook. Vol. 13: Corrosion. ASM International printed in USA. 1996

3 朱日彰等．金属腐蚀学．北京：冶金工业出版社，1989

4 中国腐蚀与防护学会《金属腐蚀手册》编辑委员会主编．金属腐蚀手册．上海：上海科学技术出版社，1987

5 李荻．电化学原理．北京：北京航空航天大学出版社，1999

6 胡茂圃．腐蚀电化学．北京：冶金工业出版社，1991

7 肖纪美，曹楚南．材料腐蚀学原理，北京：化学工业出版社，2002

8 曹楚南．腐蚀电化学原理(第 2 版)．北京：化学工业出版社，2004

9 宋诗哲．腐蚀电化学研究方法．北京：化学工业出版社，1988

10 吴荫顺．金属腐蚀研究方法．北京：冶金工业出版社，1993

11 杨熙珍，杨武．金属腐蚀电化学热力学——电位-pH 图及其应用．北京：化学工业出版社，1991

12 Shreir L L. Corrosion. Vol Ⅰ and Ⅱ. 2nd ed., News Butterworth, 1976

13 Fontana M G., Greene N D. Corrosion Engineering. 2nd ed., McGraw-Hill, 1978

14 Brubaker G R., Phipps P B P. Ed. Corrosion Chemistry. ACS Symposium Series, 89. American Chemical Society, 1979

第3章　阴极保护原理与主要参数

对被保护金属施加负电流，通过阴极极化使其电极电位负移至金属氧化还原平衡电位，从而抑阻金属腐蚀的保护方法称为阴极保护。阴极保护是一种防止金属腐蚀的电化学保护方法，在阴极保护系统所构成的电池中，氧化反应集中发生在阳极上，从而抑阻了作为阴极的被保护金属上的腐蚀。

早在电化学这门学科创立之前，就已有人研究和应用阴极保护技术了。但是，也只是在电化学学科逐渐完善后才能对阴极保护原理做出更为本质、更为透彻的论述。

3.1　阴极保护原理

3.1.1　阴极保护技术发展简史

阴极保护技术及其原理论述是与电化学学科同步发展的。阴极保护技术发展还与工业需求和材料科学、电子学等技术进步息息相关。

早在1812年，汉弗莱·戴维爵士就已经提出假说，化学变化与电性质变化是同一的，至少它们都与物质的相同性质有关。他认为，通过改变物质的电性状态可以减小或增大化学反应动力。只有当物质具有不同的电荷时，它们才能化合。如果对一个原呈正电性的物质，人工地使它荷负电，那么它的键合力就受到干扰，也就不再能成为腐蚀的化合物了。因为在那个时代人们还不能从电化学方面诠释这些发现，所以戴维的关于改变物质负电性以控制腐蚀的论述是令人赞叹的。

戴维确认，铜在伽法尼电压的电动序中是一种较正电性的金属。他由此认为，当铜变成更为负电性(成为阴极)时，海水对它的腐蚀作用(化学变化)可被阻抑。为了能够解释其过程变化，戴维用略呈酸性的海水进行实验：把抛光的铜板浸入海水中，其中一块铜板上焊上一块锡。三天后就已经看出，在无锡的铜板上产生了显著的腐蚀，而焊有锡块的铜板上则没有腐蚀现象。戴维由此得出结论，其他非贵金属(如锌或铁)也能产生这种保护作用。戴维在他的学生、助手米歇尔·法拉第的支持下进一步进行了试验。由此得出结论，在铜件上焊锌块对铜的防腐蚀是同样有效的。在焊有一块铁板的铜板上，当与一块锌相连接时，不仅是铜，而且连同铁板都被保护了，免遭腐蚀。戴维在实验室的大量试验中发现，用锌或铁可对铜进行阴极保护。对于阴极保护技术发展来说，这是非常重要的实验发现。

随后戴维就把他的这一研究成果向英国皇家学会和英国海军部做了报告。1824年，他获得批准对木质战舰的铜包覆层开始实际试验。1824年，他在“三宝垄(Sammarang)”号快速炮帆船上做了进一步试验，这条船曾于1821年在印度用新的铜板镶装包覆。在该战舰的船首和船尾安装了铸铁板，其面积总计为船体铜表面积的1.2%。此船做了一次开往加拿大Nova Scotia的旅行，于1825年返回。结果表明，除了船首部位由于海水涡流冲刷引起的一些侵蚀外，船体上未发生任何腐蚀损伤。随后他又在一些游艇和船上施加了阴极保护，同样获得了良好效果。

1826年，戴维在研究报告的结论中指出：当浸入液体中的两种不同金属用导线连接成回路时，一种金属的腐蚀受到促进，而另一种金属的腐蚀则减慢。这就是铜船体通过连接铁块或锌块而受到保护的原因。戴维的许多实验研究及上述结论可认为是最早的阴极保护理论。1824 年，这一年也就被后人列为阴极保护技术的开创年代。1829 年 5 月 29 日汉弗莱·戴维逝于日内瓦，图 3-1 为汉弗莱·戴维的照片。

图 3-1 汉弗莱·戴维爵士(Sir Humphrey Davy)(1778 年 12 月 17 日生于英国 Penzance，1829 年 5 月 29 日逝于日内瓦)

著名科学家米歇尔·法拉第(Michael Faraday)在随后几年中进一步研究了铸铁在海水中的腐蚀。他在 1833 年提出了著名的法拉第电解定律，于 1834 年发现了在腐蚀损耗与电流之间的定量关系。在题为“关于电的实验研究”的论文中，他首先提出了“电解质”、“电极”、“阳极”、“阳离子”和“阴离子”等概念。他的科学研究和发现奠定了阴极保护原理。

1902 年，科恩(K. Cohen)成功地将外加直流电流实际应用于阴极保护方法。1906 年，盖波特(Herbert Geppert)建成了第一个管道阴极保护站，用一台 10V/12A 的直流发电机通过辅助阳极对有轨电车线路影响范围内 300m 长的埋地煤气管道和供水管道实施阴极保护，并于 1908 年 3 月 27 日获得第一个有关外加电流阴极保护的德国专利。美国的卡姆博兰德(E. Cumberland)于 1905 年就采用外加电流阴极保护方法来防止蒸汽锅炉及其管子系统的内腐蚀，但他获得德国专利的时间是 1911 年 9 月 28 日。

哈博(F. Haber)和戈尔德施密特(L. Goldschmidt)于 1906 年在德国煤气与供水工程师协会(DVGW)倡导下首次开展了对阴极保护科学原理的卓有成效研究。他们认为，阴极保护和杂散电流电解都是电化学过程。在“电化学杂志”上阐述了著名的测量电流密度的哈博方法、土壤电阻的测量以及管道/土壤电位的测量。哈博使用不极化的硫酸锌参比电极测量电位。1908 年，麦克考兰姆(Mc. Collum)首次采用了至今仍在埋地结构物防腐蚀技术中普遍应用的硫酸铜参比电极来测量电位。1913 年秋在日内瓦金属研究所举行的一次大会上，人们已经把牺牲阳极的保护命名为“电化学保护”。

1928 年，被后人称为美国阴极保护之父的库恩(Robert J. Kuhn)在新奥尔良一条长输天然气管线上安装了第一台阴极保护整流器，由此开创了管道阴极保护的实际应用。他通过试验发现，保护电位为-0.85V(相对于饱和的 $Cu/CuSO_4$ 参比电极)足以防止任何类型的腐蚀。同年，库恩在美国国家标准局华盛顿防腐蚀大会上报告了这一重要的阴极保护判据。现代阴极保护技术一般都仍然遵从这一判据。库恩的报告作为一项独立进行的研究工作而致力于讨论由于形成电化学电池而产生的腐蚀，其中包括对一种阴极保护方法的描述，即用整流器产生保护电流实现阴极保护以防止腐蚀。此外，库恩还写道：“这种方法不是专门地仅仅用于阻止土壤腐蚀，而且也用于通过电子排流消除由于有轨电车杂散电流引起的管道电解腐蚀”。他的试验得出结果，为了把管道电位降低到不再产生腐蚀穿孔，平均保护电流密度 $10\sim20mA/m^2$ 就够了。

1970 年德国煤气与供水工程师协会为纪念库恩在阴极保护技术发展中做出的卓越贡献，在德国阴极保护专业协会资助下特别颁授了铸有库恩头像和著名的-850mV 字样的金质纪念章（见图3-2）。

在20世纪30~50年代期间，比利时、前苏联、英国、德国等欧洲国家也先后对埋地管线采用了阴极保护技术。近些年来，国际上关于阴极保护的进展主要在技术发展和工程应用方面，阴极保护设备、材料和配套装置等日臻完善，检测、监控技术和管理系统更加先进，应用领域不断扩大，相应地各国先后制定了一系列阴极保护规范和标准。

图3-2 铸有库恩（Robert J. Kuhn）头像和-850mV字样的金质纪念章（德国阴极保护专业协会创设，1970年德国煤气与供水工程师协会首次颁授）

我国的阴极保护技术研究和应用始于1958年，上海船舶科学研究所率先在一艘钢壳船上安装锌合金牺牲阳极。继之，国内一些单位也开展了锌系牺牲阳极研究，随之一些油田开始在埋地管道上安装牺牲阳极保护系统。同时，一些科研院所、高校和企业开展了外加电流阴极保护技术的开发研究和应用。自70年代以来，我国的阴极保护技术和理论研究发展很快，开发了许多实用的阴极保护材料、设备和配套装置。相应的检测、监控技术和管理系统也尽可能采用国际先进技术，还陆续制定了一系列相关标准和规范。可以说，我国阴极保护技术和工程应用在许多方面已接近国际先进水平。

3.1.2 阴极保护原理

阴极保护是一种控制金属电化学腐蚀的保护方法，是基于电化学腐蚀原理的电化学保护方法。因此可从电极反应、极化曲线和极化图以及电位-pH图等诸方面理解阴极保护原理。

3.1.2.1 电极反应

前述表2-2和表2-3、表2-4列述了金属的标准电极电位表及金属和合金的电偶序。表中任意两种金属或合金的组合都可构成电化学电池，低电位者为电池的阳极，其上主要发生氧化反应，高电位者为阴极，主要发生还原反应。由于阳极和阴极之间存在着电位差，经外部电连接的阳极和阴极之间将有电流流过电池，从而加速阳极的腐蚀，同时抑阻阴极的腐蚀，使阴极金属获得阴极保护。

如图3-3（a）所示为两种不同的金属-铁和锌分别独立地浸于HCl溶液电解质中。

① 铁上发生的反应为：

氧化反应 $$Fe \longrightarrow Fe^{2+} + 2e \quad (3-1)$$

还原反应 $$2H^{+} + 2e \longrightarrow H_2 \quad (3-2)$$

净反应 $$2H^{+} + Fe \longrightarrow Fe^{2+} + H_2 \quad (3-3)$$

② 锌上发生的反应为：

氧化反应 $$Zn \longrightarrow Zn^{2+} + 2e \quad (3-4)$$

还原反应 $$2H^{+} + 2e \longrightarrow H_2 \quad (3-5)$$

净反应 $$2H^{+} + Zn \longrightarrow Zn^{2+} + H_2 \quad (3-6)$$

在这种情况下，两种金属都遭受腐蚀，它们的氧化反应均彼此独立地伴以同一还原反应（析氢反应）而实现电荷平衡。

如果把浸于同一电解质溶液的铁和锌从外部进行电连接，如图3-3（b）所示，此时构成了一个新的电化学电池，铁和锌分别成为该电池的阴极和阳极。几乎所有的氧化反应都集中在锌电极上，即反应式(3-4)，使锌遭到了加速腐蚀。同时，几乎所有的还原反应都集中在铁电极上，即反应式(3-2)(析氢反应)，使铁的腐蚀基本上停止了。如图 3-3(b)所示，此时遭受加速腐蚀的锌阳极被用于对铁实现阴极保护，该锌电极也就被称为牺牲阳极。

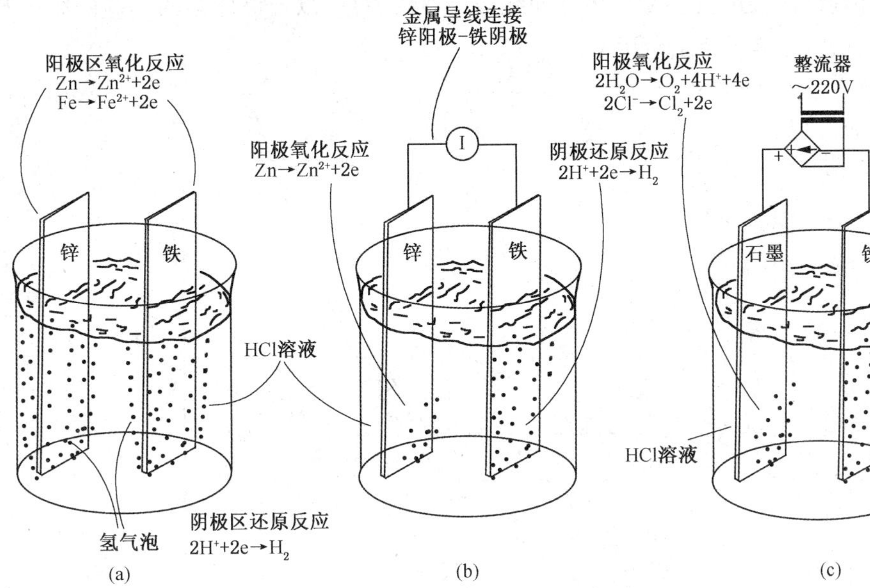

图 3-3　在盐酸溶液中铁和锌分别同时遭受腐蚀(a)，
铁受到锌的阴极保护(b)，以及外加电流对铁的阴极保护(c)

当然，此时的铁上可能仍有一些腐蚀发生，铁是否发生腐蚀取决于锌对铁的面积比。锌上也可能仍发生一些析氢反应。重要的是，此时阳极上发生了净氧化反应，阴极上发生了净还原反应。通过适当的设计可使阴极上发生的氧化反应(腐蚀速度)达到可予以忽略的水平，由此也就实现了有效的阴极保护。

除了采用牺牲阳极(如锌、镁、铝等电位较负的金属合金)实现对被保护金属的阴极保护外，也可采用外加电流的阴极保护技术，如图 3-3(c)所示。此时从外电源接受负电流的铁(阴极)上的氧化反应[即反应式(3-1)]被抑阻，而增加了等电量的还原反应[即反应式(3-2)](反应电子完全来自外电源)，使铁获得了阴极保护。

从化学反应的进行方向和趋势看，当铁发生腐蚀时，反应式(3 1)向右进行。一个铁原子转变成一个 Fe^{2+} 进入电解质溶液或通过二次反应生成腐蚀产物的化合物，同时放出两个电子留在金属中或传导到高电位区。如果通过外部系统强制性地对铁提供电子，反应式(3-1)中右侧电子数增多，将迫使该反应向左侧方向进行，而不再是向右进行。外部电子到达铁的表面，改变了金属表面的双电层结构，使金属表面带负电，Fe^{2+} 挣脱金属表面晶格势场进入溶液的束缚力增大，阻碍反应式(3-1)向右进行。因此，对铁提供足够的负电流就可使铁获得阴极保护。

3.1.2.2　极化曲线和极化图

金属材料的腐蚀过程是一个电化学过程。在金属/电解质溶液的界面上，分别进行着金属的氧化-还原平衡反应(此处为局部阳极区)和溶液中反应物质的氧化-还原平衡反应(此处为局部阴极区)。当它们由于金属本身的短路连接或外部电连接而耦合成电化学电池时，局部阳极区将主要发生金属的氧化反应，局部阴极区将主要发生氧化剂的还原反应。根据混合电位理论，局部阳极和局部阴极通过各自的极化而达到一个共同的混合电位，即金属的自腐蚀电位 E_{corr}。此时局部阳极的氧化反应速度与局部阴极的还原反应速度相等，即等于金属的自腐蚀电流 i_{corr}(参见图 3-4)。图中给出了铁在中性水溶液中的局部阳极的真实阳极极化曲线($E_{e,a}FPSA'$)和局部阴极的真实阴极极化曲线($E_{e,c}\ SMBD$)，以及该体系的实验的阳极和阴极极化曲线(分别为 $E_{corr}A$ 和 $E_{corr}GQBB'$)。

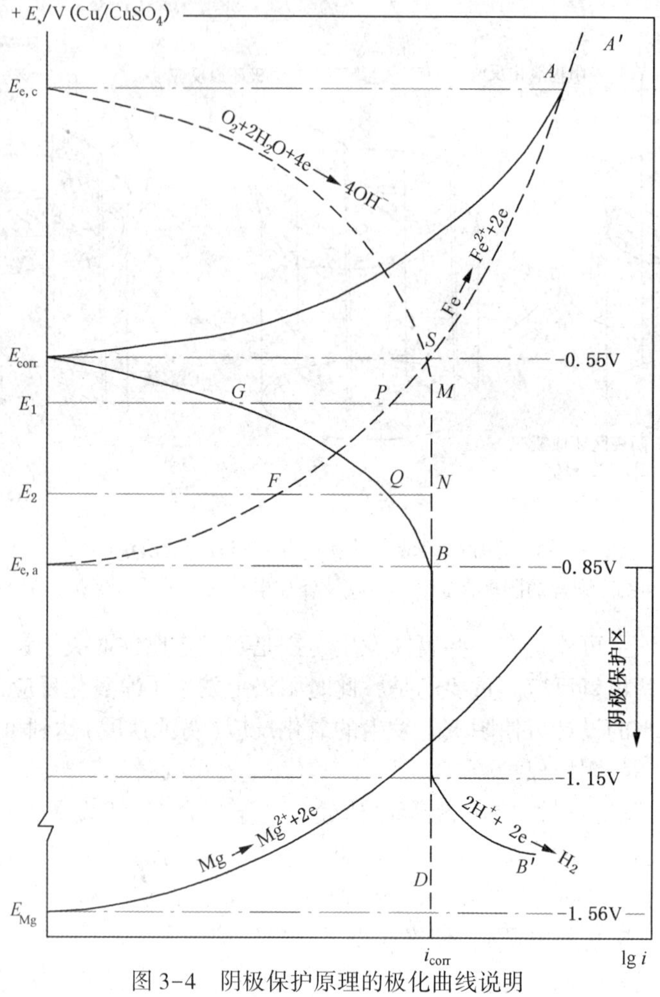

图 3-4　阴极保护原理的极化曲线说明

铁在中性水溶液中的实验极化曲线(实线)和真实极化曲线(虚线)以及镁的阳极极化曲线

对中性水溶液中的铁外加负电流进行阴极极化(参见图 3-4)，使其电极电位从 E_{corr} 负移至 E_1，此时外加负电流 I_{c1}(以线段 $\overline{E_1G}$ 表示)应为电位 E_1 处被极化后的局部阴极电流 i_c(线段 $\overline{E_1M}$)和局部阳极电流 i_a(线段 $\overline{E_1P}$)之差，即：

$$I_{c1} = i_{c(E_1)} - i_{a(E_1)} \tag{3-7}$$

当阴极极化至电位 E_2 时，类似地应有：

$$I_{c2} = i_{c(E_2)} - i_{a(E_2)} \tag{3-8}$$

也就是说，阴极极化至任一电位时的外加负电流都等于此时极化后的局部阴极还原反应电流 i_c 与局部阳极氧化反应电流 i_a 之差。当阴极极化使金属电极电位负移至局部阳极反应的平衡电位 $E_{e,a}$ 时，外加极化电流几乎就等于局部阴极电流，因为此时的局部阳极电流已可予以忽略不计。当然此时铁上的腐蚀也就被完全抑阻了，即获得了完全的阴极保护。对应于局部阳极反应平衡电位 $E_{e,a}$ 的阴极极化电位是开始获得完全阴极保护的临界电位，称为最小保护电位，与此相对应，此时单位面积金属上的外加负电流称为最小保护电流密度。

铁在中性水溶液中于金属/电解溶液的相界面处发生的电荷转移总是伴随着化学反应，即共轭的氧化反应和还原反应，参见图 3-4。在阴极保护的情况下将导致相界面处 OH^- 富集，这对于许多金属将明显减缓其腐蚀速度。

如图 3-4 所示，铁在中性水溶液中的自腐蚀电位约为-0.55V(相对于饱和的 $Cu/CuSO_4$ 电极，简写为 CSE，下同)。通过外加负电流使金属阴极极化至-0.85V(CSE)，如上所述，此时的外加负电流 I_c 等于阴极还原反应电流 i_c，即保护电流，在此电位下金属开始获得完全的阴极保护。若进一步阴极极化，金属电极电位将负移进入氧扩散控制区域。在-0.85~ -1.15V(CSE)这一平稳电位范围内，阴极还原反应电流不随电位而变化，此即最佳阴极保护电位范围。当阴极极化至比约-1.15V(CSE)更负时，开始发生析氢反应。在更负的电位范围内，无论是对金属表面防腐层的阴极剥离倾向，还是对金属材料的氢致腐蚀都应给予特别注意。

3.1.2.3　电位-pH 图

电位-pH 图是从热力学说明阴极保护原理的理论基础。如图 3-5 所示为根据热力学计算获得的 Fe-H_2O 系电位-pH 图。可以看出，在 pH 值为 6~7 的中性水中，铁呈活化腐蚀状态；通过外加负电流产生阴极极化可使铁的电极电位从腐蚀区进入免蚀区。对于铁，免蚀区是一个热力学稳定区。当铁的电极电位和溶液介质的 pH 值处于免蚀区内时使金属腐蚀过程停止，即获得了阴极保护。

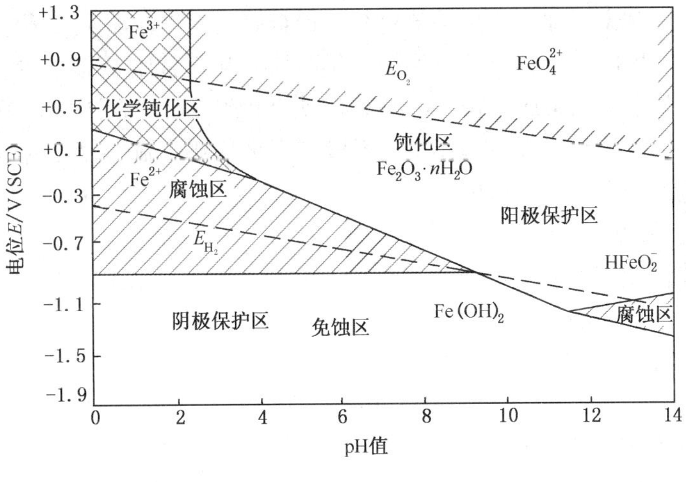

图 3-5　Fe-H_2O 系电位-pH 图上的阴极保护范围

3.1.2.4　金属界面反应与阴极保护的图解说明

如图 3-6 所示给出了铁在 NaCl 水溶液(或土壤)中，于金属界面处发生的电化学腐蚀反应过程，以及阴极保护系统通过镁阳极或外电源产生的外加负电流对这些反应过程的影响，形象地说明了各种反应质点和反应产物的产生、存在和传递。由于阴极保护系统通过牺牲阳极或外电源，能对金属供给足够的电子(施加所需的负电流)，使金属界面呈负电性和达到足够负的电极电位，从而抑阻氧化反应($Fe \longrightarrow Fe^{2+}+2e$)。此时还原反应所需电子完全从牺牲阳极或外电源获得。由此实现了阴极保护，停止了金属的腐蚀过程。

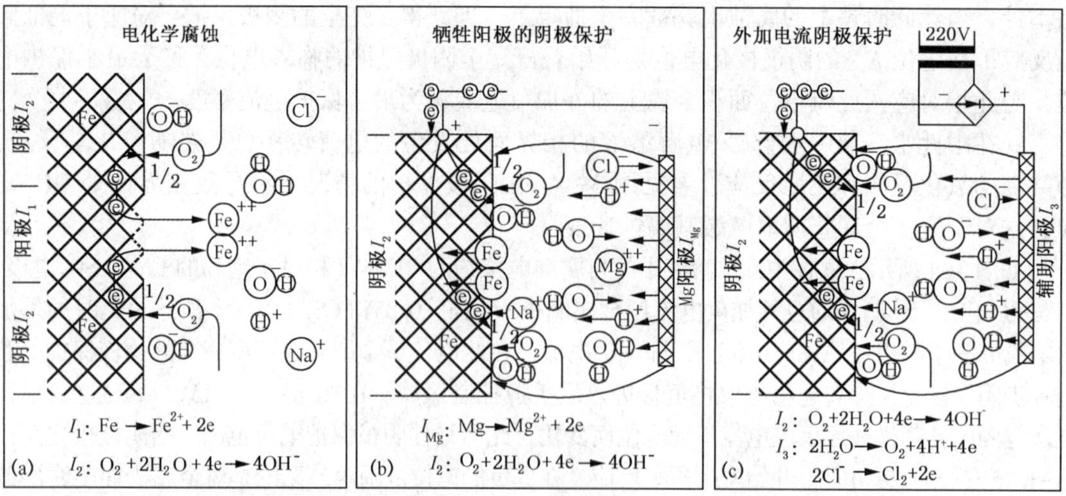

图 3-6　Fe 在 NaCl 水溶液中于金属界面处的电化学腐蚀反应过程及阴极保护作用的图解说明

3.2　阴极保护方法及主要参数

3.2.1　两种主要的阴极保护方法

通常根据对被保护体提供电流的方式不同，可区分为两种阴极保护方法，即牺牲阳极法阴极保护和外加电流法阴极保护。

有的著作把杂散电流排流方法列为第三种阴极保护方法，这与阴极保护概念的定义不符。实施阴极保护的基本原理是，从外部对被保护金属结构物施加阴极性电流，通过阴极极化使被保护金属的电极电位负移至某个保护电位范围，从而抑阻金属结构物的电化学腐蚀。它是通过改变电化学电池的组成结构，调整氧化反应和阴极反应在阴极和阳极上的分布，来实现保护目的的。无论从其工作原理、实施手段，还是从被控制的腐蚀过程和类型，都不能把杂散电流的排流方法列为阴极保护方法。

3.2.1.1　牺牲阳极法阴极保护

选择一种其电极电位比被保护金属(结构物)更负的活泼金属(合金)，把它与共同置于电解质环境中的被保护金属从外部实现电连接，这种负电位的活泼金属(合金)在所构成的电化学电池中为阳极而优先腐蚀溶解(故被称为牺牲阳极)，释放出的电子(即负电流)使被保护金属阴极极化到所需电位范围，从而抑阻腐蚀实现保护，这就是牺牲阳极法阴极保护技术。

如图 3-7 所示为一个简单的牺牲阳极法阴极保护系统。钢质管道与镁阳极(一种牺牲阳极)同时埋设于同一土壤(电解质)中，由于和镁阳极之间实现电连接而使钢质管道得到阴极保护。钢管-导线-镁阳极-回填料-土壤-钢管，构成了一个完整的电流回路。在钢管/土壤和镁阳极/土壤的界面处发生了电子导电与离子导电之间的转换，这种转换是通过界面电化学反应来实现的。在钢管|土壤|镁阳极这一电化学电池中，作为电池阳极，在镁阳极上发生了 $Mg \longrightarrow Mg^{2+} + 2e$ 的氧化反应，镁原子溶解转变成镁离子 Mg^{2+} 进入土壤环境，同时释放出电子，传输到钢管使之产生阴极极化，实现阴极保护。

牺牲阳极法阴极保护技术有其独特的优点：

① 首先它不需要任何外部电源，增强了其应用的广泛性；

② 作为用电系统对邻近结构物可能产生的杂散电流干扰很小甚至无干扰；

③ 对小型工程而言，这种阴极保护成本很低；

④ 牺牲阳极的输出电流具有一定的自调节能力，保护电流分布均匀，利用率高；

⑤ 施工安装简单，阴极保护系统运行期间的维护管理强度很低，甚至无须维护；

⑥ 在低电阻率环境中运行工作良好。

牺牲阳极法阴极保护技术也有其自身的局限性：

① 由于输出功率小，牺牲阳极系统在高电阻率环境中应慎用，在过高电阻率环境中则不宜使用；

② 系统可供应的保护电流小，可调节范围很小；

③ 为了获得好的保护效果，要求被保护结构物表面应涂敷优质防腐层；

④ 消耗有色金属，重量大，且工作寿命较短，但若干年后可更换，等等。

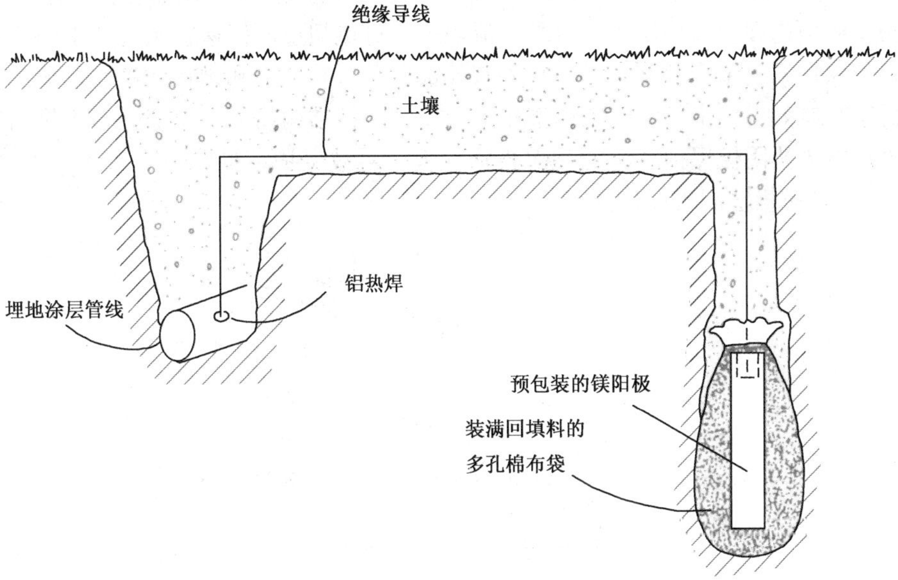

图 3-7　埋地管道的牺牲阳极法阴极保护系统的简明示例

3.2.1.2　外加电流法阴极保护

利用外部电源对被保护金属(结构物)施加一定的负电流，使被保护金属的电极电位通过阴极极化达到规定的保护电位范围，从而抑阻腐蚀获得保护，这就是外加电流法阴极保护技术。

如图 3-8 所示为外加电流法阴极保护系统的简明示例。外部电源(整流器或恒电位仪)通过对埋置于土壤中的钢质管道施加负电流而使钢管获得了阴极保护。整流器(负极)-导线-钢管-土壤-辅助阳极-导线-整流器(正极)，构成了一个完整的电流回路。在钢管/土壤及辅助阳极/土壤的界面处发生了电子导电与离子导电之间的转换，这也是通过界面电化学反应来实现的。外加电流法阴极保护中的辅助阳极与牺牲阳极不同，并不要求它的电极电位自然地比被保护体(钢)更负，实际上这种情况很少。大多数辅助阳极为非消耗性的电极材料，它们往往自然地比钢更正。辅助阳极和被保护体的工作极性按要求通过整流器的接线来决定，它们分别连接整流器的正极和负极。

外加电流法阴极保护技术的独特优点是：

① 与牺牲阳极系统不同，外加电流法阴极保护系统可以施加很大的槽压(输出功率大)，从而可进行远距离阳极配置，由此可在被保护体上实现更大范围的保护电流供给；

② 辅助阳极的有效保护半径大，可显著增大保护范围；

③ 由于槽压大，可使外加电流法阴极保护应用在各种环境介质中，包括在高电阻率环境介质中的成功应用(如淡水、混凝土环境)；

④ 输出电流和电压可连续调节；

⑤ 这种保护装置的服役寿命长；

⑥ 这种阴极保护方法用于大型工程时的成本很低。

外加电流法阴极保护技术的局限性在于：

① 由于工作槽压很大，将可能对邻近金属结构物产生严重的杂散电流干扰；

② 很大的工作槽压易使高强钢过保护，从而导致氢脆；

③ 工作槽压过大也可能使被保护结构物上的防腐层产生阴极剥离，当水汽侵入防腐层并在防腐层下产生析氢反应，氢气压积累升高而使防腐层鼓泡或开裂，从而导致防腐层剥离；

④ 防腐层损伤和剥离将使所需保护电流增大并可能超过阴极保护系统的承受能力；

⑤ 这种保护系统结构较复杂，必须要有外部电源，其管理和维护的工作量大；

⑥ 由于其有效保护半径大和工作槽压大，使被保护结构物上的电流分布不易均匀；

⑦ 外加电流法阴极保护系统的初次投资较大，对被保护结构物供应直流电所必需的投资成本要比牺牲阳极法阴极保护高很多。

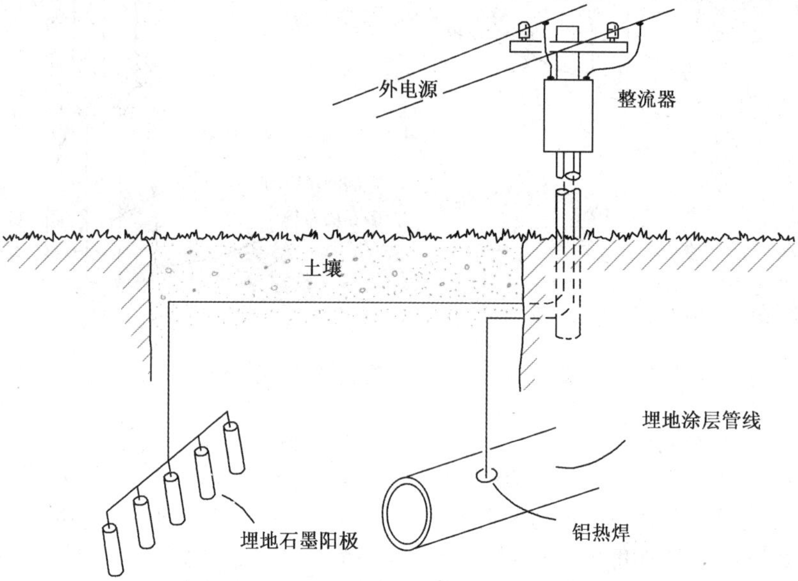

图 3-8 埋地管道的外加电流法阴极保护系统的简明示例

3.2.2 阴极保护的主要参数

在阴极保护技术中，为判断被保护金属是否达到完全保护以及调整和控制阴极保护系统运行过程，一般采用两个主要参数，即保护电位(和保护电位范围)及保护电流密度。为确定最佳保护效果，有时还采用保护度和保护效率两个参数。正确选择和控制阴极保护的主要参数是决定保护效果的关键。

3.2.2.1 保护电位和保护电位范围

通过外部电源或牺牲阳极使被保护金属阴极极化，从而使金属电极电位从自腐蚀电位负移到金属表面腐蚀电池阳极的开路电位，此时被保护金属的腐蚀过程达到完全停止，相应的电位值按习惯称为最小保护电位。所谓最小保护电位就是被保护金属开始获得完全阴极保护的起始电位，小于此电位时金属将达不到完全保护的阴极保护水平。它是阴极保护技术中判断金属保护效果的最关键控制参数之一，是测量和调整阴极保护运行过程、监视和控制阴极保护效果的一个最重要参数。

对钢结构而言，其最小保护电位就是铁在指定电解质溶液中的平衡电位。只要能计算出铁的相应平衡电位，就可以获得它的最小保护电位。在腐蚀电池中，铁通过阳极溶解的氧化反应而生成铁离子：$Fe \rightarrow Fe^{2+}+2e$。当溶液 pH>5.5 时，通过二次反应生成了作为腐蚀产物的难溶的氢氧化亚铁：$Fe^{2+}+2OH^{-} \rightarrow Fe(OH)_2$。

在 25℃时，$Fe(OH)_2$的溶度积和 H_2O 的离子积为常数，且已知反应 $Fe \rightarrow Fe^{2+}+2e$ 的标准电极电位为-0.440V(SHE)。于是通过能斯特方程的计算就可获得铁在指定水溶液介质中的平衡电位为：

$$E = -0.05 - 0.0591 \times (pH) \quad 单位：V(SHE) \tag{3-9}$$

因此，钢结构的最小保护电位（即铁的平衡电位）在这种情况下仅取决于电解质溶液的 pH 值。

如图 3-9 所示为 pH 值对铁在含氧纯水中腐蚀速率的影响。当 pH>9.6 时，铁表面产生了钝化型腐蚀产物膜而导致腐蚀速率下降。当 pH<4 时，铁在酸溶液中的腐蚀过程取决于阴极析氢反应，从而随 pH 值减小而急剧增大。在 9.6>pH>4 的范围中，铁的腐蚀速率并不受溶液 pH 值变化的影响，因为此时的阴极过程一般以氧去极化反应为主，且常常处于氧扩散控制。而氧的极限扩散电流通常几乎与溶液 pH 值无关，所以铁在这个 pH 值范围的溶液中腐蚀速率基本保持稳定不变。

金属/溶液界面处存在一个动态平衡且基本稳定的附面层。对于受氧的极限扩散控制的腐蚀体系，金属的腐蚀速率取决于氧从附面层的溶液侧向附面层的金属侧扩散的速率，后者与溶液 pH 值无关。金属表面上该腐蚀电池的阴极反应为氧还原反应：$O_2+2H_2O+4e \longrightarrow 4OH^-$，反应产物 OH^-决定了附面层电解质溶液的 pH 值。根据已有的资料，铁在水溶液介质中与 $Fe(OH)_2$处于平衡状态时，附面层电解质溶液中的氢离子活度处于 pH= 8.3~9.6 之间，而与本体溶液 pH 值（在一定 pH 值范围内）基本无关。也就是说，金属腐蚀取决于附面层电解质溶液的 pH 值。式(3-9)中的 pH 值即为附面层电解质溶液的 pH 值，而不是本体溶液的 pH 值。

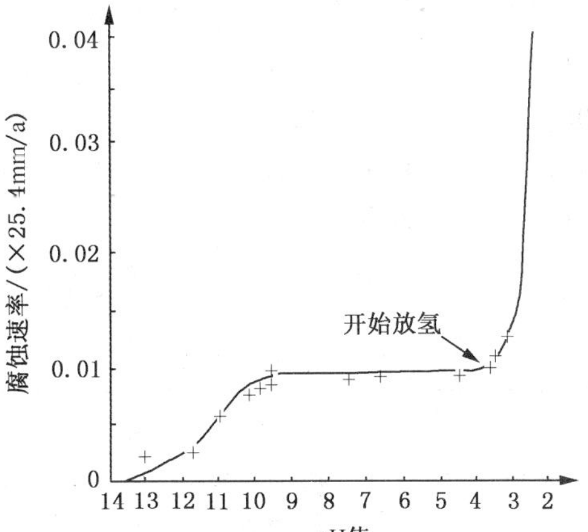

图 3-9 pH 值对铁在含氧纯水中腐蚀速率的影响（室温）[12]

钢在未搅动的相对稳定的电解质溶液（如土壤）中的腐蚀就属于上述情况。对于附面层溶液 pH 值为 8.3 的情况，按式(3-9)可计算得：

$$E = -0.541V(SHE)$$

如果换算成相对于饱和的 $Cu/CuSO_4$ 参比电极（即 CSE）的电位，则为：

$$E = -0.541 - 0.316 = -0.857V(CSE)$$

这就是铁在附面层溶液 pH 值为 8.3 的电解质溶液（例如土壤）中的平衡电位，即金属表面腐蚀原电池阳极的开路电位。按定义，这就是该腐蚀体系的最小保护电位。这一计算的保护电位与1928年库恩通过实验所发现的用于保护埋地天然气管道的保护电位-0.85V(CSE)惊人地一致。直至今天，世界各国的阴极保护规范和标准中均采用-0.85V(CSE)作为阴极保护工程技术应用中一个重要的控制判据。

对于附面层溶液pH值为9.6的情况，按式(3-9)可计算得 $E=-0.617$V(SHE)，经换算可得 $E=-0.933$V(CSE)。对给定腐蚀体系最小保护电位的影响因素众多，如金属种类、介质成分、环境条件和工况条件等。这些影响因素都会影响到附面层溶液的组成、pH值及附面层厚度等，从而影响到最小保护电位值。从理论上计算的最小保护电位值也是随条件而异的，但实践证明，-0.85V(CSE)仍是比较普遍适用的最小保护电位判据。

根据腐蚀电化学理论，只要控制金属电极电位达到比最小保护电位更负，都可以使腐蚀原电池的阳极氧化反应停止，即停止金属腐蚀。但是，当阴极保护电位过负且达到析氢电位时，将发生析氢反应：

$$H^+ + e \longrightarrow H \quad (3-10)$$

$$H + H \longrightarrow H_2 \quad (3-11)$$

按式(3-10)产生的氢原子渗入金属将导致氢脆破坏，这对于高强钢和对氢脆或氢致应力腐蚀开裂敏感的其他金属将是很危险的，应予避免。按式(3-11)产生的氢分子在防腐层下积聚，可建立起很高的氢气压，从而破坏防腐层的粘接力和降低与金属表面的附着强度，最终使防腐层产生氢鼓泡或开裂，导致防腐层从被保护金属表面剥离。这种由于保护电位过负造成的这些破坏称为过保护破坏。实施阴极保护必须防止这些破坏，即保护电位不可过负，否则将产生过保护破坏。再则，过负的保护电位将会大幅度地增加电力成本和设备、材料成本，这从经济上也是不可取的。因此，对任一指定的被保护腐蚀体系，均存在一个容许的、相对更负的最大保护电位，也即存在一个容许的保护电位范围。如果该腐蚀体系不存在上述破坏性损伤的可能性，则最大保护电位无限制。

表3-1给出了英国标准BS 7361—1991中一些金属的最小保护电位值。表3-2为德国工业标准DIN 30676中一些金属在不同环境中的最小保护电位和相对更负的最大保护电位值。表3-3列出了前苏联标准ГОСТ 9.602—89中关于三种主要埋地金属的最小保护电位和最大保护电位值。表3-4为W. v. Baeckmann等人总结的一些重要腐蚀体系的最小保护电位和保护电位范围。表3-5则为屈服强度不大于800N/mm²的碳钢和低合金钢结构物(裸钢或涂敷厚度在1mm以上防腐层的钢)在海洋条件下的保护电位范围。对海洋管线和港口设备不设定相对更负的最大保护电位。根据一些标准和规范，对承受动态高应力的海洋结构物由于考虑到氢致应力腐蚀开裂的危险应当采用表3-5列出的保护电位范围。对屈服强度高于800N/mm²的高强钢实施阴极保护时，最大保护电位至少应正向提高0.1V。

表3-1　英国标准BS 7361—1991中规定的一些金属的最小保护电位①

金属或合金		参比电极			
		铜/饱和硫酸铜（土壤和淡水）	银/氯化银/饱和氯化钾（任何电解质）	银/氯化银/海水②	锌/海水②
铁和钢	有氧环境	-0.85	-0.75	-0.8	+0.25
	缺氧环境	-0.95	-0.85	-0.9	+0.15

金属或合金		参比电极			
		铜/饱和硫酸铜（土壤和淡水）	银/氯化银/饱和氯化钾（任何电解质）	银/氯化银/海水②	锌/海水②
铅		-0.6	-0.5	-0.55	+0.5
铜合金		-0.5～-0.65	-0.4～-0.55	-0.45～-0.6	+0.6～+0.45
铝	正极限	-0.95	-0.85	-0.9	+0.15
	负极限	-1.2	-1.1	-1.15	-0.1

① 所有电位值数据经取舍处理成0.05V的倍数。

② 用于清洁、未稀释和充气的海水中，海水直接和金属电极相接触。

表3-2　德国标准DIN30676中一些合金在不同环境中的最小保护电位和最大保护电位　V(CSE)

材料及环境条件		自腐蚀电位（大致范围）	最小保护电位（最低负值）	最大保护电位（最大负值）
钢和铁	<40℃	-0.65～-0.40	-0.85	不限
	>60℃	-0.80～-0.50	-0.95	不限①
	缺氧环境	-0.80～-0.65	-0.95	不限
	砂土(电阻>500Ω·m)	-0.50～-0.30	-0.75	不限
不锈钢（含16%Cr）	土壤，<40℃	-0.20～+0.50	-0.10	不限
	淡水，>60℃	-0.20～+0.50	-0.30	不限
	盐水	-0.20～+0.50	-0.30	不限
铜及铜合金		-0.20～0.00	-0.20	不限
铅		-0.50～-0.40	-0.65	-1.7
铝	在淡水中	-1.00～-0.50	-0.80	-1.1
	在盐水中	-1.00～-0.50	-0.90	-1.1
钢	在混凝土中	-0.60～-0.10	-0.75	-1.3
镀锌钢		-1.10～-0.90	-1.20	不限

① 在NaOH介质中有产生应力腐蚀开裂危险。

表3-3　前苏联标准ГОСТ 9.602—89中关于三种埋地金属的最小保护电位和最大保护电位　V(CSE)

金属材料	最小保护电位	最大保护电位
钢	-0.85	-1.15
铅	-0.70	-1.30
铝	-0.85	-1.40

表3-4　一些重要腐蚀体系的最小保护电位和保护电位范围[1]

材　料	介　质	保护电位范围		注　释
		E/V(SHE)	E/V(CSE)	
Ⅰ. 无最大保护电位的体系				
碳钢和低合金铁质材料	中性水、盐水和土壤（25℃）	< -0.53	< -0.85	防止全面腐蚀，在有防腐层时保护电位更正
	沸腾中性水	< -0.63	< -0.95	
	弱酸性水和缺氧介质（25℃）	< -0.63	< -0.95	
	高电阻率砂土	< -0.43 (-0.33)	< -0.75 (-0.65)	

续表

材料	介质	保护电位范围		注释
		E/V(SHE)	E/V(CSE)	
高合金钢(>16%Cr)	中性水和土壤(25℃)	< 0.2	< -0.1	防止点蚀和缝隙腐蚀
	沸腾中性水	<0.0	< -0.3	热区比冷区更敏感
	海水	<0.0	< -0.3	
CrNiMo 钢和富 Cr 特殊合金	含 Cl^- 介质	(通常较正，应测点蚀电位)	(同左)	保护电位随 Cl^- 浓度和温度增大而更负
CrNi 钢	含 Cl^- 介质，热水	约<0.0	约< -0.3	防止应力腐蚀开裂
碳钢和低合金钢	下列热溶液			
	硝酸盐	< -0.15	< -0.47	防止应力腐蚀开裂
	苛性碱	< -0.98	< -1.30	
	Na_2CO_3	< -0.68	< -1.00	
	$NaHCO_3$	< -0.43	< -0.75	应变引起的应力腐蚀开裂
	$(NH_4)_2CO_3$	< -0.35	< -0.67	
Cu，CuNi 合金	中性水和土壤(25℃)	< +0.14	< -0.18	防止全面腐蚀
Sn	中性水(25℃)	< -0.33	< -0.65	
Ⅱ. 有最大保护电位的体系				
碳钢和低合金铁质材料	海水	-0.53/-0.78	-0.85/-1.10	薄涂层保护和防止载荷波动条件下的应力腐蚀开裂
	水泥砂浆，混凝土	-0.43/-0.98	-0.75/-1.3	
高合金调质 Cr 钢(σ_b>1200N/mm^2)	海水(25℃)	-0.5/-0.0	-0.82/-0.32	防止氢致应力腐蚀开裂和点蚀
Pb	中性水和土壤(25℃)	-1.4/0.33	-1.7/-0.65	防止氢化物形成和全面腐蚀
Zn	中性水和土壤(25℃)	-1.3/-0.96	-1.6/-1.3	有薄涂层时保护电位更正
Al，Al 合金	冷水			防止全面腐蚀和点蚀
	淡水	-1.0/-0.3	-1.3/-0.62	最大保护电位随 Na^+ 浓度降低而更负
	海水	-1.0/-0.5	-1.3/-0.82	
AlZn4.5Mg1	海水	-1.0/-0.7	-1.3/-1.02	

表 3-5　碳钢和低合金钢结构物在海洋条件下的保护电位范围(屈服强度≤800N/mm^2)[1]

海洋结构物	相对参比电极		
	E/V(CSE)	E/V(Ag/AgCl，海水)	E/V (Zn)
海　水			
最小保护电位	-0.85	-0.80	+0.25
最大保护电位	-1.10	-1.05	0
厌氧条件			
最小保护电位	-0.95	-0.90	+0.15
最大保护电位	-1.10	-1.05	0

金属与某种电解质环境之间的界面电位差，即金属的电极电位，在施加阴极保护条件下

就是保护电位，通常可以作为是否达到所需阴极保护水平的判据。表 3-1 至表 3-5 列出了各种腐蚀体系的最小保护电位和保护电位范围。对结构物测量施加阴极极化后的金属电位，若比最小保护电位更正，将不能获得令人满意的阴极保护效果。

不同腐蚀体系的最小保护电位和保护电位范围与金属的种类、介质种类和组成、环境条件和工况条件密切相关。铁、碳钢和低合金钢在含氧的土壤或海水、淡水中的最小保护电位规定为-0.85V(CSE)；而在缺氧条件下则要求更负 100mV，为-0.95V(CSE)，这是为了消除硫酸盐还原菌的破坏作用。

不锈钢在阴极极化情况下，如果极化电位过负将会发生析氢反应而导致氢脆和损失机械强度。不锈钢在许多环境中是不需要任何方式保护的，在有的环境介质中需采用阳极保护。但是不锈钢常常遭受缝隙腐蚀破坏，特别是在海洋环境中。例如，在铆接或螺栓连接处，在金属与非金属垫片间的接头处常发生缝隙腐蚀。阴极保护可以显著地降低缝隙腐蚀的影响范围和严重程度，这时必须使不锈钢阴极极化至表 3-1 中对铁和钢规定的电位。在有的腐蚀体系中，不锈钢由于真实的阳极极化曲线和阴极极化曲线存在三个交点而表现出不稳定的自腐蚀电位(即存在两个时时可能变动的自腐蚀电位)，以至于阴极保护效果时好时坏，此时更容易产生缝隙腐蚀。阴极保护通常不会对不锈钢点蚀产生影响，仅有个别实验结果例外。但可通过阳极保护控制不锈钢电极电位于点蚀电位以下来防止点蚀破坏。

对于混凝土中的钢，如果只是部分钢件包覆在混凝土中，则暴露部分钢的保护电位见表 3-1。对于完全包覆在混凝土中且不与氯化物相接触的钢筋，由于是碱性环境，一般不需施加阴极保护，如需施加阴极保护可按表 3-2 确定保护电位。如果存在氯离子对钢筋的破坏作用，则可能需采用其他判据。混凝土的电阻率很高，加上电位测量技术上的困难，有时很难准确测得钢/电解质的界面电位，为此可采用极化程度为判据。普遍认可的这种判据是，瞬间断电电位与极化完全衰退后的电位(4h 后测量值)之差应为-100mV 或更负。

铝存在一种阴极腐蚀的问题。如果阴极保护电位过负，铝会遭受腐蚀。一般情况下不考虑对铝采用阴极保护。如果保护电位维持在表 3 1 规定的电位范围内，应可以预防铝的腐蚀。

铅在碱性环境中，如果保护电位太负，可能使铅遭受腐蚀。

3.2.2.2 保护电流密度

对金属结构物施行阴极保护时，为达到规定保护电位所需施加的阴极极化电流称为保护电流。相对金属结构物总表面积的单位面积上保护电流量称为保护电流密度。为达到最小保护电位所需施加的阴极极化电流密度称为最小保护电流密度。或者说，阴极保护时使金属腐蚀速度降到最低程度所需临界电流密度值称为最小保护电流密度。

保护电流密度决定了金属保护电位的实现，是阴极保护技术中降低金属腐蚀、调整和控制保护电位的关键参数，是阴极保护设计中必不可少的又一重要参数。阴极保护时，对金属结构物施加的电流密度不能小于最小保护电流密度，否则金属得不到完全保护。如果施加的电流密度远远超过该值，则不仅会消耗大量电能和增大设备容量(提高了阴极保护的经济成本)，而且可能发生所谓过保护的现象，反而使保护作用降低。

最小保护电流密度的大小主要与被保护金属的种类、腐蚀介质的种类与性质、保护系统中电路总电阻、金属表面是否有防腐层、防腐层的种类和质量以及环境条件等因素有关。这些因素的变化可使最小保护电流密度从几个 $\mu A/m^2$ 变化到几百个 mA/m^2。相比较而言，不同腐蚀体系的保护电位只在一个非常限定的电位范围内变化，而最小保护电流密度的选择范围则可达 5~6 个数量级。

对一些主要的腐蚀体系，已有许多标准和技术规范给出了明确的最小保护电位和保护电位范围的判据。而对最小保护电流密度虽然也有一些相应的参考值，但尚未形成权威性的、公认的判据和标准。在阴极保护设计时，通常由设计人员根据手册中的参考值和以往的经验针对被保护金属结构物的环境和工况条件来选择最小保护电流密度，然后通过馈电试验进行验证和调整，在阴极保护系统投入运行时还需作最后的调整。阴极保护电流密度的设计选择和调整，确定得是否正确合理，最终仍取决于所产生的保护电位是否符合最小保护电位和保护电位范围的判据。

表 3-6 列出了一些钢质结构物在不同环境介质中所需阴极保护电流密度。可见，对不同腐蚀体系所需保护电流密度的大小差别可达 6 个数量级。表 3-7 则给出了裸钢在不同海域中所需阴极保护电流密度。表 3-8 列出了钢铁在不同腐蚀环境条件下所需最小保护电流密度。

表 3-6　一些钢质结构物所需阴极保护电流密度[3]

钢质结构物		防腐层状况	阴极保护电流密度/(mA/m²)
埋地	管道、容器、储罐、电缆、导管	塑料	0.001~0.01
		沥青玻璃布	0.01~0.05
		沥青羊毛毡	0.3~7.0
	铠装电缆	油浸黄麻	3~17
	套管、接地电极	无防腐层	10~100
淡水	桥梁、上水/下水构筑物	良好防腐层	0.05~0.6
	闸门、水坝	旧防腐层	0.5~8
	水罐、水井	无防腐层	5~13
	热交换器、锅炉	无防腐层	100~600
海水	趸船、系船浮标	良好防腐层	0.2~20
	航行中船舶	旧防腐层	20~1000
	码头设施、浮桥、浮筒	旧防腐层	50~1000
	钢板桩、压载舱	无防腐层	100~1000

表 3-7　裸钢在不同海域中所需阴极保护电流密度[1]

海　　域	阴极保护电流密度/(mA/m²)	海　　域	阴极保护电流密度/(mA/m²)
北海(南部)	100~140	库克海湾	440
北海(北部)	110~160	波斯湾	108
波罗的海(西部)	90~120	印度尼西亚	65
墨西哥湾	65	海　底	20
美国西海岸	85		

表 3-8　钢铁在不同腐蚀环境条件下的最小保护电流密度[8]

环　　境	条　　件	保护电流密度/(mA/m²)	环　　境	条　　件	保护电流密度/(mA/m²)
稀硫酸①	室温	1200	中性土壤	细菌繁殖	400
海　水	流动	150	中性土壤	通气	40
淡　水	流动	60	中性土壤	不通气	4
高温淡水	氧饱和	180	混凝土	含氯化物	5
高温淡水	脱气	40	混凝土	无氯化物	1

① 由表中的数据可知，如稀硫酸这类强腐蚀性介质所需的保护电流密度非常大，以至于在实际中很难应用阴极保护。

在海洋环境中，在海水中和海泥中的被保护结构物面积以及与之发生金属性连接的外部结构物面积应当分别计算考虑。依据经验值和在不同海域中的测量值给出保护电流密度(见表3-7)。这些研究和考虑几乎无法说明保护电流的长期变化。在采用适当防腐层后，第一年的保护电流密度即可达到表3-7中数值的约10%；而在设计寿命30年时则提高到约为该值的50%。

3.2.2.3　保护度和保护效率

保护度和保护效率是评价阴极保护效果的两个重要参数。保护度是被保护金属结构物在实施阴极保护后金属腐蚀速度下降的相对保护程度。保护度 P 可由下式计算：

$$P=\frac{V_0-V'}{V_0}\times 100\%=\left(1-\frac{V'}{V_0}\right)\times 100\% \tag{3-12}$$

或

$$P=\frac{i_{corr}-i'_a}{i_{corr}}\times 100\%=\left(1-\frac{i'_a}{i_{corr}}\right)\times 100\% \tag{3-13}$$

式中　V_0 和 V'——分别为未加阴极保护和施加阴极保护时的金属腐蚀速度；

i_{corr}和 i'_a——分别为相应的金属腐蚀电流密度。

保护效率是在阴极保护时施加单位极化电流量所获得的金属腐蚀速度减小值，即阴极保护产出收益与投入(阴极保护电流消耗量)的相对比率。保护效率 Z 可用下式表示：

$$Z=\frac{i_{corr}-i'_a}{i_p}\times 100\%=\frac{P}{i_p/i_{corr}} \tag{3-14}$$

式中，i_p为阴极保护电流密度，即阴极保护时的外加电流密度。

式(3-13)和式(3-14)表明，保护度 P 和保护效率 Z 之间并不存在简单的线性对应关系，保护电流消耗量 i_p过大将可能使保护效率 Z 明显下降，而保护度 P 则增加甚微。

阴极保护时金属电极电位的负移量 $\Delta E=E-E_{corr}$与 i_{corr}和 i'_a 之间存在如下关系：

$$\Delta E=-\frac{2.303RT}{F}\lg\left(\frac{i_{corr}}{i'_a}\right) \tag{3-15}$$

式中　R——气体常数；

T——绝对温度；

F——法拉第常数。

表3-9列出了某些表面无任何防腐层和沉积物的金属在电解质溶液中实施阴极保护时与式(3-13)~式(3-15)有关的计算指数。

表3-9　某些裸金属在电解质中阴极保护的保护度 P 和保护效率 Z 的计算指数[8]

i'_a/i_{corr}	i_p/i_{corr}	ΔE/V	P/%	Z/%
1.0	0.0	0.0	0.0	0.0
0.9	0.16	0.0027	10	64.2
0.8	0.31	0.0054	20	62.5
0.7	0.49	0.0093	30	60.4
0.6	0.69	0.0127	40	57.8
0.5	0.91	0.0174	50	54.7
0.4	1.18	0.0230	60	50.8
0.3	1.52	0.0310	70	46.0
0.2	2.02	0.0404	80	39.6
10^{-1}	3.06	0.0580	90	29.4
10^{-2}	9.99	0.116	99	19.9
10^{-3}	31.6	0.174	99.9	3.16

续表

i'_a/i_{corr}	i_p/i_{corr}	ΔE/V	P/%	Z/%
10^{-4}	99.99	0.232	99.99	1.0
10^{-5}	299	0.290	99.999	0.334
10^{-6}	361	0.302	99.9999	0.227
10^{-7}	369	0.303	99.99999	0.271
$i'_a=0$	370	0.304	100.0	0.270

从表3-9可以看出，随着i'_a/i_{corr}减小和i_p/i_{corr}增大，电位负移量ΔE的绝对值增加并使保护度P不断提高，而保护效率Z却随之下降。例如，i_p/i_{corr}从0增大到2.02，i'_a/i_{corr}相应地从1减小到0.2，此时保护度P由0提高到80%，保护效率Z达到39.6%。而在达到完全保护时($i'_a=0$)，保护效率Z仅为0.27%。

所以，从经济性来看，在阴极保护实践中，无限制地追求完全保护，肯定是不适宜的。作为整体金属结构物来说，还存在一个保护电位分布和电流密度分布能否均匀的问题，即使某处可以达到完全保护，但要使金属结构物整个表面都均一地达到完全保护几乎是不可能的。例如在靠近阳极和远离阳极的被保护金属表面，阴极保护的各项参数值都会有显著差别。在实际应用时，常选用距阳极最远点处的金属电极电位负移值来衡量保护度。按NACE RP 0169—96标准规定的对钢铁结构物的保护电位判据，此值应为100mV。

在实际应用中，阴极保护提供的保护度，如果可以阻止金属的溃疡腐蚀和坑蚀等局部腐蚀，就可以认为是适宜的。例如，在海水应用条件下，在这种能控制局部腐蚀的保护度下，允许钢的均匀腐蚀速率控制在≤0.1mm/a范围内。阴极保护工程是一种技术性很强的防腐蚀措施，普遍适用于各种金属/电解质环境体系，保护效果很好。在设计和实施阴极保护工程技术时，必须充分考虑其经济性，以期以较低的经济成本获得有足够保护度和良好保护效果的阴极保护工程质量。

3.2.3 影响因素

3.2.3.1 腐蚀电池的极化与金属极化率

金属与其所处环境介质构成了一个电化学腐蚀体系，相应腐蚀电池中的金属阳极极化性能和氧化剂还原的阴极极化性能及其相对关系，对该体系能否容易地实现阴极保护有着至关重要的影响。当阴极极化率较大和阳极极化率较小时，被保护金属的腐蚀过程受阴极极化控制[参见图2-13(a)]，此时金属较易实现设计规定的保护度和保护效率均较高的阴极保护要求。如果该腐蚀体系的阴极过程为氧还原反应且受氧扩散控制，阴极保护电位处于氧扩散控制电位区段，于是阴极保护电流就基本等于金属的自腐蚀电流，即氧扩散极限电流，参见图3-4。

当被保护金属的腐蚀过程受阳极极化控制或混合控制时[见图2-13(b)和(c)]，此时由于阴极极化率相对较小，要实现较为理想的阴极保护就比较困难，至少所需阴极保护电流要大得多。即使能达到较高的保护度，其相应的保护效率将很低，显然这将提高阴极保护投入的成本。阴极极化率或(和)阳极极化率的变化将改变金属的自腐蚀电位和自腐蚀电流密度[参见图2-14(a)和(b)]，同时也将显著地影响到阴极保护电流和阴极保护效果。

极化率与金属种类、表面状态、介质种类和性质、环境条件等密切相关。这些因素和条件的变化都可能通过改变极化率或极化控制关系而影响阴极保护的实施。

3.2.3.2 金属表面状态和防腐层

金属表面经过某种处理或涂敷防腐层，可以将金属与周围介质隔离，因而具有防腐蚀保护作用。但漆膜或防腐层中往往存在微小针孔，有时在局部位置还可能存在严重缺陷或损伤，介质可在这些部位与金属直接接触而产生腐蚀。如果将阴极保护与防腐层联合应用(即所谓双保护，或称联合保护)，防腐层抑阻了大面积的腐蚀过程，基本上实现了对全面腐蚀的控制；而阴极保护系统输出的阴极电流则进入防腐层的针孔或各种缺陷损伤处，使这些薄弱部位可能发生的腐蚀过程得以控制，也获得了防腐蚀保护；而且防腐层的存在还使阴极保护所需电流相对于裸金属所需要的电流成数量级地大幅度减少，从而可降低能耗和成本投入。

对海水中的金属结构物实施阴极保护时会在金属表面上形成石灰质覆盖层，从而大幅度降低阴极保护电流。被保护金属在阴极保护系统中为阴极，在阴极极化条件下显著地加速金属表面的阴极反应，大量地产生氢氧根离子；同时在金属表面的海水液层中，钙、镁离子浓度也明显增加，由此而引起碳酸钙和氢氧化镁的过饱和，从而在金属表面析出这些盐的沉淀物，形成石灰质覆盖层。

采用稍高于实际极化所用的电流密度，可加速石灰质覆盖层的形成。当电流密度为1076~2152mA/m^{2}时，生成的沉积物最致密，并含有等量的碳酸钙和氢氧化镁。当电流密度大于2152mA/m^{2}时，沉积物表现为十分疏松。表3-10列举了生成石灰质薄膜所需的电流密度和时间。这层膜形成后，所需保护电流就大大降低了。由表3-10可见，在高电流密度下几天内就可形成薄膜，此后的继续保护只需很低的电流密度就够了。这一规律为道氏化学公司在预膜处理钢样上的试验得到进一步证实。如图3-10所示为在不同的阴极保护电流密度下获得的材料失重和保护电位的对应关系。将试验钢板在较高电流密度下预膜处理，以在表面形成石灰质膜层，然后在海水中阴极保护一年。从图3-10中的试验结果可知，只需约32mA/m^{2}的电流密度便可持续地起到阴极保护作用，而更高的电流密度并不增加保护效果，但低于32mA/m^{2}时便不足以维持完全的保护。据此，在实践中可对金属结构物在开始5~6天内通以538mA/m^{2}的阴极电流，以后则只需约32mA/m^{2}的电流便可维持阴极极化，获得有效保护。采用这种快速极化法的阴极保护，第一年便可节约电能40%。

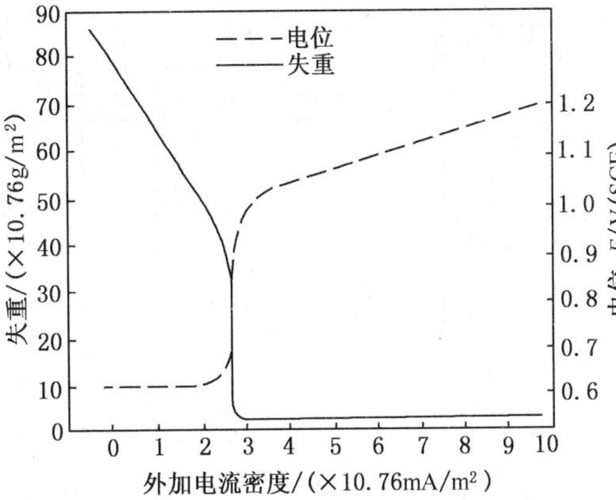

图3-10　试验钢板的失重和保护电位与阴极保护运行电流密度的关系[10]

表3-10　裸钢在海水中的极化和形成石灰质薄膜所需电流密度和时间[10]

初始电流密度/(mA/m^2)	暴露时间	表面膜	继续保护所需的电流密度/(mA/m^2)
2152	1天	疏松，含镁量高	21.5~32.3
1076	2~3天	十分坚硬	21.5~32.3
538	5~6天	坚硬，主要是石灰质	21.5~32.3
215.2	20~30天	中等厚度，坚硬	32.3~43.1
107.6	2~3个月	中等厚度，坚硬	43.1
64.6	6个月	薄而硬	43.1~53.8

金属表面防腐层可通过其绝缘电阻表征它对金属结构物的防护性能。防腐层的种

类、设计规格、涂装工艺以及已服役年限都对其绝缘电阻有重大影响。在采用联合保护的金属结构物上，防腐层的这些特征性质和绝缘电阻将进一步影响阴极保护所需电流密度，从而影响到由此而产生的阴极保护电位和阴极保护效果。因此，选用合适的防腐层种类和相应的涂装工艺以保证其具有足够的绝缘电阻，并且在服役期持续监测其绝缘电阻变化以了解并掌控防腐层老化、降解和变质劣化的状况，是保障金属结构物上联合保护有效性的重要措施。

如图3-11和图3-12所示分别为钢质管道在不同环境介质中所需阴极保护电流密度依从于管道防腐层种类和已使用状态及防腐层绝缘电阻的关系。如图3-13所示，给出了一个存储矿物油的埋地钢质储罐(尺寸规格和焊接要求按DIN6608)在实施阴极保护时的保护电流密度概率分布。

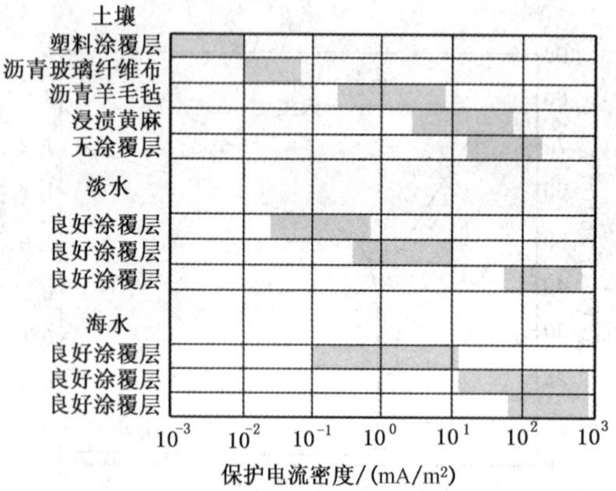

图3-11 钢质管道在不同环境介质中的阴极保护电流密度 i_p 与管道防腐层种类的关系[6]

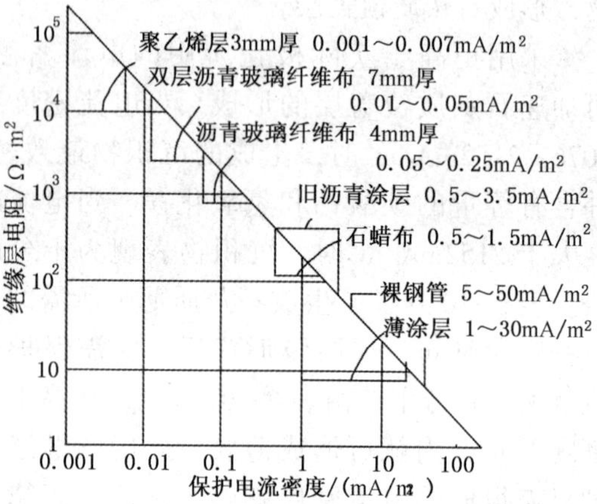

图3-12 钢质管道的阴极保护电流密度 i_p 和防腐层平均绝缘电阻率 r_u 与管道防腐层状况的关系[6]

由此可见，不同种类防腐层的绝缘电阻相差可达千百倍，说明各种防腐层的防腐蚀性能差别很大。相应地，即使在同一环境介质中，涂敷不同防腐层的金属结构物所需阴极保护电流密度也有着数量级的差别。涂敷在金属结构物上的各种防腐层在给定环境介质中服役时，随着使用时间延长，由于自身不断地老化和降解变质，使防腐层绝缘电阻下降，相应所需阴极保护电流密度则不断增大。在不同的环境介质中，无论是海水、淡水还是土壤，都具有这种类似的规律。

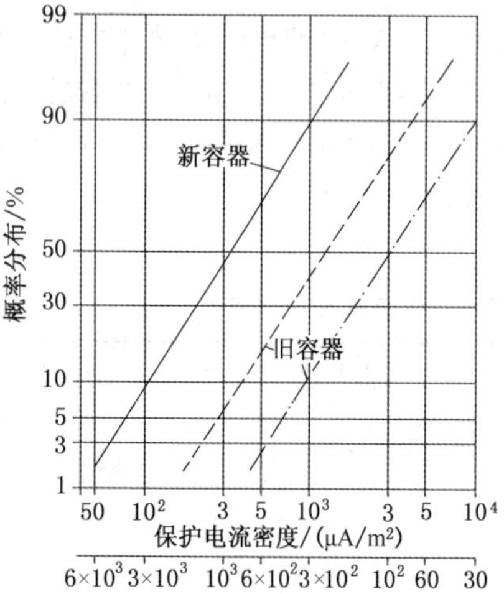

图3-13 一个埋地钢质储罐的阴极保护电流密度的概率分布[6]

未施加防腐层的裸钢在土壤中所需阴极保护电流密度在30～100mA/m²之间。在通气不良的土壤中，当有硫酸盐还原菌存在时，以及在流动的自来水或海水中，当然还要高得多。

然而根据该保护电流密度和几何表面积计算得到的保护电流需要量，其理论意义重于实用价值，因为埋地管道和各种容器上都有好坏程度不同的外防腐层。

这就使保护电流需要量显著减小，仅为金属表面上防腐层缺损处暴露的很少金属表面积所对应的保护电流需要量。一般来说，防腐层缺损处所暴露的裸金属面积通常小于结构物总面积的1%。防腐层缺损处的保护电流需要量与土壤的化学性质、形成沉积层的能力以及防腐层缺损处的大小和分布密切相关。而由实验测得的防腐层绝缘电阻（漏泄电阻）则与缺损处周围的土壤电阻率密切相关，因为它与极化无关，而与缺损处及附近的欧姆电压降相对应。一个厚3mm而无缺损的防腐层，其体积电阻在$10^{10}\Omega \cdot m^2$以上。

埋地管道的防腐层绝缘电阻率可从下式求得：

$$r_u = \frac{E_{on} - E_{off}}{i} \qquad (3-16)$$

式中 E_{on}——接通保护电流时的管地电位，也称通电电位；

E_{off}——切断保护电流时的管地电位，也称断电电位；

i——实际的极化电流密度，用所测管段通过的电流除以管段表面积算得。

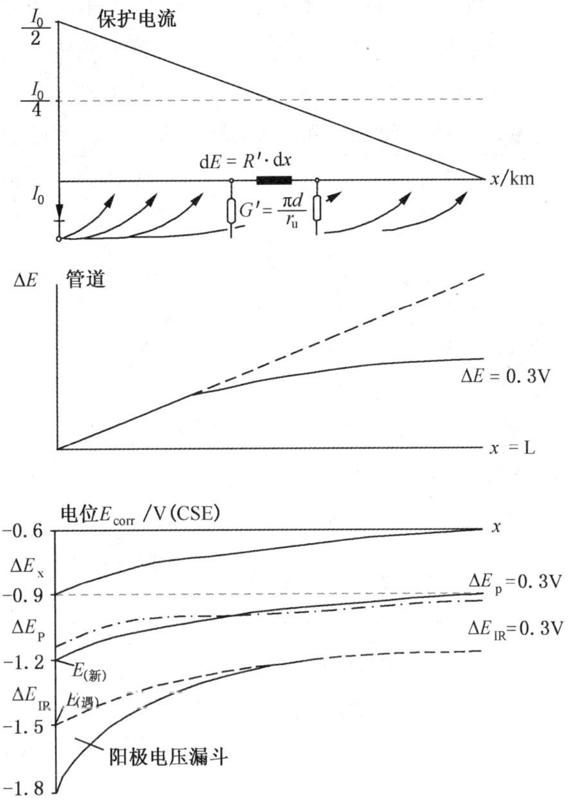

图3-14 对管径为d、单位长度管道电阻为R'的一条管线实施阴极保护时的保护电流密度和电位分布曲线[6]

如图3-14所示为沿着一条阴极保护管段上的电位分布曲线。实际保护电流密度i_p只能在极化了的管道上进行测定。此处的保护电流密度定义是单位表面积上的平均电流，在经过较长时间极化后可在管道上产生断电电位E_{off}=-0.85V（CSE）。为了求得极化电阻$R_p = r_p \cdot A$，必须已知管道原先的自腐蚀电位E_{corr}。如果不知道的话，可假设E_{corr}=-0.55 V（CSE）。单位面积的极化电阻r_p可从E_{off}=-0.85 V（CSE）时的保护电流密度i_p得出，即

$$r_p = \frac{E_{off} - E_{corr}}{i_p} = \frac{0.3V}{i_p} \qquad (3-17)$$

经验表明，随后获得的极化电阻与防腐层电阻大致成正比。对于质量良好的防腐层，$r_p \approx r_u$；对于质量很好的防腐层$r_p \approx 0.5r_u$。这意味着可通过已知的防腐层电阻估算保护电流密度。以0.3V作为阴极极化负偏移电位降的基准，则对良好质量的防腐层可得出保护电流密度为：

$$i_p = \frac{0.3V}{r_u} \qquad (3-18)$$

表3-11给出了防腐层种类和防腐层平均电阻率对各种被保护结构物阴极保护电流密度的影响。显然，不同防腐层电阻率相差可达成千上万倍，相应的阴极保护电流密度彼此也相差成千上万倍。

表 3-11 防腐层种类和防腐层电阻率对各种结构物阴极保护电流密度的影响[6]

结构物	环境介质	防腐层种类	防腐层电阻率/ $k\Omega \cdot m^2$	保护电流密度/ (mA/m^2)
新的钢质管线	土壤	聚乙烯防腐层	30	0.005~0.01
旧的钢质管线	土壤	沥青-玻璃纤维布	0.3	0.5~2
钻探套管	土壤	水泥	—	20~30
高压管道	土壤	沥青-玻璃纤维布	10	0.01~0.03
通讯电缆	土壤	沥青-黄麻	0.01	10~30
储罐容器	土壤	沥青-黄麻	0.1	0.2~5
工业供应管线	土壤	钢筋混凝土建筑物附近的管线	—	3~5
海底管线	海水	包覆混凝土	0.1	2~10
板桩墙，采油平台	海水	无	—	80~130
闸门，坝堰	淡水	防护漆	0.01	20~30
栈桥，系泊桩	海水	焦油环氧漆	0.1	10~30
船舶，浮桥	海水	油漆	0.1	3~30
水塔	饮用水	氯化橡胶	0.02	0.1~0.2
热水锅炉	饮用水	搪瓷	20	0.01~0.02
热交换器	锅炉用水	无	—	100~200
湿式煤气柜	工业用水	焦油环氧漆	0.3	0.5~1
污水暗渠	废水	惰性油-沥青	0.2	1~2
油/水分离器内外壁	盐水	无	—	50~100

3.2.3.3 环境介质

阴极保护系统通过电化学电池起作用。由阴极(被保护金属)、阳极、作为电解质的环境介质和电缆构成完整的电流回路，因此也俗称电保护。回路电阻对通过的电流大小和分布有着重要影响。人们总是希望在阴极保护系统中从阳极发出的电流尽可能多地经过环境介质进入作为阴极的被保护金属结构物，而且是均匀地到达金属表面。这就是保护电流的电流效率和电流分布问题。

环境介质就是阴极保护系统电流回路中一项主要的电阻成分。环境介质作为电解质的功能首先是导通电流，但它也是阻碍或影响电流通过的电阻体。不同环境介质的电阻率差异极大，如海水电阻率很低，一般在 20~30Ω·cm 范围；而土壤的电阻率很高，随地点和季节的变化也大，从小于 1Ω·m 至数百、上千 Ω·m。这对阴极保护设计、设备选型和投资都有重大影响。

环境介质还起到提供和携运阴极反应剂和扩散反应产物的作用。由此而加速或抑阻这一电化学电池中的阴极反应和(或)阳极反应，从而影响到阴极保护系统的有效运行。可以认为，环境介质的导电性往往会成为其中金属结构物的腐蚀过程和阴极保护有效性的控制性因素。

环境介质的种类、结构、组成及其分布都会对阴极保护系统的有效运行产生重要影响，一般是通过影响电极反应和介质导电性而起作用。前者是通过形成和发展电化学微观电池和宏观电池而起作用，后者则是通过影响极化和电流效率而起作用。

为开发和利用海洋人们采用了大量的、多种多样的金属材料。海水是最丰富的天然电解质，为了抗御海水腐蚀，普遍地采用了阴极保护技术。在阴极保护设计和实施时，应充分考虑海水组成、温度等因素的影响；同时应考虑这些因素分布的影响。如图3-15所示为海水中含氧量、盐度、温度和pH值随海水深度的变化规律。

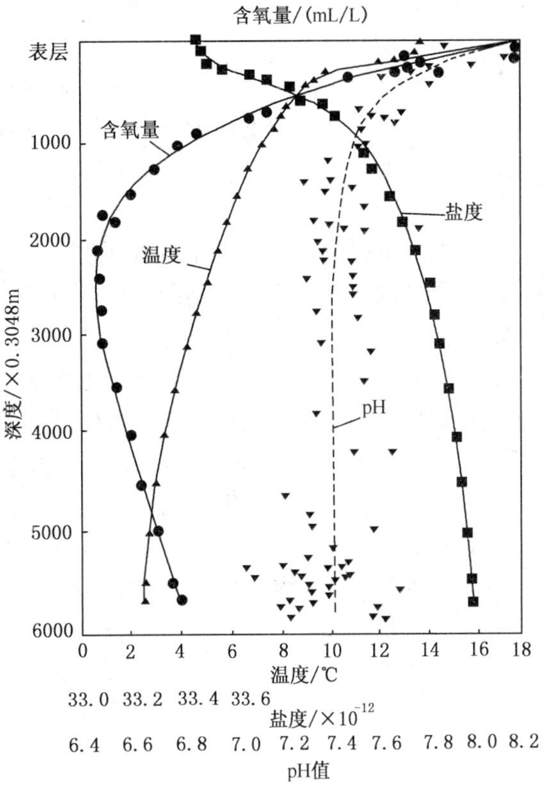

图3-15 美国加利福尼亚怀米尼港西部太平洋海域的海洋参数测量资料[11]

在海水表层，来自大气的氧供给通常可达到饱和或接近饱和，此处的生物活性(包括植物和动物)也最大。在大洋中，随海水深度增加，氧浓度降低，温度下降，而盐度略有升高。但海水pH值则随海水深度增加而降低；从通常被大气二氧化碳缓冲的8.2可降低至7.4左右。从电化学微观电池考虑，这些影响因素的变化都会直接影响到金属腐蚀。但更为严重的是，海水上下层的这些参量变化会在垂直设置的金属结构物上产生宏观腐蚀电池，从而加剧宏观腐蚀电池中阳极区的腐蚀，如海洋中的采油(气)平台和近岸建设的钢管(板)桩等。虽然几种差异宏观电池的阴极区-阳极区分布是交错互逆的，但其中起主要作用的是氧浓差宏观电池。对于垂直长线宏观电池而言，表层海水富氧，下层海水贫氧，从而在所构成的宏观电化学电池中，金属结构物在海水表层的部位成为阴极，其上主要发生氧还原反应，从而促进了下层海水区金属的阳极溶解，因此使下层海水中的金属比表层水中的腐蚀严重。海水中长线垂直金属结构物的阴极保护设计应注重考虑环境海水中的这些差异影响。此外，海水流速、海泥的贫氧状态及厌氧菌活动都会对海水中金属结构物的阴极保护产生影响，应予足够重视。表3-12列举了几种自然水的一般电阻率。

表3-12 水的电阻率

水的种类	电阻率/Ω·cm	水的种类	电阻率/Ω·cm
纯　水	20000000	井　水	2000~7000
蒸馏水	500000	河、海混合水	200
雨　水	20000	海水(沿岸)	30
自来水	7000	海水(海洋)	20~25

埋地金属结构物的环境介质是土壤。土壤是由包括土粒、土壤溶液、土壤气体、有机物、无机物、带电胶粒和非胶体粗粒等在内的多种成分构成的极为复杂的不均匀多相体系。随不同地点、不同季节，土壤的结构、组成和理化性质差别很大，相应地对金属的腐蚀性差别也很大。如在强腐蚀性土壤中碳钢的全面腐蚀速率一般为0.1mm/a，而在弱腐蚀性土壤中仅为约0.005mm/a。

影响土壤理化性质及腐蚀性的因素很多，例如土壤的透气性、含水量、电阻率、土壤温度、溶解离子的种类和数量、含盐量、含氧量、pH 值、氧化还原电位、有机质、土壤黏土矿物的类型和含量等理化性质以及微生物的存在及活动的生物作用等。这些因素的存在和变化将明显地影响金属材料的腐蚀，它们对阴极保护系统中的牺牲阳极和外加电流辅助阳极的性能和作用有着重大影响，它们对于阴极保护系统的电流回路和阴极保护有效性也有重要影响。

土壤电阻率是表征土壤导电性能的指标，上述许多因素都直接或间接地影响土壤电阻率。环境介质的电阻率直接影响到金属/介质体系中腐蚀微电池和宏电池的形成和效能，从而影响到金属的全面腐蚀速率及金属表面的腐蚀分布均匀性，进而影响到阴极保护系统运行的有效性、保护度和保护效率。土壤电阻率通常被用作判断土壤腐蚀性的最基本参数，也是埋地金属结构物阴极保护设计中最重要的环境参数之一。各国腐蚀工程师和阴极保护工作者常用土壤电阻率来划分和判断土壤腐蚀性，即电阻率越大，腐蚀性越弱。在大多数情况下，这是适用的；但在个别情况下，由于其他因素的影响而呈现出土壤电阻率很大，其腐蚀性也很强的异常对应关系。

氧是埋地金属结构物上主要的阴极过程氧化剂。土壤结构(如松紧度、颗粒度)和土壤含水量等许多因素共同决定了土壤含氧量和氧的扩散迁移。土壤含氧量不仅影响着腐蚀微电池的形成和作用强度，而且不同区域的土壤含氧量差异将会在埋地金属结构物表面形成宏观腐蚀电池(氧浓差电池)，其作用距离(即阴极区至阳极区的距离)可达数米，甚至可达数公里之遥。

作为环境介质的另一项重要影响因素，微生物的存在和生命活动将参与到金属的腐蚀过程中。凡是同水、土壤或潮湿空气相接触的金属设施都可能遭遇微生物腐蚀。微生物腐蚀的特点如下：

① 需具备适宜微生物生长繁衍的环境条件(如一定的温度、湿度、酸度、含氧量、营养源)，才能导致微生物腐蚀的发生和发展；

② 微生物腐蚀并非是微生物直接食取金属，而是微生物生命活动的过程和结果直接或间接地参与了腐蚀过程；

③ 微生物腐蚀往往是多种微生物共生、交互作用的结果。

微生物参与腐蚀过程的方式有：

① 微生物代谢产物(如无机酸、有机酸、硫化物、氨等)增强了环境介质的腐蚀性；

② 通过促进电极反应的动力学过程而加速腐蚀，如硫酸盐还原菌的活动促进了金属腐蚀的阴极去极化过程；

③ 改变附近环境介质的氧浓度、含盐量、酸度等，从而形成氧浓度差异等局部腐蚀电池；

④ 破坏金属表面保护性防腐层或缓蚀剂的稳定性，如埋地管道上有机纤维防腐层的分解破坏，亚硝酸盐缓蚀剂的氧化等。

与腐蚀有关的微生物主要是细菌类，因而往往也称为细菌腐蚀。其中最主要的是直接参与自然界硫、铁循环的微生物，即硫酸盐还原菌、硫氧化菌和铁细菌等。此外某些霉菌也能引起微生物腐蚀。这些细菌按其生长发育过程中对氧的不同需求而分属嗜氧性及厌氧性两类。前者需有氧存在时才能生长繁殖，如硫氧化菌、铁细菌等。后者主要是在缺氧条件下才能生存繁衍，如硫酸盐还原菌。

硫酸盐还原菌(SRB)在自然界中分布甚广，常见于潮湿并含有硫酸盐及可转化的有机物和无机物的缺氧土壤、沼泽地及海泥中，所产生的腐蚀类型常呈点腐蚀等局部腐蚀，腐蚀产物通常是带有难闻气味的硫化物。硫酸盐还原菌所具有的氢化酶能够除去阴极区的氢原子，促进腐蚀过程中的阴极去极化反应，或生成硫化物而加速金属腐蚀。硫酸盐还原菌参与的阴极反应为：

$$SO_4^{2-}+8H \xrightarrow{SRB} S^{2-}+4H_2O \tag{3-19}$$

经过二次反应可在钢铁结构物表面生成 FeS 和 $Fe(OH)_2$。总反应式为：

$$4Fe + SO_4^{2-} + 4H_2O \xrightarrow{SRB} FeS + 2OH^- + 3Fe(OH)_2 \tag{3-20}$$

硫氧化菌广泛存在于酸性土壤及含黄铁矿的矿区土壤中。当金属腐蚀现象发生于含有大量硫酸的环境中，而又无外界直接的硫酸来源时，硫氧化菌的腐蚀作用就是最值得关注的对象。这类细菌的存在可由硫细菌的生物检定进一步证实。硫氧化菌能将硫及硫化物氧化成硫酸，其反应为：

$$2S + 3O_2 + 2H_2O \xrightarrow{\text{硫氧化菌}} 2H_2SO_4 \tag{3-21}$$

铁细菌分布也很广泛，形态多样，有杆、球、丝等各种形状。它们能使二价铁离子氧化成三价，并沉积于菌体内外：

$$2Fe(OH)_2 + H_2O + \frac{1}{2}O_2 \xrightarrow{\text{铁细菌}} 2Fe(OH)_3\downarrow \tag{3-22}$$

从而促进了铁的阳极溶解过程，三价铁离子可将硫化物进一步氧化成硫酸。此外，铁细菌也常在管内壁附着生长形成结瘤，造成氧浓差局部腐蚀。在受到铁细菌腐蚀的水管内，经常出现机械堵塞以及称为“红水”的水质恶化现象。

土壤中存在着多种氧化剂和还原剂，通过复杂的化学和生物化学过程使土壤普遍地存在着各种氧化还原反应。土壤(包括沼泽、海泥等)的氧化还原电位就是其中多种氧化还原平衡的综合反映，它表征着土壤所具备的氧化还原能力和作用强度。土壤氧化还原电位也是判断土壤腐蚀性的主要指标之一。一般认为，在环境介质缺氧条件下，厌氧的硫酸盐还原菌的生命代谢过程十分活跃，此时金属结构物极易遭受微生物腐蚀。此时的环境介质氧化还原电位也表现得比较负。土壤氧化还原电位是可以测量的，用铂及饱和甘汞电极(或饱和硫酸铜电极)组成现场探测土壤氧化还原电位的探针，将现场实际测得的电位 $E_{\text{实测}}$ 按下式换算成 pH=7 时的相对标准氢电极(SHE)的氢标氧化还原电位 E_h[V(SHE)]：

$$E_h = E_{\text{实测}} + E_{SCE} + 0.059(pH_{\text{实测}} - 7) \tag{3-23}$$

式中，E_{SCE}为饱和甘汞电极相对标准氢电极的电位，随实际测量时的温度略有变化，25℃时为 0.2476V。换算成相当 pH=7 时的 E_h是为了具有统一的可比较性。

凡上对金属腐蚀过程有影响的环境介质因素，一般也都会对阴极保护系统的有效运行产生影响。一般认为，当土壤的氧化还原电位低于 200mV(SHE)时，厌氧条件下的腐蚀将十分严重，硫酸盐还原菌的反应活动也很激烈。因此，在阴极保护规范和判据中规定，在有硫酸盐还原菌活动的缺氧土壤中，阴极保护的最小保护电位应更负移 100mV。

3.3 阴极保护判据和有效性

3.3.1 阴极保护判据

本章前面介绍了阴极保护技术的主要参数，阴极保护工作者和各国颁发的工业技术标准都围绕着一个基本的最小保护电位，针对各种实际体系确认实用的最小保护电位和保护电位范围，以及相应的保护电流密度。这一基本的最小保护电位判据就是著名的-850mV(CSE)。通过大量的理论分析、实验室试验和许多工业项目实践，都证明了-850mV(CSE)确实是钢铁材料在暴露于空气的海水和土壤环境介质中的有效的最小保护电位。这一结果与1928年美国工程师库恩(Robert J. Kuhn)在新奥尔良对一条长输天然气管线施加外加电流阴极保护通过工程实践和试验所获得的结论是惊人地一致。他通过试验发现，保护电位为-0.85V(CSE)，足以防止任何类型的腐蚀。这是外加电流阴极保护技术在埋地长输管线上的世界首例成功实践，这一实践获得的成果以及库恩随后的许多成功实践使他被后人尊称为美国阴极保护之父。

阴极保护工程师和科学家们在随后的阴极保护技术研究中发现，由于工业金属结构物采用了诸多不同的金属合金，其服役所在的工况环境也是多种多样的，完全采用同一保护电位判据(准则)将不可能都获得满意的阴极保护效果。通过研究和实践证明，对于同一环境介质中的不同金属合金以及对于同一金属合金在不同环境介质中服役的体系，其最小保护电位是很不一样的。由此各国相继颁布了不同金属材料在各种环境介质中实施阴极保护时所要求达到的最小保护电位，如表3-1~表3-5所示。

美国腐蚀工程师协会(NACE International)编制颁布的标准《埋地或水下金属管道系统的外部腐蚀控制》(NACE RP 0169—96)，已被各国阴极保护工作者和项目业主广泛采用。该标准自1969年8月首次批准颁布以来，历经1972年1月、1976年9月、1983年1月、1992年4月和1996年共五次修订，一些有争议的论点和一些实践中发现或证明的问题逐一获得解决，使该标准日臻完善。该标准制订目的是为金属管道系统的工程项目提供外部腐蚀控制的技术指南，但同样也适用于埋地的或水下的其他金属结构物。

美国NACE RP 0169—96标准《埋地或水下金属管道系统的外部腐蚀控制》对钢铁结构物实施阴极保护的保护电位判据做出了以下规定：

① 施加阴极保护时的负(阴极的)电位至少为850mV。这一电位是相对于接触电解质的饱和铜/硫酸铜参比电极测量的。必须考虑除结构物/电解质界面之外的那些电压降，以便对这一电位测量的有效性作出解释。

② 相对于饱和铜/硫酸铜参比电极的负极化电位至少为850mV。所谓负极化电位是指阴极极化条件下结构物/电解质界面处的电位，等于腐蚀电位与阴极极化值之和。

③ 在结构物表面与接触电解质的稳定参比电极之间的阴极极化值最少为100mV。可以通过极化的形成或衰减进行测量，以满足这一判据。

该标准对铝制或铜制埋地管道提出了如下的阴极保护判据：

在结构物表面与接触电解质的稳定参比电极之间的阴极极化值最少为100mV。在这一判据中应能使用极化的形成或衰减方法进行测量。

该标准历经多次修订，自1969年首次颁布以来的30多年中已为世界各国广泛采用。德国防腐蚀专家也对此做了大量研究工作，在近10000km的管道上进行了每5m一个测量点的详细调查，耗资650万美元。在1985年颁布的DIN30676标准中，对钢铁结构物和其他金属材料在一些特定环境条件下的阴极保护判据做出了更为详细的规定(见表3-2)，也请参阅W. v. Baeckmann等人总结的表3-4。这些阴极保护判据不仅确认了-0.85V(CSE)这一经典指标，也提出了一些特殊环境条件下的-0.95V(CSE)和-0.75V(CSE)等指标；不仅规定了最小保护电位，也给出了最大保护电位。

中国建设部标准CJJ95—2003和石油行业标准SY/T0036—2000也都对钢铁结构物(尤其

是埋地管道)制订了相应的阴极保护判据，其主要内容如下：

① 施加阴极保护后，使用铜/饱和硫酸铜参比电极(CSE)测得的极化电位至少应达到-850mV或更负。测量电位时，必须考虑IR降的影响。

② 采用断电法测得管道相对于CSE参比电极的极化电位应达到-850mV或更负。

③ 在阴极保护极化形成或衰减时，测得被保护管道表面与接触土壤的、稳定的CSE参比电极之间的阴极极化电位值应不小于100mV。

④ 存在细菌腐蚀时，管道通电保护电位值应负于或等于-950mV(相对于CSE参比电极)。

⑤ 在沙漠地区，管道通电保护电位值应负于或等于-750mV(相对于CSE参比电极)。

3.3.2 保护电位判据应用的有效性

对金属结构物实施阴极保护后，其保护效果如何，即阴极保护有效性如何，应根据阴极保护判据进行测量和分析来确认。

用作阴极保护判据的一般是电位参数(保护电位)而不是电流参数(保护电流密度)。电位是表征化学反应能否进行的一个热力学参数，是腐蚀电池中电化学过程的驱动力；而电流则是一个动力学参数，它表征电化学过程的反应速度。无论是对腐蚀机理和过程的研究，还是对阴极保护原理和作用的研究，都是依据电位这一本征参数。在阴极保护系统的设计、运行控制和操作管理时往往是以电位为参考基准。但在操作管理中有时也日常地测量、记录和调整保护电流(如人工调整整流器)，因为保护电流密度也是阴极保护设计中必不可少的一个重要参数。实际上，电位和电流这两个参量在腐蚀科学中和在阴极保护技术中是互为依存的两个参量。自腐蚀电位和极化电位分别对应于自腐蚀电流密度和极化电流密度。在任何一个腐蚀系统或阴极保护系统中，都可以通过控制电位来改变表征过程速度的电流，或通过控制电流以改变系统电位。

阴极保护参数(如最小保护电位、最小保护电流密度)是在研究和讨论阴极保护原理、作用过程时采用的基本评价参量。而阴极保护判据则是在实际的各种各样环境介质中对金属结构物实施阴极保护后评判其保护效果的有效性准则。可以认为，阴极保护判据是源自阴极保护参数的、在实际工况条件下对结构物阴极保护有效性进行评判的依据。因此，阴极保护判据是在各种实践条件下可测量、可调整、可控制并可对之进行判断和管理的标准参数。

在上述各项判据中，用于钢铁结构物在埋地或海水体系的-850mV(CSE)判据是一种应用最广泛的阴极保护判据。而阴极极化-100mV的判据则是一种比较经济的阴极保护判据，适用于各种金属材料。-850mV(CSE)判据的实际测量技术和需用设备比阴极极化-100mV判据的更为简单，测试周期也短得多。

对于阴极保护有效性可采用金属结构物的表观观察(金属材料有无腐蚀)、对金属材料的腐蚀损伤(腐蚀量)进行测定或采用检查装置来确认。这些方法中大多数是不实用的。而符合了前述一项或几项阴极保护判据便可证明，金属结构物已获得足够的阴极保护。当为某种目的检查金属结构物时，应注意检查金属腐蚀的证据及金属表面防腐层状况，这对于评价阴极保护系统运行有效性是很重要的佐证。

前述阴极保护判据是根据大量实验室试验、实际经验及可靠的理论分析而制定的。大量成功运行的阴极保护系统及对其所获得的评价数据都已证明，本书所提供的阴极保护判据是正确的。实际环境条件和工况条件的多样性表明，由于存在着各种不同的情况，用于评价阴极保护有效性的某一个判据不可能对所有情况都适用。不可能提出一个普遍适用于所有金属、所有环境介质和所有工况条件的单一判据。通常，对一个单独的金属结构物往往需要多个判据联合使用。同时，为确定金属结构物的评价参数(如保护电位)是否满足这些判据的规定，应采用正确的检测方法和准确的仪器设备，以及合理的检测频度。

金属结构物的腐蚀泄漏史在评价阴极保护有效性方面是有价值的。例如，未施加阴极保护的金属结构物原先经常泄漏或腐蚀破坏，而施加了阴极保护后使被保护结构物常年无损伤地正常运行，且使腐蚀破坏或泄漏事故大幅度地减少。然而，腐蚀泄漏史本身不应当也不能用于确定阴极保护是否达到了足够的保护水平，即使无法进行电检测时，这也只能是一个定性的参考。

对于裸露的或防腐层质量差劣的钢铁结构物和管线，由于已确定或可测定固定的阳极点(即电流排放点)，主要应考虑长线宏观腐蚀电池的作用。可用地电流技术进行测量；如确定净保护电流是从电解质流向金属结构物表面的，这就可作为该特殊情况下的保护判据。

在某些情况下，例如存在硫化物、细菌、高温、酸性环境以及异金属材料共存于同一结构物中的情况，-850mV(CSE)的判据可能是不充分的。因此，在另一些标准规范中，针对这些特殊情况也规定了相应的保护判据，参见表3-4和表3-5。

如果钢铁结构物(包括管线)嵌埋在混凝土中或者埋置于干燥的或充气的高电阻率土壤中，这时，比-850mV(CSE)判据更正一些的电位值可能也就够用了。对于这种特殊情况一般使用-750mV(CSE)判据，参见表3-2和表3-4。

在有多条管道通过的地段、高电阻率表层土区域、深埋管道处、杂散电流区域等局部腐蚀电池起主要作用的场合，地电流技术往往是无意义的。

在涂敷管线上应避免使用过度的极化电位，以使对防腐层的阴极剥离破坏危险减小到最低程度。对所有的金属材料，尤其是高强钢、某些级别的不锈钢、钛、铝合金以及预应力混凝土管，不应使用会导致过量析氢的高极化电位。

当管道和其他钢铁结构物的运行压力和条件有利于产生应力腐蚀开裂时，NACE RP 0169—96提醒注意在采用-850mV(CSE)的瞬间断电电位判据时，谨慎使用比之更负的电位。加拿大的规范也认识到这一问题，在可能存在有应力腐蚀问题的情况下，推荐使用的瞬间断电电位值应负于-770mV(CSE)。

对于防腐层可能产生的阴极剥离危险、金属可能产生的氢脆问题以及应力腐蚀开裂敏感性问题，都要求在确定阴极保护的工程判据时，除最小保护电位外，还应充分注意最大保护电位，即允许的最负保护电位限制。

铝是两性金属，在碱性环境中将会遭受腐蚀。阴极保护的应用倾向于提高金属表面处的溶液pH值。所以在实施阴极保护之前应进行仔细地调查和试验，以防止铝在pH值超过8.0的环境中产生点蚀破坏。尽管已规定了采用阴极极化100mV判据，如果在阴极保护的铝结构物与CSE参比电极之间进行电位测量，且进行了IR降补偿，此时测得的铝的电位若比-1200mV(CSE)还负，则可能由于金属表面处溶液形成碱性而遭受腐蚀。除非预先测试结果表明，在特定环境中不会发生所谓的碱腐蚀，否则不应采用比-1200mV(CSE)更负的极化电位。

置于给定环境介质中的金属结构物施加阴极保护后就产生了一定的电场分布。在环境介质中形成了流向金属结构物的电流线分布，而任何环境介质都是一个电阻体系。这样，就在为测量保护电位必须要用的、置于环境介质中某位置点的参比电极(如CSE)与被测金属之间产生了欧姆电压降，即IR降。在通电情况下进行电位测量时，这部分欧姆电压降必然被叠加到所测量的电位值内，这是一项不容忽视的干扰误差，将会影响到阴极保护有效性的正确判定。

因此，在各种阴极保护判据中都要求从电位测量值中消除欧姆电压降影响。消除或减少欧姆电压降影响的方法一般有如下几种：

① 使参比电极尽量接近被测金属表面，大幅度地降低它们之间的介质电阻；

② 调节参比电极位置，测量相对金属表面不同距离处的电位，然后外推到距离为零($R=0$)处，即可获得已消除欧姆电压降影响的电位值；

③ 预先测定参比电极与被测金属表面之间的介质电阻和流过该介质的电流，通过计算修正欧姆电压降的影响；

④ 采用桥式电路测量电极电位，可以消除欧姆电压降影响；

⑤ 采用内置可自动补偿欧姆电压降的电子电路的电位测量仪器；

⑥ 采用断电流法($I=0$)测量电位，可消除欧姆电压降的影响。通常是在电位测量回路与电流回路之间装设一个通断开关，使测量金属电位时断开电流回路($I=0$)，从而消除欧姆电压降影响。

随着对阴极保护工程技术和判据的深入广泛研究，断电流法消除欧姆电压降测定阴极保护电位的方法已发展成为一项重要而完整的测试技术，在阴极保护行业获得了越来越多的应用和广泛的关注。

美国腐蚀工程师协会制定的 NACE RP 0169—96 标准提出了三项重要判据，以证实阴极保护工程系统是否已达到合格的阴极保护水平。第一项判据是，在阴极保护系统通电情况下，所测量的金属结构物相对于 CSE 的电位在消除欧姆电压降后应等于或负于-850mV。这项判据在早先的阴极保护系统是普遍应用的，在当今那些不能断开阴极保护电流的系统中也仍然是普遍应用的。然而，近年来更为流行的是第二项判据，即受到阴极保护的金属结构物的瞬间断电电位应等于或负于-850mV(CSE)，其原因是，已经开发出了适用于阴极保护工程系统的断电流法测量电位技术并获得了成功应用。第三项判据是，被保护金属结构物的阴极极化值至少应达到 100mV，迄今这仍然是应用最不普遍的一种评价方法。A. W. Peabody 对这三项判据做了比较全面的讨论，他认为，这项 100mV 极化判据具有最强有力的理论基础。

在适用于阴极保护工程系统的断电流法测量电位技术已经开发问世并相当成熟的今天，这项 100mV 极化判据仍然难以推广应用，其部分原因可能是这项判据所需测量时间较长及测量费用较高。但从另一方面看，这项判据的成功应用将可对避免阴极保护的不必要的扩充投资及降低其运行和管理维护费用方面做出重要贡献，其节省额具有重大经济效益。

金属结构物是否被阴极极化了 100mV 或 100mV 以上，有两种测量方法可予证明，即极化形成法和极化衰减法。

极化形成法的测量比较容易。在施加阴极保护之前，先测量金属结构物的自腐蚀电位，然后施加阴极保护电流使阴极保护系统正常运行，接着测量记录金属结构物的瞬间断电电位。为了测得真正的瞬间断电电位，必须把金属结构物上可能影响到该测试区段的所有直流电源全部同时断开。该瞬间断电电位与自腐蚀电位之间的差值就是实际极化量。这一极化值必须达到不小于 100mV 的水平，以满足该判据的要求。极化形成测量法更适用于新建金属结构物系统，因为它在施加阴极保护之前测量自腐蚀电位是比较容易的。

应用极化衰减法测量时，首先断开保护电流，可立即测得金属结构物的瞬间断电电位，此后持续测量到的是金属结构物的去极化电位。在瞬间断电电位和去极化电位之间的差值必须达到不小于 100mV 的水平。并不一定要求去极化电位完全回复至自腐蚀电位，只要去极化达到了 100mV 即可。这种测量方法更适合于现役阴极保护系统。

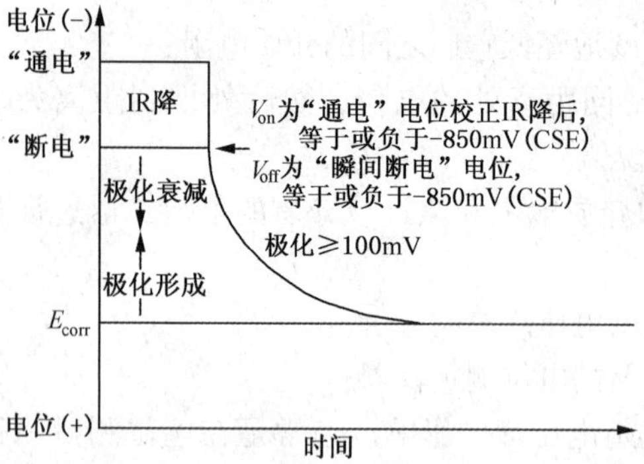

图 3-16　三项阴极保护判据的电位关系及 100mV 极化判据所用两种测量方法的图示说明

如图 3-16 所示为前述三项阴极保护判据的电位关系，以及 100mV 极化判据所用的两种测量方法的图示说明。金属结构物的断电电位并不一定要达到欧姆电压降−850mV(CSE)那样负，只要达到阴极极化值不小于 100mV 即可。例如，钢质管道在土壤中的自腐蚀电位是−600mV(CSE)，这是钢表面上局部阳极区和局部阴极区的混合电位。如果在这一电位基础上又被阴极极化了 100mV，达到负于−700mV(CSE)的电位，那么就可以认为，由于极化形成而实现了阴极保护。对于一个实施了阴极保护的钢铁结构物，如果测量到的瞬间断电电位为−750mV(CSE)，由于保护电流中断，金属被去极化至−650mV(CSE)，这也就获得了 100mV 的极化衰减，或称去极化 100mV。根据阴极极化值不小于 100mV 的判据，可以确认该钢铁结构物已实现了阴极保护。

显然，还应当考虑采用另一组附加的数据，即通过极化的形成或衰减这两种方法之一来验证 100mV 判据，以代替建立极化电位−850mV(CSE)。然而遗憾的是，尽管如此，当−850mV(CSE)判据未能满足时，另外的这种检测往往就被忽视了。实际上，当其他判据不能满足时，100mV 极化判据是一种很有效的工程判据。已经有一些案例表明，当进一步的检测验证了符合 100mV 判据(这说明该系统业已获得足够的阴极保护)，但先前由于未达到−850mV(CSE)的判据而增加投资扩充系统的阴极保护能力，这已经承担了不必要的费用。虽然为验证阴极极化 100mV 判据需增加一些检测费用，但它与为扩充和维护并非必要的、额外增加的阴极保护能力所投入的费用相比是很少的。尽管可能需要适当地增加一些经过培训和装备的专业人员，而随着这一判据的广泛应用将会产生很大的经济效益。

如果金属结构物或系统是由两种或两种以上不同金属构建组成，例如埋地管线的场站、发电厂、石化装置或精炼厂等，NACE RP 0169—96 对此提出的阴极保护判据是：金属结构物的所有表面和接触电解质的稳定参比电极之间的负电压(阴极极化电位)应等于其中最阳极性金属(即最活泼的金属)为实现其保护所需电压值。

在多金属偶接的结构物系统中，两性金属材料可能由于阴极保护产生的高碱性而受到腐蚀破坏，应将两性金属与其他金属实施电绝缘，并对它们各自分别保护。

在多金属偶接系统中，铜往往被用作为接地导电材料。此外，还可能存在裸钢、混凝土中钢筋、延性铁、不锈钢、铝和镀锌钢等多种金属材料组合使用的结构物。各种金属材料都有它们各自的自腐蚀电位。实际测量到的所谓结构物自腐蚀电位实质上是各种金属的混合电位，而不是钢的自腐蚀电位。在这种情况下选用阴极保护判据，无论是−850mV(CSE)判据，还是阴极极化 100mV 判据，都应当谨慎小心。

例如，埋地管道钢的自腐蚀电位是−600mV(CSE)，在同一系统中埋地铜的自腐蚀电位是−200mV(CSE)，当两者偶接时，实际测得的是它们的混合电位−400mV(CSE)。如果对这个异金属组合体系施加阴极保护并采用 100mV 判据，那么只需达到−500mV(CSE)。显然，这一电位还不及钢的自腐蚀电位，就更别提什么保护电位或者极化电位了。因此，该系统的目标保护电位应包括钢的自腐蚀电位和阴极极化电位。也就是说，为防止钢的腐蚀，目标保护电位必须比它的自腐蚀电位-600mV(CSE)至少更负100mV，即结构物的阴极极化电位至少应达到-700 mV(CSE)或更负。

任何一个阴极保护判据都应具有良好的工程实用价值。在多金属组合使用的结构物系统中，只要被保护金属中最活泼(最阳极性)的金属的电位可以测量，就仍然可采用阴极极化100mV的判据。例如，对于埋地管道系统可以采用土壤埋片以测量电位。但是，在有杂散电流影响的地区采用100 mV极化判据就受到了限制，因为在有杂散电流作用时，金属的瞬间断电电位可能并不代表真实的极化电位。这一判据也不能用于对应力腐蚀开裂敏感的金属腐蚀体系。

采用现代阴极保护技术所设计、安装的金属结构物易于达到或超过上述一些阴极保护判据。但是，当今世界上在役的大多数金属结构物都已经使用多年，成为旧结构物了，对之采用现代阴极保护技术及判据应进行可靠的工程评价和公认的知识判定。例如，对埋地管线而言，大多数管线因其外表面涂敷有质量很好的抗土壤腐蚀的防腐层(如溶结环氧粉末涂层和三层PE防腐层等)而易于达到极化电位为-850 mV(CSE)的判据。腐蚀控制系统也可应用人工智能监测技术，如遥测遥控、CP检测片和基本风险管理技术。应用这些人工智能监测技术和阴极保护实际判据，就需要利用可靠的工程实践、公认的知识判定及对风险管理的良好理解。对于一个完好的或旧的管线系统应用现代阴极保护技术和判据，需要了解以下一些情况：

① 管线的工况和以往的运行情况；

② 对管线防腐层状况做出可靠评价；

③ 环境土壤腐蚀性及变化；

④ 杂散电流区域的干扰状况(如动态的还是静态的，交流的还是直流的)；

⑤ 在役牺牲阳极的位置及作用；

⑥ 系统电连续性情况及绝缘接头位置；

⑦ 被保护管线系统与平行管线及其他相邻金属结构物的相互影响。

正如前述，阴极极化100mV判据对于裸管道或防腐层质量差劣的管线(其他金属结构物亦如此)是一个很好的判据。关键在于如何成功地应用这一判据。为了测量极化形成，首先应测得管道的自腐蚀电位E_{corr}。但对于施加阴极保护的在役旧管线通常无法测得其E_{corr}，对此可采用极化衰减法。为此必须断开管线上的阴极保护电流，同时就可测得管道的瞬间断电电位。断开阴极保护电流后就可测量管道的去极化，即连续地测量管道的衰减电位，以确定管线系统是否实际上已获得了100mV的阴极极化，此方法就是去极化100mV的测量。应在选定的位置点监测管道电位，以测定什么时候达到了100mV的衰减，然后就再对阴极保护系统通电。为了检查这一判据的应用成功与否，还可联合应用通电电位测量和断电电位测量以及应用CP检测片。

在应用阴极极化100mV判据进行测量时，即使已达到100mV衰减，也应使阴极保护系统再保持继续断开一小段时间，以测定管道的实际阴极极化值。如果管道极化值过大，就可以降低阴极保护系统的电流输出，从而可以降低运行经济成本。

根据NACE RP 0169—96标准，如果管线系统的所有条件都维持相同，就可以应用通电电位-850mV(CSE)判据。如果通电电位和欧姆电压降数值是已知的，那么管道的极化值和各种条件就都保持不变，于是就可用通电电位法来监测管道该位置点的电位。这种监测方法还可定期地通过断电测量或安装 CP 检测片进行监测来予以验证确认。

在涂敷有高质量防腐层的新建管线上，由于防腐层的极高绝缘电阻而产生了很大的欧姆电压降，这时再采用通电电位-850mV(CSE)判据可能就无法提供足够的保护水平。对于这种管线，建议采用断电电位-850mV(CSE)判据或阴极极化 100mV 判据。

在防腐层老化的旧管线上，由于这种防腐层的渗水性强，其绝缘电阻往往是相当低的。对这种管线采用通电电位-850mV(CSE)判据是相当合适的，其原因是这种老化防腐层所产生的欧姆电压降是相当低的。为了对此进行验证，可断开阴极保护电流以测量断电电位，使管道去极化直至去极化值达到 100mV。如果去极化达不到 100mV，则应对这一管段增大阴极保护电流。另一种验证方法就是使用 CP 检测片。实践经验表明，有效测量的通电电位-850mV(CSE)中都应当包含有至少 100mV 的阴极极化值。

断电电位-850mV(CSE)判据要求断开所有的阴极保护电源并立即测量电位，这就是所谓的瞬间断电电位。如前所述，这一判据在高质量防腐层的新建管线上很容易实现。而在老化的旧管线上(如煤焦油瓷漆、沥青玛琋脂涂层)，由于工程实践方面的原因和经济上的考虑，使这一判据很难实现。工程实践方面的限制是由于这种管道的阴极保护为达到此判据需要很大的阴极保护电流密度，由此可能引起防腐层进一步破损，或者对于某些管线钢会导致氢脆。经济上的考虑则是在于所需阴极保护电流的成本。因此，在裸管线或性能差劣的防腐层管线上，这一判据变得既不现实，也不经济。

至于在防腐层质量良好(吸水性很低)的旧管线上，断电电位-850mV(CSE)判据应当还是可用的。对这种管线同样也可采用 100mV 极化判据。如果电流可以切断，就可测量瞬间断电电位；如果管线的所有条件都不变，就可测量通电电位以监视电位随时间的变化。那么在旧管线上究竟是否可采用断电电位-850mV(CSE)判据？可以认为，在防腐层质量尚好但已变得可溶于水的旧管线上，在裸管线上或者在防腐层已无效的管线上，这一判据是不实用的。

参 考 文 献

1 Baeckmann W von. Schwenk W. Prinz W. Handbuch des kathodischen Korrosionsschutzes. 3. Auflage. VCH Verlagsgesellschaft mbH. Weinheim. Germany, 1989

2 W v 贝克曼，W 施文克．胡士信等译．阴极保护手册(1971 年版)．北京：人民邮电出版社，1990

3 胡士信．阴极保护工程手册．北京：化学工业出版社，1999

4 俞蓉蓉，蔡志章．地下金属管道的腐蚀与防护．北京：石油工业出版社，1998

5 ASM INTERNATIONAL Handbook Committee. ASM Handbook. Formerly Ninth Edition. Metals Handbook. Vol. 13：Corrosion. ASM International printed in USA. 1996

6 Baeckmann W von. Taschenbuch fuer den kathodischen Korrosionsschutz. 3. Auflage. Vulkan-Verlag. Essen, Germany, 1983

7 王强．地下金属管道的腐蚀与阴极保护．西宁：青海人民出版社，1984

8 火时中．电化学保护．北京：化学工业出版社，1988

9 F W 芬克，W K 博伊德．海洋环境中金属的腐蚀．北京：科学出版社，1976

10 Doremus E P, Doremus G L. Cathodic Protection of Fourteen Offshore Drilling Platforms. Corrosion. 1950, 6 (7)：216

11 Reinhart F M. Corrosion of Materials in Hydrospace. U. S. Naval Civil Engineering Laboratory. Port Hueneme. California. Technical Report R504 (December, 1966)

12 中国腐蚀与防护学会《金属腐蚀手册》编辑委员会主编．金属腐蚀手册．上海．上海科学技术出版

社，1987
13 NACE Standard RP 0169—96. Control of External Corrosion on Underground or Submerged Metallic Piping System. NACE International. Houston TX. USA，1996
14 中国建设部标准．CJJ 95—2003. 城镇燃气埋地钢质管道腐蚀控制技术规程．北京：中国建筑工业出版社，2003
15 中国石油天然气行业标准．SY/T 0036—2000. 埋地钢质管道强制电流阴极保护设计规范．北京：石油工业出版社，2000
16 CGA Z662. Oil and Gas Pipeline System. Mississauga. ON：Canadian Standards Association
17 CGA OCC-1. For the Control of External Corrosion on Buried or Submerged Metallic Piping System. Toronto. ON：Canadian Gas Association
18 Holtsbaum W B. Application and Misapplication of the 100-mV Criterion for Cathodic Protection. Materials Performance，2003，42（1）：30
19 Peabody A W. Bianchetti R L. ed.，Control of Pipeline Corrosion. 2nd ed. NACE International. Houston TX. USA，2001
20 NACE Standard TM 0497. Measurement Techniques Related to Criteria for Cathodic Protection on Underground or Submerged Metallic Piping System. NACE International. Houston TX. USA，1997
21 Didas J. Cathodic Protection Criteria and Its Application to Mature Pipelines. Materials Performance，2000，39（4）：27

第4章　牺牲阳极法阴极保护技术

4.1　牺牲阳极法阴极保护系统

4.1.1　电偶序与牺牲阳极法阴极保护

两种或两种以上的不同金属(或合金)置于电解质溶液中，它们将建立起各自的自腐蚀电位。如果它们之间存在着明显的电位差，且在电解质溶液中直接接触或通过外部金属形成电连接，从而就构成了电偶对，这是一种宏观的电化学电池。在这一电偶电池中，原先自腐蚀电位相对较正(较贵)的金属将成为电偶电池的阴极，而原先自腐蚀电位相对较负(活泼)的金属将成为电偶电池的阳极。在阳极与阴极之间将流过可测量的电流(称之为电偶电流)。阳极金属由于发生阳极极化使其腐蚀速率比未偶接前显著增大，阴极金属则由于发生阴极极化而使其腐蚀速率显著减小，甚至接近于零。

在电偶电池中，阳极金属由于与自腐蚀电位更正的阴极金属在电解质中偶接而引起腐蚀加剧的现象称为电偶腐蚀，也称接触腐蚀、双金属腐蚀或异金属腐蚀。电偶电池中的阴极金属由于与自腐蚀电位更负的阳极金属在电解质中偶接而使其自身腐蚀速率显著降低甚至完全抑阻的现象，就是所谓的阴极保护。由于这种阴极保护是通过在电偶电池中与较低电位的阳极金属相偶接，以加速阳极金属腐蚀溶解、消耗(牺牲)为代价而实现的，故称之为牺牲阳极法阴极保护，也简称为牺牲阳极保护，这种电偶电池中的阳极就称之为牺牲阳极。

电极电位是电化学最基本的参数之一，也是金属腐蚀和电化学保护中最常遇到的物理量之一。任何金属在其自身金属离子活度为1的溶液中，于25℃测得的相对于标准氢电极的平衡电极电位值称为该金属的标准平衡电极电位；它可表征该可逆电极的氧化还原能力大小。将各种金属的一系列标准平衡电极电位按大小次序排列成表，这就是标准电极电位表，也称为标准电化序，或电动序，如表2-2所示。根据此表可以判断有关电极体系的氧化还原能力的相对大小，并可以帮助我们理解许多腐蚀现象。例如，标准电极电位表中任意两个标准态电极组成电偶电池时(构成原电池的每一个电极体系又称为半电池)，电位比较负的(活泼的)半电池将发生氧化反应，电位比较正的(贵的)半电池将发生还原反应。但这只指出了一种倾向，一种分析氧化还原反应的热力学可能性。

实际腐蚀体系的状态和条件一般都不是标准态的，这就限制了标准电极电位表的应用。尤其是标准电极电位表中的数值往往不能直接引用。这是由于实际使用的金属材料一般是合金或含有杂质的金属，而不是纯金属，金属材料表面还常覆盖着一层膜，这都会改变金属材料的电极电位。而且溶液中一般不会只含有该金属离子，尤其不可能的是，该金属离子的活度正好为1，通常要低得多，显然这也会改变金属的电极电位。因此，在实际腐蚀体系中的电极电位序列将更为有用。

按照实用金属和合金在某指定的具体应用介质中的实测电极电位(自腐蚀电位)大小排列而成的次序表称为该介质中的电偶序。这是一种非平衡电极电位表，它随介质而异(参见表2-3和表2-4)。如图4-1所示形象地给出了海水电偶序。一些具有活化-钝化行为的合金在图中用黑框表示活化态电极电位。

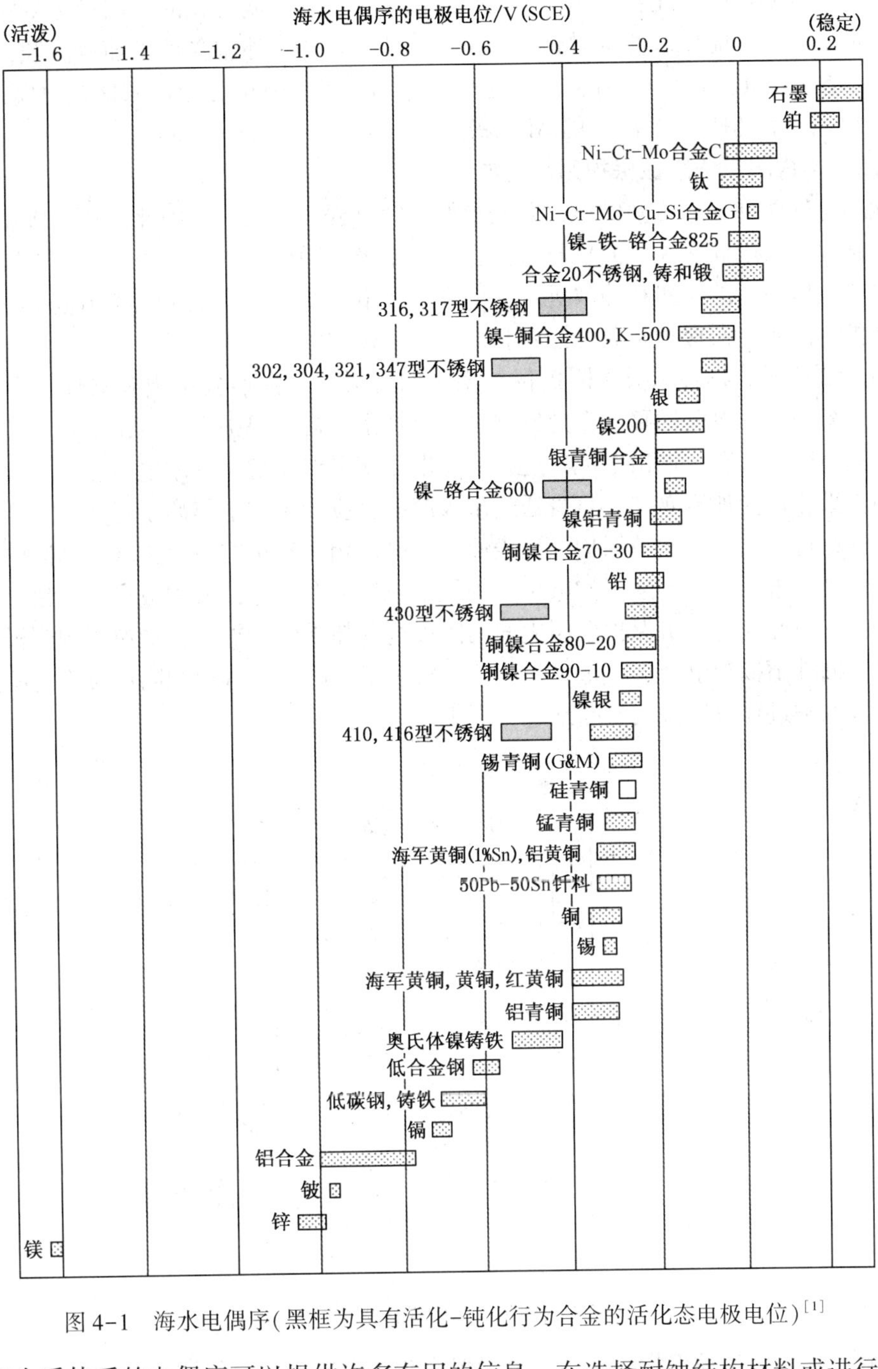

图 4-1　海水电偶序(黑框为具有活化-钝化行为合金的活化态电极电位)[1]

特定介质体系的电偶序可以提供许多有用的信息。在选择耐蚀结构材料或进行牺牲阳极保护设计以及防腐蚀结构设计时，电偶序能够指出：当金属结构物组合使用不同金属(合金)时，哪种配伍不会产生电偶腐蚀破坏，哪种配伍具有电偶腐蚀倾向，偶接哪种低电位金属可以实现牺牲阳极的阴极保护。电偶序是实际腐蚀体系自腐蚀电位的排序集合，很有实际意义，可回答与电偶腐蚀和牺牲阳极保护有关的许多问题，使用很方便。

电偶序的局限性是：不能提供定量的腐蚀速率信息；具有活化-钝化行为的金属(合金)显示有两个相当不同的电位；如果使用的介质在成分、条件方面与电偶序介质略有差异，就可能使电位发生明显的变化；实用体系的自腐蚀电位是随时间变化的。在特殊条件下，电偶对中的阴极金属也可能比未偶接时腐蚀得更快，即在电偶电池中受到了加速腐蚀，如 Al-Zn 电偶对在 3.5%NaCl 溶液中的 Al 阴极。电偶对中的阳极金属也可能比未偶接时腐蚀得更慢，如 Al-Cu 电偶对在 NH_4Cl 溶液中的 Al 阳极。

4.1.2 牺牲阳极法阴极保护系统构成

电偶偶合的两种金属之间的电位差是电偶腐蚀过程的推动力，因此两种金属在电偶序中位置距离越远，其电偶腐蚀倾向也越大。在牺牲阳极法阴极保护系统中，牺牲阳极金属和被保护金属在电偶序中的位置相距较远。它们之间的电位差越大决定了牺牲阳极金属能够提供更多的保护电流量，被保护金属可达到相对更负的保护电位。

如图 4-2 所示为牺牲阳极法阴极保护系统的构成图。由牺牲阳极和被保护金属通过电缆组成了一个完整的电流回路。在此回路中，牺牲阳极向被保护金属输出电流，并可在此回路中测量牺牲阳极的有效输出电流。这是一个电化学电偶电池，其中电位相对更负的牺牲阳极发生阳极极化遭受加速腐蚀，自身通过阳极溶解反应产生的金属离子进入介质环境，释放出的电子则通过电缆传输到被保护金属表面。而电位相对较正的被保护金属则同时发生了阴极极化，使金属电位负移至某保护电位，抑阻了被保护金属表面的阳极过程，使金属受到了防腐蚀保护。与此同时，被保护金属表面的阴极过程却受到了加速，加速了的阴极还原反应消耗了由于牺牲阳极溶解而输送过来的电子，实现了电池阳极过程和阴极过程之间的电荷平衡，使阴极保护过程得以持续不断地进行下去。

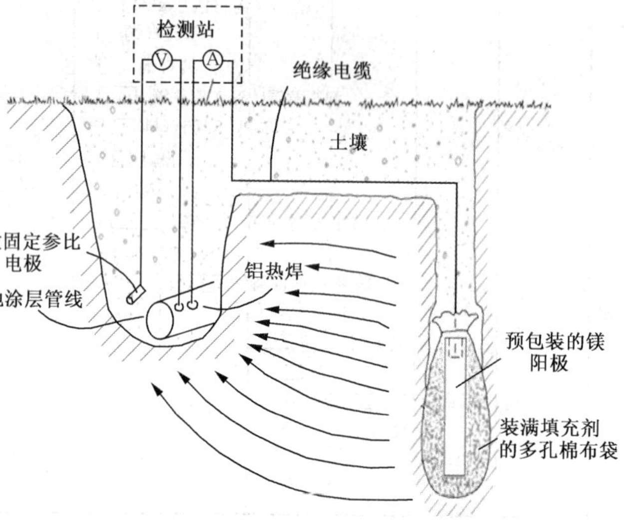

图 4-2 牺牲阳极法阴极保护系统构成图

在电解质环境中于被保护金属邻近处设置永久性参比电极，与被保护金属通过测试电缆组成了一个完整的电位回路，以测定被保护金属的保护电位。保护电流和保护电位的测量系统，再加上阳极接地电阻、阳极电位、管道上实际流过的电流等测量系统，就组成了阴极保护检测站(测试桩)。

显然，牺牲阳极法阴极保护系统中各要件都是很重要的。但其中尤为重要的基础要件是牺牲阳极材料，它决定了对被保护金属实施阴极保护的驱动电压、阳极的发生电流量，从而决定了被保护金属的阴极保护电位和阴极保护有效程度。

4.2 牺牲阳极材料

4.2.1 牺牲阳极材料的作用与要求

牺牲阳极法阴极保护技术以其简单易行、经济有效、对环境产生电污染少和不干扰邻近金属设施等许多优点和独特功能而获得广泛应用。与外加电流法阴极保护技术相比，牺牲阳极保护同时还具有另一些独特功能，它能起到抗干扰腐蚀的作用，也可用于排流、防雷击及防静电接地。因而，牺牲阳极法和外加电流法两种阴极保护技术都同样受到工业部门重视，其技术发展也日臻完善，并作为商品技术在世界各国广泛应用。为此，世界各国为实施牺牲阳极法阴极保护每年需消耗数以千、万吨计的牺牲阳极材料，其中多数产自中国。近年来，牺牲阳极法阴极保护技术在我国也得到了推广发展和普遍应用。各种牺牲阳极材料的研究成果丰硕，一些镁和镁合金阳极、锌和锌合金阳极及铝合金阳极业已通过了国家技术鉴定，它们的生产和技术要求已逐步实现标准化和系列化。

牺牲阳极法阴极保护就是通过牺牲阳极的腐蚀溶解（消耗）而为被保护金属结构物提供阴极保护电流，牺牲阳极法阴极保护效果与牺牲阳极材料本身的性能有着直接的关系。由此对牺牲阳极材料提出了各种性能的要求。作为阴极保护用的牺牲阳极材料（金属或合金）应满足如下一些要求。

① 牺牲阳极须有足够负的稳定电位。即它与被保护金属之间应有足够大的开路电位差。要达到完全的阴极保护，必须将被保护金属结构物阴极极化到表面上最活泼阳极点的平衡电位。而牺牲阳极的电位应该比这一平衡电位更负。这样它在阴极保护系统这一电偶电池中才能作为最有效的阳极而优先溶解。

② 牺牲阳极在工作过程中阳极极化率要小。这样牺牲阳极在工作时的电位朝正的方向（阳极极化的结果）移动不大。牺牲阳极的工作电位（即闭路电位，阴极保护系统运行时与金属结构物连接的牺牲阳极电位）足够负，这就可在阴极保护系统工作时保持有足够大的驱动电压。所谓驱动电压是指，阴极保护系统运行时被保护金属的保护电位与牺牲阳极工作电位之间的电位差。足够大的驱动电压用于产生足够大的阳极输出电流，克服保护系统的回路电阻，保障良好的阴极保护效果。尤其是在较高电阻率介质（如淡水、土壤）中，维持足够大的驱动电压是十分必要的。

③ 牺牲阳极材料的理论电容量要大。理论电容量是根据库仑定律计算的消耗单位质量金属所产生的电量，单位为 A·h/kg。对于牺牲阳极，消耗单位质量的阳极金属所产生的电量要大；或者说，产生 1A·h 的单位电量所消耗的阳极质量要少。由此决定了阳极使用寿命长、经济性好的保护效果。

④ 牺牲阳极在工作时的自腐蚀速率（自溶解量）要小，电流效率要高。所谓电流效率就是实际电容量与理论电容量的百分比率。实际电容量是实际测得的消耗单位质量金属所产生的电量，单位也是 A·h/kg。由于在阴极保护运行时牺牲阳极自身发生的电流并不能全部用于对金属结构物的阴极保护作用。实际电容量总是比理论电容量要小，但从阴极保护效果和经济性考虑，要求实际电容量应尽可能地大，即电流效率要高。

⑤ 牺牲阳极在工作时呈均匀的活化溶解，表面上不沉积难溶的腐蚀产物，使阳极能够长期持续稳定地工作。这既可保证高的电流效率，也可延长阳极使用寿命。在实际情况下，

由于材料中存在杂质，熔炼和浇铸过程中可能产生缺陷，以及发生了如点腐蚀、晶间腐蚀或应力腐蚀开裂等局部腐蚀，往往使阳极表面溶解不均匀，且使阳极材料呈颗粒状脱落，甚至造成阳极断裂。牺牲阳极表面的腐蚀特征一般与材料的合金成分、杂质的性质与含量，以及相组织等有关。为了使阳极有良好的溶解状态，在牺牲阳极制造时应添加某些有效合金元素，减少杂质，遵循一定的制造工艺和热处理条件，以获得良好的组织状态。

牺牲阳极工作时产生的腐蚀产物应是松软多孔、易于脱落的。不允许在阳极表面产生一层致密、附着牢固的腐蚀产物膜或坚硬厚实的难溶沉积层，因为这类高电阻硬壳会阻碍阳极材料持续有效地均匀溶解。碱土金属的镁和铝以及重金属中的锌易生成各种难溶化合物，如磷酸盐、氢氧化物、碳酸盐、含氧硫酸盐、氯氧化物等。如果这些难溶化合物的离子浓度很高，或者阳极在低电流密度下工作，在一定条件下将会产生难溶化合物沉积并覆盖在阳极表面上，这样就会使阳极发生钝化而失去均匀的、活化的阳极溶解作用。这可通过牺牲阳极材料的改进和阳极周围填充剂的调整予以克服。

⑥ 牺牲阳极工作时产生的腐蚀产物应是无毒无害，不污染环境，无公害之虞。每年有大量牺牲阳极置于船舶、海洋平台、码头等海洋结构物上以及埋地管线或其他埋地金属结构物周围，其中至少百分之五十以上被腐蚀溶解，以腐蚀产物形式进入环境。这对于自然环境、人类社会的生产生活都是一个潜在的威胁，因此必须保证牺牲阳极的使用对环境是绿色的，对人类是清洁卫生的。

⑦ 牺牲阳极的原材料丰富，生产加工容易，价格低廉。通过提高牺牲阳极法阴极保护的经济性，有利于这种有效的腐蚀控制技术推广应用。

4.2.2 牺牲阳极的种类与规格

4.2.2.1 牺牲阳极的种类

工程中常用的牺牲阳极材料主要有镁和镁合金、锌和锌合金、铝合金三大类。在个别工程项目中，由于情况特殊而采用了铁阳极或锰阳极作为牺牲阳极进行阴极保护，这种应用案例罕见，此处不作讨论。

镁基牺牲阳极因其具有很负的开路电位和很大驱动电压等性能而广泛地应用于土壤、海水、海泥及工业水中对金属结构物实施阴极保护。但它的电流效率低，是一大缺点。锌基牺牲阳极的开路电位不如镁基阳极那么负，驱动电压不大，但它仍能在低电阻率土壤、海水、海泥环境中广泛用于牺牲阳极保护。铝基牺牲阳极的开路电位比锌基阳极略负，它的理论电容量远高于锌基和镁基阳极，具有许多独特性能。但它是易钝化的金属材料，在其表面容易产生致密、附着性良好的连续氧化膜，甚至可能产生一层高电阻硬壳，阻碍金属的活化溶解。目前铝基牺牲阳极广泛应用于海水中保护船舶、平台、码头等海洋结构物，在海泥(海底管道)、盐水系统也获得了成功应用，但尚不能用于土壤环境。

4.2.2.2 牺牲阳极的规格

牺牲阳极有多种形状和尺寸，可根据不同的用途选用。为了增大阳极输出电流，应采用大表面积的阳极；为减少船舶在水中的航行阻力，应采用表面呈流水形的阳极；为适应高电阻率环境介质，可采用线状(带状)阳极；为获得长的使用寿命，应选择表面积/质量比率适当的阳极形状。表 4-1 列出了镁基、铝基、锌基三类牺牲阳极的部分规格、大致形状和尺寸及有关性能。

表 4-2 和表 4-3 给出了我国石油天然气行业标准 SY/T 0019—1997 中规定的梯形截面和 D 形截面镁合金阳极的形状、尺寸和质量规格。梯形截面镁合金阳极是土壤中和海水中

常用的规格类型，它兼顾了较大的表面发散电流的能力和通过设计获得较长使用寿命的表面积/质量比率的条件。D 形截面镁合金阳极则是国际上常用的商品化阳极的规格，主要应用于土壤环境；我国应用尚少，但已纳入标准，并陆续有产品出口外销。

表 4-1 各种牺牲阳极的规格

种类	尺寸/mm×mm×mm	质量/kg	有效电量/A·a	发生电流/A	阳极寿命/a	用途、形状
铝合金阳极	90×(75+95)×1000	20.0	5.3	1.0*	5	海中设施 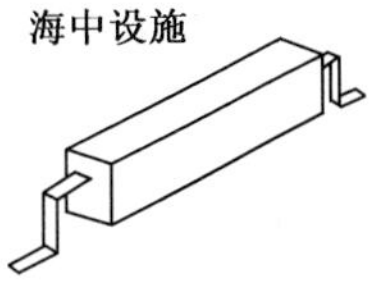
	160×(140+180)×500	36.3	9.2	0.9*	10	
	125×(110+130)×1250	49.6	12.0	1.3*	10	
	120×(90+130)×2000	69.6	18.3	1.8*	10	
	235×(210+270)×500	78.1	20.4	1.0*	20	
	190×(170+210)×1000	96.2	25.3	1.2*	20	
	47×(33+47)×1000	5.1	1.4	1.5	0.9	压载舱、低电阻土中设施 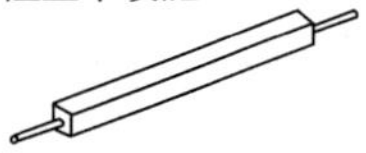
	60×(40+60)×1000	8.1	2.1	1.7	1.2	
	41×(29+41)×2000	7.5	2.0	2.5	0.8	
	75×(61+75)×2000	27.4	7.2	3.0	2.4	
	20×100×200	1.1	0.29	0.3	0.9	船体外壳、热交换器 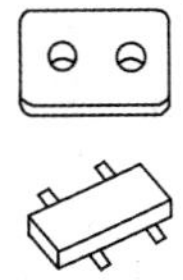
	40×100×200	2.0	0.53	0.3	1.7	
	30×150×300	3.5	0.92	0.4	2.3	
	30×100×500	3.8	1.02	0.44	2.3	
锌合金阳极	35×35×1000	6.8	0.6	1.5	0.4	压载舱 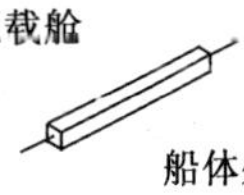
	35×35×1500	13.6	1.2	2.1	0.6	
	50×50×1000	14.8	1.3	1.7	0.8	
	50×50×1500	22.2	2.0	2.3	0.8	
	100×100×500	30.3	2.7	1.2	2.2	船体外壳 
	20×100×200	2.4	0.2	0.3	0.7	
	30×150×300	8.1	0.7	0.4	1.8	
	50×100×500	15.5	1.4	0.6	1.8	
镁合金阳极	89×89×650	8.3	1.1	随电阻率及填充料而变		DOW公司 17D型 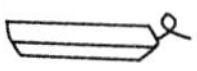
	130×145×545	15.2	2.1			32S型 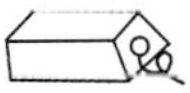
	202×212×614	45.4	6.3			100S型 
	ϕ19×1000	0.5	0.07	0.021(2000 Ω·cm)		高电阻水中、土中、锅炉温水 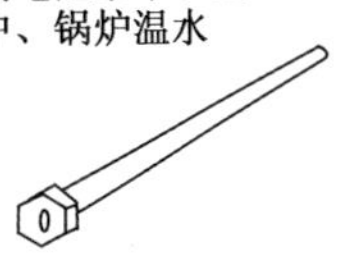
	ϕ25×800	0.68	0.1	0.020(2000 Ω·cm)		
	ϕ33.4×1000	1.53	1500A·h/m	10~3mA/m，3~10a		
	10×19(断面)线	0.33/m	330A·h/m	(4000~15000Ω·cm)		

注：发生电流是按有效电位差 0.2V(有*者为 0.25V)和电阻率 25 Ω·cm(有*者为 30 Ω·cm)算出。

表 4-2　梯形截面镁阳极形状、尺寸和质量规格[5]

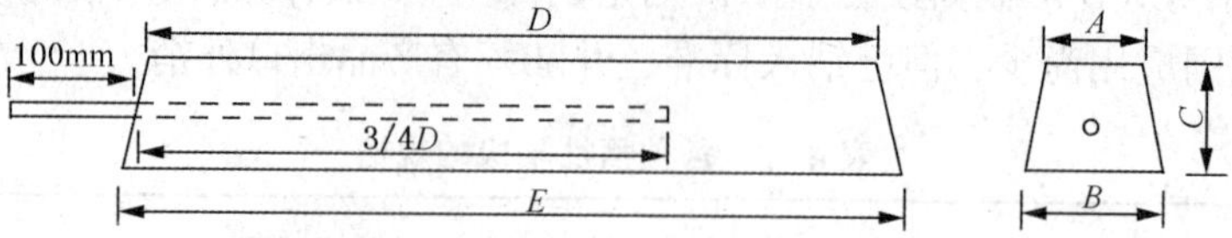

规格号	镁质量/kg	A/mm	B/mm	C/mm	D/mm	E/mm
-1	2.2	75	95	75	200	206
-2	4.0	75	95	75	350	360
-3	7.7	75	95	75	680	700
-4	11.34	90	110	88	680	700
-5	14.5	100	120	101	680	700
-6	22.68	130	150	125	680	700

表 4-3　D 形截面镁阳极形状、尺寸和重量规格[5]

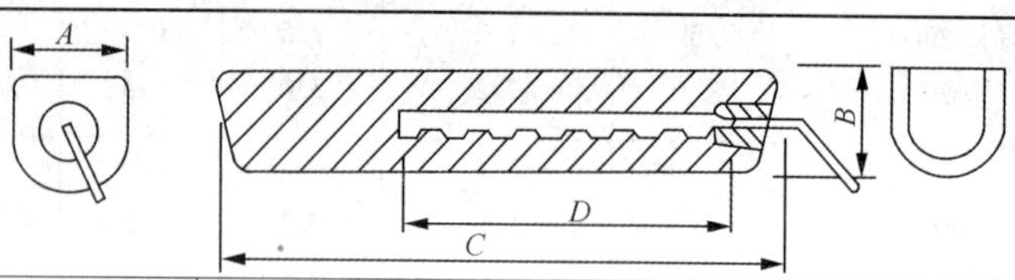

规格号	镁质量/kg	A/mm	B/mm	C/mm	D/mm
-1	2.3	89	92	205	126
-2	4.1	89	92	440	301
-3	7.7	114	114	527	330
-4	10.0	122	122	559	362
-5	14.5	152	139	603	362
-6	23.4	159	165	620	362

船舶钢壳、水下钢结构以及容器内部的阴极保护往往采用板状或块状牺牲阳极。这种形状的阳极不适用于土壤中，因为电流流通的电阻太大。油船用的阳极一般是长条形的，其截面有 D 形、方形和梯形。这方面应用的镁阳极的质量一般仅数千克，而锌阳极则可达 80kg。油船上有爆炸危险的区域，禁止使用镁阳极，因为它掉在地上或撞击会产生火花。铝阳极的使用有高度限制，掉地时的能量应不超过 275J。锌阳极在防爆区使用不受限制。在防爆区使用的阳极应采用螺栓固定，禁止采用焊接方法固定。

近海平台所用的牺牲阳极主要是长条形铝合金阳极，截面常为梯形，也有矩形、三角形或圆形。阳极的质量可重达 500kg，甚至更重些，以保证较长的使用寿命。对船用以及海洋工程、港工设施、海水压载舱用铝-锌-铟系合金牺牲阳极，规定采用的形状、尺寸和质量规格参见文献[6]。如图 4-3 和图 4-4 所示分别为几种常用的构型。标准规定的船用铝-锌-铟系合金牺牲阳极质量规格从 0.4kg/支到 9.5kg/支共 12 种。海洋工程、港工设施、海水压载舱用的铝合金牺牲阳极质量规格也是 12 种，质量规格从 9kg/支到 275kg/支。

带状阳极主要应用于高电阻率土壤、淡水中以及空间狭窄的特殊部位(如埋地管道的套管内)。带状镁阳极可用纯镁或 Mg-Mn 合金制造，其构型尺寸及性能见表 4-4。带状锌阳极

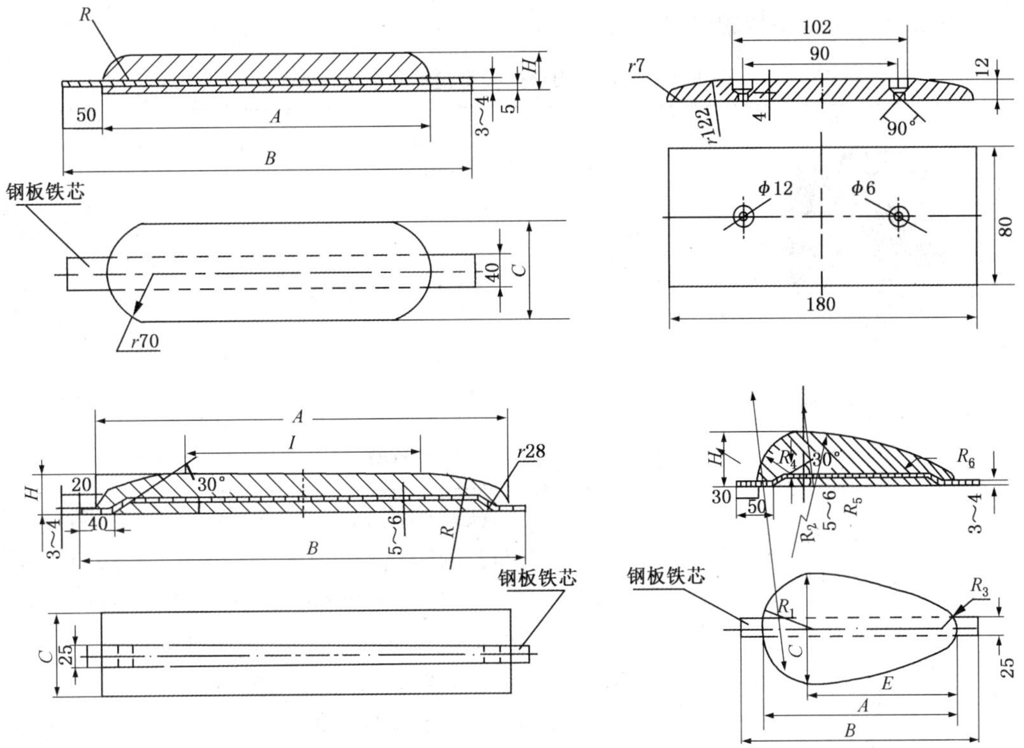

图 4-3　船用铝-锌-铟系合金牺牲阳极的几种构型

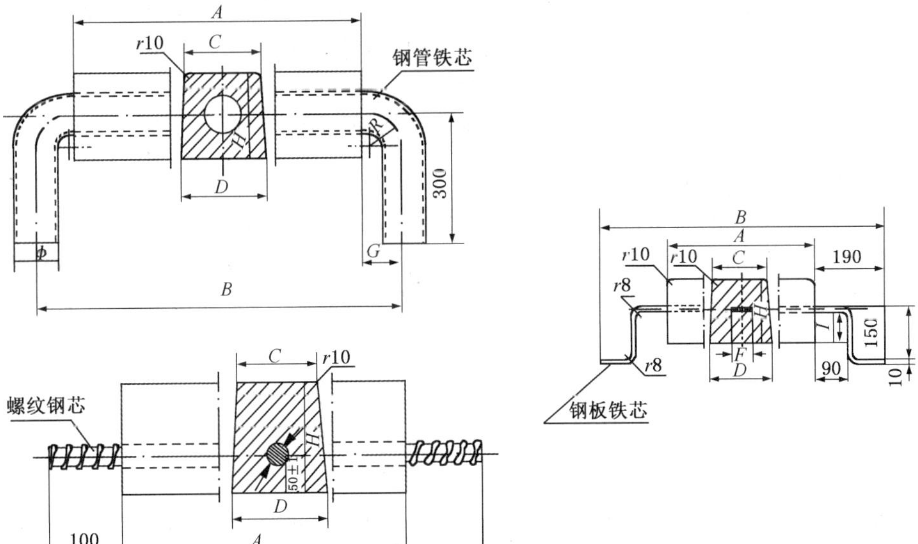

图 4-4　用于海洋工程、港工设施、海水压载舱的铝-锌-铟系合金牺牲阳极的几种构型

常用纯锌制造，其构型和截面尺寸如图 4-5 所示。在牺牲阳极材料确定以后，其输出电流取决于阳极的形状和尺寸。随着阳极金属的溶解，阳极的公称表面积不断减小，这将显著减

小阳极输出电流。使用带状和棒形阳极可以增大阳极的总表面积。尤其是带状阳极可以更靠近地设置在被保护金属结构物表面附近。

表 4-4　带状镁阳极的构型尺寸和性能[5]

截面(A×B)		9.5mm×19mm
钢芯直径		3.2mm
单重		0.37kg/m
电流输出	海水	2.4A/m
	土壤(5000Ω·cm)	10mA/m
	淡水(15000Ω·cm)	3mA/m

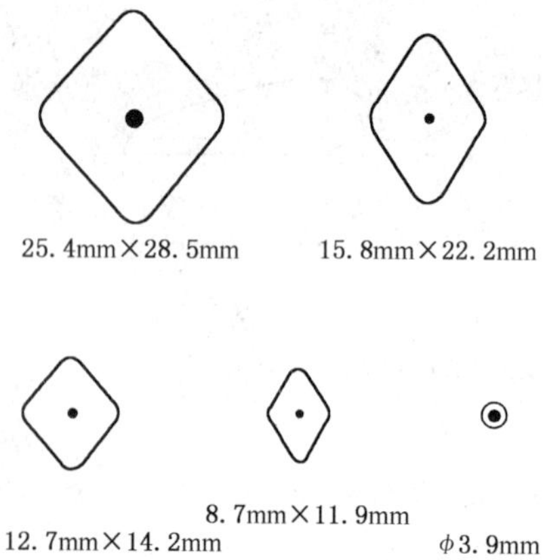

图 4-5　带状锌阳极的构型和截面尺寸

海上钢铁结构物和船舶用的锌阳极和铝阳极的形状几乎相同，因为其密度比是 Al∶Zn=2.8∶7.1；而有效输出比(实际发生电量)是 Al∶Zn=2500∶800=3.1∶1。$1dm^3$铝阳极的电流容量是$1dm^3$锌阳极电流容量的 1.23 倍，相差不多。锌阳极和铝阳极最好有尽可能大的活化表面(有效工作面积，即阳极总表面积扣除基底面积)，凸起高度不超过 40mm，就不会增大船舶运动阻力。而镁阳极电流容量对容积的比率不适当，需使凸起高度达到 120mm，所以镁阳极不能满足这一要求。船舶外保护主要用块状阳极，既可是流线形、长方形，也可是圆板状。

储罐内部的保护通常采用质量为 15~55kg、尺寸约为 1220mm×40mm×40mm 至 1220mm×75mm×75mm 的锌阳极，一般制成圆形、方形、梯形或三角形的棒形阳极。这些尺寸规格也适用于铝阳极，质量一般约为 9~21kg。

悬吊在码头和栈桥间的支柱上使用的锌板阳极质量一般为 50~100kg，而圆柱形锌阳极质量则为 100~200kg。锌板阳极(50~100kg)常用于卸货码头，悬吊在船舶周围易受腐蚀的地方，距船一般 10m，与船有电气连接，并在上、下边缘用木头做护垫。

船舶和储罐内由于积存水而产生了腐蚀条件，此处因蒸发使含盐量增加、充分通气、部分被淤泥覆盖、残留涂料、生锈、裂缝及存在焊缝等，这些条件的影响使得不能采用块状牺牲阳极来防腐蚀，但可采用直接安装于底部的盘绕带状(线状)阳极来控制腐蚀。

在水下或海底管道上常采用镯式牺牲阳极实施管道外部防腐蚀。有两种镯式阳极，如图 4-6 所示。当管径较大时，可用几块弧形匹配的块状阳极焊接在环状钢支架上，然后再作为一个整体套装在管道上，见图 4-6(a)；当管径较小时，可直接用两块半环形阳极组装成一个镯式阳极，见图 4-6(b)。用于海水体系的管道镯式阳极一般由锌合金材料制成，兼顾防腐蚀、配重和长寿命诸多方面。

如图 4-7 所示为一种半球形镁阳极。这是一种以悬吊方式应用于低电阻率的水环境(如海水)中，可在码头、栈桥、泊位附近用于保护船舶，也可用在盐水环境中的异形金属结构物内部以及水下大型构筑物的保护。

4.2.2.3 牺牲阳极的组装与钢芯

牺牲阳极内部都有钢芯，其作用是增加阳极的强度、刚度并起导电作用。钢芯一般由镀锌的、磷化的或普通的钢条、钢棒或钢管制成，在浇铸阳极时埋置在里面。钢芯表面必须洁净，无铁锈和毛刺。

钢芯的长度应比阳极长，以使两端露出阳极体，用于焊接或用螺栓固定。对于悬挂阳极，只要求钢芯一端露出阳极体即可。钢芯棒大小随阳极质量增加而增加。例如，阳极质量为20kg时，芯棒直径约10mm；对30~50kg阳极，约16mm；对70~80kg阳极，约19mm；对100~120kg阳极，约22mm。

钢芯与牺牲阳极之间的接触电阻应小于0.001Ω，且应保证永久接触，以保证在低驱动电压时电流顺畅通过。在直接安装的情况下，应保证安装的阳极能抗电击电流和震动。

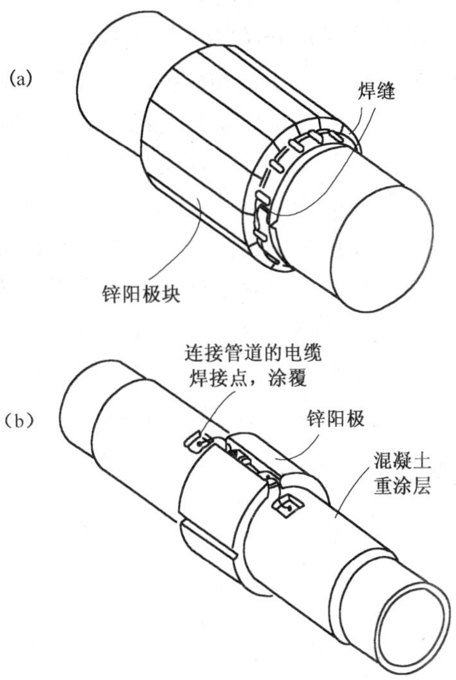

图4-6 镯式阳极的构型

(a)多块阳极组合的，适用于较大管径的管道；

(b)半环形阳极组合的，适用于较小管径的管道

钢芯露出端必须适合安装焊接。仅在特殊情况下，例如不允许焊接时，才使用螺栓连接。由于阳极金属会在应力下蠕动，将使螺栓有产生松动的危险，从而可能使螺栓与阳极金属之间的接触电阻变得很大，因此需要采取特殊措施进行加固。对储罐容器内保护使用的牺牲阳极通常仍要用夹子和电缆接头夹紧，以便于更换阳极和避用焊接。

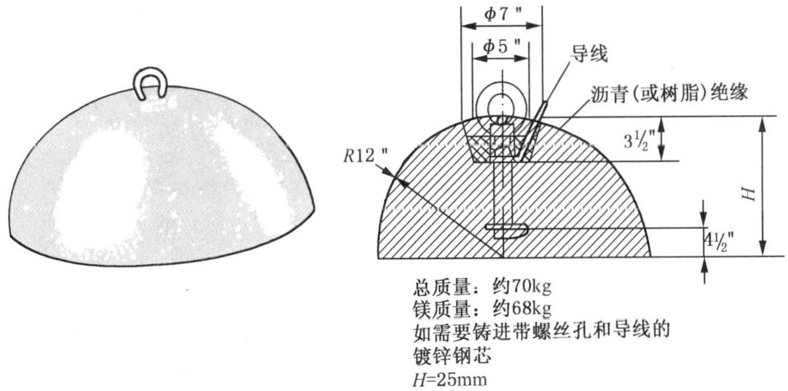

图4-7 半球形镁阳极的构型及尺寸

[1″(英寸)=25.4mm]

4.2.3 牺牲阳极材料的性能

牺牲阳极法阴极保护的效果主要是由牺牲阳极材料的性能决定的。而牺牲阳极材料的性能主要取决于它们的化学成分和组织结构。目前常用的牺牲阳极材料有镁和镁合金、锌和锌合金以及铝合金。

4.2.3.1 镁和镁合金

镁是典型的轻金属，原子序数 12，相对原子质量 24.31，密度 1.74g/cm^3，化合价 2，熔点 651℃。镁的标准电极电位为-2.37V(SHE)。镁阳极的特点是：密度小，具有较高的化学活泼性；电极电位很负；极化率低；驱动电压大，对铁的驱动电压可达 0.6V 以上；理论电容量大。在镁阳极表面不易形成屏蔽性保护膜。镁和镁合金系列的牺牲阳极，电流效率很低，一般只有 50%左右，这是它的一项重大缺点。在镁表面易形成较为强烈的腐蚀原电池作用，在微阴极上发生析氢反应 $2H^+ + 2e \rightarrow H_2$，从而产生强烈的自腐蚀，导致自溶解速率较大。此外，这种材料如遇碰撞易产生火花的特点，也限制了它在高安全性能区域的应用，例如：油轮、敏感的易燃易爆区等特定场合。

镁合金牺牲阳极主要有高纯镁、Mg-Mn 系合金、Mg-Al-Zn-Mn 系合金三大系列。它们的化学成分和电化学性能分别列于表 4-5 和表 4-6 中。

表 4-5　镁基合金牺牲阳极的化学成分[5,7]

阳极类型	Al	Zn	Mn	Mg	Fe	Ni	Co	Si
高纯 Mg[5]	<0.010	<0.010	<0.030	>99.95	<0.002	<0.001	<0.001	<0.010
Mg-Mn[5]	<0.010	—	0.50~1.30	余量	<0.03	<0.001	<0.020	—
Mg-Al-Zn-Mn[5]	5.3~6.7	2.5~3.5	0.15~0.60	余量	<0.005	<0.003	<0.020	<0.1
纯 Mg[7]	<0.01	<0.03	<0.01	>99.95	<0.002	<0.001	<0.001	<0.01
Mg-Mn[7]	<0.010	—	0.50~1.30	余量	<0.03	0.001	0.020	—
Mg-Al-Zn-Mn[7]	5.3~6.7	2.5~3.5	0.15~0.60	余量	<0.003	<0.001	<0.020	<0.10
Mg-Al-Zn-Mn[7]	5.3~6.7	2.5~3.5	0.15~0.60	余量	<0.03	<0.003	<0.025	<0.30

表 4-6　镁基合金牺牲阳极的电化学性能[5,7]

性　能		纯 Mg，Mg-Mn	Mg-Al-Zn-Mn
密度/(g/cm^3)		1.74	1.77
开路电位/V(SCE)		-1.56	-1.48
对铁的驱动电位/V		0.75	0.65
理论发生电量/(A·h/g)		2.20	2.21
海水中(3mA/cm^2)	电流效率/%	50	5.5
	发生电量/(A·h/g)	1.10	1.22
	消耗率/[kg/(A·a)]	8.0	7.2
土壤中(0.03mA/cm^2)	电流效率/%	4.0	≥50
	发生电量/(A·h/g)	0.88	1.11
	消耗率/[kg/(A·a)]	10.0	≤7.92

注：以土壤介质试验时应采用填包料，厚度为 5~10mm。

(1)高纯镁牺牲阳极

与锌阳极和铝阳极相比，镁阳极明显地不易钝化；它的驱动电压很大，理论电容量很大，用作牺牲阳极是十分合适的。镁阳极在许多电解质环境中有较快的腐蚀溶解速度，在盐溶液介质中随含盐量增加而增大。

镁在电解质溶液中的腐蚀行为由其自身很负的电位和表面保护膜性质所决定。它在电解质溶液中的稳定电位随介质而异，如在海水中约为 -1.45V(SHE)，在碱溶液中约为 -0.59V(SHE)。很负的电位使镁表面上形成的微观局部腐蚀电池具有很大的活性，即使在非常稀的水溶液中，镁的腐蚀也仍非常强烈。

由于电位很负，镁在中性溶液中腐蚀时，局部腐蚀电池的阴极过程是析氢反应；而其阳极过程则是 $Mg \rightarrow Mg^{2+} + 2e$。所产生的 Mg^{2+} 与析氢反应后产生的 OH^- 进一步反应而生成 $Mg(OH)_2$。在腐蚀进行过程中，金属表面阴极区积累了大量 OH^-，使正在腐蚀的镁处于碱性溶液包围之中。例如，当工业纯镁(99.7%)在 0.5%NaCl 溶液中腐蚀时，经过一段时间后，不仅金属表面附近，而且本体溶液的 pH 值都提高了，稳定值约等于 10.2。

镁的稳定电位和腐蚀速度与介质 pH 值密切有关。当 pH 值在酸性范围内时，由于 $Mg(OH)_2$ 此时是可溶的而使稳定电位负移，腐蚀速度增大。而在碱性范围内，由于 $Mg(OH)_2$ 是难溶的而使稳定电位较正，腐蚀速度降低。低 pH 值促进了材料自腐蚀，使稳定电位负移，减小了极化，导致材料均匀溶解。而当 pH 值高于 10.5 时，情况正好相反。当 pH 值在 5.0~5.5 以下时，可利用的输出电流是如此之小，以至于使用镁作为牺牲阳极在经济上是不合算的。

牺牲阳极保护是电偶腐蚀作用机理的应用。镁的标准电极电位和在工业介质中的稳定电位都很负，它与绝大多数工业金属发生电偶连接时，镁都是阳极，且腐蚀过程中发生析氢反应。在这种电偶连接中，镁的腐蚀速度是否增大，主要决定于电偶连接时对金属上产生的氢过电位。随着氢过电位增加，镁的腐蚀速度减小，参见图 4-8。

与电位较正的其他金属电偶连接将使镁产生阳极极化，对镁施加阳极性电流也可使其产生阳极极化，但这都会引起镁的负差异效应。所谓负差异效应，就是在阳极极化作用下金属的自溶解速度显著增强。与铝相比，镁的负差异效应要大得多。据文献报道，外加阳极电流时，工业镁的自溶量达82%，而在相近条件下，铝的自溶量仅为13.5%。显然，与铝相比，镁阳极的无效溶解占相当大的份额。同时也表明，当与电位正得多的其他金属相连接时，镁及其合金的自腐蚀程度要比铝大得多。

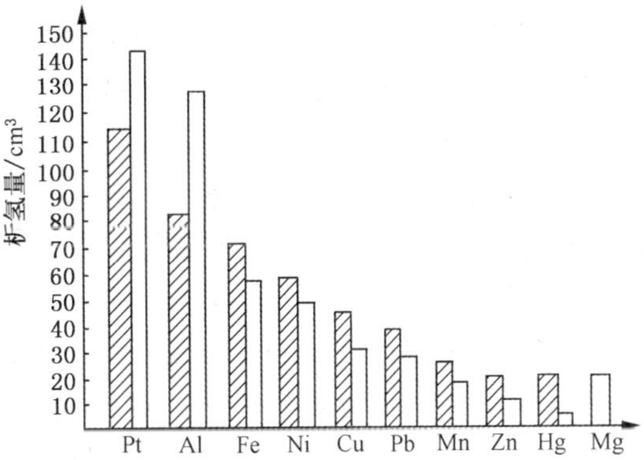

图 4-8　镁与其他金属电偶连接时的腐蚀速度（以析氢量表示）[2]

在镁阳极上；在阴极上

镁的负差异效应可能只在小电流密度阳极极化时才发生，此时极化电流密度不大于自溶解电流密度，当镁阳极在 0.25mol/L NaCl 溶液中极化时，该数值约为 5~10mA/cm²。当在更大电流密度下进行阳极极化时，可能会出现正差异效应或者进行复杂的电极反应，同时析出氢。

对负差异效应的机理，目前尚无一致的见解。但多数研究工作者都认为，只有当金属表面上具有稳定的保护膜时，才可能出现负差异效应。在阳极极化的影响下自溶解速度增大，其原因是保护膜破坏，以致活性表面扩大了。例如，镁在中性的含 Cl^- 溶液中，在阳极极化作用下，金属表面上存在的完整氧化物膜或氢氧化物膜在 Cl^- 和阳极极化的联合作用下遭到破坏，从而使自溶解(析氢)速度增加，这就产生了负差异效应。

镁有许多特点使其适于用作牺牲阳极。但其突出的缺点是，纯镁作为牺牲阳极为阴极保护系统提供的可用的有效电容量要比其理论电容量小得多，从而表现出很低的电流效率。可用的有效电容量(实际发生电量)受到许多因素影响，如阳极金属中的杂质含量、材料损耗的类型(均匀腐蚀还是局部腐蚀)、电流密度、环境介质等。镁的无效溶解可能与溶解时进行的反应过程有关。一般认为，镁是按反应：

$$Mg \longrightarrow Mg^{2+}+2e \tag{4-1}$$

进行溶解，转变成 Mg^{2+} 并同时放出 2 个电子。据此，镁的理论电容量应为 2200A · h/kg。但实际上仅为此值的二分之一左右。这是因为镁溶解时首先形成一价的 Mg^{+}(这也是一种中间过程)：

$$Mg \longrightarrow Mg^{+}+e \tag{4-2}$$

然后在溶液中再氧化为二价的 Mg^{2+}：

$$2Mg^{+}+2H_2O \longrightarrow 2Mg^{2+}+2OH^{-}+H_2\uparrow \tag{4-3}$$

在形成中间产物 Mg^{+} 的情况下，理论电容量为 1100A · h/kg。实际上，镁阳极产生的电量有时超过此数，这可能是因为一部分镁溶解时并未形成中间产物 Mg^{+}。此外，也有可能由于其他原因增大了镁的自溶解，例如金属表面产生了局部微电池腐蚀。镁阳极表面的析氢反应是其高份额自溶解的一个重要原因。

镁阳极一般通过添加合金化元素(如 Al、Zn、Mn)制成镁合金阳极使用。合金元素和材料中杂质对镁的腐蚀速度有很大影响，镁合金通常比镁腐蚀得更快。高纯镁(杂质含量<0.0257%)在 3%NaCl 溶液中的腐蚀速度为(0.15±0.05)mg/(cm^2 · d)，而含有较多杂质的镁合金在同一溶液中的腐蚀速度为 0.2~200mg/(cm^2 · d)。当镁中含有一些杂质元素(即使很少量)，特别是含有析氢过电位较低的杂质时，将使镁的自溶解(自腐蚀)倾向增大，使电流效率降低。镁中含有的其他元素，有的以单质形式固溶于 Mg 基体中，如 Fe、Co、Mn 等元素；有的则与 Mg 形成金属间化合物，如 Al、Zn、Ni、Cu 等元素。

镁阳极含有的许多杂质元素中，Fe、Cu、Ni 等电位较正的金属元素对镁阳极的自溶解倾向有着明显促进作用，它们在镁阳极表面形成局部微电池而增大了作为微电池中局部阳极(镁)的腐蚀溶解。通过反应 $Mg \longrightarrow Mg^{2+}+2e$ 产生的 Mg^{2+} 进入溶液介质，但释放出的电子则被微电池局部阴极区(杂质)的还原反应所消耗，并不能作为有效电流提供给阴极保护系统，这就促进了镁阳极的自溶解速率。这种无效溶解明显地降低了牺牲阳极的电流效率。如图 4-9所示，分别给出了作为杂质元素的 Fe、Cu、Ni 对 Mg-Mn、Mg-Zn、Mg-Al-Mn 和 Mg-Al-Mn-Zn 等镁合金腐蚀速率的影响。如图 4-10 所示为多种合金元素对镁在室温 3%NaCl 溶液中腐蚀速率的影响。相比之下，Fe、Ni、Co、Cu 对镁的腐蚀有很大促进作用，影响较小的杂质元素有 Cd、Mn、Na、Si、Zn、Pb、Al、Ca、Ag 等。

Fe 对高纯镁的影响比对工业镁的影响更大。Fe 作为杂质元素，因其电位较正而在镁阳极表面附加地形成了局部的腐蚀微电池，增大了镁阳极的自溶解，降低了电流效率。然而，当镁阳极中 Mn 含量超过 0.3%时，Fe 含量在 0.01%以下是不会影响镁的自溶解的。Mn 的加入可以抑制 Fe 的负面影响，因为 Mn 可以使 Fe 在熔炼过程中沉淀出来，而且在凝固时形成被 Mn 壳包覆的 Fe 晶粒，从而变为无害元素。同样，杂质元素 Cu 的影响也不是单义的。虽然 Cu 可以促进镁的自溶解，但是当 Mn 含量高于 0.3%时，含量小于 0.05%的 Cu 也将是无害的。Ni 含量>0.001%就会使镁的自溶解性能变坏，因此不允许 Ni 含量超过此值。

在镁中添加 Al，能降低 Mg-Al 二元合金在氯化物溶液中的耐蚀性(见表 4-7)。添加 Al

使镁腐蚀速度增大是由于形成了金属间化合物 Mg_4Al_3，它起有效阴极相的作用，加速固溶体的腐蚀破坏。当镁和镁合金中同时存在有 Al 和 Mn 时，将可改善材料的耐蚀性能。Mn 和 Zn 以及 Ti 都有类似的作用。镁中添加元素 Zn 时，镁的腐蚀形貌将变得更均匀。

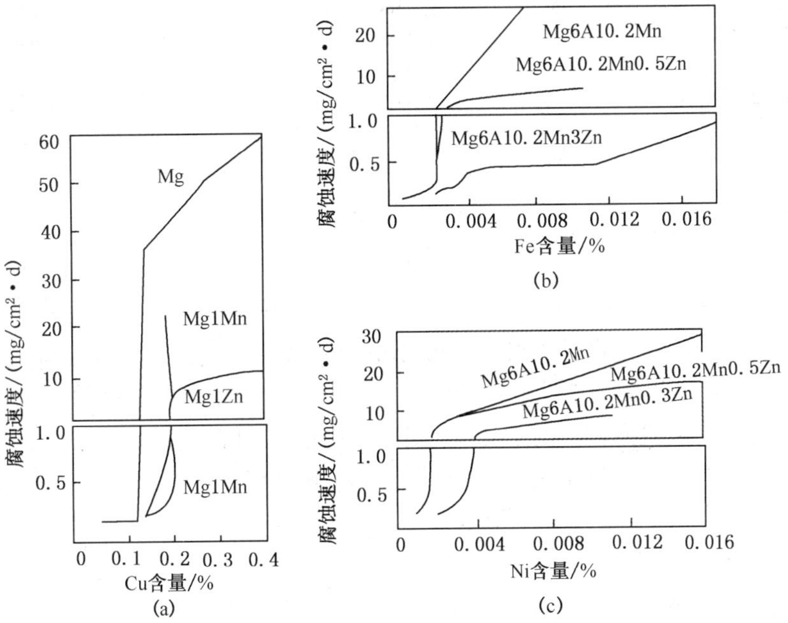

图 4-9　Cu、Fe、Ni 对镁合金在 3%NaCl 溶液中的腐蚀速率的影响[10]

表 4-7　添加铝对镁在海水中腐蚀速度的影响

Al 含量/%	2	3	4	5	6	8
质量损失/g	2.8	6.7	10.9	9.7	11.2	16.3

镁中存在的杂质元素和添加的合金元素可与 Mg 形成金属间化合物，如 $MgZn_2$、MgCa、Mg_2Al_3、Mg_2Si 及 Mg-Al 系中的 β 相和 γ 相等。当合金中有 Mn 存在时，则 Mn 可与其他添加组分形成独立的相，如 Al_4Mn、Al_3Mn、Al_6Mn 等。它们在合金中存在的形貌和位置是各种各样的，与固溶体组成的局部腐蚀电池也是各不相同的。这些局部电化学电池的工作行为与腐蚀介质有很大关系。例如，在 NaCl(53g/L)+H_2O_2(3g/L)溶液中，Mg-Al固溶体与金属间化合物 Mg_5Al_8之间的电位差约为 0.22V，此时 Mg_5Al_8起阳极作用。在上述溶液中添加 NaOH(10g/L)时，电位差为 0.323V，此时 Mg_5Al_8则起阴极的作用。表 4-8 列出了镁和镁合金中一些结构组分或杂质与固溶体之间的电位差。数据表明，这些电位差达0.43~1.39V。显然，金属间化合物可以在镁中形成非常有效的阴极相。正是由于这种阴极相的存在，使镁具有相当高的自溶性。

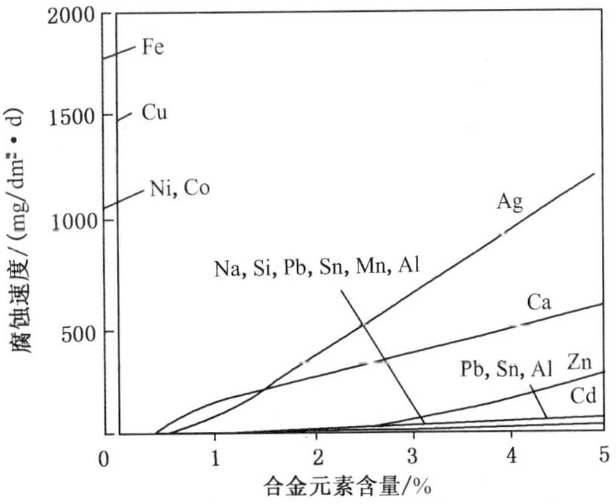

图 4-10　合金元素对镁在室温 3%NaCl 溶液中的腐蚀速率的影响[2]

表 4-8　在 3%NaCl 溶液中镁和镁合金的结构组分与固溶体之间的电位差[9]

阳极组分	阴极组分	电位差/V
Mg-3Al	Mg_4Al_3	0.52
Mg-3Al	Mg_2Al_3	0.53
Mg-1.1Mn	Mn	0.43
Mg-1.2Zn	MgZn	0.46
Mg-1.2Zn	$MgZn_2$	0.64
Mg	Mg_2Cu	0.69
Mg	$MgCu_2$	0.79
Mg	Fe	0.97
Mg-3Al	$FeAl_3$	1.04
Mg	Co	1.20
Mg	Mg_2Ni	0.78
Mg-2Al	MgAg	1.39

综上所述，用纯镁作为牺牲阳极材料应严格控制杂质含量，通常采用高纯镁(>99.95% Mg)。它的电位很负，机械加工性能良好。因其电位比常用镁合金阳极的更负，故又称为高电位镁阳极，适用于电阻率较高的土壤或淡水中。用高纯镁制造的带状阳极，其应用范围可扩大到电阻率为 1170Ω·m 以上的环境介质。与电解法相比，采用还原蒸馏的皮江法生产镁，可使杂质含量降低一个数量级，作为主要杂质的 Fe 含量可控制在<0.002%的水平，适于制造高纯镁阳极。

(2)Mg-Mn 合金牺牲阳极

Mn 在 Mg 中的溶解度随温度降低而显著减小；500℃时溶解度为 0.8%，200℃时已实际为零。表 4-9 给出了 Mn 在 Mg 中的溶解度随温度的变化关系。在共晶温度时，Mn 在 Mg 中的最大溶解度为 3.4%。Mn 含量低于 3.4%的 Mg-Mn 合金，由于制造方法不同，其组织结构可能呈单相固溶体组织或者还含有少量结晶 Mn。实际应用的 Mg-Mn 合金的合金化程度较低，其阳极行为取决于合金的单相固溶体组织。当合金中含有 Al 时，Mn 的溶解度急剧降低。当含有 7.5%~8.0%Al 时，Mn 在 800℃时的溶解度为 1.4%，而在 700℃时仅为 0.3%。当合金中含有 6%Zn 时，Mn 在 800℃的溶解度为 3%，而在 700℃时为 1.7%。

表 4-9　Mn 在 Mg 中的溶解度与温度的关系[12]

温度/℃	850	765	700	651	620	540	435
溶解度/%(质量)	6.6	3.9	2.6	2.45	2.06	1.0	0.25

Mn 对 Mg 及其合金的腐蚀性能有改善的作用。当 Mn 的加入量为 1.35%时，可使 Mg-Mn 合金在海水中的腐蚀速度降低到很小的程度(见图 4-11)。这是因为 Mn 的加入可消除杂质 Fe 的不良影响，Mn 是控制镁中杂质的一种很有效的净化元素，从而显著降低镁的自溶解速率。在镁合金熔炼过程中，Mn 能与熔体镁中的杂质 Fe 生成 Fe-Mn 化合物而沉降于熔体底部，另一些残留在合金中的 Fe 则溶解于 Mn 或被 Mn 所包围，形成 Mn 壳包覆的颗粒，使其不能再表现为阴极杂质的有害作用。Mn 的另一个有益作用是，Mg-Mn 阳极在作为牺牲阳极而腐蚀溶解的工作过程中，在镁合金表面形成了水化 MnO_2 的膜，这种膜的稳定性比单纯的 $Mg(OH)_2$ 膜更高，使析氢作用进一步减弱。适量 Mn 的存在，使 Mg-Mn 合金中对 Fe、Cu 等杂质的允许含量提高了一个数量级。但是，Mn 在镁合金中易产生偏析现象，过量的 Mn 将可能造成合金耐蚀性及塑性下降。表 4-10 给出了三种镁合金牺牲阳极的化学成分及其在

10^{-3}mol/L NaCl(60℃)和常温海水中的电化学性能。

表 4-10　三种镁合金牺牲阳极的化学成分及其电化学性能[8]

项　　目	Mg-6Al-3Zn(AZ63)	Mg-3Al-1Zn(AZ31)	Mg-Mn(M2)
成　分			
Al	5.3%~6.7%	2.5%~3.5%	<0.05%
Zn	2.5%~3.5%	0.7%~1.3%	<0.03%
Mn	>0.3%	>0.2%	1.2%~2.5%
Si	约 0.1%	约 0.1%	—
Cu	<0.05%	<0.05%	<0.05%
Fe	<0.01%	<0.005%	<0.01%
Ni	<0.001%	<0.001%	<0.001%
Pb	—	<0.01%	—
Sn	—	<0.01%	—
Mg	余量	余量	余量
在 10^{-3}mol/L NaCl(60℃)中的性能			
电流效率 α	10%~50%	10%~50%	10%~50%
电容量 Q_{pr}'/(A·h/kg)	220~1100	220~1100	220~1100
电容量 Q_{pr}''/(A·h/dm^3)	420~2100	420~2100	420~2100
在阴极电流=50μA/cm^2 时的性能			
工作电位 E/V(SHE)	-0.9~-1.1	-0.9~-1.1	-1.0~-1.2
稳定电位 E/V(SHE)	-1.0~-1.2	-1.0~-1.2	-1.1~-1.3
在冷海水中的性能			
电流效率 α	50%	52%	53%
电容量 Q'_{pr}/(A·h/kg)	1100	1150	1150
电容量 Q''_{pr}/(A·h/dm^3)	2100	2200	2200
稳定电位 E/V(SHE)	-1.2~-1.3	-1.1~-1.3	-1.0~-1.3

Mg-Mn 合金作为牺牲阳极使用时，其电流效率与原料镁的纯度有关，纯度越高则电流效率越高。表4-11给出了前苏联牌号为 MЛ2 的 Mg-Mn 系铸造镁合金的化学成分和电流效率。表中数据表明，提高合金纯度可使电流效率增大。高纯度的 Mg-Mn 合金 MЛ2BЧ 在电流密度为 5A/m^2时的电流效率为 54.2%，而用于制造这种合金的蒸馏镁(化学成分：0.012% Al，0.39% Zn，0.0017% Mn，0.02%Si，0.007% Fe，0.0004% Cu)的电流效率仅为 34.8%。因而在合金纯度几乎相同的情况下，Mn 的加入使合金电流效率提高了 19.4%。表中另两种合金的电流效率较低，是由于合金中杂质 Cu、Fe、Ni 的含量较高，所形成的夹杂物在合金中起阴极相的作用，从而增大了合金自溶性，因而使电流效率下降，并且使合金表面的溶解不均匀。

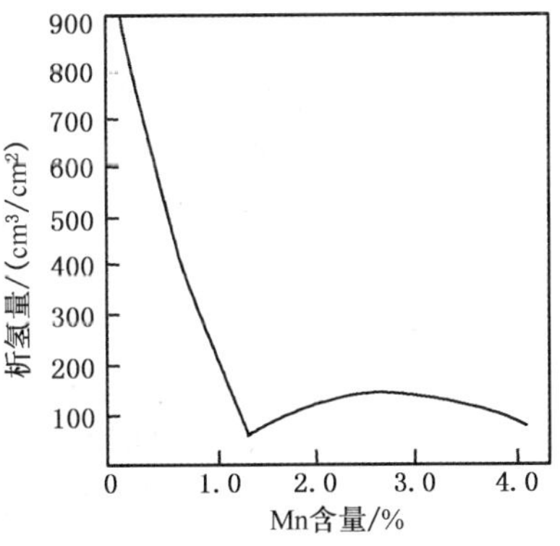

图 4-11　Mn 含量对 Mg-Mn 合金在海水中的腐蚀速率(以析氢量表征)的影响[2]

表 4-11 Mg-Mn(МЛ2 系)合金化学成分及 $5A/m^2$ 电流密度下的电流效率[10]

合金牌号	成分/%(质量)		杂质/%(质量)			电流效率/%
	Mn	Mg	Fe	Ni	Cu	
МЛ2(工业纯)	1.3	余量	0.034	0.004	0.03	40.1
МЛ2ПЧ(较高纯)	1.2	余量	0.009	0.003	0.008	42.1
МЛ2ВЧ(高纯)	1.3	余量	0.001	0.0003	0.0004	54.2

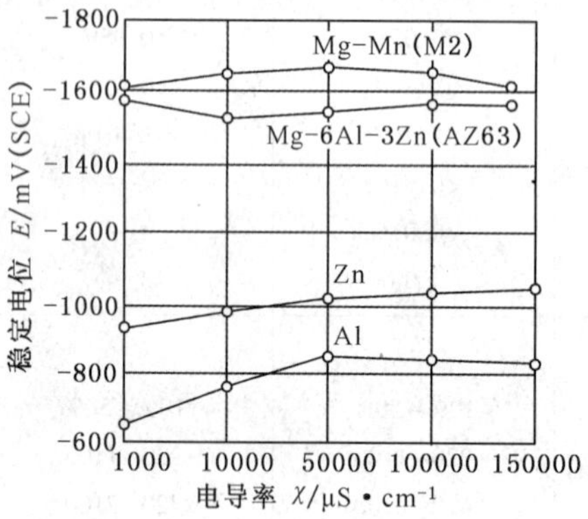

图 4-12 不同系列牺牲阳极的稳定电位与溶液电导率的依从关系(20℃)[8]

化学成分如表 4-11 的 Mg-Mn 合金在人造海水中的稳定电位是-1550~-1560mV(SCE)。所有这三种合金的极化曲线基本上相同。极化电流密度在 $0\sim10A/m^2$ 范围内时，电位提高约 $8mV/(A\cdot m^{-2})$，即极化率很小。而蒸馏法制取的镁在稳定电位为-1850mV(SCE)时，其极化率等于 $20mV/(A\cdot m^{-2})$。在以 $5A/m^2$ 的电流密度极化时，上述三种合金的电位是稳定的，为-1515mV(SCE)。实际上，电极电位很少与合金纯度有某种相关性。但是，牺牲阳极的稳定电位和极化性与溶液电导率、牺牲阳极的系列、溶液介质的组成有着密切关系。如图4-12所示为不同系列牺牲阳极的稳定电位与溶液电导率(溶液中不同 NaCl 含量对应于不同的电导率，20℃)的依从关系。显然，Mg-Mn 合金阳极(M2)的稳定电位不仅比 Al 阳极和 Zn 阳极负得多，而且比 Mg-6Al-3Zn 合金(AZ63)也更负。所以，Mg-Mn 合金也是一种高电位阳极材料。其他阳极的稳定电位随溶液电导率(含盐量)增大通常会变得更负一些，而 Mg-Mn 阳极则在电导率约为 50000μS/cm 时达到稳定电位的最负值。

几种镁合金牺牲阳极在一些盐溶液(70℃)中的极化曲线示于图 4-13。结果表明，不同的电解质溶液对同样的 Mg-Mn 合金(M2)表现出明显不同的稳定电位和极化性能，它们的自腐蚀电流密度也是相差很大的。而不同的牺牲阳极材料在相同浓度的 NaCl 溶液中也表现出差别很大的稳定电位、极化性能和自腐蚀电流密度。

Mg-Mn 合金牺牲阳极的开路电位和闭路电位很负，驱动电压很大，适用于高电阻率的环境介质，如高电阻率土壤、淡水等。Mg-Mn 合金以其良好的机械性能和冶金性能，可采用挤压和铸造两种方式加工阳极，尤其是挤压加工。

(3)Mg-Al-Zn-Mn 合金牺牲阳极

Mg-Al-Zn-Mn 系镁合金的基本合金元素为 Al 和 Zn。根据 Al 和 Zn 的含量不同，该系合金有多种牌号成分，如 Mg-6Al-3Zn-Mn、Mg-3Al-1Zn-Mn、Mg-8Al-Zn-Mn 等合金。这些合金是由 Al 和 Zn 在 Mg 中的固溶体、γ 相(Al_2Mg_3)、τ 相($Al_2Mg_3Zn_3$)和 η 相($MgZn_2$)等组成，合金组织中可能还包括有个别零星的 Mn 结晶(也可能是金属间化合物 $MnZn_{13}$)。

Al 是该系阳极中的主要合金元素，可与 Mg 形成 $Mg_{17}Al_{12}$ 强化相，提高合金的强度。但向工业镁中单独添加 Al 时，可形成大量的 MgAl、Mg_2Al_3、Mg_4Al_3 等金属间化合物，这些金属间化合物的存在，都会增大镁的自溶解速率，加速固溶体的破坏。加入合金元素 Zn 可降低镁的腐蚀速率，减小镁的负差异效应，提高阳极电流效率。

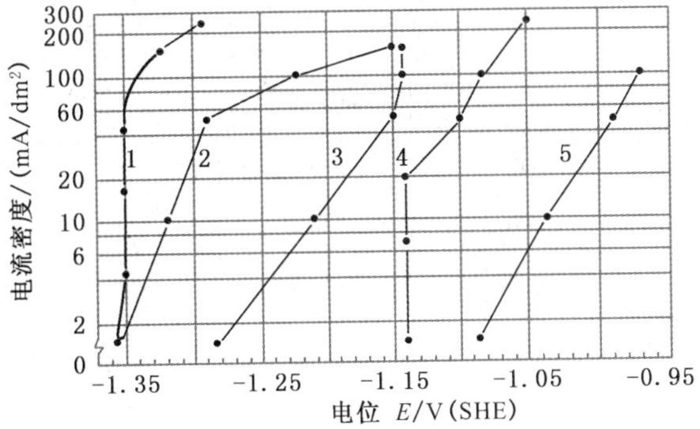

图 4-13　几种镁合金阳极在不同盐溶液(70℃)中的极化曲线[8]

注：图中曲线说明	镁合金阳极	溶液介质	电导率 χ (20°)
1	Mg-Mn(M2)	0.1mol/L $MgSO_4$	—
2	Mg-Mn(M2)	200mg/L Na^2SO_4	300μS/cm
3	Mg-Mn(M2)	150mg/L NaCl	300μS/cm
4	Mg-3Al-1Zn(AZ31)	150mg/L NaCl	300μS/cm
5	Mg-6Al-3Zn(AZ63)	150mg/L NaCl	300μS/cm

Mn 在镁合金中是一种极好的净化元素，除了能抵消杂质 Fe 的有害作用之外，还可部分抵消 Ni 的有害作用，特别是在含盐环境中效果更显著。当 Mn 的含量接近 0.2%时，对 Fe 的允许限量可达 0.035%，但这仍会使电流效率降低，因此要求 Fe 的含量和相应 Mn 的含量都应尽可能低一些。Al、Zn、Mn 按照一定比例在镁中同时存在，可进一步降低对杂质元素含量的要求。对于最好的镁阳极材料，如果要求在土壤中使用时的电流效率达到 50%或 50%以上，则 Ni 的最高含量不得高于 0.002%。

表 4-12 和表 4-13 分别列出了前苏联牌号为 MЛ4 和 MЛ5 的 Mg-Al-Zn-Mn 系合金的化学成分和电化学性能试验结果。表 4-13 中的数据是这些合金制成的牺牲阳极在黑海中以 5A/m²的电流密度经过 1 年的极化和在海船上实船试验时得到的。表 4-13 的测试数据表明，用 MЛ4Вч 合金制成的牺牲阳极具有较好的性能，电流效率达 58.7%，表面溶解均匀，电位和电流效率较为稳定。这种高纯合金的成分对杂质含量限制很严，一般要求应不大于：0.0035%Fe、0.001%Ni、0.005%Cu。如果合金的杂质含量达不到这个要求，除了电流效率降低外，还会引起合金溶解不均匀。

表 4-12　Mg-Al-Zn-Mn 系合金(MЛ4 和 MЛ5)的化学成分[10]

合金牌号	主要成分/%(质量)				杂质/%(质量)			
	Al	Zn	Mn	Mg	Fe	Cu	Ni	Si
MЛ4(工业纯)	5.7	2.8	0.33	余量	0.028	痕量	痕量	0.010
MЛ4 ВЧ(高纯)	6.0	2.5	0.37	余量	0.0035	0.0008	0.0006	0.015
MЛ5(工业纯)	8.05	0.52	0.24	余量	0.029	痕量	痕量	0.010
MЛ5 ВЧ(高纯)	8.25	0.50	0.32	余量	0.003	0.0003	0.0006	0.010

表 4-13　Mg-Al-Zn-Mn 系合金(МЛ4 和 МЛ5)的电化学性能试验结果[10]

合金牌号	试验时间/d	稳定电位/mV(SCE)	极化时的电位/mV(SCE)		电流效率/%	表面状态和阳极溶解特征
			经 6 个月	试验结束		
МЛ4(工业纯)	300	-1540	-1515	-1500	36.8	表面凹凸不平，严重溃疡
МЛ4 ВЧ(高纯)	228	-1500	-1480	-1480	58.7	表面平整
МЛ5(工业纯)	275	-1510	-1530	-1535	43.8	整个表面严重溃疡
МЛ5 ВЧ(高纯)	223	-1490	-1480	-1470	43.4	表面凹凸不平，严重溃疡

在阳极电流密度为 0~10A/m^2 范围内，这些镁合金的极化率都不大，约为 3~4mV/(A·m^{-2})，这进一步保证了这些镁合金有很大的驱动电压。

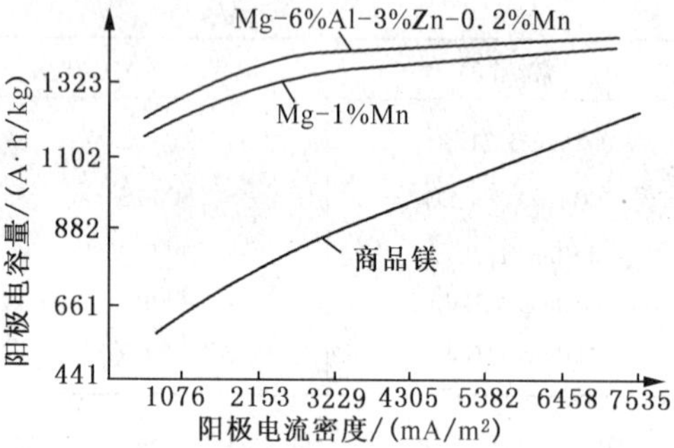

图 4-14　三种镁阳极的电容量与电流密度的关系[2]

Mg-3Al-1Zn-Mn 合金的电位为 -1.25~-1.55V(SCE)，实际发生电量为 1100~1200A·h/kg，电流效率可达 50%~55%。此外，如图 4-14 所示给出了三种镁阳极的电容量与电流密度的关系。显然，Mg-6Al-3Zn-0.2Mn 和 Mg-1Mn 合金的电容量比商品镁的大得多，尤以前者为甚。

所有镁阳极具有密度小、驱动电压大的特点，特别适于在电阻率较高的介质、需用较大保护电流密度的体系以及作悬挂式阳极使用。镁阳极不仅广泛用于土壤及淡水中的金属设施的保护，而且也经常用于淡水压载舱、钢结构水工建筑物、热水器、饮用水储存装置和热水槽内壁保护等。对饮用水设备而言，腐蚀产物的生理卫生和无毒安全性是十分重要的，而镁的腐蚀产物是无毒的。根据德国工业标准 DIN4753 规定，Sb、As、Pb、Cr 和 Ni 的质量分数总和必须小于 0.01%。在土壤中，当土壤电阻率小于 250Ω·m 时对较小型结构物，以及当土壤电阻率小于 100Ω·m 时对较大型储罐和管线，都可采用镁阳极保护，只要保护电流需用量不是太大即可。

在采用镁阳极进行阴极保护时，由于很高份额的自溶解会同时产生析氢。在密闭容器中应用(如热水器)时就应予注意。在搪瓷热水器中应用时，在正常运行条件下是没有瓦斯爆炸的危险的，但应当注意安全规定，尤其是在执行维修任务时。镁阳极与钢撞击会产生火花，镁阳极溶解时会析出氢气，存在着爆炸危险，因而油轮内部设施的阴极保护严禁使用镁阳极。

对搪瓷热水器设备使用镁阳极时，根据输出电流所计算的阳极消耗速率要比按自腐蚀测定的消耗速率小得多，即电流效率很低。在这种情况下，根据保护电流需用量和阳极质量的数据设计阳极寿命就会产生困难，因为电流效率实在是太小了。

影响阳极电流效率的材料原因主要是杂质 Fe 的含量(还有杂质 Cu 和 Ni 的含量)，根据标准 SY/T0019—1997 中的规定，应为 Fe<0.005%。若用普通电解镁锭作原料是很难满足这一要求的，必须采用高纯的蒸馏镁，这就使制造成本提高了。近些年来我国普遍采用硅热法生产镁。此法又称皮江法(Peidgen)，用硅铁在真空和高温下还原锻烧白云石，直接制取金属镁。此法生产时经蒸馏将镁结晶出来，所以杂质含量很低。这很适合于用来制造性能高而价格较低的镁合金阳极。

4.2.3.2 锌和锌合金

锌是一种普通的重金属，原子序数 30，相对原子质量 65.37，密度 7.14g/cm^3，化合价 2，熔点 420℃。锌的标准电极电位为-0.76V(SHE)，高纯锌在海水中的稳定电位为-0.82V(SHE)。这是一种较活泼的金属，相对于钢铁及常用金属结构材料而言是负电性的。但是锌的电极电位与镁相比，负得还不够，相对于钢铁的保护电位只有 0.25V 的驱动电压。因此锌阳极在高电阻率的土壤或淡水中不太适用，通常多用于海水、某些化学介质和低电阻率的土壤或滩涂地。然而，锌和锌合金阳极的理论发生电量较小，但它用作为牺牲阳极的电流效率是很高的，在海水中可以达到 95%，在土壤中也可达到 65%以上。

锌的腐蚀速度与溶液介质的 pH 值密切相关(参见图4-15)。锌在中性和中碱性溶液中，由于形成了碱式碳酸锌[$Zn(OH)_2 \cdot ZnCO_3$]的保护膜，因此腐蚀速度很低。当在酸性溶液(pH<6)和碱性溶液(pH>12.5)中时，由于已有的保护膜发生溶解和不能形成新的腐蚀产物膜，则使腐蚀速度急剧上升。

锌阳极的自溶解速度是相当低的。在静止水条件下，于常温工业水中约为 0.02g/(m^2·h)，相当于年腐蚀率 25μm/a；在常温海水中这一数值增大约 50%。而在流动水中，其腐蚀率要大得多。在热水中，由于锌的钝化倾向，不适宜作牺牲阳极使用。

锌阳极的种类很多，有高纯锌、Zn-Al 系合金、Zn-Sn 系合金、Zn-Hg 系合金、Zn-Al-Mn 系合金、Zn-Al-Cd 系合金等。我国 1965 年以前基本上是采用纯锌阳极，之后便主要采用三元锌合金，即 Zn-Al-Cd 系合金。目前应用的一些锌阳极的化学成分和电化学性能分别列于表 4-14 和表 4-15 中。

表 4-14 一些锌阳极的化学成分

阳极类型	化学成分/%(质量)						
	Al	Cd	Zn	Fe	Cu	Pb	Si
高纯 Zn[5]	<0.005	<0.003	>99.995	<0.0014	<0.002	<0.003	—
Zn-Al[5]	0.3~0.6	—	余量	<0.005	<0.005	<0.006	<0.125
Zn-Al-Cd[5]	0.3~0.6	0.05~0.12	余量	<0.005	<0.005	<0.006	<0.125
纯 Zn[7]	—	<0.002	>99.995	<0.0014	<0.001	<0.003	Sn<0.001
Zn-Al-Cd[7]	0.1~0.7	<0.2	余量	<0.02	<0.01	<0.3	—
Zn-Al-Cd[7]	<0.2	0.05~0.2	余量	<0.0014	<0.001	<0.2	—
Zn-Al-Cd[7]	0.10~0.50	0.025~0.15	余量	<0.005	<0.005	<0.006	<0.125

表 4-15 一些锌阳极的电化学性能[5,7]

性　　能		纯 Zn，Zn 合金
密度/(g/cm^3)		7.14
开路电位/V(SCE)		1.03
对铁的驱动电压/V		0.20
理论发生电量/(A·h/g)		0.82
海水中(3mA/cm^2)	电流效率/%	95
	发生电量/(A·h/g)	0.78
	消耗率/(kg/A·a)	11.8
土壤中(0.03mA/cm^2)	电流效率/%	≥65
	发生电量/(A·h/g)	0.53
	消耗率/(kg/A·a)	≤17.25

注：在以土壤介质试验时应采用填包料，厚度为 5~10mm。

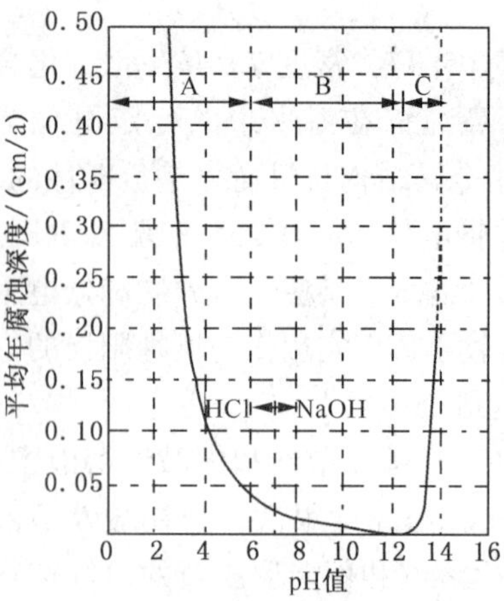

图 4-15　锌的腐蚀速度与溶液 pH 值的相关关系

A—快速腐蚀；B—稳定膜形成，腐蚀缓慢；C—快速腐蚀

(1)高纯锌牺牲阳极

在 1824 年，汉弗莱·戴维首先采用锌作为牺牲阳极来防止木质战舰外壳铜包皮在海水中的腐蚀，取得了开创性的成功。此后曾采用工业纯锌作牺牲阳极以期保护钢船壳的水下部分，但由于杂质的影响而告失败。后来经过大量的科学研究和实际应用试验，才制造成功许多有效的锌阳极。

Zn 含量>99.995%和杂质 Fe 含量<0.0014%的高纯锌(精炼锌)可直接用作为牺牲阳极。精炼锌的晶粒通常是很粗大的，它的组织由柱状晶构成，在腐蚀时易产生不均匀的侵蚀形貌。为使晶粒细化，可添加至多 0.15%Cd 和 0.5%Al(参见图 4-16)。

在海水中，HCO_3^-可在锌上形成覆盖层并导致锌更强烈的极化。在低盐水中和锌阳极负载不大的情况下，将产生难溶的碱式氯化锌及其他的难溶碱式盐。在污染水中还可能有磷酸盐存在，由此形成的 $ZnNH_4PO_4$ 是很难溶的。这些化合物只在 pH=7 附近相当窄的范围中才沉淀出来。通过在锌阳极表面上进行的水解反应而产生了弱酸性介质，在这种介质中，上述化合物的溶解度明显地增大了，使锌阳极仍然能呈活化态，尤其是在流动海水和高浓度盐溶液介质中更加明显。

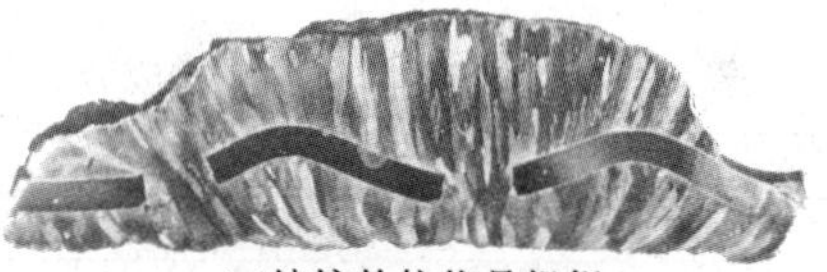

(a)纯锌的柱状晶组织

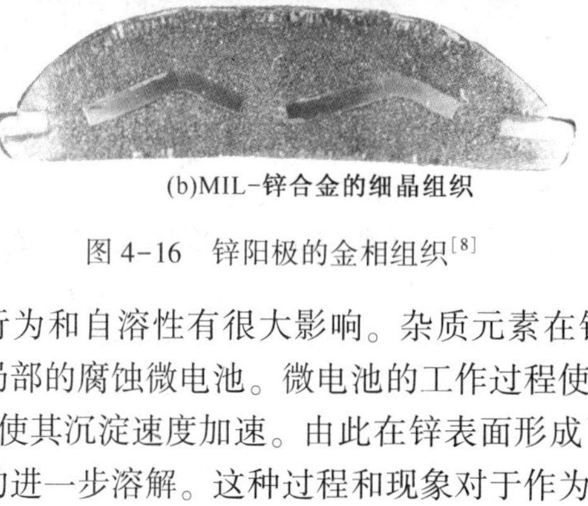

(b)MIL-锌合金的细晶组织

图 4-16　锌阳极的金相组织[8]

杂质元素对锌的阳极行为和自溶性有很大影响。杂质元素在锌中往往以夹杂物形式存在，它与母体金属组成了局部的腐蚀微电池。微电池的工作过程使锌表面形成了氢氧化物或氢氧化物-碳酸盐沉淀，并使其沉淀速度加速。由此在锌表面形成了一层致密、坚固的覆盖膜，使锌钝化，阻碍了锌的进一步溶解。这种过程和现象对于作为牺牲阳极的锌是不允许发生的。

Fe、Cu、Pb 是锌中主要的有害杂质元素，必须严格限制这些阴极性杂质元素含量，以保证锌阳极的性能。其中尤以 Fe 杂质的有害影响最大。Fe 在 Zn 中的固溶度约为 0.0014%。如超过这一固溶度极限值，Fe 将以离散晶粒析出，成为阴极性杂质组分。这种杂质组分与基体材料锌共同构成腐蚀微电池，从而加快作为微电池阳极的锌的自溶解，使锌阳极的电流效率下降。同时，由于这些阴极性杂质元素的存在，也将会引起阳极材料极化率显著增大，阳极电位显著正移。为此，往往在锌中添加一些合金元素，如 Al、Cd、Si、Hg、Sn、Mn

等，以消除杂质 Fe 的有害作用，由此还可提高锌合金中允许 Fe 含量的临界值。与纯锌相比，这些锌合金用作牺牲阳极在技术上是很有效的，在经济上也十分有利。

在阴极保护系统中，作为牺牲阳极的锌不可避免地将发生阳极极化，这将使锌的工作电位正移和使驱动电压减小。当电流密度在 0～1A/m^2 范围内，发生的阳极化最大，可达 34mV；电流密度进一步提高到 7A/m^2 时，极化发展并不明显。高纯锌在电流密度为 0～7A/m^2 范围内，其极化率等于 8.6mV/(A·m^{-2})。高纯锌在海水中，在同一电流密度下极化试验不同时间，以及在不同电流密度下都极化较长的相同时间，都能使高纯锌的电极电位变正，电流效率下降，试验结果如图 4-17 所示。

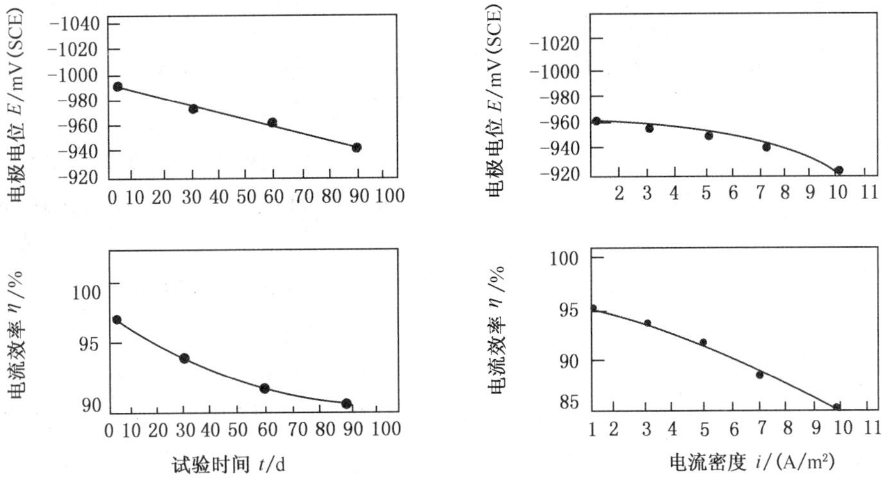

(a) 电流密度为3A/m^2　　(b) 试验时间为60天

图 4-17　极化试验时间和电流密度对高纯锌在海水中的电极电位和电流效率的影响[10]

Fe 是锌中主要的有害杂质，它对海水中锌的电极电位和电流效率的影响很大(参见图 4-18)。试验用的锌阳极中含有 Pb<0.005%，Cu<0.001%以及在 0.0001%～0.01%范围中变化的不同 Fe 含量。试验在人造海水中于电流密度 3A/m^{2}下进行极化 60 天。结果表明，当 Fe 含量从 0.0001%增加到 0.001%时，锌的电极电位变化不大，仅从-966mV(SCE)正移到-960mV(SCE)；当 Fe 含量进一步增加到 0.01%时，电极电位急剧变正，达到-856mV(SCE)；相应地，电流效率也从 90.5%下降到 73.6%。

如图 4-19 所示为纯锌阳极(精加工表面)在静止、非充气的 3.5%NaCl 溶液中的极化曲线。结果表明，这对应于活化极化且为一条塔菲尔斜率 b_a=50mV 的直线。

锌阳极的腐蚀行为与温度有很大关系。锌在约 60℃的含氧淡水中观察到有相当正的电位，其原因是锌表面沉积层的组织结构发生了变化，例如从 $Zn(OH)_2$转变为导电的 ZnO。在这种情况下，锌的稳定电位正移，甚至可比铁的保护电位更正；此时锌成为锌-铁电偶对中的阴极。这样不仅不能起到保护作用，反而会加快钢铁的腐蚀。这种现象也称为电位的极性反转。当 Fe 作为合金元素添加到锌中，也能观察到这一现象；另外热镀锌的钢置于冷却水中时也存在这种情况。带有封闭的循环冷却水系统的船用发动机上，由于这种电位的极性反转结果，使发动机组在锌阳极附近的部位遭受到局部腐蚀，原因就是该处形成了局部腐蚀原电池，锌在其中成为了阴极。

高纯锌除了用作块状牺牲阳极外，还常用来制造挤压成型的带状阳极或制作固体参比电

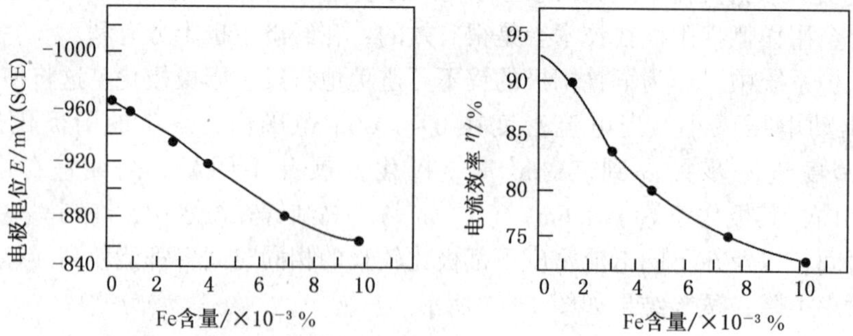

（a）电极电位　　（b）电流效率

图 4-18　Fe 含量对锌在人造海水中的电极电位和电流效率的影响[10]

（电流密度 $3A/m^2$，试验周期 60 天）

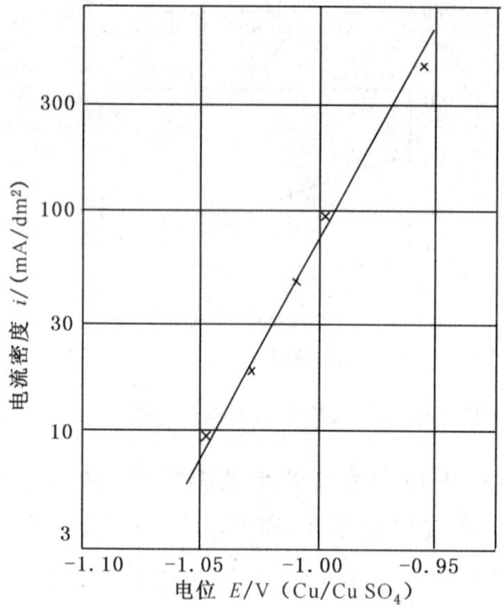

图 4-19　纯锌阳极(精制表面)在 3.5%NaCl 溶液(无对流、非充气)中的极化曲线[8]

极。高纯锌牺牲阳极在海洋介质中工作时，表面上会形成疏松的腐蚀产物，但不影响阳极的继续溶解。

(2)Zn-Al-Cd 合金牺牲阳极

Zn-Al-Cd 系合金通常称为三元锌牺牲阳极。它具有溶解性能好、电流效率高、保护效果可靠、容易制造、价格低廉等特点，所以获得了广泛应用。

牺牲阳极的电化学性能主要决定于阳极材料的化学成分。在 Zn-Al-Cd 系合金中，以美国军用标准 MIL-A-18001H 所规定的阳极最为有名，其化学成分参见表 4-16。该阳极的开路电位为-1.04V(Ag/AgCl)，电流效率为 95%，消耗率为 11.3kg/A·a。我国国家标准 GB4950—85 规定的 Zn-Al-Cd 系合金的化学成分也列于表 4-16，其电化学性能与上述 MIL-A-18001H 标准所规定的很接近，见表 4-17。

表 4-16　典型的 Zn-Al-Cd 合金的化学成分　　%(质量)

标准号	Al	Cd	杂质最大含量				Zn
			Fe	Cu	Pb	Si	
MIL-A-18001H	0.10~0.50	0.025~0.15	0.005	0.005	0.006	0.125	余量
ASTM B418-73 I	0.10~0.4	0.03~0.10	0.005	—	—	—	余量
Hi-Amp(ASARCO)	0.1~0.3	0.025~0.06	0.003	—	0.006	—	余量
GB 4950—85	0.3~0.6	0.05~0.12	0.005	0.005	0.006	0.125	余量

在 Zn-Al-Cd 合金中添加 Al 和 Cd 的作用主要是：

① 细化晶粒。按照表 4-16 中规定的化学成分，在精炼锌中添加了一定量的 Al 和 Cd 后，可从原来纯锌的柱状晶转变为细小的等轴晶，见图 4-16。这对于改善锌合金的耐蚀性、

溶解均匀性和机械性能是十分有利的。

表 4-17　Zn-Al-Cd 合金阳极的电化学性能[14]

项　目	开路电位/V(SCE)	工作电位/V(SCE)	理论发生电量/(A·h/kg)	实际发生电量/(A·h/kg)	电流效率/%	溶解状况
性　能	-1.05～-1.09	-1.00～-1.05	820	≥780	≥95	腐蚀产物易脱落 表面溶解均匀

② 消除杂质元素的不利影响。Zn-Al-Cd 合金中的元素 Al 和 Cd 可分别与合金中的 Fe 和 Pb 形成金属间化合物，其电位都比相应的 Fe 和 Pb 的电位要负，阻碍与 Zn 形成强力的腐蚀微电池，从而消除这些杂质的有害影响，显著减弱锌的自腐蚀，提高电流效率，改善溶解性能。

纯锌中添加 0.1%Al，可与 0.003%Fe 形成固溶体，这种固溶体的电位比铁的负，从而可减弱锌合金的自腐蚀作用。若添加 0.3%Al，可使锌阳极表面形成的腐蚀产物变得疏松和容易脱落。当 Al 含量小于 0.6%时，锌合金的金相组织为单相 α 固溶体。

在锌中添加 0.06%Cd，它将与锌内的 Pb 形成固溶体，这种固溶体的电位比铅的电位负，同样也可减弱锌合金的自腐蚀作用。

在锌中同时加入 0.3%Al 和 0.06%Cd，可在较大程度上消除杂质 Fe 和 Pb 的有害作用，因而使锌合金中的 Fe 和 Pb 的允许含量分别可达到 0.003%和 0.006%，进而使这类合金的生产更容易一些，成本也可更低一些。

无论是合金元素还是杂质含量，如果超过了规定的范围，都将对阳极性能产生不利影响。研究结果表明：当 Al 含量大于 0.6%和 Cd 含量大于 0.10%时，合金的金相组织出现一定数量的第二相(β 相)，使电流效率降低；当 Al 含量小于 0.3%和 Cd 含量小于 0.05%时，阳极表面溶解将是不太均匀的；当杂质 Fe 的含量大于 0.005%时，会使阳极表面的均匀溶解受到影响，而且会使阳极的工作电位朝正的方向移动，阳极电流效率也随之显著下降。

当合金元素和杂质的含量控制在规定的范围内时，牺牲阳极将具有良好的电化学性能：

① Zn-Al-Cd 合金的阳极极化率低，电位较为稳定，工作电位稳定在-1.00～-1.05V(SCE)，电位值不太负，因而不会有析氢危险。

② 阳极自溶性小，所以电流效率很高，一般为 95%左右，有的可达到 98%。

③ 阳极的发生电流稳定，而且具有自动调节电位的作用。即当被保护钢结构物的电位偏离保护电位时，由于有效电位差(驱动电压)的改变，引起电流改变，结果使被保护钢结构物的电位自动地退回到原来的保护电位值。

④ 这种锌合金阳极本身的腐蚀速度不大，这对于保障阳极使用寿命是一个有利因素。在冷的饮用水中，这种锌合金的腐蚀速度约为 20～30μm/a，在常温海水中约为 35μm/a，这是指静止介质的数据；在介质流动的情况下，腐蚀速度则要大得多。

Zn-Al-Cd 合金阳极的腐蚀行为同样与温度密切相关。当温度超过 55～60℃时，同样存在着电位的极性反转现象，原来的 Zn-Al-Cd 合金阳极转变为阴极，起到加速原被保护钢结构物腐蚀的作用。在海水中，于 20℃时这种锌合金阳极的溶解是均匀的，但从 40℃开始出现晶间腐蚀溶解，于 70℃时有明显的穿晶腐蚀和晶粒脱落现象。牺牲阳极的电流效率也随海水温度升高而下降，有研究结果指出，20℃时的电流效率为 97%，40℃时为 92%，55℃时为 90%，70℃时为 84%。表 4-18 给出了三种锌合金牺牲阳极材料的化学成分及其在常温海水中的电化学性能。

表 4-18　三种锌合金牺牲阳极材料的化学成分及其电化学性能[8]

项　　目	W. -Nr. 2. 2302/6/(德国)	W. -Nr. 2. 2301/6/(德国)	Dow(美国)
成分/%(质量)			
Al	<0. 10	0. 10~0. 50	0. 1~0. 5
Cd	<0. 004	0. 025~0. 15	0. 023~0. 15
Fe	<0. 0014	<0. 005	<0. 0014
Cu	<0. 005	<0. 005	<0. 001
Pb	<0. 006	<0. 006	<0. 003
Si	—	<0. 125	—
Hg	—	—	0. 1~0. 15
Zn	余量	余量	余量
电化学性能			
稳定电位 E/V(SHE)(常温水)		−0. 8~ −0. 85	
电流效率 α/%		95~99	
电容量 Q'_{pr}/(A·h/kg)		780~810	
电容量 Q''_{pr}/(A·h/dm^3)		5540~5750	

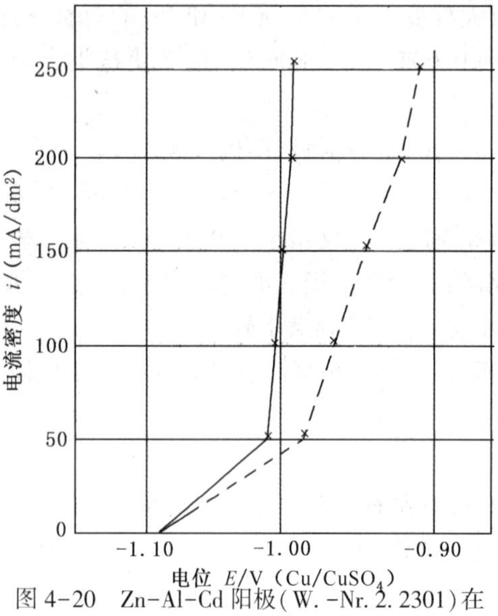

图 4-20　Zn-Al-Cd 阳极(W. -Nr. 2. 2301)在充气、搅动的 3. 5%NaCl 溶液中的极化曲线[8]

——试验初始；　┈┈试验 90h 后

如图 4-20 所示为 Zn-Al-Cd 合金(W. -Nr. 2. 2301)在充气、搅动的 3. 5%NaCl 溶液中的极化曲线。这种带有浇铸表层的锌合金阳极铸件在试验开始时，其极化行为与纯锌在无对流、非充气的 3. 5%NaCl 溶液中的行为(见图 4-19)相似，随着试验周期延长，其极化率明显增大。

锌合金阳极对钢的驱动电压仅为 0. 2V 左右，但目前仍然获得了甚为广泛的应用。在海船外壳的牺牲阳极保护中，锌和锌合金阳极约占所用全部牺牲阳极的 90%左右。在海船舱内的保护，特别是油轮舱内的保护时，锌和锌合金阳极是唯一可用的牺牲阳极材料，因为它们与钢结构撞击时不会产生火花。在海水中的管道外保护时，采用镯形或半环形的锌合金阳极。在微咸水或高盐水中，对容器的内保护也可用这类阳极。在淡水中，锌合金阳极用得很有限，这是因为它们的易钝化性，且当介质的导电性低时，阳极的稳定电位和极化性都随时间显著升高。在土壤中应用时也是如此，仅在土壤电阻率小于 10Ω·m 时才可应用锌合金阳极。为了将材料钝性降到最低程度并降低阳极接界电阻，必须在牺牲阳极周围包覆一层特殊的活化剂(又称填充剂，或称填包料)。

(3)Zn-Al 合金牺牲阳极

作为牺牲阳极的一些 Zn-Al 合金，其化学成分及其电化学性能分别示于表 4-19 和表 4-20。Al 含量小于 0. 6%的 Zn-Al 合金是单相固溶体，当 Al 含量高于 0. 6%时，合金中出现第二相(β 相)。

表 4-19　一些锌合金的化学成分 %(质量)

种　类	合金元素				杂质成分		
	Mn	Sn	Al	Zn	Fe	Cu	Pb
Zn-Al 合金	-	-	0.4~0.6	余量	0.001	0.001	0.005
Zn-Sn 合金	-	0.1~0.3	-	余量	0.001	0.001	0.005
Zn-Al-Mn 合金	0.2~0.4	-	0.5~0.7	余量	0.004	0.001	0.005

表 4-20　一些锌合金的电化学性能

种　类	密度/(g/cm^3)	稳定电位/mV(SCE)	极化时电位/mV(SCE)	理论发生电量/(A·h/kg)	实际发生电量/(A·h/kg)	电流效率/%
Zn-Al 合金	7.1	-1035	-970	820	780	95
Zn-Sn 合金	7.1	-1045	-980	820	780	95
Zn-Al-Mn 合金	7.1	-1040	-990	820	740	90

Zn-Al 合金在共晶温度下，Al 在 Zn 中的最大溶解度是 1.02%，随着温度降低，溶解度下降，在室温时约为 0.05%~0.08%。随着 Al 含量从 0 提高到 0.4%~0.6%，合金的电极电位从-690mV(SHE)负移到-740mV(SHE)。进一步增加 Al 含量，合金的电极电位反而又正移；Al 含量为 3.0%时，电极电位值达到-690mV(SHE)。

随着 Al 含量从 0 提高到 0.4%~0.6%，合金的电流效率也从 91.3%增大到 96.5%；当 Al 含量大于 1%时，电流效率急剧下降；当为 3.0%Al 时，电流效率已降至 81.3%。因此，含有 0.4%~0.6%Al 的 Zn-Al 合金的电位较负且稳定，电流效率最高，极化率最小，约为 3.5~5.0mV/($A\cdot m^{-2}$)。这种合金是 Al 在 Zn 中的单相 α 固溶体。进一步提高合金中的 Al 含量会使第二相(β 相)的含量增加，这将导致电流效率降低和极化时电位明显正移。

杂质 Fe 含量对 Zn-Al 合金的电位和电流效率影响非常明显，可使电位正移和电流效率降低。当 Fe 含量从 0.004%提高到 0.01%时，含有 0.6%Al 的 Zn-Al 合金的电流效率从 88.5%下降到 76.0%。

按照表 4-19 所列成分制造的 Zn-Al 合金牺牲阳极在黑海中工作时具有较高的电化学性能。在 $3A/m^2$的电流密度下使用 1 年后，电位朝正向稍有移动，从-1010mV(SCE)移到-990mV(SCE)，电流效率高达 95.6%。牺牲阳极在工作过程中，表面上被沉积物覆盖，但该覆盖层易脱落。合金表面溶解不均匀，但不是溃疡性腐蚀。

(4)其他锌合金牺牲阳极

含有 0.2%~0.6%Al 和 0.1%~0.3%Mn 的 Zn-Al-Mn 合金是 Al 和 Mn 在 Zn 中的固溶体。Mn 可提高 Al 在 Zn 中的固溶度，使合金的阳极活性稳定，自腐蚀速率降低，因而改变了合金的电化学性能。但是，当 Al 含量从 0.2%提高到 2.1%及 Mn 含量从 0.1%提高到 0.3%时，Zn-Al-Mn 合金的电流效率将下降 5.9%。杂质 Fe 的含量增加会使合金的电流效率降低，电极电位正移且不稳定。在 Zn-Al-Mn 合金中，可允许的 Fe 含量最大为 0.004%。表 4-19 和表 4-20 分别给出了一种 Zn-Al-Mn 合金的化学成分和电化学性能。

含有 0.4%~0.6%Al 和 0.2%~0.3%Mn 的 Zn-Al-Mn 合金具有较小的极化率，其值为 5.7~6.4mV/($A\cdot m^{-2}$)。

由含有 0.5%~0.65%Al、0.25%~0.30%Mn 及 0.003%~0.0007%Fe、0.001%~

0.0006%Cu、0.004%~0.0003%Pb 的 Zn-Al-Mn 合金制成的牺牲阳极具有较好的电化学性能。在黑海中，以 $3A/m^2$ 的电流密度极化 1 年，电极电位实际没有变化，在 -1000 ~ -1015mV(SCE)范围内，电流效率为 91.1%，阳极表面形成的沉积物层容易被水冲刷掉。

含 0.1%~0.3%Sn、≤0.001%Fe、≤0.001%Cu、≤0.005%Pb 的 Zn-Sn 合金作为牺牲阳极材料具有较好的电化学性能，其稳定电位为-1.045V(SCE)，有效电容量为 780A·h/kg，电流效率达 95%。含有 0.05%Sn 的 Zn-Sn 合金是单相固溶体组织。当 Sn 含量为 0.1%Sn 时，在材料组织中出现共晶成分的析出物。杂质 Fe 的存在会使 Zn-Sn 合金的阳极活性降低。Zn-Sn 合金的化学成分和电化学性能参见表 4-19 和表 4-20。

当 Fe 含量小于 0.001%时，含有 0.2%~0.3%Sn 的 Zn-Sn 合金具有较好的电化学性能。由这种合金制成的牺牲阳极在黑海中使用时，以 $3A/m^2$的电流密度极化 1 年，电极电位实际上没有什么变化，一直维持在-1000mV(SCE)，电流效率为 94.3%。

日本研制的含 0.6%~1.8%Mn 的 Zn-Mn 合金，据称其阳极性能与三元锌合金阳极(Zn-Al-Cd 阳极)相似，且机械性能甚优(日本专利：昭和 52-21969，1977)。另一种四元锌合金(Zn-Sn-Bi-Mg)，据报道其阳极性能优于三元锌合金 Zn-Al-Cd 阳极，且电流效率可高达 98%以上(日本专利：昭和 49-11974，1974)。李异等研究了一种含 0.08%~0.10%Cd 的 Zn-Cd 合金牺牲阳极，指出 Cd 与杂质 Fe 优先形成 Cd_2Fe 金属间化合物，改善了锌阳极的性能，同时细化了晶粒，使阳极表面溶解均匀。这种合金在常温淡水中的电位为-1.04V(SCE)，电流效率 80%，可用于常温至 50℃的淡水热交换器的阴极保护系统。

4.2.3.3 铝合金

铝也是一种典型的轻金属，原子序数 13，相对原子质量 26.98，密度 $2.7g/cm^3$，熔点 660℃。铝的标准电极电位为-1.66V(SHE)，在海水中的稳定电位约为-0.53V(SHE)。铝的理论电容量为 2970A·h/kg，是锌的 3.6 倍，镁的 1.35 倍。铝的原料易得，制造工艺较简单，价格低廉，是发展牺牲阳极的良好材料。

铝是自钝化金属。未经合金化的工业纯铝和普通铝合金，其表面极易钝化。即使在空气中也易在金属表面自发地形成一层致密的、厚度为 5~200nm 的氧化膜，此即所谓钝化膜。钝化后的铝电位较正，在海水中的稳定电位约为-0.78V(SCE)，而且易于极化。在海水中用 0~$10A/m^2$的电流密度使铝阳极极化时，铝的电极电位正移到-0.71V(SCE)，此值比钢的保护电位还要正。所以未合金化的铝，单就其本身的电位值来说，就不可能用作牺牲阳极。

为研制具有实用价值的铝基牺牲阳极，必须通过合金化的方法。在铝中添加具有活化作用的合金元素，发展新型铝合金，以限制或阻止在合金表面形成连续的保护性的氧化膜，促进和保持表面活化，使合金具有较负的电位和较高的电流效率。一般在铝中添加 8%Zn 和/或 5%Mg 就可以实现这一目标。此外，还要添加如 Cd、Ga、In、Hg 和 Tl 等合金元素，以使阳极长期保持活性。这些合金化元素也称为晶格变形元素，起到防止形成连续氧化膜的作用。活化在本质上也促进了阳极材料的自腐蚀。因此，为了维持阳极的电流输出达到最佳效果，还要添加 Mn、Si 和 Ti 进一步合金化，这些元素也称为晶格限制元素。

研究结果表明，在铝中单独添加一种合金化元素，如 Zn、Cd、Mg 或 Ba，可使铝合金的电位变负 0.1~0.3V；即使再增大添加量，也不能使铝合金的电位降低到更负的数值。如果在铝中单独添加如 Hg、Sn、In、Ga 等合金元素，则只要添加很少量就可使铝合金的电位负移 0.3~0.9V，单独添加这些元素可使铝合金的电位满足要求，但电流效率较低，并随时间延长而下降。

各种铝合金阳极的行为是很不一样的。电极电位一般在-0.75~ -1.30V(SHE)之间；电流效率则在 95%(含 Hg 合金)和 70%~80%(含 Cd、In、Sn 合金)之间。在铝中添加两种或两种以上合金元素，可以使牺牲阳极性能得到很大改善，既能使电位足够负，又能使电流效率达到较高的程度。有三种这样的铝合金具有重要的实际意义，即 Al-Zn-Hg 系合金、Al-Zn-In 系合金 和 Al-Zn-Sn 系合金。它们有一个共同点，即都添加有一定百分含量的 Zn。表 4-21 列出了这三种铝合金牺牲阳极的化学成分及其在海水中的电化学性能。

表 4-21　三种铝合金牺牲阳极的化学成分及其电化学性能[8]

项　目	Al-Zn-Hg(X-Meral)	Al-Zn-In(Galvalum Ⅲ)	Al-Zn-Sn
成分/%(质量)			
Zn	2.0~2.2	3.0	5.5
Hg	0.045~0.055	—	—
In	—	0.015	—
Sn	—	—	0.1
Fe	<0.1	—	<0.1
Cu	<0.02	—	<0.005
Si	<0.05	0.1	<0.1
Mn	0.25~0.3	—	<0.005
Ti	0.02~0.03	—	<0.04
Mg	0.04~0.05	—	<0.005
Al	余量	余量	余量
电化学性能(海水中)			
稳定电位 E/V(SHE)	-0.8~ -1.0	约-0.85	约-0.86
电流效率 α/%	0.92	0.88	0.80
电容量 Q'_{pr}/(A·h/kg)	2700	2550	2280
电容量 Q''_{pr}/(A·h/dm^3)	7560	7140	6385

如图 4-21 所示为溶液 pH 值对铝的腐蚀速率和电位的影响。pH 值 3~9 范围内时，铝溶解而在其表面形成含水氧化铝($Al_2O_3 \cdot H_2O$)，从而形成高电阻膜，导致铝的钝化，该钝化膜电位较高，溶解速度很低。当 pH>9 时，铝的溶解产物部分形成铝酸盐，含水氧化物开始溶解，这时铝的溶解速度增大，电位急剧地负移。在海水、淡水或土壤等实际环境中，pH 值都很少有大于 9 的情况，也很少有小于 3 的情况。因此铝在这些实际环境中通常呈钝性。作为牺牲阳极使用，应通过合金化使铝合金表面活化。

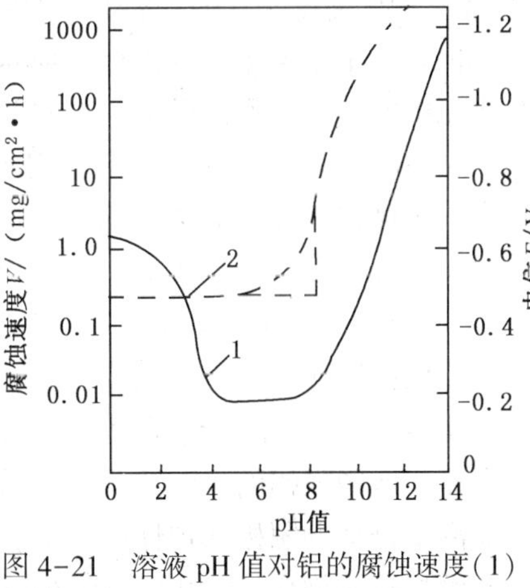

图 4-21　溶液 pH 值对铝的腐蚀速度(1)和电位(2)的影响

Zn 是铝合金阳极中主要的合金元素。在 Al-Zn 合金中，Zn 含量小于 40%时，合金易活化；Zn 含量小于 10%的 Al-Zn 合金具有较高的电流效率。含 5%Zn 的 Al-Zn 合金，其组织为单相固溶体，具有很好的电化学性能和很大的阳极活性，且钝化倾向非常小。因此，作为牺牲阳极的各种铝合金都有一定的 Zn 含量，一般为 5%左右。Zn 作为铝合金阳极的合金元素具有如下特点：易实现合金化，成分均匀；可使铝阳极的电位负移 0.1~0.3V；易使材料活化，腐蚀产物易脱落。

总的说来，铝合金牺牲阳极具有以下特点：

① 理论发生电量大，为2970A·h/kg，是锌的3.6倍，镁的1.35倍。据此按输出电量来比较，铝阳极的价格最便宜。正是由于铝的发生电量大，使它适于制造长寿命阳极。

② 在海水及含氯离子的介质中，阳极性能良好，电位保持在-0.95~ -1.10V(SCE)，保护钢结构时具有自动调节保护电位的作用。

③ 铝的来源充足，纯度要求：99.85%Al或99.7%Al。满足此纯度要求的铝材即可作为制造牺牲阳极的原料。

④ 铝密度小，阳极安装方便，对于某些严格控制载重的结构物来说这也是优选条件之一。

铝合金牺牲阳极也有其不足之处，例如：

① 电流效率比锌阳极低；

② 溶解性能比锌阳极差；

③ 与钢结构撞击有引发火花的可能性；

④ 在电阻率高的介质中，电流效率很低。

下面介绍几种主要的铝合金牺牲阳极。

(1) Al-Zn-Hg系合金牺牲阳极

1966年，美国DOW化学公司开发推出了命名为Galvalum I的铝合金阳极，其成分为Al-0.45Zn-0.045Hg。这种阳极在海水中具有良好的电化学性能：电位为-1.05V(SCE)，电流输出为2843A·h/kg，电流效率95%，腐蚀形貌为全面腐蚀。

这种阳极的电流效率与电流密度关系不甚明显。当电流密度在0.54~15.07A/m^2范围内时，阳极电流效率没有大的变化，仅随电流密度加大而稍有增加。同时，在此电流密度范围内，阳极的工作电位也无明显变化。但是，制造这种牺牲阳极所用的原料铝，对纯度要求较高，一般为99.9%Al。如果纯度仅为99.7%Al，则会使电流效率损失25%，即从95%降到70%。

Galvalum Ⅰ铝合金牺牲阳极在海水中性能优良，可用于如近海平台等海洋钢结构物。但它在海泥中的电化学性能低劣，电位为-0.98V(SCE)，电容量为1210A·h/kg，电流效率仅相当于40.6%。显然，它不适用于海泥环境。从而促使在1971年又开发出了Galvaalum Ⅱ型铝合金阳极，其成分为Al-4Zn-0.04Hg。它在海泥中的电位为-1.01V(SCE)，其电流输出与工作电流密度有密切关系，在440mA/m^2时电流输出为1700A·h/kg(相当于电流效率为57%)；而在1076mA/m^2时，电流输出为2315A·h/kg(相当于电流效率为78%)。这种阳极可用于保护海泥中的钢结构物，例如海底管线。

金属Hg是有效的活化元素，Hg在晶格中分布均匀，阻碍铝合金表面形成Al_2O_3膜。它可非常显著地增强铝的表面活化，使其钝化倾向减小，生成的腐蚀产物膜薄弱，易于破坏，从而提高了合金的阴极保护性能。但在合金熔炼时产生的汞蒸气直接毒害人体，使用时溶出的汞和汞盐会污染环境。所以Al-Zn-Hg系合金的应用受到很大限制，我国不生产也不应用这类牺牲阳极。含Hg铝合金阳极，除Al-Zn-Hg外，还有Al-Hg、Al-Mg-Hg、Al-Zn-Mg-Hg、Al-Zn-Pb-Hg以及Al-Zn-In-Hg等铝合金阳极。

(2) Al-Zn-In系合金牺牲阳极

Al-Zn-In系合金是目前应用最广泛的铝合金牺牲阳极。在Al中同时加入作为活化剂的Zn和In，可显著提高合金的电化学性能。典型的三元合金成分为Al-2.5Zn-0.02In，其电位约为-1.10V(SCE)，电流效率为85%左右，当电流密度在1~6mA/cm²范围内时，电流效率常可达85%以上。作为牺牲阳极应用时，表面覆盖有一层胶状腐蚀产物，较松软，易被水冲掉。但表面腐蚀不均匀，有许多蚀孔和鼓疱，有时也出现裂纹。

在Al-2.5Zn-0.02In三元合金的基础上，再添加Cd、Sn、Si、Mg等元素，可进一步改善阳极电化学性能，进而发展出四元或五元合金。表4-22和表4-23分别列出我国国家标准规定的Al-Zn-In系四种合金牺牲阳极的化学成分和电化学性能。这些合金都各有其自身的性能和应用特点，简介如下。

表4-22 Al-Zn-In系合金牺牲阳极的化学成分

合金种类	化学成分/%(质量)								
	Zn	In	Cd	Sn	Mg	Si	Fe	Cu	Al
铝-锌-铟-镉(AZI-Cd)	2.5~4.5	0.018~0.050	0.005~0.020	—	—	<0.13	<0.16	<0.02	余量
铝-锌-铟-锡(AZI-Sn)	2.2~5.2	0.020~0.045	—	0.018~0.035	—	<0.13	<0.16	<0.02	余量
铝-锌-铟-硅(AZI-Si)	5.5~7.0	0.025~0.035	—	—	—	0.10~0.15	<0.16	<0.02	余量
铝-锌-铟-锡-镁(AZI-SnMg)	2.5~4.0	0.020~0.050	—	0.025~0.075	0.50~1.00	<0.13	<0.16	<0.02	余量

表4-23 Al-Zn-In系合金牺牲阳极的电化学性能

项　目	开路电位/V(SCE)	工作电位/V(SCE)	实际电容量/(A·h/kg)	电流效率/%	溶解状态
性　能	-1.18~-1.10	-1.12~-1.05	>2400	>85	腐蚀产物易脱落，表面溶解均匀

① Al-Zn-In-Cd合金　作为活化剂加入铝合金的Cd和In能增大晶格参数，使合金长期保持活性。Al-Zn-In合金中添加合金元素Cd促使元素Zn在合金基体中均匀分布，减少Zn、Cu、In偏析，改善阳极腐蚀状况。但是，若Cd的添加量过多，将会析出新相，产生所谓"过活化"作用，增大自腐蚀率。Cd在这种合金中的加入量一般控制在0.01%左右。

Al-2.5Zn-0.02In-0.01Cd合金具有良好的电化学性能。在海水中的自腐蚀电位为-1.17V(SCE)，工作电位为-1.07V(SCE)，极化率小，电位较稳定，电流效率约85%，表面溶解均匀，腐蚀产物一般能自行脱落。

热处理对这种合金的阳极性能有一定影响。由纯度为99.85%Al制成的Al-2.5Zn-0.02In-0.01Cd合金的热处理制度是在500~550°C下退火1h，它在人造海水中的初始电位为-1.13V(SCE)，约18h后逐渐极化至-1.125V(SCE)。而未经热处理的合金，初始电位要更正些，约8h后就极化至-1.12~-1.125V(SCE)。经过热处理的合金在腐蚀初期出现明显的微结构，然后这些微结构被逐渐溶解掉，形成平滑的金属表面。实船阴极保护试验表明，未经热处理的这种阳极合金具有良好的性能。

工作电流密度对这种合金的阳极性能也有显著影响。试验结果表明，Al-Zn-In-Cd阳极以在较大电流密度下工作为好(见表4-24)。这种阳极曾用于船舶、近海平台等的保护，取得了较好的效果。

表 4-24　Al-Zn-In-Cd 牺牲阳极在不同电流密度下的性能

阳极性能	电流密度/(mA/cm^2)		
	2	1.5	1
电流效率/%	84.1	76.0	54.4
溶解情况	最均匀	均匀	不均匀

② Al-Zn-In-Sn 合金　Sn 溶于 Al 中可形成固溶体，其溶解度约为 0.07%。在铝合金表面氧化膜中则以 SnO 状态存在，它破坏了铝合金的钝性，并可使铝合金的电位降低 0.3~0.9V。在 Al-Zn-In 系合金中添加合金元素 Sn，可显著细化晶粒。Sn 还与 In 形成固溶体，从而使 Al-Zn-In-Sn 合金具有更稳定的活化性能，作为牺牲阳极材料应用时溶解更均匀。

实验室试验和实船试用结果表明，Al-2.5Zn-0.025In-0.02Sn 和 Al-5.0Zn-0.025In-0.02Sn 合金的阳极性能和效果较好。这两种合金在 3.5% NaCl 溶液中的电位均为-1.08~-1.10V(SCE)，电流效率分别为 82.2%和 85.5%。在海水中的电流效率要高些，例如，前一种合金的电流效率可达 95.5%。两种合金表面腐蚀都较均匀。这类合金的不足之处是表面仍有膜且不易活化，所以诱导期较长。由于船舶初下水的一段时期漆膜完整，所以诱导期长对阳极应用尚无重大影响。

③ Al-Zn-In-Si 合金　其中 Al-6Zn-0.02In-0.1Si 和 Al-3Zn-0.05In-0.2Si 这两种合金均表现出较好性能。它们在人造海水中的电位分别为-1.08V(SCE)和-1.10V(SCE)，电流效率为 90%左右，表面腐蚀形貌较为均匀。

In 对这类合金的阳极性能有较大影响。当合金中 Si 和杂质 Fe 的含量较多时，可以增加 In 的含量来抵消其有害作用。而当 Si 和杂质 Fe 的含量较少时，增加 In 含量反而会使合金性能下降。所以，铝合金中的 In 含量要适度，既要考虑使合金具备足够的活性，又要满足对电流效率的要求。In 在铝合金中以第二相的形式存在。在第二相中，In、Si、Fe、Cu 的含量均高于合金的平均值。这类铝合金的活化很可能与第二相的作用有关。

美国 DOW 化学公司于 1976 年推出的 Galvalum Ⅲ型铝合金就是这类合金的典型代表，其成分为 Al-3Zn-0.015In-0.1Si。它在海水中具有优良的电化学性能，此外在海泥、热盐水及淡盐水中也表现出良好的电化学性能(见表 4-25)，并已获得广泛应用。

表 4-25　Al-3Zn-0.015In-0.1Si 合金牺牲阳极(Galvalum Ⅲ)的电化学性能

电　解　液	电位/V(SCE)	电容量/(A·h/kg)	电流效率/%	典型的电流密度/(mA/m^2)
15%NaCl(75℃)	-1.06	2095	70	2150
含盐海泥	-1.05	1580	53	480
低盐度水(200Ω·m)	-1.03	2425	82	1080~2150
海　水	-1.08	2550	86	1600~3200

④ Al-Zn-In-Sn-Mg 合金　其适宜的化学成分为 Al-4Zn-0.03In-0.05Sn-0.5Mg。这种合金作为牺牲阳极具有较好的性能。它的开路电位为-1.10~ -1.20V(SCE)，闭路电位为-0.95~ -1.00V(SCE)，电流效率大于 85%，极化率较小，输出电流稳定。这种合金制成的阳极，其表面腐蚀均匀，腐蚀产物疏松，容易脱落。在海水中，阳极表面很少粘附海生物。在这种合金中添加 Mg，可提高电流效率；同时添加 Mg 和 Sn，效果更显著，适宜的添加量为 0.5%~5%Mg 和 0.01%~0.1%Sn。

(3) Al-Zn-Sn 系合金牺牲阳极

这类合金的化学成分为，含 6%~8%Zn、0.08%~0.16%Sn，以及允许含有的杂质量为 ≤0.009%Cu、≤0.10%Fe、≤0.10%Si。作为牺牲阳极使用，这类合金具有较好性能。它的密度为 2.82g/cm^3，稳定电位-1140mV(SCE)、发生电量 2600A·h/kg、电流效率 87%。

对电容量的研究结果表明，在海水中以及在 3.5%NaCl 溶液中，含有 0.05%Sn 的 Al-Zn-Sn 合金当含有 5%~8%Zn 时，具有高电容量(2830A·h/kg)。而含有 6%Zn 的合金当含有 0.07%~0.15%Sn 时也具有高电容量(约 2830A·h/kg)；当含 Sn 量超过 0.12%时，合金的电位实际上没有变化。电容量还与合金中杂质含量有关，当 Cu 含量大于 0.01%或 Fe 含量大于 0.1%时，合金电容量大为下降。Si 含量大于 0.1%时，也使电容量逐渐下降。实验室和现场研究证明，这种合金必须进行均质化热处理才能获得可靠性能。推荐在 510℃以下热处理保温数小时，然后淬火。在 Al-5Zn-0.25Sn 中添加少量 Bi 元素，可免除热处理工艺，同样能获得较好阳极性能，因为 Bi 的存在增大了 Sn 的固溶度，且可使晶粒细化。这种合金用于近海平台和船舶压水舱的牺牲阳极保护，效果较好。

如图 4-22 所示为含有 Zn 以及 In、Hg、Sn 的三种铝合金在 3.5%NaCl 溶液(充气、搅动)中的极化曲线，即在不同电流负载下于试验初期和在试验一个星期后的电极电位变化。结果表明，含 In 合金的极化率最小，而含 Sn 合金的最大。就工作电位而言，含 In 合金的相对最负，而含 Sn 和含 Hg 合金则相对较正。

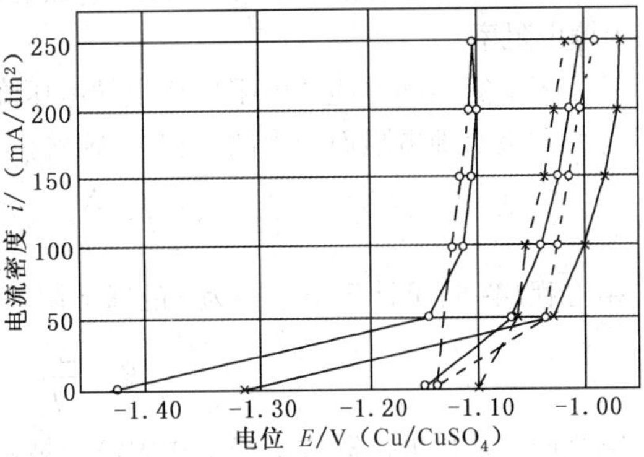

图 4-22　三种铝合金在 3.5%NaCl 溶液(充气、搅动)中的极化曲线[8]

——试验初期；┈┈试验一星期后

Δ—Al-Zn-In 合金；×—Al-Zn-Hg 合金；

□—Al-Zn-Sn 合金

铝上形成的氧化物、氢氧化物和碱式盐在 pH=7 左右的溶液中明显地要比锌上形成的更难溶，这也是铝之所以容易钝化的原因所在。铝合金阳极主要应用在近海结构物上。这些阳极在洁净海水中于强烈海水冲刷条件下工作，所以在选用合金材料合适的情况下，极少发生钝化现象。当设计保护寿命为 20~30 年的阴极保护系统时，质量小的阳极材料是特别有利的。而在含盐海泥中，阳极的极化率增大，且电容量减小。例如，在表 4-25 中给出的 GalvalumⅢ铝合金的电容量从海水条件的 2550 A·h/kg 降低到含盐海泥条件的1580 A·h/kg。

4.3　牺牲阳极环境与填包料

4.3.1　牺牲阳极工作的环境介质

牺牲阳极(镁系、锌系、铝系)在海水中显示出很好的工作性能，这是由于海水的电阻率低、含盐量高以及腐蚀产物易被流水冲刷掉的缘故。在含有硫酸盐的土壤中(大多数农用地土壤中含有硫酸钙)，镁合金阳极工作良好，当然必须使阳极处于足够湿润的环境中，如果阳极埋设在地下水的水线以下这就可以自动实现。在干燥土壤中以及不含或很少含硫酸盐和氯化物的土壤中，镁阳极易被极化，因为这种土壤的电阻率很高，使阳极输出电流减少和阳极电流效率降低。在淡水中，尽管由于形成了腐蚀产物的沉积层而减小了极化，也存在着类似于高电阻率土壤的情况。

牺牲阳极的工作状态与周围环境介质的理化性质和电化学性质密切相关。阳极输出电流明显地取决于环境介质的电阻率，阳极周围介质的电阻率越低，其输出电流越大。因此，在设计和施工时，尽可能地将阳极敷设在电阻率最低的位置是有益的，阳极的自腐蚀几乎与其输出电流无关。不过，随着周围介质电阻率减小，自腐蚀也会稍有增大。因而在周围介质电阻率低的地方，需要敷设的牺牲阳极应是数量少而个体大；在介质电阻率高的地方则需安装多支小质量的阳极。

土壤中的牺牲阳极输出电流是可以计算出来的。计算结果与实际的测量数据很一致。对于半径为 r 的圆球形牺牲阳极，在保护电流密度为 i 的条件下对总面积为 S 的结构物实施阴极保护时，C. Wagner 根据欧姆定律导出如下方程：

$$\Delta U = \frac{iS\rho}{4\pi \cdot r} \tag{4-4}$$

式中，ΔU 是被保护结构物的保护电位于牺牲阳极工作电位之间的电位差，即驱动电压；ρ 为土壤电阻率。

若不考虑管道和电缆的电阻所产生的电压降，仅考虑通过土壤中的电压降，则 ΔU 几乎全部是由阳极对地电阻而产生的。把 $I = iS$ 看作为阳极输出电流，于是可得到：

$$I = \frac{\Delta U}{R} = \frac{4\pi \cdot r}{\rho}\Delta U \tag{4-5}$$

由方程(4-5)可计算出半径为 r 的球形阳极接地电阻 R：

$$R = \frac{\Delta U}{I} = \frac{\rho}{4\pi \cdot r} \tag{4-6}$$

牺牲阳极输出电流既取决于工作阳极与被保护结构物之间的电位差 ΔU，又取决于阳极棒的接地电阻 R。只要阳极埋深足够大(>1.5m)，水平或立式阳极装置的接地电阻仅有1%~2%的微小差异。假设有一支 8kg 镁阳极埋设在电阻率为 10Ω·m 的土壤中，镁阳极数据为：阳极长度(包括填包料) $L = 0.55$m，阳极直径(包括填包料) $d = 0.2$m，阳极埋深 $t = 1.5$m，把这些数据代入有关棒状阳极接地电阻的方程，计算结果为 $R = 5.3\Omega$。

对于其他电阻率为 ρ'(单位 Ω·m)的土壤环境，其接地电阻 R(单位 Ω)应为：

$$R = \frac{5.3\rho'}{10} \tag{4-7}$$

镁阳极对钢质管道的阴极保护驱动电压一般为 $\Delta U = 0.6$V。从式(4-5)可求出一支 8kg 镁阳极的输出电流 I(单位 A)：

$$I = \frac{0.6}{R} = \frac{0.6 \times 10}{5.3\rho'} = \frac{1.13}{\rho'} \tag{4-8}$$

当采用锌阳极作埋地牺牲阳极时，它与受阴极保护的钢质管道表面的驱动电压仅为 0.2V。所以在相同条件下，锌阳极的输出电流仅为镁阳极的 1/3。

牺牲阳极的工作状态(包括输出电流)与环境介质的种类、性质密切有关。阳极输出电流取决于它的接界电阻，而接界电阻的大小在很大程度上决定于介质电阻率。只有设法降低阳极接界电阻才能尽可能地增大阳极输出电流。

表 4-26 列出了针对一些简单的阳极构型和配置，计算接地电阻和电场中电位分布的公式。

4.3.2 牺牲阳极填包料

4.3.2.1 填包料的作用

土壤环境及其多项性质明显地受自然季节影响。镁阳极和锌阳极作为埋地牺牲阳极使用时，它们的性能也将随之受季节影响而波动。表 4-26 给出的计算公式表明，季节影响通过土壤电阻率而影响到阳极接地电阻和电场电位分布。

由于牺牲阳极是靠自身的溶解消耗来为被保护结构物提供阴极电流，因此牺牲阳极必须持久均匀溶解，才能保持稳定的电流输出。为了保证阳极的这一基本性能，避免阳极输出电流随季节和环境变化而引起的波动和最大程度地降低阳极接地电阻，应在阳极周围填充一层适当的由不同化学剂组成的混合填料。这种填料称为填包料，也称为填充剂或填充料，或简称为填料。

表 4-26 对一些简单阳极（阳极电压 $U_0=IR$）计算接地电阻和电场电位分布的公式[8]

序号	阳极形状	安装构型	接地电阻	说明	电场电位分布
1	半球形 半径 r_0 直径 d	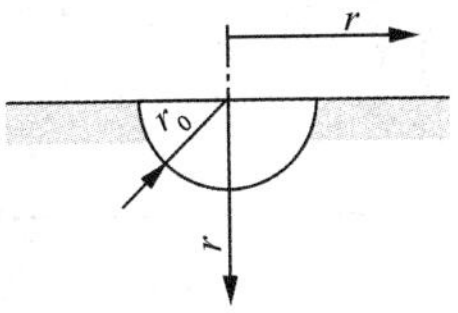	$R=\dfrac{\rho}{\pi d}$	球场	$U_r=U_0\dfrac{r_0}{r}=\dfrac{I\rho}{2\pi r}$
2	圆盘 直径 d 半径 r_0	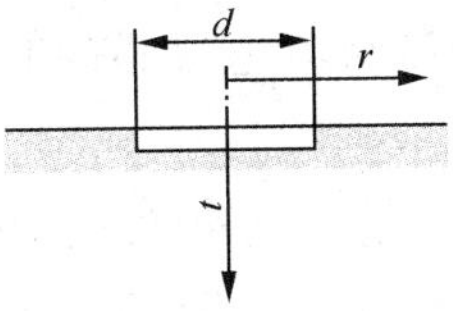	$R=\dfrac{\rho}{2d}$	表面 深度	$U_r=\dfrac{2}{\pi}U_0\arcsin\left(\dfrac{r_0}{r}\right)$ $U_t=\dfrac{2}{\pi}U_0\arctan\left(\dfrac{r_0}{t}\right)$
3	棒状阳极 长度 l 直径 d	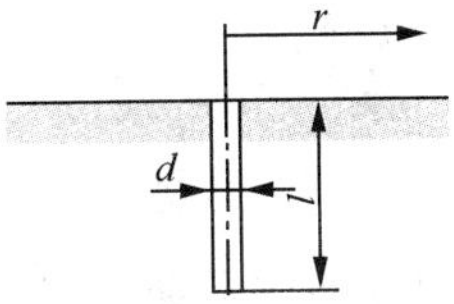	$R=\dfrac{\rho}{2\pi l}\ln\dfrac{4l}{d}$	$l\gg d$	$U_r=\dfrac{I\rho}{2\pi l}\ln\left(\dfrac{l+\sqrt{l^2+r^2}}{r}\right)$
4	水平阳极 长度 l 直径 d	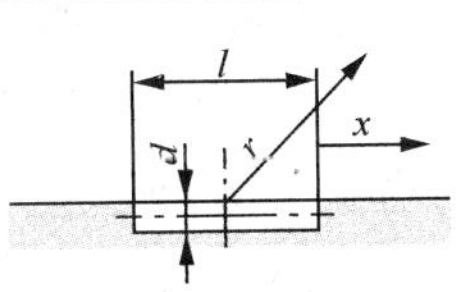	$R=\dfrac{\rho}{\pi l}\ln\dfrac{2l}{d}$	$l\gg d$	$U_r=\dfrac{I\rho}{\pi l}\ln\left[\dfrac{l}{2r}+\sqrt{1+(\dfrac{l}{2r})^2}\right]\approx\dfrac{I\rho}{2\pi r}$ $U_x=\dfrac{I\rho}{2\pi l}\ln\left(\dfrac{2x+1}{2x-1}\right)\approx\dfrac{I\rho}{2\pi x}$ ［近似式适用于(r，x)$\gg$1］
5	球形 直径 d 埋深 t	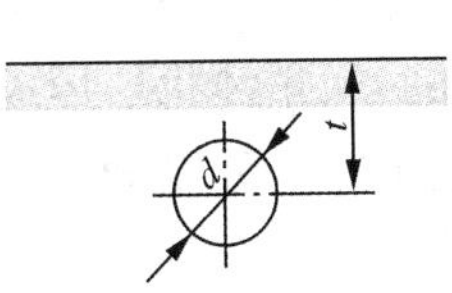	$R=\dfrac{\rho}{2\pi}\left(\dfrac{1}{d}+\dfrac{1}{4t}\right)$	$t\gg d$	$U_r=\dfrac{I\rho}{2\pi\sqrt{t^2+r^2}}$
6	圆环接地装置 带宽 b 半径 r_0	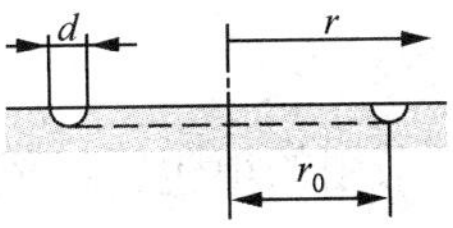	$R=\dfrac{\rho}{2\pi^2 r_0}\ln\left(\dfrac{16r_0}{d}\right)$	$d=\dfrac{b}{2}$	$U_r=\dfrac{I\rho}{\pi^2(r_0+r)}F\left(\dfrac{2\sqrt{r_0 r}}{r_0+r}\right)$

续表

序号	阳极形状	安装构型	接地电阻	说明	电场电位分布
7	立式阳极 长度 l 直径 d 埋深 t	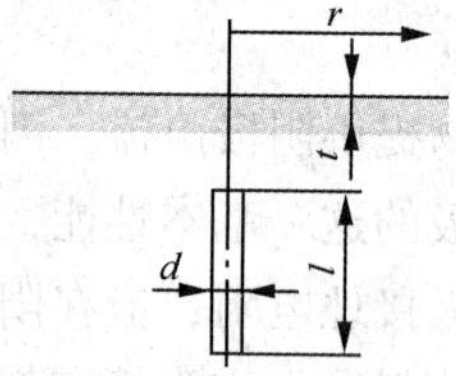	$R=\dfrac{\rho}{2\pi l}$ $\ln\left(\dfrac{2l}{d}\sqrt{\dfrac{4t+3l}{4t+l}}\right)$	$t\gg d$ $d\ll l$	$U_r=\dfrac{I\rho}{2\pi l}\ln\left[\dfrac{t+l+\sqrt{r^2+(t+l)^2}}{t+\sqrt{r^2+t^2}}\right]$
8	立式阳极		$R=\dfrac{\rho}{2\pi l}\ln\left(\dfrac{2l}{d}\right)$	$t\gg l$	$\begin{cases} U_r=\dfrac{I\rho}{2\pi l}\ln\dfrac{\sqrt{t^2+r^2+\left(\dfrac{l}{2}\right)^2}+\dfrac{l}{2}}{\sqrt{t^2+r^2+\left(\dfrac{l}{2}\right)^2}-\dfrac{l}{2}} \\ U_x=\dfrac{I\rho}{2\pi l}\ln\dfrac{\sqrt{t^2+\left(x+\dfrac{l}{2}\right)^2}+x+\dfrac{l}{2}}{\sqrt{t^2+\left(x-\dfrac{l}{2}\right)^2}+x-\dfrac{l}{2}} \end{cases}$
9	水平阳极 长度 l 直径 d 埋深 t	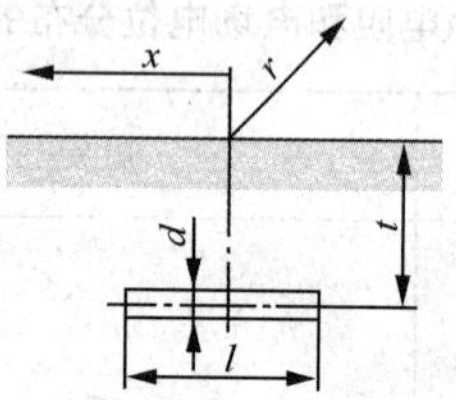	$R=\dfrac{\rho}{2\pi l}\ln\left(\dfrac{l^2}{td}\right)$	$d\ll l$ $t\ll l$	
10	水平阳板		$R=\dfrac{\rho}{2\pi l}\ln\left(\dfrac{2l}{d}\right)$	$t\gg l$	

填包料的作用主要是：

① 改变牺牲阳极与土壤直接邻接的状态，而变为阳极与填包料邻接的状态，通过选择适当的填包料组分，可改善阳极的界面状态和工作环境；

② 由于采用了合理的填包料配方，可显著降低阳极接地电阻和增大阳极输出电流；

③ 由利于阳极腐蚀产物在填包料中迅速溶解，不会形成高电阻的沉积层，活化阳极表面并阻止牺牲阳极表面形成钝化层(结痂)，降低阳极的极化率；

④ 使保护电流更均匀地分布；

⑤ 使牺牲阳极的工作环境长期保持湿润；

⑥ 使牺牲阳极本身腐蚀均匀，提高电流效率，延长阳极使用寿命。

填包料主要由石膏、膨润土、硅藻土及硫酸钠组成。石膏即硫酸钙($CaSO_4 \cdot 2H_2O$)，其作用是阻止牺牲阳极材料表面形成高电阻的腐蚀产物沉积层，以使阳极材料均匀地溶解消耗。吸水性的膨润土及类似的硅藻土，它们通过其特殊的物质结构和性能可以维持阳极周围土壤的潮湿和均衡土壤湿度的波动。膨润土是一种特殊的硅酸盐土壤，具有强吸水性，并能形成半透膜和阻止填包料中土壤阴离子流失，因此不可用黏土来代替膨润土。而硫酸钠则可降低填包料自身的电阻率，这有益于阳极材料的均匀腐蚀，阻止钝化层形成和使电流分布更均匀。通过改变填包料中各组分的比例含量(首先是硫酸钠)，可以调整填包料的渗滤性，由此也可稍稍降低阳极周围的土壤电阻率。

对于由化学剂组成的填包料的基本要求是：① 与阳极的界面性能好；② 电阻率低；③ 渗透性好；④ 不易流失；⑤ 保湿性强。

4.3.2.2　填包料的组成

对不同种类的牺牲阳极和不同的环境土壤电阻率，所采用的填包料组成也是不同的。表4-27 列出了适用于镁阳极和锌阳极的几种主要填包料组成(配方)。

表 4-27　适用于镁阳极和锌阳极的填包料组成[8]　　%(质量)

土壤电阻率/(Ω·m)	填包料						
	镁阳极				锌阳极		
	石膏	膨润土	硅藻土	硫酸钠	石膏	膨润土	硫酸钠
<20	65	15	15	5	25	75	—
	25	75	—	—	50	45	5
20~100	70	10	15	5	75	20	5
	75	20	—	5	—	—	—
	50	40	—	10	—	—	—
>100	65	10	10	15	—	—	—
	25	50	—	25	—	—	—

对于在海泥、滩涂及一些低电阻率(含 Cl^-)土壤中使用的铝阳极，应采用铝阳极专用的填包料。其组成为，生石灰：氯化钠(食盐)：膨润土=20：60：20，或者 30：40：30[%(质量)]。

各种填包料自身的电阻率是随时间而变的。例如由 75%石膏、20%膨润土及 5%硫酸钠组成的常用填包料，新鲜状态时的电阻率为 0.5~0.6Ω·m，而在使用一段时间后，由于物料浸出较多致使其电阻率可上升至 1.5Ω·m。

牺牲阳极不允许像外加电流阴极保护的辅助阳极那样埋置于焦炭中。焦炭的电位很正，牺牲阳极与焦炭之间存在很大电位差，若将牺牲阳极埋置于焦炭中，由此可形成作用强烈的电偶腐蚀电池，使牺牲阳极遭到迅速破坏。此时牺牲阳极的电位明显正移，它与被保护结构物之间的原有驱动电压将不复存在，结果使得被保护结构物不仅得不到应有的保护，而且由于与焦炭之间形成电偶腐蚀电池而遭受腐蚀。

4.3.2.3　填包料的装填

牺牲阳极填包料有布袋预装和在现场钻孔中直接填装两种装填方法。在国际市场上往往是把土壤中使用的牺牲阳极和填包料一起预装在布袋中成组件地销售。我国一般是把购得的牺牲阳极在工厂(有时也可在现场)用布袋预装填包料，然后运到工地埋设。

预装牺牲阳极和填包料的布袋必须使用渗透性良好的天然纤维织品(如棉布袋或麻布袋)，不可采用人造纤维制品。要求埋入潮湿土壤后能迅速腐烂，保证填包料与土壤直接融合接触。配制好的填包料也可直接填装在现场钻孔或开挖的土坑中，作用效果良好，但填包料用量增多。牺牲阳极必须置于填包料体的中间部位。阳极周围的填包料必须厚度均匀、密实，各方向的填包料厚度一般为 50~400mm。填包料应拌混均匀，不得混入石块、泥土和杂草等。

牺牲阳极在焊接电缆和防腐蚀涂封后，应先用砂布(或砂轮)将阳极表面打磨干净，除去氧化皮并去掉油污。对铝合金阳极也可用 10%NaOH 溶液浸泡数分钟，以除去阳极表面的氧化膜层，然后用清水冲洗干净。最后，将预处理干净的牺牲阳极按规定要求装入载有填包料的布袋。将牺牲阳极-填包料的布袋组件放入阳极坑中，之后用细土填埋，灌水，最后用土填平压实。这样安装的牺牲阳极只要经过几天的时间就可释放出最大电流。

4.4　牺牲阳极法阴极保护设计

牺牲阳极法阴极保护设计与外加电流法阴极保护设计的程序基本相同。设计之前应先对被保护结构物、环境介质的基本参数和各项原始资料进行调查取值。一般而言，牺牲阳极的保护范围取决于被保护结构物的防腐层、环境条件及单支牺牲阳极的输出电流。而单支牺牲阳极的输出电流是非常有限的，要获得足够的保护电流则必然要采用多支阳极的串并联运行，这又将受到材料成本、安装费用及阳极间屏蔽等多项因素的制约，使牺牲阳极的使用受到条件限制。因此，牺牲阳极法阴极保护设计的要点应是：根据被保护结构物和环境介质的实际状况，确定有效、经济、合理的保护方案，选择适用的牺牲阳极材料和规定合理的保护范围等。

4.4.1 牺牲阳极种类的选择

通常根据环境介质(土壤或水)的电阻率选择牺牲阳极的种类。根据保护电流和/或介质电阻率选择牺牲阳极的规格。表4-28为土壤和水中按介质电阻率选择牺牲阳极种类的原则。

表4-28 牺牲阳极种类的应用选择原则[3]

水中		土壤中①	
可选阳极种类	电阻率/Ω·cm	可选阳极种类②	电阻率/Ω·m
铝	<150	带状镁阳极	>100
		镁(-1.7V)	60~100
锌	<500	镁	40~60
		镁(-1.5V)	<40
镁	>500	镁(-1.5V)，锌	<15
		锌或Al-Zn-In-Si	<5(含Cl^-)

① 在土壤潮湿情况下，锌阳极范围可扩大到30Ω·m。

② 表中电位均相对于饱和的$Cu/CuSO_4$参比电极。

在土壤中，镁合金阳极是常用阳极。锌合金阳极适用于土壤电阻率较低且比较潮湿的土壤环境中。铝合金阳极一般不能用于普通土壤环境，但在极低电阻率、潮湿和含氯化物的环境中仍可推荐使用(见表4-25)，如铝-锌-铟系合金的GalvalumⅢ阳极。

在海水中，三类牺牲阳极都获得了较广泛的应用。锌合金阳极是海水中十分常用的阳极。20世纪80年代以后铝合金阳极应用越来越多，其中应用较为成熟的是GalvalumⅢ型铝-锌-铟-硅系阳极。在海底管道上应用锌合金阳极比铝合金阳极可靠，其中也考虑到配重的因素。

设计时对牺牲阳极形状的选择应依据被保护结构物和环境介质条件来确定。土壤环境中常用棒状阳极，截面有梯形和D形。根据阳极接地电阻的计算公式可知，阳极长度是决定接地电阻的主要因素之一，阳极等效直径(含填包料)和土壤电阻率都是重要影响因素，由此决定了阳极的输出功率；而阳极截面积大小则决定了阳极寿命。带状阳极主要应用于高电阻率土壤中，有时也用于一些特定场合，如临时性保护，套管内的管道保护，防护高压干扰用的均压接地垫等。在海水环境中常用块状阳极，而镯形阳极只适用于水下或海底管线的保护。块状阳极多用于船壳、水下结构物、容器内保护等。对于大型水下结构物则可用半球形阳极。

4.4.2 牺牲阳极法阴极保护的设计计算

实施阴极保护的金属结构物上的电位和电流分布函数是复杂的，它不仅与被保护金属结构物材料、牺牲阳极材料、环境介质条件直接相关，而且还与结构物的几何构型密切有关。从原理上考虑，牺牲阳极法和外加电流法阴极保护的电位、电流分布的计算是基本相同的，它们都是保护电流在复杂电阻体系上产生的电压降结果。绵延分布的管线是几何构型最简单的一种结构物，它是一维延伸的，在数学上容易处理。许多复杂几何构型物往往可以看作为若干一维节段的组合和叠加。所以，阴极保护的设计计算常以埋地管线作为计算对象。

牺牲阳极法阴极保护的设计计算一般包括以下几个步骤。

（1）确定最小保护电流密度 i

对被保护结构物的最小保护电流密度确定，首选馈电试验值。可在现场安装一临时电源和接地极进行馈电试验，再根据达到保护电位时所对应的极化电流强度，推算出最小保护电流密度的取值范围。若无馈电试验值，一般可根据文献资料和经验选取。也可采用下式进行理论计算：

$$i = \frac{\Delta E_{\mathrm{o}}}{R_{\mathrm{u}}} \tag{4-9}$$

式中　i——保护电流密度，mA/m^2；

ΔE_{o}——最小保护电位对结构物自腐蚀电位的负偏移值（极化电位，mV），ΔE_{o}通常取300mV，它是最小保护电位-850mV（CSE）与钢铁在普通土壤中自腐蚀电位［一般为-550mV（CSE）］的差值；

R_{u}——结构物表面防腐层的漏电阻率，$\Omega \cdot m^2$。

保护电流密度是阴极保护实践和设计中十分重要的参数。但它受到被保护结构物/环境介质体系许多因素的影响，如结构物材料种类，防腐层质量，介质的性质、组成、分布和变化，甚至温度、气候或微生物存在与活动等。它的数值往往变化很大，即使在阴极保护运行过程中也是变化的。因此，要求准确的计算几乎是不可能的，但它仍是一个重要的参数值。对此，馈电试验或经验选取则是很有效的。

（2）计算所需总保护电流强度 I_{t}

根据被保护结构物的几何尺寸计算出需被保护的总面积 S（m^2），就可由保护电流密度 i 按下式计算所需总保护电流强度 I_{t}（A）：

$$I_{\mathrm{t}} = S \cdot i \tag{4-10}$$

对于埋地管道则为：

$$I_{\mathrm{t}} = \pi DL \cdot i \tag{4-11}$$

式中　D——被保护管道外径，m；

L——管道长度，m。

（3）计算牺牲阳极接界电阻 R_{a}

牺牲阳极的接界电阻是决定牺牲阳极输出电流的关键影响因素之一。它可通过试验测量或计算获得。经过一系列推导可获得阳极接界电阻的计算公式，文献资料报道的阳极接界电阻的计算公式很多，现推荐以下一些计算公式：

① 在土壤环境中的牺牲阳极接界电阻，即接地电阻的计算公式

a. 单支立式圆柱形牺牲阳极无填料（即填包料，下同）时，阳极接地电阻的计算公式为：

$$R_{\mathrm{v1}} = \frac{\rho}{2\pi L}\left(\ln\frac{2L}{d} + \frac{1}{2}\ln\frac{4t+L}{4t-L}\right) \tag{4-12}$$

b. 单支立式圆柱形牺牲阳极有填料时，阳极接地电阻的计算公式为：

$$R_{\mathrm{v2}} = \frac{\rho}{2\pi L_{\mathrm{a}}}\left(\ln\frac{2L_{\mathrm{a}}}{D} + \frac{1}{2}\ln\frac{4t+L_{\mathrm{a}}}{4t-L_{\mathrm{a}}} + \frac{\rho_{\mathrm{a}}}{\rho}\ln\frac{D}{d}\right) \tag{4-13}$$

c. 单支水平式圆柱形牺牲阳极有填料时，阳极接地电阻的计算公式为：

$$R_{\mathrm{H}} = \frac{\rho}{2\pi L_{\mathrm{a}}}\left(\ln\frac{2L_{\mathrm{a}}}{D} + \ln\frac{L_{\mathrm{a}}}{2t} + \frac{\rho_{\mathrm{a}}}{\rho}\ln\frac{D}{d}\right) \tag{4-14}$$

以上三式中，$L_{\mathrm{a}} \gg d$，$t \gg \frac{L_{\mathrm{a}}}{4}$。

式中　R_v 和 R_H——分别为立式和水平式的阳极接地电阻（R_{V1} 无填料，R_{V2} 有填料），Ω；

ρ 和 ρ_a——分别为土壤和阳极填料的电阻率，Ω·m；

L 和 L_a——分别为阳极和阳极填料柱的长度，m；

d 和 D——分别为阳极和填料的直径，m；

t——阳极中心至地表面的距离，m。

对土壤中金属结构物进行牺牲阳极保护时，为提供足够的保护电流及施工安装方面的考虑，常采用多支阳极并联安装方式。对一个阳极组的总接地电阻 R_t(Ω) 可按下式计算：

$$R_t = \eta \frac{R_v}{n} \quad (4-15)$$

式中　n——并联阳极支数；

η——并联阳极修正系数。

多支阳极并联的总接地电阻一般比理论计算值大，这是阳极之间屏蔽作用的结果。可按照实际情况根据阳极之间的距离、并联支数及阳极长度在图 4-23 中或表 4-29 中选取修正系数 η。

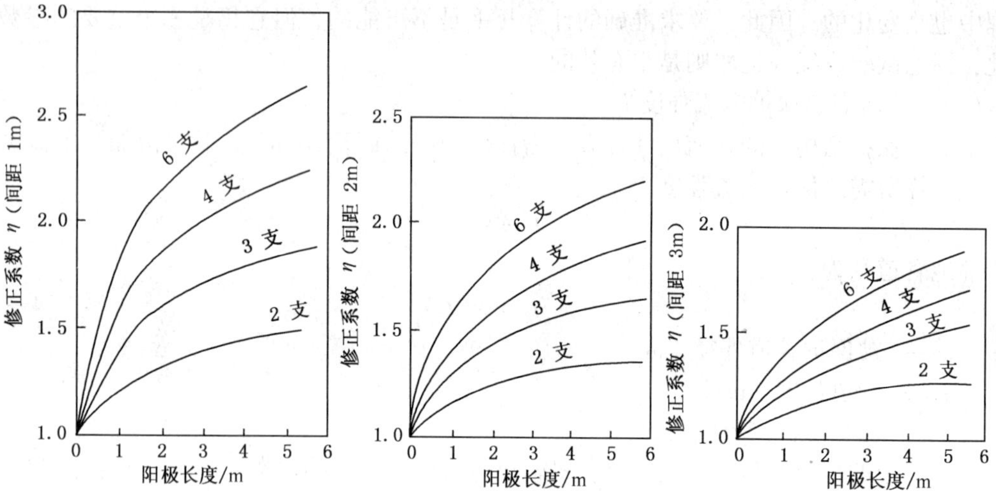

图 4-23　式(4-15)中的修正系数 η[5]

表 4-29　并联阳极修正系数 η

阳极并联支数	阳极间距/m			
	15	3	4.5	6
2	1.0857	1.0416	1.0277	1.0683
3	1.2220	1.1090	1.0733	1.0543
4	1.3175	1.1576	1.1033	1.0770
5	1.3931	1.1938	1.1289	1.0957
6	1.4545	1.2239	1.1487	1.1089
7	1.5048	1.2504	1.1667	1.1232
8	1.5527	1.2745	1.1820	1.1370
9	1.5878	1.2923	1.1943	1.1428
10	1.6231	1.3083	1.2042	1.1522

② 在水环境中的牺牲阳极接界电阻，即接水电阻的计算公式

a. 长条形阳极的接水电阻 $R_A(\Omega)$ 计算公式为：

$$R_A = \frac{\rho}{2\pi L}\left(\ln\frac{4L}{r} - 1\right) \tag{4-16}$$

式中 L——阳极的长度，cm；

ρ——水介质的电阻率，$\Omega \cdot cm$；

r——阳极的等效半径，cm，且有 $r=\sqrt{\frac{A}{\pi}}$，A 为阳极横截面积，cm^2。

b. 板状阳极的接水电阻 $R_A(\Omega)$ 计算公式为：

$$R_A = \frac{\rho}{2S} \tag{4-17}$$

式中，S 为阳极两边的平均长度，cm；且 $S=\frac{长+宽}{2}$，长≥2×宽。

c. 镯形阳极的接水电阻 $R_A(\Omega)$ 计算公式为：

$$R_A = \frac{0.315\rho}{\sqrt{A}} \tag{4-18}$$

式中，A 为阳极表面积，cm^2。

(4)计算单支阳极的输出电流 I_a

对牺牲阳极-土壤-被保护结构物(阴极)构成的电回路，根据欧姆定律可按下式计算单支阳极的输出电流 I_a：

$$I_a = \frac{(E_c - \Delta E_c) - (E_a + \Delta E_a)}{R_a + R_c + R_w} \approx \frac{\Delta E}{R_a} \tag{4-19}$$

式中 I_a——单支阳极输出电流，A；

E_c 和 E_a——分别为阴极和阳极的开路电位，V；

ΔE_c 和 ΔE_a——分别为阴极和阳极的极化电位值，V；

R_c 和 R_a——分别为阴极和阳极的接界电阻(接地或接水电阻)，Ω；

R_w——导线电阻，Ω；

ΔE——阴极和阳极工作时的有效电位差，在这里就是所谓驱动电压，V。

当 R_c 和 R_w 可忽略不计时，可获得相应的近似式，见式(4-19)。显然，单支阳极的输出电流主要取决于阳极的接界电阻 R_a。

也可根据经验公式来计算单支阳极输出电流，由此可省却一系列复杂的计算，下面列出美国 HARCO 防腐蚀公司对埋地镁阳极和锌阳极总结的经验公式：

$$I_{Mg} = \frac{150000fY}{\rho} \tag{4-20}$$

$$I_{Zn} = \frac{50000fY}{\rho} \tag{4-21}$$

式中 I_{Mg} 和 I_{Zn}——分别为单支镁阳极和单支锌阳极的输出电流，mA；

ρ——土壤电阻率，$\Omega \cdot cm$；

f——牺牲阳极质量系数，可查表 4-30 获得；

Y——被保护金属对地(水)电位修正系数，可查表 4-31 获得。

当被保护金属结构物表面涂敷有良好的防腐层时，阳极输出电流将显著小于裸金属条件

下的输出电流。此时，式(4-20)和式(4-21)的系数可考虑分别减小20%。

表 4-30 牺牲阳极质量系数 f

镁(Mg)或锌(Zn)阳极质量		系数 f
千克/kg	磅/lb	
1.4	3	0.53
2.3	5	0.60
4.1	9	0.71
7.7	17	1.00
9	20	1.60
14.5	32	1.06
23	50	1.09
23	50	1.29

表 4-31 被保护金属对地(水)电位修正系数 Y

管地电位	适用镁(Mg)阳极	适用锌(Zn)阳极
-0.07	1.14	1.60
-0.80	1.07	1.20
-0.85	1.00	1.00
-0.90	0.93	0.80
-1.00	0.79	0.40
-1.10	0.64	0.00
-1.20	0.50	0.00

(5)计算阳极组的总输出电流 I_n

为了降低阳极的接地电阻，对管道提供足够的保护电流以及施工安装方面的考虑，往往采用多支阳极并联安装的方式。多支阳极并联安装的阳极组总输出电流 I_n 可按下式计算：

$$I_n = \frac{nI_a}{\eta} \tag{4 - 22}$$

式中 I_n——阳极组的总输出电流，A；

I_a——单支阳极输出电流，A；

n——阳极组中的阳极支数；

η——并联阳极修正系数，主要是考虑各阳极间的屏蔽效应，可由图4-23或表4-29选定。

(6)计算所需阳极的数量 N

按式(4-10)或式(4-11)可计算确定被保护结构物所需的总保护电流 I_t，从式(4-19)、式(4-20)或式(4-21)可计算得单支阳极的输出电流 I_a，由此可从下式计算确定对该结构物实施牺牲阳极保护所需阳极的总数量 N：

$$N = \frac{\sigma I_t}{I_a} \tag{4 - 23}$$

式中 I_t——所需总保护电流，A；

I_a——单支阳极输出电流，A；

σ——备用系数，一般取 2~3 倍。

(7)计算阳极工作寿命 T

可根据法拉第电解定律计算牺牲阳极的有效工作寿命，即使用寿命 T：

$$T=\frac{u\cdot m}{e\cdot I_a} \tag{4-24}$$

式中 T——阳极工作寿命，a；

m——阳极净质量，kg；

u——阳极利用系数，对长条形阳极取 0.9，对其他形状阳极取 0.85；

e——阳极消耗率，kg/(A·a)；

I_a——阳极的平均输出电流，A。

(8)计算两组牺牲阳极间的保护范围

每组(站)牺牲阳极对被保护结构物实施的有效保护范围，是很重要的设计和评价参数。为了简化计算，首先考虑埋地管线上的牺牲阳极保护。对于一维的有限长被保护管道上的电位分布和电流分布，采用牺牲阳极保护和采用外加电流法阴极保护的计算过程和结果是相同的。每组阳极的保护范围可通过两组(站)牺牲阳极间的保护长度来评价。可按下式计算两组(站)牺牲阳极间的有效保护长度 $2L_2$：

$$2L_2=\frac{2}{\alpha}\mathrm{arc}ch\frac{E_A}{E_{min}} \tag{4-25}$$

式中 $2L_2$——两组(站)牺牲阳极间的有效保护长度，m；

E_A 和 E_{min}——分别是牺牲阳极接入点(通电点)和两组阳极之间的中间点所允许达到的管道电位的最大负偏移值和最小负偏值，V；

α——衰减系数。

4.5 牺牲阳极安装和保护效果检测

4.5.1 阳极分布与安装

4.5.1.1 土壤中的牺牲阳极安装与分布

土壤中使用的牺牲阳极，先将其钢芯打磨干净，然后与电缆引出头焊接，可采用点焊或锡焊焊接，也可采用铝热焊焊接，焊缝长度应不小于 50mm。将电缆与阳极钢芯的搭接部分用细铁丝扎紧，捆扎长度不小于 20mm。用热收缩套管将此接头处绝缘密封，再用环氧树脂或其他绝缘材料将该处加强绝缘密封处理，以防止埋地后土壤溶液侵入。阳极连接电缆须耐压 500V，并带有绝缘护套，推荐采用 VV20-500/1×10 和 XV29-500/1×10 型号。

土壤中牺牲阳极分布采用单支阳极各自安装或多支阳极成组安装的方式。阳极埋设位置一般距结构物(如管道)外壁 3~5m，最小不宜小于 0.3m。成组埋设时，阳极间距以 2~3m 为宜。

阳极埋设方式有立式和水平式；埋设方向分轴向和径向。阳极埋设深度一般与被保护结构物深度相当，通常以阳极顶部距地面不小于 1m 为宜，对于北方地区必须在冻土层以下。在地下水位低于 3m 的干燥地带，阳极应当加深埋设。对河流、湖泊地带阳极应埋设在河床的安全部位，以防洪水冲刷和挖泥清淤时损坏阳极。在城市或地下金属结构物密集的区域使用牺牲阳极时，应注意在牺牲阳极和被保护结构物之间不应有其他金属结构物，如电缆、其他管道或接地装置等。

牺牲阳极与被保护结构物的连接，可采用直接连接，或经过检测站(测试桩)与结构物相连。直接连接时从阳极到结构物的电缆全部埋于地下，但不能监测阳极和结构物的工作状况。经过检测站相连接时，检测站的接线盒中有接线装置和分接接头，可以检测牺牲阳极的工作状态及管道的防护状况。阴极电缆与被保护结构物的连接可采用铝热焊接方法，也可采用加强板上焊铜钮的方法连接。加强板四边与结构物采用角焊，焊缝长度不小于100mm；电缆与铜钮采用锡焊或铜焊连接。焊接部位必须采用严格的绝缘密封处理，确保焊区有可靠的防腐蚀保护。电缆敷设时，要留有一定裕量，以防止土壤沉降变形造成焊接点处受力破坏。

4.5.1.2　水环境中的牺牲阳极安装与分布

水环境中的被保护结构物主要有平台、码头、船舶、闸门等。牺牲阳极安装方式主要有焊接、螺栓固定和悬吊等。由于船舶是个活动的钢结构物，所以其上的牺牲阳极分布不仅要求在船舶运行中保护电流分布均匀，而且还须考虑停泊期间的保护电流分布也应均匀。为使被保护结构物上的保护电流均匀分布，一般说来应使阳极均匀配置。有时为了重点保护腐蚀较为严重的部位(例如船的尾部及平台的焊接接头)，在有些情况下要采用模型试验，以确定合适的电流分布。当结构物有防腐层存在时将会改善电流的分布状况。

对于容器内部的牺牲阳极安装，一般把阳极布设在平面上，均匀配置；同时也应着重考虑边角位置处的电流分布。可采用焊接、螺栓固定方式，也可采用悬吊方式。

4.5.1.3　电缆及与金属结构物连接的铝热焊技术

从牺牲阳极引出的电缆和从检测站引出的阴极电缆，当它们与被保护结构物连接时，往往采用铝热焊技术。所谓铝热焊，就是利用金属氧化物和金属铝(粉)之间的放热反应所产生的过热熔融金属来加热被连接金属，从而实现接合的焊接方法。通过外部热源引燃，使铝粉与金属氧化物粉之间发生放热的化学反应，且一旦开始反应，即可持续进行下去。铝热反应的通式为：

$$\text{金属氧化物(粉)}+\text{铝(粉)}\xrightarrow{\text{外部热源}}\text{氧化铝(熔融)}+\text{金属(熔融)}+\text{热能} \qquad (4\text{-}26)$$

以上反应只有当还原剂(铝)对氧的亲合力大于被还原金属的氧亲合力时才能持续进行。在此放热反应放出的热量作用下产生了熔融金属和熔融氧化铝的液态产物。当熔渣密度比金属小时，熔渣将自动浮在上部；而沉降在被焊接金属表面的高温熔融金属正好用于焊接。

典型的铝热反应和所产生的热量如下：

$$3Fe_3O_4+8Al \longrightarrow 9Fe+4Al_2O_3 \qquad \Delta H=3350\text{kJ} \qquad (4\text{-}27)$$

$$3FeO+2Al \longrightarrow 3Fe+Al_2O_3 \qquad \Delta H=880\text{kJ} \qquad (4\text{-}28)$$

$$Fe_2O_3+2Al \longrightarrow 2Fe+Al_2O_3 \qquad \Delta H=850\text{kJ} \qquad (4\text{-}29)$$

$$3CuO+2Al \longrightarrow 3Cu+Al_2O_3 \qquad \Delta H=1210\text{kJ} \qquad (4\text{-}30)$$

$$3Cu_2O+2Al \longrightarrow 6Cu+Al_2O_3 \qquad \Delta H=1060\text{kJ} \qquad (4\text{-}31)$$

上述各反应式中，Al是还原剂。Mg、Si、Ca等元素在理论上也可作还原剂用。对于一般用途，由于技术上的某些限制，Mg和Ca的使用是有限的，而Si则常用于如热处理等不需要液态产物的热剂混合物中。此外也有采用等量铝和硅的合金作还原剂的。

在反应式(4-27)中，所能达到的理论温度大约是3093℃，由于非反应组分添加剂的存在以及向反应模具(石墨制)传热及辐射损失可使这一温度大约降低到2482℃。这大约也是可允许的最高温度，因为铝在2500℃将会气化。另一方面，最高温度也不能低得过多，因为熔渣(Al_2O_3)在2038℃将会凝固。

铝热反应是非爆炸性的，一般只需几秒钟便能完成，而与数量多少无关。为了引发反应需用特制的引燃粉末、高温火柴或电子点火器，引燃材料所产生的温度约为1204℃，足以将焊剂粉末点燃。

如图4-24所示为金属结构物表面与电缆之间采用铝热焊的示意图。模具和模具盖由石墨制成。焊剂中除金属氧化物和还原剂(铝粉)外，还会有辅助添加剂。铝粉中Al的含量不小于95%，粒度为0.15~0.30mm。金属氧化物纯度不小于95%，并控制一定的粒度范围。辅助添加剂作为一种附加成分用于降低熔渣的熔点和增加其流动性。

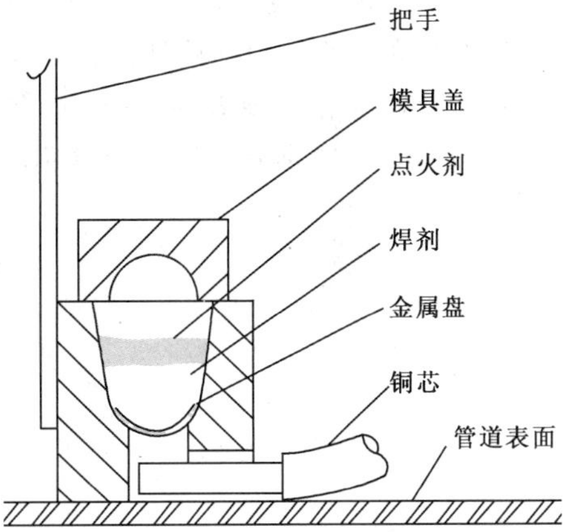

图4-24　铝热焊器具和结构示意图

铝热焊技术在20世纪50年代已成为钢轨接头无缝焊接的普通技术，此外还应用于铜芯电缆连接、接地极导线连接、铁路信号线连接以及对焊接热影响区具有苛刻要求的金属结构物。此项技术已获得国际上普遍认同，如已列入ANSI、JEEE和NACE等机构的标准和推荐中。

采用铝热焊技术焊接电缆具有以下优点：

① 焊接点的电流载流量和导线相等；

② 焊接接合是永久的，不会因松动或腐蚀而造成高电阻；

③ 设备简单轻便，价格低廉；

④ 不需要外部电源和热源；

⑤ 无需专门应用技术；

⑥ 可简单地凭肉眼检查质量等。

铝热焊技术是当前阴极保护领域导线焊接连接的主要技术，并已在相关标准中获得推荐。

4.5.2　检测站(测试桩)

4.5.2.1　检测站的结构组成

阴极保护检测站又称为测试站或测试桩，是测量阴极保护参数以及对被保护结构物和阴极保护系统实施管理维护所必不可少的装置。设立检测站的目的是，在地面方便地检测结构物的电位、电流、电绝缘性能，检测牺牲阳极或外加电流阴极保护装置(电源、辅助阳极)的工作状况，也可用于检测交直流干扰、系统故障或防腐层缺陷。牺牲阳极保护系统和外加电流阴极保护系统的检测站结构与功能是相同的。

检测站由基座(壳体)、测试接线板、测试导线和铭牌等组成。有简单功能的检测站和复合功能的检测站等多种形式。对于土壤结构物应用的检测站可设置在地下、地表和地上。对于水下结构物应用的检测站则应设置在水上或陆地适当位置(如平台、码头)的建筑物上。安装测试系统的基座和壳体可由水泥、钢管、塑料或玻璃钢制造，外观设计要耐腐蚀、耐气候、美观，尤其是醒目易找，方便测试。

测试接线板是检测站的核心装置。按照设计可根据接线板上的接线端子(接线柱)的位置和颜色区分其测试功能。根据测试功能(引出导线的数量)的多少分为4柱、8柱、10柱和12柱型等不同规格检测站。将测试导线引入检测站的桩柱，并分别与被保护结构物、阳极、参比电极等相连，就可以在地面方便地进行测试。测试导线通常可选用 BVV/1×2.5mm²的铜芯塑料线，有时也可选用强度高的 VV 型电缆。

所有检测站必须设立铭牌，它应提供被保护结构物的性质、检测站的编号和里程位置、测试功能及业主和管理者的信息(如名称，联系电话、被保护和被检测结构物的名称和特性)等。如图 4-25 所示是国际上常用的一种钢管检测站的结构示意图。

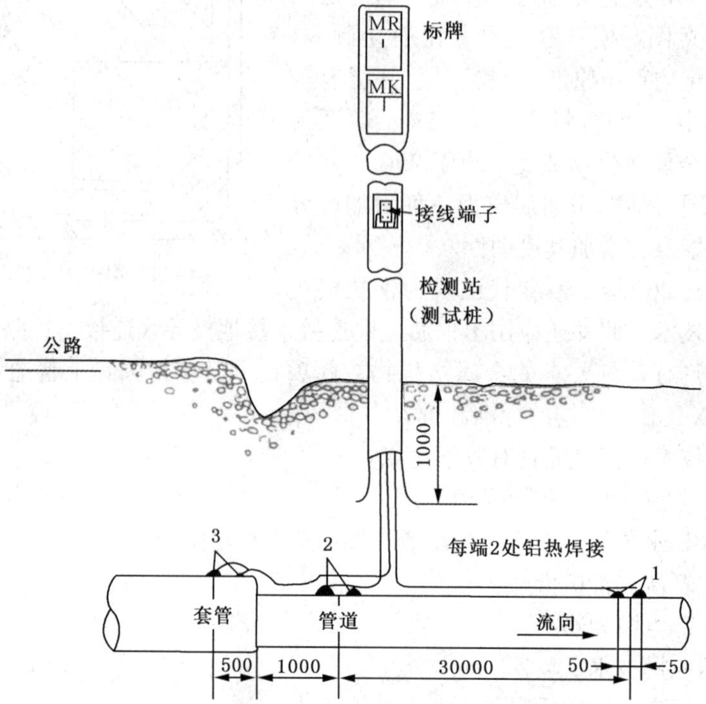

图 4-25　阴极保护检测站结构示意图[18]

1—管线电流测试头；2—电位测试头；3—套管测试头

4.5.2.2　检测站的类型和功能

阴极保护检测站有单一功能类型的，也有多功能复合类型的，它们的结构组成基本上是相同的。

① 电位检测站　专门用于测量被保护结构物(如管道)的电位。从结构物上直接焊接 2 条测试导线引入检测站接线板上，图 4-25 中的 2#点连接就是电位检测站的基本结构。

② 电流检测站　专门用于测量管道内流过电流的大小和流向，它由 4 条测试导线组成，在测量管段两端各引出 2 条测试导线，如图 4-25 中的 2#和 1#点的连接线。电流测量的两端点之间管段一般长 30m，对于大口径管道可适当加长。

③ 套管检测站　用于测量套管及主管道的电位，还可检测套管和主管道间的电绝缘。通常为各引入 2 条测试导线至检测站，图4-25中的 3#是套管测试导线。

④ 绝缘检测站　用于检测绝缘法兰、绝缘接头的绝缘性能。通常设置 6 线接线板，以漏电率测试原理检测绝缘装置的绝缘性能，一侧接线为 4 条，另一侧为 2 条。漏电率测试原理很简单(见图4-26)，首先通过测量 I_k 和 E_k，以标定系数 $K=I_k/E_k$；然后进行测量 I_m 和 E_m，计算漏电率(%)为：$L=(K\cdot E_m/I_m)\times100\%$。

⑤ 牺牲阳极检测站　必须设在牺牲阳极埋设点附近，如图 4-27 所示为牺牲阳极检测站接

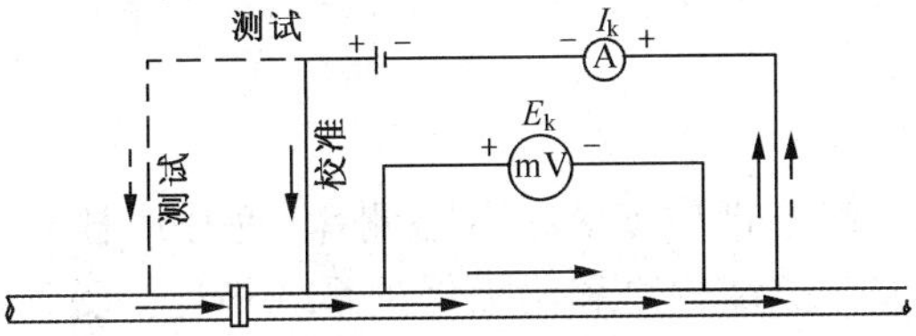

图 4-26　漏电率法检测绝缘性能的原理图

线原理图。牺牲阳极系统投入运行后就很难再测量到被保护结构物的自腐蚀电位，因而可在该处理埋设辅助测试片和长效参比电极。

⑥ 其他类型检测站

a. 交叉点检测站。被保护结构物与其他电缆，管道等交叉分布时设置，各引入 2 条测试导线；

b. 长距离平行管道检测站。各引入 2 条测试导线至检测站；

c. 跨接检测站。引出测试导线，在检测站内通过接线柱实现跨接。

⑦ 多功能复合检测站　为了方便地就地检测被保护结构物和阴极保护系统的多项参数，往往把上述几种检测站功能组合在一个检测站内，不仅可以方便快捷高效率地测试，而且可以进行综合性的检测。

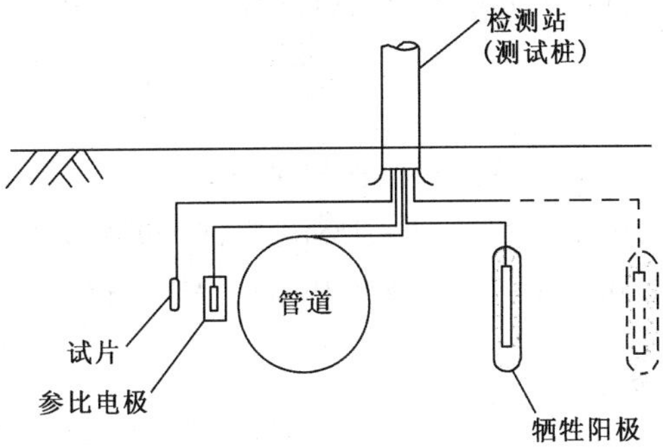

图 4-27　牺牲阳极检测站接线原理图

4.5.2.3　检测站位置的选择

在乡村，应把检测站设置在路边、沟渠旁、田埂、树林内，以不影响农业生产、生活和交通为宜。在城市，应设置在路边、庭院、绿化带、港口码头、栈桥，甚至可挂在建筑物墙上，以不影响交通生活和城市管理为宜。

对于埋地管道而言，检测站位置的选择要点是：

① 被保护管道每隔 1~2km 设一处电位检测站；

② 每隔 5~8km 设一处电流检测站；

③ 套管处；

④ 管道穿、跨越铁路、公路、河流处；

⑤ 绝缘接头(法兰)处；

⑥ 杂散电流干扰区；

⑦ 与其他管道、电缆交叉处等。

4.5.3　保护效果检测

阴极保护系统安装完成后应检测其保护效果，即使在正常运行时也应对其运行状况和保护效果不断进行监测。无论对牺牲阳极法阴极保护，还是对外加电流法阴极保护都是如此。

阴极保护系统保护效果的检测和监控的目的是：

① 检测被保护结构物的腐蚀防护状况。如达不到预期保护效果，应采取措施予以调整。

② 检测阴极保护系统的运行状况。如存在故障或损坏，则进行修复、更改，以保证正常工作。

保护效果检测和监控的方法主要有表观观测及腐蚀损耗测定，安装检测片进行检测，以及监测结构物的保护电位。

4.5.3.1　表观观测及腐蚀损耗测定

用肉眼或放大镜直接观察被保护结构物表面的腐蚀状况并拍摄记录；以超声测厚法多点测定结构物壁厚，确定其平均腐蚀损耗率和典型的严重腐蚀损耗处；对埋地管道需开挖探坑进行观测；对船舶压载舱需排水后观测；而对于海洋结构物需由潜水员入水目测和拍照。

4.5.3.2 安装检测片

对于埋地的和水下的结构物均可在其上选择特征部位安装一些检测片(埋片或挂片)，其材质与被保护结构物相同。一部分检测片与被保护结构物和阴极保护系统相连，受到保护；另一部分则不予相连，不受保护(参见图4-28)。按计划达到预定暴露周期(一般设置几个不同的较长保护周期的检测片)时，取出保护与未保护的规定数量检测片，观察其上的腐蚀形貌及保护情况，然后去除表面腐蚀产物，称重测厚，计算保护度。采用通电(保护)和不通电(未保护)的检测片腐蚀速度来计算阴极保护的保护度，这是十分常用的操作技术。此处的保护度计算公式[参阅第3章式(3-12)]为：

$$P = \frac{G_1/S_1 - G_2/S_2}{G_1/S_1} \times 100\% \tag{4-32}$$

式中 P——阴极保护的保护度,%；

G_1和G_2——未加保护和施加保护的检测片失重，g；

S_1和S_2——未加保护和施加保护的检测片暴露面积，cm^2。

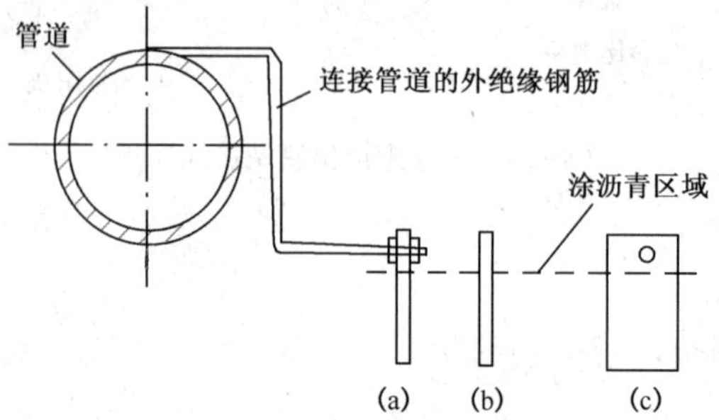

图4-28 埋地管道检测片安装示意图
(a)受保护的检测片；(b)无保护的检测片；(c)检测片正面视图

单位时间单位面积的检测片失重，即平均腐蚀速率V按下式计算：

$$V = \frac{W \cdot 10^5}{A \cdot t} \tag{4-33}$$

式中 V——平均腐蚀速率 $mg/(cm^2 \cdot d)$；

W——检测片失重，g；

A——检测片暴露面积，cm^2；

t——检测片试验时间，d。

单位时间内检测片的平均厚度损失，即厚度损耗的侵蚀率V'按下式计算：

$$V' = \frac{3650 \cdot W}{A \cdot t\gamma} \tag{4-34}$$

式中 V'——平均侵蚀率，mm/a；

γ——检测片的密度，g/cm^3。

4.5.3.3 监测结构物的保护电位

阴极保护系统安装完成后以及运行管理中，必须全程监测结构物的保护电位。未施加阴极保护时的结构物自腐蚀电位是表征结构物在环境介质中腐蚀状态的一个重要参数。施加阴极保护后的结构物电位(即保护电位)是判断阴极保护系统有效性及保护程度的一个极其重要的参数。同时，它还可用于判断直流杂散电流干扰和交流干扰的存在及程度。常用的保护电位判据请参阅第3章3.3节。

结构物电位测量是相对较为简单的技术，它只需要一支可靠的参比电极和一个电压测量仪表。目前市售的高内阻电压表和便携式万用表都能满足应用要求，而对参比电极则需认真选择和维护应用，参见第2章表2-1。目前在埋地或水下结构物的阴极保护系统中常用的参比电极有饱和硫酸铜电极、氯化银电极、甘汞电极和锌电极等。表4-32列出了这些常用参比电极的电极电位和应用范围。

表 4-32　几种常用参比电极的电位和应用范围[11]

参比电极	Me/Me^{n+}	电位 E_h(25℃)/V	温度系数/mV	应用范围
1mol/L 甘汞电极	Hg｜Hg_2Cl_2，KCl(1mol/L)	+0.2800	−0.24(t−25℃)	实验室
饱和甘汞电极	Hg｜Hg_2Cl_2，KCl(饱和)	+0.2415	−0.76(t−25℃)	水、实验室
1mol/L 氯化银电极	Ag｜AgCl，KCl(1mol/L)	+0.2344	−0.58(t−25℃)	盐水、淡水
饱和氯化银电极	Ag｜AgCl，KCl(饱和)	+0.1959	−1.10(t−25℃)	盐水、淡水
饱和硫酸铜电极	Cu｜$CuSO_4$(饱和)	+0.316	+0.90(t−25℃)	土壤、水
锌/盐水电极	稳定电位	−0.79		海水、盐水
锌/土壤(带填料)	稳定电位	−0.80±0.1		土壤

(1) 铜/饱和硫酸铜电极

现场测量电位常用饱和的 $Cu/CuSO_4$参比电极，它是将电解铜棒插入饱和的硫酸铜溶液构成。其电极结构式为：

$$Cu \mid CuSO_4(\text{晶体}),\ CuSO_4(\text{饱和溶液})$$

它的电极反应式为：

$$Cu \rightleftharpoons Cu^{2+} + 2e^- \qquad (4-35)$$

它的电极电位按下式计算：

$$E = E^\circ + \frac{1.151RT}{F}\lg a_{Cu^{2+}} \qquad (4-36)$$

式中　E°——$Cu/CuSO_4$电极的标准电位，且 $E^\circ = 0.342V(25℃)$；

$a_{Cu^{2+}}$——溶液中 Cu^{2+}的离子活度；

R——气体常数，8.31J/℃；

T——绝对温度，K；

F——法拉第常数，96500C。

如图 4-29 所示为一种便携式饱和硫酸铜电极的结构示意图。电极制作要求必须采用电解铜，以保证铜的纯度。硫酸铜溶液由化学纯硫酸铜和蒸馏水配制，必须是饱和溶液，且要求在使用过程中，溶液中始终存在过饱和析出的硫酸铜晶体。这种电极结构简单，制作容易，可靠耐用，温度系数较低，电位稳定性也能满足现场测试的要求。为防止测量过程中电极被极化，制作时应保证铜电极与硫酸铜溶液的接触面积足够大，使电极工作电流密度不大于 5μA/cm^2。

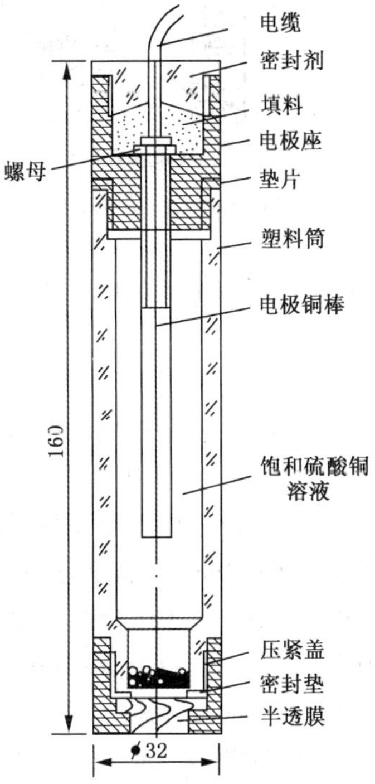

图 4-29　便携式饱和硫酸铜电极结构示意图

(2) 银/氯化银电极

这是一种固体电极，结构简单，使用方便，应用广泛。氯化银电极没有滞后现象，因此适用于温度变化的环境。它可直接插入腐蚀介质(如海水)中使用，从而避免了液体接界电位产生的测量误差。它具有稳定、可重现的电极电位，高温稳定性很好。

Ag/AgCl 电极由金属银、氯化银和含有 Cl^-的溶液组成。其电极结构式为：

$$Ag \mid AgCl(固),\ KCl(a_{Cl^-})$$

它的电极反应式为：

$$Ag+Cl^- \rightleftharpoons AgCl(固)+e^- \tag{4-37}$$

其电极电位按下式计算：

$$E=E^\circ-\frac{2.303RT}{F}\lg a_{Cl^-} \tag{4-38}$$

式中　E°——Ag/AgCl 电极的标准电位，且 $E^\circ=0.2223V(25℃)$；

a_{Cl^-}——溶液中 Cl^- 的离子活度。

正如式(4-38)表明的那样，如果用 Ag/AgCl 电极测量含氯化物浓度变化的水或土壤中金属结构物的电位时，应注意电极电位可随介质中 Cl^- 浓度而变化。当 Cl^- 浓度变化一个数量级时，电极电位变化约 60mV。实际使用时应采取适当技术措施。这种电极不适用于忌 Cl^- 的体系。在有 HNO_3、Br^-、I^-、NH_4 或 CN^- 存在时也不能使用 Ag/AgCl 电极。这种电极不宜直接暴露于日光照射，因 AgCl 易见光分解，会引起电位明显漂移。如图 4-30 所示为最简单的一些 Ag/AgCl 电极构型示意图。

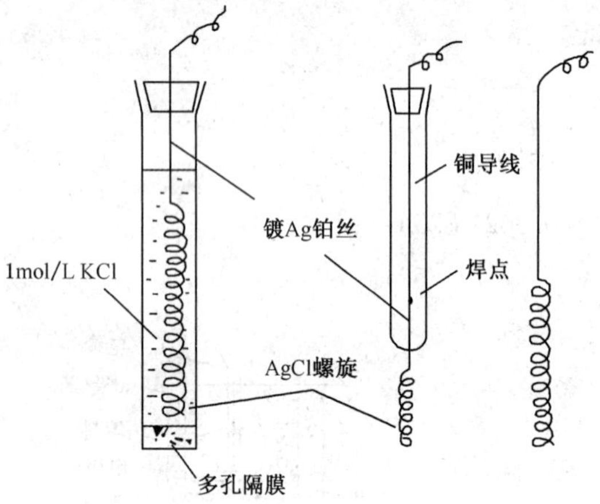

图 4-30　Ag/AgCl 电极的一些简单构型示意图

(3) 甘汞电极

甘汞电极具有电极电位稳定、重视性好、结构简单、制作容易等特点，使其在实验室和阴极保护工程等方面都获得了广泛应用。其电极结构式为：

$Hg \mid Hg_2Cl_2(固)$，KCl(溶液，浓度按规定)其中 KCl 溶液的浓度通常为饱和、1mol/L 和 0.1mol/L 溶液三种，构成三种不同电极电位的甘汞电极。

它们的电极反应式为：

$$2Hg+2Cl^- \rightleftharpoons Hg_2Cl_2(固)+2e^- \tag{4-39}$$

甘汞电极的电极电位取决于溶液中 Cl^- 的活度。其电极电位可按下式计算：

$$E = E^\circ - \frac{2.303RT}{F}\lg a_{Cl^-} \tag{4-40}$$

式中　E°——甘汞电极的标准电位，且 $E^\circ=0.2676V(25℃)$；

a_{Cl^-}——溶液中 Cl^- 的离子活度。

甘汞电极电位对温度敏感，特别是在温度下降时，滞后现象很严重，重新达到平衡，一般需要 20~30min，这是它的一个重大缺点。0.1mol/L 甘汞电极的温度系数很小，常用于精密测量。饱和甘汞电极虽然温度系数很大，但容易制作和使用，在实验室和防腐蚀工程上应用广泛。甘汞电极不能用在强酸性或强碱性溶液中，因为此时液体接界电位很大，而且甘汞可能会被氧化。在忌 Cl^- 环境介质中应避免直接插入甘汞电极使用。如图 4-31 所示为几种甘汞电极构型。

(4) 锌电极

这是一种常用的金属电极，与 Ag/AgCl 电极相比，锌电极耐用得多，能承受更大的电流负荷，且对磨损或化学作用不敏感。高纯锌和锌合金直接作为参比电极可用于海水或半咸水环境中的金属结构物测量电位。当用于土壤环境中时，须埋置在填包料中使用，参见第4.6节和表4-27。

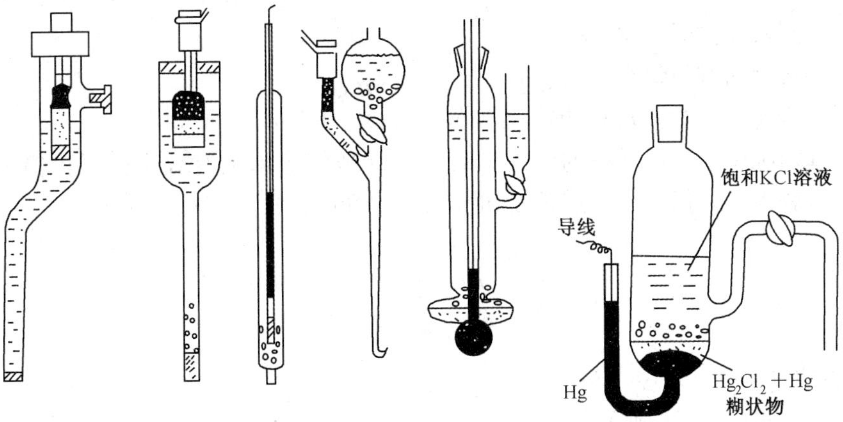

图4-31　几种甘汞电极构型

参比电极的内阻和接界电阻是影响电位测量精度的重要因素。参比电极内阻一般较小，接界电阻则与环境介质有关。放置在地面的饱和 $Cu/CuSO_4$ 电极，其接地电阻可按下式计算：

$$R = \frac{\rho}{2D} + R_i \tag{4-41}$$

式中　R——参比电极接地电阻，Ω；

D——渗透膜直径，m；

ρ——土壤电阻率，Ω·m；

R_i——参比电极内阻，Ω。

对于埋地长效饱和 $Cu/CuSO_4$ 电极（见图4-29），其接地电阻可按下式计算：

$$R = \frac{\rho}{2\pi}\left(\frac{1}{D} + \frac{1}{4t}\right) + R_i \tag{4-42}$$

式中　R——参比电极接地电阻，Ω；

ρ——土壤电阻率，Ω·m；

D——参比电极直径，m；

t——参比电极埋深，m；

R_i——参比电极内阻，Ω。

在阴极保护电位测量中要求测量到的电位具有真实性、可靠性和准确性。在电位测量的诸多误差中，对电位真实性产生重大影响的是由于环境介质的电阻所产生的欧姆电压降，即IR降。这对阴极保护有效性的正确判定是一个不容忽视的干扰。IR降是由环境介质中流动的阴极保护电流 I 和介质电阻 R 共同作用所产生的，在阴极保护电位测量中往往难以避免，它的存在将影响阴极保护判据的正确应用。所以消除IR降的电位测量技术和对策是阴极保护业界十分关心的重要命题，在各国阴极保护标准中均给予了足够重视。关于IR降的讨论和消除方法请参见第3章3.3节。

对阴极保护系统的运行管理和保护效果的检测往往需考虑运行率、保护率、保护度和保护电位等指标。下面列出对埋地钢质管道阴极保护管理应该控制的几个指标。

① 运行率不低于95%　阴极保护运行率是指在一年时间内阴极保护系统运行时间所占的比率。运行率计算公式为：

$$T_{\eta}=\frac{T_1}{T_0}\times 100\% \tag{4-43}$$

式中　T_{η}——阴极保护运行率,%；

T_1——年度内有效运行时间，h；

T_0——全年小时数，$T_0=8760h$。

② 保护率100%　阴极保护的保护率表示对埋地管道施加有效阴极保护覆盖范围的程度，通常以未获得有效保护的管道长度和被保护的管道总长的相对百分率来计算。保护率计算公式为：

$$T_c=\frac{L_1-L_0}{L_1}\times 100\% \tag{4-44}$$

式中　T_c——阴极保护的保护率,%；

L_1——被保护管道的总长度，km；

L_0——未获得有效保护的管道长度，km。

③ 保护度不低于85%　阴极保护的保护度表示达到阴极保护有效性的程度，通常以施加保护(通电)和未加保护(不通电)的检测片失重来计算，以 T_N 表示(%)，同式(4-32)的 P。

④ 保护电位应达到有效保护电位范围　在充分考虑IR降影响的前提下，在一般土壤地区的最小阴极保护电位为-0.85V(CSE)或更负；当土壤或水中含有硫酸盐还原菌时为-0.95V(CSE)或更负；当管道穿越沙漠地区时可为-0.75V(CSE)或更负。

上述各种关于阴极保护的保护效果检测技术对牺牲阳极法和外加电流法阴极保护系统基本都适用。通过保护效果检测可实现：

① 评估阴极保护系统运行的有效性；

② 确定具体的保护程度；

③ 提供阴极保护系统运行的执行数据；

④ 判明被保护结构物上保护水平不合格的部位和区域；

⑤ 确认可能遭受杂散电流干扰、不良施工或其他有害影响的位置；

⑥ 选择进行定期检测的区域和测试点。

4.6　牺牲阳极的其他用途

4.6.1　牺牲阳极用作接地极

对于大型结构物，为了防静电、防雷击通常都使用铜(有时也用钢)作接地极。而牺牲阳极不仅可用于阴极保护，还可起到接地极的作用，并已在许多工程结构物上代替了铜制接地极。

以带有钢护套的埋地电力电缆为例。为了电力电缆的安全和防止发生故障时产生过高的接触电压，电力电缆的钢护套应有可靠的接地系统，过去一般采用铜接地极。钢护套与铜在土壤中相连接时，会形成铁-铜电偶电池。其中铁的电位比铜负得多，将成为电池中的阳极而遭受加速的电偶腐蚀，从而可能使钢护套在土壤(水)中腐蚀，因此钢护套往往也施加了阴极保护。这时，钢护套上安装的铜制接地极将会使钢护套上的阴极保护电流排入土壤而致大量流失。在这种情况下，若用锌接地极代替铜接地极，就可避免上述两种不利状况。锌接地极的电位比钢护套更负得多，不仅不会产生钢的电偶腐蚀，而且还对钢护套提供了阴极保护电流，当然也不会向土壤排放阴极保护电流，而且还是良好的低电阻接地体。

从电厂、变电站输出的高压、超高压输电线路、在变压器、输电铁塔、开关控制场所以及各种钢质储罐等大型、重要结构物处都应有接地设施，这些接地极均可以使用锌或镁的接地极。

锌接地极既可用于防静电、防雷击，又可起阴极保护防腐蚀作用。但其构型和安装方式不同于通常仅起阴极保护作用的锌合金牺牲阳极。最早由日本 NCE 推荐的锌接地极构型和结构图已纳入我国行业标准 SY/T 0019—1997，如图 4-32 所示。根据工程实际需要，可将锌接地极单支、两支或多支串接使用。锌接地极施工方便，只要地质条件允许，采用夯入法最简单。锌接地极的接地电阻可由图 4-33 计算。

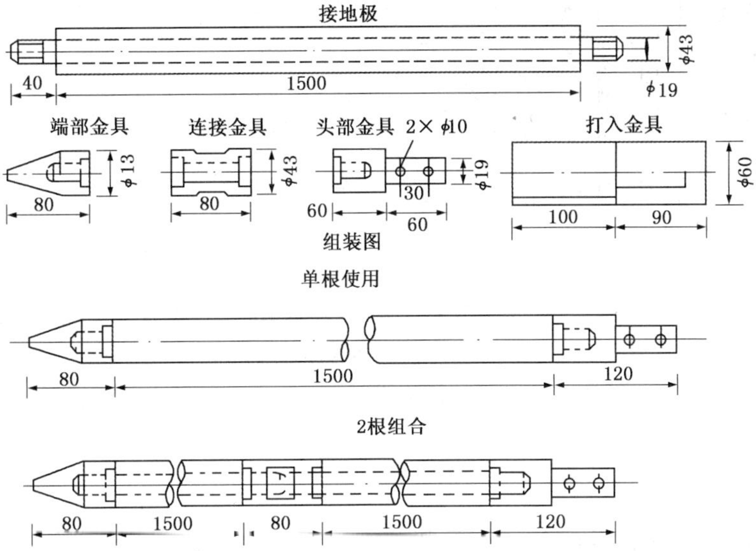

图 4-32　锌接地极的构型和结构图[5]（单位：mm）

4.6.2　牺牲阳极用作参比电极

锌和锌合金电极是一种固体参比电极，可直接放置在被保护结构物近傍的环境介质（海水、土壤）中，以监测结构物的阴极保护电位。在这种情况下，金属锌在开始时是浸在不含其自身离子（Zn^{2+}）的电解质中；锌在与环境介质接触的初始阶段迅速溶解，在电极表面附近的一层溶液中逐渐产生了一定浓度的 Zn^{2+}，于是金属锌就与这种浓度的 Zn^{2+} 建立起平衡。由此建立起稳定电位的行为是和金属电极的平衡电位（可逆电位）一样的。

作为参比电极的锌，必须是高纯金属（纯度应达到 99.995%Zn 以上），Fe 含量应不超过 0.0014%。为了改善电极的电化学性能，在锌中加入 1.4%～1.7%Al、0.10%～0.16%Si，制成 Zn-Al-Si 合金，其中杂质含量 Fe<0.005%，Cu<0.005%。这种合金的电位稳定，极化小。在 25℃的 3.5%NaCl 溶液中，Zn-Al-Si 电极的电位在-0.773～-0.803V（SHE）之间。

锌和锌合金电极具有足够负的电极电位和高的交换电流密度，使用高内阻电压表测量时它们的极化率小，适宜于作参比电极使用。它们广泛地用于海水、半咸水以及土壤中作参比电极监测阴极保护电位。如图 4-34 所示为安装在船壳上的锌参比电极构型图。

用于土壤中的锌参比电极也必须是高纯锌或锌合金，实际应用时必须使用填包料（见表 4-27）。被保护结构物相对饱和 $Cu/CuSO_4$ 参比电极的典型电位值-0.85V（CSE），对应于锌参比电极的电位值就是+0.25V(Zn)。如图4-35所示是土壤中应用的锌参比电极构型图。

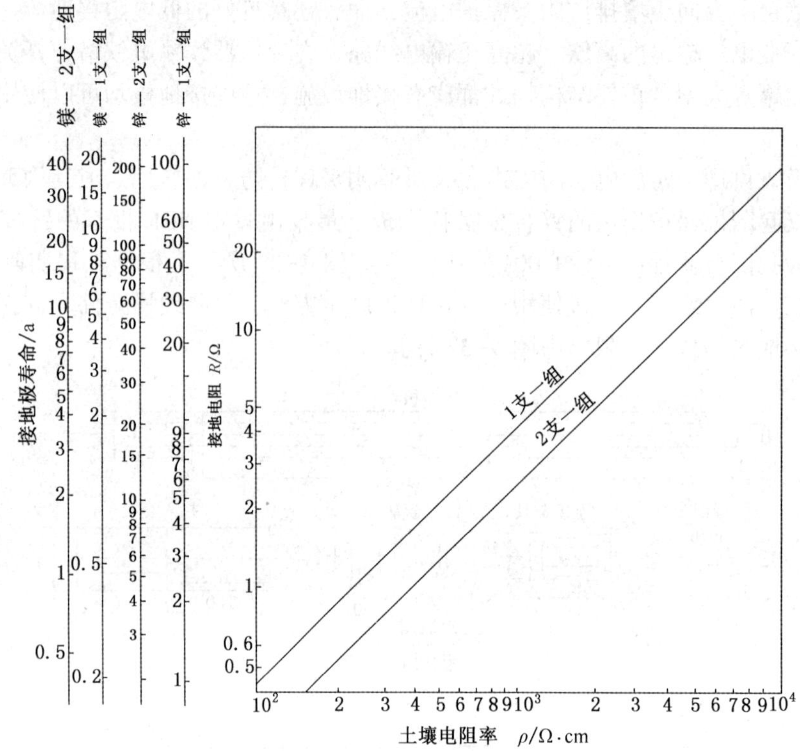

图4-33　锌接地极的接地电阻计算曲线[3]

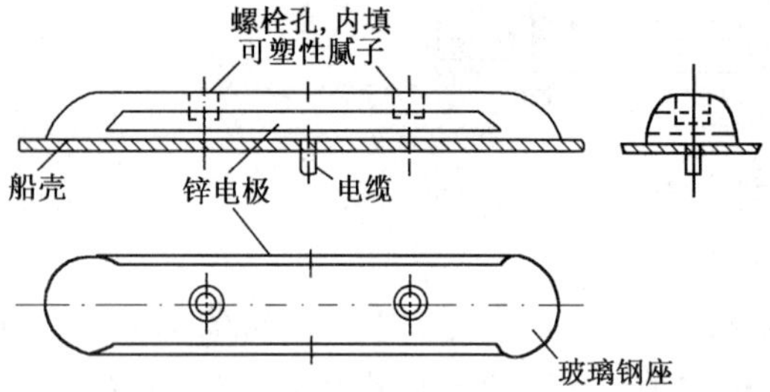

图4-34　安装在船壳上的锌参比电极构型图[2]

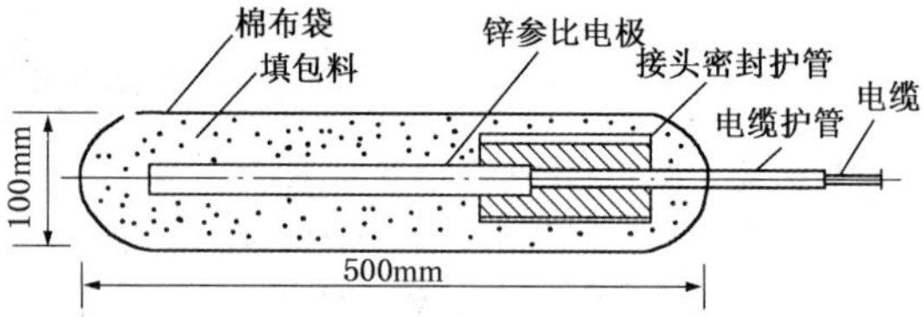

图4-35　埋地型锌参比电极构型图[18]

4.6.3　牺牲阳极用作接地电池

对于埋地钢质管道，在交流干扰影响范围内及雷电多发地区，为了防止强电冲击引起绝缘系统和管道破坏，需要在绝缘装置(如绝缘接头、绝缘法兰)或电力接地体与管道之间装设由牺牲阳极组成的接地电池。它是由两支或四支牺牲阳极(棒或板)组成，中间用绝缘垫隔开，成双地捆绑在一起，装在填满导电性填包料的布袋内。接地电池可由镁阳极或锌阳极构成，但以锌阳极为多。从被间隔开的牺牲阳极各引出一根导线连接到绝缘装置两侧。一旦遭遇强电冲击，强大的电流将通过低电阻的填料从接地电池的一侧传至另一侧，而不损坏绝缘装置和被保护结构物。如图4-36所示为锌接地电池及其安装图。

4.6.4　牺牲阳极用于接地排流和安全防范

输油、输气的埋地管道往往与高压输电线路平行敷设，此时管道上常会由于电磁感应而产生可能危及管道和人身安全的次生电压，这是一种交流干扰。为减轻和消除这种干扰危险，一般可采用接地排流技术。当采用牺牲阳极对交流干扰进行接地排流时，可产生排流和阴极保护的双重功能。

当直流电气化铁路的钢轨对地绝缘不良时，其一部分负载电流将泄漏进入大地，形成杂散电流，游走于大地之中。阴极保护系统也不可避免地会有一部分负载电流散失于大地，形成杂散电流。这种直流杂散电流一旦从防腐层缺陷处流入埋地金属结构物，再从结构物上另一缺陷处流出而进入大地，便将在杂散电流流出部位产生严重的电解腐蚀破坏(电蚀)。

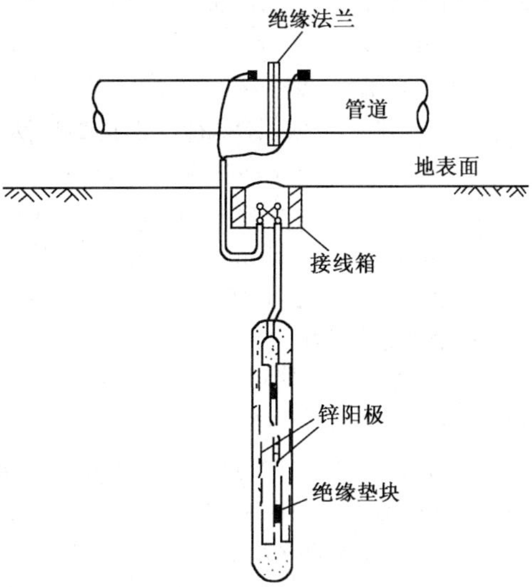

图 4-36 锌接地电池及其安装图[3]

将进入埋地管道的这种干扰性杂散电流，人为地使之回流到钢轨或回归线，以返回整流器，为此需将管道与电气化铁路回归线实现电连接，这种防止管道杂散电流腐蚀的方法也称为排流法。排流法有直接排流、极性排流、强制排流和接地排流法等四种型式(参见第 6 章)。其中接地排流法可采用牺牲阳极排流，不仅可有效地将管道上的杂散电流排放到大地中去，它还能对管道提供一部分阴极保护电流，排流效果较好，应用广泛。

在管道的一些固定设施和场站设备(如阀门、调节器)上，由于交流干扰可能产生较高强度次生电压而可能会对设备操作人员产生危害。为此，可在设备处的地面下安置环形的镁带或锌带，用等电位状态确保人身安全，这种环行盘置的镁带或锌带称为均压环。如图 4-37所示为安装接地均压环的示意图。

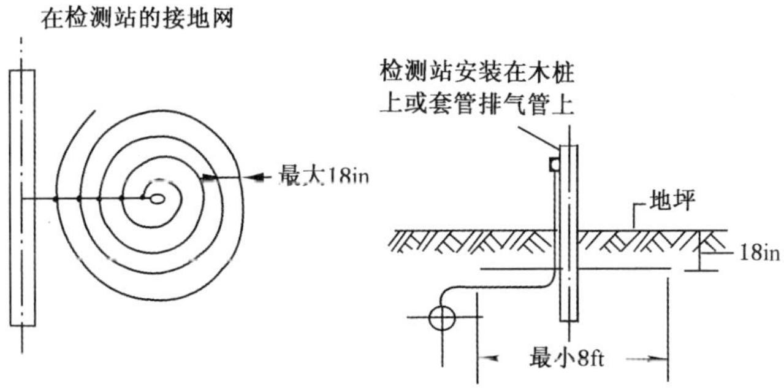

图 4-37 等电位接地均压环示意图[3]

(1in = 25.4mm，1ft = 12in = 304.8mm)

参 考 文 献

1 ASM INTERNATIONAL Handbook Committee. ASM Handbook. Formerly Ninth Edition. Metals Handbook. Vol. 13：Corrosion. ASM International printed in USA. 1996

2 火时中 . 电化学保护 . 北京：化学工业出版社，1988

3 胡士信 . 阴极保护工程手册 . 北京：化学工业出版社，1999

4 Baeckmann W von. Taschenbuch fuer den kathodischen Korrosionsschutz. 3. Auflage. Vulkan-Verlag. Essen, Germany, 1983

5 中国石油天然气行业标准．SY/T0019—97. 埋地钢质管道牺牲阳极阴极保护设计规范．北京：石油工业出版社，1998
6 中国国家标准．GB4948—85. 铝-锌-铟系合金牺牲阳极．中国标准出版社，1985
7 日本学术振兴会编．金属防蚀技术便览(新版)．日刊工業新闻社，1972
8 Baeckmann W von. Schwenk W. Prinz W. Handbuch des kathodischen Korrosionsschutzes. 3. Auflage. VCH Verlagsgesellschaft mbH. Weinheim. Germany，1989
9 Романов В В. Коррозия Магния. Изд. АНСССР，1961
10 Н Н 毕毕柯夫，Е Я 留布林斯基，Л Я 波瓦洛娃．海船电化学保护翻译组译．海船电化学保护．北京：国防工业出版社，1975
11 电气学会、电食防止研究委员会编．电食・土壤腐食ハンどブック(新版)．東京：电气学会，1977
12 К Е 波尔特诺伊．镁合金手册．北京：冶金工业出版社，1959
13 德国工业标准．DIN 4753 Tei 16. Beuth-verlag. Berlin，1987
14 中国国家标准．GB 4950—85. 锌-铝-镉系合金牺牲阳极．中国标准出版社，1985
15 Smith S N，Reding J T，Riley R L. Materials Performance. 1978，17：3
16 W v 贝克曼，W 施文克．阴极保护手册(1971 年版)．胡士信等译．北京：人民邮电出版社，1990
17 米琪，李庆林等．管道防腐蚀手册．北京：中国建筑工业出版社，1994
18 中国石油天然气行业标准．SY/T0036—2000. 埋地钢质管道强制电流阴极保护设计规范．北京：石油工业出版社，2000
19 曹楚南．腐蚀电化学原理(第 2 版)．北京：化学工业出版社，2004

第5章 外加电流法阴极保护技术

5.1 外加电流法阴极保护系统

5.1.1 外加电流法阴极保护技术特点

与牺牲阳极法阴极保护技术相比，外加电流法阴极保护技术的关键区别在于利用外部直流电源对被保护金属结构物提供阴极保护电流。而牺牲阳极法阴极保护则是以负电位金属在电偶电池中通过牺牲阳极溶解对被保护金属结构物提供阴极保护电流。

由此衍生出外加电流法阴极保护技术的一系列特点。它需要一个低电压、大电流、能长期持续供电且能按需调节输出电流的直流电源。由于电源供电的特点，外加电流法阴极保护技术特别适用于需要大保护电流的结构物、大范围区域性实施阴极保护的结构物、环境介质电阻率高的结构物体系等。而且阴极保护工程越大，防腐蚀的经济效益越大。

为将外电源输出的阴极性电流通过环境介质(土壤、海水)到达被保护的金属结构物并构成完整的电流回路，需设置专门用于流通和分配电流的辅助阳极和阳极床并与电源正极相连。辅助阳极是外加电流法阴极保护的重要组元，是保障阴极保护有效性的工程性结构单元。但由于较高的槽压，使阳极床排出的电流中有一部分游走于环境介质中形成杂散电流，从而可能对邻近结构物产生杂散电流干扰。

外加电流法和牺牲阳极法阴极保护技术各有其自身的优点和缺点。表5-1给出了这两种阴极保护方法的优缺点比较。

表5-1 外加电流法和牺牲阳极法阴极保护技术的比较

方法	优点	缺点
外加电流法阴极保护	1. 输出电流连续可调 2. 保护范围大 3. 不受环境介质电阻率限制 4. 工程越大越经济 5. 保护装置寿命长	1. 需要外部电源 2. 对邻近金属构筑物干扰大 3. 维护管理工作量大
牺牲阳极法阴极保护	1. 不需要外部电源 2. 对邻近构筑物无干扰或很小 3. 投产调试后可不需管理 4. 工程越小越经济 5. 保护电流分布均匀、利用率高	1. 高电阻率环境不宜使用 2. 保护电流几乎不可调 3. 需有良好质量的防腐层 4. 投产调试工作复杂 5. 消耗有色金属

对于埋地金属结构物而言，外加电流法阴极保护技术的电源功率与阳极床接地电阻直接成正比，而后者又与土壤电阻率直接相关。因此，外加电流法阴极保护的保护电流需用量与土壤电阻率存在着直接关系。同样，牺牲阳极的输出电流也取决于其接地电阻，而后者也是由土壤电阻率所决定。所以，牺牲阳极法阴极保护技术的保护电流需用量也与土壤电阻率存在着直接关系。如图5-1所示为两种阴极保护技术的保护电流需用量与土壤电阻率的关系。

在图5-1中给出了采用牺牲阳极(镁阳极)保护或采用外加电流法阴极保护时，从其保护电流需用量与土壤电阻率的依从关系考虑它们在经济上合理的应用范围。可根据这种依从

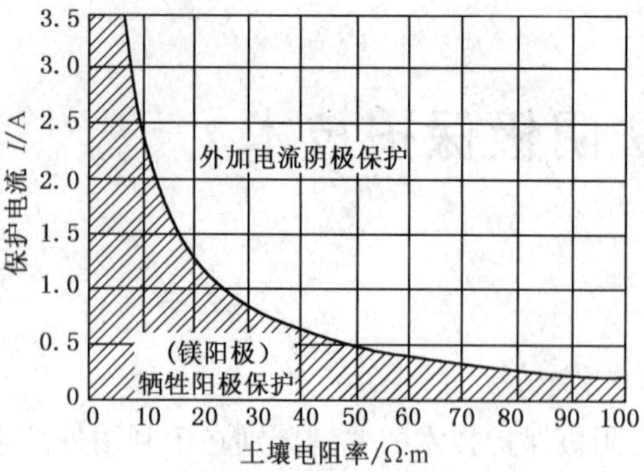

图 5-1　镁阳极和外加电流法阴极保护的经济性应用范围[1]

关系选择，是采用外加电流法阴极保护还是采用牺牲阳极法阴极保护。牺牲阳极保护主要用于低电阻率环境介质和保护电流需用量小的结构物体系，如具有良好绝缘性的防腐层的管道和容器；镁阳极和锌阳极用于海水和设备内的保护。外加电流法阴极保护往往用于保护电流需用量大或环境介质电阻率高的体系，以及大型被保护结构物，以充分发挥其经济性和有效性的优势。当然，这并不是两种阴极保护方法选择的绝对界线。实质上，这两种阴极保护技术在一定的应用条件下都可以扩展到更大的范围。

影响选择阴极保护方法的因素很多，且对于同一结构物/介质体系有时采用任一方法都得是合适的，最终还是应从技术性、有效性和经济性综合考虑。以下是一些影响方法选择的重要因素。

① 对指定环境介质中的金属结构物实施阴极保护所需的保护电流需用量大小；

② 指定环境介质的电阻率大小；

③ 被保护结构物所在地区的电源可利用情况，提供可用电源是外加电流法阴极保护的必要条件之一；

④ 会对邻近结构物产生阴极保护干扰电流影响的地区，不宜采用外加电流法阴极保护；

⑤ 对于存在杂散电流且在结构物/介质体系引起显著电位波动的地区，不宜采用牺牲阳极保护；

⑥ 实际可利用的自然空间，与外界结构物的靠近程度，地役权的取得，地表状况，道路和建筑物的存在，穿越河流，以及其他有关施工和维护方面的因素；

⑦ 安装、运行和维护的费用；

⑧ 该通行区域的未来发展和被保护结构物的扩建规划。

5.1.2　外加电流法阴极保护系统构成

外加电流法阴极保护是利用外部电源对被保护金属结构物施加一定的负电流，使结构物的电极电位通过阴极极化达到规定的保护电位范围，从而抑阻腐蚀获得保护的方法。由此决定了外加电流法阴极保护系统的三个主要组成部分：直流电源、辅助阳极、被保护金属结构物(阴极)。此外还有参比电极、检测站、阳极屏、电缆和绝缘装置等。如图 5-2 所示为对于土壤应用的埋地钢质管道外加电流法阴极保护系统的构成图。

直流电源通过辅助阳极(阳极床)和被保护金属结构物及环境介质构成了一个完整的电流回路。直流电源正极连接辅助阳极，负极连接被保护金属结构物。该电流回路的功能就是向被保护结构物提供阴极保护电流。

参比电极和被保护金属结构物构成了一个电位回路。其功能就是监测和控制结构物的阴极保护电位。把结构物电位信号反馈到检测站或恒电位仪，就可以人工地或自动地调整直流电源的输出电流，使其达到规定的阴极保护电位范围。

从宏观上考虑，被保护金属结构物达到有效阴极保护的判断标准应为，金属结构物的所有部位，其金属/电解质的界面电位都应达到规定的最小保护电位和保护电位范围。由于被保护结构物的几何构型复杂性和(或)环境介质性质(如电阻率)的不均匀性，被保护结构物上的阴极保护电位分布也将是不均一的，且可能在某个部位形成急剧变化。如图 5-3 所示为一个实施外加电流阴极保护的简单结构物/电解质体系上的保护电位分布。

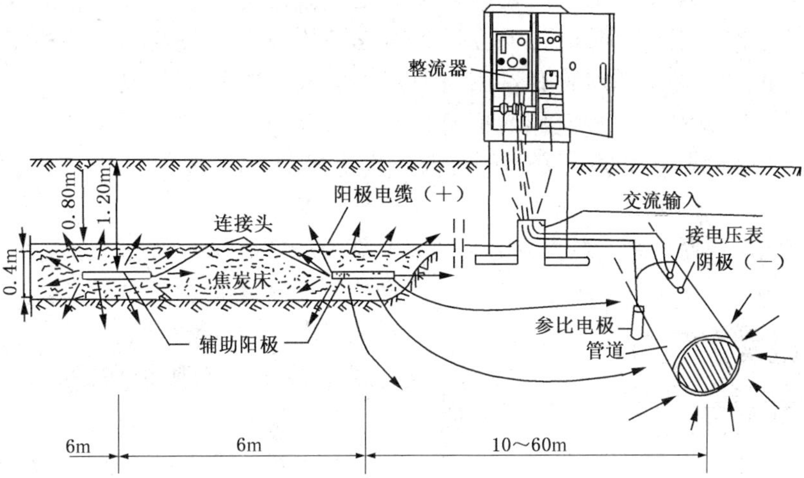

图 5-2　埋地管道的外加电流法阴极保护系统构成图[1]

导致结构物上阴极保护电位分布不均一的可能因素有：

① 辅助阳极与被保护结构物之间的距离过小；

② 环境介质的电阻率大；

③ 被保护结构物所需保护电流大；

④ 被保护结构物不同组成部分之间存在高电阻；

⑤ 被保护结构物表面防腐层质量不均匀等。

而且上述一些因素之间还可能存在相互影响。如图 5-3 所示，最靠近辅助阳极的结构物表面处接受的阴极保护电流密度最大，相应的保护电位也最负。这有可能使该处获得过负的保护电位，进而产生具有危害性的过保护；或者是使其他部位保护电流密度不够，保护电位不足，这都是不希望出现的结果。此外，被保护结构物表面的一些部位接受了过多的和不需要的电流，也是不经济的，将显著增加运行成本。一种改进的措施就是增设直流电源和重新配置辅助阳极。

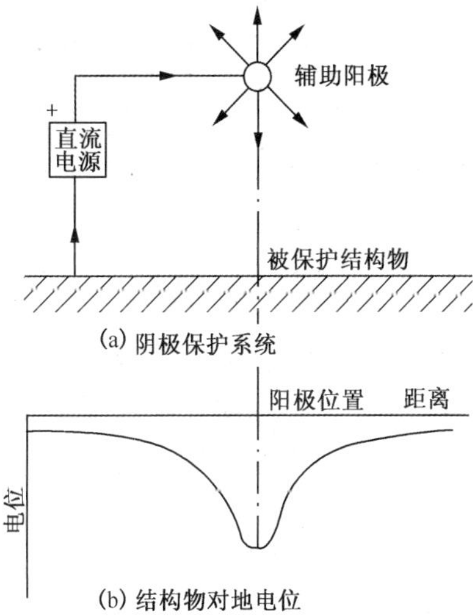

图 5-3　一个外加电流法阴极保护系统和结构物上的电位分布示意图[14]

对结构物成功实施阴极保护必须充分考虑其经济性。既要考虑阴极保护系统建设的初期费用(一次性投资)，又要考虑阴极保护系统长期运行的维持费用(包括长期的多次投资)；并应考虑它们的诸多影响因素及对其进行权衡。例如，影响阴极保护初期费用的因素有：结构物的电连续性、防腐层质量、环境介质的电阻率、实施阴极保护后可能对邻近结构物产生的直流干扰影响以及其他副作用等；影响其日常运行费用的因素：对于外加电流法阴极保护主要是日常所需电能，对于牺牲阳极法阴极保护主要是阳极寿命和阳极更换频度。

5.2 外加电流法阴极保护的电源设备

外加电流法阴极保护系统中需要有一个稳定的直流电源，以对被保护金属结构物长期可靠地提供保护电流。一般情况下应优先考虑使用市电或各类场站的稳定可靠的交流电源。当使用农用电时，必须装有备用电源或不间断供电的专门设备。在有可靠的公用市电的情况下，应首先采用整流器或恒电位仪。在无市电的情况下，可根据条件选择太阳能电池、热电发生器(TEG)、密闭循环蒸汽发电机(CCVT)、风力发电机、直流发电机或蓄电池等。

外加电流法阴极保护系统对直流电流的基本要求是：

① 能长期连续供电，可靠性高；

② 输出电压、电流可调；

③ 输出阻抗应与阴极保护系统回路电阻相匹配；

④ 具有过载、防雷、故障保护装置；

⑤ 对工作环境适应性强，操作维护简便；

⑥ 以及投资成本的考虑。

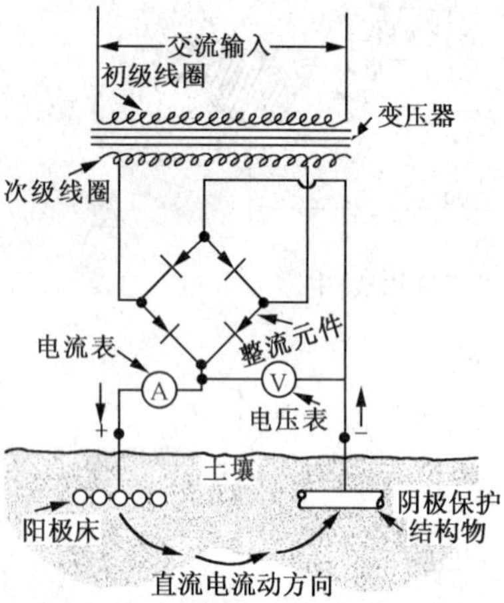

图 5-4 用于阴极保护系统的整流器基本电路

5.2.1 整流器

整流器是一种将交流电转变为直流电的装置。它结构简单、易于安装、操作维护简便、工作稳定、适应性强。由于采用开关电路，整流器的体积也大为缩小。整流线路一般为桥式全波整流(图5-4)。当输出电位较低时(如小于5V)，可采用单相桥式整流电路，其整流效率为60%~75%；整流电流中带有48%的100Hz的交流纹波。当功率较大时(如大于2kW)，则采用三相桥式全波整流更为经济，其整流效率可达80%~90%，整流电流中300Hz的纹波仅为不超过4%。

一般认为，整流电流中的纹波(残余的交流脉动电流)可对阴极保护系统和被保护结构物产生如下影响：

① 对于镀铂钛阳极，纹波电流会引起阳极材料强烈腐蚀和过早损坏；

② 当阴极保护接入电缆不对称时，纹波电流会对讯号传送产生干扰；

③ 在对水管道实施阴极保护时，纹波电流会破坏感应流量计的工作。

在这些情况下，整流后的整流电流中纹波应限制在5%以内。在单相整流回路中，为了降低纹波，通常采用扼流圈和电容器的LC滤波电路。当功率较大和在纹波恒定的情况下，不论负载如何，只要采用三相桥式整流电路，它的纹波一般很低。

普通整流器可用于35℃以下的温度，这时它的功率不受温度及温度变化影响。当环境温度升高时，它的功率就会受高温影响，应采用自然通风对整流器进行冷却。在气候条件很差的情况下，应采用油冷。

常用的硅整流器或硒整流器由电源变压器、整流电路和平滑滤波器三部分组成。电源变压器是将输入的交流电压降低(或升高)到所需数值。整流电路是利用作为整流元件的半导体二极管的单向导电性(如硅整流二极管或硒片)，将交流电转变成直流电。如此整流后的电压和电流还残留交流纹波现象，所以再采用滤波器以使直流电更为平稳。

硒整流元件仅允许承受相当低的负载电流，使用时需占相当大的空间。但在阴极保护装置内仍经常被使用，这是因为它能够耐受较高运行温度，且对过载和过压不敏感。

锗整流元件因其二极管的功率低，不能用于阴极保护。当在有杂散电流通过的导体上用于阻断逆向电流时，在过载情况下易在两个方向上导通。

硅整流元件是阴极保护整流设备中最常用的，它具有很高的电流容量和整流电压，所占空间很小。现行的硅二极管均为封闭式，因此不受外界气候影响。但是硅二极管对超压和过载很敏感，应在变压器和整元件之间串入特快熔断器，并在输出端提供过载保护。

在阴极保护系统中，选用的整流器功率多在1000W(20A/50V)以下，以防对周围环境中其他金属结构物产生干扰影响。如果所需保护电流非常大，可采用增加阴极保护站的办法来解决。对于存在强大杂散电流的强干扰区，可能需用高于100A的强制排流器。如果所用的辅助阳极有限压要求时，所选整流器的电压应与辅助阳极的击穿电压相匹配。

5.2.2 恒电位仪

广义地说，恒电位仪也是一种整流器。它是一种能自动地保持被保护结构物上某控制点电位恒定的电子仪器。为了实现恒电位的目的，恒电位电路设计必须满足两个基本条件：一是应具有一个基准电位(也称为给定电位)，且可调节。对于阴极保护体系，这就是指定要控制的保护电位；二是按照恒电位调节规律运行。当被控制点的电位发生变化时，例如由于电源电压变化或由于环境条件变化，或由于电化学反应的延续而引起电极电位变化，恒电位仪应具有自动调节的能力，使被控制点的电位恒定并等于(无限接近于)给定电位。

电极(此处为被保护结构物)的极化是外加电流作用的结果。因此，在极化过程中由于某种原因引起电极电位变化时，只有调节极化电流的大小，才能维持电位恒定。若电极电位偏离给定电位值而正移，就应自动地调节并减小极化回路的电流，从而使电位下降至原给定值且维持不变。若电极电位偏离给定电位值而负移，则应调节增大极化电流，从而使电位上升至规定的电位值且维持不变。总之，应遵循这样的规律：自动调节电位是通过自动调节极化电流来实现的，必须与电位偏离方向进行反向调节电流，才能保持电位恒定。如图5-5所示为恒电位仪组成原理的方框图。

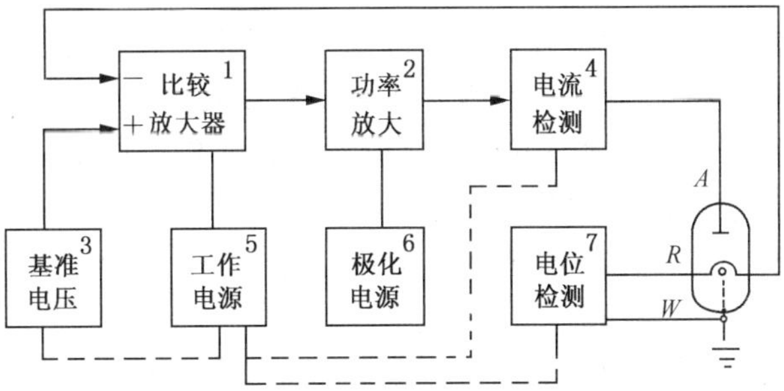

图5-5 恒电位仪组成原理方框图

恒电位仪种类很多，如晶体管恒电位仪、磁饱和恒电位仪、可控硅恒电位仪和运算放大器-集成电路恒电位仪等。

晶体管恒电位仪控制精度高，可利用场效应管提高输入阻抗，体积较小，但线路较复杂，输出功率低，需要蓄电池供电和定期充电使用，一般只用于有直流电的小型船舶和保护面积不大的设施上。磁饱和恒电位仪过载能力强、使用寿命长，维修方便，但体积大而笨重、加工工艺复杂。可控硅恒电位仪的功率较大、体积较小、寿命较长，但过载能力不强，线路也较复杂。这种装置在阴极保护中用得较为广泛。运算放大器-集成电路恒电位仪一般采用计算机控制，其电位控制精度高，广泛应用在实验室中和用于金属腐蚀研究、电化学保护、电化学加工、电镀等多个领域，但其功率较小，一般适用于小型结构物和试件。

阴极保护恒电位仪主要用于结构物/电解质体系的电位经常波动的场合，如存在有杂散电流影响、介质流速的影响(航行中的船舶)、气候变化的影响、土壤中含水量变化的影响(埋地管道)的场合。在外加电流法阴极保护中，采用恒电位仪就可以通过自动调整保护电流来维持结构物/电解质体系的电位恒定在规定的保护电位范围内。

但是，用恒电位仪控制恒定电位的部位，对于庞大水中结构物或绵延的埋地管道来说，只是一个点，而且就是明确的参比电极所在位置的那个点。即使这个点的电位控制得十分精确恒定，并不表明整个结构物(如管道)上其他部位的电位都恒定了。可以肯定地说，由于所有环境介质及条件都处于动态变化之中，除参比电极控制点处的电位外，其他部位的电位仍都在经常性变动之中。绝对不能认为，通过恒电位仪就可以控制整个结构物电位恒定。

因此，受控制的参比电位点的选择是十分重要的。一般而言，它应该设置在环境条件变化大、结构物的构型复杂和受干扰影响大的部位。也可以说，应设置在对阴极保护电位控制和电位分布有全局性影响的部位。

在国外，在外加电流法阴极保护系统中大量地(甚至主要地)都是使用整流器，因为整流器价格低廉，调整和维护很方便，质量可靠，而且并不需要经常性调整和维护。而在我国，则在外加电流法阴极保护系统中普遍地采用恒电位仪，一方面是因为人们高度地(有时过高地和不正确地)评价它的自动控制功能；另一方面，则是担心，如采用整流器将会带来经常调整和维护以及需人工值守的问题(实际上调整和值守的工作量并不多)。其实，我国阴极保护系统中的恒电位仪也仍不时遇到故障，仍需经常调试维护。

当前，我国阴极保护业界大量使用的是可控硅恒电位仪。典型的恒电位仪性能指标举述如下：

① 恒电位的控制调节范围(给定电位)：-0.500～-2.000V。

② 电位控制精度：不大于±5mV。

a. 负载特性：输出电压、电流在额定值范围内变化时，保护电位变化不大于±5mV；

b. 漂移特性：连续运行，保护电位变化不大于±5mV；

c. 输入特性：当电源电压变化±10%时保护电位变化不大于±5mV。

③ 参比电极允许流过的阳极性电流不大于3μA。

④ 自动误差报警：保护电位偏离控制电位(给定电位)在30mV以上时能自动发出报警信号。

⑤ 限流特性：输出电流超过额定值，以至短路，仪器能自动限制输出电流于预定值上，并发生报警。过载和短路原因消失后，即自动恢复正常工作。

⑥ 抗交流干扰能力：当参比电极遭受到24V以下交流干扰时，仪器能正常工作。

⑦ 防雷击余波：阳极、阴极、参比电极能承受20kV、重复周期为1～5s、脉冲宽度约为25μs的脉冲波，时间为1min，仪器能正常工作。

5.2.3 恒电流式整流器

恒电流式整流器是一种恒电流式稳压器，也称恒电流仪。一般用于有杂散电流干扰情况下的阴极保护。它是一种磁饱和电抗器或可控硅整流器，带有限流或滤波，有一个增大的内阻。工作时一般不受外部电阻和反向电压的影响。这种整流器特别适用于强制排除防腐层质量很差的管道上的杂散电流。这种防腐层质量差劣的管道的管/地电位通常与排出的电流成比例。安装恒电流保护装置时，管/地电位即使出现相当小的波动也应予以考虑。

恒电流控制的整流器有时用于正向电车(电气化铁路)轨道下方的管道的阴极保护。此时应当将杂散电流朝自然流向排流，最后在铁轨交叉点两侧若干公里远处对管道实现外加电流法阴极保护。

在油井套管的阴极保护中，由于测试困难，对于套管深层处的保护状态无法了解，为此有时可使用保护电流密度作为套管阴极保护水平的依据。恒电流整流器可用于这种领域。另外，对许多阴极保护体系在进行日常控制管理时，也都是在整流器上通过调整电流来实现的，对此采用恒电流整流器有其一定的优势。

5.2.4 其他形式的电源

阴极保护的金属结构物有时处于无公用电源的地区，尤其是长输管线，可经过乡村、山区、高原、沙漠、冰川、无人区等。对此可考虑采用其他形式的电源。

5.2.4.1 太阳能电池

太阳能电池是利用半导体材料的光电转换原理(光生伏效应)，将光能转换成电能的一种装置。可以产生光电转换效应、制造太阳能电池的半导体材料有单晶硅、锗、砷化镓、硫化镉等。其中，单晶硅薄膜电池的工艺较为成熟并已获得普遍应用。

外加电流法阴极保护技术使用的太阳能电池主要为 p-n 结接触的硅太阳能电池。电池在热平稳状态下，当太阳光的光线照射在半导体换能器 p-n 结上时，就会直接把光能转换成电能，并在负载上有电流流过。硅太阳能电池的转换效率一般为 8%～12%，最高可达 15%。太阳能电池在光电转换中不发生化学反应，本身也不消耗，无污染，无噪声，性能可靠，适用温度范围宽(-60～+120℃)，且可大量节省其他能源，应用前景广阔，目前国外应用较多。

如图 5-6 所示为 p-n 型太阳能电池的结构。这种电池均有一个大面积的 p-n 结，p 区(上电极)为正极，n 区(下电极)为负极。上、下电极一般用镍、银-铝、银-钛电极，上电极由主栅线及几条栅线组成。减反射膜一般为氧化硅或氧化钛。一个直径为 7.62cm 的太阳能电池，在阳光强度约为 $10mW/cm^2$(如同早晨的阳光)时产生的开路电压约为 0.6V，这时所产生的短路电流为 1.3A。太阳能电池所产生的电流与入射的光强成比例。一般而言，当温度升高时，短路电流增大，但开路电压及效率却下降。

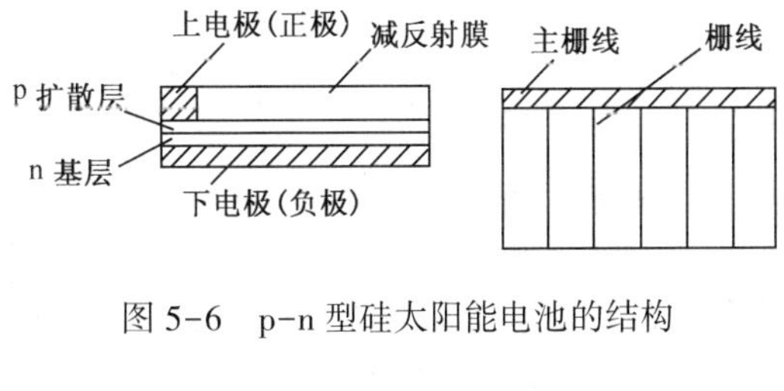

图 5-6 p-n 型硅太阳能电池的结构

硅太阳能电池可串联、并联或串-并联组成电池组使用，这种电池组称之为硅太阳能电池方阵。作为电源装置，太阳能电池须与蓄电池配合使用，以保证在夜晚和阴天无太阳能时也能正常对阴极保护系统供电。太阳能阴极保护系统包括以下几部分：太阳能电池方阵、充电控制器、阴极保护控制装置、连接电缆(参见图 5-7)。

太阳能电池方阵安装在经过阳极氧化的铝架上，架子平面应与地面倾斜成一定角度。蓄电池组可直接放置在有遮蔽的地面上；在非常寒冷的条件下可将它们放在保温场所或埋在冰冻线以下的土壤中。充电控制器应当在蓄电池电压低于某一预定值时合上开关，使太阳能电池方阵输出电流，向蓄电池充电；而当蓄电池电压达到预定值时，充电控制器放开开关，停止充电。阴极保护控制装置是控制送到阳极床的电流，容许偏差±5%，直至不需要再作调节为止。太阳能电池组与组之间以及与蓄电池组之间用包覆氯丁橡胶的多芯电缆单线连接。

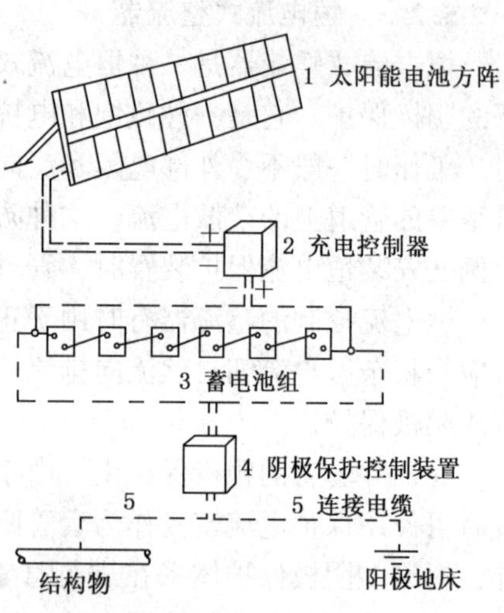

图 5-7 太阳能阴极保护系统构成图

太阳能电池可用于恶劣环境，如高温或低温、潮湿、盐雾地区。其优点是质量轻、维护和使用方便、可靠性高、耐冲击和震动、使用寿命长，但价格较贵。它可用于埋地管线、近海平台、油井及水井的套管等的外加电流阴极保护。

5.2.4.2 热电发生器(TEG)

热电发生器(TEG)也称温差发电器。它的工作原理与热电偶相同。热电偶原理是：当两种不同金属的两端相连接，构成一个闭合回路时，如两个连接点分别处于不同的温度(热端和冷端)，便在两端之间产生温差电势，回路中就有电流流动，此即温差效应，也称塞贝克效应。把两种金属分别换成 p 型和 n 型半导体，就可以制成把热能转变为电能的温差发电器，即热电发生器。半导体材料的塞贝克系数大，产生的温差电势也大，常用的温差半导体材料有碲化铝等。

如图 5-8 所示为热电发生器的基本工作原理图。这是由 p 型和 n 型半导体材料组成的温差电偶。一端用金属实现短接，温度为 T_1；另一端与金属连接时串接负载电阻 R_L，温度为 T_0。当 $T_1>T_0$时，由于温差效应使负载电阻 R_L上有电流流过。这就构成了一个热电发生器的发电工作基础。由于一副温差电偶对的发电功率太小，在实际使用时必须把一定数量的这种温差电偶对通过串、并联连接起来，才能构成 一个有使用价值的大功率热电发生器。例如，一个 120W 的热电发生器，共由 80 个温差电偶对组成，每个产生 84mV 电压，共可以提供 6.7V/18A 的电能。

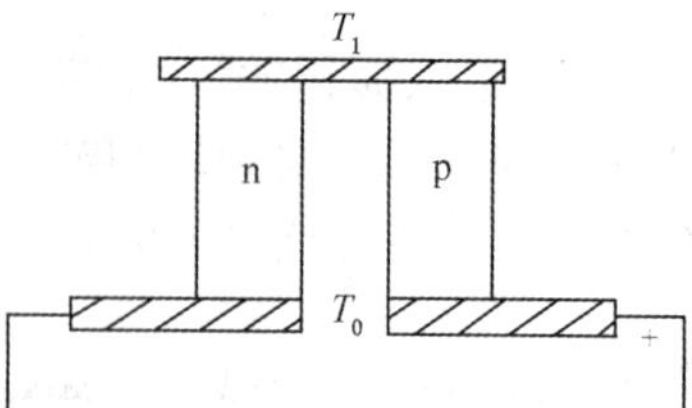

图 5-8 热电发生器的基本工作原理图

为保证温差电偶对的热端维持一定的温度(如 538℃)，可采用多种能源作为燃料加热使之发电。目前工程应用的多数是以气体燃料(如丙烷、丁烷、天然气)为能源的热电发生器。冷端则是通过一组散热片将热量散发于周围空气中，以保持其相对低温(如 163℃)。显然，利用油、气埋地管道本身输送的能源介质作为燃料，使热电发生器发电，直接用作为阴极保护电源是很方便的。

热电发生器的点火系统具有自动启动/重新启动的功能，可以做到无人值守和自动控制。这是一种坚固的、可靠性很高的电源装置，所需维护保养工作量很小，很适用于无电或经常停电地区的阴极保护站。

5.2.4.3　密闭循环蒸汽发电机(CCVT)

密切循环蒸汽发电机的英文缩写为 CCVT，它是于 1958 年由以色列国家物理实验室研制首创，由以色列 Ormat Trubine Ltd 生产，故也称奥密特能源转换器(OEC)。CCVT 发电装置以其独特设计和优良的部件质量而成为可靠性非常高的一种发电机。对于需要提供 200~6000W 电力的边远无公用电源地区，因其高可靠性、可连续工作 20 年、无需维护和无人值守而深受欢迎。

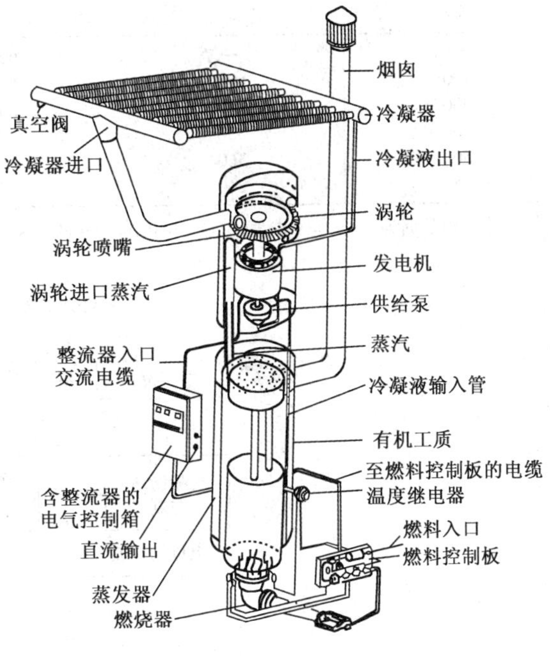

图 5-9　密闭循环蒸汽发电机(CCVT)的构造系统原理图[3]

CCVT 是将飞机设计的热力学原理和航空发动机的先进技术应用于发电方面，使之达到很高的可靠性程度。如图 5-9 所示为 CCVT 的构造系统。这种装置利用高分子有机工质进行朗肯动力循环做功，其热源可以是各种气态或液态燃料。涡轮、发电机和供给泵共轴，是唯一的转动部件，并被密封在不锈钢罐内，这是装置的主体部分；外部装有燃料系统、蒸发器和冷凝器，以及燃料-负载自动调节系统。

CCVT 工质的工作过程是，燃烧系统发生的燃气通过蒸发器将装在密封容器中的液态工质加热、汽化，使蒸汽导入涡轮，在涡轮中膨胀做功并通过涡轮轴带动交流发电机发电。由涡轮出口排出的乏汽流入冷凝器，在大气自然冷却条件下冷凝为液态，凭借液态工质自身重力和涡轮轴下端的供给泵，重又将其泵入蒸发器中，如此完成一个朗肯动力循环。发电机和涡轮的共同轴由两个静/动压液浮轴承支撑着转动，避免了金属与金属之间的摩擦，因而没有机械磨损。动压轴承由运动流体润滑，所以不需要外加润滑剂。透平交流发电机被安装在一个不锈钢罐内并永久性密封，完全消除了外部气候环境(灰尘、温度、海拔高度和风)对它的影响。密封体内的压力低于大气压，因而可排除运动流体的流失。

CCVT 用于金属结构物(管道)的阴极保护时需配以阴极保护电压转换器(CPVCM)来调整电压、电流，以满足结构物阴极保护的技术要求。为了适应季节变化和满足阴极保护系统在数年后的电流需用量增加的需要，其工作容量应保持有一定的裕量。如图 5-10 所示为 CPVCM 转换器的工作原理方框图。CPVCM 一般也有三种运行方式，即恒电压式、恒电流式和恒电位式。

5.2.4.4　风力发电机

在我国沿海、山区、草原等许多地区都有丰富的风力资源。风能是一种自然能源，与太阳能一样可以就地取用，分布广泛，源源不断，不污染环境，不破坏生态。在拥有可利用的风能资源的地区，采用风力发电作为阴极保护电源是一种经济有效的措施。

风力发电机由发电机组和风力机组成，分为水平轴式和垂直轴式两种类型，结构简单，价格低廉。适合于阴极保护电源用的为小型风力发电机，其构造原理就是由风轮直接驱动充电型发电机。一般使用的功率在 1kW 以下。表 5-2 为小型风力发电机的额定转速、功率和电压的对应关系。

表 5-2　小型风力发电机的功率、转速和电压关系

功率/W	转速/(r/min)		电压/V	
50	—	600	14	(28)
100	400	620	28	(14)
200	400	540	28	42
300	300	400	28	42
500	360	—	(56)	115
1000	240	450	115	230

注：括号内数据为可用，但不推荐(引自 GB 10760.1—89)；发电机的正常工作转速范围为(65%~150%)×额定转速。

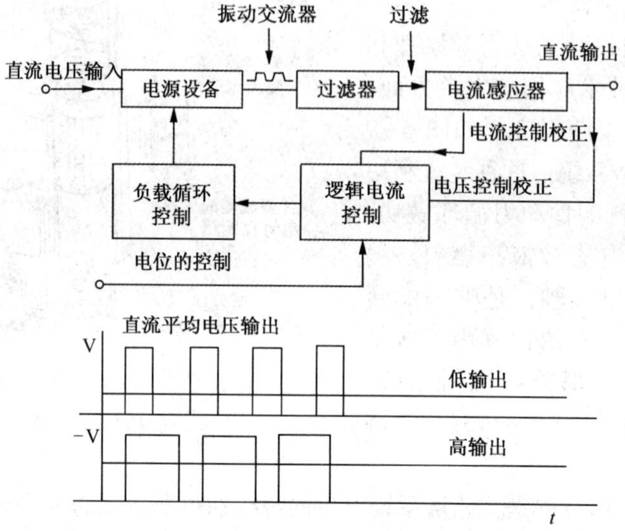

图 5-10　CPVCM 转换器工作原理方框图[3]

风能利用有两个缺点，即能量密度低和能量不稳定，从而使风能供应的可靠性差。风的随机性很强，风的方向和风力大小随时都在变化。为了获得稳定、可靠的电压和频率，可采用交流整流子发电机、磁场调制发电机降频转换系统、电磁滑差连接变速恒频发电系统等，以稳定风力发电机的输出。

作为阴极保护电源使用的风力发电机必须配备蓄电池组。它与发电机的连接采用不可逆电路，以防止蓄电池电流逆向流入风力发电机。

5.2.4.5　蓄电池

蓄电池组可在没有公用电源及需用保护电流较小的情况下用作阴极保护电源。这种电源较为简单，但电容量有限，需要准备较多备份，以便更换使用。

铅酸蓄电池是风力发电机和太阳能电池常用的储能装置。它由正极板(PbO_2)、负极板(Pb)、电解液(H_2SO_4)、电解槽及附件等部分组成。它的充放电化学反应式为：

$$2PbSO_4+2H_2O \underset{放电}{\overset{充电}{\rightleftharpoons}} Pb+PbO_2+2H_2SO_4 \tag{5-1}$$

该反应式中右向反应为充电，左向反应为放电。常用铅酸蓄电池的额定电压为 12V、6V 和 2V。

镍镉蓄电池可多次充放电(>1000 次)，使用寿命长，低温性能好，使用温度可达 -40℃，自放电少，结构牢固，使用维护方便。它由氧化镍正极组、镉铁负极组、绝缘隔离

物、电解液(KOH)及附件组成。它的充放电化学反应式为：

$$2Ni(OH)_2+Cd(OH)_2 \underset{放电}{\overset{充电}{\rightleftharpoons}} 2\beta-Ni(OH)+Cd+2H_2O \tag{5-2}$$

该反应式中右向反应为充电，左向反应为放电。

铁镍碱性蓄电池的结构与镍镉蓄电池类似，不同的是负极有效物质为铁，采用经硫酸处理的细粉状纯铁。它的工作原理、耐低温性及寿命均与镍镉蓄电池相当，但价格略低。

固定式密封免维护铅酸蓄电池以带液荷电状态出厂，电池内没有流动电解液，充电时产生的气体能在电池内自行消除。在正常使用状态没有气体、酸雾或硫酸排出电池外，因此对安装场所一般无特殊要求。免维护铅酸蓄电池具有普通铅酸蓄电池的性能特性，其大电流放电性能、低温性能、自放电性能、浮充、循环寿命性能和机械强度等均有重大改进。这种蓄电池在25℃，以2.25V浮充状态下使用，浮充寿命可达20年。以80%深度放电，充放电循环寿命可达1000次上。其最大优点是免维护，便于管理，但价格较贵。

5.2.4.6　直流发电机

在没有公用电源而蓄电池组又不能满足功率要求的情况下可采用直流发电机。它能够提供无脉动的直流电力，输出电压可精确调节和控制，可供选用的电压等级从6V到1000V至少有11个。其功率等级很多，从0.7kW到7000kW有36个等级可供选用。直流发电机的低电压、大电流输出特性很适合于用作阴极保护电源。

总之,阴极保护电源可选种类很多,基本选用原则是:能有效提供连续可调可控的低电压大电流,可靠性高,经济高效,对当地气候环境条件适应性强,使用寿命长,维护管理简便,可无人值守。首选公用市电,当无公用市电或公用市电不能可靠供应时应选用其他电源。

5.3　外加电流法阴极保护的辅助阳极

5.3.1　辅助阳极的作用与性能

外加电流法阴极保护系统中的辅助阳极是构成完整电流回路的基本组件。外部电源的正极连接辅助阳极，电流经由环境介质流入连接外部电源负极的被保护结构物。辅助阳极的基本作用就是长寿命、可靠地承载电流及向被保护结构物供给电流。

外加电流法阴极保护系统实质上是一个电解电池。作为该电解电池阳极的辅助阳极应耐受环境电解(海水、土壤等)的腐蚀、电解溶解和阳极氧化的电化学反应。虽然原则上各种金属材料和导电的非金属材料都可以用作辅助阳极,但它必须满足对电解电池阳极作用的要求。

对于在环境介质中可溶的阳极材料(如钢铁)，辅助阳极上的氧化反应主要为金属溶解形成金属离子的反应：

$$M \longrightarrow M^{n+}+ne \tag{5-3}$$

产生的金属离子M^{n+}在中性水溶液(包括土壤)中并不稳定，一般可通过以下反应进一步形成氢氧化物沉淀：

$$M^{n+}+nH_2O \longrightarrow M(OH)_n+nH^+ \tag{5-4}$$

在不含Cl^-的水介质中呈惰性的阳极材料(如铂)，这种辅助阳极上的氧化反应主要是所谓电解水的析氧反应：

$$2H_2O \longrightarrow O_2+4H^++4e \tag{5-5}$$

当水介质中含有少量Cl^-(>200mg/L)时,同时将发生Cl^-参与的氧化反应(析氯反应)：

$$2Cl^- \longrightarrow Cl_2+2e \tag{5-6}$$

$$Cl_2+H_2O \longrightarrow HClO+HCl \tag{5-7}$$

式(5-7)中作为反应产物的HCl的离解性比HClO强得多。因此，实质上这是一个形成H^+的反应。显然，式(5-4)~式(5-7)中的反应产物H^+都使阳极表面附近的电解液呈酸性，且pH值趋小。在土壤环境中，由于黏土等透气性差，使阳极氧化反应析出的气体(O_2、Cl_2)排放不畅，拥堵在阳极表面和阳极附近，从而导致阳极接地电阻增大，这就是阴极保护中所谓的“气阻”效应。气阻效应的出现将增大阳极接地电阻，增加能耗，或影响阴极保护系统的运行，直至不能达到规定的保护电位。

作为外加电流法阴极保护系统的辅助阳极应具备以下一些基本性能：

① 具有良好的导电性能，阳极在电解质环境中的接界电阻低；

② 阳极极化率小，能通过较大的电流量；

③ 化学稳定性好，耐腐蚀，消耗率低，自溶解量少，寿命长；

④ 具有一定的机械强度，耐磨损，耐冲击和震动，可靠性高；

⑤ 加工性能好，易于制成各种形状；

⑥ 材料来源广泛易得，价格低廉。

辅助阳极的材料种类很多。一般根据阳极消耗率(溶解性能)可分为：可溶性阳极、低溶性阳极和难溶性阳极。表5-3~表5-6列出了一些常用辅助阳极的材料和性能数据。

表5-3　几种常用辅助阳极的材料和性能[5,6]

阳极材料	使用环境	容许电流密度/(A/dm²)	消耗率/(kg/A·a)
碳　钢	水中、土中	—	9
铸　铁	水中、土中	—	2~9
铝	淡水	0.1	2.4~4
硅铸铁	海水	0.5	0.3~1.0
硅铸铁	淡水、土中	0.1	0.05~0.2
石　墨	海水	0.1	0.16
石　墨	淡水	0.025	0.04
磁性氧化铁	海水	4.0	约0.1
磁性氧化铁	土中	0.1	约0.1
铅银合金	海水	0.3~3	0.3
镀铂钛	海水、淡水	10	0.000006
镀铂钛	土中	4	0.000006

表5-4　埋地金属结构物外加电流法阴极保护用几种辅助阳极基本性能和应用领域[6]

阳极材料	钢铁		高硅铸铁			石墨			磁性氧化铁	钛镀锂铁氧体
长度/m	1m NP30工字钢	1m钢轨	0.5	1.2	1.5	1	1.2	1.5	0.9	0.5
直径/m	高0.3 宽0.13	0.14 0.13	0.04	0.06	0.075	0.06	0.06	0.08	0.04	0.016
质量/kg	56	43	16	26	43	5	6	8	6	0.2
密度/(g/cm³)	7.8	7.8	7	7	7	2.1	2.1	2.1	5.18	6~12
实际消耗率/(kg/A·a)(无焦炭床)	10	10	0.2~0.3			1	1	1	0.002	0.001
实际消耗率/(kg/A·a)(有焦炭床)	5	5	约0.1			约0.2~0.5			—	<0.001

续表

阳极材料	钢铁		高硅铸铁			石墨			磁性氧化铁	钛镀锂铁氧体
寿命/a(每个阳极1A，无焦炭床)	5	4	50	80	140	5	6	8	200	120
寿命/a(每个阳极1A，有焦炭床)	10	8	160	260	430	10	12	16	—	>120
损坏倾向	无		中			大			中	无
主要应用领域	用于高电阻率土壤中带焦炭床的扩展阳极装置，价格低廉		常用于长寿命的在役外加电流阳极，无焦炭床也能用			用于腐蚀性土壤和水中，无焦炭床也能用，价格相当低廉			用于土壤、海水	用于深井阳极、海水

表 5-5　外加电流辅助阳极(无焦炭床)的材料成分和性能[6]

阳极类型	成分/%(质量)	密度/(g/cm^3)	阳极电流密度/(A/m^2) 最大	平均	消耗率/g/(A·a)
石　墨	100℃	1.6~2.1	50~150	10~50	300~1000
磁性氧化铁	Fe_3O_4+添加剂	5.2	—	90~100	1.5~2.5
高硅铸铁	14Si、1C、Fe 余量[5Cr 或 1Mn 或(1~3Mo)]	7.0~7.2	300	10~50	90~250
Pb-Ag 合金 1	1Ag、6Sb、Pb 余量	11.0~11.2	300	50~200	45~90
Pb-Ag 合金 2	1Ag、5Sb、1Sn、Pb 余量	11.0~11.2	500	100~250	30~80
Pb-Pt	Pb+Pt 丝	11.0~11.2	500	100~250	2~60

表 5-6　带有贵金属镀层和金属氧化物涂覆层的辅助阳极材料成分和性能[6]

基体材料	密度/(g/cm^3)	镀　层	密度/(g/cm^3)	镀层厚度/μm	阳极电流密度/(A/m^2) 最大值	平均值	最大驱动电压/V	消耗率/(mg/A·a)
铂	21.45	整体铂	21.45	整体	>10^4			<2
钛	4.5	整体钛					12~14	
铌	8.4	整体铌					约 50(<100)	
钽	16.6	整体钽					>100	
Ti，Nb，Ta		镀铂	21.45	2.5~10	>10^3	600~800		4~10
Ti，Nb，Ta		镀锂铁氧体	6~12	<25	>10^3	100~600		<1~6

5.3.2　辅助阳极材料

5.3.2.1　钢铁

钢铁为可溶性阳极材料。外加电流阴极保护系统工作时阳极的基本氧化反应为 Fe 溶解成 Fe^{2+} 的过程：

$$Fe \longrightarrow Fe^{2+} + 2e \qquad (5-8)$$

钢铁在环境介质中的耐蚀性比其他阳极材料差，消耗率大。其溶解速度随电流密度增加而增大。例如电流密度分别为 90、200、500 及 1000A/m^2时，相应的溶解速度为 96.5、213、530 和 1055g/m^2·h。

根据法拉第定律，按式(5-8)形成 Fe^{2+}时铁的消耗率为 9.13kg/A·a。但实际消耗率要比此值略大，特别是在普通水和海水中，因为其效率小于 100%，而在土壤中钢的消耗率则要更小些，为 8.4kg/A·a，这是由于钢表面上形成的富碳层具有部分钝化作用。作为辅助阳极使用的铸铁，在腐蚀时表面形成的石墨化和富碳层可导致钝化和气体逸出，因而实际消耗率小于理论值。

钢铁阳极的溶解性强，消耗率大。按照式(5-8)，1kg 铁可以产生约 960Ah 的电量。如此高的质量损耗意味着，必须为外加电流阴极保护系统安装大量钢铁块。对于一个 10A 的阴极保护站，至少要安装 2t 钢铁块才能满足 20 年运行周期之需。钢铁阳极的低费用和容易加工、便于运输等优点已足以补偿它的高消耗率。

一般只使用废旧钢铁作阳极材料，如废旧的钢梁、管道、钢轨、钢桩、机器零部件等，它们具有材料来源广泛、价格低廉而且容易加工等特点，可制成尺寸较大的阳极。阳极与电缆焊接的部位要严格做好防腐蚀绝缘，在水中使用时可用铸模树脂绝缘，在土壤中使用时用沥青玛蹄脂绝缘。

在土壤环境中，钢铁的腐蚀产物(附着良好的厚氧化铁层)会增大电阻极化，这时可在阳极周围填充焦炭(填充密实度应保持一致)以降低电阻极化。在海水中，钢铁的腐蚀产物很少保留在表面上，因而无此问题。

钢铁阳极在工作时电极上析出气体很少，因而不存在气阻问题。因不会析出氯气，所以可应用在封闭容器中。废旧钢铁可作为埋地管线、冷却水系统、闸门等阴极保护的辅助阳极，但近年已较少应用，但在高电阻率介质中仍是重要的辅助阳极材料。

5.3.2.2　铝和锌

铝也是可溶性阳极材料，它材料来源广，制造容易，加工方便。作为辅助阳极使用，铝的理论消耗率为 6.4kg/A・a，而实际应用中(尤其是在中性介质中)的平均消耗率只有 4.5kg/A・a，这是铝的易钝化行为作用的结果。

铝作为阳极在工作时不析出氯气，且腐蚀产物无毒，所以可用于封闭容器和淡水储槽中的阴极保护。有研究表明，用铝作辅助阳极，其腐蚀产物还可起到一定的降垢和缓蚀作用。通常使用 20mm 直径的长条型挤压铝阳极，材料为 H14 和 H15 合金；海水中最好用纯铝。

鹿特丹皇家劳埃船级社的消耗性铝阳极是用一根 8mm 粗、60m 长的铝线制成，其所需应用长度由位于船尾的一个绞盘，每日两次手工放出。拖长 10~15m，潜水距离约 50m。铝的消耗率为 0.7kg/A・h。根据船的水下表面积，在泄放电流为 70~200A 时所用电压约 9~12V。对这种称之为拖牵阳极的阳极铝线断裂强度应加以选择：在船舶作业时，若发生阳极线和螺旋桨缠绕，应能立即拉断。卷缠能承载 60kg 阳极铝线。在淡水中，电流泄放不顺畅将不利于良好的电流分布。在海水港口里，拖牵 10m 长的铝线来保护船尾就可以了。

锌也是可作为辅助阳极使用的又一种有色金属。作为可溶性辅助阳极，锌的实际消耗率接近其理论值，为 10.8kg/A・a，而不是用作牺牲阳极时通常取 90%效率时的数值。

5.3.2.3　高硅铸铁

高硅铸铁(HSI)是指含 14%~18%Si 的铁合金，单相组织。典型成分是 Fe-14.5%Si。它具有较好的耐蚀性，这是由于在其表面上形成了含有 SiO_2 的保护膜。这层膜的存在有利于按式(5-5)进行的析氧反应，同时阻碍了铁的阳极溶解。如果没有这层膜或在这种膜形成之前，HIS 合金还是易腐蚀的。所以在实际应用中，高硅铸铁的初期腐蚀率较高，一般经过数小时阳极反应后方可达到稳定成膜状态，使腐蚀率明显下降。但是，这种含 SiO_2 的膜在碱性溶液中是可溶的，以致于高硅铸铁在碱性溶液中的化学稳定性并不好。

在海水和半咸水中，高硅铸铁表面形成的膜层是不完整的，这使它们耐蚀性较差。为了改善耐蚀性，往往在合金中添加一些合金元素，如添加 5%Cr 和 1%Mn 和(或)1%~3%Mo 的合金就可适于海水应用。例如，添加 Mo 的高硅铸铁，当电流密度为 10A/m^2 时，在海水中的消耗率仅为0.02kg/A·a，而未添加Mo的则为0.2kg/A·a；在电流密度较大和温度较高情况下，耐蚀性的改善更为显著。研究结果还表明，高硅铸铁在电阻率为10Ω·m的水中比石墨优越，但在<0.5Ω·m的盐水中易遭受坑蚀；添加少量Mo(1%~3%)的合金可有效地建立和维持保护性氧化膜，降低了在含Cl^-浓度大于200mg/L的水中发生坑蚀的危害性。

含4.5%Cr的高硅铬铁(HSCI)的耐蚀性比含Mo硅铁更高，也更为经济，广泛应用在盐水和土壤中。它们的典型化学成分列于表5-7中。目前世界上流行的商品化高硅铸铁阳极材料的化学成分示于表5-8。

表5-7　高硅铸铁(HIS)和高硅铬铁(HSCI)阳极的化学成分　　%(质量)

元　素	高硅铸铁(HSI)	含Mo高硅铸铁	高硅铬铁(HSCI)
Si	14.5	14.5	14.5
C	0.9	0.9	0.9
Mn	0.7	0.7	0.7
Mo	—	3.0	—
Cr	—	—	4.5
Fe	余量	余量	余量

表5-8　一些商品化高硅铸铁阳极材料的化学成分

序号	品　名	化学成分/%(质量)						杂质含量/%(质量)		备　注
		Si	Cr	Mn	C	Mo	Fe	P	S	
1	高硅铸铁	14~16	—	0.6~0.8	0.8~1.05	—	余量	≤0.25	≤0.1	SY J36—89
2	含铬硅铁	14~16	4.0~4.5	0.6~0.8	0.8~1.05	—	余量	≤0.25	≤0.1	
3	Si_{14}	14.25~15.25	—	≤0.5	≤1.0	—	余量	≤0.25	≤0.1	BS 1591—1975
4	$SiCr_{14-4}$	14.25~15.25	4.0~5.0	≤0.5	≤1.4	—	余量	≤0.25	≤0.1	
5	Duriron	14.5		0.75	0.95	—	余量			ASTM A518—64
6	Durichlor	14.5	—	0.35	0.85	3.0	余量			
7	Durichlor-51	14.5	4.5	—	0.75	少许	余量			
8	C15	14.5~16	—	0.3~0.8	0.5~0.8	—	余量	0.1	0.7	ГОСТ 2232—70

高温(93℃)海水中，高硅铸铁和含铬高硅铸铁在电流密度为10.8A/m²时的消耗率分别为8.4kg/A·a和0.43kg/A·a，这种情况下高硅铸铁的消耗率接近中碳铁的数值。在富含Cl^-的水溶液中，高硅铸铁阳极的性能比石墨差，因为Cl^-破坏了合金表面的钝化膜。

在淡水中，当电阻率大于10Ω·m时，高硅铸铁的消耗率比碳钢低得多。在pH值为3~9的淡水中，当电流密度为10A/m²时，高硅铸铁的消耗率不超过0.12kg/A·a；pH值为7时最小，pH值为9时最大。当淡水温度高于50℃时，以选用含铬高硅铸铁为宜。

高硅铸铁阳极在土壤中，可以单独使用，或在阳极周围充填炭质填充料。在后者情况下，其电阻率与石墨阳极/炭质填充料的电阻率相近。高硅铸铁与填充料之间的接触电阻虽然很高，但它可被高硅铸铁很低的电阻率所补偿(高硅铸铁合金的电阻率为72×10^{-8}Ω·m，石墨为14×10^{-6}Ω·m)。但这种情况下应考虑可能产生的气阻问题和设法把产生的气体排除出去。当高硅铸铁阳极在土壤中不用填充料时，消耗率较高，参见图5-11。如果土壤中含有相当高浓度的氯化物时，以选用含铬高硅铸铁为宜。

高硅铸铁很硬(布氏硬度HB 520)，不易加工，可采用一次浇铸成型。这种合金性脆，

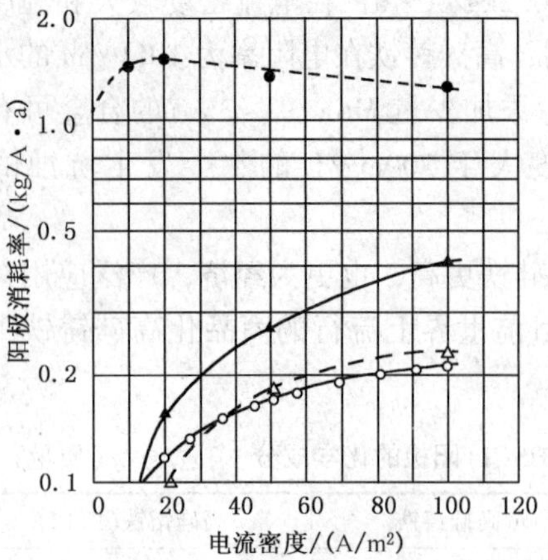

图 5-11 辅助阳极在土壤中的材料消耗率[6]

●—石墨阳极无焦炭床；▲—FeSi 阳极无焦炭床
○—石墨阳极有焦炭床；△—FeSi 阳极有焦炭床

不耐机械冲击和温度的剧烈变化。铸造的残余应力可在 800℃下退火 4~5h 并继之缓慢冷却来消除。鉴于高硅铸铁难以进行机械加工，其阳极一般为圆柱形，这可使阳极腐蚀均匀。阳极体有空心的和实心的，空心阳极的利用率比较高。从阳极形式来说，主要有适用于土壤、海泥中的棒形、管状，适用于水介质中的扣状、流线形状以及水环境中的悬挂式等。

高硅铸铁为低溶性阳极材料，性能较为全面，适用范围大，但它仍有一定消耗率。高硅铸铁阳极的主要应用领域是土壤、淡水、半咸水和海水。它的平均承载电流约为 10~50A/m^2，其消耗率取决于运行条件，一般在 0.25kg/A·a 以下。正因为消耗率低，高硅铸铁阳极常常直接埋入土壤使用，对此必须充分考虑排气问题，否则阳极电阻会变得很大。高硅铸铁阳极适用于高电阻率介质的条件，它还可以应用在不便于填加填充料的地区，如沼泽地或流沙地区。尽管在经济上，它比石墨阳极要贵，但它在更宽的应用领域中仍是优选材料。

阳极与电缆连接的接头处，其防腐蚀绝缘处理是保障阳极使用寿命的关键因素之一。对阳极与电缆接头结构的基本工艺要求是：连接处牢固可靠、接触电阻小、密封性好、长期安全有效，在强电解作用的状态下不渗透电解质溶液（水）。为了降低接头处的电阻值，要求采用 16mm^{2}截面积的电缆。根据规范，阳极引出线的接触电阻应小于 0.01Ω，其拉脱力值应大于阳极自身重量的 1.5 倍。

5.3.2.4 石墨

石墨是一种耐蚀材料，作为辅助阳极使用时属低溶性阳极材料。石墨是由碳素制品在电阻炉内于约 3000℃高温进行石墨化处理而制得，呈六角密排晶体结构，具有良好导电性。电导率为约 200~700Ω^{-1}·m^{-1}，材料密度为 1.6~2.1g/cm^3。

石墨是多孔材料，孔隙表面积达 0.5m^2/g。作为辅助阳极工作时，阳极反应产物是二氧化碳气体，它在石墨材料的孔内会引起材料损坏。为此，可用浸渍法填充孔隙，浸渍材料通常有沥青、石蜡、亚麻油及各种树脂。这种浸渍石墨也称为不透性石墨，它不仅大幅度降低了气孔率，而且提高了机械强度，还可抑制可能引起的阳极胀裂，防止过早失效、表面的气体失效及碳的氧化。但不透性石墨电阻率较大，阳极表面电流分布不均匀，在电流过于集中处可能会发生断裂。但浸渍后的石墨消耗明显降低，阳极寿命可延长约 50%。

石墨阳极耐氯性能好，适用于海水和含氯化物土壤中。在 NaCl 溶液或海水中工作时，石墨阳极上可能发生的阳极反应为析氧反应和析氯反应，见式（5-5）和式（5-6）。如果不是意外断裂的话，石墨阳极的损坏和消耗应是由碳的氧化所致：

$$C+O_2 \longrightarrow CO_2 \qquad (5-9)$$

因此，石墨阳极的使用寿命取决于阳极上析出的氧量。在 pH=7 的水溶液中，热力学计算的析 O_2电位应为 E_{O_2/H_2O}=0.82V（SHE）［按式（5-5）］，而析 Cl_2电位则为 E_{Cl_2/Cl^-}=1.34V（SHE）［按式（5-6）］。也就是说在 0.82V（SHE）开始发生析 O_2反应，并且在 1.34V（SHE）以下是只发生析O_2反应，而不会发生析Cl_2反应的，只有在1.34V(SHE)以上才会发生析Cl_2反应，并同时进行着析O_2反应。但是，动力学研究证明，该析O_2反应有很大的过电位，约0.5~0.7V，甚至更大的过电位。而析Cl_2反应的过电位很小，即使在高电流密度下也是如此。这样，与热力学预测相反，即使在Cl^-浓度较低的微咸水中，析Cl_2反应也将优先于析O_2反应，而且成为主要反应。

溶液中的Cl^-浓度越低，石墨阳极上析出的氧量就越多[按式(5-9)]，石墨阳极的破坏也越快。当溶液中Cl^-浓度足够大(如在海水中)时，就会优先发生析Cl_2反应，并阻滞了析O_2反应。这时石墨材料的损耗不是直接按式(5-9)的反应进行，而是与式(5-7)产生的HClO按下式进行反应：

$$C+2HClO \longrightarrow CO_2+2HCl \tag{5-10}$$

因为阳极析出的氯有相当大的一部分被流动水带走，所以次氯酸(HClO)很少，因此在海水中的石墨消耗率要比在淡水、土壤中的更小一些[后者主要是按式(5-9)消耗的]。

在海水中，当承载的平均电流密度为10~50A/m^2时，石墨阳极消耗率达到300~1000g/A·a。图5-11表明，石墨阳极在土壤环境中的材料消耗率随承载的工作电流密度增加而增大，在电流密度为20A/m^2时达到约1~1.5kg/A·a。

石墨阳极性脆、易破损、机械强度低，通常用于固定结构物的阴极保护。石墨阳极不应在密闭系统中使用，因为耗损剥落下来的石墨颗粒可能会造成局部电偶腐蚀。也不应在温度高于50℃的水中使用，因其消耗率增加很快，且难以预测。在有水流的条件下应注意对石墨的磨损作用，磨蚀率随pH值增大、随SO_4^{2-}浓度增加而增大。块状石墨阳极用于船上时，应置于隐蔽处并采取保护措施，防止损坏阳极，改变电流分布。块状石墨不能用于保护大船的水下部分，但可用于码头、登陆台、管状结构物的阴极保护。石墨阳极的不足之处还有：消耗率高而使阳极运行电流密度处于较低水平；阳极与电缆导线的接头部位容易损坏，使阳极过早报废等。

5.3.2.5 铅合金

铅合金是一种应用较多的低溶性阳极材料。它能作为辅助阳极使用是由于材料表面上形成一层导电的PbO_2保护膜。

铅合金的化学行为及PbO_2膜的生成与介质的性质有很大关系。如在硝酸盐和乙酸盐溶液中，铅并不能生成难溶性盐，而是通过阳极氧化过程溶解形成Pb^{2+}：

$$Pb \longrightarrow Pb^{2+}+2e \tag{5-11}$$

这一反应的平衡电极电位$E°=-0.126V$(SHE)。在较低电位下就可以发生式(5-11)的溶解反应。

在硫酸和硫酸盐溶液中，铅反应生成难溶的$PbSO_4$：

$$Pb+SO_4^{2-} \longrightarrow PbSO_4+2e \tag{5-12}$$

该反应的平衡电极电位$E°=0.357V$(SHE)。当铅在硫酸盐溶液中在恒电流条件下阳极极化时，就会在材料表面形成一层不导电的$PbSO_4$膜，引起铅与溶液的界面电位升高，从而进一步反应生成稳定的PbO_2：

$$PbSO_4+2H_2O \longrightarrow PbO_2+SO_4^{2-}+4H^++2e \tag{5-13}$$

这一反应的平衡电极电位$E°=1.718V$(SHE)。显然，PbO_2的形成是通过$PbSO_4$转化反应而生成的，并非通过Pb^{2+}直接氧化反应生成。

二氧化铅是非化学计量比化合物，具有较高电子导电性。它有两种晶体结构：α-PbO_2，斜方晶系，导电率10S/m；β-PbO_2，四方晶系，导电率100S/m。β-PbO_2是Pb在大多数电解质中于阳极极化过程中形成的，组成范围从$PbO_{1.88}$到PbO_2，而α-PbO_2组成范围是从$PbO_{1.93}$到$PbO_{2.01}$。铅表面上形成PbO_2膜后，进一步的放电反应是在膜表面进行的析O_2反应和析Cl_2反应[按式(5-5)和式(5-6)]，如同一个惰性电极那样起作用。

在氯化物溶液中，铅的阳极行为取决于Cl^-和含氧阴离子(如SO_4^{2-}、CO_3^{2-}、HCO_3^-)的浓度、pH值和铅/溶液的界面电位。当Cl^-浓度低和电流密度小时，Pb溶解生成Pb^{2+}和形成PbO_2，但此时形成的PbO_2不能牢固附着地沉积在金属表面，而是离开表面扩散进入溶液，因此铅的溶解不受阻碍。然而，当Cl^-浓度较高和电流密度较大时，在铅表面形成了足够量的Pb^{2+}，以至于在金属表面析出了$PbCl_2$结晶。由于$PbCl_2$是非导体，使晶粒间隙处的金属/溶液界面电位升高，从而形成了PbO_2：

$$Pb^{2+}+2H_2O \longrightarrow PbO_2+4H^++2e \tag{5-14}$$

此反应的平衡电极电位$E^\circ=1.455V(SHE)$。在二氯化铅表面上形成的PbO_2微粒仍然会迅速脱离表面而进入溶液。

只有在铅中加入合金元素Ag或Sb，或是在表面嵌入铂微电极，这种铅合金材料在0.5mol/LNaCl溶液中或海水中进行阳极极化时，才能在材料表面形成牢固附着的PbO_2覆盖层。

常用的铅合金阳极为Pb-6Sb-1Ag合金。当电流密度为5~10A/m^2时，合金表面就能形成一层PbO_2覆盖层。这种合金的容许工作电流密度为50~200A/m^2，最大工作电流密度为300A/m^2；阳极消耗率为45~90g/A·a。另一种阳极为Pb-5Sb-1Ag-1Sn合金，它的容许工作电极密度为100~250A/m^2，最大工作电流密度为500A/m^2，阳极消耗率为30~80g/A·a。

研究表明，Pb-6Sb-1Ag合金在电阻率为0.16Ω·m的人造海水中，当电流密度为250A/m^2时，铅合金的腐蚀速度不大。当溶液电阻率为0.5Ω·m时，即相当于高咸度水中，只有在电流密度高达150A/m^2的情况下，这种铅合金才具有合适的性能。当溶液电阻率为10Ω·m以及50Ω·m时，该合金性能均不好。

在铅表面上镶嵌铂丝的Pb-Pt复合电极，它的容许工作电流密度为100~250A/m^2，最大工作电流密度500A/m^2；阳极消耗率为2~60g/A·a。按照阳极制造商提供的数据，这是一种不消耗的阳极，在满负荷下应有20年寿命。当然，只有当铂丝始终保持在阳极表面才能实现，这完全不是理所当然的事。

人们对Pb-Pt复合电极的阳极行为进行了研究。把直径0.5mm的铂丝作为导电微电极嵌入铅的表面，嵌入深度约5mm，稍微突出表面，铂丝暴露面积约为电极面积的0.1%~5%。结果表明，铂微电极的作用是促进形成稳定的PbO_2膜。

在0.5mol/LNaCl溶液中，于100A/m^2及300A/m^2的电流密度下对Pb-Pt二元电极进行了恒电流E-t曲线测试，曲线上的电位最大值分别为4V和7V(SHE)，经过90min后，电位逐渐降至2.5V的稳定值。当电位刚刚低于最大值时，在铂微电极上有Cl_2析出，而在Pb-Pt界面处则形成PbO_2核，然后PbO_2扩展生长，约在90min内完全覆盖了整个表面。当电位升至电位最大值时，形成$PbCl_2$，而在电位下降时，$PbCl_2$转变成PbO_2。

在0.5mol/L NaCl溶液中，对Pb-Pt二元电极进行恒电位研究的结果表明：在低于

1.4V(SHE)时，不形成 PbO_2膜；在 1.4V 时，仅在 Pb-Pt 界面处形成 PbO_2核；在更高电位下，PbO_2在表面扩展生长成膜。这些研究工作证明，铅电极中嵌入铂微电极的作用就是为 PbO_2 成膜提供形核点，同时控制铅的电位使它形成 PbO_2膜。按此结果分析，Ag 在 Pb-Ag 合金中的作用应是类似的，Ag 是形成 PbO_2的形核点。

在 NaCl 溶液中的试验研究表明，只有在 0.1~1.2mol/L NaCl 浓度范围内才能形成 PbO_2 膜。而 0.5mol/L NaCl 浓度(约相当于海水中的 Cl^-浓度)是形成 PbO_2膜最有利的浓度。溶液中存在少量钝化性阴离子(如 SO_4^{2-}、CO_3^{2-} 及 HCO_3^-)，有助于 PbO_2的形成。

加入合金元素 Sb 可以改善软铅的力学性能，添加合金元素 Ag 和 Sn 以及嵌入 Pt 丝可以在合金表面形成一层致密的、具有良好导电性的 PbO_2膜，这层膜在工作时就成为实际上的电流输出表面。如果没有这些合金元素或 Pt 丝，或者数量不足，这层 PbO_2膜将是龟裂的、多孔的和附着力很差的。这样，在含 Cl^- 介质中，位于 PbO_2膜下的金属铅就会反应生成 $PbCl_4^{2-}$并进入溶液，由此使阳极很快消耗掉。即使存在有足够量的合金元素或 Pt 丝，由于溶液中含 Cl^-的缘故，也会停止形成那种黑褐色的、牢固附着的、经由 $PbCl_2$均匀生长的 PbO_2膜层。要使可容许的阳极消耗率得到保障，在工作时不可避免的 PbO_2 膜损伤就必须能充分可靠地愈合。

镶嵌铂丝的 Pb-Pt 阳极主要用于海水或电阻率小于 2~3Ω·m 的浓盐水中，即使在 100~700A/m^2的电流密度下也不会过度腐蚀。在淡盐水及淡水中，它是不适用的，因为在这种介质中的电极反应主要是析氧反应，所形成的腐蚀产物膜具有高电阻率，这导致阳极在恒电位下的输出电流下降，或阳极在恒电流下的电位升高，从而引起阳极加速腐蚀损坏。

Pb-Pt 合金和 Pb-6Sb-1Ag 合金阳极在深度超过 30m 的海水中都不适用，因为在如此深的海水中 PbO_2生成速度显著增加；而 PbO_2膜过度增厚会使膜开裂并脱离阳极基体。

铅基合金阳极(或是 Ag 合金化的，或是嵌入 Pt 丝的)只可用于高浓度 Cl^-介质中。这种阳极的优点就在于它很容易变形，即加工性能好。它的缺点除了仅用于高 Cl^-浓度介质的局限性外，还有它的高密度(11~11.2g/cm^3)以及用于船舶外保护时只限于相当低的阳极电流密度。

对于这种阳极还应当注意，起输出电流作用的 PbO_2膜层在无电流状态下会从阳极基体上脱落。在重新施加阳极负荷时必须重新成膜，这会导致阳极材料的相应消耗。因为，对这种阳极也应当尽可能连续地施以一个基础电流进行运行。

Pb/PbO_2-Fe_3O_4复合材料是由铅粉和 Fe_3O_4粉的混合物压制成型。Fe_3O_4在这种阳极中的作用与铂微电极的作用相似，是形成 PbO_2膜的形核点。在恒定电流下的 E-t 曲线研究表明，这种复合材料阳极的稳定电位随其中 Fe_3O_4 含量增加而下降。在 300A/m^2的电流密度下，Pb-10%Fe_3O_4 电极的稳定电位为 2.1V(SHE)；而 Pb-20% Fe_3O_4电极的稳定电位为 1.8V(SHE)。这种 Pb-Fe_3O_4复合材料在实现钝化之前有一个诱导期，它随着电流密度和 Fe_3O_4含量增加而缩短。例如，Pb-10% Fe_3O_4电极在<200A/m^2时不会钝化，但在 200A/m^2电流密度下极化 270min 就形成了钝化膜；而在 330A/m^2时，仅极化 92min 就形成了钝化膜。对于 Pb-20%Fe_3O_4 电极，随着电流密度从 70A/m^2 增大至 330A/m_2，其诱导期从 230min 缩短至 60min。当电极表面形成 PbO_2膜以后，这种复合材料电极的行为就如同在低电阻率的水中一样。Pb-Fe_3O_4电极有可能用于低电阻率和高电阻率的水中。

5.3.2.6 磁性氧化铁

磁性氧化铁(Fe_3O_4)，由于它的缺陷晶格结构而具有电子导电性。它具有反尖晶石型的晶体结构，属立方晶系；晶格各结点之间的距离较小，堆砌得比较紧密，并且没有晶格空穴的结点。因此它对离子扩散有着强烈的阻止作用，从而显示出保护性。这就决定了 Fe_3O_4 材料具有耐蚀性能良好和消耗率低等特点。

磁性氧化铁阳极是一种难溶性阳极，是用精选磁铁矿粉末铸造而成。它的铸造工艺十分困难(可铸性差)，需通过添加少量其他矿物以降低熔点，采用专门的铸造技术，将磁性氧化铁粉末铸成密实的圆柱形。一种实用结构为中空有底的圆柱形阳极，壁厚 5~10mm，为增加导电性和使整个阳极表面电流密度均匀，在圆筒内表面镀一层铜。导线连接在内壁的上端部位。为防止铸件气孔渗水，须对每支阳极进行水压试验。用聚氨酯或聚苯乙烯泡沫塑料填充中空内腔，中空的上端部和电缆引出口外端采用环氧树脂绝缘密封。一种典型的磁性氧化铁阳极结构如图 5-12 所示。这种典型的磁性氧化铁阳极规格为：长 920mm，直径 60mm，质量 9kg，电缆线规格为 $16mm^2$，5m 长。

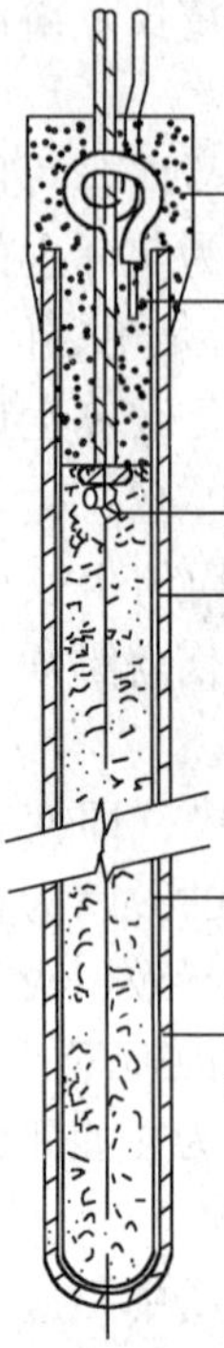

图 5-12　一种典型的磁性氧化铁阳极的结构示意图

磁性氧化铁阳极的主要成分为：Fe_3O_4 92%~93%；SiO_2 4%~6%；CaO、MgO、Al_2O_3分别为 0.1%~1%。纯磁性氧化铁的电阻率是 $5.2\times10^{-3}\Omega\cdot m$，也有数据报道是小于 $5.2\times10^{-3}\Omega\cdot cm$。而磁性氧化铁阳极的电阻率，由于不同的制造厂商和不同的生产工艺在各种文献报导的数据方面存在一定差异。日本文献为 0.1~0.42 Ω·cm，前苏联文献为 0.09~1.32Ω·cm，印度文献为 0.048~0.44Ω·cm，中文《电化学保护》一书中为 0.8Ω·cm。

据制造厂商提供的数据，当阳极电流密度为 90~100A/m^2 时，阳极消耗率为 1.5g/A·a。随阳极电流密度增加，消耗率增大；即使在 160A/m^2时消耗率为 2.5g/A·a，仍然还是很低的。磁性氧化铁阳极在实际海水中工作电流密度为 30~190A/m^2 时，消耗率为 1.45~4g/A·a；而在实际土壤中于工作电流密度 50A/m^2时，消耗率为 1g/A·a。

铸造的磁性氧化铁阳极是脆硬的、无孔的，其力学性能与高硅铸铁相似。它可以承载高电压，对残余纹波不敏感。磁性氧化铁阳极应用领域广泛，它可以应用于土壤、海水和淡水中。在瑞典获得普遍应用，在日本主要用于土壤中，而在加拿大，对于氯化物和硫酸盐含量高的土壤环境，在石墨阳极和高硅铸造铁应用失败的地区，磁性氧化铁阳极的应用却令人满意。

与磁性氧化铁阳极同类的，还有铁氧体阳极。铁氧体的组成是 MFe_2O_4，M 代表 Mn、Ni 等二价金属，具有尖晶石结构。铁氧体材料的耐蚀性和强度都很好，因此是制造阳极的优选材料。

铁氧体阳极采用粉末冶金法制造加工，以减轻磁性氧化铁阳极高电阻率及机械脆性缺点。在电极制造过程中，应按金属 M 的种类进行必要的烧结气氛控制。铁氧体电极的颗粒均匀，气孔率低(0.5%)，电阻率为 0.3Ω·m(单体)，如带金属插件其电阻率为0.01Ω·m，抗拉强度约为 60MPa，维氏硬度约 700，它的耐蚀性比磁性氧化铁高 100 倍。如图 5-13 所示为镍系铁氧体材料($NiFe_2O_4$)的电阻率、消耗率随 NiO 含量变化的关系曲线。

因制造铁氧体阳极的粉末冶金工艺所限，迄今还不能制造大型铁氧体电极，现已成功用于制作热水器等水中结构物的阴极保护用辅助阳极。

5.3.2.7 铂和镀铂阳极

这是一类难溶性阳极材料，包括铂、镀铂钛、镀铂铌、镀铂钽和铂合金。它们作为辅助阳极在阴极保护系统工作时会发生析氯反应和析氧反应，而阳极材料本身几乎不溶解，由此称为难溶性阳极，也有称不溶性阳极的。

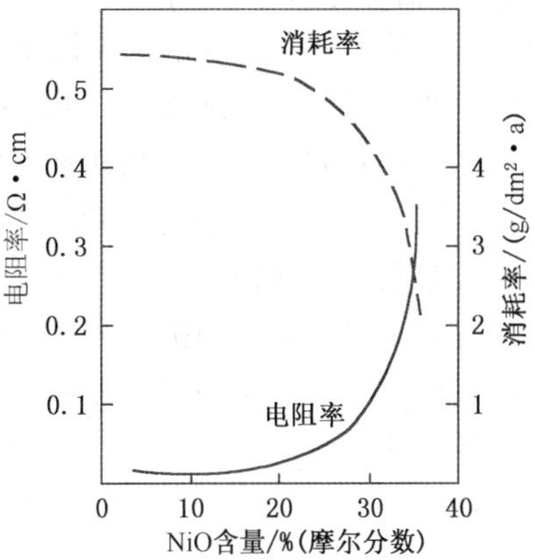

图 5-13 镍系铁氧体材料的电阻率和消耗率与 NiO 含量的关系[3]

铂在绝大多数水溶液介质中能通过如下电极反应形成完整钝化膜：

$$Pt+2H_2O \longrightarrow Pt(OH)_2+2H^++2e \qquad (5-15)$$

在 pH=0 时，此钝化反应的平衡电极电位为 $E°$=0.98V(SHE)；在 pH=14 时，$E°$=0.16(SHE)。

如在含 Cl^-溶液中，它的一个重要反应是：

$$Pt+4Cl^- \longrightarrow PtCl_4+4e \qquad (5-16)$$

该反应的标准电极电位为 $E°$=0.73V(SHE)。

铂仅在强盐酸和王水中才具有溶解倾向，而在通常的含 Cl^-溶液中，则钝化较慢。在海洋阴极保护中，铂阳极和镀铂阳极在工作时的阳极极化通常能形成一层氧化物钝化膜。

(1) 铂

铂是一种贵金属，耐蚀性能优良。整体的铂阳极在适宜条件下的阳极电流密度可达 10^4A/m^2。驱动电压实际上是不受限制的。在最佳条件下，阳极消耗率极低，仅为几个 mg/(A·a)。当然，在相当低的电流密度下这也适合于海水应用，在海水中可以顺利地把所形成的次氯酸带走。如果要在高电阻率含 Cl^-电解质溶液中施用大的阳极电流密度，必须采用贵金属辅助阳极，这时铂的阳极消耗由于形成氯的络合物而增大，这直接取决于电流密度的大小。此外，在低 Cl^-含量的水中，由于在铂阳极表面的主导反应是析氧反应，因此所形成的主要是易溶的 PtO_2，而不是 PtO，从而使铂的消耗同样也会增大。毕竟这种消耗还是很小的，所以整体铂实际上是一种理想的阳极材料。

但是，铂阳极由于它的密度大(21.45g/cm^3)，很重，且价格昂贵，实际选用时是不经济的，所以不能广泛应用。作为替代的办法就是用另一种金属作为阳极基体材料，而作为阳极起作用的表面则采用铂，复合而成一种价廉的镀铂阳极。

(2) 镀铂阳极

镀铂钛是镀铂阳极类中最著名的材料。钛是一种自钝化能力很强的轻金属(密度 4.5g/cm^3)。在驱动电压 12V 以下，钝化膜的电阻率很高，实际上是电绝缘的。在 NaCl 溶液中，当电位在 6V(SHE)以下时，电流很小，超过这个电位后电流显著增大，此即钝化膜的临界击穿电位。钛上初期生长的氧化膜是斜方晶系的板钛矿结构，随着膜的厚度增加转变为四角晶系的锐钛矿结构。进一步提高电位就会使氧化膜击穿而受到损伤，接着发生坑蚀，在这种情况下只有当电位小于 1.7V(SHE)时才能使遭受腐蚀损伤的钝化膜重新愈合，恢复钝性。这一临界愈合电位称为再钝化电位，它比前述临界击穿电位[6V(SHE)]低得多。

如果要在钛上镀铂，则必须先把钛表面上的氧化膜通过酸洗清除干净。然后用电化学的、热的或机械方法施镀铂。对电化学镀或热镀，铂镀层的厚度可达 2.5~10μm。电镀铂的膜层一般更厚一些。这些铂镀层是无孔的，因此耐久性很好，当然价格也要贵得多。这种镀铂层表面的行为如同整体铂一样，也能在较高驱动电压下承载电流，只要未被镀上铂的钛表面处对介质是有效绝缘的。实际上，在镀铂之后，在铂层中间断地暴露出来的基体钛通常已被阳极状态下形成的绝缘氧化物(TiO_2)所覆盖。相反，比较薄的含有针孔的铂镀层仍然会遭遇到钛性质的局限性；当其置于较高电阻率溶液和较高驱动电压条件下，将会破坏针孔中的 TiO_2膜，于是使铂层分离和脱落。

镀铂阳极的消耗率极小，一般为6mg/A·a，参见表5-6。

研究表明，铂的阳极腐蚀率对电流纹波很敏感，当施加50Hz交流电时，铂表面会形成褐色氧化物，导致铂的高腐蚀率。一般情况下，交流电的活化作用随着频率降低而增大。在几个赫兹的交流方波作用下，电极经过反复的氧化和还原过程，表面产生了一层黑色的海绵铂，它的附着力很差(但这是所谓铂黑电极的一种制作方法)。

在外加电流阴极保护中使用可钝化的整体材料作为辅助阳极时，对输送的直流电质量不会提出任何特别的要求，而对镀铂阳极则是另一回事。研究表明，当直流电的残余纹波超过5%时，铂的消耗率就会增大。原则上，随着驱动电压增大和阳极电流密度增大，对直流电的残余纹波的要求也相应提高，这取决于电解产物能否及时被带走和阳极的水流冲洗。据认为，小于50Hz的低频纹波会使消耗率更大。从100Hz开始，残余纹波的影响就很小了。但是在这一频率范围内，以50Hz交流电压运行的桥式整流器已经有纹波了。在三相整流器情况下，这一频率还要高得多(300Hz)，纹波达到4%，这因电路条件而异。经验指出，在阳极的最佳条件下纹波的影响是很小的。

镀铂钛阳极在1000A/m^2的高电流密度下应用，由于阴极析氢也会导致表面铂层的破坏。这种破坏效应可能是氢渗入到基体金属钛中的结果，这种降解特性对于镀铂阳极在阴极保护中的实际应用十分重要。

在其他阀金属(除钛以外的铌和钽)上镀铂，主要用于因钛的临界击穿电压太低而不能满足需要的应用领域，这在阴极保护中也时有所遇。在低电阻率介质中，对于平均约为600~800A/m^2、也可达到10^3A/m^2甚至更高的阳极电流密度，毫无疑问，镀铂钛阳极是可用的。而在高电阻率介质中，镀铂钛阳极的容许驱动电压就不够了(也从经济角度考虑)。此外，在50℃以上的更高温度范围中，钛的临界击穿电位还会进一步下降；在90℃时达到约2.4V(SHE)。还有，介质的化学组成也影响击穿电位。例如，在含氢卤酸的酸性介质中，情况也是这样。在这些情况下，作为镀铂阳极的基体材料可以选择那些具有如同钛一样的"阀"性能且更为稳定得多的金属材料，主要是铌和钽。在所述限定条件下，它们的击穿电位显然要更高得多。对于铌和钽而言，在含Cl^-溶液中容许的驱动电压可达100V。镀铂铌和镀铂钽阳极也可以几乎无限制地应用。只是在含氟化物和氟硼酸盐介质中，它们和钛一样都不能应用了，因为这三种基体材料在这类介质中不能形成钝化膜。

铌和钽的密度分别为8.4g/m^3和16.6g/m^3。这两种"阀"金属的其他优点是，它们的电子导电性更高，大约是钛导电性($2.4\times10^{-4}\Omega^{-1}\cdot cm^{-1}$)的3倍。铌、钽和钛一样，可用多种机械加工方法来制造，都可以采用氩弧焊。但镀铂铌和镀铂钽作为阳极要比镀铂钛贵得多，在给定应用条件下应充分考虑原材料成本、加工制作成本等各项经济因素。

镀铂型阳极是以铂表面作为阳极工作材料，以基体金属材料作为铂的支撑材料和阳极导电材料。有时为了增加基体材料的导电性，可以进一步把铜作为芯材，现已有商品可供选用。如名为"Tibond"的同轴复合阳极棒，其构成为Cu/Ti/Pt；名为"Niobond"的同轴复合阳极棒，其构成为Cu/Nb/Pt；它们是采用冶金粘接技术制造，比电镀方式有许多优点。

镀铂阳极主要用于海洋结构物的阴极保护，如船舶、采油平台、栈桥、电厂和炼厂的海水冷却系统等。铂在海水中的腐蚀率约为 1μm/A·a，在淡水中约为 5μm/(A·a)。尽管在淡水中的铂消耗率比海水中高几倍，但镀铂阳极在淡水中还是可用的，只是淡水电阻较大，经济性差一些。

(3) 铂合金

作为辅助阳极使用的铂在绝大多数介质中能形成完善的优质钝化膜，这是一层很薄的氧化物膜。因此，铂和镀铂阳极具有高度耐久性。

铂的价格很贵，也可以采用铂合金作为阳极材料，这样可以节省铂，较为经济。钯价格仅为铂的 1/4~1/5，是铱和铑的 1/14~1/15，所以采用铂-钯合金作为阳极材料较为经济。含 10%~20%Pd 的铂-钯合金，它的化学稳定性低于铂，但在阳极工作性能方面与铂相似。当工作电流密度为 1800A/m^{2}时，铂-钯阳极的消耗率达到可予忽略的程度。

如果工作环境的温度过高或介质组分很苛刻，使铂的消耗率太大，就可以考虑使用镀铱的阀金属。为此，一般情况下可采用含 30%Ir 的铂-铱合金镀层，因为阀金属上镀覆纯铱是相当复杂的。基于同样的理由也就不能使用其他贵金属(如铑)。含有 10%Ir 的铂-铱合金的耐化学性就已经是十分稳定的了，它的阳极工作性能超过铂。但铂-铱合金价格昂贵，应用很少。

5.3.2.8 柔性阳极

导电塑料-缆形阳极在我国习惯称为柔性阳极，这是一种近些年开发应用的新型辅助阳极。它由包覆在铜芯上的导电塑料制成，导电塑料是一种内中埋置了导电材料(石墨)的、能导电的、稳定的改型塑料。柔性阳极起传输电流作用的是内置的铜芯，由于其形似电缆，故称缆形阳极，即柔性阳极。这种阳极是柔韧的，有足够机械强度且化学稳定性很好。

柔性阳极主要用于埋地管道和储罐底部的阴极保护。开发初衷是为了解决埋地旧管道防腐层严重老化、阴极保护电流显著增大以至于用传统的阴极保护技术难以满足保护要求的场合。而在一般情况下，完全更换管道是十分昂贵的。实践证明，柔性阳极的应用成功地解决了老旧管道阴极保护的难题。而且还可以普遍地解决一些传统阴极保护技术的难点，如对外部结构物的干扰问题、高电阻率环境介质中实施阴极保护的问题、储罐底部的阴极保护电流分布问题等。

某种柔性阳极，其外径 12.7mm，内置铜芯的截面积 11.4mm^2，纵向电阻是 2mΩ/m。它的柔性阳极最大输出电流在 10 年寿命期内是 20mA/m，这相当于阳极输出电流密度约 0.7A/m^2。当采用石油焦作为阳极床填充料时，还可以达到更高的阳极工作电流密度，直至 4 倍于此值。表 5-9 列出了柔性阳极的一般性能参数。

表 5-9 柔性阳极的性能参数

土壤中最大工作电流	无焦炭	52mA/m	土壤中最大工作电流	无焦炭	52mA/m
	有焦炭	82mA/m		有焦炭	82mA/m
水中最大工作电流	10mA/m		按 ASTM D-543 在室温下浸泡 7 天的质量增加率	3%NaCl	<1%
最低施工温度	-18℃			3%Na_2SO_4	<1%
最小弯曲半径	150mm			10%NaOH	<1%

和其他辅助阳极应用相同，柔性阳极应用时也应使用焦炭粉(粒)填充，制作成低接地电阻的阳极床。柔性阳极敷设与电缆埋设一样，先与管道平行地挖一条阳极沟，在沟内敷设一半焦炭粉，使柔性阳极就位，再覆以另一半焦炭粉，然后用原土(细土，如是砂砾岩石应

进行换土）盖实，最后大量回填。焦炭粉（粒）是柔性阳极的最佳填充料，对它的基本要求是含碳量大于85%，颗粒度以小于3mm为宜。

无焦炭床时，阳极反应将直接在柔性阳极上进行，反应按式(5-5)~式(5-7)进行，继之按式(5-9)、式(5-10)进行。柔性阳极中的石墨质点就通过这些反应随着时间逐渐消耗掉了；柔性阳极在这些部位的电阻就变大了。这一过程取决于各部位的电流密度，因而取决于该处的土壤电阻。因为，柔性阳极的寿命不是取决于它的机械稳定性，而是取决于它的电化学和电学作用。柔性阳极采用焦炭床应用时，一是使阳极接地电阻大大降低，从而降低保护电流密度；二是使上述阳极反应部分地转移到阳极床的焦炭颗粒上，从而显著提高了柔性阳极的使用寿命。美国瑞侃公司开发出了带有焦炭粉填充剂的柔性阳极，如图5-14所示为这种复合式柔性阳极的结构示意图。

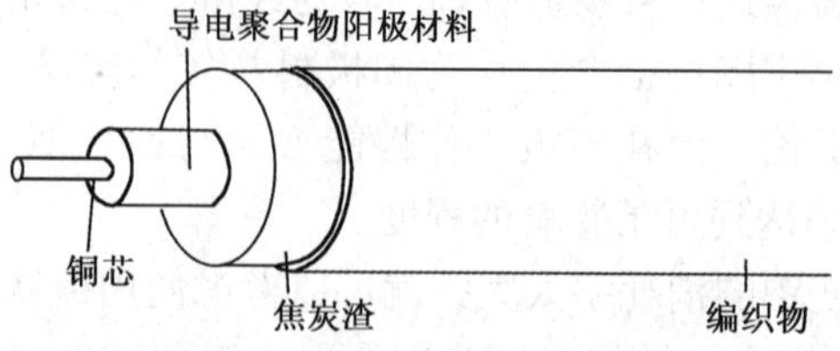

图5-14　复合式（含焦炭粉填充剂）柔性阳极结构示意图

柔性阳极一般沿埋地管道平行敷设，近距离供电，阴-阳极间电阻很低，在高电阻率土壤中也能提供良好的阴极保护效果。同时，由于这种近距离敷设，阴极保护系统的供电槽压显著降低，从而也减少了对邻近其他金属结构物的干扰影响。对于罐底敷设，应将柔性阳极置于沥青沙层下，按计算用量盘旋布置，将电缆接头放在罐周外侧即可。显然，柔性阳极可以较好地解决复杂构型、复杂环境的管网、储罐的屏蔽问题。即使埋地管道的防腐层严重破损，以及应用于裸钢罐底时，柔性阳极也都能保证保护电流在被保护结构物上均匀分布，获得令人满意的阴极保护效果。柔性阳极生产制造时经专门处理，使用寿命长（据介绍可达40年），在现场安装时，盘绕阳极长度可任意地现场剪裁，施工简便，柔性阳极在安装和运行过程中并不污染环境。

柔性阳极在新、旧埋地管道和储罐的阴极保护建设中是十分成功的，在此举例如下。美国某管道公司，在一条公共管道走廊中敷设了5条管道，管径为762~1220mm，最早埋设的管道已有43年（迄至1992年），早期的防腐层为煤焦油瓷漆，后建的管道有FBE和三层PE防腐层的。由于旧管道防腐层老化，采用常规阴极保护已达不到保护要求，增加电流又会造成阴极剥离，而且也不经济，更换防腐层看来势在必行。

正当这个时候，柔性阳极问世。该公司首先在3条平行管道上进行了柔性阳极的阴极保护试验。其中2条管道的管径为914.4mm，1条管径为762mm。在3条管道之间安装了2条长为91.5m的柔性阳极，1984年施加的总电流为2.4A（单根阳极电流为1.1~1.3A），极化电位范围为100~580mV。1991年12月在相同地点进行了测试。结果表明，其中防腐层最差的一条管道（ϕ914.4mm），既满足了闭路极化电位-850mV（CSE）的阴极保护判据，又满足了电极极化100mV的衰减测量判径。整流器的输出电流为2.2A，比1984年的2.4A有所降低，而且阳极接地电阻从1984年的5.4Ω降至1991年的2.2Ω。

根据上述试验和测量结果，该公司陆续对旧管道安装了241.4km柔性阳极，阳极敷设在焦炭渣填料中，工作电流为9.75~16.5mA/m。1991年对劣质防腐层的旧管道测得的闭路极化电位在-850~-1000mV（CSE）之间。采用4h去极化衰减测试，所有位置上的去极化都超过200mV。在这种状态下，预期阳极寿命可达40年。

与更换旧管道的防腐层相比较，根据每平方米防腐层返修费为376美元/m^2和每米柔性阳极总费用为33美元/m计算，采用柔性阳极共节约了1980万美元。

5.3.2.9　阀金属上涂覆金属氧化物

以金属氧化物涂覆在阀金属上作为阳极材料表现出很好的应用效果。这种导电的陶瓷涂层由 p 型半导体的尖晶石结构铁氧体组成，如：钴-铁氧体、镍-铁氧体、锂-铁氧体，它们的消耗率非常低。锂-铁氧体是特别合适的阳极涂层材料，它在钛和铌上具有非常好的附着力。此外，通过用 Li^{+} 向 Berowskit 结构掺杂可为阳极反应提供良好导电性。如此制造的阳极以专有名称 Lida 供应市场。在海水中的消耗率约为 1×10^{-3}g/A・a，在淡水中的消耗率约为 6×10^{-3}g/A・a。当敷设在焙烧过的石油焦中时，消耗率在 10^{-3}g/A・a 以下。这种阳极很耐磨，它可达到莫氏 6 级硬度，因此比镀铂钛阳极更耐磨。如同在镀铂钛阳极的情况那样，对这种阳极的制造构型是没有限制的。

这种阳极的极化电阻很小。因此，由于馈电整流器的交流电压份额而在阳极表面上产生的电压波动将是很低的。当敷设在焦炭床中时，在土壤中的阳极工作电流为每平方米活性表面积 100A/m^2，在海水中为 600A/m^2，在淡水中为 100A/m^2。在用于深井阳极时，它与高硅铸铁相比，由于它的质量轻，所以具有很大的优势。

5.3.3　阳极床与填充料

辅助阳极地床(阳极床)是埋地金属结构物(如管道)实施外加电流法阴极保护系统的重要组成部分。阳极床的质量和设计水平很大程度上决定了阴极保护的保护效果和经济性。

对于需用大保护电流的长输管线、输配管网、工业装置的管道以及其他埋地装置实施阴极保护时，往往需要采用外加电流的辅助阳极。在保护电流需用量大的情况下，阳极接地电阻决定了所需整流器的电压，从而决定了该保护设备的功率。为降低保护设备功率和运行费用，应尽可能地减小阳极接地电阻。从表 4-26 可知，接地电阻 R 与土壤电阻率成正比。因此，阳极床的位置选址应尽可能地选择在低土壤电阻率的地方。

外加电流法阴极保护系统的保护电流经由阳极床进入土壤，从土壤流入管道，通过使管道阴极极化而受到保护。因此，在阳极床附近的电流密度、也即电场强度、每米的电压降是最大的；它们随着远离阳极床的距离增大而降低。在远离阳极床的一定距离处，由于保护电流流过而引起的电场强度已觉察不出来，这时的地电位为 $\phi_{E\to\infty}=0$。这一电位被认为是远地参考电位。阳极与远地参考电位之间的电压就是阳极电压，由于土壤表面的这种电压分布呈现漏斗状的 $\wedge U(x)$ 曲线(参见图 5-15)，故也称为阳极床的电压漏斗，即阳极床的地电场电位分布。

这种电压漏斗的高度取决于阳极电压和阳极埋设安排的类型。这对于外部埋地结构物可

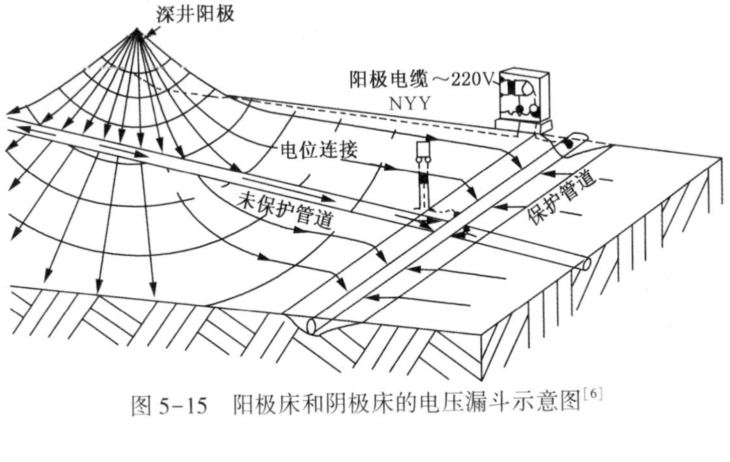

图 5-15　阳极床和阴极床的电压漏斗示意图[6]

能产生的影响是很重要的。

在保护电流进入管线防腐层缺陷的情况下，同样也会出现电压漏斗，此即阴极电压漏斗。图5-15示意地给出了一个阳极床和一个阴极保护管线的电压漏斗上电位升降的变化历程。

5.3.3.1 阳极床的作用

外加电流法阴极保护系统实质上是一个电解电池，与外部电源正极相连接的辅助阳极表面将发生阳极金属离子化的电极反应，对于金属阳极的反应如式(5-3)所示。对于钢铁阳极则为 $Fe \longrightarrow Fe^{2+}+2e$，反应的结果是钢铁的溶解消耗。对于石墨阳极，表面将发生如式(5-9)所示的 CO_2 析出反应，从而消耗了石墨。辅助阳极的电解反应遵从法拉第电解定律。如果以安培计算，钢铁阳极的消耗率约为9~10kg/A·a。人们知道，对阳极床的填充料必须轻微压实，以便使填充料与辅助阳极材料之间具有良好电接触，这就使阳极材料的消耗从阳极材料转移到阳极床填充料表面，从而大大降低了辅助阳极材料的消耗。表5-4记载了有无焦炭阳极床时废钢铁、高硅铸铁、石墨、磁性氧化铁和钛镀锂铁氧体等阳极材料的实际消耗率。图5-11也清楚地表明了有无焦炭阳极床时高硅铸铁和石墨阳极的消耗率。显然，焦炭阳极床的设置可以显著降低辅助阳极材料的实际消耗率，从而延长阳极的使用寿命。

辅助阳极在工作一段时间以后，其表面将会产生腐蚀产物。对于金属(如钢铁)阳极而言，由于土壤中的 OH^- 受阳极电场影响迁移到阳极表面，与阳极溶解的 Fe^{2+} 反应，在阳极表面沉积出微溶性的 $Fe(OH)_2$，反应通式见式(5-4)。$Fe(OH)_2$ 的沉积形成了一层腐蚀产物膜，它将会显著增大金属阳极的电阻极化，从而降低阳极电流的有效输出。因此，应在辅助阳极周围填充一些导电物质或化合物(填充料)，以阻止阳极表面形成腐蚀产物膜。阳极床的设置可以保证阳极的有效电流输出。而在海水等电解质溶液中，则不存在此问题。

阳极床填充料由焦炭颗粒构成，其中往往含有土壤溶液和水，以及常见的氯化物盐类。因此，在阴极保护系统运行过程中，于辅助阳极表面会产生 O_2、Cl_2、CO和 CO_2 等气体，见反应式(5-5)、式(5-6)和式(5-9)等。这些析出气体如不能及时排出，将会拥堵在阳极表面或阳极附近，增大阳极接地电阻，同时还会影响到阳极电流的有效排放等过程。阳极床由几种不同颗粒度的焦炭渣按配比构成，焦炭渣本身是多孔结构，导电性良好，通过阳极床的合理构型设计(包括设置排气管)，可以顺畅地将反应发生的各种气体排放出去，从而避免了“气阻”这一有害现象的产生。

防止阳极气阻现象实质上就避免了因气阻而增大阳极接地电阻。阳极床是焦炭填料和辅助阳极构成的一种“形式阳极”，它延长了阳极的有效长度和增大了有效直径，从而显著降低了阳极接地电阻。由此降低了阴极保护系统的能耗，降低了对阴极保护电源设备的容量要求，提高了阴极保护的有效性。埋地阳极如无焦炭填料，投入使用后会使其接地电阻迅速增加；而埋置在焦炭床中的阳极则可保持多年无变化，如图5-16所示。该图还表明，由于辅助阳极埋设在焦炭床中而大幅度地降低了阳极接地电阻。

5.3.3.2 阳极床构成

外加电流法阴极保护的辅助阳极通常埋置在作为填充料的焦炭地床中，由此构成了阳极床。阳极床的填充料可采用石油焦、冶金焦以及天然石墨颗粒或碾碎的人造石墨渣等，要求其含碳量在85%以上。阳极床的焦炭渣应由几种不同粒径的颗粒合理配伍。颗粒度太大将会出现局部接触电阻增大，导致不均匀的消耗；颗粒度太小将不利于排气，会产生气阻现象。一般要求焦炭渣的过筛粒径不大于 15mm，有的要求最大粒径小于 25mm。表 5-10 列出了德国 PLE 公司对阳极床填料的技术要求。表 5-11 则列出了对焦炭渣填料组成和性能的一般性要求。

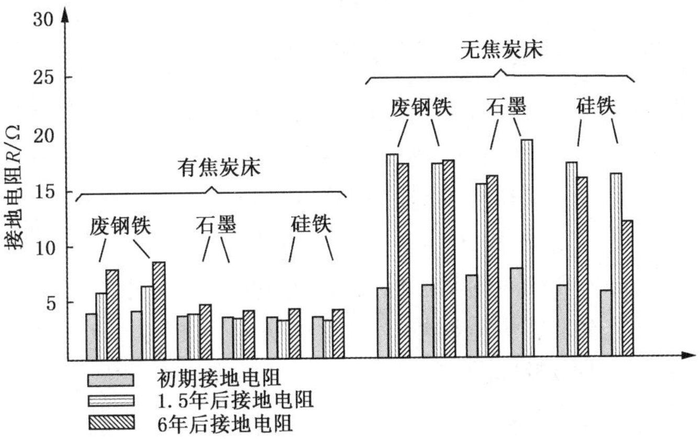

图 5-16　有焦炭床和无焦炭床的单支式阳极的接地电阻[9]

表 5-10　德国 PLE 公司对阳极床填料的技术要求

粒径(过筛)	含量/%	组　分	含量/%
25mm	8	水　分	<5
20~25mm	34	挥发物	1
16~20mm	39	灰　分	8
10~16mm	17	硫	1
10mm	2	碳	>85
容积密度	约 580kg/m³		
电阻率	50Ω·cm		

表 5-11　焦炭渣填料组成和性能的一般要求[10]

填料组成和性能	参考数值	填料组成和性能	参考数值
15mm 过筛	<100%	固定炭	>78%
10mm 过筛	<85%	灰　分	<19%
5mm 过筛	<15%	硫	1.2%
挥发性物质	<3.25%	电阻率(体积)	<55Ω·cm

在常用阳极床填料中，Loresco 填料应用较为广泛，它是一种粗细如小米粒的颗粒状物质，为适应不同应用目的，开发了五种类型。其化学组成和类型见表 5-12。其中 SW 为普通型，SWK 为容器内预包装型，DW1、DW2、DW3 为深井阳极用类型，后两种填料中含有便于混合和泵入的添加剂，并能提高它们的导电性。

辅助阳极工作过程中将按式(5-5)反应析出氧气和产生 H^+(以水化氢离子 H_3O^+形成存在)，导致环境 pH 值下降。这会对阳极材料和阳极环境产生不利影响，反应导致环境含水量减少，电阻上升。在工程设计中，这可以通过增大阳极埋深(阳极局部低于地下水线)或增加碱性材料来予以防止。通常可用石灰来中和由于 H_3O^+增加引起的酸性，在非常干燥的条件下可使用硫酸钙。

表 5-12 Loresco 填料的性能和填料组分

材料型号	假密度/(g/cm^3)	密度/(g/cm^3)	空隙率/%	含碳量/(g/cm^3)	组　分	含量/%(质量)
SW(普通型)	0.86	2.00	56.7	0.80	碳	92.47
SWK(预装型)	1.12	2.00	44.0	1.04	硫	5.39
DW1(深井型)	1.18	2.00	40.8	1.09	灰分	2.06
DW2(深井型)	1.18	2.00	40.8	1.09	硅	0.06
DW3(深井型)	1.18	2.00	40.8	1.09	铁	0.02
冶金焦炭	0.72	1.4	48	0.51	挥发物	0.00(950℃)
石油焦	0.77	1.9	59.5	0.76	灰分	0.00
					电阻率	0.10Ω·cm

为确保阳极与填料之间、填料与填料之间具有良好的电接触，必须将填料压实。石墨阳极的阳极床周围填料厚度应不小于100mm，高硅铸铁阳极床周围填料也应有150mm厚度。对于一个截面积为300mm×300mm的阳极床，填料的参考用量为50kg/m。

对水平式阳极可采用连续焦炭渣回填。回填焦炭时，每隔1.5~2倍的阳极长度，可间隔放置阳极一支，既可防止阳极体的端部效应，又可形成连续性大阳极，大大提高了阳极的利用率并显著降低了阳极接地电阻。

5.3.3.3　延续式水平阳极床

在土壤电阻率低的较开阔地带，可在表层土壤中埋设水平式阳极。施工时可开挖一条宽0.3~0.5m、深1.5~1.8m的沟，在沟底铺上0.2m厚的焦炭层。然后敷设连接成串的外加电流辅助阳极，上面再覆盖一层0.2m厚的焦炭层，最后用挖出的土壤回填，这就建成了水平式的延续式阳极床。为构建此阳极床，每米管沟使用约50kgⅣ号焦炭(粒径为5~15mm，密度为0.6 t/m³)。在高输出电流情况下为获得经济合理的使用寿命，应将阳极并联连接，把每3至4个阳极夹紧连接在一个树脂-电缆接头中，再与阴极保护电源的连接电缆相连接。

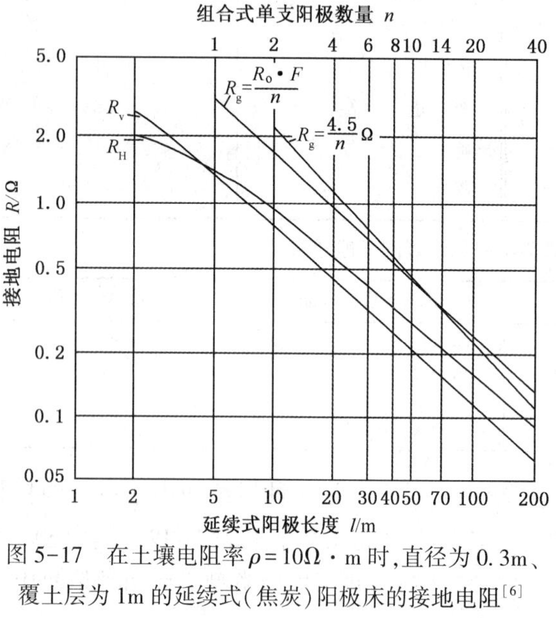

图 5-17　在土壤电阻率 $\rho=10\Omega\cdot m$ 时，直径为 0.3m、覆土层为 1m 的延续式(焦炭)阳极床的接地电阻[6]

注：①水平阳极：R_H 按表 4-26 中类型 No.9 计算；②垂直阳极：R_v 按表 4-26 中类型 No.7 计算；③且如图 5-21 所示，阳极床由 n 支垂直阳极构成，阳极长度 $l=1.2m$(单支 $R_o=3.0\Omega$)，阳极间距 $s=5m$，总接地电阻 $R_g=\frac{R_o}{n}F$，影响因子 $F\approx1+\frac{\rho}{\pi sR_o}\ln(0.66n)$，平均值取 $F=1.5$

在阳极床与保护电源之间的连接电缆必须具有特别好的绝缘。所以只能使用NYY-0型双重塑料护套的电缆。电缆护套不允许损伤，否则在缺陷位置的铜芯将在很短时间就遭到阳极电解破坏，与保护电源的连接就中断了。在采用多股电缆时，电缆护套的损伤作用就不会这么严重了。所有各股铜芯的绝缘材料一般不会都遭受损伤破坏，阳极床的工作也不会中断。此外，它们的电阻测量和缺陷检查也更容易一些。

如图5-17所示为直径为0.3m、覆土层为1m的延续式阳极床的接地电阻。所有的数值是以土壤电阻率 $\rho_o=10\Omega\cdot m$ 计算的。当为任意土壤电阻率 ρ 时，可从曲线上取值再乘以 ρ/ρ_o 来确定接地电阻。在延续式焦炭床中，水平的单支阳极可以达到与串联的长连续阳极几乎同样有利的接地电阻。

根据文献[6]的资料，一个接地体的有效接地电阻 R_W 可按下式计算：

$$R_W = Z\coth\left(\frac{L}{l_K}\right) \tag{5-17}$$

式中 Z——特性阻抗，$Z=\sqrt{\frac{R'}{G'}}$，而 $R'=\frac{dR}{dx}=\frac{1}{\beta S}$，$G'=\frac{dG}{dx}=\frac{1}{r_p}$；

l_K——特征长度，可按下式计算：

$$l_K = \frac{1}{\alpha} = \sqrt{\frac{1}{R'G'}} \tag{5-18}$$

从式(5-17)可见，当阳极床长度 L 超过特征长度 l_K 时，有效接地电阻实际上不再降低。对于圆柱水平式接地体，其半径为 r 和长度为 L 时存在以下关系式：$\beta=\frac{1}{\rho_K}$（ρ_K 为焦炭床电阻率）；$S=\pi r^2$；$l=2\pi r$；$r_p=(2\pi rL)R$。R 是表 4-26 中的接地电阻，且与土壤电阻率 ρ_E 成正比。把这些数据代入式(5-18)，可得：

$$l_K = C\sqrt{\frac{\rho_E}{\rho_K}} \qquad \text{其中 } C = r\sqrt{\pi L\left(\frac{R}{\rho_K}\right)} \tag{5-19}$$

因此，常数 C 取决于接地体的尺寸。对于一个半无限空间的水平式接地体，根据表 4-26中的类型 No. 4 可得：

$$C = r\sqrt{\ln\frac{L}{r}} \tag{5-20}$$

对于埋设深度为 t 的水平式接地体，根据表 4-26 中的类型 No. 9 可得：

$$C = r\sqrt{\frac{1}{2}\ln\left(\frac{L^2}{2rt}\right)} \tag{5-21}$$

根据式(5-19)，特征长度 l_K 随土壤电阻率增大而增大，在图 5-18 中给出了这种依从关系。特征长度可表征为焦炭床中阳极的有效延伸。在一个无限长焦炭床的情况下，在位置 $x=l_K$ 处的阳极电流，因而也是其流出的电流密度应遵循：

$$I = I_0\exp(-\alpha x) \tag{5-22}$$

式中，α 为随距离的衰减系数，且 $\alpha=\sqrt{R'G'}$。显然，在 x 位置处的 I 只是 $x=0$ 时的初始值的一部分，且呈指数关系降低。

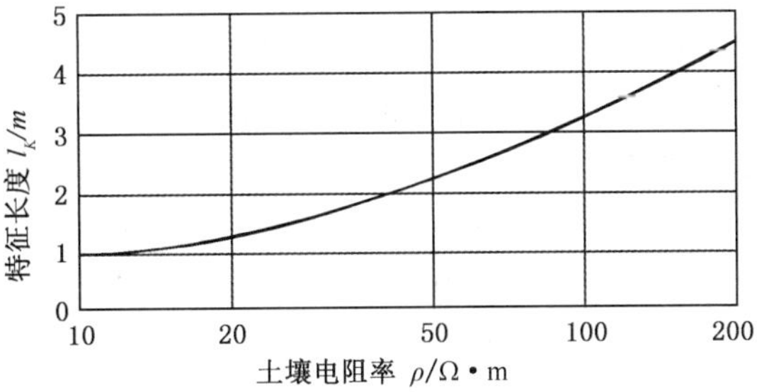

图 5-18 按照式(5-19)当 $\rho_K=1\Omega\cdot m$ 和 $c=0.31$ 时的焦炭床中阳极有效延长值 l_K（特征长度）与土壤电阻率的关系[6]

在地表面描述的延伸阳极床电压漏斗等电位线，在水平阳极周围起初呈椭圆形，随距离增大而成为圆形。此时，在阳极轴方向的电压漏斗以 r^{-1} 关系降低，而在垂直于阳极轴方向初始时仅以 $\ln(r^{-1})$ 关系降低，参见表4-26。图5-19给出了对不同长度水平阳极的电压比 U_Z/U_A。式中 U_Z是地表面某一点相对远地参考点的电位，也等于相对于管道的电压减去极化电压 η；Z 是离阳极床中心的垂直距离。U_A是外加的阳极电压，相当于整流器输出电压 U_{G1}减去被保护体的通电电位。如图 5-20 所示为沿阳极轴方向的相应电压比 U_X/U_A；x 是距阳极端点的距离。100m 以上长度的水平阳极床通常形成了扩展的电压漏斗。如图 5-19 和图 5-20 所示，表明在距阳极床约 100m 处尚有 7%或 10%阳极电压(相对远地参考点)。只是当距 1km 远处电压才降低到 1%。电压漏斗的大小对外部导体的影响具有重要意义。

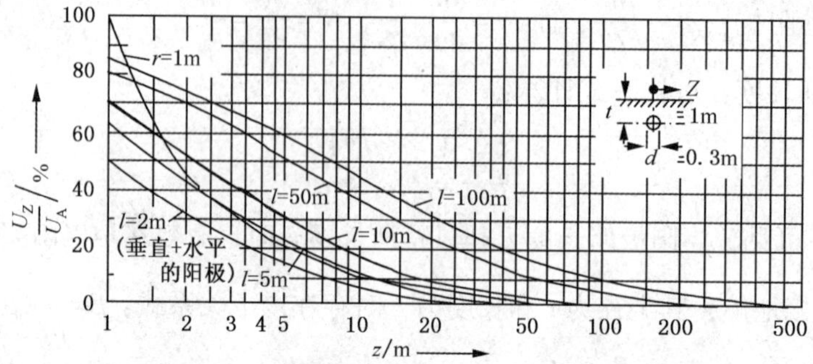

图 5-19　沿垂直于阳极的 z 轴方向上水平阳极的电压漏斗[6]

U_A：阳极与管道之间的电压；U_Z：在 Z 点的地表电压

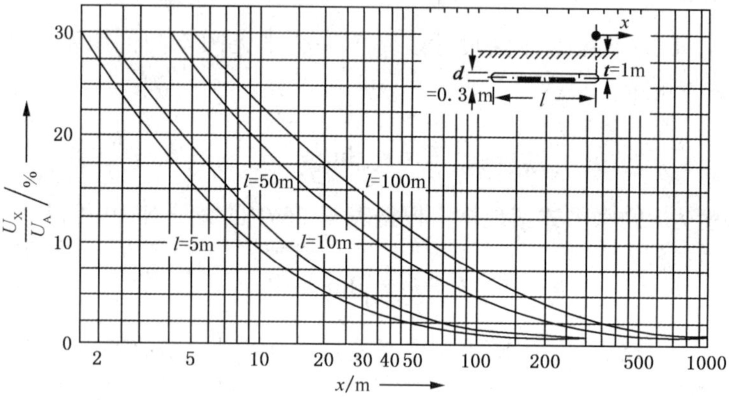

图 5-20　沿阳极轴 x 方向上水平阳极的电压漏斗[6]，

U_A：阳极与管道之间的电压；U_X：在 x 点的地表电压

5.3.3.4　单支组合式阳极床

由若干单支阳极构成的组合式阳极床，目前一般只用于很低保护电流的情况，或者不可能建设延续式阳极的场合，例如森林和沼泽地带。例如，在垂直埋设时，往往把 1.2m 长的阳极置于 2m 长、0.3m 直径的钻孔中。这种安装垂直阳极的孔洞可以手工开挖，也可用机器钻孔。孔底铺以 0.2m 厚的焦炭层，其上放置辅助阳极。在其余的自由空间填充约 75kgⅣ号焦炭，直至高出阳极顶端 0.2m，参见图 5-21。也可以把单支阳极水平地埋设在尺寸为 0.5m×1.5m×2m 的基槽中。对于这种水平单支阳极的阳极床需用约 200kg 焦炭。

由 n 个、间距为 s 的单支阳极构成的组合式阳极床，其接地电阻 R_g比长度为 $l=sn$ 的延续式阳极床的大得不多。然而，由于其有限间距大致在 10m 以下，使各单支阳极彼此之间受到强烈的互相影响，以至于由 n 个单支阳极构成的组合式阳极床，它的总接地电阻 R_g要

比并联阳极在间距 $s\to\infty$ 时的电阻大得多。使接地电阻增大倍数的影响因子 F，可从相对于单支垂直阳极间距 s 所计算的图 5-22 中获得。该计算式为：

$$F \approx 1 + \frac{\rho}{\pi s R}\ln(0.66n) \tag{5-23}$$

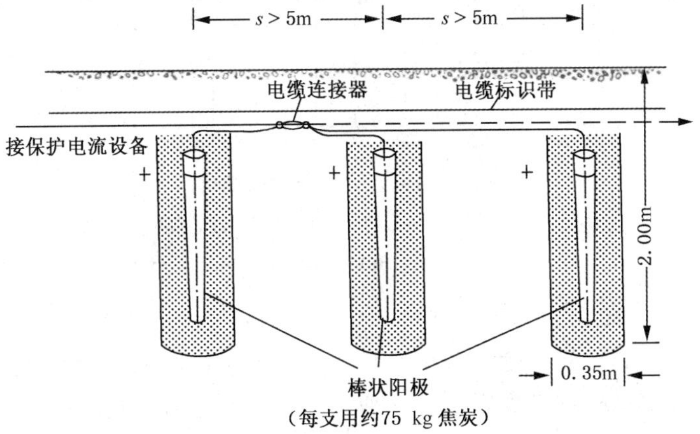

图 5-21　由若干单支垂直阳极构成的组合式阳极床

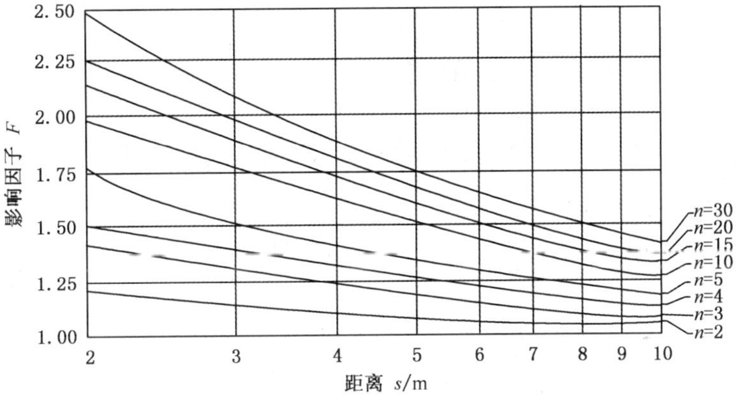

图 5-22　由 n 个单支阳极构成的组合式阳极床的影响因子 F[6]

（$\rho/R = \pi m \approx 10\Omega\cdot m/3.2\Omega$）

在图 5-22 中，单支组合式阳极床中的阳极尺寸取 $l=1.5$m，$d=0.3$m。该影响因子也适用于覆土层为 1m 的水平短阳极，精确度良好。对于一个由 n 个单支阳极构成的组合式阳极床，若单支阳极的接地电阻为 R_o，土壤电阻率为 $\rho_o=10\Omega\cdot m$，由此可计算得该组合式阳极床的总接地电阻 R_g 为：

$$R_g = F\frac{R_o}{n}\times\frac{\rho}{\rho_o} \tag{5-24}$$

如图 5-23 所示为实际测量的和转换为 $\rho_0=10\Omega\cdot m$ 的接地电阻。测量值与所载直线存在相当大的偏差是由于在阳极床所在地区一些地方的土壤电阻率是不恒定的，而且用 Wenner 法测量埋设深度的电阻时精确度不够。

呈一条直线配置的若干单支阳极构成的组合式阳极床，它的电压漏斗变化历程以足够的精确度与图 5-19 和图 5-20 相符。

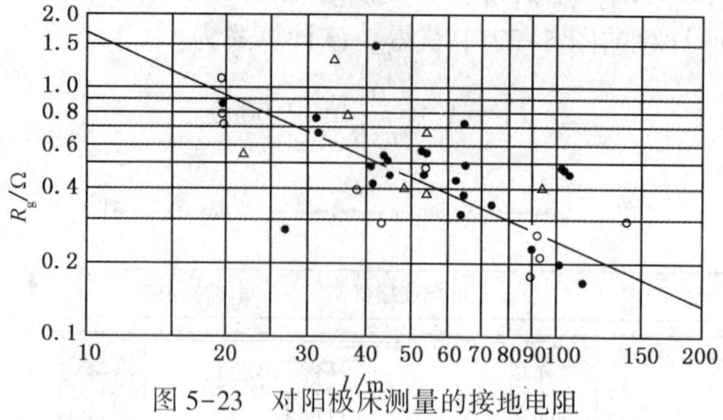

图 5-23 对阳极床测量的接地电阻

[直线对应于式(5-24)，R_g与图 5-17 相符][6]

○ 连续的焦炭床；● 水平阳极；△ 垂直阳极

5.3.3.5 深井阳极床

在表层土壤电阻率高且随深度而减小的场合可采用深井阳极床。由于占地少和电压漏斗小，有利于避免对外部结构物产生影响，这种安装方式也适用于人口密集地区和区域性阴极保护的情况。深井阳极可根据埋深不同分为次深(20～50m)、中深(50～100m)和深(超过100m)三类级别。

深井阳极可由单支或多支阳极串连构成，也可由多支阳极并联构成。目前，各国多采用并联式。这是因为串联式阳极中如有个别阳极发生局部断路(电缆接点脱开或阳极断裂)，会导致整个阳极失效，影响整个阳极组的电流输出及使用寿命。

深井阳极需要钻机(常用气锤)钻至一定的埋深。钻孔的管壁和阳极之间的空间应填满焦炭填料。如果土壤很坚实，钻管随后就可拔出。如果是流沙，则管子必须留在原处，且和与之平行的阳极连接在一起。管子作为阳极腐蚀掉后，焦炭中的阳极就起作用了。

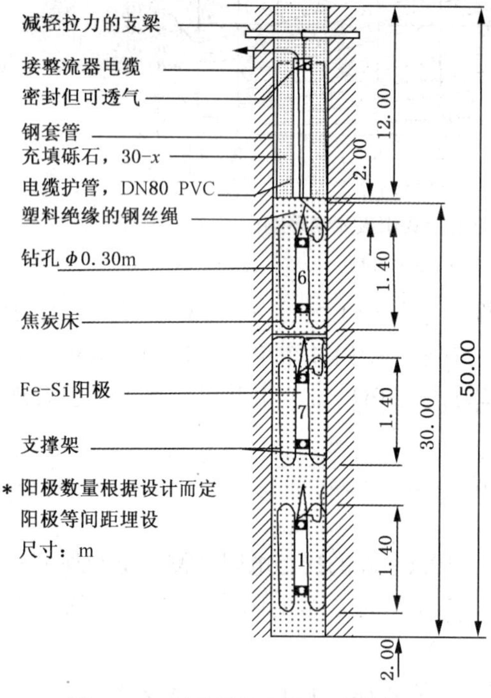

图 5-24 深井阳极床结构示意图

为了保证阳极在井孔内对中设置，应把阳极组安装在一个对中装置中。例如，可以利用塑料绝缘的钢丝绳把阳极连同对中装置一起放入井孔内，参见图 5-24。在放入每一个阳极后，用Ⅳ号焦炭填料把周围空间填满，直至下一个阳极的安装高度。每米阳极床约需用 50kg 焦炭。钢丝绳固定在井孔上部的一个支梁上，以助阳极电缆减缓拉力。把阳极电缆连接到一个接线盒(检测站的重要组件)中，以便能够测量各个阳极的电流。从这里引出一条阳极总电缆连接到保护设备上。在充填煅烧石油焦的深井阳极中主要推荐安装一根多孔塑料管并在阳极床上部用鹅卵石充填井孔，由此可使阳极析出的氧气(或还有氯气)排出，避免接地电阻增大。

在使用外加电流辅助阳极时，其电阻增大不仅是由于气阻或电渗脱水造成的，而且在一些不利的条件下(无地下水、土壤电阻率高、阳极电压高)，也是由于欧姆发热使阳极床温度升高所致。曾观察到一些案例，阳极焦炭床被引燃了，或者在传送高压直流电时设备的阳极处由于水分解而产生了水煤气。

对于明显的温度上升，可以计算出在阳极周围 $3r_o$ 距离的土壤范围内(r_o 是阳极半径)的温升值 ΔT。其影响因子有土壤热导率 K、阳极长度 L、接地电阻 R_o 和馈入电流 I，从这些参数可计算温升值。对于深井阳极，其温升值 ΔT 为：

$$\Delta T = \frac{I^2 R_o}{4\pi K(L + r_o)} \tag{5-25}$$

对于地表阳极，其值为：

$$\Delta T = \frac{I^2 R_o}{2\pi K(L + r_o)} \tag{5-26}$$

从式(5-25)进一步运算，最终可得阳极电压的近似式：

$$U^2 = \Delta T 2K\rho \ln\left(\frac{L}{r_o}\right) \tag{5-27}$$

根据式(5-27)可计算得允许阳极电压。对于一些不利的情况，温升 $\Delta T = 20\text{K}$，$K = 0.2\text{W/m}$，$\rho = 50\Omega \cdot \text{m}$ 以及 $(L/r_o) = 500$，由此可得出阳极电压为：$U = 50\text{V}$。

深井阳极的接地电阻可从图 5-17 获得，为此必须已知焦炭床的长度。阳极床上部的覆土层实际上对接地电阻无影响。根据文献[6]计算，在均匀土壤中的一个 30m 长阳极床，上部覆土层为 10m 时的接地电阻仅比覆土层为 1m 时减少了 10%。深井阳极的影响因子是可以计算的，其值小于图 5-22 中的数值。因此，当应用图 5-22 数值时阳极实际上处于更安全的状态。

与接地电阻相反，在距阳极轴 20m 的范围内，由于上部覆土层厚度加大而使地表的电压漏斗缩小，这对外部结构物的影响是有意义的。在图 5-25 中给出了一个 30m 长深井阳极在不同覆土层厚度时的电压漏斗。

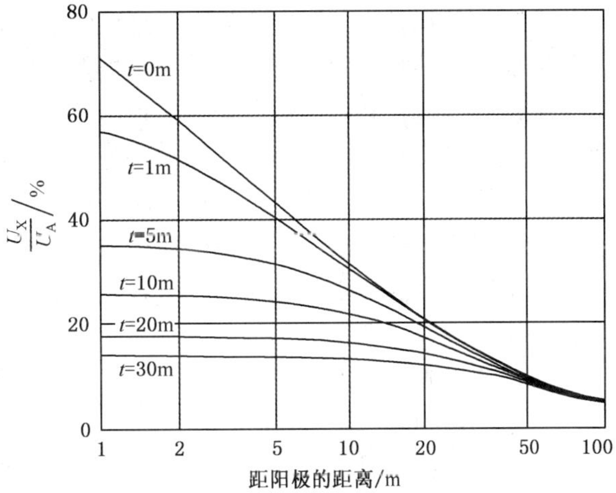

图 5-25　一个 30m 长深井阳极在不同覆土层厚度 t 时的电压漏斗[6]

5.4　外加电流法阴极保护设计

5.4.1　外加电流法阴极保护设计的原则要求

5.4.1.1　基本的技术条件

为实施阴极保护并能获得良好的保护效果，被保护体系必须满足一些重要的基本条件。

① 环境介质必须是电解质体系。被保护金属结构物所处的环境介质必须是电解质体系，一是通过电解导电，保证辅助阳极能把电流输送到被保护结构物表面；二是保证在阴极/电解质界面和阳极/电解质界面能发生必要的电化学反应，通过氧化还原反应的平衡以实现有

效的阴极保护。

② 被保护金属结构物的电连续性。对于任何阴极保护体系，必须保证被保护金属结构物具有良好的电连续性，这是一个最基本的必要条件。对于不具有良好电连接性或导电性不良的结构物，阴极保护电流流动的电阻大，将会产生较大的电压降，从而增大保护电流需用量，显然这是不经济的。此外，同样的保护电流也会由此而缩小保护范围，降低保护效果。对于导电不良或不具有电连续性的各部件之间可以采用跨接电缆，以改善电连续性。例如，对于埋地管道而言，管道之间的连接形式一般有插接式、法兰连接式、焊接式等。焊接管道具有良好电连续性，其他连接形式接头的电阻较大，采用跨接电缆可改善非焊接管道的纵向导电性能。

③ 被保护金属结构物表面应具有优质防腐层。与裸露金属结构物相比,具有防腐层的结构物所需保护电流密度呈数以千倍计的下降。国内外的阴极保护实践已经证明,并以在各种标准中明确规定了腐蚀控制的最佳方案,即应采用防腐层和阴极保护相结合的联合保护方案。

防腐层的种类和质量决定了防腐层面电阻率，对于防腐层面电阻率大的结构物相应所需的保护电流密度将大幅度地减小，这就增大了保护范围。对于埋地管道而言，采用优质防腐层(如三层 PE 结构防腐层)可使保护电流减小到 $1\mu A/m^2$以下，而且呈数倍地延长保护距离。仅就减少阴极保护站数目这一项的经济效益，就可以弥补优质防腐层一次性投资偏高的欠缺。现有防腐层的种类很多，相关标准都已陆续建立，但一定要严格执行。

④ 被保护金属结构物必须与非保护结构物实施良好电绝缘。阴极保护是一种电保护，必须将所施加的保护电流限定在被保护结构物上。如由于任何非故意的原因导致被保护结构物与邻近非保护结构件发生短接，将使阴极保护电流严重流失而影响阴极保护效果，甚至使其完全失效。因此，必须使被保护结构物与其他低电阻结构物之间具有良好的电绝缘性。可以肯定地说，没有绝缘就没有阴极保护。绝缘是实施有效阴极保护的前提条件。

在埋地管线上，绝缘法兰已获得广泛应用，近年来世界各国开始广泛使用埋地型绝缘接头，实践证明优于绝缘法兰。其主要特点是：埋地型绝缘接头可直接埋地使用，绝缘性能安全可靠，服役寿命远大于绝缘法兰。两者的功能是一样的，都是切断管道的纵向导电性，防止保护电流流失。

有一种技术先进的绝缘接头，内置放电火花间隙，当绝缘接头两侧由于闪电或地电流积累的静电电压达到某一设定值时，便可使火花间隙内的空气立即自动放电，两侧金属泄压，使中间填充的绝缘材料不被击穿损坏，从而保障了绝缘接头的绝缘性能。这对于防止雷电闪击、地电流的静电积累是很有效的安全措施。使用这种内置放电火花间隙的绝缘接头，可以免接外置放电火花塞或锌接地电池，具有免维护的特点。

5.4.1.2　设计原则及考虑

① 外加电流法阴极保护设计，根据工艺计算对保护范围宜增加 10%的余量。对于埋地管道的工艺设计，一般对管道保护长度留有 10%的余量。

外加电流法阴极保护设计时,一般均以新建结构物或已建结构物的实际条件为基础。在参数选择、设计计算中只要与管道本身参数相符,其设计往往是成功的。但是随着服役时间的迁延,结构物上防腐层将逐渐老化,破损增多,使所需阴极保护电流增大,有效保护范围缩小。例如,美国有一条缠绕聚乙烯胶带的防腐层管道,1958 年建设时阴极保护电流密度为 $7.5\mu A/m^2$,但 16 年后的 1974 年该值已达 $16.9\mu A/m^2$。其他防腐层变化也是如此,如煤焦油沥青防腐层在 12 年间其绝缘电阻由 $12468\Omega\cdot m^2$下降为 $447\Omega\cdot m^2$。因此,设计中应对阴极保护需用电流密度的变化作充分考虑，通常的办法是对结构物保护范围留有一定的余量。

② 外加电流法阴极保护设计中，辅助阳极的设计寿命应与被保护结构物相匹配，对各种不同的结构物均应考虑辅助阳极的可更换性。对于埋地管道的外加电流法阴极保护，其辅助阳极设计寿命一般不小于20年。

辅助阳极寿命是保证外加电流法阴极保护系统有效工作的关键。辅助阳极失效，将使阴极保护系统中断工作。对于可更换的辅助阳极系统，如船舶或其他工业设备装置上的辅助阳极系统，从经济上考虑不必选用昂贵的、寿命很长的阳极。而对于不可更换或很难更换的辅助阳极系统，如埋地管道的辅助阳极系统，则应保证其有足够的设计寿命。只要选材合理，设计正确，能满足20年寿命的设计要求。尽管如此，某些结构物，或在某些工作条件下，仍然可能从经济性考虑而采用价廉、寿命不太长的阳极，这在设计时应予综合平衡考虑。

③ 外加电流法阴极保护设计时，应充分注意保护系统与外部金属结构物之间的相互干扰问题，以及外部电信号可能对保护系统产生干扰的问题。

在被保护金属结构物周围往往还存在有一些其他的金属结构物，如埋地管道周围的情况。对埋地管道而言，阴极保护系统是通过大地构成完整电流回路的。保护电流在土壤中流动，不可避免地会有一部分电流散失在大地中，而对其他金属结构物形成杂散电流腐蚀的威胁。这不仅会造成严重的意外腐蚀损伤事故，而且会引起赔偿的经济纠纷。这就要求在外加电流法阴极保护设计时应充分考虑这一影响。

另一方面，埋地管道周围密集的其他金属结构物存在于阴极保护电场中，将不可避免地改变电场电力线的分布，产生对埋地管道阴极保护的屏蔽作用。在严重的情况下，可在被保护结构物上形成阴极保护的死角(即所谓“盲区”)。由于非故意的原因或地应力等的作用，可能使被保护结构物某处与外部金属结构物发生短接，从而在该处导走阴极保护电流，由此产生保护不足甚至阴极保护失效的严重后果，同时也使阴极保护运行成本大幅上升。

处于直流电力输配系统、直流电气化铁路、邻近的外部结构物的阴极保护系统或其他直流干扰源影响范围内的埋地金属结构物，易遭受直流杂散电流干扰影响而产生腐蚀破坏，从而导致被保护结构物异常迅速地电解腐蚀，使其阴极保护系统遭受严重的干扰破坏。当埋地金属结构物位于交流电气化铁路、高压交流电力系统接地体附近时，通过阻抗耦合、感抗耦合或容抗耦合，将会遭受到交流干扰而产生腐蚀破坏。虽然交流干扰引起的腐蚀破坏不如直流杂散电流腐蚀那么严重，但产生交流干扰时，被干扰结构物可能产生较高的干扰电位，对接触被干扰体的作业人员造成伤害以及使得与被干扰体有电连接的设备造成破坏。

埋地结构物的阴极保护系统邻近的外部金属结构物相对是比较固定的，但它们之间的相互干扰问题仍是比较复杂和严重的。而直流干扰和交流干扰的源头及其路径和影响范围，不同程度地表现为游移不定，预先做出准确判断是较难的，而它们的干扰破坏却是非常严重的。因此，在外加电流法阴极保护设计时应特别注意这些干扰破坏问题，对之应采取必要的排流技术和防范措施。

④ 外加电流法阴极保护电源设计时，应使电源的最大输出电压与最大输出电流之比大于阴极保护回路的总电阻。

外加电流法阴极保护电源是典型的直流电子仪器设备。电子仪器的电性能特点，一般就是电信号输出的电压、电流及其功率匹配，其最佳工作状态通常为额定值的80%。作为直流电源，在制造时就对其输出电压、输出电流规定了一个最佳比值；如不匹配，其功率因素将不理想。早期采用钢管作辅助阳极时，传统上要求尽可能降低阳极接地电阻，一般要求不大于 1Ω。因为钢管阳极消耗率大，工作寿命短，可更换，要求其低阳极接地电阻(1Ω)也能实现。20 世纪 80 年代末，已普遍开发和应用难溶性辅助阳极，如石墨和高硅铸铁阳极。从外加电流法阴极保护的运行效果和经济性考虑，辅助阳极寿命已占相当重要的地位，因此就须在阳极寿命和接地电阻之间寻求某种平衡，一般将阳极接地电阻 1Ω 的要求适当放宽到几个 Ω。为了合理设计，这就要求选择电源设备的功率时应与之相匹配，即电源的最大输出电压与最大输出电流之比应大于负载总电阻。同时，也在辅助阳极床设计时尽可能地降低阳极接地电阻。

5.4.2 保护参数选择与判据

5.4.2.1 保护电流密度

在外加电流法阴极保护设计中必须科学合理地选择保护参数。主要选择的参数就是保护电流密度和保护电位，这对于保护电位是否能达到预期效果是至关重要的。设计参数选择偏低，将使结构物不能获得完全保护。而参数选择过高往往会发生过保护现象，通过氢致剥离损坏防腐层的完整性，产生严重的腐蚀破坏并进一步影响阴极保护系统的正常运行。不管是哪种类型的参数选择不合理，都会影响到阴极保护系统的效能和经济性，过保护问题对外加电流阴极保护设计是尤其要注意避免的。

保护电流密度的大小与金属材料的种类、表面状态(主要是有无防腐层、它们的种类和质量如何、是否存在焊缝及其状况等)以及环境条件(海水、淡水、土壤、化学品，静止的还是流动的，温度、充气条件、微生物活性等)有关。有的也与工况条件有关。有些因素还应考虑季节变化和时效作用的影响。

作为设计参数选择保护电流密度时，应根据相关的标准规范和文献资料选取，往往还要参考有关的经验和以往成功的实例，有时还需要通过试验(如馈电试验)来确定。表 3-6~表 3-8 和表 3-11 给出了一些特定条件下的金属结构物的阴极保护电流密度。表 5-13 给出了钢在某些环境条件下的保护电流密度。

表 5-13 钢在各种环境中所需的保护电流密度[12]

环境	所需保护电流密度/(mA/m^2)	环境	所需保护电流密度/(mA/m^2)
裸露钢		10. 静止的淡水	53.8
1. 无菌的中性土壤	4.3~16.1	11. 流动的淡水	53.8~64.6
2. 充气良好的中性土壤	21.5~43	12. 扰动及含溶解氧的淡水	53.8~161.4
3. 充气良好的干燥土壤	5.4~16.1	13. 热水	53.8~161.4
4. 条件中等及恶劣的湿土壤	26.9~64.6	14. 污染的河口水	538~1614
5. 酸性强的土壤	53.8~161.4	15. 海水	53.8~269
6. 有硫酸盐还原菌的土壤	高达 451.9	16. 槽中的化学品，酸或碱溶液防腐层良好的钢	53.8~269
7. 有热水排放管线的土壤	53.8~269		
8. 干混凝土	5.4~16.1	17. 土壤经高压检验防腐层优良的钢	0.1~0.2
9. 湿混凝土	53.8~269	18. 土壤	0.01

5.4.2.2 保护电位和保护电位范围

在同一个腐蚀体系中，保护电位和保护电流密度是相互依存的。保护电位的选择和确定，一是为恒电位仪(阴极保护电源设备)设定一个给定电位，通过恒电位仪内部比较电路来控制结构物在指定参比电极位置点的电极电位；二是可供检验判别阴极保护的效果，通过测量电位来了解结构物表面电位(特别是远离辅助阳极的部位)是否达到了所需的或判据规定的保护电位值。结构物最小保护电位值的选择应按照相关的标准或规范来确定，在特殊条件下可参考以往的实例和经验规定之。最大保护电位值的选定则与结构物表面防腐层有关，一般是控制在无氢致剥离危害的电位水平。在许多标准和规范中都对最小保护电位和最大保护电位作了具体规定。表 3-1～表 3-5 给出了有关保护电位的一些具体规定。

阴极保护设计时，为保证阴极保护的有效性，必须根据被保护结构物及其环境条件首先确定保护电位范围，然后才能进行各项工艺计算。同时，还应确定应采用的阴极保护判据，以便通过指定参数检测来确认阴极保护的有效性。第 3 章第 3 节已对阴极保护判据及其有效应用做了较为详细的介绍，在此不再赘述。

5.4.2.3　保护电位分布的均匀性

在实施阴极保护的结构物上，各部位保护电位的分布一般是不均匀的。只要最低保护电位和最高保护电位都落在有效保护范围中，在阴极保护技术上就是可接受的。与牺牲阳极法阴极保护相比，外加电流法阴极保护在结构物上所产生的电位分布不均匀性更为严重。

阴极保护电流回路是：电流从电源设备的正极流出，经电缆流至辅助阳极，再从辅助阳极流出，经电解质(土壤或水)流向被保护结构物表面各处，再从结构物流出，经电缆流回直流电源的负极。当在环境介质(电解质)中或结构物上产生明显的电压降时，在结构物表面所产生的阴极保护电位分布就是不均匀的，参见图 5-3。下列一些因素倾向于加大保护电位分布不均匀性：

① 辅助阳极于结构物之间的距离过小；

② 土壤或水(环境电解质)的电阻率很高；

③ 被保护结构物需用保护电流密度很大；

④ 被保护结构物各组成部分之间存在高电阻，即电连续性较差；

⑤ 结构物表面防腐层的质量不均匀。

一般情况下，在辅助阳极附近的结构物表面(通电点处)，保护电位最负(见图 5-3)；而远离辅助阳极的各处，保护电位相对不太负。这种电位分布状况是不经济的，因为对被保护结构物表面某些部位施予了多于其维持设计保护电位所需的电流。此外，电位过负造成的过保护也是一种有害因素，是不允许的。对于远离辅助阳极的结构物表面电位达不到最小保护电位，将会造成保护不足的情况，采用提高保护电流的方法可能无助于改善这种不利的电位分布，反而有可能使通电点电位变得更负。对大型结构物使用外加电流法阴极保护时，可考虑增加外部电源(阴极保护站)的办法，以改善电位分布均匀性。

5.4.3　工艺计算

对不同环境介质中的不同结构物进行外加电流法阴极保护设计和工艺计算时，它们的设计原则、计算步骤和工艺计算要求等都是相同的。但由于环境介质性能差别、结构物的金属种类和表面状态不同、工况条件不同以及结构物的构型、尺寸不同等，在设计要求和工艺计算方面，仍有一些明显的具体差异。例如，海洋中行驶的船舶对船体进行阴极保护和对埋地管线进行阴极保护，在阳极床设计方面是很不相同的，它们的电位分布均匀性差别很大。此处介绍一些对土壤环境介质中埋地管道外加电流法阴极保护工艺计算方法。

5.4.3.1　确定系统设计参数

在外加电流法阴极保护设计之初，应先确定系统的一些设计参数。对于新建埋地管道可按下列常规参数选取。

① 管道自腐蚀电位：-0.55V(CSE)

② 最小保护电位：-0.85V(CSE)

③ 最大保护电位：-1.25V(CSE)

④ 防腐层面电阻率

- 石油沥青、煤焦油瓷漆　　10000Ω·m²
- 环氧煤沥青　　5000Ω·m²
- 塑料防腐层　　50000Ω·m²
- 环氧粉末　　50000Ω·m²
- 三层 PE 结构　　100000Ω·m²

⑤ 钢管电阻率

- 低碳钢(20#)　　0.135Ω·mm²/m
- 16Mn 钢　　0.224Ω·mm²/m
- 高强度钢　　0.166Ω·mm²/m

⑥ 保护电流密度应根据防腐层面电阻率选取：

- 5000~10000Ω·m²　　取 100~50μA/m²
- >10000~50000Ω·mm²　　取<50~10μA/m²
- >50000Ω·m²　　取<10μA/m²

对于已建(在役)埋地管道，上述一些参数应以实际测量值为依据。

辅助阳极的消耗率应根据阳极材料及工作条件(主要是工作电流密度)来选定，详见本章第 5.3 节。

土壤电阻率参数是设计计算中必不可少的重要参数，不能人为假设，应取自现场实测数据。

5.4.3.2　外加电流法阴极保护的管道保护长度(保护范围)

在阴极保护电流回路中，电流由辅助阳极流入土壤，经管道防腐层破损处进入管道，从管道各处回流至汇流点(通电点)，经电缆返回到电源负极。从管道保护范围的边界处到汇流点，沿管道产生一个电压降 ΔU，此值决定了阴极保护的保护范围的极限长度。

对于实施阴极保护的埋地管道而言，为达到良好的保护效果，应要求管道纵向电阻越小越有利，防腐层管道对地电阻越大越有利。这两个参数决定了管道阴极保护范围和所需电流大小。它们之间的关系如下式所示，α 通常称之为管道衰减系数：

$$\alpha = \sqrt{\frac{R}{G}} \tag{5-28}$$

式中　R——单位长度管道纵向电阻，Ω/m；

　　G——单位长度防腐层管道对地电阻，Ω·m。

外加电流法阴极保护的保护长度可按下式计算：

$$2L = \sqrt{\frac{8\Delta U}{\pi \cdot D \cdot J_s \cdot R}} \tag{5-29}$$

$$R = \frac{\rho_s}{\pi \cdot D' \cdot \delta} \tag{5-30}$$

式中　L——保护站单侧保护长度，m；

　　ΔU——管道上允许的最大保护电位与最小保护电位之差，V；

　　D——管道外径，m；

J_s——保护电流密度，A/m²；

R——单位长度管道纵向电阻，Ω/m；

ρ_s——钢管电阻率，Ω · mm²；

D'——管道外径和内径的平均值，且 $D'=D-\delta$，mm；

δ——管道壁厚，mm。

当取管道纵向电压降 $\Delta U=0.3$V 时，式(5-29)可简化为：

$$2L=\sqrt{\frac{2.4}{\pi\cdot D\cdot J_s\cdot R}} \tag{5-31}$$

5.4.3.3　保护电位需用量

外加电流法阴极保护的保护电流需用量可按下式计算：

$$2I_o=\pi\cdot D\cdot J_s\times 2L=\sqrt{\frac{8\Delta U\cdot\pi\cdot D\cdot J_s}{R}} \tag{5-32}$$

式中，I_o为管道的单侧保护电流，A。

按式(5-31)可计算出各种管壁厚度条件下对应不同保护电流密度的保护范围 $2L$，其系列曲线如图 5-26 所示。在各种管径条件下，按式(5-32)可计算出对应不同保护电流密度(也即相对不同保护范围)的保护电流需用量 $2I_o$，其系列曲线如图 5-27 所示。

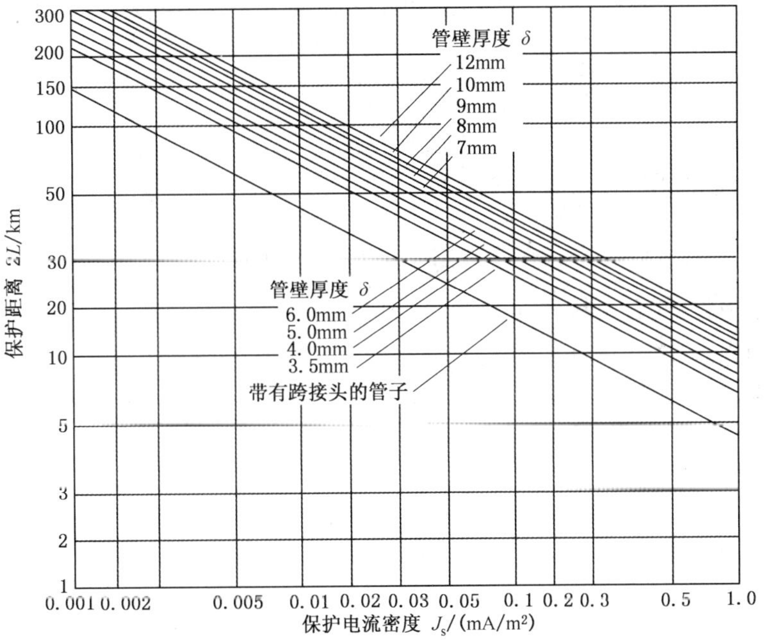

图 5-26　管道阴极保护范围与保护电流密度关系[按式(5-31)]

此处所计算的保护电流需用量只是正常条件下的需用值，而在实际应用条件下，还应考虑结构物的埋设状态、土壤电阻率、阳极与管道的距离、管径差异的影响。因此还应针对特定的管道/环境介质条件，具体地选择校正系数，以使设计更符合实际情况。

5.4.3.4　辅助阳极接地电阻

辅助阳极的接地电阻因阳极埋设方式和地床结构不同而有所区别。下面列出三种常用埋设方式的辅助阳极接地电阻计算公式。

(1) 单支立式阳极接地电阻 $R_{v1}(\Omega)$

$$R_{v1} = \frac{\rho}{2\pi L} \cdot \ln \frac{2L}{d} \cdot \sqrt{\frac{4t + 3L}{4t + L}} \quad (t \gg d) \tag{5-33}$$

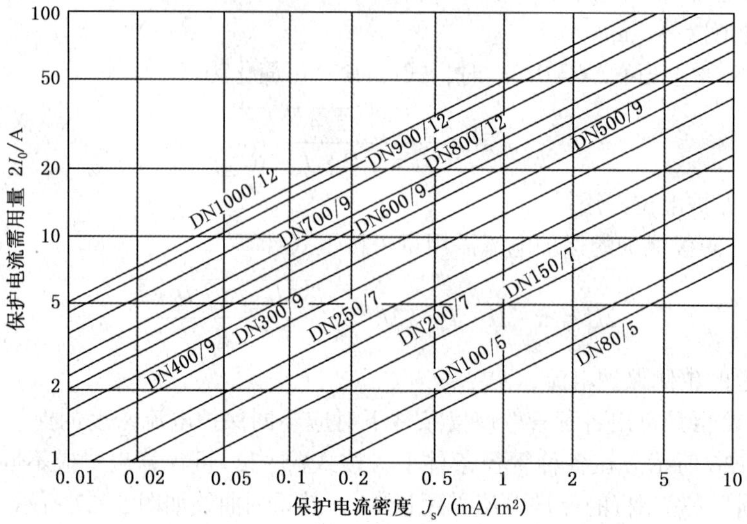

图 5-27　管道阴极保护电流需用量与保护电流密度关系[按式(5-32)]

(2) 深埋式阳极接地电阻 $R_{v2}(\Omega)$

$$R_{v2} = \frac{\rho}{2\pi L} \cdot \ln \frac{2L}{d} \quad (t \gg L) \tag{5-34}$$

(3) 单支水平式阳极接地电阻 $R_H(\Omega)$

$$R_H = \frac{\rho}{2\pi L} \cdot \ln \frac{L^2}{td} \quad (t \ll L) \tag{5-35}$$

式中　L——阳极长度(含填料)，m；

d——阳极直径(含填料)，m；

t——埋深(填料顶部距地表面)，m；

ρ——阳极区的土壤电阻率，$\Omega \cdot$ m。

(4) 阳极组的接地电阻 $R_g(\Omega)$

$$R_g = F \cdot \frac{R_v}{n} \tag{5-36}$$

式中　R_v——单支阳极接地电阻，Ω；

n——阳极支数；

F——接地电阻修正系数(查图 5-28)。

5.4.3.5　辅助阳极总质量

辅助阳极质量应能满足阳极设计寿命期内阴极保护工作的需要。辅助阳极的工作寿命是指，因阳极随服役时间而消耗，导致阳极接地电阻显著上升，且使电源设备输出不匹配而不能再继续正常工作的服役寿命期。阳极的工作寿命计算不包括因地床设计不合理造成气阻问题、施工质量不可靠造成阳极电缆断线等因素引起的阳极报废。

根据规划、设计确定的阳极寿命，可按下式计算辅助阳极总质量 G_t(kg)：

$$G_t = \frac{T \cdot g \cdot I}{K} \tag{5-37}$$

式中 T——阳极设计寿命，a；

g——阳极消耗率，kg/A·a；

I——阳极工作电流，A；

K——阳极利用系数，常取0.7~0.85。

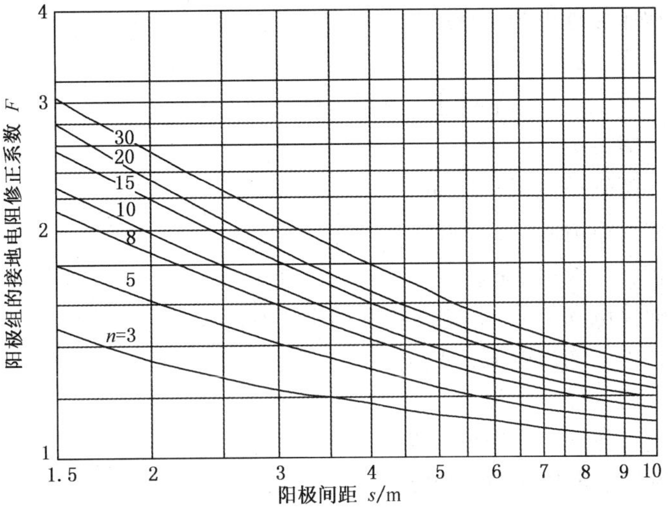

图5-28 阳极组的接地电阻修正系数 F 与阳极间距 S 的关系[3,11]

在按式(5-37)计算时，阳极消耗率 g 的取值要尽可能准确，要有依据，以免造成很大误差。g 值取决于阳极的性能质量，如高硅铸铁阳极的Si含量，使用环境中的 Cl^- 含量，石墨阳极材料是否浸渍树脂等因素都会影响到阳极的性能质量。阳极的工作参数也是非常重要的，如果超过阳极本身的允许工作电流密度，阳极的消耗率也会崩溃式的急剧加大。因此，选择优良的阳极产品和规定合理的工作参数是十分重要的。

5.4.3.6 辅助阳极支数

一个阴极保护系统所需辅助阳极支数是由阳极设计寿命及阳极消耗率所决定的。根据式(5-37)计算得到阳极总质量 G_t，再从阳极接地电阻和规格型号选取单支阳极的质量 G_0(kg)，由下式可计算得辅助阳极支数 n：

$$n = \frac{G_t}{G_0} \tag{5-38}$$

辅助阳极的寿命一般设计为15a或20a。例如，当计算的阳极总质量为200kg时；可选择40kg/支的共5支，或20kg/支的共10支。前者接地电阻大，比后者耗电多而不经济，但前者的工作寿命比后者长。当阴极保护系统耗电量大时，经济因素的考虑更为重要。设计时通常在这两个因素之间寻求合理的平衡。

5.4.3.7 阴极保护系统的电源功率

外加电流法阴极保护系统的电源功率 P(W)可按下式计算：

$$P = \frac{IV}{\eta} \tag{5-39}$$

$$V = I(R_a + R_L + R_c) + V_r \tag{5-40}$$

$$R_c = \frac{\sqrt{R_T \cdot r_T}}{2\text{th}(\alpha \cdot L)} \tag{5-41}$$

$$\alpha = \sqrt{\frac{r_T}{R_T}} \tag{5-42}$$

$$I = 2I_0 \tag{5-43}$$

式中 V——电源设备的输出电压，V；

R_a——阳极地床接地电阻，Ω；

R_L——导线电阻，Ω；

R_c——阴极(管道)/土壤界面过渡电阻，Ω；

α——管道衰减系数，m^{-1}；

r_T——单位长度管道电阻，Ω/m；

R_T——防腐层过渡电阻，Ω·m；

L——被保护管道长度，m；

V_r——地床的反电动势，V，焦炭填充时取 $V_r = 2V$；

I——电源设备的输出电流，A；

I_0——单侧方向的保护电流，A；

η——电源设备效率，一般取 0.7。

5.4.4 管道沿线的电位分布和电流分布

由于阴极保护效果受最大保护电位和最小保护电位的限制，所以一条长距离管线常常需要设立若干个阴极保护站。为此首先应知道一个站能保护多远，这样才能确定所需的站数。为了求得管道保护长度，就应了解管道上的电位和电流分布规律。

在埋地管线的外加电流法阴极保护系统中，电源正极连接辅助阳极，负极连接至被保护管道，此连接点称为汇流点(或通电点)。保护电流从阳极进入土壤后再流到管道上，在管道通电点两侧流动的电流从两侧汇流至通电点，然后沿电缆回流到电源负极。因此汇流点的电流值最大，保护电位也最负，参见图 5-3 和图 5-29。

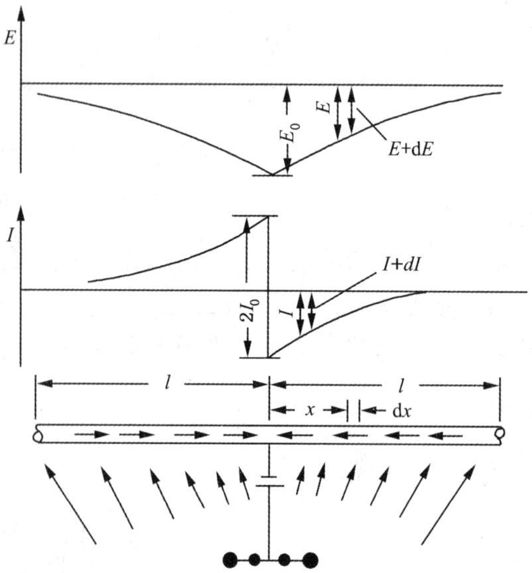

图 5-29 沿管道的电位分布和电流分布[4]

在下面的讨论和推导中假设：

① 辅助阳极相对于整个大地是一个点电源，通过后将在大地中形成一个半球形的电场。

② 管道防腐层电阻均匀一致，并具有良好的绝缘性能。因此保护电流沿管道表面各点从土壤进入管道时的过渡电阻都是相同的。

③ 因土壤的横截面积无穷大，可将电流流经土壤的电阻忽略。

5.4.4.1 管道沿线电位及电流的分布函数通式

如图 5-29 所示，在距汇流点 x 距离处取一微元段 dx，由于外加电流的阴极极化作用，在 dx 小段处的管地电位将从未极化时的自然电位向负方向偏移，设偏移值为 $E+dE$。E 等于通电后的保护电位与管道自然电位之差。

设单位长度金属管道的电阻为 $r_T(\Omega/m)$；单位面积的防腐层过渡电阻为 $R_D(\Omega/m^2)$；单位长度上电流从土壤流入防腐层管道的过渡电阻为 $R_T(\Omega \cdot m)$。如果管道外径为 $D(m)$，则有：

$$R_T = \frac{R_D}{\pi D} \tag{5-44}$$

在 dx 小段上的电流增量 dI 就是在该小段上从土壤流入管道的保护电流，根据欧姆定律得：

$$dI = -\frac{E}{R_T}dx \tag{5-45}$$

即

$$\frac{dI}{dx} = -\frac{E}{R_T} \tag{5-46}$$

当电流 I 流过管道时，是在管道内沿径向传播。假定在 dx 区段内，I 是个常数，则由于管道金属自身电阻所产生的电压降为：

$$dE = -(I \cdot r_T)dx \tag{5-47}$$

即

$$\frac{dE}{dx} = -(I \cdot r_T) \tag{5-48}$$

式(5-47)和式(5-48)中的负号均表示电流的方向与 x 增量的方向相反。

对式(5-46)和式(5-48)求二次导数，并令 $\alpha = \sqrt{\frac{r_r}{R_T}}$，可得：

$$\frac{d^2I}{dx^2} - \alpha^2 I = 0 \tag{5-49}$$

$$\frac{d^2I}{dx^2} - \alpha^2 E = 0 \tag{5-50}$$

对上述二阶常系数齐次线性微分方程求解，可得其通解为：

$$I = A_1 e^{\alpha x} + B_1 e^{-\alpha x} \tag{5-51}$$

$$E = A_2 e^{\alpha x} + B_2 e^{-\alpha x} \tag{5-52}$$

式中，A_1、A_2、B_1、B_2为系数，可根据边界条件确定。

5.4.4.2 无限长管道沿线的电位及电流分布和最大保护长度

在一条无分支的防腐层管道上只建一个阴极保护站，且被保护管道两端均不设绝缘法兰，此被保护管道可视为无限长管道。外加电流阴极极化使管道通电点处的保护电位达到最大值 E_{max}，沿管线向两侧递降，理论上于无穷远处应趋于零。由此可得边界条件：

在汇流点处：$x=0$，$I=I_0$，$E=E_0$

在无限远处：$x=\infty$，$I=0$，$E=0$

式中，E_0和 I_0分别为汇流点处的最大保护电位(E_{max})和最大保护电流。

将此边界条件代入式(5-51)和式(5-52)，可得：

$$A_1 = 0,\ B_1 = I_0$$

$$A_2 = 0,\ B_2 = E_0$$

由此可得无限长管道上电流及电位的变化规律分别为：

$$I = I_0 e^{-\alpha x} \tag{5-53}$$

$$E = E_0 e^{-\alpha x} \tag{5-54}$$

由以上两式还可以求得：

$$I_0 = \frac{E_0}{\sqrt{r_T \cdot R_T}} \tag{5-55}$$

式(5-55)表明，通电点单侧的电流，主要取决于管道防腐层过渡电阻 R_T 的数值。因为通电点受最大保护电位的制约，外加电位值是固定不变的(E_0值恒定)。当管道材料选定后，r_T 应是一个常数，可按式(5-30)计算，而且是一个很小的数值。所以 I_0 值主要取决于 R_T，且与其平方根成反比。防腐层绝缘电阻越高，R_T 越大，所需保护电流值越小。反之亦然。

单独一个阴极保护站所能保护的管道单侧最大保护长度为 l_{max}，那么在 l_{max} 末端的管道电位应恰好等于阴极保护设计规定的最小保护电位 E_{min}。根据式(5-54)可得：

$$E_{min} = E_{max} e^{-\alpha l_{max}}$$

所以

$$l_{max} = \frac{1}{\alpha} \ln \frac{E_{max}}{E_{min}} \tag{5-56}$$

式中，E_{max} 和 E_{min} 分别是在通电点处所允许的最大电位偏移和在保护末端管道必须达到的最小电位偏移，均为定值。所以管道最大保护长度也取决于 $\alpha = \sqrt{r_r / R_T}$。故 α 称之为衰减系数。

5.4.4.3　有限长管道沿线的电位及电流分布和最大保护长度

在实施阴极保护的埋地管线上建立多个阴极保护站时，于两个相邻保护站之间的管道上将受到两个保护站电源的共同作用，使管道保护电位和电流增大，这是两个保护站分别作用的电位曲线(电流曲线)相互叠加作用的结果。参见图 5-30。

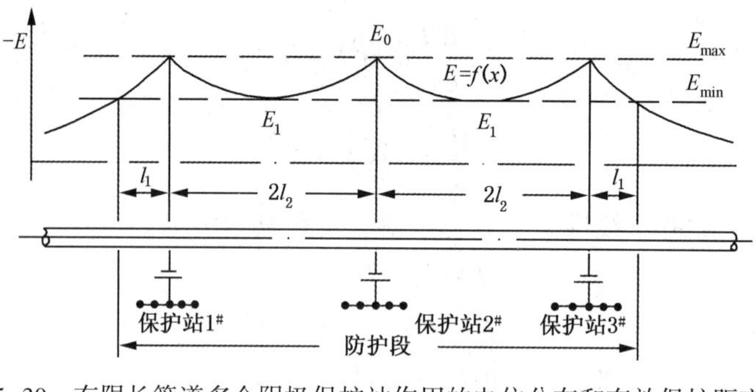

图 5-30　有限长管道多个阴极保护站作用的电位分布和有效保护距离[4]

(1) 两个输出相同的保护站之间的电位及电流分布和最大保护长度

设两个保护站之间距离为 $2l_2$(见图 5-30)，在中点处，即 $x = l_2$，管道电位应达到阴极保护设计所要求的最小保护电位，即 $E_1 = E_{min}$。而在中点处电流的流动方向相反，恰好相互抵消为零。此时可得边界条件为：

$$x = 0:\ I = I_0,\quad E = E_0$$

$$x = l_2:\ I = 0,\quad E_1 = E_{min},\quad \left.\frac{dE}{dx}\right|_{x = l_2} = 0$$

将此边界条件代入式(5-51)和式(5-52)中得：

$$E = E_0 \frac{ch[\alpha(l_2 - x)]}{ch(\alpha l_2)} \tag{5-57}$$

$$I = I_0 \frac{\mathrm{sh}[\alpha(l_2 - x)]}{\mathrm{sh}(\alpha l_2)} \tag{5-58}$$

式中，$\mathrm{ch}[\alpha(l_2-x)]$和$\mathrm{sh}[\alpha(l_2-x)]$分别为双曲函数的余弦和正弦。由式(5-57)和(5-58)可得：

$$I_0 = \frac{E_0}{\sqrt{r_r \cdot R_r}}\mathrm{th}(\alpha l_2) \tag{5-59}$$

当两保护站中间点处的电位达到阴极保护设计所要求的最小保护电位E_{min}，即$E_1 = E_{min}$时，可获得最大保护长度l_{max}。由式(5-57)可得：

$$l_{max} = \frac{1}{\alpha}\mathrm{arcch}\frac{E_{max}}{E_{min}} = \frac{1}{\alpha}\ln\left[\frac{E_{max}}{E_{min}} + \sqrt{\left(\frac{E_{max}}{E_{min}}\right)^2 - 1}\right] \tag{5-60}$$

通过近似处理，可得

$$l_{max} \approx \frac{1}{\alpha}\ln\left(\frac{2E_{max}}{E_{min}}\right) \tag{5-61}$$

两个输出相同的阴极保护站之间的有效保护间距应为$2l_2 = 2l_{max}$。

将上述有限长保护管道与无限长保护管道的计算公式相比较，结果表明：

① 无限长管道的电位按指数函数的规律变化，而有限长管道的电位则按双曲函数的规律变化。故有限长管道的电位和电流变化较平缓，其保护距离比较长。

② 有限长管道可比无限长管道消耗较少的电能。

③ 有限长和无限长管道的保护长度均取决于衰减系数α，而α值又取决于防腐层的质量。防腐层质量越好，α值越小，保护长度越长。

（2）两个输出不同的保护站之间的电位及电流分布和最大保护长度

当两个保护站的输出和配置状态不相同时，这两个保护站间的管道电位及电流变化曲线将不以距离中点为中轴而呈左右对称。最小保护电位的大小和位置由两个保护站的共同作用来确定。设此时两保护站间的管道保护距离为l_{1-2}，它们各自产生的最大管内电流和最大保护电位分别为I_0^1、E_0^1和I_0^2、E_0^2。它们共同作用而在两保护站间产生的最小保护电位为E_{min}。由于在距离l_{1-2}两端的管内电流的流动方向相反，在对应于E_{min}处恰好相互抵消为零，此为最小管内电流；该处距保护站1#的距离为l_1，距保护站2#的距离为l_2(参见图5-31)。

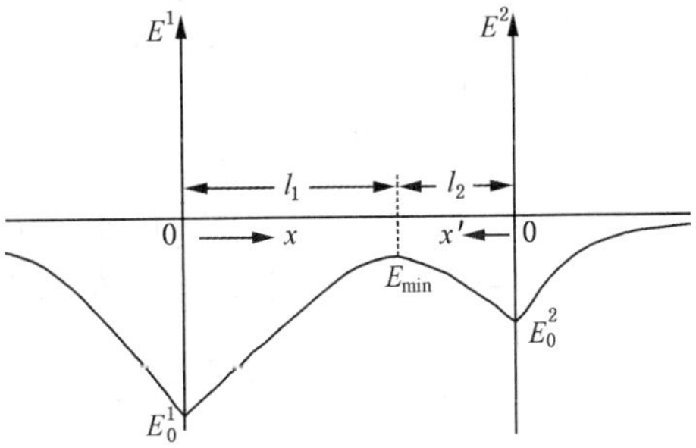

图5-31　两个不同的阴极保护站间管道电位分布和有效保护距离

由此可得边界条件为：

$x=0$：$I^1 = I_0^1$，$E^1 = E_0^1$

$$x=l_1: I^1=0, E^1=E_{min}, \left.\frac{\mathrm{d}E^1}{\mathrm{d}x}\right|_{x=l_1}=0$$

$x'=0$：$I^2 = I_0^2$，$E^2 = E_0^2$

$$x'=l_2: I^2=0, E^2=E_{min}, \left.\frac{\mathrm{d}E^2}{\mathrm{d}x'}\right|_{x'=l_2}=0$$

将此边界条件代入式(5-51)和式(5-52)，求解可得：

$$I^1 = I_0^1 \frac{\mathrm{sh}[\alpha_1(l_1 - x)]}{\mathrm{sh}(\alpha_1 l_1)} \tag{5-62}$$

$$E^1 = E_0^1 \frac{\mathrm{ch}[\alpha_1(l_1 - x)]}{\mathrm{ch}(\alpha_1 l_1)} \tag{5-63}$$

$$I^2 = I_0^2 \frac{\mathrm{sh}[\alpha_2(l_2 - x)]}{\mathrm{sh}(\alpha_2 l_2)} \tag{5-64}$$

$$E^2 = E_0^2 \frac{\mathrm{ch}[\alpha_2(l_2 - x)]}{\mathrm{ch}(\alpha_2 l_2)} \tag{5-65}$$

当 $x=l_1$ 和 $x'=l_2$ 时，可得：

$$E_{\min} = E_0^1 \frac{1}{\mathrm{ch}(\alpha_1 l_1)} \tag{5-66}$$

$$l_1 \approx \frac{1}{\alpha_1}\ln \frac{2E_0^1}{E_{\min}} \tag{5-67}$$

$$E_{\min} = E_0^2 \frac{1}{\mathrm{ch}(\alpha_2 l_2)} \tag{5-68}$$

$$l_2 \approx \frac{1}{\alpha_2}\ln \frac{2E_0^2}{E_{\min}} \tag{5-69}$$

式中，α_1 和 α_2 分别是两个保护站各自保护区段中的电位(电流)衰减系数，当两个区段中防腐层质量相同时，$\alpha_1=\alpha_2$。

由于两保护站之间距离 l_{1-2} 为 $l_{1-2}=l_1+l_2$，所以有：

$$l_{1-2} = \frac{1}{\alpha_1}\ln \frac{2E_0^1}{E_{\min}} + \frac{1}{\alpha_2}\ln \frac{2E_0^2}{E_{\min}} \tag{5-70}$$

$$\ln E_{\min} = \frac{1}{\alpha_1 + \alpha_2}[x_2 \ln(2E_0^1) + \alpha_1 \ln(2E_0^2) - \alpha_1\alpha_2 l_{1-2}] \tag{5-71}$$

若已知 l_{1-2}，就可由式(5-71)求得 $E_{\min}$ 值，再由式(5-67)和式(5-69)分别求得 l_1 和 l_2。也就是说，当确定了两保护站间的距离 l_{1-2} 时，可以计算获得两站间最小保护电位 $E_{\min}$ 在两站间的距离位置 l_1 和 l_2。反之，如果已经规定了最小保护电位 $E_{\min}$，就可获知两站间的最大保护长度(有效保护距离)。当两个保护站的输出和配置状态相同时，应有 $E_0^1=E_0^2$，$I_0^1=I_0^2$，$\alpha_1=\alpha_2$；此时式(5-67)和式(5-69)就与式(5-61)完全一致了。

上述计算结果是在一定假设条件下推导出来的，在实际工程中往往还要通过测试来确定保护电流需用量，并根据实际工程来布置阴极保护站的位置。

5.5 安装与施工

5.5.1 阳极地床处理

埋地管道上外加电流法阴极保护系统运行的电能主要消耗在阳极引线、阳极接地电阻以及保护电流从土壤流入管道的过渡电阻上。只有阴极/土壤过渡电阻上消耗的电能才是真正用于被保护管道的阴极保护，实践证明，这部分电能只占阴极保护系统总电能消耗的 20% 左右。而在阳极接地电阻上消耗的电能则占总电能消耗的 60%~70%。因此，阴极保护系统设计和安装工作中，应尽可能地降低阳极接地电阻上的电能消耗，也就是应尽可能降低阳极接地电阻。

辅助阳极地床均需做一定的技术处理，主要是在适当选定的辅助阳极周围填埋必要的导电填充料。这一方面是为了防止阳极材料表面生成腐蚀产物层，减少阳极极化，保证辅助阳极的有效电流输出；另一方面，地床填充剂实质上加大了阳极的工作尺寸，降低了阳极接地电阻，可节省电能消耗，降低对电源设备的容量要求 ，延长阳极使用寿命；再一方面，多孔结构的焦炭渣填充剂以不同粒径合理配比时，有利于排放阳极反应的气体，避免产生气阻现象，这也是降低阳极接地电阻的保障措施；再者，由于填充料与阳极材料间的良好电接触，使阳极反应导致的大部分材料消耗转移到填料表面，从而降低了阳极消耗(参见第5.3.3节)。当然，在海水等电解质水溶液中无此类问题。

阳极地床填充料一般采用焦炭粒、石油焦炭粒。辅助阳极选用石墨、高硅铸铁或柔性阳极时一般应填埋填充料。选用钢铁阳极时可不加填充料，如用食盐填埋，可显著降低阳极接地电阻。在沼泽地、流沙层使用的阳极可不加填充料。

阳极填充料的含碳量一般应大于85%，最大粒径宜小于15mm，填充料厚度一般为100mm。当采用柔性阳极时，填充料的最大粒径小于3.2mm，厚度为45mm。预包覆焦炭粉的柔性阳极可直接埋设，不必采用填充料。

阳极填充料顶部应铺放粒径5~10mm左右的砾石或粗砂，砾石层宜加厚至地表面以下500mm或在砾石上部加装排气管至地面，有利于避免气阻效应。

水平式埋设阳极时可采用连续性填充料回填。回填焦炭时，可每隔1.5~2倍阳极长度的距离安装一支阳极，既可防止阳极体的端部效应，又可形成连续性大阳极，大大提高阳极利用率。

辅助阳极地床位置的正确选择对于降低阳极接地电阻、减少阳极消耗、降低运行成本、防止阴极保护系统对外部埋地结构物的干扰、保障阴极保护有效性以及便于安装施工都是很重要的。一般来说，阳极位置应选择在地下水位较高或潮湿低洼处，土壤电阻率50Ω·m以下的地点，土层厚、无石块、便于施工处。阳极位置与被保护管道之间不应有其他金属结构物，以使对邻近埋地结构物的干扰降至最低程度。阳极位置与管道的垂直距离一般不宜小于50m。当采用柔性阳极时，阳极对裸管道的最佳位置是距管道10倍管径处，对具有良好防腐层的管道可同沟敷设，最近距离为0.3m。

阳极埋设方式有浅埋和深埋两种方式。浅埋阳极应置于冻土层以下，埋深一般不宜小于1m；深埋阳极的埋深宜为15~300m。阳极安装通常采用立式埋设，在沙质土、地下水位高、沼泽地可采用水平式浅埋，在复杂环境或地表土壤电阻率高的情况下可采用深埋阳极。

当尺寸相同时，立式埋设阳极的接地电阻较水平式的为小，全年接地电阻随季节、气候的变化也小，所以通常多采用立式阳极埋设。但在不易开挖的位置，采用水平式埋设要比立式埋设更方便，易施工。在条件允许的情况下，应采用浅埋方式，因为浅埋容易施工、费用低，便于检查、维修、更换阳极。而深埋阳极造价高，不易施工和维修，只是在十分必要的情况下，才采用深埋阳极方式。

5.5.2 检测站(测试桩)

为了定期和不定期地检测埋地管道外加电流阴极保护参数和检验阴极保护效果，应根据需要设置检测站。过去，国内对埋地管道只设置电位测试桩，而且结构简单，有的就是一根钢筋，与当代技术很不相称。现代阴极保护检测站(测试桩)已具备多种检测功能，它可起到检测阴极保护电位、电流、电绝缘性能、故障短路等作用，可用于检测交直流干扰、系统故障或防腐层缺陷等。它的设置是否合理，对于阴极保护系统的管理维护有着至关重要的作用。外加电流法阴极保护系统的检测站结构、功能和安装等与牺牲阳极保护系统的检测站要求是相同的，详见第4章第4.5节。

埋地管道外加电流法阴极保护检测站的按类设置原则一般为：

① 电位检测站，汇流点及每公里处设一站；

② 电流检测站，每5~8km处设一站；

③ 套管-管道电位检测站，每一套管处设一站；

④ 绝缘装置检测站，每一绝缘连接处设一站；

⑤ 跨接检测站，与其他管道、电缆等结构物相交处设一站；

⑥ 场站内的检测站，按需要设置。

此外，管道穿越铁路、公路、河流处以及干扰影响处都应按需设置检测站。

埋地管道检测站应按输送物流的流向排列编号，一般位于流向左侧距管道中心线1.5m处。站桩的标志应醒目，埋设应牢固稳定。为了减少管道标桩，检测站可以兼作里程桩。

用于检测管内电流的检测站，应将其测量段管道电阻值标注在铭牌上。管内电流的测试一般是根据欧姆定律来进行的，管道上测量段通常选30m(参见图4-25)。然而，不同管道的管材差别，管径、壁厚和测量段长度的误差，这些都会给测量结果带来误差。为了准确测量管内电流大小(包括方向)，需要用四极法实际标定管道测量段电阻值。标定后的电阻值与材料电阻率、实际尺寸误差无关，而且把测量段电阻值标注在铭牌上，给日常测量带来许多方便。其他具有特殊功能的检测站也应在铭牌上标明特殊的标记或说明。

5.5.3 参比电极

参比电极是测量被保护结构物电位的半电池。对它的基本要求是：极化小、稳定性好、寿命长。第4章第4.5节已介绍了几种参比电极的性能和特点。海水介质中阴极保护电位测量常使用锌参比电极、氯化银电极、硫酸铜电极等，土壤环境中一般使用硫酸铜电极，有时也使用锌电极、甘汞电极。海水中参比电极稳定性要求是：对锌电极为±15mV，对硫酸铜电极为±3mV。土壤中参比电极稳定性要求是：对锌电极不大于±30mV，对硫酸铜电极为不大于±10mV。工作电流密度不大于5μA/cm^2。

硫酸铜参比电极分为便携式和长效埋地型两种。前者是日常性地表或海水中测量电位之用，结构轻巧，随用随取，很方便。后者是长年永久性地埋设在土壤中(如管道附近、罐底、路面下等)，多年有效。

长效埋地型参比电极外壳一般采用素烧陶瓷罐，这是一种微孔性陶瓷材料，罐内溶液和环境介质(土壤)之间存在着溶液离子交换，保证了离子导电性。但它又不能使罐内溶液呈液体性向外流淌，否则达不到多年有效使用的目的。随着工作时间延长，罐内硫酸铜溶液总是以某种速度流失，土壤中一些离子(如有害的Cl^-)将会渗入罐内，污染硫酸铜溶液，由此很难确保埋地参比电极的长寿命，也影响参比电极电位的精确性和稳定性。为解决这些问题，可在参比电极周围填埋填包料(如同牺牲阳极填包料那样使用)。填包料的基本配比为石膏：膨润土：硫酸钠=75：20：5，由此可减少环境离子对参比电极的污染，提高电极性能的稳定性，同时也显著降低了参比电极的接地电阻。埋地型长效饱和硫酸铜电极的结构如图4-29所示。其中的铜电极必须采用电解铜，以保证高纯度。

锌参比电极主要用于海水介质。土壤中也可应用，尤其是在含氯盐土壤中。埋地型锌参比电极结构如图4-35所示，电极材料为纯度不小于99.995%、铁杂质含量≤0.0014%的高纯锌。和锌基牺牲阳极一样，埋地使用的锌参比电极须采用填包料(填包料配方与硫酸铜电极的相同）。

参比电极的埋设位置，对于非载热管道，应尽量靠近管道埋设，以减轻参比电极与被测点之间土壤介质欧姆电压降的影响。对于载热管道，应注意热力场对参比电极性能的不良影响。距载热管道太近，热力场可能造成此处土壤干燥，增大参比电极接地电阻，使参比电极中电解液干涸，对于锌电极还会造成电极电位的逆转而失灵，应予特别注意。

5.5.4 导线敷设与接头处理

（1）导线敷设

外加电流法阴极保护系统中，所有连接导线（包括阴极、阳极的连接导线、均压线、参比电极连接线和检测站连接线等）一般应采用电缆直接埋地敷设，也可采用架空线方式。按电力系统标准要求，埋地敷设方式应采用 VV 型电缆；对于阴极保护连接导线并无地面构筑物压载时，可选用 VV 型电缆；测试导线可选用铜芯塑料线，即 BVV 型和 BVR 型；架空线通常均采用钢芯铝绞线。直埋电缆、架空线的安装均应遵循国家现行标准。对于年平均雷暴日超过 30 天的地区，架空线路应装设避雷装置。

电缆与管道的连接，应采用焊接方式。电焊会产生大量热量，对于高强度钢管应考虑电焊热量所形成的热影响区及由此带来的潜在危害。目前国内外广泛使用铝热焊法（参见第 4 章第 4.5 节）。应确保电缆与管道的焊接处机械牢固可靠，导电性能良好。焊接处裸露的管道金属、导线金属和焊点均应采用与管道防腐层相容性良好的材料做好防腐蚀绝缘处理。

（2）接头处理

为保证阴极保护系统运行的长期有效性，安装过程中关键点之一是，必须保证阴极保护施工中所有接头均有可靠的连接和优良的绝缘密封。例如，阳极电缆的引出接头，电缆与电缆连接的接头，电缆与钢管连接的接头，引至检测站的各种测试导线接头等。这些接头点将连同管道、阳极、电缆及各种附属设施一起埋置于土壤中，应严格保障其绝缘密封性，防止这些接头处的土壤腐蚀和各种损伤造成对阴极保护系统的危害。

对各种焊接接头，在确认焊接（铝热焊、锡焊、电焊）牢固后，须用环氧树脂涂封填充，外部再包覆与整体防腐层相容的防腐蚀绝缘材料。

辅助阳极电缆引出头的结构如图 5-32 所示。辅助阳极引出电缆的接头也是阴极保护系统的关键部位。有时，阴极保护系统的运行失效，往往就是由于辅助阳极与电缆的连接接点断开、产生故障所致。因此，在阴极保护有关标准（SY/T 0036—2000）中规定了辅助阳极与电缆引出线接头的接触电阻应小于 0.01Ω。在图 5-32 所示的几种结构中，针对不同的阳极材料分别采用灌铅、焊锡灌注或预埋钢条等措施，以保证良好的导电接触。为防止长期使用

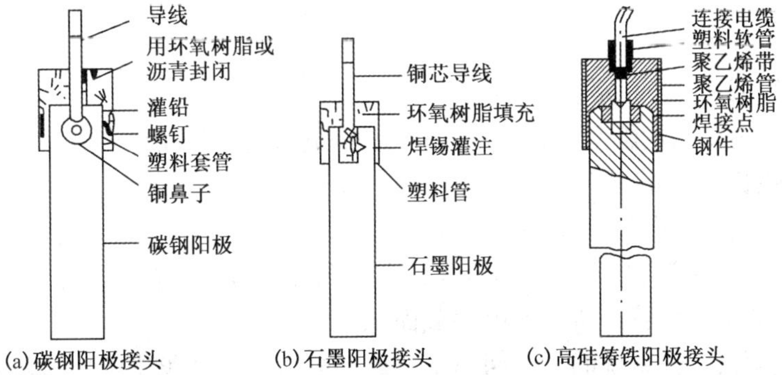

图 5-32　辅助阳极电缆与引出接头处结构示意图

过程中遭土壤或地下水腐蚀破坏，必须对接头处采取严格可靠的防腐蚀密封措施，用环氧树脂充填接头处是一种简便有效的方法。电缆与阳极接头连接处必须连接牢固，标准还规定了接头连接处拉脱力数值应大于阳极自身质量的1.5倍。

阳极装配和安装费用占阳极系统成本的很大部分，必须小心仔细地处理阳极接头和进行安装，必须设法减小电缆的拉力或采用承重绳索，防止在安装时将阳极接头邻近电缆头损坏或折断。阳极接头和邻近电缆的损坏或腐蚀破坏是阴极保护系统运行过程中辅助阳极过早失效的主要原因，它的损坏中断了阴极保护电流回路，由于不能输出阴极保护电流而使阴极保护系统失效，这是十分严重的故障。

引至检测站的电缆和管道之间的连接同样要求连接可靠和良好的防腐蚀密封。电缆与钢管之间的焊接(也可采用铝热焊)应采用双焊点连接，以防某一焊接点意外失效后导致检测系统瘫痪。

电缆与电缆的连接头也须保证连接可靠和良好的防腐蚀密封处理。电缆对接以及与分支电缆连接均可采用铝热焊接。在电缆连接牢固后，再用聚乙烯热收缩套管密封绝缘。埋地施工时，应在电缆接头处留有施工余量，以防在土壤应力作用下使电缆受力损坏。

(3) 电缆选型与施工

在外加电流法阴极保护系统中，从直流电源到被保护结构物、辅助阳极、参比电极，以及各组成部分与检测站之间，都是通过电缆连接的。直流电源安装的位置应尽可能地靠近被保护结构物，它们之间的电缆一般不长。电源装置与参比电极的连接导线上流过的电流很微弱，容易选型，一般不会产生大问题。特别要注意的是电源与辅助阳极之间的连接电缆，这部分电缆很长，并与土壤、海水、大气等环境介质接触，易遭受强烈的侵蚀作用。此外，土壤中的地应力和海洋中的风浪易引起电缆的机械性损坏，如果电缆断裂、电缆接头损坏或阳极接头引出线电缆断开，都可导致整个阴极保护系统失效。所以要求电缆能够防止水(地下水、雨水或海水)的渗透，耐各种腐蚀性介质的侵蚀和良好的耐油性，以及要求有足够的机械强度。

阴极保护系统中电缆截面积选型取决于其上通过的电流大小和经济合理的电压降。在电缆较长和通过的电流较大时，应考虑由此引起的电压降和功率损失。当然，采用较大截面积的电缆，可以减小电压降和功率损失，但这样做并不一定是最经济的。如图5-33所示为工作年限与最适宜的电缆截面积之间的关系。横坐标为电缆的最适宜(最经济)截面积，纵坐标为保护装置的寿命。

可以按下式计算所需的电缆截面积：

$$S=\frac{\rho\cdot l}{R} \qquad (5-72)$$

式中 S——电缆截面积，mm^2；

ρ——电缆金属的电阻率，$\Omega\cdot mm^2/m$，铜的电阻率为$0.0175\Omega\cdot mm^2/m$；

l——电缆长度，m；

R——所用电缆的电阻，Ω。

式(5-72)中，ρ为常数，l由设计给定，R由允许的电压降(通常为1~2V)和通过的电流强度得出，据此即可计算出所需的电缆截面积。

在外加电流阴极保护系统的电流回路中，连接电缆上的电能消耗是影响系统经济性的重要因素。一般要求它在阴极保护系统能耗中的比例以低于20%为宜。显然，适当增大电缆截面积可以降耗增效。电缆的截面积选型应大于为防止电缆过热所要求的最低截面积。一般规定，直流电源至阳极和至管道的电缆截面积不宜小于16mm²，跨接线和均压线的截面积不宜小于50mm²，阴极电缆和阳极电缆的总电阻在系统回路总电阻中所占比例不得大于20%。

阴极电缆和阳极电缆可采用多股铜芯电缆，电缆护套应具有良好的绝缘、耐老化性能，接水部分还应具有耐海水、地下水腐蚀性能，以及耐土壤腐蚀的性能。控制用的参比电极电缆应选用耐老化和耐海水、耐土壤腐蚀的屏蔽电缆。电源电缆的护套应具有耐老化和耐腐蚀性能。同时，电缆接头应具有足够的强度和良好的绝缘、防腐蚀性能。

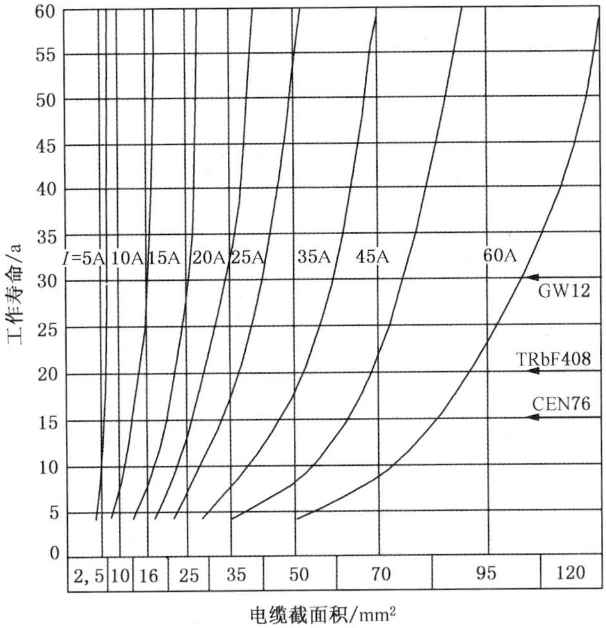

图 5-33　辅助阳极电缆在不同工作年限和不同工作电流条件下的经济截面积[6]

在外加电流阴极保护系统中，电缆施工安装前应充分检查并保证电缆绝缘外皮完好无破损。铠装电缆的弯曲半径与电缆外径的比值应不小于10倍，无铠装电缆的为6倍，直埋电缆线路的直线部分、接头和转角处均应埋设标桩。为减少和避免电缆线上有过多接头，应尽可能使用整条电缆。电缆埋地前，应先将沟底夯实，电缆周围应填入100mm厚的细纱或筛过的细土，沙层上部要用定型的混凝土盖板保护。

参　考　文　献

1　Baeckmann W von. Taschenbuch fuer den kathodischen Korrosionsschutz. 3. Auflage. Vulkan-Verlag. Essen, Germany, 1983

2　火时中．电化学保护．北京：化学工业出版社，1988

3　胡士信．阴极保护工程手册．北京：化学工业出版社，1999

4　米琪，李庆林等．管道防腐蚀手册．北京：中国建筑工业出版社，1994

5　日本学术振兴会编．金属防蚀技术便览(新版)．日刊工業新闻社，1972

6　Baeckmann W von. Schwenk W. Prinz W. Handbuch des kathodischen Korrosionsschutzes. 3. Auflage. VCH Verlagsgesellschaft mbH. Weinheim. Germany, 1989

7 Hayfield P C. Shreir L L. Proceeding of Conference on Cathodic Protection, 1982
8 米琪译．导电聚合物电缆体系．国外油气储运，1993，(4)
9 W v 贝克曼，W 施文克．阴极保护手册(1971 年版)．胡士信等译．北京：人民邮电出版社，1990
10 Ashworth V. Cathodic Protection Theory and Practice. 1986
11 中国石油天然气行业标准．SY/T 0036—2000. 埋地钢质管道强制电流阴极保护设计规范．北京：石油工业出版社，2000
12 Shreir L L. Corrosion. Vol. Ⅱ. 2nd ed., News Butterworth, 1976
13 中国建设部标准. CJJ 95—2003. 城镇燃气埋地钢质管道腐蚀控制技术规程．北京：中国建筑工业出版社，2003
14 BS 7361—1991. Cathodic Protection. 英国国家标准局，1991

第6章　直流杂散电流腐蚀及其防护

6.1　引言

在设计规定的电回路以外流动的直流电流称为直流杂散电流，也称为直流干扰电流。流失于环境介质(土壤、海水等)中的直流杂散电流在金属结构物上引起的腐蚀称为杂散电流腐蚀，也称为电蚀，有的也称为“干扰”。环境介质中的杂散电流可通过防腐层某处缺陷进入金属结构物，再从结构物防腐层另一处缺陷的部位流出，进入环境介质，这就构成了一种电解腐蚀电池。杂散电流流入金属结构物处为该电池的阴极，电流流出的部位则为该电池的阳极，并在阳极区发生激烈的电解腐蚀，此即杂散电流腐蚀。

当埋地金属管线平行或交叉地紧挨着一条直流供电的电气化铁路铺设时，可能产生一种由于直流杂散电流排放而引起的杂散电流腐蚀危险。在杂散电流的作用区，不仅由于产生杂散电流腐蚀而导致埋地管线的腐蚀速率非常高，管线的阴极保护系统同样也会受到严重的干扰，这就是对阴极保护系统的直流干扰。当阴极保护的金属管线埋设在直流电气化铁路附近时，由于从运行钢轨汲取过多的直流杂散电流，可能会产生一种过保护的危险。此外，过多的阴极保护电流也可能来自阴极保护整流器，或者为防止直流杂散电流腐蚀而安装的排流接地的导体(如排流电缆)。因此，在阴极保护整流器或排流接地体附近的管道电位有可能比所需电位更负，导致危险的过保护现象。不仅仅由于直流电气化铁路的平行延伸，而且由于过多的保护电流局部集中于现代高电阻率防腐层的少数缺陷处，这些都使过保护危险增大。再者，高强钢作为管道材料应用得越来越多，在过保护条件下对它们的氢致应力开裂危险也越来越成为一种潜在的威胁。

由于直流电气化铁路的延伸，将使直流杂散电流腐蚀和干扰的危险增大。虽然直流杂散电流腐蚀和干扰的威胁由于合理地采用了现代排流措施而在很大程度上得以基本消除，但是直流杂散电流的影响是非常巨大、非常普遍的，它仍然是一个公众关心的热点问题。

早在1887年于美国纽约布鲁克林区有轨电车轨道影响范围内的埋地锻铁管道上，以及1891年夏季在美国波士顿的电话电缆铅包皮上发生了严重的杂散电流腐蚀破坏。德国《煤气照明杂志》提到，1892年在柏林由于直流电缆以及几年后在德国14个城市里由于有轨电车的泄漏电流而造成了电解腐蚀损坏事故。这些都是杂散电流腐蚀破坏事故的早期实例。1894年及以后，G. Rasch在这份杂志上陆续地详细叙述了杂散电流腐蚀的电解过程。

1895年E. Thomson为布鲁克林区电车轨道安装了第一座杂散电流直接排流装置，以便使杂散电流直接返回轨道而不产生有害影响，尽管这项措施有时使某处杂散电流猛增，以至于一些管接头上的铅封被熔融了。同期，在德国亚琛的有轨电车电气化改造中，经过研究策划，在整流器供电系统上安装了杂散电流排流设施，尽管它的有效作用范围很小。1928年由美国工程师Kuhn在管线和铁轨之间安装的保护整流器是现代极性排流技术的先驱。尤其是在法国，这种杂散电流的强制排流技术获得了进一步发展，有的与杂散电流转换器相连接。现代流行的采用整流器进行杂散电流排流的技术是依据H. Geppert所阐述的外加电流阴极保护原理实施的。在他的专利文件中已经指出，从管道流出的杂散电流由此可以得到抵偿，并且把保护电源与铁轨直接连接起来是可行的。只有在铁轨总是呈负电性的情况下（例如，位于整流器供电所附近的铁轨），那么不用外加电流而直接将管道与铁轨相连接就可以了。1930 年，在意大利米兰和都灵市已经安装了 25 座邮电局电缆的杂散电流直接排流装置；如果铁轨有时会变为带正电荷，那么就需要安装控制回流保护设施。1934 年，时任地区煤气公司的总工程师 L. de Brouwer 在布鲁塞尔的 Fontaine-l'Eveane 安装了首批极性排流器之一。

1894 年，英国贸易部就颁布了英国电气化铁路安全规程，其中规定了钢轨与埋地管道之间在不同带电状态下的允许电位差。1899 年，德国柏林市的电气工程师 M. Kallmann 发表了有关控制电气化铁路杂散电流系统的报告。1910 年，由德国电工协会和德国城市有轨电车-轻轨电车管理协会组成的一个联合委员会颁布了禁止杂散电流直接返回到铁轨的规定，以防止煤气管道和输水管道受到使用铁轨作导电体的直流有轨电车的有害影响。人们曾尝试采用绝缘接头及改进管道防腐层来减缓杂散电流的影响，这些措施主要用在管道与有关电车线路的交叉部位，以节省绝缘法兰的用量。为了避免已被禁止的与有轨电车轨道的直接连接，应在杂散电流流出区域同废钢管或沿铁轨埋设的钢梁相接。但是，人们很快发现这样的方法是于事无补的。直到 1954 年，新版 VDE 0150 标准才在联邦德国为 1950 年以后安装的杂散电流导流设施和排流设施确立了一个有法可依的基础。为了防止防腐层质量越来越好的管线遭受日益增强的高压电影响，1966 年由德国腐蚀问题专业组（AfK）联合相关问题仲裁机构共同决定采取相应的防护措施。

我国对杂散电流干扰的研究及相应防护工作起步较晚。近年来我国国民经济和城市建设发展迅速，电力工业、电气化铁路、大型直流工业装置（如直流电焊接、电解、采矿牵引系统）、埋地金属结构物的阴极保护系统等大量有意无意的接地（水）装置，使高强度的杂散电流漫游在环境（如土壤、海水）中，从而造成对金属结构物的杂散电流腐蚀威胁。据统计分析，我国东北原油管道系统的 2000 多公里埋地管道中，受到直流杂散电流干扰的管段约有 5%。在 20 多年内发生的 40 起腐蚀穿孔事故中，有 80%是由杂散电流干扰引起的。一条穿越某石棉矿区的管道，埋地运行仅三年就发生了杂散电流腐蚀穿孔，平均腐蚀速度为 2.0~2.5mm/a。一条穿越某直流电气化铁路密集地区的管道，埋地运行仅半年就发生了腐蚀穿孔，平均腐蚀速度达 10~12mm/a。杂散电流腐蚀速度比自然状态的均匀全面腐蚀速度大许多倍，破坏严重，因此对杂散电流的干扰影响也必将引起我国腐蚀科学和防腐蚀科技工作者的广泛重视。

6.2 直流杂散电流腐蚀的起因和机制

通常，杂散电流可认为是来自外部电源的、在电解质中流动的电流。任何埋设在土壤中的金属结构物（以管道为例）相当于一个低电阻的电流通道，因此本质上易受杂散电流的影响。图 6-1 为来自直流电气化铁路的杂散电流引起埋地管道腐蚀问题的示意图。铁轨通常是安装在枕木上的，表面上看来枕木应是隔离铁轨与大地的绝缘体，但是由于雨水浸润时枕木变得潮湿，轨道附近堆积的土壤和杂物将两者相连接，以及固定铁轨的道钉使铁轨与土壤产生短路作用，因此要使铁轨与大地完全绝缘显然是不可能的。在图 6-1 中，机车上部供电线与直流供电分站正极相连，铁轨连接到供电分站的负极，通过铁轨返回供电分站的载荷电流可达几百安培。由于运载轨道与大地不可能完全绝缘，加之铁轨本身存在着电压降，使远离供电分站的载荷电流加载（机车）处的轨道对地负电性相对较弱，一些工作电流就从该处流入大地，形成杂散电流。从图中可见，其中一部分以大地土壤作为回路返回供电分站，铁轨周围的大地可视为与铁轨并联的导体；流入大地导体（土壤）的杂散电流显然随土壤电阻率减小而增大。在铁轨附近区域内，埋地管道是杂散电流回路上的一个良好导体。当管道上存在着多个金属接地点（如管道防腐层缺陷）时，一些杂散电流就会从此处进入管道，并沿着管道流动。

在靠近供电分站附近的轨道对地负电性最强，在管道中流动的杂散电流就会在该处通过另一些防腐层缺陷离开管道而进入土壤，通过大地返回到供电分站的负极总线，并引起管道的腐蚀破坏。在杂散电流严重的情况下，电流流入管道区域（如机车附近）的管地电位可能会负移几伏，而在电流流出管道区域（如供电分站附近）的管地电位则会正移几伏。宏观地看来，运动中的电气化机车就成为一个运动着的杂散电流源。

如图 6-1 所示为仅含有一个负载（机车）和一个供电分站的简单情况。实际上，在同一个电气化铁路运输系统中，有许多机车在同时运行，这使埋地管道上发生杂散电流腐蚀的位置和强度总是处于不断变化之中，使得对杂散电流腐蚀作用的评价和防护措施都变得非常复杂。如果铁轨与大地完全隔离，那么所有运载电流都将通过轨道返回供电分站，不会有杂散电流对该区域内的管道产生影响。一个直流电气化铁路运输系统泄漏杂散电流的状态、程度和分布取决于许多因素，如负极返回系统的类型、轨道结构类型、轨道维护水平以及轨道轨枕等整体结构的干燥程度等。最新的运输系统设有专用的地下负极返回系统，它与大地完全隔离绝缘，由此可提供最高的杂散电流控制水平。这类运输系统一般也设有多个较短间距的供电分站，以维持轨道电压处于安全的低水平，有利于减少杂散电流腐蚀的作用。

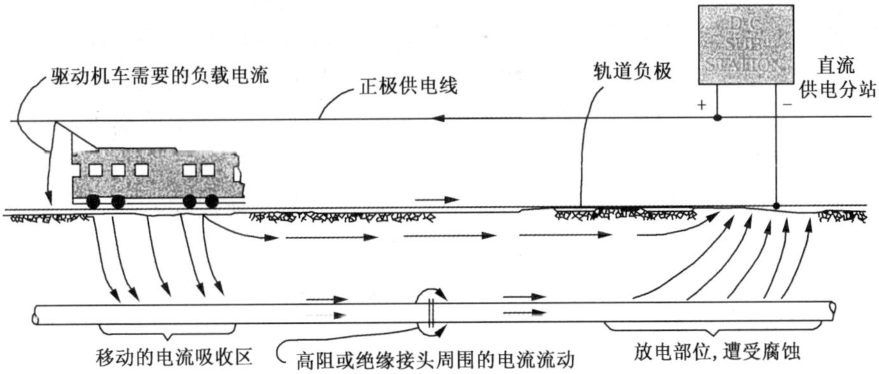

图 6-1　直流电气化铁路运输系统引起埋地管道杂散电流腐蚀的机制说明

从电化学本质来说，图 6-1 中引起管道腐蚀的系统实质上是一个电解电池的作用。可以说，任何由杂散电流引起的腐蚀过程都是电解电池的作用。在杂散电流所形成的电解腐蚀电池中，对于埋地管道而言，杂散电流进入管道的区域（这里是正电流从土壤流入金属管道），其电位相对较高，此处为腐蚀电池的阴极区，在管道暴露表面将发生消耗电子的阴极还原反应。而杂散电流离开管道进入土壤的区域，其电位相对较低，此处为腐蚀电池的阳极区，在管道暴露表面将发生阳极氧化反应，即金属原子放出电子而转变成离子态的腐蚀反应。杂散电流离开管道后，通过土壤进入铁轨返回供电分站的负极总线。金属管道则是电池中电子流动的载体，是构成电池回路的一个组件。应当注意，杂散电流返回负极总线的位置并不总是出现在供电分站附近，只要在轨/地电阻低的地方，杂散电流都有可能从该处返回负极总线。这就意味着，在考虑杂散电流控制措施之前，为了评价管道上杂散电流的状况，必须测定管线上杂散电流放电的位置。

在图6-1中，除了上述腐蚀电池外，还存在着另外两个电解腐蚀电池。第二个腐蚀电池是，在远离直流供电分站的运行机车轨道处对地电位相对较高，一些工作电流从该处流入土壤，铁轨上的这一部位为电解电池的阳极区，将发生轨道上铁的阳极氧化反应，即腐蚀反应。在靠近供电分站附近的轨道对地电位相对较低，成为电解电池的阴极区，杂散电流在该处从土壤进入铁轨，再返回到供电分站的负极总线。这里的土壤是构成完整电池回路的组件。第三个腐蚀电池是，如果在管道上存在有高阻接头(如绝缘接头)，那么就可能产生足够高的驱动电压并强使电流在接头处离开管道进入土壤，形成大地旁路，从而在电流离开管道处发生腐蚀，这里也是以土壤为介质而构成完整电流回路的。

引起杂散电流腐蚀的作用机制是电解电池作用过程，与通常的腐蚀原电池作用过程相比，有其自身的差异和特点。在杂散电流腐蚀现象中，必定存在着至少一个外部杂散电流源，而腐蚀原电池的作用过程则是自发形成的过程。在遭受杂散电流影响的金属结构物上，形成了远距离分开的阳极区和阴极区，这与宏电池情况相似。杂散电流腐蚀过程中的电学极性符合电解电池的极性关系，这与腐蚀原电池的极性关系正好相反。杂散电流腐蚀强度与土壤电阻率呈反比关系，即土壤电阻率越高，杂散电流腐蚀强度越低，这与宏电池腐蚀规律相似。

在土壤或水介质中的金属构件发生的杂散电流腐蚀，遵循电解电池原理，腐蚀驱动力是外部杂散电流源在金属结构物上形成的电位差和流过的直流电流。金属腐蚀量与杂散电流强度成正比，服从法拉第电解定律。例如，有1A杂散电流通过钢管表面流向土壤，一年就可腐蚀溶解钢铁约9kg。实际上，在土壤中发生的杂散电流强度往往是很大的，在管道上引发的杂散电流可达数十甚至数百安培，引起的管地电位可高达8~9V，因而使壁厚为7~8mm的钢管在几个月就能导致腐蚀穿孔。对埋地管线而言，杂散电流的作用范围很大，其影响可达数公里、数十公里，这与外部杂散电流源的状况密切相关。杂散电流腐蚀的发生、强度、位置等往往是随机地呈动态变化的。影响杂散电流方向、强度、作用部位的因素很多，如外部杂散电流源的负载运行情况、钢轨的连接和绝缘状况、管道防腐层状况、土壤电阻率等。这些因素对杂散电流的测量和控制无疑将会带来很大困难。

总之，杂散电流腐蚀的特点是：腐蚀速度大、强度高；腐蚀集中于局部位置，对埋地管道一般是集中于防腐层缺陷处，影响范围很广，破坏位置和破坏强度具有随机性、动态性。

6.3 直流杂散电流干扰源

6.3.1 源于直流电气化铁路的直流杂散电流

6.3.1.1 直流杂散电流干扰源的分类

根据直流杂散电流干扰源的性质，从产生的干扰强度和极性随时间的变化关系，可分为动态干扰源和静态干扰源。还可进一步分为工业干扰源和自然干扰源，参见表6-1。在分类的这些杂散电流源中，对埋地管道影响最普遍、最严重的是直流电气化铁路系统，可以最有代表性地用它表述杂散电流腐蚀的作用机制及其防护措施。

直流电气化铁路从性质上可大致分为国有铁路、地方铁路、专用工业铁路(如矿区、工厂专用)和城市有轨电车；按供电电压分类，则有1500V、750V、600V、250V等几个等级。为保障人畜安全，一般采用750V以下的供电电压，而1500V的供电电压主要用于专用工业铁路。

表 6-1 直流杂散电流干扰源的分类

项　目	分　类		
杂散电流源	动态干扰源	工业干扰源	直流电气化铁路 高压直流电力线 直流用电装置(电焊、电解、电镀)
		自然干扰源	地磁场作用引起的地电流
	静态干扰源	工业干扰源	阴极保护系统

6.3.1.2　直流电气化铁路馈电方式

直流电气化铁路的馈电方式通常有复线架空式、单线架空式和第三铁轨式(参见图6-2)。图6-2(a)为复线架空式供电，正、负馈电线架空，两者都对大地绝缘。因此，电回路对大地就不存在漏电流，对埋地管道的杂散电流腐蚀威胁也就没有了。但是，由于架空馈电线结构复杂、故障多和电压降大，又发展了单线架空式，见图6-2(b)。采用单线架空式供电，架空馈电线结构简化了，供电所整流器的正极连接架空馈电线，电流流经车内电机、车轮，从铁轨返回到整流器负极。显然，这种供电方式会有一些电流从铁轨流失到土壤中去，形成杂散电流。图6-2(c)示出的是第三铁轨式，即在地表面增设了与大地绝缘的第三条轨道，以代替架空馈电线，这进一步简化了供电线路结构，其他方面与单线架空式相似。

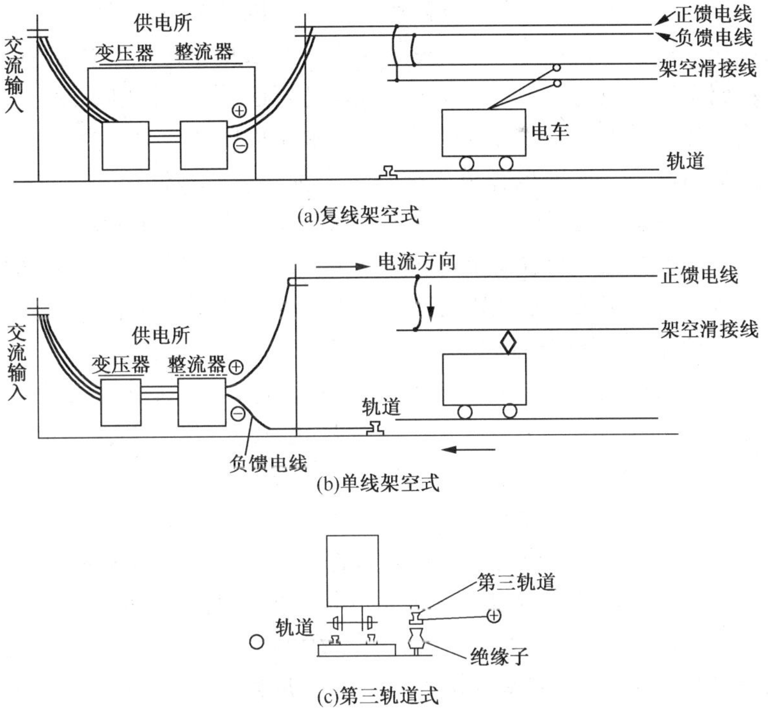

(a)复线架空式

(b)单线架空式

(c)第三轨道式

图 6-2　直流电气化铁路系统的馈电方式[6]

6.3.1.3　直流电气化铁路的馈电极性

直流电气化铁路的馈电极性有正馈电、负馈电和交替馈电三种类型：

① 正馈电是使用最多的供电方式，即架空电线接供电整流器的正极，铁轨接整流器负极。

② 负馈电的馈电极性与正馈电的接线极性相反，即架空电线接供电整流器的负极，铁

轨接整流器正极。

③ 交替馈电就是正、负馈电极性交替进行，如隔日运行等。

不同的馈电极性设置，对埋地金属结构物有着不同的影响，所产生的杂散电流腐蚀强度和分布也有着很大的不同。如表 6-2 给出的说明指出，当采用正馈电方式时，杂散电流腐蚀发生在供电所附近，而采用负馈电方式时，杂散电流腐蚀发生在供电所位置以外的广泛地带，但所产生的腐蚀量约为正馈电时的一半。为防止杂散电流腐蚀，在正馈电的情况下，只要在供电所附近安装排流设施即可；而在负馈电的情况下，则需在供电所以外的广泛地带安装多个排流设施，不仅经济投入增大，排流效果也很难完全掌握。直流电气化铁路通常较多地采用正馈电方式。

表 6-2　直流电气化铁路馈电方式与杂散电流腐蚀[6]

馈电方式	杂散电流腐蚀发生部位	杂散电流腐蚀量	防止杂散电流腐蚀的措施
正馈电	供电所附近	按实际情况发生	仅在供电所附近设置排流器
负馈电	除供电所外的广泛地带	约为正馈电方式的 1/2	在供电所以外地带，必须分散设置多个排流器

6.3.1.4　A 型和 B 型杂散电流腐蚀

埋地管道可能与直流电气化铁路的铁轨平行延伸，也可能交叉穿越。埋地管道上发生杂散电流腐蚀的部位与铁轨的相对位置有着密切关系，相应地也影响着防护对策和防护措施。在直流电气化铁路采用正馈电方式的情况下，如埋地管道平行于铁轨敷设，杂散电流腐蚀就发生在供电所附近的管段上，对此可直接采用排流法予以防护，这称为 A 型杂散电流腐蚀。同样正馈电方式的情况下，如埋地管道与铁轨正交铺设，若管道交叉位置位于机车的负荷侧，杂散电流腐蚀将发生在远离铁轨处的管段，这时简单地采用排流法很难予以防护。而若管道交叉位置位于供电所侧，杂散电流腐蚀将发生在供电所附近的管段，这时比较容易采取排流法防护，这种在管道交叉穿越铁轨情况下发生的就是 B 型杂散电流腐蚀，参见图 6-3。

6.3.1.5　铁轨泄漏电流的分布

这里以单线架空式的正馈电直流电气化铁路为例从原理上阐述铁轨泄漏电流、管道电位和铁轨电位的分布(参见图 6-3)。作为回归线的铁轨对地绝缘较差，其对地漏电阻一般为 $0.1 \sim 100\Omega \cdot km$，所以会有一部分电流从铁轨泄漏于大地。在电流流出铁轨的部位，铁轨和道钉受到腐蚀，而这一区域的管段则受到保护；反之，埋地管道上发生腐蚀的区域，对应的铁轨部位正是受保护的区域。是遭受腐蚀还是被保护，这取决于电流是流出(腐蚀)还是进入(保护)金属表面。通常所谓杂散电流腐蚀指的是埋地管道上的腐蚀。从铁轨泄漏的电流几乎都是与铁轨成直角方向流出，图 6-3(a)中的②和③为与铁轨垂直交叉铺设的管段，其上发生杂散电流腐蚀的部位分别在离轨端(对于②)和近轨端(对于③)。

从铁轨泄漏的电流大小和流出、流入的区域，以及管道中流动的杂散电流方向、大小和流入、流出的区域及状态，一般可通过铁轨、大地、管道各自的电位进行分析了解。电气化机车运行时，大地电位受到铁轨电位的影响，大地电位的变化又会引起管道电位的变化。

如图 6-3(b)所示为以无限远大地为基准时的铁轨、管道电位分布。在机车所在位置的铁轨电位为正最大值，供电所附近的铁轨电位为负最大值(低于大地电位)。铁轨电位分布影响到大地电位和管道电位分布，通过测量这些电位分布，就可分析杂散电流干扰状态及杂散电流腐蚀状况。相对于无限远大地为基准进行测量，一般是很难实现的，所以往往相对于邻近大地测量电位差，此即对地电位，如铁轨对地电位、管道对地电位。为示区别，当以无限远大地为基准时，称作为轨电位、管道电位；而以邻近大地为基准时，则称作为轨地电位、管地电位。以邻近大地为基准时，将基准电位视为零(虽然不是严格意义上的零)。

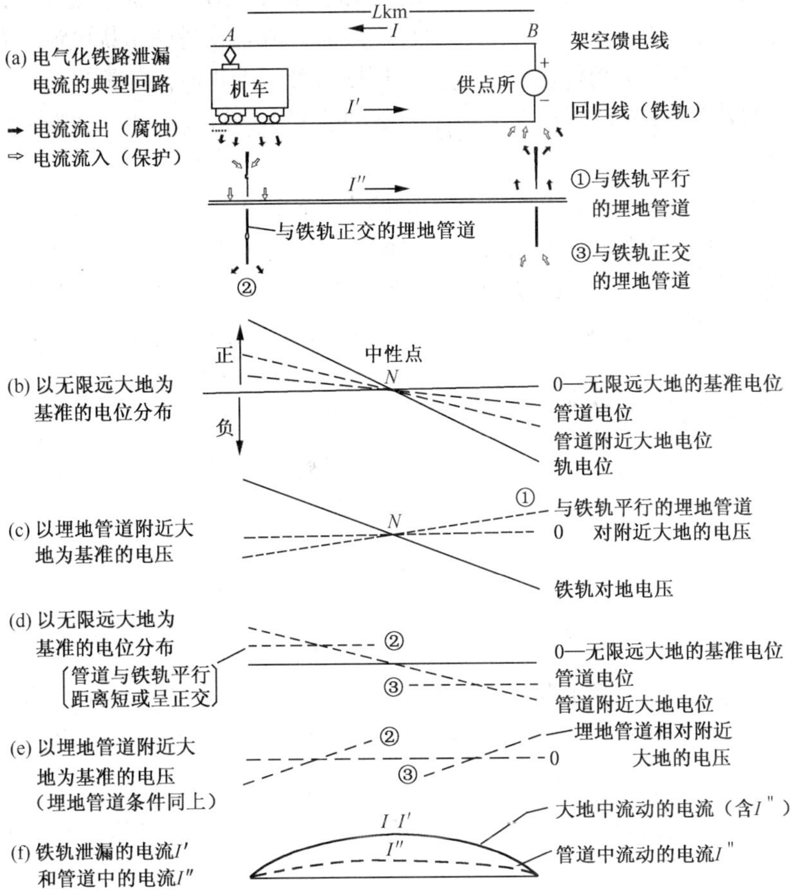

图 6-3　正馈电的直流电气化铁路系统的铁轨泄漏电流示意图[6]

如图 6-3(c)所示为以邻近大地为基准时的轨地电位和管地电位分布。由于未考虑大地电位的差异，图 6-3(c)中的轨地电位比(b)中的要小一些，这与土壤性质有关，在普通土壤中大致要小 10%。但是，此时管地电位的极性与图 6-3(b)中的相反，也就是说，以无限远大地为基准的管道电位和以邻近大地为基准的管地电位的极性相反。通常规定，电流自管道流出时管地电位为正值，电流流入管道时管地电位为负值，由此可确定管道上倾向于发生杂散电流腐蚀的管段位置。在机车和供电所区间内的中间处，管地电位和管道电位都为零，此处称为中性点，没有电流的流入或流出。但是，从铁轨泄漏出来在大地中流动的电流和在管道中流动的干扰电流在中性点处均为最大值，如图 6-3(f)所示。一般以中性点为界，机车侧的管地电位为正值，电流从管道流出进入土壤，这一区域是可能发生杂散电流腐蚀的危险地带；而供电所一侧的管地电位为负值，是被保护的安全地带。然而，机车是一个运动着的移动负荷，所以中性点并不是固定的。

6.3.1.6　泄漏电流的简易计算

泄漏电流的大小和分布与供电所位置、馈电区段、负荷状态、负荷电流、回归线的电阻以及铁轨对地电阻等因素有关，土壤电阻率也有很大影响。尤其是负荷状态，如机车是移动负荷，且在启动、堕行、制动等运行状态下，负荷电流都在变化，并且还可能是多个负荷(机车)同时运行的情况，所以计算是非常复杂的。即使获得计算结果，也很难完全表达实际情况，而且泄漏电流的实测也是非常困难的。对于流入管道的干扰电流大小，由于增加了管道状态因素的影响，使计算将变得更加困难。然而，流入管道的干扰电流毕竟只是铁轨泄漏电流的一部分，计算获得的铁轨泄漏电流充其量为管道干扰电流的最严重情况。这里给出的简易计算，仅仅是为了对泄漏电流有一个宏观的、基本的理解，为采取杂散电流腐蚀防护对策提供理论帮助。

如图 6-4 所示为以最简单的单一负荷为例的铁轨泄漏电流简易计算说明。在图 6-4(b)中，在距供电所 B 的距离为 l 的 A 点处有一负荷(机车)，负荷电流为 I，则 AB 间回归线(铁轨)上的电压降应为 $V=Irl$。铁轨对地电压如图 6-4(c)所示，在 A 点为$+1/2V$，在 B 点为$-1/2V$，N 为中性点。距 N 点为 x 公里处的任意点 P 的轨地电位 V_P 为：

$$V_P = Irx \tag{6-1}$$

在 P 点处单位长度铁轨的泄漏电流 i_P 为：

$$i_P = \frac{V_P}{\omega} = I \cdot \frac{r}{\omega} \cdot x \tag{6-2}$$

泄漏电流的总和 i_L 是 i_P 自 N 点到 A 点的积分：

$$i_L = \int_0^{\frac{l}{2}} i_P \mathrm{d}x = I \cdot \frac{r}{\omega}\int_0^{\frac{l}{2}} x\mathrm{d}x = I \cdot \frac{r}{\omega} \cdot \frac{1}{2} \cdot \left(\frac{l}{2}\right)^2 = \frac{I \cdot r \cdot l^2}{8\omega} \tag{6-3}$$

通常，在供电所的另一侧亦有铁轨，此时的泄漏电流表达式基本相似，仅仅是式(6-3)中的系数(即 1/8)有所变化，如图 6-4(d)、(e)所示。显然，无论电气化铁路系统的结构如何，负荷多大，怎样分布，对它们的泄漏电流的贡献也只是系数的不同而已。上述计算结果证明，铁轨泄漏电流 i_L 的大小与 I(负荷电流)、r(铁轨纵向电阻)、l^2(机车与供电所的区间长度)成正比，与 ω(铁轨的泄漏阻抗)成反比。这一结果为我们确定降低泄漏电流的措施从原理上提供了帮助。

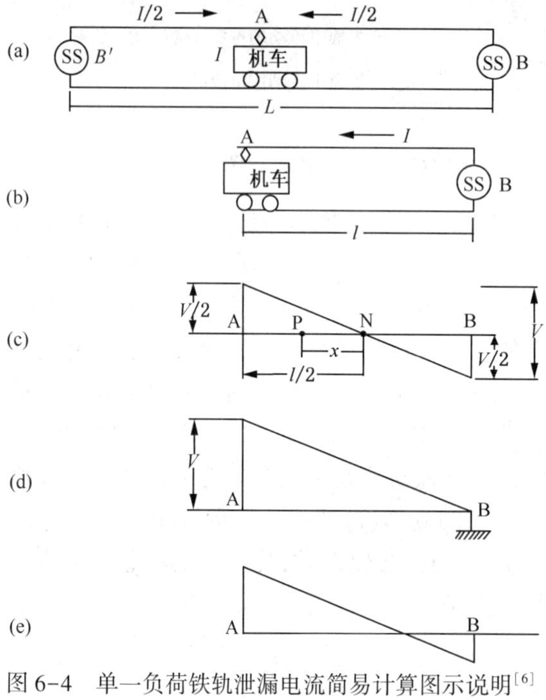

图 6-4 单一负荷铁轨泄漏电流简易计算图示说明[6]
(SS 为供电所整流器)

对于来自电气化铁路装置的杂散电流，应当通过恰当的设计和相应的监管措施将其危害降低到最低程度。减少其杂散电流最重要的措施有：

① 互相联结在一起的铁轨网络具有良好的电连续性(低电阻负荷 R'_s)；

② 铁轨与土壤具有良好的电绝缘(低漏电负荷 G')；

③ 设立尽可能多的供电所，实现多点、小范围供电。

表 6-3 列出了有轨电车轨道在不同路况条件下的一些重要参数,据此可计算管道上可能流过的干扰电流。显然,单位长度的轨/地电导 G' 对特性长度 l_k 和电流泄漏有明显影响。假定铺设良好的轨道对应特性长度为 $l_k = 2 \sim 3\text{km}$,有一个伸缩范围 $\alpha = 0.3 \sim 0.5\text{km}^{-1}$,当 $\frac{l}{l_k} = 1$ 时,电流泄漏在 6%~15%之间。可见,长度增加 1 倍,电流泄漏则增加到约 20%~35%。

表 6-3 电阻负荷 $R'_s = 100\text{m}\Omega/\text{km}$ 时有轨电车轨道的标称参数

参　数	铁轨的路基状况								单　位
	城市路面			砾石道渣				隧道内	
G'	50	33	20	10	5	2	1	0.1	$\text{S} \cdot \text{km}^{-1}$
R'_A	0.02	0.03	0.05	0.1	0.2	0.5	1.0	10	$\Omega \cdot \text{km}$
$\alpha = \sqrt{R'_s G'}$	0.71	0.57	0.45	0.32	0.22	0.14	0.1	0.032	km^{-1}
$l_k = \frac{1}{\alpha}$	1.41	1.74	2.24	3.16	4.46	7.1	10	31.6	km

对于铁轨特性长度 l_k 和路径系数 α 呈不同组合的情况，管道中流动的杂散电流 I_R 可计算如下：

$$I_R = I \frac{R'_S}{R'_S + R'_R}\left[1 - \frac{1}{\cosh \alpha l}\right] \tag{6-4}$$

对于埋地管道与铁轨长距离平行铺设的情况，管道中流过的杂散电流趋于一个极限值：

$$I_R = I \frac{R'_S}{R'_S + R'_R} \tag{6-5}$$

式中　I_R——管道中流过的杂散电流，A；

I——负荷电流，A；

R'_S——单位长度轨道电阻，mΩ/km；

R'_R——单位长度管道电阻，mΩ/km。

6.3.1.7　杂散电流的动态影响特征

直流电气化铁路系统产生的杂散电流往往是动态变化的，它的大小和方向随运输系统的用途、机车相对位置和加速程度等不同状态而变化。其直接影响因素包括牵引电流的量级、供电所的间距、供电所接地方法、铁轨的电阻、交叉连接和绝缘接头的使用及位置、铁轨对地电阻、牵引动力系统的电压等。当记录埋地管道的管地电位随时间的波动变化时，就可确定该管线上遭受杂散电流影响的管段位置。

如图 6-5 所示为一条紧靠电气化铁路的管道上的管地电位波动记录。在该图数据采集期间，有许多列车通过此监测点。电位正向偏移表示管道测量点处电流流出，电位瞬时负向变化表示该测量点处电流流入。记录结果表明，电位正向和负向的偏移变化都是非常明显的，尤其是靠近杂散电流源的管段处存在着很大的波动变化。在距离杂散电流源较远处的管段，电位变化较平缓、稳定(图 6-5 中的下面一条电位记录曲线)。

在埋地管线的绝缘装置上，经常可检测到杂散电流作用。如图 6-6 所示为在一条埋地管道的绝缘装置两侧，杂散电流对管地电位的影响。绝缘装置 A 侧的管地电位正向变化较大，说明此处主要发生电流流出(从管道流向土壤)，管道金属的腐蚀危险性增加，A 侧管地电位瞬间负移表示瞬间的电流流入。而在 B 侧，记录的数据表明，此处基本上是电流流入。B 侧管地电位瞬间正移也表示瞬间的电流流出，这说明在 B 处的杂散电流干扰作用不大，而且主要是使管道增加了保护性电流的作用(平均管地电位较负)。图 6-6 的记录表明，这种情况下的杂散电流作用是非常动态的，且在绝缘装置两侧都记录到了正向和负向的管地电位瞬变现象。

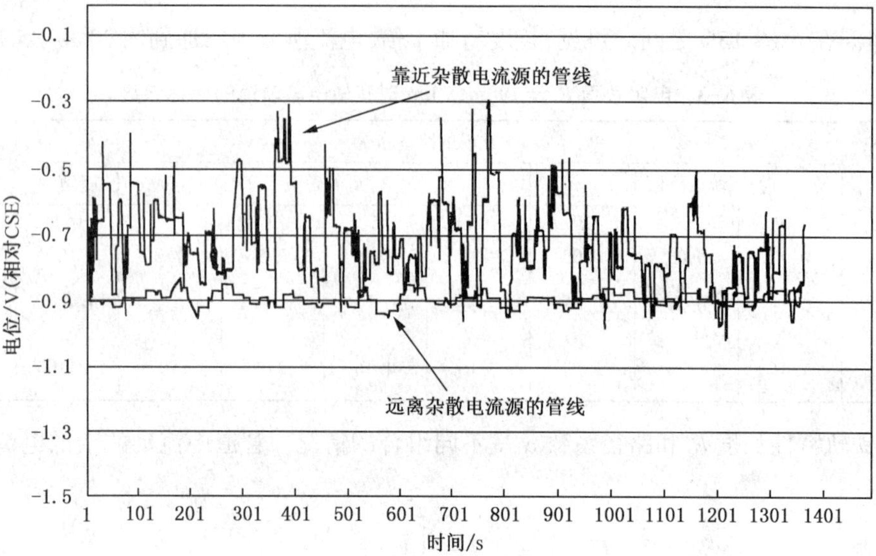

图 6-5　通过记录的埋地管道电位变化揭示杂散电流活动情况[9]

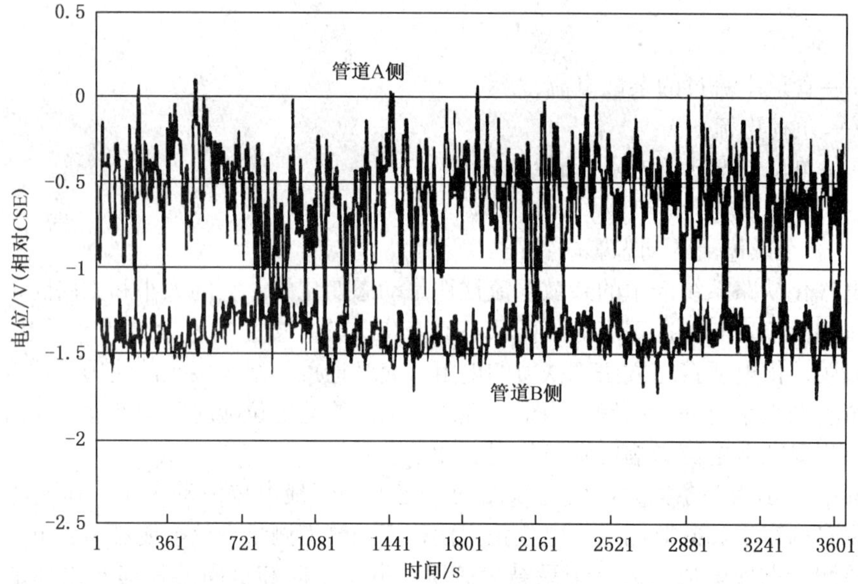

图 6-6　管道绝缘装置两侧杂散电流作用引起的电位波动现象[9]

在役的老旧电气化铁路系统往往产生更为严重的杂散电流问题。其原因主要是：

① 铁轨电阻相对较高(铁轨截面小、螺栓连接、连接部位老化)；

② 铁轨与大地的绝缘差(有意的接地、与地面密切接触、枕木吸潮)；

③ 供电所的供电距离大，导致铁轨上的电压降较高。

而在现代电气化铁路系统中，可通过两种基本方法来改进杂散电流问题，即降低铁轨回路的电阻，使负载电流顺畅地仅仅通过铁轨返回供电所；增大铁轨与大地间的电阻，显著地减少工作电流泄漏于大地(土壤)的途径。对前一种方法可采取的手段包括，使用较厚实的铁轨截面、连续焊接的铁轨、改进铁轨连接方法以及缩短供电分所之间的距离等。把供电所与车站相结合是有效的，因为车站处由于机车加速使负载电流量最高，通过这种结合可使高峰电流的电流回路只有非常短的返回路径。对后一种方法可在铁轨与木质枕木或水泥枕木之间安装绝缘件以及使用绝缘的铁轨固定装置，能增大铁轨对地电阻。最新的电气化铁路运输系统设有与大地完全绝缘的专用地下负极返回系统，由此可使杂散电流的泄漏水平降至最低程度。如果扩建旧的铁路系统而与新建系统连成一体时，就应特别关注杂散电流危害的问题。新建的现代高速机车的电流需用量较高，会使较旧系统部分的杂散电流危害增加。此外，对路轨和邻近的埋地管道进行定期检测是十分重要的，由此可检查电连续性、绝缘装置的有效性以及杂散电流的影响水平。

6.3.2 源于阴极保护系统的直流杂散电流

埋地管线的外加电流阴极保护系统是由外部电源通过阳极地床对被保护管道施加足够的阴极电流，因此在阳极地床处就形成了一个有一定作用范围的阳极电压漏斗，其阳极电位梯度可达数十伏。位于此影响区域内的埋地管道或其他金属结构物必定会受到干扰作用。由此可见，阴极保护系统也是一个重要的杂散电流源。但它的负载相对变化不大，漏失的电流及阳极电压漏斗也都比较稳定，作用强度的波动相对较小，所以一般将作为杂散电流干扰源的阴极保护系统称作为静态干扰源。由阴极保护系统引起的杂散电流干扰通常可分为阳极干扰、阴极干扰和混合干扰。

6.3.2.1 阳极干扰

当一支外部非保护管道穿越阳极地床周围的电压漏斗时，在其电位梯度的影响下就会发生阳极干扰的杂散电流腐蚀。如图 6-7 所示，与阴极保护管道平行的一支外部管道穿越阳极地床的电压漏斗，并在靠近阳极地床处汲取电流，这些电流(杂散电流)在管道内流动，

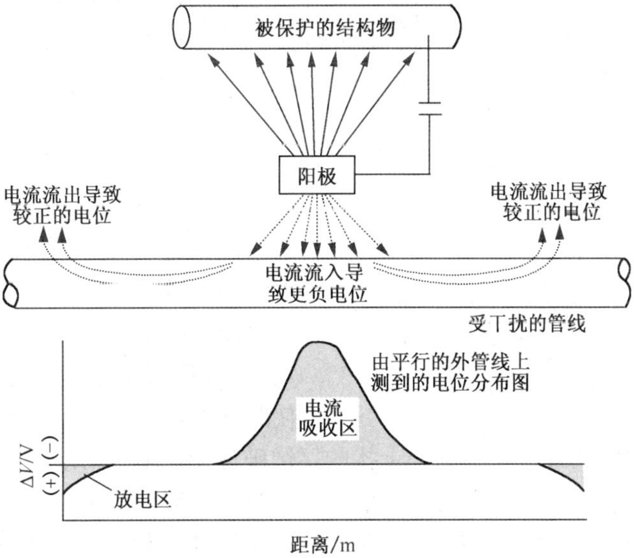

图 6-7 与阴极保护管道平行埋设的外部管道穿越阳极地床周围而产生的杂散电流干扰(阳极干扰)

在离阳极床较远的管道表面防腐层缺陷处流出而进入土壤。在接受电流的管段区域，由于杂散电流的影响而使管道电位向负的方向移动；对于这一范围管段来说，由于接受的是负电流而受到阴极保护。该处局部阴极电流增加未必总是有利的，因为这有可能使受干扰管道产生过保护状态。对于铝合金或铅合金管道来说，此处产生的过多的碱性物质也是有害的。流入管道的杂散电流当在远离阳极床的管道表面某处流出，将使此处管地电位正移。正是在这些电流排放区将会发生严重的金属阳极溶解，即杂散电流腐蚀，这种腐蚀破坏现象也称为阳极干扰。

在图 6-7 下部的曲线给出了与阴极保护管道相平行的外部管道上测得的管地电位分布，确定了汲取电流的管段区域和在离阳极床较远处的受干扰管段区域。外加电流阴极保护系统的阳极地床通常是一个长达上百米的埋地装置，可产生相当广泛的电压漏斗。据有关资料报道，在距阳极床 100m 处，相对远方大地还存在着相对峰值电压约 4%的阳极电位。对峰值 50V 阳极电位的电压漏斗来说，4%的量就是 2V，这对未保护钢质管道将产生相当严重的干扰影响。

6.3.2.2　阴极干扰

所谓阴极干扰是指埋地的外部管道与受阴极保护管道垂直相交埋设，在其接近区域使外部管道发生杂散电流腐蚀的现象。如图 6-8 所示，与阴极保护管道交叉埋设的一支外部管道穿越阳极床电压漏斗，而在交叉部位之外的较大范围管段汲取电流，在与阴极保护管道相交处流出，进入土壤或进入阴极保护管道。在电流离开外部管道的部位，此处管地电位向正的方向移动，具有最高的腐蚀破坏倾向。这种杂散电流腐蚀现象称为阴极干扰。而在接受电流的广泛管段区域，将使管道电位负移，对于这一部分管段来说，由于接受的是负电流而受到阴极保护，如汲取电流过多，也可能会产生破坏性的过保护作用。

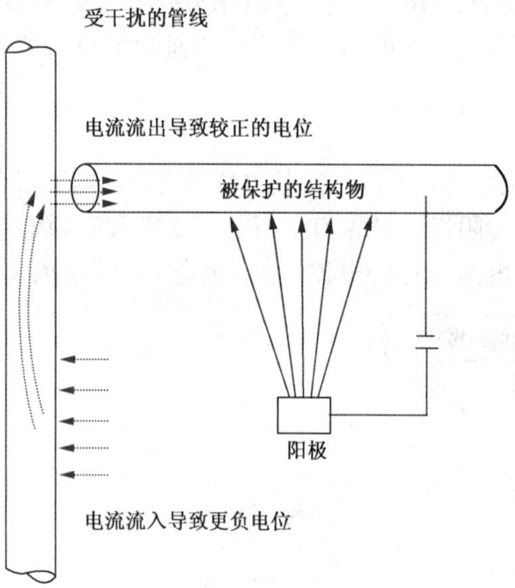

图 6-8　与阴极保护管道垂直埋设的外部管道穿越阳极地床周围而产生的杂散电流干扰(阴极干扰)

6.3.2.3　混合干扰

这是一种阳极干扰和阴极烦扰联合作用的情况，称为混合干扰。如图 6-9 所示，在外部管道紧靠阳极地床的部位，汲取了大量电流，由于杂散电流影响使管地电位显著负移。在紧靠阴极保护管道处的区域流出，使此处管地电位正移，杂散电流在此处流出而导致金属的阳极溶解腐蚀。这种混合干扰的腐蚀破坏要比单独的阳极干扰或单独的阴极干扰严重得多。如果受影响管道的电流汲取区域和电流排放区域相距较近，其破坏作用将更为显著。相应地，在电流汲取区可能发生的过保护作用和电流排放区的腐蚀破坏作用都将更大。

6.3.3　源于高压直流电力线的直流杂散电流

当输电距离超过 1000km 时，利用高压直流电力线输送电流是比较经济的；并且在频率和相位方面不同的交流电网之间可用作为无回授的耦合。在带有两个系统的高压直流电力线的端部，每个系统加装一个变流器。在正常情况下，直流电流是在两股导线中流动的，并在中点接地。但因为这些系统是对称接地工作的，所以没有电流流过中点处的接地极。工作电压可以高达 600 kV，电流可以达到 1.2 kA。当一个系统发生故障时，电流可流入大地达几个小时，这时就具备了产生杂散电流的条件；而第二个系统能够继续维持工作。与此相反，在瑞典和美国的高压直流输电装置安装有永久性的、经由大地的电流返回线。但这种运行方式在人口密集地区很少见。

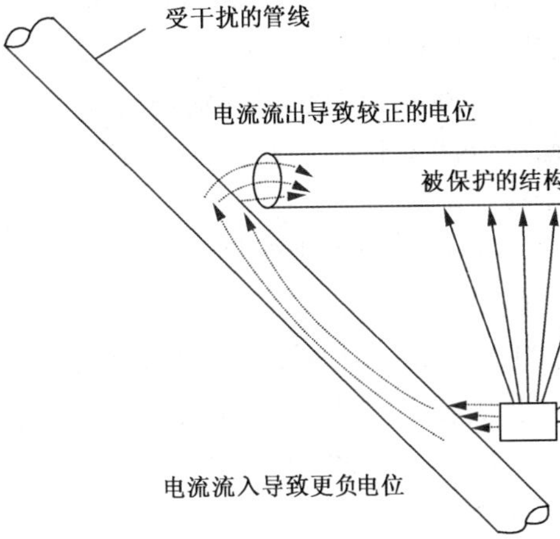

图 6-9　与阴极保护管道交叉埋设的外部管道穿越阳极地床周围而产生的杂散电流干扰(混合干扰)

如图 6-10 所示为由双极高压直流输电系统产生直流杂散电流干扰的电路原理和电流分布。当一个系统发生故障时，在接地极附近的土壤中就产生了巨大的电压漏斗，在延伸几公里之外，土壤中的电流密度就相当微小了。

如图 6-10(a)所示为高压直流输电装置双极系统的电路原理图，而图 6-10(b)所示为在有故障的情况下或者在一个单极系统的情况下的电流分布状况。其中，Ⅰ和Ⅱ是相应的交流系统。

文献[1]对地面电位分布和土壤电阻率进行了计算。在距离为 $2L$ 的两个接地极之间的某点位置 x 处，该点位置 x 距两个接地极的距离分别为 $r=L+x$ 和 $R=L-x$；I 为流过接地极的直流电流强度；ρ 为土壤电阻率。由此可推导得土壤中的电位分布：

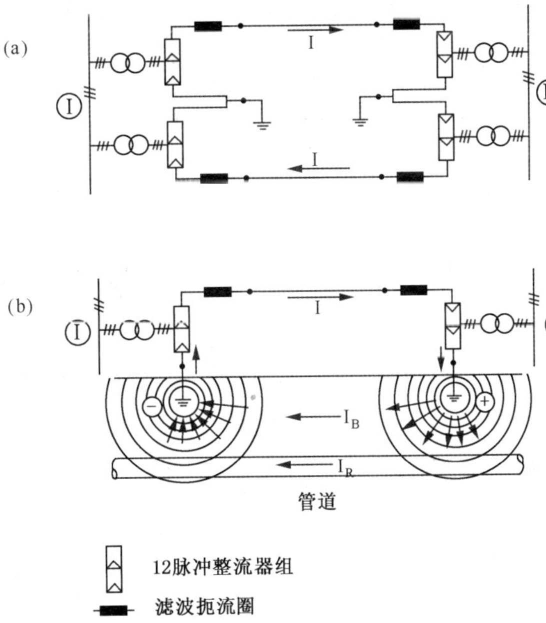

图 6-10　来自高压直流输电系统的杂散电流干扰

$$\phi(x)=\frac{I\rho}{2\pi}\left(\frac{1}{L+x}-\frac{1}{L-x}\right) \tag{6-6}$$

$$-\frac{d\phi}{dx}=\frac{I\rho}{2\pi}\frac{(L+x)^2+(L-x)^2}{(L+x)^2(L-x)^2} \tag{6-7}$$

设 $x=0$，就可以获得该处土壤中的电流密度：

$$J=\frac{I}{\pi L^2} \tag{6-8}$$

当流过接地极的直流电流为 $I=1000\text{A}$，以及 $L=100\text{km}$ 时，按上式计算可得土壤中的电流密度为 $J=3\times10^{-8}\text{A/m}^2$，这也就是流入土壤的杂散电流密度。在土壤电阻率为 $\rho=100\ \Omega\cdot\text{m}$的土壤中，场强可以达到 $E=3\text{mV/km}$，但该场强仍小于地电流引起的场强。在不同的工作电流情况下，流经土壤的平衡电流甚至更低，这不会引起任何损伤性的干扰，仅仅在接地装置附近的管道或电缆上可产生破坏影响。

在德国某地对距离为 6km 的架空高压直流电力线进行了试验，在架线铁塔的接地极上馈入直流电流 100A，产生了 150V 的电压，距此铁塔接地极 150m 经过的长输天然气管线的管地电位变化了 1V。假设周围为均质土壤，预期计算的变化为 5V。影响如此之小的原因是，随着土壤深度增加土壤电阻率愈来愈低。距离 10km 远的电气化铁路所产生的影响也比这种试验电流的影响要大。安装阴极保护站就能消除这种破坏性的干扰作用。

6.3.4 源于地电流的直流杂散电流

在某些地区并无工业设备引发的杂散电流干扰，埋地管线上仍偶尔会遇到管地电位/管线电流发生不断变化的现象。这种变化往往与偶然发生的地磁场扰动引起的杂散电流干扰有关。地球的磁场受太阳风的影响很大，太阳黑子活动引起太阳风强度的变化，从而使地球磁场会发生相应变形。这造成了地磁场随时间而强烈地改变和迁移，利用地球物理观察中常用的磁强计可测量地磁场变化。由于地磁场变化的作用，导致土壤场强电特性发生变化，这与地质条件和土壤电阻率有关，尤其是在多石块地带的导电层中，其变化可高达 0.1V/km。这种地磁场扰动将会影响埋地金属结构物上的电压和电流。在太阳黑子强烈活动期间，曾观察到这种影响作用是十分强烈的。通常认为，紧靠极地处这种作用非常重要，不可忽视。具有良好防腐层的管道在此电场中可表现为一条等电位线，在其两端能够测量出不同的管地电位（见图 6-11）。由此就会在管道防腐层缺陷部位产生极化电流；管道的漏电导愈大，由

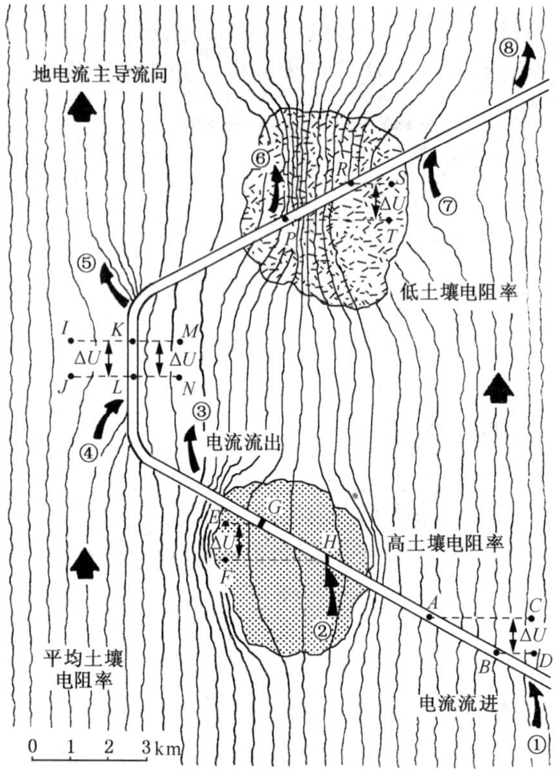

图 6-11　由地电流引起的管道杂散电流干扰[1]

于地磁场变化引起的、在管道中流过的极化电流就愈大。在实施阴极保护的管道上，这种极化电流是与阴极保护电流相叠加的，会使它增大，或使它减小。

由图 6-11 可知，当一条长距离管道穿越不同电阻率的土壤时，地电流是如何进入又如何排出管道的，从而引起管道电位变化。电流在管道第 1 点处进入、在第 8 点处离开图示区域。由于管道电阻很低，从第 1 点流入管道的部分地电流经过管道流至第 8 点。地电流在第 1 点附近进入管道，图中 $C-D$ 之间的电压降愈大，进入的电流就愈多。在管道无防腐层的情况下，进入管道的电流数值将使 $A-B$ 之间的电压降等于 $C-D$ 之间的电压降。当管道埋设在土壤电阻率较高的地区(此处的地电流密度降低，土壤中的电位梯度升高)时，在第 2 点处从土壤中汲取电流，又从第 3 点处流出。在土壤电阻率较低的地区，地电流密度是较高的；为使管道电压降 $P-R$ 等于土壤中的电压降 $T-S$，地电流必须在第 6 点处离开管道，并在此区域之外的第 7 点处重新进入管道。因为地电流的流动呈缓慢起伏波动状态，甚至地电流的主导方向也可能会发生倒转，所以在管道防腐层缺陷处的电位持续不断地发生变化。

借助于行星地磁指数 K_p 可以评价管道上由于地磁变化引起的阳极性腐蚀危险。从这些指数可以得出在 3h 内场强最大变化的程度，这些都是地球物理观察的结果。K_p 指数每月以数据表和图幅的形式颁布一次。

如图 6-12 所示为地磁场变化与管地电位 U_{CSE} 波动之间的对应关系。图中 H、D、Z 分别是南-北方向、东-西方向及垂直方向地磁场分量变化。

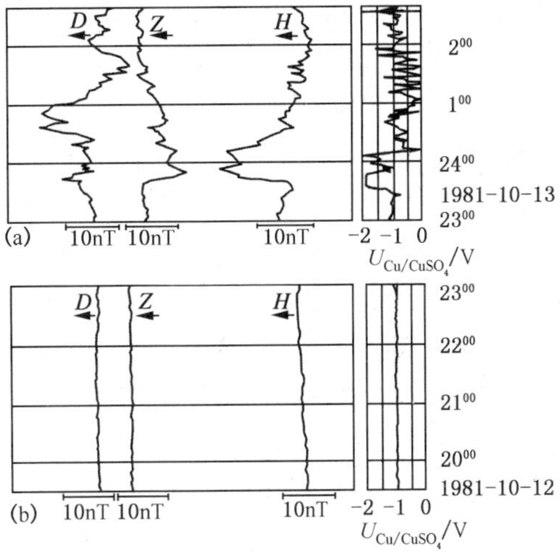

图 6-12　管道受到地磁场变化干扰时的管地电位(a)及没有这种干扰时的管地电位(b)[1]

曾有研究结果表明，在德国某地的埋地管线于 1981 年测得的管地电位中，由于地磁场变化影响而比保护电位更正的数据在全年中仅仅占 20h。一般来说，地磁场变化引起的杂散电流对埋地金属结构物的有害影响，其持续时间非常有限，并不局限在结构物上特定的电流进入区和流出区。因此，作为地电流作用的直接结果所引发的重大腐蚀问题相当少。从监测地磁场变化对埋地管线阴极保护系统的影响方面考虑，很难利用无 IR 降管地电位测量技术来评价地电流引起的杂散电流干扰，因为无法预见地磁场在什么时候会发生怎样的不同强度变化，从而导致相应管地电位变化。只有在无地磁场变化的时间阶段，才可以利用通断电技术测量无 IR 降的管地电位。

6.4　直流杂散电流腐蚀的防护

6.4.1　直流杂散电流腐蚀的判定

直流杂散电流的干扰来自于环境，杂散电流腐蚀产生于结构物金属表面。因此如需对直流杂散电流的干扰做出判定，应从环境的电学状态及遭受腐蚀的金属表面进行分析。

6.4.1.1　环境的电学状态

对埋地金属结构物的直流杂散电流腐蚀，即直流干扰的判定，一般可通过测量管地电位和地电位梯度来判断。目前，各国对此尚无统一标准或规范。根据有关资料介绍，英国的防腐蚀科技工作者认为，管地电位正向偏移超过20mV时就可能产生不允许的干扰腐蚀，所以英国国家标准规定以管地电位正向偏移20mV为判断指标。日本学者也认为，管地电位正向偏移达到20mV时就存在腐蚀危害，但他们考虑到本国地域狭小，各种埋地金属管道和直流电气化铁路分布十分密集，干扰特别严重，并且很难彻底防止，从而规定以管地电位正向偏移50mV为存在直流杂散电流干扰的判定标准。德国则规定以管地电位正向偏移100mV为直流干扰判定标准。也有的国家还有一些其他判定标准，如10mV标准。这种情况说明，目前对直流杂散电流腐蚀的危害作用程度及理论认识尚待进一步研究，也说明各国埋地金属结构物和土壤中的电污染等实际情况不尽相同，各国的经验和技术措施也有很大差别。

我国石油天然气行业标准SY/T 0017—96《埋地钢质管道直流排流保护技术标准》明确规定，对处于各种可能的直流干扰源附近的管道，应进行干扰源侧和管道侧两方面的调查测试。当管道任意点上的管地电位较自然电位正向偏移20mV或者管道附近土壤电位梯度大于0.5mV/m时，确认为存在直流干扰。当管道任意点上的管地电位较自然电位正向偏移100mV或者管道附近土壤电位梯度大于2.5mV/m时，管道应及时采取直流排流保护或其他防护措施。

我国这一标准将直流干扰及其防护的问题区分为两个方面来考虑，其一是，确认是否存在这种直流干扰的一个参数界限；其二是，在确认存在直流干扰的前提下，必须采取相应防护措施的一个参数界限。这是一个两级管理的判定标准。对直流干扰标准如此处理，是结合我国国情的标准制定特点。所有金属结构物的腐蚀与防护问题不仅仅是一个技术问题，它更多地涉及到工业效能、经济效益、环境保护和社会安全等各方面的影响，因此直流干扰问题的技术决策与经济性和政策性密切相关。提出两级判定标准的依据主要是：①在我国，尤其是城市地区，土壤中的电污染和直流杂散电流干扰十分严重，也很复杂；②防止电气化铁路等重要干扰源漏泄杂散电流的技术和设施尚不完善，而且往往不为人们所重视，这对控制工作造成了巨大困难；③我国迄今尚未制定标准或法规对各种直流设备允许泄入大地的直流杂散电流量进行限制，也尚未制定标准对防止电流漏泄的设施作出规定，目前受干扰方仅仅是被动地、单方面采取防护措施，其效果受到很大局限。

在这些情况下，我国标准SY/T 0017—96规定了管地电位正向偏移20mV(或地电位梯度大于0.5mV/m)仅仅是确认存在着直流干扰。也就是说，该处存在着直流杂散电流腐蚀的危险，这是防护的重点位置，应加强监测，并根据情况采取保证管道安全的控制措施，因此这是一个警戒性指标。标准进一步规定了管地电位正向偏移100mV(或地电位梯度大于2.5mV/m)时，管道必须采取相应的防护措施。

日本《电蚀、土壤腐蚀手册》推荐的地电位梯度与杂散电流强度的关系，如表6-4所示。与我国行业标准SY/T 0017—96的规定相对照，达到怎样的干扰程度就应当采取防护措施，我国规定的是地电位梯度大于2.5mV/m，这相当于表6-4中的"一般"级杂散电流范围的中值。

表6-4　地电位梯度与杂散电流大小的关系[6]

地电位梯度/(mV/m)	杂散电流的强度
0.5	弱
0.5~5	一般
>5	强

6.4.1.2　杂散电流腐蚀类型及形貌判定

杂散电流腐蚀和自然状态下的腐蚀相比,在其环境因素、腐蚀形貌及腐蚀产物等方面,存在着明显的差别(参见表6-5)。认识这些差别具有实践意义,据此可帮助判别所产生的腐蚀类型是否为杂散电流腐蚀。为了判定环境中是否存在直流杂散电流以及它是否对金属结构物产生了杂散电流腐蚀,可从遭受腐蚀的金属表面形貌和结构物所处环境状态进行失效分析,据此可判定是否存在或是否已发生了直流杂散电流的腐蚀干扰。遭受杂散电流腐蚀的金属表面往往产生了规则的马蹄状孔蚀,边缘整齐,腐蚀表面光滑并呈现金属光泽,这都是电解过程的特征。从马蹄状的排列朝向可指示杂散电流源的方位;有时还可在腐蚀面发现保留着似炭黑色细粉状的腐蚀产物。根据这些特征可以判定金属结构物遭受到的是杂散电流腐蚀。

表6-5　杂散电流腐蚀与自然腐蚀之间的金属腐蚀形貌及环境差异比较

项目		杂散电流腐蚀	自然腐蚀
钢铁	腐蚀形貌	孔蚀倾向大，腐蚀面光滑，有时呈金属光泽，边缘较齐整，腐蚀产物似炭黑色细粉状，有水分存在时，可明显观察到电解过程迹象	孔蚀倾向较小，有黄色或黑色的质地较为疏松的锈层，腐蚀面边缘不整齐，清除腐蚀产物后腐蚀面较粗糙
	环境	通常在土壤电阻率>100Ω·m环境下，杂散电流腐蚀较难发生	几乎在任何土壤中均可发生
铅	腐蚀形貌	空洞内表面粗糙，腐蚀面呈沟壕状，长形，分布不均，或沿电缆呈一直线分布，腐蚀产物为透明的或白色的结晶物	腐蚀均匀，有空洞时亦表现为浅皿状，腐蚀产物为不透明的粉状物
	环境	地下水为中性，普遍会有氯化物、碳酸盐、硫酸盐	水的pH值一般在6.5~8.5范围之外，氯化物浓度大

6.4.2　直流杂散电流干扰的调查与测定

为了确定埋地金属结构物可能遭受的直流杂散电流腐蚀和干扰影响，应对其所在环境及环境中的其他结构物和设施进行必要的调查和测定，一般可从干扰源侧和被干扰侧两方面考虑。对于干扰源侧，通常考虑有直接影响的一些项目。不同的干扰源和被干扰体，各项目的影响程度重要性也各不相同。这里仅就作为主要干扰源的直流电气化铁路为例进行讨论。

6.4.2.1　干扰源侧的调查与测定

对于可能遭受干扰影响的埋地金属结构物附近存在的直流电气化铁路、阴极保护站以及其他干扰源，为确定可能产生直流杂散电流的情况，应调查和测定以下各项内容：

① 直流供电所、阴极保护站以及其他干扰源的位置，馈电网络、回归网络的状态与分布；

② 电气化机车、阴极保护站以及其他干扰源的运行状况、频度及其随时间的变化关系；

③ 铁轨及其他干扰源对地电位及分布；

④ 铁轨及其他干扰源的漏泄电流趋向及电位梯度；

⑤ 干扰源装置上如存在阴极保护和/或排流保护系统,应调查和测定其运行参数及运行状况。

6.4.2.2　被干扰侧的调查与测定

对于可能遭受干扰影响的埋地金属结构物(例如埋地管道)，应调查和测定以下各项内容：

① 在本地区过以往曾经发生的腐蚀案例，尤其是确定为杂散电流腐蚀的案例；

② 埋地金属结构物(如埋地管道)与干扰源的相对位置及分布；

③ 管地电位及其分布，以及随时间的变化关系；
④ 管道中流过的干扰电流情况(大小及方向)；
⑤ 流入、流出管道的干扰电流、量值及部位；
⑥ 管道对铁轨的电压大小及方向(极性)；
⑦ 管道对地漏泄电阻；
⑧ 管道沿线土壤电阻率；
⑨ 管道沿线大地中杂散电流方向和电位梯度；
⑩ 管道自身已有的阴极保护和排流保护装置的运行参数及运行状况；
⑪ 管道与其他相邻、交叉的管道以及其他埋地金属结构物之间的电位差及极性方向。

6.4.2.3　直流干扰测定作业的基本要求与测定项目

直流干扰测定作业通常可分为以下三类测定或三个测试阶段的作业：

① 预备性测定：用于一般了解存在的干扰程度及管地电位特征和分布，为排流工程测定提供依据；
② 排流工程测定：用于为实施排流工程提供所依据的技术参数；
③ 排流效果评定测定：用于调整排流保护的运行参数及评定排流效果。

上述对干扰源侧对象和被干扰侧对象所规定的调查测定项目，可以根据具体干扰状态、测定作业种类来确定对全部或部分项目进行测定。一般情况下可参照表 6-6 的推荐项目进行。

表 6-6　推荐的调查与测定项目表[10]

实施对象	调查、测定项目	测定分类		
		预备性测定	排流工程测定	排流效果评定测定
		需要程度		
干扰源侧	① 直流供电所、阴极保护站、以及其他干扰源的位置，馈电网络、回归网络的状态与分布	○	○	—
	② 电气化机车、阴极保护站、以及其他干扰源的运行状况、频度及其随时间的变化关系	○	○	△
	③ 铁轨及其他干扰源对地电位及分布	△	△	—
	④ 铁轨及其他干扰源的漏泄电流趋向及电位梯度	√	√	—
	⑤ 干扰源装置上如存在阴极保护和/或排流保护系统，应调查和测定其运行参数及运行状况	△	○	√
被干扰侧	① 在本地区过往发生的腐蚀案例，尤其是确定为杂散电流腐蚀的案例	○	—	—
	② 埋地金属结构物(如埋地管道)与干扰源的相对位置及分布	○	—	—
	③ 管地电位及其分布，以及随时间的变化关系	△	○	○
	④ 管道中流过的干扰电流情况(大小及方向)	√	√	√
	⑤ 流入、流出管道的干扰电流，量值及部位	√	△	√
	⑥ 管道对铁轨的电压大小及方向(极性)	√	△	√
	⑦ 管道对地漏泄电阻	√	√	—
	⑧ 管道沿线土壤电阻率	√	—	—
	⑨ 管道沿线大地中杂散电流方向和电位梯度	√	△	—
	⑩ 管道自身已有的阴极保护和排流保护装置的运行参数及运行状况	○	△	√
	⑪ 管道与其他相邻、交叉的管道以及其他埋地金属结构物之间的电位差及极性方向	△	○	√

注：○—必须进行的项目；△—应进行的项目；√—宜进行的项目。

6.4.2.4　调查测定作业的位置点、时间和频度

我国行业标准 SY/T 0017—96 对这些技术要求作了具体规定。其主要目的，一是为了保证测试数据的准确性；二是为了保证测得的数据具有代表性。对于预备性测定，应尽可能利用现有检测站进行。对于排流工程测定，应根据预备性测定的结果在干扰较严重的管段上布设测定点，测定点间距以 50~200m 为宜，不应大于 500m。对于排流效果评定的测定，应在排流工程测定点中选定。

排流工程测定及排流效果评定的测定应符合如下操作要求：

① 各测定点的测定作业应同时开始和结束；

② 各测定点以相同的读数时间间隔记录数据；

③ 干扰源与被干扰体(管道)两方面同步进行测定。

测定时间段一般为 40~60min，对运行频繁的直流电气化铁路可取 30min，测定时间段应选择在具有代表性的负荷变化时间段上。一般应选择在干扰源运行的高峰、低峰、一般负荷三个时间段上。读数时间间隔一般为 10~30s，电位变化激烈时，不得大于 10s。

对拟议中的排流点、实际排流点、效果评定点以及其他具有代表性的测定点，应进行 24h 连续测定。所有测定的次数一般不少于三次，每次的起止时间、测定时间段、读数时间间隔，各测定点均应相同。

6.4.3　直流杂散电流腐蚀的防护措施

6.4.3.1　减少干扰源的电流泄漏

所有埋地或浸水的结构物都希望避免杂散电流腐蚀的影响和破坏。而杂散电流一般都来自于邻近的不同电气设备装置的电流泄漏所致。因此，要控制直流杂散电流腐蚀的影响，首先应考虑与邻近电气设备装置的业主和管理部门协调，共同采取措施，最大程度地减少这些装置(干扰源)电流的泄漏或排放。

对于电气化铁路而言，要求其铁轨导电性能良好，在铁轨上由于流过电流所产生的电位差应不大于 3V/km。铁轨上不可避免地存在着许多接头，各区段铁轨接头所增加的电阻，应不大于该区段铁轨总电阻的 20%。同时，应采取措施保障铁轨对大地的绝缘性能。对于电气化铁路的供电方式，应尽可能采用小供电范围、多供电分所的原则，并在每个供电分所范围内仅安装一个接地装置，以此减少杂散电流源的数量和强度。

6.4.3.2　被保护结构物与干扰源的相关关系

作为干扰源的设备装置是多种多样的，在可能的情况下，结构物应尽可能地远离干扰源。在设计规划时，当埋地管道(防止干扰的被保护对象)与直流电气化铁路的铁轨平行接近或交叉时，相互间的距离应不小于 1m，且应尽量缩短与之平行部分的管道长度。日本电气设备技术标准中也规定，直流回归线的非绝缘部分，与埋地金属管道接近或交叉时，相互间的间距必须大于 1m。

防止干扰的被保护管道与外部管道之间应保持足够大的距离。非联合保护的平行管道之间的距离不宜小于 10m。被保护管道与外部管道交叉时，其间净垂直距离不应小于 0.3m；如果净距离<0.3m，间隔处必须安装坚固的绝缘隔离物，确保其互不接触或短路。在交叉点两侧的双方管道都应在 10m 以上距离内涂敷特加强防腐层。

管道与电缆交叉时，在交叉点处的相互间净垂直距离应不小于 0.5m。于交叉点两侧也应各延伸 10m 涂敷特加强防腐层。

当绵长的埋地管道遭受杂散电流的干扰影响时，尤其是长距离平行电气化铁路铺设时，

为减轻干扰程度，可增设安装绝缘法兰(或绝缘接头)，将被干扰管段分割成若干短小管段，这样可有效地降低杂散电流干扰的影响程度。

在被保护结构物与干扰源之间安装电屏蔽装置，也是一种有效的防护杂散电流干扰的措施。例如，当被保护埋地管道遭受来自周边阴极保护地床的阳极干扰时，或位于电气化铁路附近而遭受干扰时，可采用电屏蔽法以防止杂散电流干扰。如图 6-13 所示为防护来自阴极保护系统阳极干扰的一种电屏蔽法。其原理是，用一支裸钢管套在被干扰管段上，并与整流器的负极相连，由此形成一个阴极电位场来抵消干扰性的阳极电位场的作用。这种方法的缺点是要损耗大量的电流。

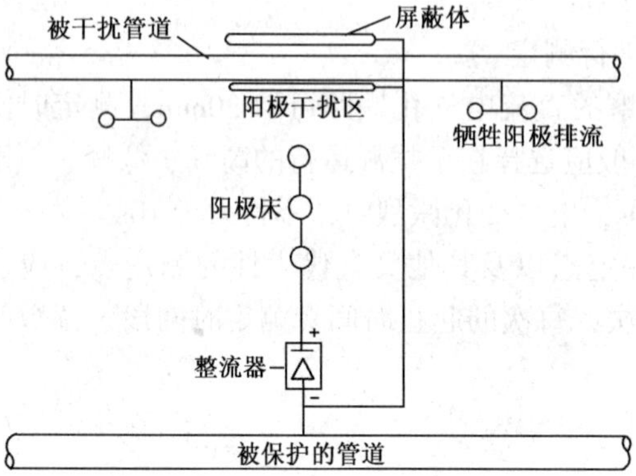

图 6-13　防护来自外部阴极保护系统阳极干扰的电屏蔽法

安装牺牲阳极也是一种防护被干扰管道遭受外部阴极保护系统阳极干扰的方法。方法的基本要求是，在该系统中被干扰管段上检测出泄漏电流的位置，直接在此处安装牺牲阳极，便可起到排流和保护的作用，参见图 6-13。不过，应慎重使用此法，使用不当可能起负面作用。有时，牺牲阳极法也可用于排除与电气化铁路轨道交叉的管道上的干扰。

6.4.3.3　增强被保护结构物抗杂散电流的能力

在设计阶段就采取措施，对于可能遭受杂散电流干扰的埋地结构物应提高结构物表面的防腐层等级，应为特加强级，至少为加强级。对于已经遭受杂散电流腐蚀的结构物，应进行及时修复，在更换防腐层时一定要提高防护等级，以消除或减轻杂散电流的再次腐蚀破坏。在埋地结构物与电气化铁路相交叉处，在可能的情况下，应选择垂直交叉方式通过，并在交叉点前后一定长度内，对被保护结构物涂敷特加强级防腐层。

6.4.3.4　排流法防护杂散电流干扰

将结构物中流动的杂散电流，人为主动地使之直接流回到干扰源中去或排放到大地中去的防护方法称为排流法。

6.4.4　直流杂散电流的排流方法

根据排流回路中电连接的电路方式不同，直流杂散电流的排流方法可分为直流排流、极性排流、强制排流和接地排流四种。表 6-7 列述了这四种排流方法的方法原理图、优缺点、适用条件和应用场合。

表 6-7　四种排流方法的比较说明

排流方式	直接排流	极性排流	强制排流	接地排流
原理图	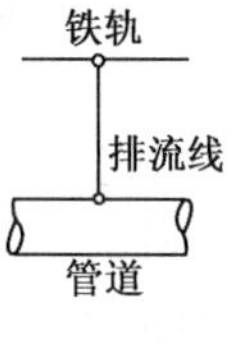	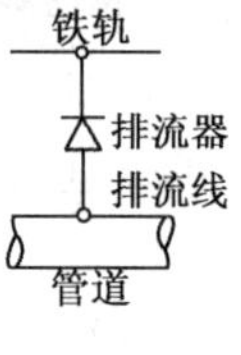	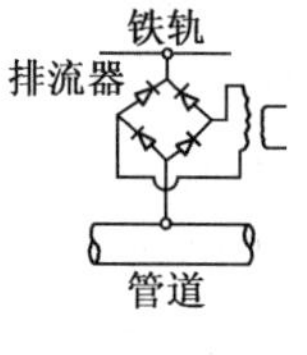	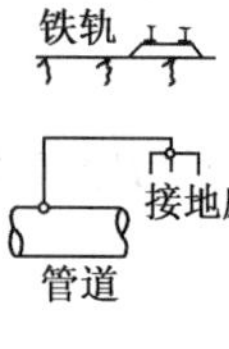

续表

排流方式	直接排流	极性排流	强制排流	接地排流
应用条件	① 被干扰管道上存在确定的阳极区 ② 直流供电分所或负回归线附近	被干扰管道上管地电位正负交变	轨管电位差较小	不能直接向干扰源排流的场合
优　点	① 简单经济 ② 效果好	① 安装简便 ② 应用范围广 ③ 无需电源	① 保护范围大 ② 其他排流方式不能应用的特殊场合 ③ 电车停运时可对管道提供阴极保护	① 应用范围广泛，可适用各种情况 ② 对其他设施干扰较小 ③ 可提供部分阴极保护电流(当采用牺牲阳极接地时)
缺　点	应用范围有限	当管道距铁轨较远时保护效果差	① 加剧铁轨电蚀 ② 对铁轨电位分布影响较大 ③ 需用电源	① 效果稍差 ② 需用辅助接地床

6.4.4.1　直流杂散电流的排流方式

(1) 直接排流法

对于直流电气化铁路附近的埋地管道而言，用电缆将管道与电气化铁路的铁轨或负回归线实现电连接，这是一种很常用、很有效的排流法。直接排流法适用于管道上存在着基本稳定不变的阳极区的情况。在直接连接的电缆中可串联可调电阻、控制开关及断路系统(保险丝)，据此可控制排流量的大小及管道的相对电位，以防排流量过大造成管道防腐层发生老化和剥离。

(2) 极性排流法

极性排流法是目前广泛应用的排流方法之一，它具有单向导电性，只允许杂散电流从管道排出，而不允许杂散电流进入管道，能防止逆流。这种方法结构简单，比较安全，效率高。

上述两种排流方法都是借助于管道与铁轨之间存在的电位差来排流的，当排流电缆的两端电位差较小时，所能排出的电流量将很小，所以这使它们的保护管段很短，排流保护效果不太好。此时可选择其他形式的排流方法。

(3) 强制排流法

当埋地管道位于杂散电流干扰极性交变区，用直接排流和极性排流都无法将杂散电流排出，这时可选用强制排流法。强制排流法的原理类似于阴极保护技术。它在管道与铁轨(或接地阳极)之间安装一个整流器，可起到电位控制器的作用。在外部存在电位差的条件下强制进行排流，其基本电路参见表6-7。强制排流法的功能兼具排流和阴极保护的双重作用，比较经济、有效，所以应用较为广泛。

(4) 接地排流法

接地排流电缆并不连接到铁轨上，而是连接到一个埋地辅助阳极(或牺牲阳极材料)上。将杂散电流从管道排出到阳极上，经过土壤再返回铁轨。接地排流地床的接地电阻应尽可能地小，以提高排流效果。采用牺牲阳极时也需要使用填包料。

接地排流法在我国应用较多，但在国外应用较少。因为目前阶段我国对干扰源向大地排放电流或泄漏电流的限制措施不力，使土壤中的电污染严重，杂散电流干扰范围很大，这不利于采用极性排流法，在这种情况下极性排流的连接技术也变得十分困难。接地排流的效果比极性排流的要差，排流量不宜调节，还需定期更换辅助阳极。但接地排流法适用性强，施工简单，同时又比较安全，可以完全避免将杂散电流导入管道。因此，接地排流是使用较多的一种排流方法。

对于同一个埋地结构物，应根据实际环境情况和工况，根据排流需要，采用一种或几种排流方法，选择一点或多点进行排流处理。

在电气化铁路邻近的埋地结构物上，采用排流法应注意它自身可能产生的干扰性。即它在工作过程中可能对铁路控制系统的传输信号造成干扰，从而对铁路运行安全造成威胁。铁路方面对此需要采取较为繁杂的防干扰应对措施，我国目前尚未建立这种标准化的应对技术和立法制度，因此极性排流法的采用往往遭遇铁路部门的反对和拒绝。再则，当管道与铁轨相距稍远或者与铁轨交叉穿越存在 B 型电蚀时极性排流法的应用将受到限制。因此在我国接地排流法得到了更为广泛的应用，接地排流法虽然排流效果稍差，但对铁路方面干扰小，可以就近设置，且可能缓解 B 型电蚀，故实践应用较多。

6.4.4.2　直流杂散电流排流的实施

直流杂散电流排流技术的实施具有重要的实践意义。例如，选择排流点、确定排流方案、测量和确定排流量、设计和选择排流线及排流设施，以及排流工程施工都应该依据相关标准和规范、以往的实践经验和工程中的试验性调整等来实施。

(1) 排流点的选择

排流点选择得正确与否是影响被保护系统排流效果的关键。一般来说，最好能根据模拟排流试验结果来确定排流点的选择，应选择排流效果最佳的位置点作为排流点。在实际工程中，通常依据排流工程的测试结果来选择排流点。根据测试结果，应在被干扰结构物上选取一点或多点作排流点，并在该点设置排流保护装置。再依据排流效果的分析，进行排流点的位置移动、调整和增舍。排流点选择一般应遵循如下原则，按下述条件综合确定：

① 管道侧排流点选择条件：

a. 管地电位为正，且轨-管电位差最大的点；

b. 管地电位为正，且持续时间较长的点；

c. 管道与铁轨间距最小的点(接地排流法除外)；

d. 便于安装与维修排流设备的位置。

② 铁轨侧排流点选择条件：

a. 扼流线圈中点或交叉跨接处；

b. 直流整流器负极或负回归线上；

c. 轨地电位为负，且轨-管电位差较大的点；

d. 轨地电位为负，且数值大、持续时间长的点。

③ 对于接地排流法的辅助阳极地床，应选择在土壤电阻率较低且适于安装和分布地床之处。

(2) 排流量的确定

正确选择排流量对于合理选配排流装置和排流电缆是重要的。一般可通过现场排流试验直接测定，并为设计时提供依据，也可按以下公式进行计算：

① 当采用直接、极性、强制排流方式时，可按下式计算排流量：

$$I = \frac{V}{R_1 + R_2 + R_3 + R_4} \tag{6-9}$$

$$R_3 = \frac{1}{2}\sqrt{r_3\omega_3} \tag{6-10}$$

$$R_4 = \frac{1}{2}\sqrt{r_4\omega_4} \tag{6-11}$$

式中　I——排流电流量，A；

V——未排流时的轨-管电压，V；

R_1——排流线电阻，Ω；

R_2——排流器内阻，Ω；

R_3——管道接地电阻，Ω；

r_3——管道钢管的纵向电阻，Ω；

ω_3——管道防腐层漏泄电阻，Ω；

R_4——铁轨接地电阻，Ω；

r_4——铁轨纵向电阻，Ω；

ω_4——铁轨道床漏泄电阻，Ω。

② 当采用接地排流方式时，排流量可按下式计算：

$$I = \frac{V_G - V_F}{R_1 + R_2 + R_3 + R_4} \tag{6-12}$$

式中　I——排流电流量，A；

V_G——管地电位，V；

V_F——辅助接地体的对地电位，V；

R_1——排流线电阻，Ω；

R_2——排流器内阻，Ω；

R_3——管道接地电阻，Ω；

R_4——辅助接地体的接地电阻，Ω，该值宜小于0.5Ω。

③ 在直流杂散电流排流时，有时排流量很大。这可能导致管道局部位置的管地电位很负，甚至达到过保护，引起管道防腐层氢致剥离的危险。应设法控制排流时的过保护现象，常用的办法就是在排流电路中串联限流电阻，适当地减小排流量。在实际排流工程中安装的限流电阻是一种可调电阻。排流驱动电压就是管道与铁轨之间的开路电位差，即所谓排流器的开路电压。限流电阻的取值可按下式计算：

$$R = \frac{\left[\frac{I}{I'} - 1\right] \cdot V}{I} \tag{6-13}$$

式中　R——限流电阻，Ω；

I——未限流时的排流量，A；

I'——拟定的限流排流量，A；

V——排流驱动电压，V。

(3) 排流装置和排流电缆

考虑到工作状态时闭路驱动电压下降，以及短时最大排流量需要，排流器(排流装置)

和排流线(排流电缆)的额定电流应为计算电流的1.5~2倍。

排流线可选择架空式裸线，也可选择埋地电缆，架设或埋设排流线应符合工艺标准的要求。采用电缆时，宜选用铜芯电缆，不得选用带有金属外套或护套电缆，一般的VV型或VLV型电缆可以适用。排流线应对大地绝缘。

排流器往往由用户根据需要进行设计制造。排流器宜设置在室内，设置在室外时应适应野外环境，安装牢固并具有防护措施。排流器应作安全接地，接地电阻应不大于4Ω。排流器应满足以下功能要求：

① 在轨-管电位差或管地电位波动范围内，均能可靠地工作；

② 能及时跟随轨-管电位差或管地电位的急剧变化；

③ 防逆流元件的正向电阻要尽量地小，反向耐压应较大；

④ 所有动接点应能承受频繁动作的冲击；

⑤ 应具有过载保护性能；

⑥ 结构简单，安装方便，适应野外环境，便于维护。

对于接地式排流，辅助接地体工作时将受到严重的电解腐蚀，会损失大量金属，因此设计时需要有足够的金属质量，以保证其使用寿命。辅助接地体的对地电位应尽可能地负，以增大排流驱动电压，提高排流效果，因此应选用在土壤中电极电位尽可能负的金属材料制作辅助接地体。为了排流需要，辅助接地体的接地电阻应很小；所以设置地点应选在低电阻率土壤地区。

在我国一般采用镁阳极组来制作辅助接地床，它的驱动电压大，在无干扰或轻微干扰时，它还提供阴极保护电流。若增加镁阳极组的支数，即可进一步减小其接地电阻，还可同时延长其使用寿命，这是经济合理的设计。

接地排流方式的辅助接地地床，应埋设在对人畜不造成危害的场所。接地地床周围的地电位梯度数值应控制在一定范围内：在水中设置时不超过10V/m；在土壤中设置时不超过5V/m。接地地床埋深应大于0.7m，并应设置明显标志，在人口密集地区宜加围栅。

排流线与管道和铁轨的焊接，应采用焊接连接，管道焊接处应采取局部补强。接点电阻不大于0.01Ω，其机械强度不低于排流线的机械强度。排流线与接地排流辅助接地体的连接，应采用可拆卸式连接，但应保证其导电接触良好。

6.4.4.3 直流杂散电流排流效果评价与调整

(1) 排流保护效果评价

排流保护效果的评定，原则上要求管地电位中的正电位分量被消除，而电位负偏移则仍应达到阴极保护要求的基本判据。也就是说，对于已施加阴极保护的管道，在采取排流措施后，应使被干扰管道的管地电位达到阴极保护电位标准；而对于未施加阴极保护的管道，应使其管地电位恢复到未受干扰前的水平。

但是，困难在于排流回路的内阻并不为零，排流电流在内阻上产生的电压降，致使管道上的干扰电位不能完全消除。当采取接地排流方式时，由于排流回路内阻较大，使管道上不能被消除的干扰电压更大。当干扰严重时，排流电流量增大，即使排流回路的内阻很小，也会产生很大的电压降，所以完全消除干扰是有困难的。我国相关行业标准对此做出了原则性规定：

① 排流保护以最大程度消除正值管地电位为宗旨，对管地电位的负向偏移不作规定。

② 依据所选用的排流方式和干扰的严重程度，规定了不同的适用指标，如表6-8所示。

③ 排流保护效果评价点一般不应少于 3 点(不包括排流点)；当干扰段处于较长而复杂的管道系统以及管地电位复杂多变时，不应少于 5 点(不包括排流点)。

④ 评价点必须包括排流点、干扰缓解较大和较小的点，其他评价点可根据实际情况选择。

表 6–8　排流保护效果评定指标

排流方式	干扰时管地电位/V	正电位平均值比/%	排流方式	干扰时管地电位/V	正电位平均值比/%
直接向干扰源排流(直接、极性、强制排流方式)	>+10 +10~+5 <+5	>95 >90 >85	间接向干扰源排流(接地排流方式)	>+10 +10~+5 <+5	>90 >85 >80

⑤ 测取排流保护前后参数时，必须统一测定点、测定时间段、读数时间间隔、测试方法和仪表设备。

直流排流保护效果的评定指标，可按下式计算：

$$\eta_v = \frac{V_1(+) - V_2(+)}{V_1(+)} \times 100\% \tag{6-14}$$

$$V_1(+) = \frac{\sum_i V_i^1(+)}{t} \tag{6-15}$$

$$V_2(+) = \frac{\sum_i V_i^2(+)}{t} \tag{6-16}$$

式中　η_v——正电位平均值比,%；

$V_1(+)$——排流前正电位平均值，V；

$V_2(+)$——排流后正电位平均值，V；

$\sum_i V_i^1(+)$——排流前测得的正电位总和，V；

$\sum_i V_i^2(+)$——排流后测得的正电位总和，V；

t——某一测试时间段的持续时间，h。

为了具体确定排流保护效果评定指标的数值，通常将管道埋地或受到干扰时起算，至第一次发生孔蚀破坏(点蚀穿孔)的时间段，定义为该管道的孔蚀周期，有人把管子壁厚除以孔蚀周期看作为腐蚀速度。这两个概念都是表征腐蚀程度的，不过由于诸多影响因素[例如孔蚀周期应包括孔蚀(点蚀)发生的孕育期和发展期两部分时间段]，腐蚀速度是不易计算的，而孔蚀周期却可以宏观地通过实践总结获得。因此，以孔蚀周期的延长程度作为指标，来评价排流保护的效果，这在理论上是合理的，实践上也是可行的。

我国东北输油管网中某受到直流干扰的管段，埋地运行后 3 年，半个月内连续发生两次穿孔泄漏事故，孔蚀周期为 3 年。采取排流保护后，依据评价指标衡量，再次穿孔约为 9 年，即孔蚀周期可延长 3 倍。运行结果，这段管子上经 9 年多又发生了第二次穿孔。实践证明，上述分析是符合实际的。

我国东北另一管网系统位于直流干扰特别严重的地区，总长约 50 多公里的管道，埋地运行后 5 年间共发生腐蚀穿孔 15 次。最严重管段的孔蚀周期仅为半年，一般的孔蚀周期为 1~2 年。经采用和完善排流保护后，已经运行 15 年未再发生腐蚀穿孔，孔蚀周期延长5~10

倍。同样在该地区新敷设一条管道，投入运行初始未采用排流保护，运行一年后，在一个多月的时间内就发生了两次腐蚀穿孔，孔蚀周期为 1 年。随后施加了排流保护措施，排流的电流量最大达到了 100A 以上，但至今已多年未再发生穿孔事故，孔蚀周期延长三倍以上。

对以上事例均经测试分析，正电位平均值比已基本达到或接近表 6-8 中的规定值。因此可以认为，如达到我国行业标准 SY/T 0017—96 规定的指标(表 6-8)，可使孔蚀周期延长 2~3 倍以上。

(2) 排流保护工程的调整与管理

排流保护工程安装完成后，应立即投入试运行，进行排流效果测定和评价。根据测试结果进行全面综合调整，并应达到下列要求：

① 对于排流保护系统中的埋地管道(包括共同防护结构物)，管地电位分布均匀。其上任一点的管地电位均应达到阴极保护电位判据要求，或者达到或接近未受干扰时的状态。

② 对于排流保护系统中的埋地管道(包括共同防护结构物)，管地电位的负向偏移不要超过所采用防腐层的阴极剥离电位。

③ 对排流保护系统以外的埋地金属结构物的干扰应尽可能小。

为达到上述目标，可采取如下的排流保护调整措施：

① 改变排流点的位置(包括连接至干扰源的连接点位置)，或增设排流点及其相应设施；

② 调整各排流点的排流量；

③ 对同一保护系统的不同埋地结构物进行具有电流调节功能的连接或跨接，进行电流调节，调整干扰电流的流向和大小分配，进行管地电位的调节；

④ 增设绝缘连接装置，对已设的绝缘连接装置进行具有电流调节功能的跨接，并进行电流调节；

⑤ 对接地方式的排流系统，改变辅助接地体的材质，减小或增大其接地电阻。

对于经排流系统全面调整后仍达不到阴极保护电位判据要求的结构物局部部位(局部管段)，或不宜采取常规排流方式的结构物局部部位，可综合采用下列辅助措施：

① 加装绝缘连接件，将其从排流系统中分离出来，进行单独保护，最简单的方法是实施以牺牲阳极为辅助接地体的接地排流保护；

② 在杂散电流路径或相互干扰的结构物之间实施绝缘或导体屏蔽；

③ 设置有源电场屏蔽；

④ 进行局部管段的防腐层维修或更换；

⑤ 增设以牺牲阳极组为辅助接地床的接地排流保护。

对于金属结构物的防腐蚀保护措施，在成功的设计和施工后，必须对防腐蚀系统的运行实施有效的现代管理，这是获得防腐蚀有效性的基本保障。直流干扰的排流保护运行管理，一是要保证排流设施能够有效、持续地运行；二是应跟踪监测外部环境(干扰源)和结构物组成系统的可能变化，并能及时采取措施使排流保护系统适应各种变化。因此须对排流保护系统进行规定的检测和维护。

① 定期检测：

a. 管地电位：每月测定一次；

b. 排流保护效果评定：每年不少于一次；

c. 干扰环境的变化：除随时调查外，每年应进行一次全面调查和检测。

② 排流设备的维护管理：

a. 每月进行一次定期巡检维护：测定排流电流量(最大、最小、平均值)；采用牺牲阳极组的接地排流保护时，测量接地极开、闭路电位和接地电阻(包括其他接地排流)；例行的维护保养等。

b. 每年进行一次全面检测和大修：全面检查排流设备和调查排流保护系统；检测各主要元件性能，鉴定更换损坏或老化的元件；大修后在主要测定点进行排流电流的24h连续测定。

③ 排流保护系统的跟踪调整和变更。

当外部干扰环境发生较大改变时，例如，在干扰区内新建埋地金属结构物，敷设了新的电气化铁路，或者电气化铁路运行状况有较大调整或变化等，应及时进行相应调查，对排流保护系统做出必要的调整和采取防护措施。

6.5 海洋结构物的直流杂散电流腐蚀及其防护

6.5.1 海水中金属结构物的直流杂散电流腐蚀

海水中金属结构物的直流杂散电流腐蚀原理、影响因素和作用规律，与前述土壤中的直流杂散电流腐蚀基本相同。

海水是一种导电性良好的电解质。当直流用电设备泄漏的直流杂散电流游弋在海水中时，很容易造成海水中金属结构物发生直流杂散电流腐蚀。海洋平台、码头、船舶上使用直流用电设备(例如电焊、外加电流阴极保护等)时，必须采取一定的防范措施，否则就可能造成直流杂散电流腐蚀。

在图6-14(a)中示意地说明了靠岸船舶上进行电焊引起直流杂散电流腐蚀的原理，这是一个实践中经常会发生的经典案例。如图所示，由于电焊机的负极就近在码头上接地，这样就形成了两条电流回路：其一为电焊机正极→电缆→焊枪→船体→钢缆→码头→电焊机负

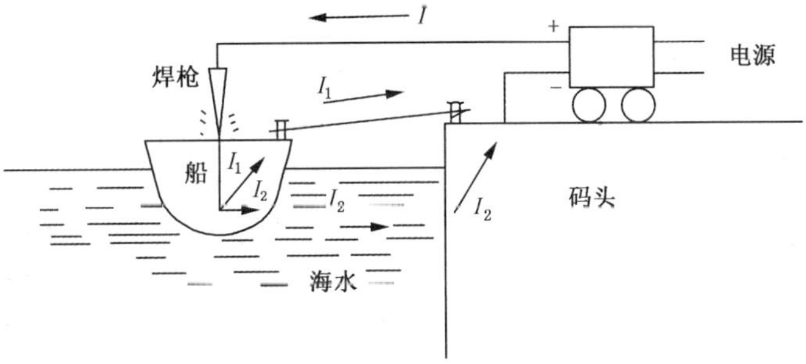

(a)错误的返流接线

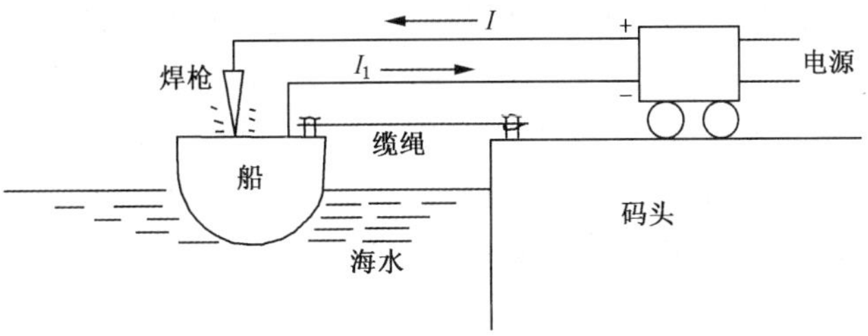

(b)正确的返流接线

图6-14 电焊引起靠岸船舶直流杂散电流腐蚀的接线操作(a)及排流接线操作(b)

极，即电流 I_1 的路径。其二是电焊机正极→电缆→焊枪→船体→海水→码头→电焊机负极，即电流 I_2 的路径。第二条回路中的 I_2 就是直流杂散电流，电焊机在这里成了干扰源，船体表面，尤其是面向码头的一侧则成为阳极区，电流 I_2 从此处流出，使船体遭受严重的杂散电流腐蚀。如果在修理船舶与码头之间还停泊着另一艘船，这艘中间船舶也将会遭受到杂散电流腐蚀，尤其是其面向码头侧部分。

钢缆与船体和码头的连接点处，有时由于机械原因或海水涨落潮而使接触电阻变得很大，甚至使用的是绝缘材料缆绳，如麻绳、尼龙绳，这将使电流 I_1 很小，I_2 变得很大，最终导致船体上的阳极区发生严重的杂散电流腐蚀。杂散电流腐蚀是一种电解腐蚀，海水又是导电良好的电解质，因而海水中的杂散电流腐蚀速率很高，很短时间内就可使船体或相关部件严重受损。杂散电流腐蚀集中发生在金属表面防腐层破损剥落部位，往往表现为坑蚀或穿孔，蚀坑内有黑色粉末状腐蚀产物，去除后可见光亮金属表面，这是电解腐蚀的典型特征。当海水环境中有杂散电流存在时，船体的电位值将明显偏离船体的正常电位值[正常电位值一般在-0.65～-1.00V(CSE)范围中]。我国关于船体杂散电流腐蚀的防护方法中规定，判断船体在海水中存在杂散电流腐蚀倾向的判据为船体电位正向偏移值大于20mV。

用于船载货物装卸的直流驱动起重机是以铁轨作为电流的返回导体，由此可产生大量杂散电流。铁轨与内港、钢筋混凝土码头墙或钢桩排墙是平行铺设的，后者这些结构物能够汲取大部分杂散电流，由于其纵向电阻很小而得以传送很远。当然，只有在一些意外的情况下才会对船舶产生明显的杂散电流干扰。此外，在岸边的管道和电缆往往也面临着很大的杂散电流腐蚀危险，应在此安装杂散电流排流装置，以保护那些可能遭受干扰的设备。

在有的港口码头，有时还使用中央直流供电系统为船坞的电焊设备、可移动的直流起重机以及为停泊的船舶辅助设施等供应直流电。而在一些国家相关技术规范中早就要求，为了避免杂散电流干扰，应分别采用独立的直流供电设备。现今在船坞中，电焊用的电源大多数都是由单独整流器供电，而采用中央直流供电系统的焊接设备时，将有可能对船舶产生杂散电流干扰。

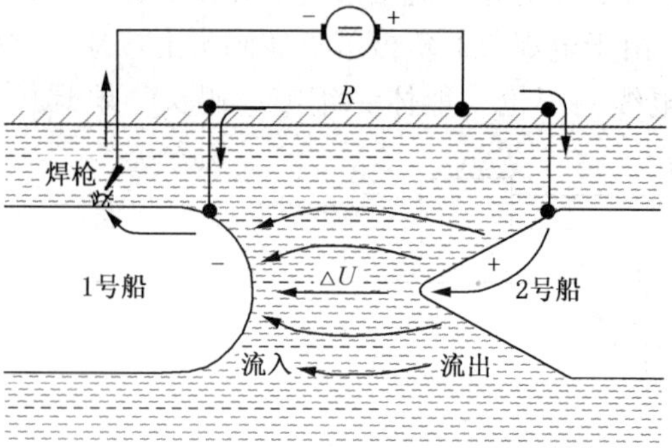

图 6-15　采用中央焊接设备进行焊接作业时对船坞中装配船体的杂散电流干扰[1]

如图 6-15 所示是停泊在装配船坞中的两艘船，由一台中央焊接变压器供电进行焊接。1 号船和 2 号船都牢固地通过返回导体汇流电缆连接到焊接变压器的正极。在 1 号船上正用焊枪(连接焊接设备的负极)进行焊接。此焊接电流流经共用的汇流电缆，并在电阻 R 上产生了电压降 ΔU。从图上可见，在 1 号船和 2 号船之间也存在这样的电压降，这是由于有一部分焊接电流经过汇流电缆流至 2 号船，再经过海水介质流入 1 号船。这是一条杂散电流的路径，杂散电流流出 2 号船的部位将会产生严重的阳极腐蚀危险。

6.5.2　海水中直流杂散电流腐蚀的防护

对海水中金属结构物可能遭受的直流杂散电流影响，其防护思路与土壤中的基本类似。主要是采取排流措施和加强防护管理。

(1) 直接排流

海水中船体的杂散电流排流和埋地管道直接排流的原理相同。如图 6-14(b)所示，在焊接连线时，直接用一根长电缆作为地线将可能的被干扰船体与电焊机的负极相连接。于是在焊接时流过返回电缆至负极的返回电流应基本等于从正极流出的工作电流。为保证接地线和船体之间的良好电连接，应采用焊接接线片方式进行连接。类似图 6-14(a)那样的接线错误在实践中时有发生，必须坚持把连接电焊机负极的地线直接连接到该作业船上。在可能的情况下，应把电焊机置于船甲板上直接进行作业，而仅从岸上引入交流电源的电缆。

(2) 牺牲阳极排流

海水中船体的杂散电流干扰也可采用牺牲阳极排流。首先应通过检测确定杂散电流的分布和流向，然后在电流流出一侧的船体适当部位安装牺牲阳极，人为地通过牺牲阳极把杂散电流导出，而不让它通过船体直接流出。在有杂散电流干扰时，牺牲阳极的作用是排流；在无杂散电流干扰时，牺牲阳极可向船体提供阴极保护。在海水中，一般采用锌或锌合金牺牲阳极。

对于如图 6-15 所示那样的情况，在两船之间干扰电压较低时也可在船体上连接足够大的锌板，用于牺牲阳极排流。而在干扰电压较高时可采用电位控制的强制排流保护站。在这两种情况下，所用阳极在水中的接地电阻必须尽可能地低。

(3) 加强防护管理

应注意检查港口和船坞附近有无大型直流电用电系统，如发电厂、直流电气化铁路或跨海、过江电缆等。应注意监测有无杂散电流存在，并通过测量判断杂散电流源的强度、方向和位置。船舶供电系统、电气设备等必须绝缘良好，定期检查，防止漏电。严格遵循安全用电的各种规范，不允许利用海水或江水放电、降压。不得使用破损的电缆线，以免产生杂散电流。

参 考 文 献

1 Baeckmann W von, Schwenk W, Prinz W. Handbuch des kathodischen Korrosionsschutzes. 3. Auflage. VCH Verlagsgesellschaft mbH. Weinheim. Germany, 1989

2 Rasch G. Journal fuer Gasbeleuchtung. Vol. 37. 1894: 520; Vol. 38. 1895: 313; Vol. 41. 1898: 414

3 Geppert H. Patentschrift Nr. 211612. 1908. 03. 27

4 Baeckmann W v. gwf gas/erdgas, 1967, 108: 702

5 Buckel R. Elektrische Wirtschaft, 1973, 72: 309

6 [日]電気学会、電食防止研究委員会编(新版). 電食・土壌腐蚀ハンドブック, 1977

7 胡士信主编. 阴极保护工程手册. 北京: 化学工业出版社, 1999

8 W v 贝克曼, W 施文克. 胡士信等译. 阴极保护手册(1971 年版). 北京: 人民邮电出版社, 1990

9 Roberge P R. 吴荫顺, 李久青, 曹备等译. 腐蚀工程手册. 北京: 中国石化出版社, 2003

10 中国石油天然气行业标准 SY/T 0017—96. 埋地钢质管道直流排流保护技术标准. 北京: 石油工业出版社, 1997

11 Smart A L. IEEE Transactions on Industry Applications, 1982, IA-18(5): 557

12 Baeckmann W v. gwf gas/erdgas, 1982, 123: 530

13 Brasse H, Junge A. gwf gas/erdgas, 1984, 125: 194

第 7 章　交流干扰及其防护

7.1　引言

随着国民经济迅速发展和人民生活水平的提高，能源工业、电力工业、电气化铁路运输系统等都随之获得了极大发展。通常，输电线路、电气化铁路和埋地管道的铺设都遵循着路权择优的选择原则，主要考虑交通、地形、距离、人员密集程度以及维修、后勤供应等条件，这些部门的要求都非常相似。同时，由于多年基础建设的积累，适合铺设发展的空间越来越受到限制。于是就出现了一种日益增长的趋势，即在架空的高压交流输电线路附近或在交流供电的电气化铁路附近安装铺设埋地的金属结构物(如埋地钢质管道)。这就出现了大量埋地钢质管道与架空的高压交流输电线路平行和交叉的现状，甚至在局部地区集中在一个所谓“公共走廊”中。在这种条件下，在埋地管线附近的架空高压交流输电线路或交流电气化铁路将会通过电阻耦合、电容耦合或电磁感应耦合的作用，对埋地管道产生交流干扰和交流腐蚀，而且还会对埋地管道阴极保护系统的运行产生干扰。交流电力装置与埋地管线之间相距越近，以及交流电压越高，都会使埋地管线上引起的交流干扰和交流腐蚀危险增大。现代埋地管线上越来越多地采用高电阻率绝缘防腐层(如挤压聚乙烯防腐层)，这也会使管道的交流腐蚀危险日趋恶化，因为当采用高电阻率绝缘防腐层时，在金属管道上感应产生交流电压的强度将会更高。

为防止埋地金属管道的土壤腐蚀，埋地管道上都涂覆有绝缘防腐层，并施加了阴极保护。这种联合保护的双保护技术对于防止土壤腐蚀是非常有效的。但是，对于紧挨着架空的高压交流输电线路或交流电气化铁路铺设的埋地金属管道而言，它们的绝缘防腐层和阴极保护系统都可能会遭受到交流干扰、交流腐蚀引起的损伤，从而威胁到埋地管线的长期安全可靠运行。

近年来的一些工业实例表明，一些埋地钢质管道发生了异常的腐蚀破坏事故，经失效分析，是由于邻近的架空高压交流输电线路或交流电气化铁路产生的交流干扰所致。在德国，一条挤压聚乙烯涂层管线与一条 15kV 的交流电气化铁路(工作频率为 $16\frac{2}{3}$Hz)的钢轨平行铺设，在该管线上发现的两处异常腐蚀被确认为是交流干扰引起的交流腐蚀，虽然在这些管道位置测得的断电电位比-1.0V(CSE)更负。在北美，于邻近架空高压输电线路附近铺设的某埋地钢质管线上发生了两处交流腐蚀案例，但它们的管地电位分别是-1.18V(CSE)和-1.05V(CSE)，表观上仍然满足传统的阴极保护电位判据。在测量这两个案例中的管地电位时，参比电极安放在腐蚀坑处或者在腐蚀产物上部，所以可认为 IR 降是被消除了的。研究实践表明，在一条与 66kV 架空高压电力线平行的阴极保护埋地管道上通过连接测试片的现场测试结果证明，即使所有测试片的瞬间断电电位都比-1.0V(CSE)更负，满足了传统的阴极保护电位判据(如-850mV(CSE)极化电位判据)，但很高的交流电流密度也仍然在测试片上引起了交流腐蚀。显然，在这样的交流干扰环境中，尽管能够满足传统的“以电位为基础”的阴极保护判据，仍然还是可能发生交流腐蚀；交流干扰对阴极保护系统的影响是一个很重要的实际问题。

7.2 交流干扰的影响机制

7.2.1 电阻耦合干扰

埋地或浸水的金属结构物(如埋地管道)与交流电力系统的接地构筑物共存于同一电解质环境中，它们通过等效电阻(电解质或金属)将两者彼此相互连接，所产生的电阻耦合(也称阻性耦合)作用可以将交流能量以交变电流或电位的形式传送到埋地或浸水的金属结构物上，从而对埋地或浸水的金属结构物的腐蚀状态或防腐蚀保护状态产生干扰影响。

以埋地管道为例，作为干扰源的接地装置上的电流流动，通过等电位线在大地中形成电压漏斗(电场分布)，导致大地电位上升。当管道通过这一区域时，由于管道自身相当于远方零电位，于是就在管道上产生了管道相对于邻近地电位的电压差，由此使管道电位发生变化。实际上，当管道铺设在高压输电线路或变电站区域内，或靠近高压铁塔的接地极，或邻近交流供电的电气化铁路或者相交时，就属于这种情况。

如图 7-1 所示为架空的高压输电铁塔接地体附近地表电位随铁塔距离的衰减曲线。显然，所产生的干扰电位影响在距接地体最近处为最大。按照地电场的衰减规律，接地体的影响范围很小，一般只有数米，非故障状态下地电位也不太高。只有在高压电力线装置发生故障时，由故障电流引起的地电位急升将是很危险的。

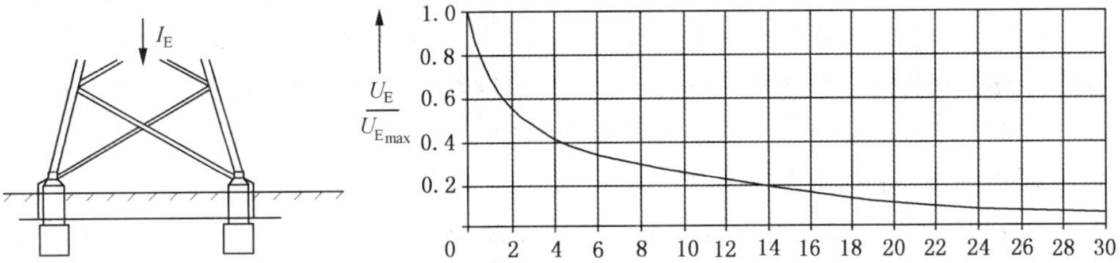

图 7-1 架空的高压输电铁塔接地体附近地表电位随铁塔距离的衰减曲线[1]

在高压输电线路发生故障时，交流电将会直接传送进入大地。这种故障的原因包括：架空导线发生接地，闪电击穿以及导线上主要负载的不平衡。这种故障的持续时间一般很短。但是由于涉及高压电流，可能对涂覆防腐层的结构物产生严重的物理破坏，结构物上相应的辅助设备(如电动阀、传感器和阴极保护站等)也可能遭到破坏。即使未与埋地管道接触，这些故障也可能对人和动物生命产生重大威胁。

电阻耦合是通过干扰源接地部分的接地电阻和埋地金属管道实现电联系的，由此产生的电压可按下式计算：

$$V_1 = I_0 R = \frac{I_0 \rho}{2\pi a} \tag{7-1}$$

$$V_x = I_0 R \frac{a}{x} = \frac{I_0 \rho}{2\pi x} \tag{7-2}$$

式中 V_1——接地体对远方大地电压，V；

V_x——距接地体 x 点的对远方大地电压，V；

I_0——接地体入地电流，A；

ρ——土壤电阻率，Ω·m；

R——接地体的接地电阻，Ω；

α——接地体等效球面半径，m。

电阻耦合的计算主要用于故障电流所引起的电压，由于它是接地电阻、入地电流和相对接地体的距离的函数，所以，管道的位置不宜离电力接地系统太近，至少应保持3m的距离。

7.2.2 电容耦合干扰

涂覆有绝缘防腐层的金属管道无论是在地面上（施工期间），还是埋入土壤中，都有电容存在。如图7-2所示，这种电容跨接在架空的高压交流输电线路的相导线与管道之间以及串接在管道与相邻大地之间。对管道的这种电容耦合（也称容性耦合）作用并不是一个具有严重影响的问题。如果管道埋入地下或放置于地面或管沟中，这种电容影响可予忽略不计。如果管道安装在架空的高压输电线路或电气化铁路电力线附近并与之平行，并且管道铺设在与土壤绝缘良好的绝缘垫块上（如干枕木上），就会发生这种电容耦合干扰。管道上相对于土壤产生一个电压，这个电压值取决于干扰源的导线电压以及相导线与管道之间的电容。

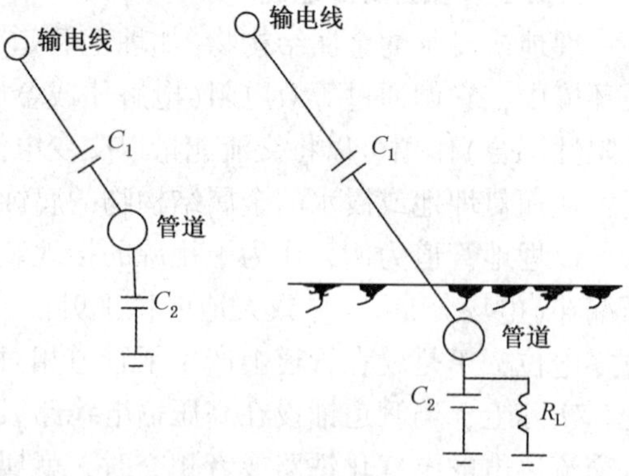

图7-2　对管道的电容耦合作用示意图[2]

C_1—交流相输电线与钢管间的电容；C_2—钢管与相邻大地之间的电容；R_L—钢管的漏泄电阻

如果处于架空输电线路10m范围内、与大地绝缘的地上焊接管道超过以下长度极限，就应采取措施，以防止发生不允许的电容耦合干扰：

① 在标称电压≥110kV的三相架空输电线路旁200m；

② 在110kV电气化铁路电力线或架空导线以及交流电气化铁路供电线路旁1000m。

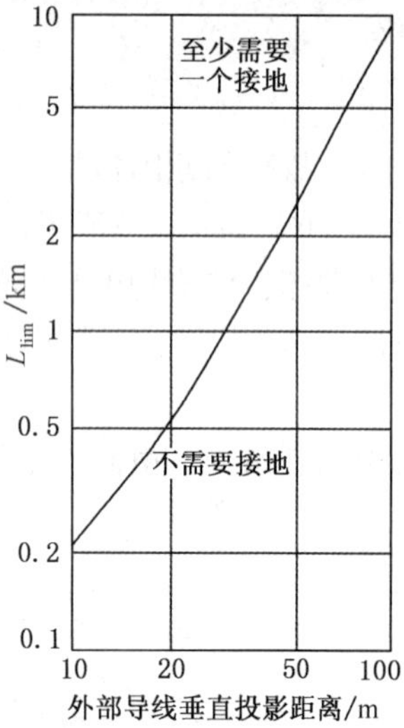

图7-3　电压≥110kV的50Hz三相架空输电线路产生容性耦合干扰的平行绝缘管段之长度极限L_{lim}[1]

当架空输电线路垂直投影距离大于10m时，从图7-3可以读出防止电容干扰的长度极限L_{lim}。在16⅔Hz下工作的110kV电气化铁路电力线，其长度极限L_{lim}应为图7-3所示数值的5倍。为了避免对超过长度极限的管段可能造成的损害，德国AfK推荐标准建议，将这段管子延伸段连接到一支1m长的接地极上。但是当这一措施应用在非常长的管道延伸段时，在另一端的管道电位因为电磁感应干扰而会升高到不允许的高电压值。在此情况下，管道两端应与接地电阻足够低的接地极相连接。

对于安装在架空的高压输电线路或电气化铁路电力线附近并与之平行的管道，在管道施工期间非接地状态下由于电容耦合产生的管道对地感应电压V_{Pe}可计算如下：

$$V_{Pe} = V_0 \cdot \frac{C_{PP}}{C_{PP} + C_{Pe}} \tag{7-3}$$

式中　V_{Pe}——管道对地感应电压，V；

V_0——电力线相线对地电压，V；

C_{PP}——管道与相线间电容，μF；

C_{Pe}——管道与相邻大地间电容，μF，管道与相邻大地间通过防腐绝缘层的平均电容约为6.2μF/mile。

此式常因取值问题深感不便，为此可改用已知的几何参数，按式(7-4)进行计算：

$$V_{Pe} = V_0 \cdot \frac{\lg \dfrac{f}{d}}{\lg \dfrac{2h_1}{r}} \qquad (7-4)$$

其中 $f=\sqrt{(h_1+h_2)^2+x^2}$，$d=\sqrt{(h_1-h_2)^2+x^2}$；

式中 h_1——相导线地上高度，m；

h_2——管道的等效高度，m；

r——输电线等效半径，m；

x——输电线和管道的水平距离，m；

其他符号意义同前。

7.2.3 电感耦合干扰

7.2.3.1 对埋地结构物的电感耦合干扰

在架空的高压输电线路中流动的交流电在其周围产生了交变磁场，从而在穿越该磁场的导体中感应产生出交变电位，并有电流流动，这种作用称为电感耦合(电磁感应耦合)作用，也称感性耦合作用。它是通过电路间互感的方式将两个或多个回路彼此相连接。这一作用类似于变压器的交感作用，架空电力线起变压器主线圈的作用，埋地金属结构物起副线圈的作用，空气和土壤则是电磁波的传播媒介。在金属结构物上产生的这种感应电压不仅对结构物本身及其上的阴极保护系统会产生干扰，而且对任何接触该结构物及其附件的人可能都是危险的。

在交流电气化铁路运输系统中，通过高架正馈线把交流电流作为机车运行所需负载电流供应给运行机车。当高架正馈线中流过的交流电流水平足够高时，在馈电线周围将产生电磁场，正如架空的高压输电线路的情况那样。所以，由此将会在交流电气化铁路邻近的埋地钢质管道上感应产生交流电压。此外，当交流电气化铁路的钢轨与大地没有足够的绝缘时，交流电流将泄漏进入大地，流动到邻近的埋地管道防腐层缺陷处进入管道。其结果是，邻近交流电气化铁路的埋地钢质管道上，将由于感应交流电流或泄漏交流电流的作用而产生交流腐蚀危险。

对管道的电感耦合干扰通常只发生在与架空的三相高压输电线路及交流电气化铁路的运行线和供电线紧邻或平行走向的地段。随着高电压系统中工作电流和短路电流增大以及管道防腐层绝缘电阻增大，产生这种干扰的可能性相应增加。通过与高压电力线的电磁耦合作用，在邻近的金属导体中感应生成交变电压，导致在导电性管道中出现交流电的电流流动，并且在管道与周围土壤之间形成一个电压。架空的高压输电线路的工作电流在这种干扰中起到越益增大的施感作用，这与高压电网中性点接地类型无关。

在结构物上通过电感耦合产生的感应电流大小取决于许多因素。主要影响因素有：

① 被影响结构物的几何形状和尺寸；

② 高压输电线路中流过的交变电流频率和大小；

③ 干扰源中存在的任何不平衡电流；

④ 作为干扰源的电力线与被影响结构物之间的距离；

⑤ 被影响结构物的防腐层绝缘电阻；

⑥ 被影响结构物周围环境电解质的电阻率；

⑦ 被影响结构物的纵向阻抗；

⑧ 作为干扰源的电力系统的性质(如单向、三相、中性点接地或不接地)。

在三相电力系统中，如果三相电流是相等的(平衡的)，而且被影响结构物与每相导线距离也相等，则总的感应电压应为零，但这种情况是很少的。在大多数实际系统中，三相导线与被影响结构物是不可能对称的，且零序电流也并不为零，因此发生电磁感应现象是不可避免的，通常都会在被影响结构物上产生感应交流电压。

当多相回路中发生相对地或相对相之间的故障时，系统中的故障电流会很大，由此将产生一个更大的电磁感应电压。被影响结构物通过电阻耦合可产生对地漏电导，从而在结构物与大地之间引起交流电流的流动。这一现象，结合其他因素的影响，导致沿着被影响结构物上交流电位对电解质电位的差值。被影响结构物上绝缘防腐层的介电强度和电阻越高，以及土壤电阻率越大，则感应的交流电压就越大。

表 7-1 给出了一条邻近 66kV 高压输电线路的管线，在供电系统正常输电和发生故障的两种情况下产生的感应电压。

表 7-1　在供电系统正常输电和发生故障时的感应电压[12]

路线长度	4.1km	故障行程	单　程
架空供电系统电压	66kV	在正常电流负载下于管道上产生的最大感应电压	−2.5V
供电系统故障电流	三相 6350A 对地单相 1600A		
故障电流持续时间	三相：0.68s 对地单相：0.12s	在故障电流下于管道上产生的最大感应电压	−1050V

7.2.3.2　埋地管道与高压输电线路平行走向时的交流干扰

在高压输电线路与埋地管道平行走向时的交流干扰作用可用管道电位的变化来评价，文献[1]对此进行了较为详尽的计算和分析。受到电感耦合干扰的管道相对大地之间的电压，在计算时要利用管道轴线方向的感应电场强度 E 和作为管道特征参数的阻抗 Z' 及导纳 Y'，这些量值与单位长度的电阻 R' 和单位长度泄漏电导 G' 相类似。通过导入与管道长度有关的电容 C' 和电感 L'，就能得出这些复数之间的关系式为：

$$Z' = R' + i\omega L' = |Z'| \exp(i\alpha) \tag{7-5}$$

且有

$$|Z'|^2 = R'^2 + (\omega L')^2 \text{ 和 } \tan\alpha = \frac{\omega L'}{R'} \tag{7-6}$$

和

$$Y' = G' + i\omega C' = |Y'| \exp(i\beta) \tag{7-7}$$

且有

$$|Y'|^2 = G'^2 + (\omega C')^2 \text{ 和 } \tan\beta = \frac{\omega C'}{G'} \tag{7-8}$$

式中，$\omega=2\pi f$，f 是频率；$i=\sqrt{-1}$。

如图 7-4 所示为受干扰影响管道的等效电路图，它给出了一个微分单元管段与邻近区域端部的终端阻抗。

应用传输理论进行计算时可做出下列假设：

① 在 $x=0$ 与 $x=L$ 之间(见图 7-4)，管线走向与产生干扰影响的电力线平行，在这一长

度范围内的感应场强恒定不变。

② 在邻近区域中，管道的特征参数(R'、G'、Z'、Y')恒定不变，因此也有相同的 r_u 值。

③ 在所考虑的区域中土壤电阻率恒定不变。

④ 当有瞬间干扰时，接地短路发生在所考虑区域以外。

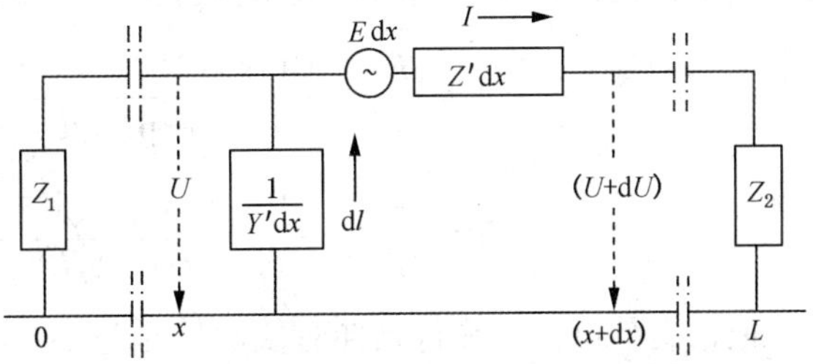

图 7-4　受交流干扰影响的管道的等效电路图[1]

根据等效电路图，对于该微分单元管段的管子/土壤回路可以得出：

$$E\mathrm{d}x = -U + I(Z'\mathrm{d}x) + (U + \mathrm{d}U) = IZ'\mathrm{d}x + \mathrm{d}U$$

$$E - IZ' = \frac{\mathrm{d}U}{\mathrm{d}x} \tag{7-9}$$

$$\mathrm{d}I\left(\frac{1}{Y'\mathrm{d}x}\right) = -U;\ \frac{\mathrm{d}I}{\mathrm{d}x} = -Y'U \tag{7-10}$$

式中，I 是感应电流；U 是管道电位；x 是位置坐标。

当局部场强 E 恒定不变时，从式(7-9)与式(7-10)可以得出：

$$\frac{\mathrm{d}^2U}{(\mathrm{d}x)^2} = Z'Y'U = \gamma^2U \tag{7-11}$$

式中

$$\gamma = \sqrt{Z'Y'} \tag{7-12}$$

当 $E=0$、$Z'=R'$及 $Y'=G'$时，式(7-11)~式(7-15)具有相同的关系。式(7-11)可以获得如下的解：

$$U = -Z[A\exp(\gamma x) - B\exp(\ \ \gamma x)] \tag{7-13}$$

$$I = A\exp(\gamma x) + B\exp(-\gamma x) + \frac{E}{Z'} \tag{7-14}$$

式中

$$Z = \frac{Z'}{\gamma} = \sqrt{Z'/Y'} \tag{7-15}$$

传输系数 γ 与复数构成的特性阻抗 Z 是管道的重要特征参数，代入式(7-5)~式(7-8)中的 Z'与 Y'，可以导出：

$$\gamma = |\gamma|\exp(i\phi_\gamma) \tag{7-16}$$

$$|\gamma|^4 = |Z'|^2|Y'|^2 = [R'^2 + (\omega L')^2]\cdot[G'^2 + (\omega C')^2] \tag{7-17}$$

$$\phi_\gamma = \frac{1}{2}(\alpha + \beta) = \frac{1}{2}[\arctan\frac{\omega L'}{R'} + \arctan\frac{\omega C'}{G'}] \tag{7-18}$$

和

$$Z = |Z|\exp(i\phi_z) \tag{7-19}$$

$$|Z|^4 = \frac{R'^2 + (\omega L')^2}{G'^2 + (\omega C')^2} \tag{7-20}$$

$$\phi_z = \frac{1}{2}(\alpha - \beta) = \frac{1}{2}\left[\arctan\frac{\omega L'}{R'} - \arctan\frac{\omega C'}{G'}\right] \tag{7-21}$$

根据平行延伸管线末端的终端条件可得出式(7-13)与式(7-14)中的常数 A 与 B：

$$A = \frac{E}{2Z'} \times \frac{(1 + r_1)r_2 - (1 + r_2)\exp(\gamma L)}{\exp(2\gamma L) - r_1 r_2} \tag{7 - 22a}$$

$$B = \frac{E}{2Z'} \times \frac{(1 + r_2)r_1 - (1 + r_1)\exp(\gamma L)}{\exp(2\gamma L) - r_2 r_2} \times \exp(\gamma L) \tag{7 - 22b}$$

根据文献可得出平行延伸管线起始端与末端的反馈系数：

$$r_{1,\ 2} = \frac{Z_{1,\ 2} - Z}{Z_{1,\ 2} + Z} \tag{7 - 23}$$

从图 7-4 可以得出 $Z_{1,2}$的量值，现举例说明如下：

① 管线与电力线平行延伸几公里，而后偏离。对于这种情况应得 $Z_1 = Z_2 = Z$；且按照式(7-23)可得 $r_1 = r_2 = 0$。代入式(7-22a)和式(7-22b)后，由式(7-13)和式(7-14)可得：

$$U = \frac{E}{2\gamma}\{\exp[\gamma(x - L)] - \exp(-\gamma x)\} \tag{7 - 24a}$$

$$I = \frac{E}{Z'}\left\{1 - \frac{\exp[\gamma(x - L)] - \exp(-\gamma x)}{2}\right\} \tag{7 - 24b}$$

按照式(7-24a)，最大的管道电位应在管道两端($x=0$ 和 $x=L$)：

$$U_{\max} = \frac{E}{2\gamma}[1 - \exp(-\gamma L)] \tag{7 - 25}$$

在管道中间处($x=L/2$)则为 $U=0$。

在平行延伸段以外，管道电位随着距离的增加按照以下关系式减小：

$$U(y) = U_{\max}\exp(-y/l_k) \tag{7 - 26}$$

此中，特征长度 l_k 与式(7-16)中的传输系数的实数部分互为倒数：

$$l_k = \frac{1}{|\gamma| \cos\phi_\gamma} \tag{7 - 27}$$

② 在 $x \leqslant 0$ 处管道继续延伸，并在 $x = L$ 处用绝缘法兰隔离。在此情况下，$Z_1 = Z$，$Z_2 = \infty$，并且按照式(7-23)，$r_1 = 0$，$r_2 = 1$。代入式(7-22a)和式(7-22b)后，由式(7-13)可得：

$$U = \frac{E}{2\gamma}\{\exp(\gamma x)[2\exp(-\gamma L) - \exp(-2\gamma L)] - \exp(-\gamma x)\} \tag{7 - 28}$$

按照式(7-28)，最大管道电位在绝缘法兰处：

$$U_{\max} = \frac{E}{\gamma}[1 - \exp(-\gamma L)] \tag{7 - 29}$$

③ 在邻近区域两端($x=0$ 和 $x=L$)处用绝缘法兰将管道隔断。在此情况下，$Z_1 = Z_2 = \infty$，并且按照式(7-23)，$r_1 = r_2 = 1$。代入式(7-22a)和式(7-22b)后，由式(7-13)可得：

$$U = \frac{E}{\gamma} \times \frac{\exp(\gamma x) - \exp[\gamma(L - x)]}{\exp(\gamma L) + 1} \tag{7 - 30}$$

按照式(7-30)，最大管道电位在两端处($x=0$ 和 $x=L$)：

$$U_{\max} = \frac{E}{\gamma} \times \frac{\exp(\gamma L) - 1}{\exp(\gamma L) + 1} \tag{7 - 31}$$

在中间处($x=L/2$)，$U=0$。

④ 管道在 $x=0$ 处接地并且继续延伸至 $x\geqslant L$。在此情况下，$Z_1=0$，$Z_2=Z$，并且按照式(7-23)，$r_1=-1$，$r_2=0$。代入式(7-22a)和式(7-22b)后，由式(7-13)可得：

$$U=\frac{E}{2\gamma}[\exp(\gamma x)-\exp(-\gamma x)]\exp(-\gamma L) \qquad (7-32)$$

按照式(7-32)，在 $x=0$ 处，$U=0$；而最大管道电位则在 $x=L$ 处：

$$U_{\max}=\frac{E}{2\gamma}[1-\exp(-2\gamma L)] \qquad (7-33)$$

式(7-33)相当于情况(1)中长度为 $2L$ 时的式(7-25)，因为可以允许在其中间位置($x=L$)接地，所以该处 $U=0$。相应地，情况(3)也能够和以下情况一起考虑。

⑤ 在 $x=0$ 处管道接地，并且在 $x=L$ 处有一绝缘法兰将管道隔断。由式(7-23)得 $r_1=-1, r_2=1$。代入式(7-22a)、式(7-22b)和式(7-13)，得出绝缘法兰处的最大电压，相当于用式(7-31)按长度等于 $2L$ 算出的。

⑥ 管道在邻近区域两端($x=0$ 和 $x=L$)都接地。对于 $Z_1\approx Z_2\ll Z$ 的情况，根据式(7-23)可得 $r_1\approx r_2\approx -1$，由式(7-22a)和式(7-22b)可得 $A\approx B\approx 0$，最终由式(7-13)可得 $U\approx 0$。

通过式(7-5)~式(7-8)以及式(7-16)~式(7-21)可以得出计算管道电位所必需的参数。对于式(7-25)、式(7-29)和式(7-33)中括弧内各项感兴趣的依然是绝对值。从式(7-16)~式(7-18)可以得出这些参数：

$$|1-\exp(-\gamma L)|^2=\left(1-\frac{\cos b^2}{\exp a}\right)^2+\left(\frac{\sin b}{\exp a}\right)^2 \qquad (7-34a)$$

式中

$$a=|\gamma|L\cos\phi_\gamma \text{ 和 } b=|\gamma|L\sin\phi_\gamma \qquad (7-34b)$$

根据式(7-17)、式(7 18)、式(7-20)、式(7-21)和式(7-27)可以得出传输系数 $|\gamma|$、传输系数的相角 ϕ_γ、阻抗 $|Z|$、阻抗相角 ϕ_z、特征长度 l_k 值分别在 50Hz 和$16\frac{2}{3}$Hz 的情况下随管子直径和绝缘防腐层厚度的变化关系，并由此可得出一系列图线，使用方便。在制作这些图线时，管了直径 d、防腐层电阻率 r_u、土壤电阻率 ρ、钢的电阻率 ρ_{st}，相对导磁率 μ_r、相对介电常数 ε_r 和防腐层厚度 s 等都是必需的基础数据。有些数据在计算时假设为常数(ρ_{st}、μ_r、ε_r)，可能使结果有些偏差，但对结果的影响很小。文献[1]中所提供的图线，其所涉及的参数都仍在允许误差范围以内。

在以上计算管道电位时使用了一些重要的管道特征参数。这些量值依赖于干扰电流的频率 f 和管道的材料数据，这些参数是：

$$R'=\frac{\sqrt{\rho_{st}\mu_0\mu_r\omega}}{\pi d\sqrt{2}}+\frac{\mu_0\omega}{8} \qquad (7-35)$$

$$\omega L'=\frac{\mu_0\omega}{2\pi}\times\ln\left(\frac{3.7}{d}\sqrt{\frac{\rho}{\omega\times\mu_0}}\right)+\frac{\sqrt{\rho_{st}\mu_0\mu_r\omega}}{\pi d\sqrt{2}} \qquad (7-36)$$

$$G'=\frac{\pi d}{r_u}=\frac{\pi d J_s}{0.3V} \qquad (7-37)$$

$$\omega C' = \frac{\omega \pi d \varepsilon_0 \varepsilon_r}{s} \tag{7-38}$$

7.2.3.3 埋地管道与高压输电线路呈交叉走向时的交流干扰

对于埋地管道与高压输电线路呈交叉走向(又称斜接近)时的情况，在计算交流干扰时，通常在$f=50$Hz 情况下取土壤电阻率$\rho=50\Omega\cdot$m，而在$f=16⅔$Hz 情况下由于穿透深度较大取土壤电阻率$\rho=30\Omega\cdot$m。应当按以下要求来规定管道在高压电力线沿线两侧距线路中心线的距离：

① 当遭遇三相架空电力线的接地短路电流干扰时或铁路运行电力线和供电线路中的工作电流或短路电流干扰时，管道与线路中心线距离应为1000m。

② 当遭遇三相架空电力线工作电流干扰时，管道与线路中心线距离应为400m。

如果管道处于高压架空电力线干扰影响的投影区域，这时首先应根据极限距离、高压架空电力线与管道形成的夹角、以及它们的交叉点位置来进行细分。当感生电流、衰减系数，土壤电阻率、管道特征参数(不同的直径或防腐层电阻率)发生变化时，有必要作进一步地调查。当线路管段有斜向交叉接近时，对于以足够精度计算纵向场强来说，进行一些细分是有必要的。分得越细，计算精度越高。可用几何平均值$\sqrt{a_1 a_2}$作为在计算时将会用到的平均距离a，它是从细分线段两端的距离a_1与a_2得出的，在此$\frac{a_1}{a_2}$必须小于3。

7.2.3.4 简化的管道电位计算方法

上述介绍了对遭受交流干扰的管道电位计算，但需要已知若干必要的参数。文献[1]介绍了一些简化的管道电位计算方法，列述如下。

(1) 接地短路电流和铁路工作电流产生的交流干扰情况

由高压架空电力线的接地短路电流或铁路电力线工作电流感应产生的场强E是计算管道电位的基础。场强E等于：

$$e = 2\pi f M' I r w \tag{7-39}$$

式中 f——干扰电流的频率；

M'——载电线路与受干扰线路之间单位长度的互感系数；

I——感应电流；

r——通常的衰减系数；

ω——概率系数。

可以按照图7-5对M'取值。如果电阻率不同，图7-5中的值必须进行校正，因为互感系数与土壤电阻率有关。为此应当用等效距离a'来取代真实距离a，由此可得：

对于50Hz：

$$a' = a\sqrt{\frac{50}{\rho}} \tag{7-40a}$$

对于$16\frac{2}{3}$Hz：

$$a' = a\sqrt{\frac{30}{\rho}} \tag{7-40b}$$

必须用上述介绍的方程来估算临近区域内外每一细分段的管道电位。在考虑各细分段顺序的结果时，必须将复杂的各个单一电位叠加在一起，以获得所产生的组合管道电位。

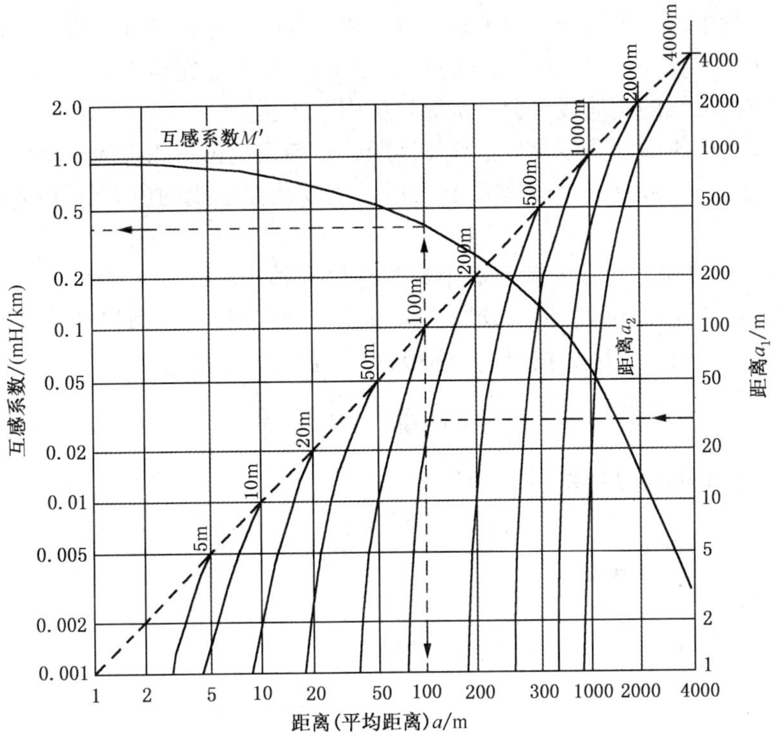

(a) f=50Hz、土壤电阻率 ρ =30Ω·m

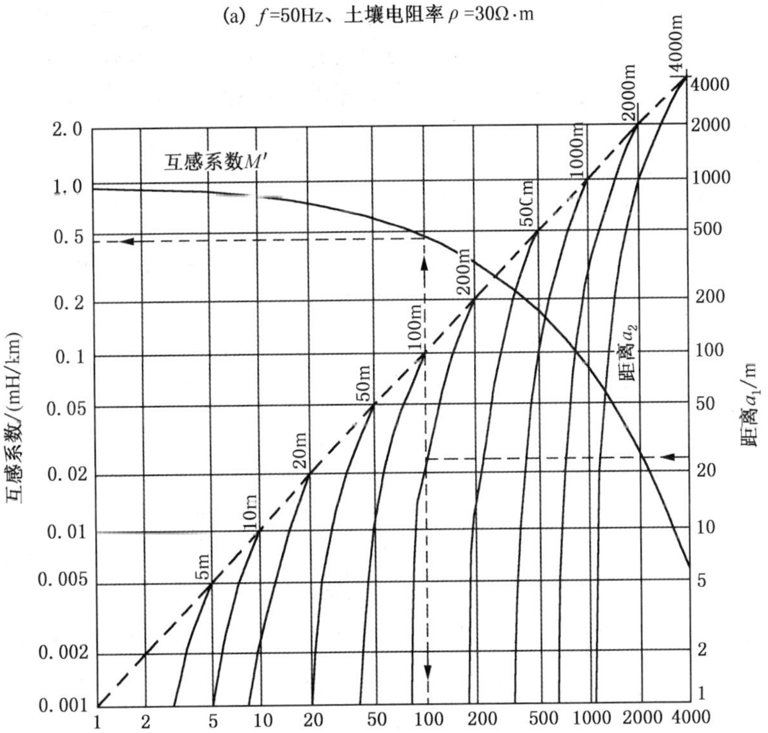

(b) $f=16\frac{2}{3}$ Hz、土壤电阻率 ρ =30Ω·m

图 7-5　互感系数 M′随两条独立线路之间的平均间隔距离的变化[1]

[a 为在斜向交叉时具有相同互感系数的平均距离，相邻两端距离为 a_1 和 a_2(a_1<a_2)]

(2) 三相高压输电线正常运行时的交流干扰情况

如在正常运行中产生了长期持续干扰，这是由于高压输电线架线铁塔的几何形状使工作电流引起的磁场在次级导体(管道、电缆)所在位置处并不能完全互补为零的结果。此外，产生影响的架空电力线的接地线也会对次级导体引起干扰。

长期持续干扰电压的计算涉及多重导体问题，这与仅仅由一相接地短路发生的瞬间干扰不同，在此情况下，它涉及一个或者几个三相系统以及接地线的所有导体的交变磁场叠加问题。

式(7-41)~式(7-44)可用于确定一个理想绝缘导体中感应产生的场强大小。正项得出由主导体直接感应产生的场强，而负项则表示环路接地线/接地返回线感应产生的场强。场强 E 与主导体电流 I 有关，因为按照式(7-39)它们是成比例的。

$$\frac{|E|}{|I|} = C\sqrt{A^2 + B^2 - AB} \qquad (7-41)$$

式中，E 的单位是 V/km，I 的单位是 kA。

$$A = -\ln\frac{\delta^2}{y_0^2 + a^2} \times \ln\frac{(y_0 - y_2)^2 + x_2^2}{(y_0 - y_1)^2 + x_1^2} + 22 \times \ln\frac{y_2^2 + (a - x_2)^2}{y_1^2 + (a - x_1)^2} \qquad (7-42)$$

$$B = -\ln\frac{\delta^2}{y_0^2 + a^2} \times \ln\frac{(y_0 - y_3)^2 + x_3^2}{(y_0 - y_1)^2 + x_1^2} + 22 \times \ln\frac{y_3^2 + (a - x_3)^2}{y_1^2 + (a - x_1)^2} \qquad (7-43)$$

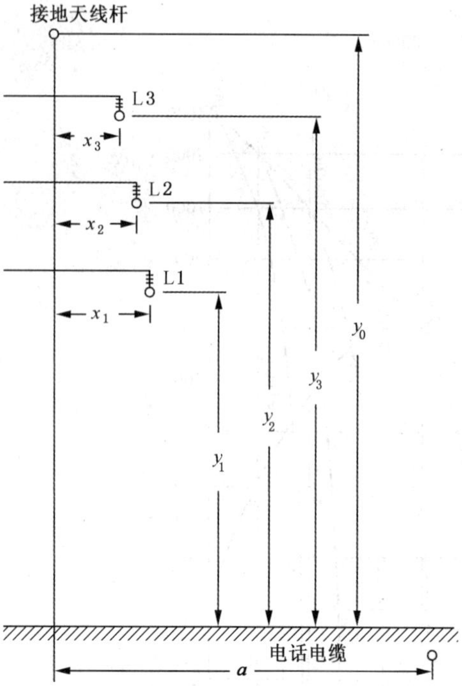

图 7-6　高压铁塔处距离的定义说明

对于 50Hz，$C=1.4$；对于 60Hz，$C=1.7$。

如图 7-6 所示，$y_0 \sim y_3$ 表示导体与地面的平均距离；$x_1 \sim x_3$ 是导体离铁塔轴线的平均距离；a 是受影响导体相距铁塔轴线的距离，δ 是土壤穿透深度，可根据下式得出：

$$\delta = 658\frac{\rho}{f} \qquad (7-44)$$

式中，δ 的单位是 m；ρ 的单位是 $\Omega \cdot$ m；f 的单位是 Hz。

同时受到几个电路长期持续干扰时，必须相应地计算各自的分场强。所得的纵向场强是以这些分场强平方之和的平方根为基础进行计算的。但是，假如长期持续干扰是由并联电路(如双线线路)或者在主要时段中呈现相同的负荷流动方向的电路(如发电厂连接导线)所造成，那么这些分场强的量值必须相加。为确定管道电位，必须将所得感应场强代入前述方程中。也可以用计算机进行这样的计算，由此可以细分受干扰管段。

7.2.4　电弧、雷电、开关冲击和其他瞬变电流

当交流电力系统发生接地故障时，该交流电力系统的构筑物和周围大地相对远方大地会产生一个高电位。对于一条延伸的金属结构物，不管有无防腐层，都有维持远方大地电位的倾向。如果在被影响结构物上形成的电位超过了任一零部件的击穿电压，就会发生电弧并损

坏回路中的零部件。对于埋地管道而言，具体的相关部件包括防腐层、绝缘装置、跨接、避雷器和阴极保护设施。

电力系统遭受雷击可以引发故障电流状态。雷击到某结构物上或结构物附近大地中，可产生与交流故障电流的作用相类似的电气作用。雷电也可击中某些远离电力系统的金属结构物，也会产生有害的影响。

开关冲击或其他瞬变电流可在电力系统上产生异常高的电流或电位，使被影响结构物上瞬间产生和强化电容耦合和电感耦合的干扰作用。

7.3 交流腐蚀作用

7.3.1 交流电对金属腐蚀的影响作用

交流干扰的影响程度取决于干扰过程持续的时间长短，对此可区分为瞬间干扰和长期持续干扰。瞬间干扰是高压交流电装置发生故障(接地短路、雷电影响等)时，以及出现非常高的干扰电流(如几千安培量级)所造成的。故障电流的持续时间通常≤0.5s，能够引起几千伏的干扰电压。长期干扰呈持续影响，但涉及的电压比瞬间干扰的电压低。高压交流电装置中的工作电流能够引起这样的干扰，但在接地补偿的高压电网中，如果发生相故障，也会在有限时间里发生这样的干扰。长期持续干扰时的干扰电压能够达到几十伏。

在电解质中的金属腐蚀，本质上是电化学原电池作用的结果。以此为基点发展出的腐蚀电化学主要叙述直流电作用下原电池的作用、过程、影响因素和机理。交流电的存在对直流原电池影响的研究较少，单纯交流电作用下的腐蚀机理研究也很少，虽然也曾有人提出了一些关于交流腐蚀的机理模型，但尚需实验和理论进一步证实。迄今对交流电腐蚀作用的研究结果认为，交流电会加速金属阳极溶解过程，由交流电引起的金属腐蚀破坏要比直流电作用引起的轻得多，且在强度上随交流频率增大而降低。如对钢铁产生的交流腐蚀效率仅相当于直流腐蚀时的约2%。交流电对活化-钝化金属(如不锈钢、铝)产生的腐蚀破坏作用要比对非钝化金属(如铁、锌)的更大。阴极保护可以抑制交流腐蚀等。

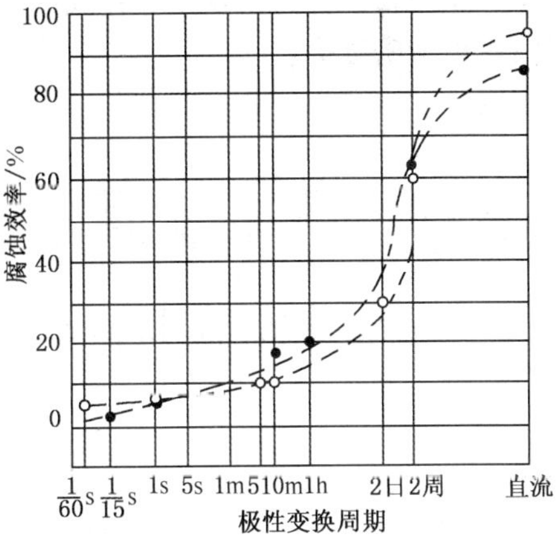

图 7-7 交流电的频率对铁的交流腐蚀效率的影响关系[10]

●—土壤；○—土壤+Na_2CO_3

交流电对铝(可钝化的两性金属)产生的交流腐蚀作用比对铁的要严重得多，它的交流腐蚀效率约相当于直流腐蚀时的40%。如图7-7所示为交流电的频率对铁的交流腐蚀效率的影响关系。该研究结果表明，交流频率越低，腐蚀越快。这是因为随着频率降低，交流电对直流极化的影响增大。在图7-8中给出了四种不同的金属(铁、铜、铅、铝)在60Hz交流电作用下的腐蚀量比较，对金属铝的腐蚀作用比对铁、铜、铅的作用显然要大得多。

可以认为，交流腐蚀实质上也是一个电化学过程。有一个著名的实验例子，铂在直流电解时，即使处于较高的阳极电位状态，它也不溶解于稀硫酸，在单纯交流电解时也不溶解于稀硫酸，但是当在阳极电位上叠加交流电位时，铂便溶解于稀硫酸了。交流电在此电解过程中起到了破坏钝化膜和去极化剂作用。外部高压交流电力系统通过耦合作用对埋地或浸水结

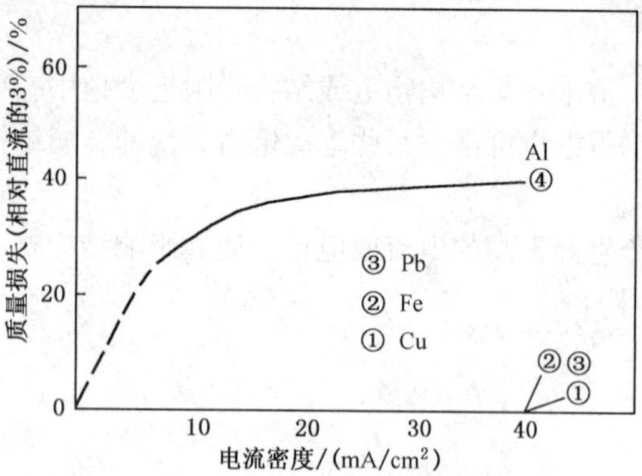

图 7-8　四种不同的金属(铁、铜、铅、铝)在 60Hz 交流电作用下的腐蚀量比较[10]

构物产生的腐蚀或干扰作用，其作用过程和机理更为复杂，尚待进一步研究。

7.3.2　交流电对金属阳极溶解过程的作用机理

关于交流电对金属阳极溶解过程的作用机理是比较复杂的，文献[9]对此作了一些分析。假设金属的阳极溶解速度遵循塔菲尔方程，而且在金属受到交流电作用时，金属阳极溶解反应的动力学机制不发生变化，交换电流密度和塔菲尔斜率 β_a 都保持不变。在无交流电作用时，金属阳极溶解电流密度应等于它的自腐蚀电流密度 I_{corr}：

$$I_{corr} = I_{0,a}\exp\left(\frac{E_{corr} - E_{e,a}}{\beta_a}\right) \quad (7-45)$$

当金属电位偏离自腐蚀电位为 ΔE 时，此时的阳极溶解电流密度为：

$$I_a = I_{0,a}\exp\left(\frac{E_{corr} + \Delta E - E_{e,a}}{\beta_a}\right) = I_{corr}\exp\left(\frac{\Delta E}{\beta_a}\right) \quad (7-46)$$

假设 ΔE 是正弦波的交流电，它的幅值为 V，频率为 f，则：

$$\Delta E = V(2\pi ft) = V\sin(\omega t) \quad (7-47)$$

式中，$\omega = 2\pi f$，称为角频率。将式(7-47)代入式(7-46)，于是金属受到交流电作用时的阳极溶解电流密度为：

$$I_a = I_{corr}\exp\left[\frac{V\sin(\omega t)}{\beta_a}\right] \quad (7-48)$$

$\exp\left[\frac{V}{\beta_a}\sin(\omega t)\right]$可以利用第一类修正的贝塞耳(Bessel)函数进行展开：

$$\exp\left[\frac{V}{\beta_a}\sin(\omega t)\right] = J_0\left(\frac{V}{\beta_a}\right) + 2\sum_{k=0}^{\infty}(-1)^k J_{2k+1}\left(\frac{V}{\beta_a}\right)\sin[(2k+1)\omega t] + 2\sum_{k=1}^{\infty}(-1)^k J_{2k}\left(\frac{V}{\beta_a}\right)\cos(2k\omega t) \quad (7-49)$$

式中，$J_n(x)$是 n 阶第一类修正的贝塞耳函数：

$$J_n(x) = \sum_{r=0}^{\infty}\frac{\left(\frac{x}{2}\right)^{n+2r}}{r!\,(n+r)!} \quad (7-50)$$

故在幅值为 V 的交流电的作用下，金属的阳极溶解电流密度为：

$$I_a = I_{corr}\left\{J_0\left(\frac{V}{\beta_a}\right) + \sum_{k=0}^{\infty}(-1)^k J_{2k+1}\left(\frac{V}{\beta_a}\right)\sin[(2k+1)\omega t] + \sum_{k=0}^{\infty}(-1)^k J_{2k}\left(\frac{V}{\beta_a}\right)\cos(2k\omega t)\right\} \quad (7-51)$$

由式(7-51)可以看到，为了求得 I_a 的平均值，可对时间 t 在一个周期 $T(=1/f)$ 内积分再除以积分周期 T。由于 $\sin[(2k+1)\omega t]$ 和 $\cos(2k\omega t)$ 都是周期函数，积分值为零，而第一项与时间 t 无关，积分平均值仍为原来的数值，故等式右侧的第一项就是交流电引起的直流效应，它对于金属的阳极溶解速度发生影响。令：

$$(I_a)_{dc} = I_{corr} J_0\left(\frac{V}{\beta_a}\right)$$

$$\frac{(I_a)_{dc}}{I_{corr}} = J_0\left(\frac{V}{\beta_a}\right) \tag{7-52}$$

根据式(7-50)，可得：

$$J_0\left(\frac{V}{\beta_a}\right) = \sum_{r=0}^{\infty} \frac{\left(\frac{V}{2\beta_a}\right)^{2r}}{(r!)^2} \tag{7-53}$$

式(7-53)等号右侧是对一个无穷级数求和。在$\frac{V}{\beta_a}$不太大的情况下，试取前 5 项($r=4$)来估计交流电感应的影响：

$$\frac{(I_a)_{dc}}{I_{corr}} \approx 1 + \frac{1}{4}\left(\frac{V}{\beta_a}\right)^2 + \frac{1}{64}\left(\frac{V}{\beta_a}\right)^4 + \frac{1}{2304}\left(\frac{V}{\beta_a}\right)^6 + \frac{1}{147456}\left(\frac{V}{\beta_a}\right)^8 \tag{7-54}$$

若 $\beta_a=25mV$，则在 $V=0.05V$ 时，$\frac{V}{\beta_a}=2$，$\frac{(I_a)_{dc}}{I_{corr}}\approx 2.28$，即有交流电作用时的阳极溶解速度要比没有交流电作用时的阳极溶解速度大 1.28 倍。在 $V=0.1V$，$\frac{V}{\beta_a}=4$ 时，$\frac{(I_a)_{dc}}{I_{corr}}\approx 11.22$，即交流电作用电使阳极溶解速度增大 10 倍多。显然，β_a 的数值愈大，同样大幅值的交流电引起的影响就愈小。所以，对于形式上可以认为 β_a 趋近于无穷大的钝态金属来说，交流电的这种影响就很小。

在交流电作用下金属阳极溶解速度会增大，文献[9]指出了其原因是由于金属阳极溶解反应的 $E-I$ 曲线为非线性曲线，I_a 随 E 值的改变按指数函数变化。在交流电的负半周时，ΔE 是负值，腐蚀金属电极的电位自 E_{corr} 向负的方向移动，电位的最低点是 $E_{corr}-V$，在这半个周期内，金属的阳极溶解电流密度降低。在交流电的正半周，ΔE 是正值，腐蚀金属电极的电位对称地向正的方向移动，最高点为 $E_{corr}+V$，在这半个周期内，金属的阳极溶解电流密度增大。但由于 $E-I$ 曲线的非线性，在正半周内 I_a 的平均增加量比负半周内的平均减小量大，总的结果是引起金属的阳极溶解速度增大。

当架空的高压交流电力线对邻近的埋地管道产生感应交流干扰时，所产生的感应电流是相当大的，其电压可达数十伏(正常负载运行条件)或数百上千伏(故障电流状态)。相应所产生的交流干扰结果也将是相当严重的。

实际体系的交流腐蚀过程也更复杂得多，交流电的存在可使金属活性阳极溶解时的 β_a 值显著减小或使可钝化金属的钝化过程变得困难。这意味着，交流电还影响了金属的阳极溶解反应机制，使得溶解反应容易进行。另外，一般交流电的频率是 50Hz 或 60Hz，在更高的频率下，由于金属/介质的界面处非法拉第过程的影响，频率大小也会是一个影响因素。于是交流电加速金属阳极溶解过程的效应，比单从它对金属电位的影响来考虑的结果还要大。

在故障状态下有强电流通过被影响的结构物时，可能产生强电流的电熔解，有的文献称之为电击腐蚀，它与交流腐蚀有着作用机理上的区别。在受损伤的金属结构物上，常可发现受损金属坑表面光滑，无腐蚀产物，但有黑色焦化物和金属熔化流淌的痕迹。

7.4 交流干扰影响与对策

7.4.1 电阻耦合的交流干扰影响与对策

电阻耦合的交流干扰主要发生在高压交流电力设备接地体附近的埋地金属结构物上。高压交流电力设备的故障电流一般很大，可使几百安培或几千安培的交流电通过接地体入地，并在其周围形成一个强大的电场，它可能在处于电场中的结构物上产生电弧而烧损结构物的防腐层和金属材料，击穿绝缘法兰和阴极保护设备。结构物防腐层缺陷遭受高压电场作用时会形成电弧，当电流足够大和持续作用时间足够长时可造成结构物金属材料熔化。结构物上的防腐层会限制电弧点转移，使电弧作用集中在很微小的面积上，进一步增大了熔化危险。

为避免电阻耦合引起的危害，应加大埋地金属结构物与高压交流电力设备接地体之间的距离，并应采取适当保护措施防止雷电和故障电流对结构物的有害影响以及对人身安全的威胁。这些措施包括，在被影响埋地结构物与交流电力设备接地体之间串联接地电池，在绝缘法兰两侧串联接地电池、避雷器、二极管保护器或极化电池。这些措施都是对阴极保护设施的安全保障。

对于埋地金属管道而言，我国石油天然气行业标准 SY/T 0032—2000 规定，管道与交流干扰源接地体的距离不宜小于表 7-2 的规定值。

表 7-2 管道与交流干扰源接地体的距离[14]

电压等级/kV	10	35	110	220
临时接地点/m	0.5	1.0	3.0	5.0
铁塔或电杆接地/m	1.0	2.5	5.0	10.0
电站或变电所接地体/m	2.5	2.5	15.0	30.0

注：不考虑两线一地输电线路。

7.4.2 电容耦合的交流干扰影响与对策

电容耦合的交流干扰主要发生在与架空的高压交流输电线路或交流电气化铁路电力线相邻(平行)的与土壤绝缘良好的地面结构物(如管道,也包括在地沟里垫有绝缘垫的未埋置管道)上,电容耦合作用对埋地结构物的影响不大,仅在结构物地面施工时会产生交流干扰的影响。

当埋地管道在地面进行焊接时，应采用适当接地以避免电容耦合的交流干扰影响，为此通常以每 150~200m 为一段，连接一支 1m 长的临时接地棒即可。一旦管道放置地面或埋入地下，这种交流干扰影响就可予以忽略。对于采用牺牲阳极保护的埋地管道，可在管道地面焊接的同时就进行牺牲阳极安装，这样通过牺牲阳极满足了管道接地的要求，也及时对管道施加了阴极保护。

7.4.3 电感耦合的交流干扰影响与对策

电感耦合的交流干扰是与架空的高压交流输电线路呈小间距长距离平行铺设的埋地金属结构物(例如埋地金属管道)遭受交流干扰的主要形式。当架空的高压交流输电线路长期在不平衡状态下工作以及发生故障的情况下，将会对埋地结构物引发严重的交流腐蚀和干扰，对埋地结构物上阴极保护设施的安全运行、甚至对操作人员的人身安全产生严重的威胁。

为避免电感耦合引起的危害，首先在设计和建设阶段就应按照标准要求，使埋地金属结构物与架空的高压交流输电线路保持适当的距离，同时还应对被影响埋地结构物采取必要的防护措施，主要的防护措施就是接地排流。常用的牺牲阳极接地排流效果很好，此时的牺牲阳极不仅起到了通过接地来排除交流干扰产生的交流电的作用，也为埋地结构物提供了阴极保护电流。虽然接地是一项有效的排流措施，但它对埋地结构物的阴极保护系统会产生导致直流保护电流流失的重要影响。因此，在安装接地排流的同时，应在埋地结构物和接地极之间采取隔离直流电的措施，以防止阴极保护电流的流失。主要的隔直措施有安装嵌位式排流器、电容排流器和二极管极性排流器。

如图 7-9 所示为一些排流措施的说明。在阴极保护实践中，联合采用二极管的极性排流和牺牲阳极排流的措施得到广泛应用。现代的固体电路直流隔离装置(直流去耦器)是一种效果很好的排除交流并隔离直流的装置。各种排流措施的接地极的接地电阻应显著地小于被排流管道的接地电阻，否则会影响排流效果。在被排流结构物上使用绝缘法兰，将结构物的延长距离缩短，可降低电磁感应的纵向电势，减轻交流干扰的影响。也可采取屏蔽接地的办法减轻交流干扰的影响。

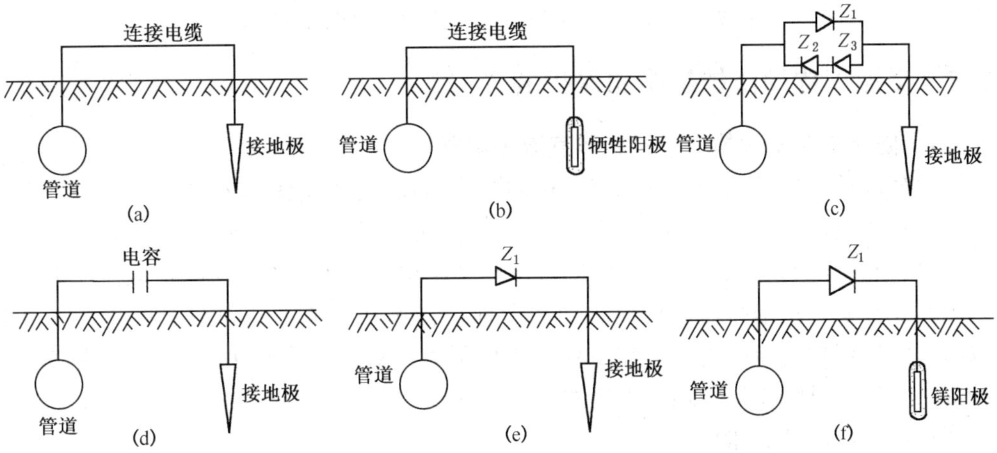

图 7-9　几种接地排流装置安装线路的示意说明[2]

a—直接排流；b—牺牲阳极排流；c 嵌位式排流；d—电容排流；e—极性排流；f—镁阳极+极性排流

7.4.4　交流电气化铁路产生的交流干扰影响与对策

交流供电的电气化铁路产生的交流干扰也是不容忽视的，由此产生的交流干扰与交流供电方式直接相关。常见的交流供电方式有：

① 直接供电方式，即一线一地式。电气化铁路的架空滑轨线为一相，轨道为一相，参见图 7-10(a)。这种供电方式由于对地绝缘差，轨间接头电阻大，必将对邻近埋地结构物造成严重干扰。除了产生腐蚀影响外，还通过对通讯电缆的干扰而影响通讯质量。我国早先建设的电气化铁路就是采用这种供电方式(馈线电压一般为 27.5kV)，除影响到通讯质量外，还对邻近(平行或交叉敷设)埋地管线产生了严重干扰，甚至对人身安全构成威胁。

② AT 供电方式，即采用自耦变压器，使用两条架空线供电，一条为架空滑线，一条为架空回流线，参见图 7-10(b)。

③ BT 供电方式，即采用吸流变压器，也是使用两条架空线，一条是架空滑线，另一条是负回流线(负馈线)，参见图 7-10(c)。

为防止由交流电气化铁路产生的交流干扰，首先应从干扰源采取措施减少干扰电流的产生。例如，与直接供电方式相比，采用 AT 或 BT 供电方式可以数十倍地降低干扰电流。其次，在一些电气化铁路支线上，可采用绝缘轨缝、接地屏蔽和等电位网等措施，以便有效地防止交流干扰的影响。

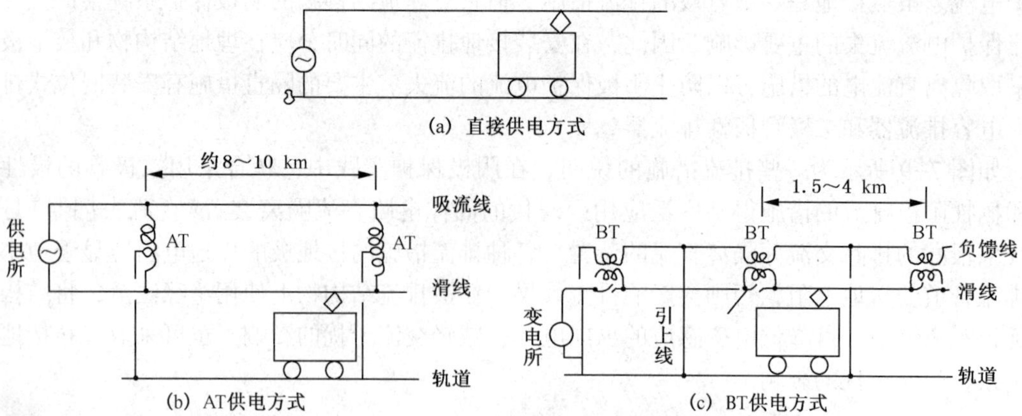

图 7-10 近代常用的三种电气化铁路供电方式[5]

7.5 交流干扰的防护措施和保护装置

7.5.1 防止交流干扰的接地措施和直流去耦器

为了保障埋地金属结构物免受交流干扰的影响和破坏，使埋地结构物接地是一项有效的排除交流干扰影响(排流)的措施。通过接地可以直接将感应产生的交流电流排除出埋地结构物。但是，它同时对埋地结构物上的阴极保护系统也会产生导致直流保护电流流失的重要影响。因此，在安装接地排流的同时，应在埋地结构物和接地极之间采取隔离直流电的措施，以防止阴极保护电流的流失。在一些主要的隔直措施中，直流去耦器(直流隔离装置)是一种效果很好的排除交流并隔离直流的保护装置。

7.5.1.1 直流去耦器的要求

在电力线正常运行和发生故障时，直流去耦器应满足以下要求：

① 绝不允许出现任何不允许的危险电压；

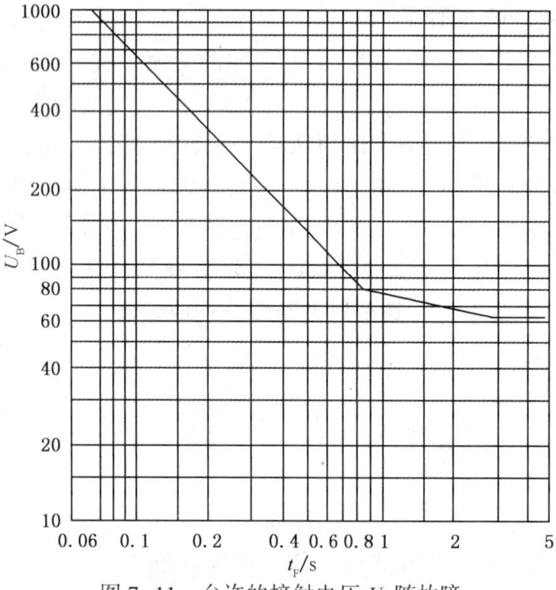

图 7-11 允许的接触电压 U_B随故障电流持续时间 t_F的变化关系[1]

② 在热性能和机械性能方面能够耐受所出现的电流；

③ 它们的设计配置必须能应对预期的瞬时过电压；

④ 必须保障阴极保护的正常运行；

⑤ 它们应有尽可能低的电阻，一旦发生短路时仍能够维持结构物上的还原反应。

在高压装置上开关操作时会发生瞬时过电压，由此可在接地导体中产生瞬间的高电压和高电流。在瞬时过电压时，往往会出现几千赫兹至几兆赫兹频率的回波震荡。与开启式装置相比，在六氟化硫(SF_6)气体绝缘装置中，会发生频率和振幅更高的瞬时过电压。在考虑允许接触电压的极限条件时，应顾及其热负荷和机械负荷。图 7-11 给出了允许接触电压随故障电流持续时间的变化关系。结构物和接地极与直流去耦器的连接导线应尽可能地短，电感应尽可能地小，这样可减小发生飞弧的概率。

7.5.1.2　直流去耦器的类型与电路结构

如图 7-12 所示为几种直流去耦器的类型和电路结构示意图。在图 7-12(a)中给出了低欧姆电阻(约 0.01Ω)直流去耦器的电路结构框图。采用这种直流去耦器，即使在高故障电流时也不会产生不允许的接触电压。在接地短路电流高达 15kA、故障电流持续时间长达 0.5s 的情况下，所造成的 150V 接触电压仍在容许范围以内。为保证阴极保护所必需的适度直流电压应在结构物与接地极之间实施隔离，这可借助于一个直流电源在单个电阻或一组电阻上产生大约 1V 的电压降来实现。

如图 7-12(b)所示为高欧姆电阻(约 0.1Ω)直流去耦器的电路结构框图。与 0.01Ω 相比，0.1Ω(即 100mΩ)就可认为是高欧姆电阻了，它们不能承受在 10mΩ 电阻情况下的那种高负荷。为防止这些高欧姆电阻过载，应并联连接一个击穿保险丝(电压保险丝)。一旦该电阻上的电压降达到击穿保险丝的触发电压，该保险丝就会立刻熔断。

镍镉电池的交流电阻非常低，约为 1mΩ。镍镉电池必须有足够的电流容量和电流稳定

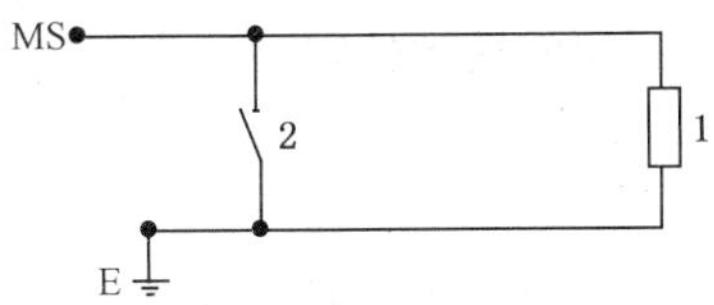

(a)低电阻直流去耦器的电路结构示意图

MS—埋地金属结构物；E—接地装置；

1—电阻（约为10mΩ）；

2—接地母排或短路电阻接地开关

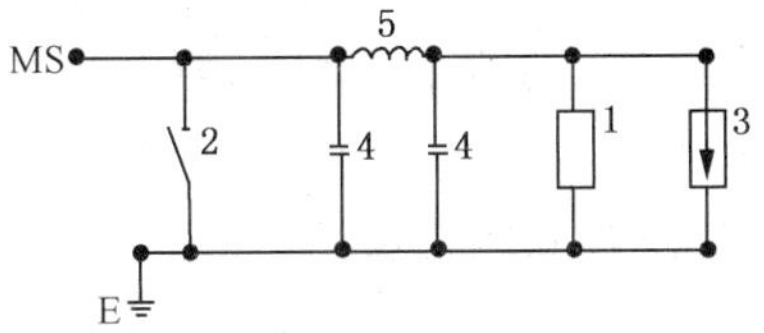

(b)高电阻直流去耦器的电路结构示意图

MS—埋地金属结构物；E—接地装置；

1—电阻（约为100mΩ）；2—接地母排或短路电阻接地开关；3—击穿保险丝；

4—电容器（约为60μF）；5—扼流圈

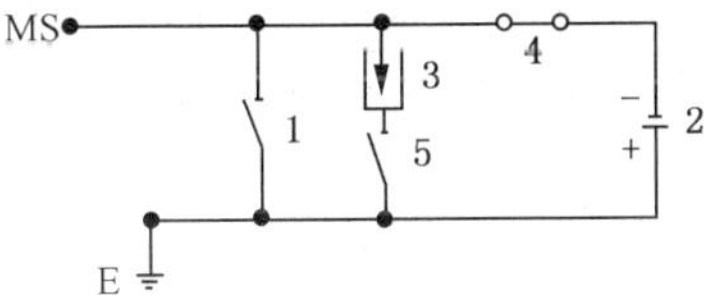

(c)采用镍镉电池的直流去耦器电路结构示意图

MS—埋地金属结构物；E—接地装置；1—接地汇流线；2—Ni-Cd电池，1.2V；3—击穿保险丝；4，5—分路连接线

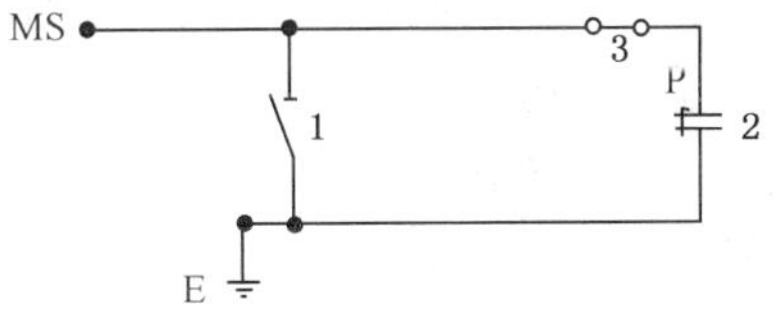

(d)采用极化电池的直流去耦器的电路结构示意图

MS—埋地金属结构物；E—接地装置；

1—接地汇流线；2—极化电池；3—分路连接线

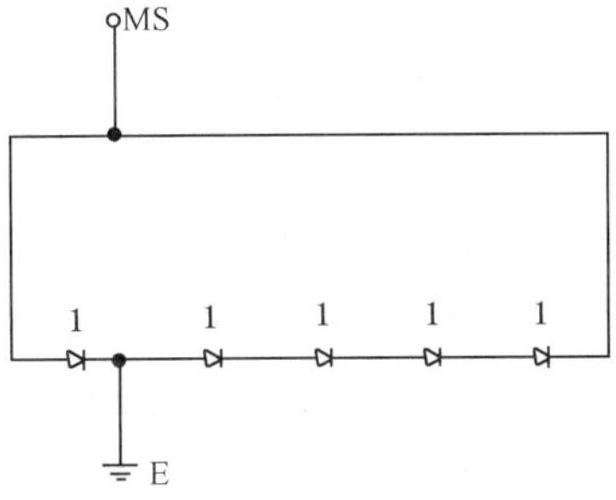

(e)采用硅二极管的直流去耦器的电路结构示意图

MS—埋地金属结构物；E—接地装置；1—大功率硅二极管

图 7-12　几种直流去耦器的类型和电路示意图

性，电池的充电状态在这里并不重要。它们能够直接用作直流去耦器，其电路结构框图见图7-12(c)。在运行时应使镍镉电池的充电状态维持在0.9~1.2V的电池电压。因为水会电解分解并析出气体，所以应避免电池过量充电，因而电池电压不允许超过1.4V。阴极保护站应调整在此所期望的电池电压范围内工作。

如图7-12(d)和(e)所示分别为采用极化电池和采用硅二极管作为一种直流去耦器的电路结构框图。

对于可能遭受交流干扰影响的埋地金属管道体系，经济合理地选择单位长度管道所需接地极数量和接地电阻，就可以采用接地作为防止交流干扰的防护措施。在埋地金属结构物施工时，把条状接地极安置在管沟里是非常方便的。如果土壤电阻率随深度增加而减小，选用深接地体将是明智的。其优点还有，不占用过多的空间，尤其适合施工后的安装。此外，在采用深接地体时，通过接入一个相应长度的接地极，就能够获得理想的接地电阻。在此情况下，特别是在非均质土壤时，最好是在安装接地棒时测量接地电阻，例如每接入一支接地棒就测量一次接地电阻。

通常采用热浸镀锌钢作为接地材料，其镀锌层厚度应至少达到550g/m^2(约70μm)，横截面为30mm×3.5mm的镀锌钢带是在管沟里水平敷设接地体的常用材料。对于深接地体往往采用直径至少为20mm的组装镀锌棒。采用这些横截面积的接地体尺寸对于它们承载的电流负荷是足够的，只要它们沿着受干扰的轨迹分布。

7.5.2 接地极和阴极保护

众所周知，与埋地金属管道直接连接的接地体会增大管道阴极保护的需用保护电流。但是，镀锌钢具有相对较负的电位，所以由这种接地体额外增加的电流需用量是很小的。常用接地体圆周约为70mm，电流需用量约为0.5~1mA/m。但是，如果集中安装的接地体连接到邻近影响区的两端，或者需要利用变电站的接地体或利用混凝土基础或板桩墙作为防止较强干扰的防护措施，则交流接地必须与实施阴极保护的结构物实现直流去耦，即干扰交流电可以通过交流接地得以排除，而阴极保护的直流电则被有效隔离并不流失。

7.5.2.1 过电压放电器

许多过电压放电器能满足直流去耦的特性要求。在实践中有多种结构类型和去耦方法的直流去耦装置可供选用。为防护瞬间交流干扰，可使用过电压火花放电器(如气体放电火花间隙)，只有超过触发电压(约250V)时才会在管道与接地极之间产生连接。应当注意，在相关的安装位置处，当发生故障时实际上也就达到了该触发电压。

有一些用作直流去耦器的过电压放电器既可用于防护长期持续交流干扰也可用于防护瞬间交流干扰，例如极化电池和二极管过电压放电器。

7.5.2.2 极化电池

极化电池是一种电化学组件，由镍电极或不锈钢电极浸没在50%KOH溶液中构成。由于这种电解液具有良好导电性，同时作为电池电极的钝化材料其表面存在着电子导电性良好的钝化层，它的极化阻抗很低，所以极化电池的交流电阻仅为几个毫欧数量级。但极化电池的直流电阻比较高，约为几十欧姆数量级，相当于钝化体系在非氧化还原介质中的高极化电阻。如果氧化还原反应能够进行，或者由于极化电池的电压超过水的分解电压(1.23V)，这个电阻就会被击穿。极化电池也是一种直流去耦器，它的电路结构如图7-12(d)所示。

因为不可避免地存在有痕量氧化还原物质(如空气中的氧)，所以在运行中会有至多1mA的少量扩散电流在流动。当处于交流电作用下，通常对电极电容有一个再充电作用。

但是当电压足够高时，由于水的电解作用也会有法拉第电流流动。为使法拉第电流足够小，持续存在的交流电不得大于最大允许短路电流的 0.1%，否则极化阻抗就会急剧下降，直流电也无法再截断。在应用时，必须定期检查极化电池，例如每年两次，以检查其是否由于电解而使水损失过多。如有必要，应添加去离子水达到规定液位。此外，每 4 年应更换一次电解液。为了尽可能减小阴极保护的负荷，建议直流去耦器件应设计成一个尽可能小的极化电池，只要使预期最大的故障电流能够通过即可。

当极化电池接入电路时，测量断电电位会比较困难。极化电池的电压 U_{pc} 是管道通电电位 U_{on} 与接地极电位 U_g 之间的差值，它将对极化电容充电。

$$U_{pc} = U_{on} - U_g \tag{7-55}$$

当关断保护电流时，通过接地极/土壤/管道的电容将放电，其时间常数决定于该电路的电阻。当绝缘防腐层电阻很高时预期放电过程会非常慢，所以测得的断电电位太负。如将极化电池与管道分离开，就能测得正确的断电电位。如果绝缘防腐层电阻非常低时，并且电化学去极化过程非常慢，测量时只要 1s 后就可以忽略断电电位的测量误差了。

7.5.2.3　采用硅二极管的直流去耦器

采用硅二极管的直流去耦器，即使在导流方向加载直至达到它的截止电压(即阈电压，约+0.7V)时，它也有很高的内阻。如果超出该截止电压，内阻就会减小。图 7-12(e)是采用硅二极管的直流去耦器的非对称反向并联电路示意图。当电压值介于-2.8V(截止电压的 4 倍)与约+0.7V(截止电压)之间时，直流去耦器前后的电压会增大。

由于埋地金属管道的电位比接地装置的更负，所以对此埋地管道实施阴极保护是必要的。如果此时的管道保护电位不超过二极管的截止电压，此二极管就形成了高电阻连接。当管道结构不对称或电网发生故障时，由于管道的不对称负荷使管道中产生的感应电压能够超过此截止电压。于是，这种不对称的二极管分布就会起作用，即当遭遇任何强交流干扰时，此金属管道仍然维持比接地装置更负的原先那个电位。这种结果涉及一个平均直流电压，它是由于在交流电压正半周期时直流去耦器在某个分支电路处变成低电阻通道而产生的。这样在管道与接地装置之间的电压就达到约+0.7V。在交流电压负半周期时，产生的这个电压达到约-2.8V。因此，算术平均值的电压为-1.05V，参见图 7-13。如要达到其他电压值，应保持仅有一个二极管的支路不变，而相应地改变另一支路中的二极管数量。

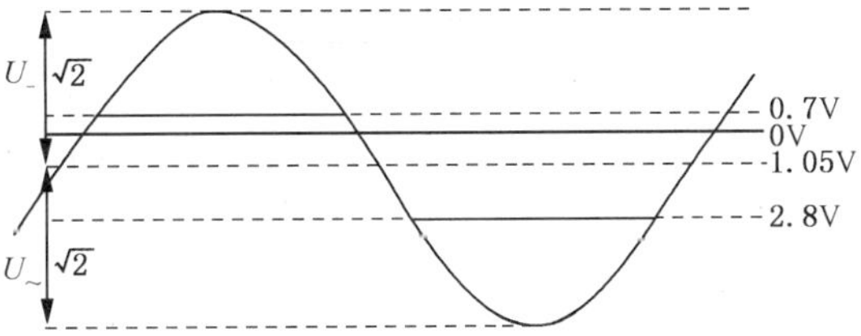

图 7-13　采用 4 :1 硅二极管不对称电路的直流去耦器在正、负半周期的电压[参见图 7-12(e)][15]

一个直流去耦器采用对称的反并联电路是不合逻辑的，因为在管道与接地装置之间通常存在着 50Hz 的交流电压。如果采用对称二极管电路，那么在每一支路中必须串联相当多的二极管，才能使管道与接地装置之间的交流电压低于串联的那些二极管的截止电压总和，否则平均电压就等于零，这样就再也不能实施管道的阴极保护了。

用于直流去耦器的硅二极管在正常操作时以及在瞬间干扰过程中，必须具有足够稳定的抗交流干扰作用的性能。此外，它们还必须具有足够强的抗电涌电流的能力，以使其不会被可能发生的雷电电流击坏。

正如前述，非对称分布硅二极管的直流去耦器在工作时产生了一个直流电压 U_{da}：

$$U_{da}=\left(\frac{(1-n)}{2}\right)U_{tv} \tag{7-56}$$

按照式(7–55)，这个电压决定了管道的通电电位 U_{on}：

$$U_{da}=U_{on}-U_g \tag{7-57}$$

式中，n 是图 7–12(e)中右侧支路的二极管数量；U_{tv}是截止电压，且 $U_{tv}=0.7V$。

根据式(7–55)的解释，如果二极管直流去耦器无法迅速地立即(例如采用定时开关装置)与管道断开，就不能测量断电电位。为了测量断电电位，也可在管道与直流去耦器之间连接半导体开关元件，只有在管道电位达到不允许的高电位时它们才会建立与直流去耦器的连接。

在其余运行时间(低负荷周期)不会发生任何接地，因此，用通断电方法进行无 IR 降的电位测量是不会有任何困难的。根据式(7–56)和式(7–57)可以大致得出二极管的数量，由于接地极有某种阳极危险，不会让 U_g变得太正。

7.5.3 实施阴极保护的埋地金属管道上的排流保护

7.5.3.1 排流保护的方式

正如前述，在架空的高压交流输电线路以及交流电气化铁路附近建设的埋地金属结构物应充分考虑交流干扰的影响。交流干扰影响实质上是一个环境电磁污染问题，其特点是影响范围广，状态多变，并且对不同的结构物对象往往呈现不同的干扰规律和干扰程度，所以在采取防护措施和进行调查测试时，必须密切联系现场实际情况，才能取得比较满意的效果。

根据调查和测试结果的分析，对于处于交流干扰影响之下的埋地金属结构物，应采取一定的防护措施，主要有从设计上远离干扰源、接地、屏蔽、隔离、等电位等一些措施。排流保护是其中被广泛采用并行之有效的措施。对埋地金属管道防护交流干扰的排流保护方式、它的应用条件及其优缺点归纳总结简明地示于表 7–3 中。

表 7–3 埋地金属管道排流保护的方式和应用条件[14]

排流方式	接线示意图	应用条件	优　点	缺　点
直接排流	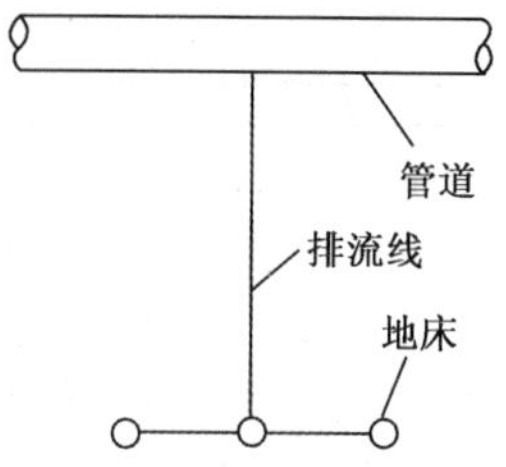	被干扰管道与地床直接用导线相连接；地床材料为钢材等；接地电阻必须小于管道接地电阻	排流效果好；简单、经济	使阴极保护电流漏失
隔直排流	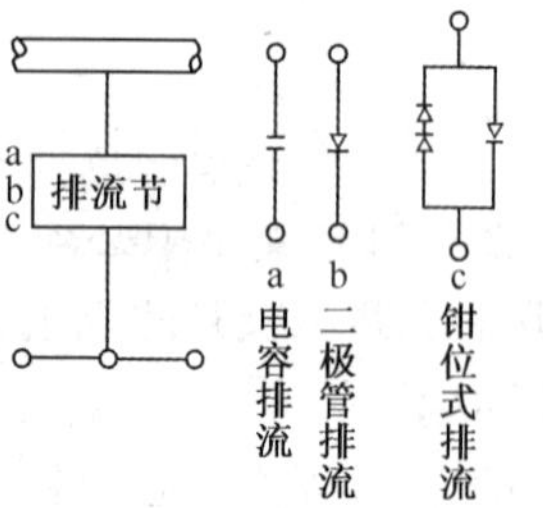	被干扰管道与地床之间接入排流节(阻隔直流元件安装在金属箱体内)，可埋地或置于地面；接地电阻必须小于管道接地电阻	可应用于阴极保护管道；钳位式排流将部分干扰电压用于阴极保护	结构复杂，价格较贵
负电位排流	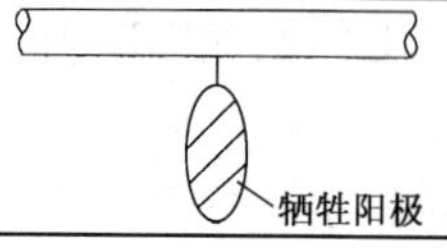	被干扰管道与牺牲阳极用导线直接相连	排流效果好；向管道提供阴极保户电流	价格较贵；须注意牺牲阳极极性逆转问题

在表 7-3 中的隔直排流保护方式，是在受干扰影响的管道与地床之间接入排流节。排流节可采用电容排流、二极管排流或钳位式排流，其中钳位式排流是一种较好的排流方式，在我国已获得成功的应用。钳位式排流节的工作原理与图 7-13 所示的采用 4 :1 硅二极管直流去耦器的不对称电路工作原理基本一致，但电位设置不同。如图 7-14 所示，钳位式排流节由正臂、负臂构成。负臂串联两只二极管 Z_2、Z_3，正臂串联一只二极管 Z_1，正负臂上的二极管互为反向安装。当干扰电压正半波时 Z_1 导通，负半波时负臂 Z_2、Z_3 导通。它们的正向节压降为 0.7V，负臂节压降为-1.4V，其值与阴极保护电位基本相同。所以钳位式排流不仅阻止了阴极保护电流的泄漏，而且将干扰电压的一部分用于阴极保护。这种排流方式中使用的二极管，它的允许电流应大于 20~30A。

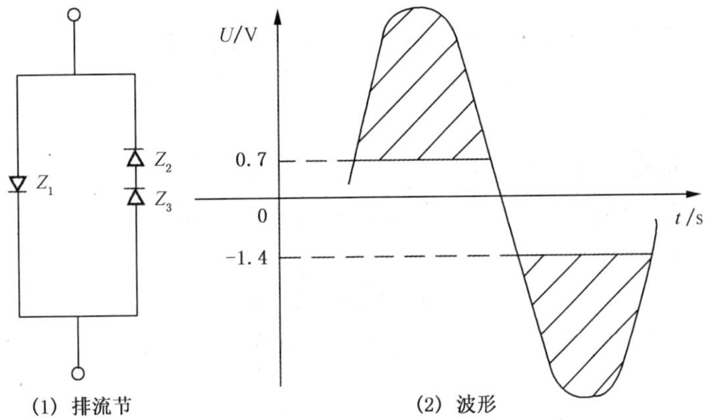

图 7-14　钳位式排流节工作原理示意说明[14]

7.5.3.2　排流点的确定

对于在交流干扰影响下的埋地金属结构物，可根据实际情况采用一种或几种排流保护措施。基于调查测试结果，应在被干扰结构物上选取一点或多点作为排流点，并在这些排流点处设置排流保护措施。排流点的选择应以获得最佳排流保护效果为准则。排流点宜通过现场模拟排流试验来确定。对于埋地金属管道，通常可根据下列条件综合确定：

(1) 相互位置条件

① 被干扰管道的首、末两端；

② 管道接近或离开“公共走廊”并与干扰源有一平行段处；

③ 管道与干扰源距离最小处；

④ 管道与干扰源距离发生突变处；

⑤ 管道穿越干扰源处。

(2) 技术条件

① 管地电位最正处；

② 管地电位较正且持续时间较长处；

③ 高压输电线导线换位处；

④ 管道防腐层电阻率、大地导电率发生变化的部位；

⑤ 土壤电阻率小、便于地床设置的场所。

7.5.3.3　排流量和排流装置

排流的电流量应通过现场模拟排流试验确定。不具备现场试验条件时，可利用下式进行计算：

$$I = \frac{V}{Z_1 + Z_2 + Z_3 + Z_4} \quad (7-58)$$

式中 I——排流电流量，A；

V——排流点处管道交流干扰电压，V；

Z_1——排流接地床的接地电阻，Ω；

Z_2——排流导线阻抗，Ω；

Z_3——排流装置阻抗，Ω；

Z_4——管道特性阻抗，Ω。

对排流装置(排流器)的技术要求，应满足下列条件：

① 在管道交流干扰电压幅值变化范围内，均能可靠地工作。

② 能及时跟随管地电位的急剧变化。

③ 具有过载保护能力。

④ 结构简单，安装方便，适应野外环境，便于维护。

⑤ 排流器、排流线的额定电流为计算排流量的1.5~2倍。

7.5.3.4 排流保护系统的调整及排流保护效果

排流保护工程安装完毕后，应立即投入试运行，并进行全面综合调整，使排流保护系统达到最佳保护效果的状态，管道全线的干扰都获得有效缓解。对于排流保护的调整，可采用以下措施：

① 改变排流点的位置，或增设排流点及其措施。

② 分段隔离措施，即在长距离干扰管段上的适当部位设置电绝缘装置(如绝缘接头)，以降低干扰程度，简化防护措施。

③ 对于施加阴极保护的管道，电绝缘装置两端可并联磁饱和电抗器，其感抗为60Ω，两端直流电位差小于40mV。在可能发生电弧的管段内，电绝缘装置两端应跨接避雷器、极化电池、接地电池或其他保护装置。

对排流保护工程进行实施、调整后，应评定其保护效果。保护效果的评定应遵循以下原则：

① 排流保护效果的评价点必须包括排流点、干扰缓解较大的点和干扰缓解较小的点。其他评价位置可根据实际情况选择。

② 排流保护效果的评价点一般应不小于四处。当干扰段较长，或为复杂管道系统，或管地电位复杂多变时，应不少于六处。

③ 在测试排流保护前后的参数时，必须统一测试点、测试时间段、读数时间间隔、测试方法和仪表设备。

按照标准SY/T 0032—2000的要求，排流保护效果应达到下列指标：

① 在弱碱性土壤内，管道交流干扰电压≤10V。

② 在中性土壤内，管道交流干扰电压≤8V。

③ 在酸性土壤或盐碱土壤环境中，管道交流干扰电压≤6V。

7.5.4 防止交流干扰的其他保护装置

为了防止埋地金属结构物可能遭受到的交流干扰，减轻对结构物可能产生的危害，以及避免对相关操作人员可能引起的电气危险，可采用一些有效的保护装置和措施，例如，对直接与埋地结构物连接的接地体安装直流去耦器件(如极化电池和二极管过电压放电器)。此外还有如下一些保护措施和装置可供选用。采用这些保护措施和装置，应可解决或减轻由于来自交流干扰源的电阻耦合、电感耦合、电容耦合、电力电弧、雷电电弧所产生的问题。

7.5.4.1 电屏蔽

一般是采用外壳、网格或其他物体(通常为导电性物体)作为屏蔽材料，安装在被影响结构物的一侧，以充分地减弱该屏蔽物背侧的电气装置或电回路对被影响结构物的电场影响。电屏蔽往往用于保护埋地结构物免遭交流电力系统在其上产生地中电弧的影响，从而减少冲击情况下结构物的防腐层甚至结构物自身被击穿的可能性。影响电屏蔽设计和安装的主要因素有：结构物遭受交流干扰的影响程度和范围，结构物对地电位的大小。但是，这些因素的作用强度随地点而异，因此对结构物的每一具体位置都必须逐点计算确定。

电屏蔽的安装，可在指定位置平行于被影响结构物安装一支或多支金属电极，或者安装在被影响结构物的周围，或者沿其长度方向安装。某些屏蔽形式，如果采用阳极性材料制作，则必须与被影响结构物相连接。对于平行安装或环绕安装的阳极型屏蔽，应当至少在屏蔽系统的各端点与被影响结构物相连接。相对被保护结构物为阴极的屏蔽材料，必须通过直流去耦装置与被影响结构物相连接。还有一些其他形式的电屏蔽结构，可对各种埋地的或地上的结构物用作电涌防护。一根埋在土壤中的长的裸导体就可作为一个有效的屏蔽体使用。

7.5.4.2 接地垫(梯度控制垫)

接地垫是安装在地表或地面下的一个裸导体体系，又称为梯度控制垫。这些裸导体通常用金属板或网栅构成，它们彼此排列并互相连接，以提供跨步距离上的等电位。所谓接地网就是埋入地中的一些裸导体，它们互相连接组成一个接地极体系，提供公共接地之用。

采用接地垫并与结构物跨接，可在结构物的人员接触区域内降低接触电压和跨步电压，从而减少操作人员的危险。跨接到结构物上的永久性接地垫，可用于阀门、金属排风管、阴极保护检测站以及其他与结构物相接触的地上的金属或非金属附属设备上。接地垫应当足够大，以使操作人员接触被影响结构物时，可以安全地站在接地垫区域上工作。接地垫应当尽量靠近地面安装，以便充分降低进入该区域并与结构物相接触的操作人员的接触电压和跨步电压。

不管用什么材料制作的接地垫，都必须与结构物跨接，最好同时在几个位置处跨接。如果由于接地而使结构物的阴极保护难以正常运行，可以安装一个直流去耦装置。接地垫与结构物的连接应当在地面上安装制作，以便可以对接地垫降低交流电压的有效性以及它们对阴极保护系统的影响进行实时监测。采用接地垫时应谨慎小心，应防止接地垫与未施加阴极保护的结构物之间相连而形成有害的电化学电池。

铺一层干净的、排水良好的砾石层，可以降低跨步电压和接触电压，减轻与之相关的电击危险。砾石层的厚度应不小于8cm，砾石的最小粒径为1.3cm。可以采用接地垫边缘向外延伸砾石层的办法来减轻接地垫边缘跨步电压的危险。

7.5.4.3 独立的结构接地

是指安装的任何金属结构物如果没有和现有接地结构物相连接，都应在该处安装一个独立的接地装置，这种接地系统可以由一支或多支接地极以及它们的连线组成。应当将接地的结构物所有组件都正确相连。在设计安装独立接地系统时，应考虑的因素包括土壤电阻率和预期该结构物在所有可能条件下会遇到的感应电压和电流的大小。在一个单独的金属结构物或其接地系统非常靠近另一个已有的接地结构物的地方，任何人员同时接触两个结构物或它们的接地装置时，都会发生电击危险。在这种情况下，应当将两个接地系统实施电连接，或直接连接，或通过一个直流去耦装置相连接。除非能够确认这种连接是多余的，否则这种电连接就是一个重要的安全保障。

7.5.4.4　现有结构物的跨接

这也是一种降低结构物上感应交流电压的有效方法，它是采用具有适当截面积的电缆及直流去耦装置将被影响结构物和电力系统的接地装置相连接。在出现故障的情况下，由于这种跨接连接会导致被影响结构物在故障期间的电压和电流升高。如果跨接的被影响结构物位于地面上，或与大地良好绝缘，将会产生一个明显的高电位，并沿着所跨接的结构物长度方向传播。在这种情况下，应在紧靠影响源的外侧，补充性地增加保护装置。具体操作实施前，采取交流干扰防护措施的部门就应与该区域内的所有其他公用工程部门，特别是应与那些涉及这种跨接的公用部门保持密切的协调配合。在进行连接操作之前，应通知相关的公用工程业主，并提供连接布置的详细资料。有些公用工程部门可能愿意由他们自己的人员来进行连接。在确定执行跨接之前，还应考虑其他降低交流电压的方法，应从安全性和经济性方面，对故障条件下可能产生的危险性及需要额外采取的措施进行可行性评估。

7.5.4.5　分布式阳极

这是采用牺牲阳极作为接地系统的一部分来降低结构物和大地之间的交流电位的一种防护措施。采用分布式阳极时，应使牺牲阳极靠近被保护结构物安装，并远离电力接地系统。最好把阳极直接连接到结构物上，中间不使用测试连接，由此可减少连接系统中的接触点数量，提供最短的对地路径，减少人员与结构物的接触机会。如果为了测试目的需要断开分布式接地系统与结构物之间的电路，则应把接头安置在一个可接近的密封的测试盒中。当使用牺牲阳极作为接地系统的一部分时，应考虑阳极材料的使用寿命，阳极材料的消耗会增大接地系统的电阻。

7.5.4.6　套管

套管可用于降低在电涌状态下结构物对地电阻。它是将裸钢套管或涂敷不良的套管谨慎地通过直流去耦装置连接到已施加防腐层的结构物上，由此不仅可在电涌状态下降低结构物对地电阻，而且可避免结构物与套管之间发生电弧。

7.5.4.7　连接件

包括电连接和机械连接的需用器件。所涉及的阳极、跨接、接地设备和搭接片的连接都必须实现安全、可靠、低电阻的连接，包括它们自身的连接以及它们的附着连接，可用固定螺栓、铆接或焊接的结构物部件代替电路中一部分或全部的跨接电缆。应选择合适的电缆规格，以使所有电缆、连接件及结构物部件都能在预期持续时间内承受可能的最大冲击或故障电流。

一些连接接头可在经过批准的地上接线盒里进行检查、测试和维护，除此之外，对于永久性保护装置的安装均应避免采用机械连接。在实际可行的地方，结构物与接地装置的连接应当采用就地原位铝热焊接方式。然而，电缆导线的绞线接头连接可以采用压接型接头，机械式连接可以用在临时性保护措施中，但要特别小心避免高电阻接触。在接地回路中，不得使用软焊连接。

7.5.4.8　绝缘接头

绝缘接头是在阴极保护工程中用于将被保护结构物或被保护的区段与非保护区段实现电绝缘，以保证阴极保护电流限定在被保护区段中。为防范交流干扰问题，绝缘接头也可用于将被影响结构物划分成若干互相之间电绝缘的较短导电区段，或者把与交流电力系统相邻部位的区段和结构物其余部位绝缘隔离。在安装绝缘接头的位置如产生感应电压或故障电流就有可能损坏接头，应采用避雷器、极化电池、电解接地电池或类似的保护装置跨接在接头两侧；或者直接采用内置放电火花间隙的免维护绝缘接头。在采用避雷器时，应注意其阈电压特性，并应具有人员防护措施，例如采用的构型设计应使其导电部分不外露。

7.5.4.9　电解接地电池、极化电池(DC 最大阈值，2.5V)或其他类似装置

这些装置可安装在被影响结构物和适当的接地装置之间，以防范在此位置可能产生的电弧和感应交流电压。这些装置不但能消除或大大降低正常运行状态或冲击状态下的感应电压，而且还可以使电弧击穿结构物的可能性显著降低。使用这些装置时，应正确选择其功率和安装间距，并可靠地固定，以达到一个安全使用的状态，即能安全地传导预期可能发生的最大冲击电流。这些装置与结构物之间的连接电缆应选择适当的规格，以保证能安全可靠地承受可能的最大冲击或故障电流。电缆应尽可能短直，同时应配置一个适当规格的并联电路，以便在测试和维护期间可断开接地装置。

7.5.4.10　避雷器和金属氧化物压敏电阻(MOVs)

避雷器和金属氧化物压敏电阻可以用在结构物不同区段之间以及跨接在管道绝缘装置两侧。然而，在避雷器导通前存在一个形成的电压差值，这是避雷器使用的一个限制条件。对于某些类型避雷器，这个电压可以高到足以使接触避雷器的人员发生危险。在使用避雷器时，应采用适当规格的电缆将避雷器连接到被保护结构物上，避雷器应与低电阻接地装置始终保持可靠的连接，避雷器应安装在靠近被保护结构物处，并维持尽可能短直的接地路径。与使用接地电池一样，采用避雷器时应安置一个适当规格的并联电路，以便在测试和维护期间可断开接地装置。

某些密封式、防爆型、密闭式或自复式避雷器可用在预计会有可燃性气体存在的环境场所，但必须确定可能产生的最大电力故障电流不会超过避雷器的设计允许额定值，只有在这种限定条件下才能使用。在这些场所不能使用分离式火花间隙装置。

7.6　对交流干扰的人员安全防护

在金属结构物施工、系统运行、腐蚀勘察和阴极保护维护期间，人们有可能接触遭受交流电或雷电影响的金属结构物，从而引发电击危险。对此必须及早识别这类危险的存在，并采取有效措施避免这种危险。人员遭受电击危险的严重性通常和结构物与大地之间或结构物与结构物之间的电位差成正比。电击危险的严重程度还取决于暴露在这种危险环境中的持续时间。在开始施工之前，应与该地区相关的公用供电部门(交流干扰源的主管部门)协调，以便制订恰当的工作程序，保障该施工不会损坏或干扰其他公用供电设备的运行。

每个公用供电部门都应当了解其他单位的设施，并在减轻一种装置对另一种装置的电气影响方面进行协调。对于特殊情况下所需的减轻电击危险的安全措施，应依据良好的工程实践进行判断和考虑。为减轻一个装置对另一个装置产生的电气影响，增大各装置、设施间的间隔距离通常是有效的。

7.6.1　结构物上交流干扰影响对人员电击危险的判别

必须将由于交流干扰而在结构物上产生的交流电压降低并维持在安全的限度内,以防止对人员的电击危险。电击危险的程度以及人们能耐受的电流阈值限度取决于许多因素,由较低电压电击的可能性更难于评价。电击危险的程度取决于多种因素,如电压的高低和人员承受时间

的长短，人体皮肤条件和人体传导电流的路径和大小。由人体传导电流的大小与电压源内部阻抗、加到人体两端的电压以及人体通道电阻有关。这个电阻还取决于接触电阻（如湿的或干燥的皮肤，站立在干燥地面或水中）和电流通过身体的通道电阻（如手到脚、手到手等）。

交流电对人员的安全界限应由有资质的人员根据预期的暴露条件来确定。NACE RP0177—2000 标准确认，有效的 15V 交流开路电压或 5mA 乃至更大的电流容量就构成了预期的电击危险状态。表 7-4 和表 7-5 分别给出了大致的人体对电流的电阻及对人的生命和感受产生影响的 60Hz 交流电流值。在一些区域（如城市居民住宅区或学校），儿童（电击危险比成人更敏感）接触遭受感应交流电压影响的结构物的概率很高，对此应考虑一个更低的电压。人体通过 1~8mA 电流开始有电击的感觉，但不会有痛苦，也不会危及生命。然而由于人会本能地产生急速的反应动作，可能会由此引起意外事故。

表 7-4　人体对电流的电阻值[3]

人体部位	电阻值/Ω	人体部位	电阻值/Ω
干燥皮肤	100000~600000	体内——手到脚	400~600
湿润皮肤	1000	体内——耳到耳	约 100

表 7-5　影响人的生命和感受的 60Hz 交流电流值[3]

交流电流值/mA（60Hz）	影　响
≤1	无感觉——感觉不到
1~8	感到电击——无痛苦，个人可随意地松手；肌肉控制未丧失
8~15	痛苦的电击——个人可随意地松手；肌肉控制未丧失
15~20	痛苦的电击——肌肉控制丧失；不能松手
20~50	痛苦的电击——剧烈的肌肉收缩；呼吸困难
50~100（可能）	心室纤化——如不立即进行心脏按摩，将导致死亡
100~200（确实）	必须使用电振发生器振动，以恢复正常心跳；呼吸可能停止
≥200	严重烧伤——剧烈的肌肉收缩；在胸肌上按压心脏；采用电振时停止按压（可防止心室纤化）；呼吸停止，电振后心跳可能开始，否则需进行心脏按摩

在交流干扰的影响区内，在受影响结构物和大地（或其他相邻结构物）之间测量出任何交流电压时，都应进一步加以研究。当结构物上的电压值有电击危险时，必须采取纠正措施将它降低到安全范围。如果地面附属设备上的电压值不能降低到安全值，在这种情况下应采取另外的安全措施，以防止对操作人员、维护人员及公众发生电击事故。

如果管道上产生的瞬间干扰电压在 1~2kV 之间，在管道作业时操作人员所站立的地表面必须绝缘，或者在阀门处必须备有等电位接地垫。在潮湿的地坑里作业时，必须穿橡胶靴和防水性防护服。按照 DIN 4843 标准要求，穿橡胶高筒靴就足够了。如果躺着或坐着操作时，必须使用最薄 2.5mm 厚的工业绝缘垫（如焊接用安全垫、绝缘橡胶板或塑料垫）。一般来说，可以通过接地提高漏电导来降低管道电位。

如果处于长期持续干扰作用下，当管道电位高于 65V 时，有必要安装接地，操作人员应站立在绝缘的地表面或者使用等电位接地垫。当管道与架空电力线长距离平行接近时，相应接地体距离上的连续接地和接地电阻应有利于邻近范围处接地短路时获得可允许的电压分布。

7.6.2　结构物施工期间的安全防护

在邻近交流电力系统的区域进行施工时可能存在严重的电击危险，对此应指派专业人员负责电气安全。该责任人员应完全了解正确的接地程序以及关于电感耦合、电容耦合、故障电流、雷电等对地上和地下结构物的危险影响，他应当配备相关仪器设备，并有权实现和维持安全工作条件。

可采用适当的接地方法来降低结构物与大地之间的交流电位差,也可通过适当的跨接方法来降低不同结构物之间的交流电压差,通过接地均压网可以降低大地中不相连的各点之间的电压差。为了施工安全而进行的接地和跨接取决于交流电存在的形式、大小和持续时间长短。每种情况均应由专业人员进行分析,而且在整个施工作业期间都应当实施安全操作程序。

在交流干扰影响区内进行金属结构物施工时，应符合下述最低限度的保护要求：

① 对于平行于交流电力系统的长的金属结构物，若长度不大于 300m、与大地绝缘的结构物，应在结构物两端安装单独的临时接地装置(接地极)。若长度超过 300m、与大地绝缘的结构物，应从一端开始，每间隔 300m 安装一个单独的临时接地极。接地极的接地电阻应小于 30Ω。在某些情况下个别结构物接头或端节在搬运之前可能需要附装一个接地极。

② 临时接地极可以是接地棒、螺套管或其他适宜的金属接地体，它们是用于降低交流电压的，但不得与邻近的公用电力线路接地系统相连，否则当发生开关冲击、雷电或故障时，可能会增加危险的概率。如果该接地系统中有交流电流流过，也可能会增加正常的静态影响。

③ 用于跨接和接地装置的连接电缆应具有良好的机械强度和导电性。临时性连接电缆可采用其截面积(按标准 SY/T 0032—2000 要求)不小于 $10mm^2$ 的多股铜芯导线。而标准 NACE RP0177—2000 则推荐采用截面积 $35mm^2$ 多股焊接铜芯电缆。

④ 对结构物和接地极的临时性连接电缆应当用线夹可靠地连接，该线夹施以稳定的压力且其载流量等于或大于接地导体。线夹应安装牢固不至于意外脱开。应彻底检查所有永久的电缆连接件，确保机械牢固，导电良好，并在回填前做好防腐层。

⑤ 接地电缆应首先连接到接地极上，然后再可靠地连接到被影响的结构物上。拆卸顺序相反，连接接地极的接头应最后拆卸。还应注意使用适当的绝缘工具或绝缘手套操作，以减少电击危险。在跨接电缆中预计有大功率的情况下，推荐采用以下顺序来防止电弧或管件上防腐层或金属的物理损伤：a. 先将接地线夹连接到结构物上；b. 再将接地电缆连接到接地极上；c. 最后将接地电缆连接到结构物的接地线夹上。

⑥ 如果在绝缘法兰或绝缘接头两端测出有危险的交流电压存在，则接头或法兰的两侧应进行接地或跨接。如有需要，拆除临时接地之前应做永久性连接。

⑦ 拆除临时接地装置之前，必须提供保护措施，以保障持续地控制结构物上交流电压的影响；这些措施依据阴极保护的类型、结构物的类型和预计的交流电压大小而定。所有临时接地装置应在原位保持到回填前和永久接地已经接好为止。

⑧ 当车辆及其他施工设备在电力线路附近工作时，应遵守现行的高压输电线区域内作业的电气安全规定。如果受到交流干扰影响，金属结构的工棚或拖车、篱笆围墙或其他临时性结构物都应当进行接地。

⑨ 对地上附属设备(如排风管、穿线导管、测试盒)使用电绝缘材料，可以减少特殊场合中的电击危险。应当注意，与结构物永久连接的导线(如阴极保护测试线)仍然极有可能发生电击，因为无法与结构物隔离绝缘。

7.6.3 结构物和阴极保护系统运行维护期间的安全防护

当结构物和阴极保护设施处于交流干扰影响区时，应采取特别的预防措施对其进行维护，最低限度是设立警告标志。所有维护工作都应由熟悉有关危险的人员来执行，或者在他们的监督下完成。维护人员必须了解这些危险，并遵守安全规程。

对用于限制交流电压的设备，应按照制造商的建议进行检测，并在熟悉有关危险的人员监督下完成。如果怀疑所在区域有可燃性气体存在，在连接或断开连接线之前，必须进行检测，以确定可燃性气体浓度在安全范围之内。每次断开用于限制交流电位的设备数量不得多于一个。对于安装了一个单独保护设备的情况，在拆除该正在使用的装置前，必须加装一个临时的分路连接，可带也可不带其他的去耦装置。

在交流干扰影响区对阴极保护系统进行测试，应由专业人员执行或在有资质的人员监督下完成。在任何情况下，应首先进行交流电压测试，并把结构物当作带电体看待，直到证实其不带电为止。阴极保护记录中应包括这些测试结果。

在交流干扰影响区内，结构物的阴极保护检测站应采用隐蔽带电部分的结构，以减少触电的可能性。采用钢管支架的检测站时，必须采用隐蔽带电部分的结构。在运行维护作业时为了安全操作，应首先将所有引线连接到仪器上，然后再连接结构物上的引线。拆除连接线的顺序正相反，先拆卸结构物上的引线，最后拆下仪器连接线。

在交流干扰影响区内结构物被暴露出来的位置处进行切割、缠带或分离作业时，因进行测试以确定结构物对地的交流电压或交流电流。倘若发现电压或电流大于规定的允许值，就应采取适当的补救措施以降低交流影响，使之处于安全范围之内。如果达不到这种结果，则应视该结构物为带电体，并按带电作业处理。在切割点或要拆除的构件上，应在作业之前做好固定的跨接。在带有可燃性液体或气体的设施上，按照安全操作规程，不管交流电存在与否，要求在结构物分离之前做好被分离构件的跨接连接。

7.7 交流干扰的检测和判定

7.7.1 交流干扰的检测

7.7.1.1 调查测试项目

位于交流干扰源附近的埋地金属结构物，若两者距离大于1000m，一般可不作进一步的调查测试，否则就应进行必要的实地调查和测试，以正确估计在正常、故障、雷电、开关冲击等条件下的交流干扰电压和电流水平。当确认埋地金属结构物遭受交流干扰影响和危害时，必须采取与干扰程度相适应的防护措施。

当埋地金属结构物(如管线)与高压输电线路平行接近延伸时，可采用一些有效公式估算电磁干扰电压最大值。若埋地钢质管道与输电线路的有效平行延伸长度在25km以下，可采用如下简化计算公式计算管道上电磁干扰电压最大值 U_{max}：

$$U_{max} = U_{20m} \cdot f_d \cdot I_{ck} \cdot \alpha_\gamma \cdot \alpha \qquad (7-59)$$

式中 U_{max}——管道上电磁干扰电压最大值，V；

U_{20m}——平行的相互间距为20m时的电磁干扰电压最大值，V/kA，可由图7-15查出；

f_d——距离因子；

I_{ck}——高压输电线的短路电流，A；

α_γ——传播常数修正系数；

α——综合屏蔽系数，通常为0.4~0.8。

距离因子 f_d 可由下式计算：

$$f_d = \frac{M}{790 \times 10^{-6}} \tag{7-60}$$

式中，M 为互感系数(H/km)。根据电力线路与管道等值距离 d 和土壤电阻率 ρ，可由诺模图 7-16 查出，图中 $\sigma = 1/\rho$，为大地电导率。式(7-60)中的 790×10^{-6} 为系数(H/km)。

传播常数修正系数 α_γ 可由下式计算：

$$\alpha_\gamma = \sqrt{\frac{r_1}{2.5 \times 10^3}} \tag{7-61}$$

式中，r_1 为单位面积($1m^2$)的管道防腐层的电阻($\Omega \cdot m^2$)。式(7-61)中的 2.5×10^3 为系数($\Omega \cdot m^2$)。

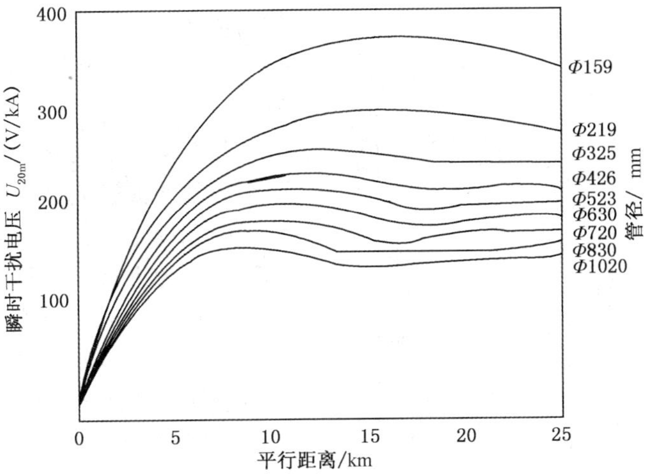

图 7-15 管道上电磁干扰电压最大值 U_{20m} 的计算曲线

(平行的相互间距为 20m，大地电阻率为 100Ω·m)

干扰源和被影响结构物是交流干扰问题互为依存的两个方面。标准 SY/T 0032—2000 对埋地金属管道的交流干扰问题规定了调查测试项目：

(1) 架空的高压输电线路

① 管道与高压输电线路接近距离和长度；

② 接地系统的类型及与管道的距离；

③ 额定电压、额定电流、三相负荷的不平衡度；

④ 最大单相短路故障电流和持续时间；

⑤ 最大相间短路故障电流和持续时间。

(2) 交流电气化铁路

① 钢轨与管道相互位置、牵引变电所位置、馈电网络及供电方式、回归线网的电气参数、状态与分布；

② 电气机车负荷曲线及运行状况(次数与时间的关系)；

③ 钢轨及其他干扰源对地电位及其分布；

④ 钢轨及其他干扰源漏泄电流趋向及电位梯度。

(3) 被影响埋地金属管道

① 本地区过去的腐蚀实例；

② 管道与干扰源的相对位置、分布；

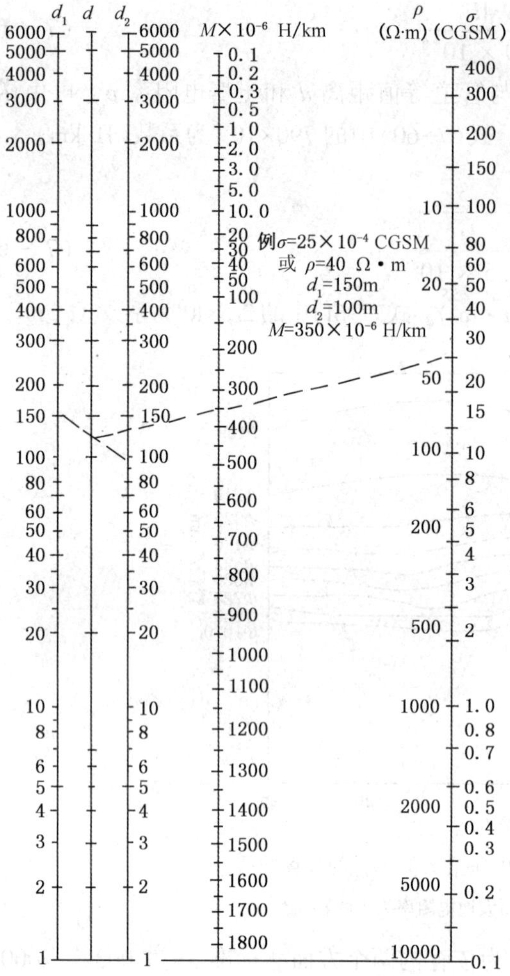

图 7-16　计算互感系数列线诺模图(工频)

③ 管道交流电位及其分布(包括管地电位按管道里程分布及其随时间变化的分布)；

④ 管道对地漏泄阻抗；

⑤ 管道沿线土壤电阻率；

⑥ 管道沿线大地导电率；

⑦ 管道已有阴极保护和排流保护的运行参数及运行状况；

⑧ 相邻管道或其他埋地金属结构物干扰腐蚀与防护技术资料。

7.7.1.2　交流干扰测试和结构物电位测量

(1) 交流干扰测试

为掌握被影响金属结构物上的交流干扰情况和确定交流干扰对结构物产生的影响程度，为进行干扰计算和采取合理有效的防护措施，应进行交流干扰测试，尤其要测量金属结构物的电位。对埋地金属管道的交流干扰测试工作可分为三类：

① 调查测试　用于探测干扰程度和结构物上的对地电位分布，以便为防护工程测试提供依据；

② 防护工程测试　用于提供实施防护措施所需的技术参数；

③ 防护工程效果测试　用于调整排流保护运行参数及评定防护工程效果。

对于上述调查测试项目，由于各项调查和测试项目的重要程度往往随着干扰源和被影响结构物的结构和运行情况及发生干扰的具体状况而不同，可以根据具体干扰状态、测试工作种类等实际情况，全部或部分地进行。对于具体的埋地金属管道而言，一般可参照表 7-6 执行。

埋地金属结构物遭受到的交流干扰现象是很复杂的，与常规条件下的腐蚀测试及阴极保护测试是完全不同的。对埋地金属管道而言，它的主要特点是：管地电位在管道纵向分布上多变；管地电位随时间频繁变化；管地电位随干扰源负荷的变化而变化。为了保证测试数据的可靠、有效和准确，埋地管道上测试点的选择和分布应符合下列原则：

① 对调查测试，应在接近交流干扰源的埋地管道上进行测试，测试点间距宜为 1km，应尽可能利用现有检测站(测试桩)。

② 对防护工程测试，应依据调查测试结果在已经确定的交流干扰管段上布设测试点，干扰情况复杂时宜加密测试点。埋地管道上交流干扰电压的测试点应选择在出现感应电压峰值的位置。

③ 对防护工程效果测试，应在防护工程各实施点处选定测试点，一般应包括排流点处、

干扰缓解较大处和缓解较小处。

表 7-6 调查测试项目表[14]

实施对象	调查测试项目内容	需要程序			实施方法
		调查测试	防护工程测试	防护工程效果测试	
干扰源侧	(1) 架空的高压输电线路				
	① 管道与高压输电线路接近距离和长度;	○	○	×	测量
	② 额定电压、额定电流、三相负荷的不平衡度;	△	○	×	调查咨询
	③ 最大单相短路故障电流和持续时间;	√	○	×	调查咨询
	④ 最大相间短路故障电流和持续时间;	√	○	×	调查咨询
	⑤ 接地系统的类型及与管道的距离	√	○	×	调查咨询，测量
	(2) 交流电气化铁路				
	① 钢轨与管道相互位置、牵引变电所位置、馈电网络及供电方式、回归线网的电气参数、状态与分布;	○	○	△	调查咨询
	② 电气机车负荷曲线及运行状况(次数与时间的关系);	△	○	△	调查咨询
	③ 钢轨及其他干扰源对地电位及其分布;	△	○	×	调查咨询
	④ 钢轨及其他干扰源漏泄电流趋向及电位梯度	√	○	×	调查咨询
被影响管道侧	(3) 被影响埋地金属管道				
	① 本地区过去的腐蚀实例;	△	△	×	调查咨询
	② 管道与干扰源的相对位置、分布;	○	○	×	调查咨询
	③ 管道交流电位及其分布(包括管地电位按管道里程分布及其随时间变化的分布);	√	○	○	调查咨询，测量
	④ 管道对地漏泄阻抗;	√	○	√	调查咨询，测量
	⑤ 管道沿线土壤电阻率;	○	○	×	测量
	⑥ 管道沿线大地导电率;	√	√	×	调查资料，测量
	⑦ 管道已有阴极保护和排流保护的运行参数及运行状况;	△	△	×	调查咨询
	⑧ 相邻管道或其他埋地金属结构物干扰腐蚀与防护技术资料	△	○	×	调查咨询

注：表中符号意义：○—必须进行的项目；△—应进行的项目；√—宜进行的项目；×—可不进行的项目。

同时，为了获得足够可靠的、具有代表性的数据，一方面，一般要求增加测试点，延长测试时间，缩短数据的读取时间间隔。另一方面，针对干扰源的变化情况，要求选取一个或几个能代表干扰源负荷长期变化规律的时间段以获得平均值，来反映被干扰管道的长期干扰状态。因此，对测试点的选择与布置、测试时间段、读数时间间隔及 24h 的连续测试等，应作统一的具体规定。

在对埋地金属埋地管道进行防护工程测试及防护工程效果测试时，要求符合以下原则：

① 各测试点的工作应同时开始和同时结束；

② 各测试点处以相同的读数间隔记录数据；

③ 对干扰源和被影响管道两方面的测试应同步进行。

在对埋地管道上交流干扰电压进行测试时，测试时间段一般为 40~60min，对运行频繁的交流电气化铁路可取 30min；测试时间段应分别选择在干扰源运行的高峰、低峰和一般负荷三个时间段上。读数时间间隔一般为10~30s，电压幅值变动剧烈时，应不大于10s。当干扰程度剧烈时，应在采取防护措施的位置点、实际安装防护措施的位置点、防护效果评定点以及其他具有代表性的位置点进行24h测试。所有测试点的交流干扰电压测试不得少于3次，每次的测试起止时间、测试时间段、读数时间间隔均应相同。

（2）金属结构物的电位测量

当金属结构物上(例如管道)上存在有电磁感应引起的干扰时，通常是采用接地极作为远方大地的参比电极来进行电位测量。所谓远方大地的参比电极一般是指位于该金属结构物或其他地床的电压漏斗之外的参比电极，对于管道而言，通常距管道20m时就可达到这种情况。应当注意，所用测量导线必须与引起干扰的高压电力线相垂直，以免在测量导线中感应产生干扰电压，从而影响管道电位的正确测量。将此参比电极置于处在电压漏斗区域内的管道上方，可以测量由电阻干扰引起的接触电压。

① 对瞬间干扰的测量　将测量电流馈入未工作的高压架空电力线，就能够计算出短路电流的管道电位。因为按照式(7-13)、(7-22a)、(7-22b)和(7-39)，电流与管道电位之间一般都存在有效的比例特性，采用如下方法可以避免外部电压引起的误差。

脉冲技术(电位叠加法)　用于干扰源的电压频率不变的情况(例如f=50Hz)。而在其他情况下，则必须串联一个适宜的滤波器。测量电流的频率应与此略有不同(如f=49.5Hz)。将干扰电压U_D叠加在受干扰管道电位U上，从而产生一个f=(50Hz-49.5Hz)/2=0.25Hz的差拍。根据定期测量通断电(25s通电和5s断电)时确定的脉冲极端值(U_{max}和U_{min})及干扰电压U_{DV}，可由下式导出管道电位U：

$$\text{当 } 2U_{DA} > U_{max} \text{ 时，} U = (U_{max} - U_{min})/2 \tag{7-62}$$

$$\text{当 } 2U_{DA} = U_{max} \text{ 时，} U = U_{max}/2 \tag{7-63}$$

$$\text{当 } 2U_{DA} < U_{max} \text{ 时，} U = (U_{max} + U_{min})/2 \tag{7-64}$$

极性逆转法　采用一个与电网同步的电压源，经无电流的停息后，其相位变换了180°。根据矢量分析，管道电位U符合下式：

$$U = \sqrt{\frac{U_a^2 + U_b^2}{2} - U_{DV}^2} \tag{7-65}$$

式中，U_a和U_b分别是极性逆转前后测得的电流流过时的电压；U_{DV}是测量电流停息期间测得的干扰电压。

用此方法也能消除16⅔Hz的干扰电压，只要它们在测量期间恒定不变即可。而在其他情况下，则必须使用滤波器去除。

② 对长期持续干扰的测量　为了能获得准确的管道电位测量值，高电压输电系统的设备操作人员应提供在测量期间引起干扰的所有高压电力线的工作电流和相位的纪录。应在每一测量点(检测站)处，与干扰工作电流同一时间段内测量纪录15min的管道电位，以便将测量的管道电位与干扰源的高压电力线运行数据相联系。

在没有检测站的某个管段处(如在线路铁塔周围)，可以采用一支专门设计的测量线来模拟管道。该测量线在铁塔两侧相邻的最近两个检测站处与管道实行电连接，通过将沿管道布设的接地极连接到测量线上，由此就能测量管道电位。

如图7-17所示，给出了一个为控制交流干扰而测量的管道电位的实例。图7-17(a)所示为一条输送天然气的涂敷PE防腐层埋地管道(DN600)，与一条380kV架空高压电力线平行延伸的相邻情况。图7-17(b)所示为实施接地(以进行排流保护)前实测的和计算的管道电位值比较。此管道在 38km 处与另外两条管道连接，且在 0km 处通过一个 1Ω 电阻接地。测量到的干扰电流达到 256A，并且所显示的测量值与给定的 12.2kV 短路电流相关。图7-17(c)所示为实施接地后实测的与计算的管道电位值的比较，采用的接地($R_G=1\sim2\Omega$)位置如图 7-17(a)所示。

7.7.1.3　交流干扰和雷电影响的程度和检测

阴极保护系统的设计应包括对各种情况(正常条件、故障状态和雷电冲击情况)下可能产生的交流电压、交流电流之大小的预测和评估。由于现场勘测可能遇到很强的交流电，所以项目涉及人员均应遵守相应的电气安全程序，应将该结构物始终作为一个带电体看待，以保证人员安全。

为估计交流干扰的影响程度，应考虑以下的测试和调查内容：

① 与公用电力部门协商确定峰值负荷条件和最大故障电流，并共同规定在勘测时应采用的测试程序；

② 被影响结构物与大地之间感应交流电位的测量；

③ 被影响结构物上感应交流电流的测量；

④ 在正常条件及故障状态下结构物可能承载的电压和电流的计算。

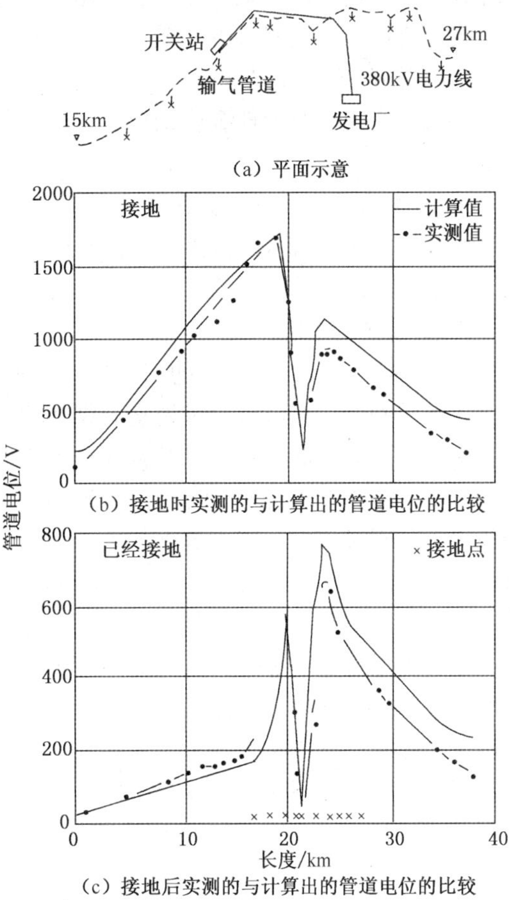

图 7-17　一条涂敷 PE 防腐层的 $DN600$ 天然气埋地管线与一条 380kV 架空高压电力线平行延伸时控制交流干扰的实例

如果已经注意到或怀疑被影响结构物上有交流电存在时，就应进行一次勘测，并记录每次勘测的时间和位置。

在进行电位测量时，应选用适合量程的交流电压表。导线连接点的接触电阻须足够低，以便最大程度地降低由于外部电路阻抗和仪表内阻之间相关关系引起的测量误差。电位测量时的适当参照物有：金属棒、与被测量管道充分绝缘的裸套管、与被影响结构物相邻的铁塔支腿或电力线中性点(注意：与铁塔支腿或电力线中性点相连接的仪表，在开关冲击、雷电或故障期间会有危险)。

为了确定被影响结构物上存在的交流电流，也可以用适宜的交流电压表在电流检测站处测量一个电阻上的电压降(IR 降)，据此可以给出电流流动的指示，但由于铁磁材料的交流阻抗特性缘故而不能立即转换成安培数。

为了获得被影响结构物上交流功率大小的读数，可以将结构物与适当的接地装置进行临时的跨接连接，用钳形电流表测量交流电流和电压。所谓适当的临时接地可以通过将铁塔支腿、电力线中性点、裸套管或绝缘接头两侧的跨接与良好的接地系统相连接来实现。结构物上现有的直流排流接头也可用于调查检测其交流功率的大小。

按上述在勘察期间获得的最大交流电位和电流值所在位置处，应当进行24h连续的记录测试，或者直至建立起与电力线路负荷变化的对应关系。

为减轻交流电对埋地金属结构物产生干扰影响而进行防护措施设计时，应当确定以下电力系统参数：

① 最大的运行负荷和事故期的负荷；

② 最大的单相线对地故障电流和持续时间；

③ 最大的相间故障电流和持续时间；

④ 所用接地系统的类型。

7.7.1.4　阴极保护系统的安全维护和测试程序

在考虑和估计交流电对埋地金属结构物可能产生的交流干扰时，应同时考虑交流电对结构物阴极保护系统的影响，以及遭受交流影响的结构物上阴极保护系统的安全维护和测试程序。被影响结构物中流过的交流电可以通过阴极保护设备流入大地。在交流电力系统正常运行条件下，阴极保护回路中流动的电流可产生明显的热量，足以对设备造成损伤或危害。在阴极保护回路中串联感抗和并联容抗可以显著地减少发热。整流器的交流输入端和直流输出端均应配有雷电和电涌保护装置。

因交流干扰遭受邻近公用电力系统损害的阴极保护整流器，应比其他未受影响的整流器更加频繁地进行检查，以保障其正常运行。如果整流器反复出现故障，有可能是邻近公用电力系统的交流干扰影响所致，应采取正确的措施来维持整流器的连续正常运行。为减轻这方面的问题可采用以下一个或多个措施，例如：

① 在交流输入端和直流输出端跨接自复式避雷器；

② 在交流导线或直流导线中安装重负荷扼流圈。

在遭受交流干扰影响的结构物上，在雷暴活动期间不应进行任何阴极保护测试工作或类似的工作。阴极保护测试仪器应能充分滤去交流影响而提供精确的直流数据。

在交流干扰影响区内，如果埋地金属结构物是采用牺牲阳极法阴极保护，且有检测站可供利用，每次对结构物进行测试时，应使用适当的仪表进行以下测试：

① 测量并记录来自这些阳极的交流电流和直流电流；

② 测量并记录结构物对地的交流电位和直流电位。对地上管道所有金属附属装置，应检查其防止公众或家畜直接接触该结构物的防御设施的有效性，如果发现设施不起作用，应立即更换或修理。

在电气测量的接线中，所有测试导线、线夹和端子都必须适当绝缘。在连接到结构物之前，应先将测试仪表引线接好；每次测试完成后，应先拆下结构物上的连接线，后拆仪表上的连接线。所有测试接线的连接和拆卸应当逐个进行，每次一个。

当很长的测试导线靠近一条电力线摆开时，导线中会感应出明显的电压，可采用以下措施来降低这种危险：

① 所有测试导线夹、端子和导线适当绝缘；

② 避免与裸测试导线端子接触；

③ 做任何测试连接前，先将参比电极置于测试位置上；

④ 将引线连接到参比电极，并将线卷上的余线放回到测试处；

⑤ 先将测试引线连接到仪表上，然后再连接到结构物上；

⑥ 连接参比电极至仪表的引线；

⑦ 测试完成后，按相反的顺序拆卸引线。

（注意：采用长导线执行近间距管地电位测量时，需用特定的操作程序和预防措施。）

无论何时，站在接地垫或接地网上面的人员与站在外面的人员之间，不应传递工具、仪表或其他器具，以防止结构物上可能出现的交流电压对人员的电击危险。

为减轻交流干扰影响而设置的接地设施，应按规定仔细地进行检查测试，以确保接地系统的完整性。当怀疑环境中有可燃性或爆炸性气体存在时，未经预先测试确保安全前，不允许断开或再连接接头。当接地网为了测试目的而断开时，任何人不得与结构物接触，不管是直接接触或是通过测试导线接触。当断开接地装置的连接而进行接地电阻测试时，应迅速完成测试，以减少操作人员的危险。所有减轻干扰影响的设施及测试设备都应按照制造厂的说明书进行操作和维护。

7.7.2　交流干扰的工业防范要求

在架空的高压交流输电线路和交流电气化铁路附近的埋地金属结构物会遭受交流电干扰。现场曾测得的持续干扰电压可达57V，瞬间干扰电压可达上千伏。交流干扰电压将会危及人身生命安全和设备安全，导致金属结构物产生交流电腐蚀，影响阴极保护系统的正常运行。如何防范交流干扰影响和采取哪些适当的保护措施，是腐蚀科学和防腐蚀技术的重要任务之一。

交流干扰的问题，实质上是一个安全问题，包括人员安全、设备装置的安全及其正常运行的可靠保障。这里涉及对人员的交流安全电压的规范，以及对设备装置的交流干扰电压（电流）的规范。对于人员的交流安全电压，现行我国国家标准GB 50054—95《低压配电设计规范》中，第4.4.3条规定：“Ⅰ类电器设备，所在环境为正常环境，人身电击安全电压限值（U_L）为50V（有效值）。特殊场所如潮湿、狭窄，安全电压要低于50V或25V，切断时间为0.4s。”现行我国国家标准GB/T 3805—1993中规定：“当电器设备采用了超过24V的安全电压时，应采取保护措施，采取防直接接触带电体的保护措施。”美国腐蚀工程师协会标准NACE RP0177—2000第5.2.1.1规定：“对于本推荐标准，15V（均方根值）交流开路电压或5mA或更大的干扰源电流容量，将被认为构成一种预料中的电击危险。”

对于设备装置的交流干扰防护而言，标准SY/T 0032—2000对埋地金属管道规定了采取排流保护措施后应达到的一些效果指标，参见上述第7.5.3节。这些指标是以交流干扰电压为评价基础的。

7.7.3　在交、直流干扰下的埋地管道阴极保护判据

7.7.3.1　交、直流干扰对传统阴极保护判据的挑战

在无交、直流干扰影响的环境中正常运行的埋地金属管道，对其上阴极保护系统使用传统的保护电位判据（如-0.85V（CSE）极化电位判据和极化-100mV判据，参见第3.3节）是有效的，大量实践证明是成功的。但是，当有交、直流干扰影响存在时，仅仅使用保护电位判据可能就无法正确判断阴极保护的有效性了。

正如前述，架空的高压交流输电线路以及交流电气化铁路对与之平行或交叉铺设的埋地金属结构物（以埋地管道为例）将会产生交流腐蚀，同样也会对其上阴极保护系统产生交流干扰影响。按照工业规范的要求，应远离交流电力线路以适当的距离敷设埋地钢质管线，但是近年来由于工业建设的发展，地下结构物状况和地面状况的限制，这种远离的要求是越来越难实现了。此外，埋地金属管道的材料状况和防腐层状况近年来也都发生了变化，其结果

就是对埋地金属管道的交流腐蚀危险和对阴极保护系统的交流干扰影响都增大了。

架空的高压交流输电线路以及交流电气化铁路将会在与之平行或交叉铺设的埋地金属管道上感应产生交流电压和交流电流，管道上的防腐层缺陷与土壤之间传输着交流电流，这就引起了交流腐蚀，而管道上的感应交流电压将会叠加在保护电位上，严重地影响了保护电位的测量和正确判断；即使所测量的瞬间断电电位满足了传统的阴极保护电位判据(如-0.85V(CSE)极化电位判据)，但是很高的交流电流密度也仍然可在管道上引起交流腐蚀。埋地管道与电力线的距离越短，以及作为干扰源的电力线中流过的交流电压越高，都会引起埋地管道上交流干扰和交流腐蚀危险增大。高电阻率防腐层(如挤压聚乙烯)应用日益增多，这也可使交流腐蚀危险恶化，因为高电阻率防腐层覆盖的管道可感应出更高的交流电压。

当阴极保护的埋地管线紧挨着直流电气化铁路铺设时，由于从运行机车的钢轨汲取了过多的直流杂散电流，就可能产生过保护的危险。过保护是阴极保护时施加过度保护电流所致，过度的保护电流既可能来自阴极保护电源，也可能来自为防止直流杂散电流腐蚀而设置的排流接地导体。因此，在阴极保护站附近或排流接地体附近的管道，它的管地电位倾向于比所需电位要更负得多。不仅由于直流电气化铁路的延伸，而且也由于过多的保护电流局部集中于现代高电阻率防腐层的少数缺陷处，这些都使得过保护危险增大。此外，高强钢(如API X-80和X-100管线用钢)作为管道材料应用得越来越多，在过保护条件下对它们的氢致应力开裂危险也越来越关心。

当埋地金属管线紧挨着直流电气化铁路铺设时，还存在着一种由于运行机车钢轨向土壤中排放直流杂散电流而引起的杂散电流腐蚀危险。随着直流电气化铁路的不断延伸，使直流杂散电流腐蚀的危险增大。虽然可以通过增设阴极保护电源和排流装置，使这种直流杂散电流腐蚀的危险基本得以消除，但是因为在强烈的直流杂散电流影响之下，其腐蚀速率可能达到非常高的程度，它对埋地管道及其上阴极保护系统的可能影响仍是一个十分重要的问题。

所以，近年来在埋地钢质管线上的交流腐蚀、过保护、直流杂散电流腐蚀的危险和问题明显地增多了。虽然对每种危险因素都分别进行了各种研究，但当这些因素共同作用于同一条埋地管线时，问题就变得更为复杂化。当对这种埋地管线施加阴极保护时，仅仅使用原有的传统阴极保护判据就不能满足需要了。显然，在这种交直流干扰的条件下，传统的"以电位为基础"的阴极保护判据用于评估这些危险因素及评价阴极保护的有效性时，就存在着一定的局限性。

7.7.3.2　发展以电流为基础的阴极保护判据

一些科技工作者通过研究试验，试图提出新的测试方法和在交直流干扰作用下新的阴极保护评价判据。德国Helm等人提出，可以根据交流电流密度水平来评价交流腐蚀危险。而Ragault则认为，交流电流密度/直流电流密度之比以及交流电流密度大小是影响交流腐蚀危险的两个重要因数，可将它们作为评价参数。在德国标准DIN 50925中推荐了一种基于交流电流密度和直流电流密度用于防止交流腐蚀的判据，即交流电流密度应小于30A/m^2，而直流电流密度应当维持在1A/m^2。日本Nakamura和Kajiyama对此进行了现场和实验室的试验，以便澄清和阐明在不同的直流和交流电流密度作用下，它们对埋置于粘质土中的碳钢上交流腐蚀速率的影响。根据这些实验结果，他们得出结论认为：①对于所产生的交流电流密度(I_{AC})≤70A/m^{2}的情况，通过施加适当水平的直流电流密度进行阴极保护，可使腐蚀速率降低到<0.01mm/a的水平；②当所产生的交流电流密度(I_{AC})超过70A/m^{2}时，尽管施加了高水平的阴极极化，金属仍可能发生交流腐蚀。

Hosokawa、Kajiyama 和 Nakamura 通过对测试片进行大量现场实验，对在交直流干扰作用下的埋地金属管道提出了新的阴极保护判据，以保障管道消除交流腐蚀、过保护、直流杂散电流腐蚀危险的影响。他们在预期可能会发生交流腐蚀、过保护和直流杂散电流腐蚀的管道位置，选择了一些有代表性的阴极保护检测站，在该处埋设一些裸钢测试片并连接到管道上。为模拟管道防腐层的缺陷，测试片上暴露于土壤的裸钢表面积设定为 $10cm^2$。如图7-18所示为管道现场测试的测量方法示意图。当测试片与管道相连接时，测量在测试片上流过的交流电流和直流电流，通过暴露面积可获得交流电流密度和直流电流密度。按所有电流数据的平均值来计算直流电流。按 50Hz 工频分量来确定交流电流，这个频率的交流电流对交流腐蚀危险有着最决定性的作用。利用阴极保护检测站已安装的饱和硫酸铜参比电极进行电位测量。按测试片与管道断开后的 10~30ms 之间测量的试片平均电位来确定瞬间断电电位，以便分析由于感应产生的 50Hz 交流电可能引起的电位波动。进行所有这些测量时，并不需要断开与管道相连接的整流器、牺牲阳极及其他金属结构物上的干扰源。

Hosokawa、Kajiyama 和 Nakamura 沿着平行于架空的高压交流输电线路铺设的埋地管线上，在许多阴极保护检测站测量了交流电流密度和瞬间断电电位(参见图 7-19)。结果表明，两者之间并无明显的对应关系。尽管瞬间断电电位(E_{off})比-1.0V(CSE)更负，但仍然测量到了很高水平的交流电流密度(I_{AC})，达到了 $70A/m^2$。近年来的一些工业实例和研究测试结果都表明，一些埋地钢质管线发生了异常的腐蚀破坏，经失效分析，是由于邻近的架空高压交流输电线路和(或)交流电气化铁路产生的交流干扰所致，尽管测量到的管地电位已经比-1.0V(CSE)更负。由此可见，基于瞬间断电电位的阴极保护判据并不能作为正确评估交流腐蚀危险的指标。

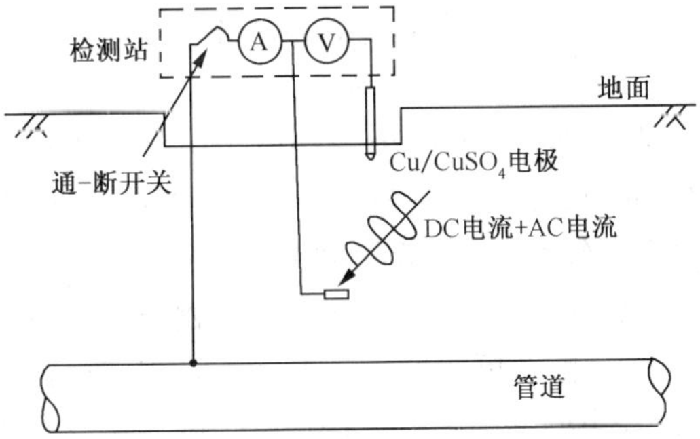

图 7-18　一种用于管道现场测试交直流干扰的测量方法示意图[24]

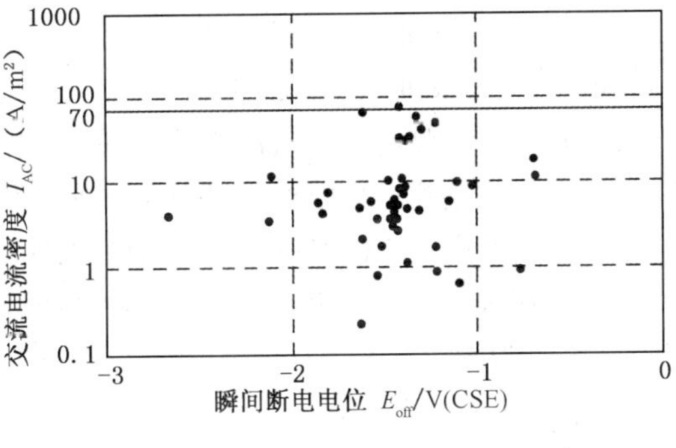

图 7-19　平行于架空高压交流输电线路的埋地管线上测量的瞬间断电电位(E_{off})与交流电流密度(I_{AC})之间的关系[24]

在埋地管线的阴极保护实施中，过度的阴极保护电流将会引起所谓的过保护破坏，主要表现如引起管道防腐层开裂、剥离和导致管材的氢致应力开裂。测量管道的通电电位一般并不能对过保护危险提供正确的评价，因为杂散电流和保护电流都会产生 IR 降(欧姆电压降)，并被叠加在通电电位的测量读数中，造成错误的判读结果。通过使用与埋地管道相连接的测试片来测量瞬间断电电位(参见第 8 章)，就可以获得无 IR 降的管道电位。但是瞬间断电电位原则上是不能连续测量的。所以当直流杂散电流或保护电流发生波动时，仅仅根据在某一瞬间测量的瞬间断电电位来评价过保护水平也可能是不合适的。

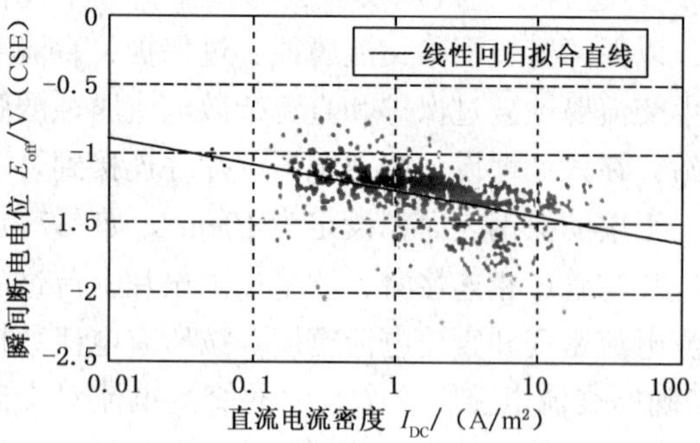

图 7-20　在不同埋地管线上总共 705 个检测站对测试片测量的瞬间断电电位与直流电流密度之间的关系[24]

但是，通过测量测试片上流过的直流电流密度(I_{DC})则有可能用来评价过保护危险，因为这种直流电流密度是可以连续测量的。对直流电流密度与过保护状态下可能产生的现象之间的相互关系进行分析，应能建立起一种基于直流电流密度而将过保护危险降至最低程度的判据。Hosokawa、Kajiyama 和 Nakamura 通过测试片上测得的瞬间断电电位与直流电流密度之间的相互关系，建立了一种供试用的推荐判据。如图 7-20 所示，给出了他们在不同埋地管线上总共 705 个检测站对测试片进行测量的结果。

对图 7-20 中这些直流电流密度(I_{DC})与瞬间断电电位(E_{off})之间相互关系的数据进行线性回归分析和拟合，可得到如下方程：

$$E_{off} = -1.27 - 0.184\lg I_{DC} \tag{7-66}$$

式中　E_{off}——测试片测得的瞬间断电电位，V(CSE)；

I_{DC}——测试片测得的直流电流密度，A/m^2。

Kasahara 等人在现役管线上总共 87 个检测站处用测试片测量其上流过的直流电流密度和瞬间断电电位，两者之间的相互关系可用下式表示：

$$\begin{aligned} E_{off} &= -1.35 - 0.151\lg[I_{DC}(mA/cm^2)] \\ &= -1.20 - 0.151\lg[I_{DC}(A/m^2)] \end{aligned} \tag{7-67}$$

显然，式(7-66)和式(7-67)是非常相似的，这进一步支持了表征测试片直流电流密度和瞬间断电电位之间相互关系的式(7-66)的有效性。

Nonaka 等人对埋置于海泥中的低抗拉强度钢试样，在不同阴极保护电位下进行慢应变速率拉伸试验，测定了断面收缩率与外加电位之间的关系。经过数据拟合处理的结果表明，当外加电位负于-1.7V(CSE)时，断面收缩率下降。作者估计，测量的电位中包含了 0.1V 的 IR 降，因而确定过保护电位为-1.6V(CSE)。由此可从方程式(7-66)得到相应的直流电流密度水平为 $60A/m^2$。Hosokawa 等人考虑到直流电流密度可能发生的波动，将直流电流密度的上限初步确定为 $40A/m^2$。这是 Hosokawa 等人提出的一种为将过保护危险降至最低程度的、基于直流电流密度的判据。

为评价直流杂散电流腐蚀的危险，应当进行连续的测量。尤其是当防腐层缺陷处的极化水平由于直流杂散电流波动的影响而迅速变化时，连续测量更为必要。虽然埋地管道的通电电位可进行连续测量，但它可能包含由于很大的直流杂散电流所引起的显著 IR 降。所以，直流杂散电流腐蚀不能直接根据管道通电电位来评价。采用测试片可以测量到无 IR 降的瞬间断电电位，然而，从原理上说，它是不能进行连续测量的。

由此看来，从连接管道的测试片所测得的直流电流密度可为表征直流杂散电流腐蚀危险提供一个合适的指标，因为它能进行连续测量而无 IR 降的影响。Hosokawa 等人对此进行了研究，并提出了一种用于消除直流杂散电流腐蚀危险的、基于直流电流密度的判据。Kasahara 等人通过研究得出结论认为，在交直流干扰作用下为获得完全的阴极保护，瞬间断电电位(E_{off})应维持在比-1.0V(CSE)更负的电位，这与传统的极化电位判据-0.85V(CSE)

相比是保守的。根据方程式(7-66)可得，与瞬间断电电位-1.0V(CSE)相对应的直流电流密度(I_{DC})是0.04A/m²。Hosokawa等人对此提出，考虑到直流电气化铁路附近由于直流杂散电流的影响可能发生直流电流密度波动，为防止直流杂散电流腐蚀的直流电流密度下限(I_{DC})确定为0.1A/m²。

根据上述所有讨论，为消除越来越多的交流腐蚀危险、过保护危险和直流杂散电流腐蚀危险，Hosokawa、Kajiyama和Nakamura建立并提出了一种综合的、新的阴极保护判据，它的评价基础是从测试片测得的直流电流密度(I_{DC})和交流电流密度(I_{AC})。表7-7和图7-21分别给出了这种基于电流密度的判据的数学表示和图形表示。该判据规定，直流电流密度I_{DC}应按测试片测得的平均电流密度确定，正值的I_{DC}表示直流电流是从土壤流向测试片的，而I_{AC}应按50Hz频率分量来确定。可以根据这种基于直流电流密度的判据来评价阴极保护水平，并能同时考虑交流腐蚀、过保护、直流杂散电流腐蚀的可能危险。

表7-7 一种用于埋地钢质管线的、基于测试片测量的直流电流密度I_{DC}和交流电流密度I_{AC}的、新的阴极保护判据之数学表达式[24]

分 项	判 据
阴极保护Ⅰ区	$0.1A/m^2 \leq I_{DC} < 1.0A/m^2$，$I_{AC} < 25I_{DC}$
阴极保护Ⅱ区	$1.0A/m^2 \leq I_{DC} < 40A/m^2$，$I_{AC} < 70A/m^2$

在图7-21中的阴影区指出了阴极保护范围。在阴影区之外，可把各种危险大致地划分为三个区域，分别对应于交流腐蚀、过保护和直流腐蚀这几种主要的可能危险。正如图7-21中所标注的那样。根据Nakamura和Kajiyama的推荐，确定了交流电流密度的上限。在阴极保护Ⅰ区中，交流腐蚀危险由I_{AC}和I_{DC}的比率来评价，当比率<25时，测试片的腐蚀速率被抑制在<0.01mm/a。在阴极保护Ⅱ区中，交流腐蚀危险直接由I_{AC}来评价，而不管I_{DC}的大小如何，当$I_{AC}<70A/m^2$时，测试片的腐蚀速率被抑制在<0.01mm/a。应当注意，当感应的交流电频率不同于50Hz时，I_{AC}的这些极限值将是可变的。

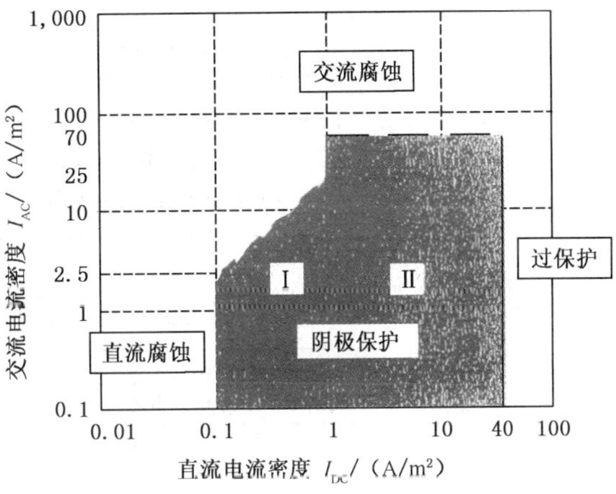

图7-21 一种用于埋地钢质管线的、基于测试片测量的直流电流密度I_{DC}和交流电流密度I_{AC}的、新的阴极保护判据之图形表示[24]

为消除过保护危险的I_{DC}上限确定为40A/m²，这取自于图7-20的结果。所谓直流腐蚀的定义是，由于阴极保护电流不足引起的腐蚀以及直流杂散电流腐蚀。为防止直流腐蚀的I_{DC}下限确定为0.1A/m²，也是取自于图7-20的结果。

7.7.3.3 消除交、直流干扰的基本方法学

作为消除直流杂散电流腐蚀和过保护危险的一种基本技术方法，可采用外加电流系统和牺牲阳极系统这两种阴极保护系统的组合应用，称之为混合式阴极保护系统。外加电流阴极保护系统的外加电流电源，在直流电气化铁路附近的管线上抑阻直流杂散电流腐蚀的严重危险方面是有效的。必须控制外加电流电源所施加的保护电流大小，以消除直流杂散电流腐蚀

的危险以及过保护的危险。在管线施工时，为提供临时性阴极保护而采用了牺牲阳极系统。当管线进行切割或修复工作时，为防止对操作人员的电击危险，关闭或断开了阴极保护电源和排流装置，这时牺牲阳极系统也仍然在工作。一般采用带填包料的镁阳极作为牺牲阳极使用，因为镁在土壤中的电位是相当负的，它能最大程度地减少外加电流阴极保护系统的效能降低。此外，分布式配置的镁阳极在抑阻感应交流电方面也是有效的。

对于遭受交流腐蚀危险的埋地管线，应当设计一套交流抑阻系统。Hosokawa、Kajiyama 和 Nakamura 在建立基于电流密度的新判据的同时，也确定了用于抑阻感应交流电的基本方法学，如图 7-22 所示。首要条件是先进行预备性调查，以确定架空的高压交流输电线路以及交流电气化铁路的位置，以及新建管线的路由。然后，根据预备性调查的结果，安装一套分布式配置的镁阳极接地系统，以抑阻感应产生的交流电。同时，在可能发生交流腐蚀、过保护和直流杂散电流腐蚀危险的检测站处，必须安装一些模拟防腐层缺陷的测试片并连接到管道上，以供测量直流电流密度 I_{DC} 和交流电流密度 I_{AC} 以及瞬间断电电位。

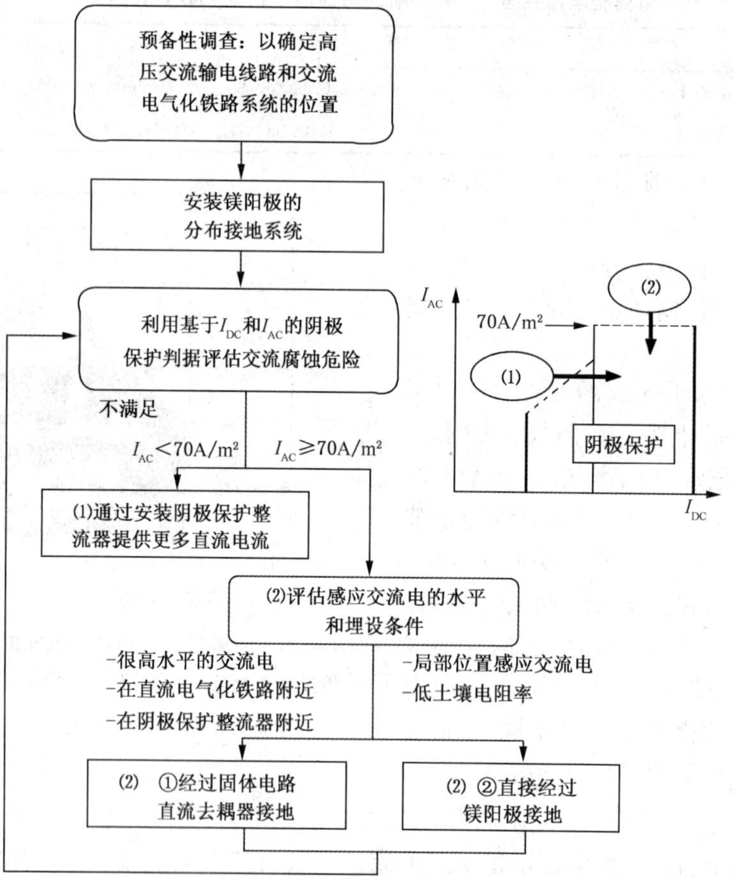

图 7-22 对遭受交流腐蚀危险的埋地管线设计交流抑阻系统的基本方法学[24]

即使在安装镁阳极接地系统之后，如果感应产生的交流电仍然不能抑制到一个令人满意的低水平，按照基于电流密度的判据，这时交流腐蚀危险依然存在，对此必须采取进一步的措施。在测试片上 $I_{AC}<70A/m^2$ 的情况下，应通过阴极保护电源提供更多的直流电流。另一

方面，在测试片上 $I_{AC} \geqslant 70A/m^2$ 的情况下，必须安装更多的接地来降低管道接地电阻，以降低交流电流密度。此时，应按照感应产生的交流电水平和现场埋设条件来确定接地方法。

通过固体电路直流去耦器(直流隔离器)实施接地，是一种排除交流电、同时又能防止直流电流失的有效措施。一般用于以下三种情况：

① 当感应交流电水平相当高时，应当将管道连接到一个大型接地极上。例如，通过一个直流去耦器连接到一个裸钢套管上，以最大程度地控制阴极保护有效性的降低。

② 对于在直流电气化铁路附近的接地，应当在管道和接地极之间安装一个直流去耦器，以防止远处防腐层缺陷处部位的直流杂散电流腐蚀。

③ 对于在阴极保护电源附近的接地，也应当在管道和接地极之间安装一个直流去耦器，以阻断直流保护电流的流失，以及最大程度地控制阴极保护有效性的降低。

相反，如果仅仅在管线上一个相对局限的区段中感应产生交流电压，直接连接一些附加的镁阳极将足以消除交流腐蚀危险。对于低电阻率环境中的接地，这也是有效的，因为镁阳极在这种情况下具有足够低的接地电阻来防止感应产生的交流电。

对新建埋地管线和在役埋地管线一般应按以下步骤进行阴极保护设计和维护管理：首先沿管线在各检测站的测试片处测量直流电流密度(I_{DC})和交流电流密度(I_{AC})；然后根据所获得的测量结果，按照基于电流密度的判据来评价交流腐蚀、过保护和直流腐蚀的干扰危险；如果确认存在着这些干扰危险，接着就应按照上述基本方法学采取相关措施，以消除这些干扰危险；在采取适当措施后，再对这些干扰危险进行再评价，如果还存在某些干扰危险，就应该对所采取的防护措施作进一步调整，直至所有的干扰危险都被消除或者达到一个令人满意的程度。

Hosokawa 等人通过对位于架空的高压交流输电线路附近铺设的以及位于交流电气化铁路附近铺设的埋地钢质管线的设计与施工，成功地对基于电流密度的阴极保护判据进行了现场试验和阴极保护设计。这些工程实例证明了新的基于电流密度的阴极保护判据是有效的，利用它并通过采取适当的防护措施就能够成功地消除交流腐蚀、过保护和直流杂散电流腐蚀的干扰危险。

在不存在交流腐蚀、过保护、直流杂散电流腐蚀等干扰危险的情况下，传统的以电位为基础的阴极保护判据[如-0.85V(CSE)极化电位判据或极化-100mV 判据]在评价阴极保护有效性方面仍然是有效的。沿管线测量的通电电位分布提供了证明存在干扰或与其他埋地金属结构物存在接触性搭接的良好指示。此外，瞬间断电电位的测量对于评估过保护引起的析氢危险是很有价值的。实际上，通过采用一些专用仪器就可以测量通电电位(E_{on})、瞬间断电电位(E_{off})以及直流电流密度(I_{DC})和交流电流密度(I_{AC})。考虑到埋地钢质管线上可能存在着不同类型、不同程度的干扰危险，通过联合应用基于电流密度的判据和基于电位的判据，对于阴极保护系统及其运行的评价和维护将会更有效、更实用。

参 考 文 献

1 Baeckmann W von, Schwenk W, Prinz W. Handbuch des kathodischen Korrosionsschutzes. 3. Auflage. VCH Verlagsgesellschaft mbH. Weinheim. Germany, 1989

2 胡士信主编．阴极保护工程手册．北京：化学工业出版社，1999

3 NACE Standard RP0177—2000. 减轻交流电和雷电对金属结构物和腐蚀控制系统影响的措施．NACE International. Houston. TX. USA. 2000

4 AfK-Empfehlung Nr. 3. ZfGW-Verlag. Frankfurt. Germany. 1982
5 [日]電気学会、電食防止研究委员会编(新版). 電食・土壤腐蚀ハンドブック. 1977
6 Materials Protection and Performance. No. 12. 1972：3
7 W v 贝克曼, W 施文克. 胡士信等译. 阴极保护手册(1971 年版). 北京：人民邮电出版社, 1990
8 Baeckmann W von, Schwenk W, Prinz W. Handbuch des kathodischen Korrosionsschutzes. 2. Auflage. VCH Verlagsgesellschaft mbH. Weinheim. Germany, 1980
9 曹楚南. 腐蚀电化学原理. 北京：化学工业出版社, 2004
10 [日]配管技术. 1973, 2：111
11 Kirkpatrick E L. Basic Concepts of Induced AC Voltage on Pipeline. Materials Performance, 1995, 34(7)：1995：14
12 Allen D M, Ames D W. Interaction and Stray Current Effects on Buried Piprlines：Six Case Histories. In Ashworth V and Booker C J L (eds). Cathodic Protection Chicester. U. K. Ellis Horwood. 1986：327~343
13 Roberge P R. 吴荫顺, 李久青, 曹备等译. 腐蚀工程手册. 北京：中国石化出版社, 2003
14 中国石油天然气行业标准 SY/T 0032—2000. 埋地钢质管道交流排流保护技术标准. 国家石油和化学工业局. 北京. 2000
15 Pestka J. 3R International, 1983, 22：228
16 中国石油天然气行业标准 SY/T 0023—1997. 埋地钢质管道阴极保护参数测试方法. 中国石油天然气总公司. 北京. 1997
17 Prinz W. AC-Induced Corrosion on Cathodic Protected Pipeline. UK Corrosion'92. 1992：1
18 Wakelin R G, Gummov R A. Segall S M. AC Corrosion- Case Histories, Test Procedures and Miligation. Corrosion/98. paper no. 565. NACE Internatinal. Houston. TX. USA. 1998
19 Kajiyama F, Nakamura Y. Corrosion, 1999, 55(2)：200
20 Helm G, Helm Th, Heinzen H. Schwenk W. 3R International, 1993, 32(5)：246
21 Ragault I. AC Corrosion Induced by V. H. V. Electrical Lines on Polyethylene-Coated Steel Gas Pipelines. Corrosion/98. paper no. 557. NACE Internatinal. Houston. TX. USA. 1998
22 DIN 50925. Verification of the Effectiveness of the Cathodic Protection of Buried Structures. Berin. Germany. DIN. 1992
23 Nakamura Y, Kajiyama F. Bousel-Kanri (Rust Prevention and Control), 1999, 43(8)：329
24 Hosokawa Y, Kajiyama F, Nakamura Y. New Cathodic Protection Criteria Based on Direct and Alternating Current Densities Measured Using Coupons and Their Application to Modern Steel Pipelines. Corrosion, 2004, 60(3)：304
25 Kasahara K, Sato T. Adachi H. Materials Performans, 1980, 19(9)：45
26 Kasahara K. Boshoku Gijutsu (Corrosion Engineering), 1981, 30(8)：524
27 Nonaka H, Okada S, Yamakawa K. Tsubakino H. Kimoto H. Boshoku Gijutsu (Corrosion Engineering), 1988, 37(10)：614
28 Hosokawa Y, Kajiyama F, Fukuoka T. Alternating Current Corrosion Risk Arising from Alternating Current-Powered Rail Transit Systems on Cathodically Protected Buried Steel Pipelines and Its Measures. Corrosion, 2004, 60(4)：408

第 8 章　阴极保护检测技术

8.1　概述

8.1.1　阴极保护检测技术的基本要求

阴极保护检测技术用于测试阴极保护参数。其基本用途是进行各种腐蚀调查、评价阴极保护系统的有效性和防腐层的性能以及为防腐蚀设计取得必备的技术数据和资料。

实施阴极保护参数测试，首先要求了解金属腐蚀的原理、阴极保护原理和阴极保护参数测试方法的原理。唯此才能正确运用阴极保护参数测试方法和检测技术，执行规定的测量、判断和维护保养，以确保对被保护结构物正确地和成功地实施阴极保护。

阴极保护技术是一种电化学保护技术。以其施加微小直流电实行保护的工作原理而习称电保护。因此，应由熟悉腐蚀学和电子学的技术人员从事阴极保护参数测试工作。

阴极保护检测技术中多数是应用电子仪器测量电参数，如保护电位、保护电流、接地(水)电阻等。其中所用的大多数测量仪表校验规程和阴极保护参数测量方法已纳入国家标准；少数尚未纳入国家标准的，也已习用成俗，得到普遍应用。

阴极保护技术大多数应用于现场、野外(如土壤、海洋)，以及厂矿设备。因此阴极保护检测技术须适应这种特定的环境条件，要求所采用的各种测试仪表质量轻、便于携带、坚固耐震、耗电小、抗干扰能力强、显示速度快等。现场或野外往往不具备交流供电(AC220V，50Hz)的条件，检测技术的发展和规定使用的仪器仪表，应尽可能选用具备直流供电(电池)的仪器，相应地也要求耗电量要小。

各种测量仪表宜采用数字显示测读，据此可提高测量准确度，扩大灵敏阈，读数直观，体积小，质量轻。选用的直流电流表内阻应小于被测电流回路总电阻的 5%。指针式直流电压表的内阻应不小于 100kΩ/V，数字电压表的输入阻抗应不小于 1MΩ。直流电压表和电流表的灵敏阈(分辨率)均应满足被测值要求，至少应具有两位有效数字，当只有两位有效数字时，首位数必须大于 1。电压表和电流表的准确度应不低于 2.5 级。

直流电压测量中最主要、最经常测量的项目是结构物对地(水)电位测量。对埋地管道而言，它的测量是用电压表测量管道相对于安放在土壤中的参比电极(饱和硫酸铜电极)的电位差。硫酸铜电极除了内阻之外，还有与土壤的接界电阻，电压表的示值实际上是由三个电阻串联起来后在电压表内阻上的分压值。要使这个分压比接近于 1，就要求电压表的内阻至少比硫酸铜电极的内阻及其与土壤的接界电阻之和大 20 倍，以使测试值的准确度高于 2.5 级。目前市售的指针式万用表中，内阻最高的是 MF-10 型，其内阻为 100kΩ/V，在多数测量环境中已能满足管地电位测量的要求。这种万用表实际上应用得已十分普遍，所以无论是从测量准确度考虑，还是从内阻考虑，都是以 MF-10 型万用表为依据制定的。如果采用数字式万用表或直流电位差计(如用于埋地管道的管内电流测量)，其内阻、准确度、灵敏阈均已高于 MF-10 型万用表的测量。

保护电位测量是阴极保护检测技术中最重要的参数之一，必须借助于参比电极才能完成测量。由于不同环境介质的理化指标和工况相差很大，应当有针对性地分别采用不同的参比电极，如在土壤中采用饱和硫酸铜参比电极，在海水中可采用锌电极、氯化银电极或硫酸铜电极等。关于参比电极的类型、性能和构型及应用请参阅第 4 章4.5 节。

为保证阴极保护系统长期可靠地有效运行，应科学地组织阴极保护系统的运行管理，按规定对系统进行定期巡检，对各有关参数进行月测和年测。对异常现象和超标参数应从技术上分析原因、判断故障并及时予以排除。对系统电路装置进行日常巡检和记录，对阳极材料和参比电极经常检查保养等，以确保被保护结构物达到最佳腐蚀控制状态。

8.1.2 阴极保护检测的任务

通过各种阴极保护检测技术和参数测量方法可以获得所需要的各项测量参数。不同参数各有其特定用途。归纳起来，阴极保护检测(参数测量)有以下几项任务和目标：

① 在阴极保护设计前，进行一些预备性测试，为阴极保护设计预先取得必备资料；

② 在阴极保护工程完成后,通过测量阴极保护参数,检查阴极保护工程是否达到设计要求；

③ 通过综合测试，分析判断阴极保护系统的有效性和正确性，确定是否需要做必要的修正和调整；

④ 在阴极保护系统运行过程中，定期例行测量规定的参数，判断阴极保护效果，发现问题，确认是否存在干扰，为阴极保护系统管理部门提供基础资料，以确保阴极保护系统长期、稳定、有效地运行；

⑤ 当阴极保护系统出现故障时，通过检测寻找故障点，判断故障原因，以便对阴极保护系统及时地进行故障排除及必要的维修和保养；

⑥ 通过一些特定的检测技术和参数测量方法，可综合评价防腐蚀措施的质量，如防腐层的质量、阴极保护系统的质量，尤其是阴极保护和防腐层联合使用的双保护措施质量和效果；

⑦ 在发生腐蚀破坏事故后，辅以进行腐蚀调查和失效分析。

阴极保护检测技术及需要检测的参数随被保护结构物种类不同及其所处环境介质不同而略有差异。但各种检测技术和参数测量方法的原理是相同的,只是在一些具体的技术要求方面有所不同。埋地(或水下)金属管道系统外部腐蚀控制的阴极保护系统应用广泛,相应的检测技术也比较完善,且已由许多国家制定了标准和规范。本章以埋地金属管道系统外部腐蚀控制的阴极保护检测技术为对象,略作简明介绍。主要介绍一些相关的测试方法,如对特定参数的电位、电流、电阻的专用测试方法和分析。

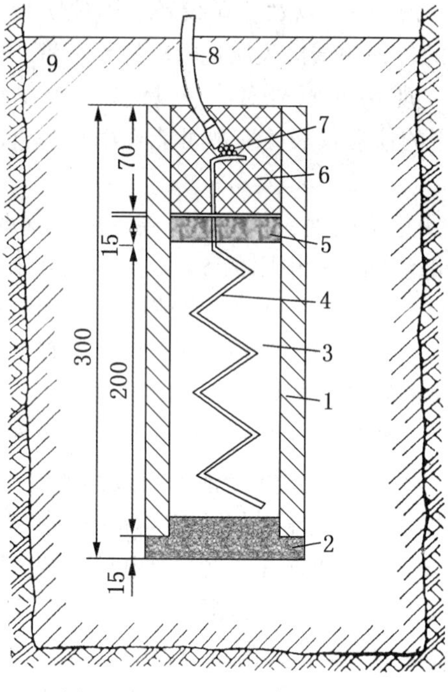

图 8-1 埋地型长效参比电极的结构构型示意图[3]

(图中数据单位：mm)

1—素烧陶瓷筒；2—底盖；3—硫酸铜晶体；4—螺旋铜棒；5—上盖；6—密封化合物；7—导线接头；8—导线；9—填包料

8.2 电位测试方法

8.2.1 直接参比法

在埋地管道的现代阴极保护设计和施工中，已采用了直接埋设于地下管道附近的埋地型长效参比电极。其结构构型的示意图参见图 8-1。这是一种内阻很大的参比电极，通过设计，确保纯铜电极与饱和硫酸铜溶液之间具有非常大的接触面积，从而使参比电极工作时的电流密度不大于 5μA/cm²，由此达到高内阻的目的。

参比电极的内阻和接地电阻是影响电位测量精度的重要因素。对于与地表土壤临时性接触的便携式饱和酸酸铜电极，它的接地电阻可按下式计算：

$$R = \frac{\rho}{2D} \tag{8-1}$$

式中 R——参比电极接地电阻，Ω；

D——半透膜直径，m；

ρ——土壤电阻率，Ω·m。

对于直接埋设于地下的长效型饱和硫酸铜电极，其接地电阻可由下式计算：

$$R = \frac{\rho}{2\pi}\left(\frac{1}{D} + \frac{1}{4t}\right) \tag{8-2}$$

式中 R——参比电极接地电阻，Ω；

ρ——土壤电阻率，Ω·m；

D——电极直径，m；

T——电极埋深，m。

埋地型长效饱和硫酸铜电极一般有两个用途，一是用于对恒电位仪电源给定一个外加电流阴极保护的控制电位；二是监测管道的保护电位。对于前者，参比电极埋设于管道通电点附近，直接与恒电位仪参比端子相连接。恒电位仪将通过参比电极测量到的电位信号经运算放大器放大和比较，当与设定的基准电压（给定电位）出现偏差时，仪器就在辅助阳极和管道（阴极，即工作电极）之间反馈输出一个反向的极化电流，使控制点的管道电位回复并始终被调整控制在给定电位水平。此时测量的管道电位直接显示在电源的高阻电压表上。对于后者，应在阴极保护设计时于管道的若干关键部位埋设长效参比电极，如保护站之间的中间点、管道末端、套管处、穿越点、绝缘设施埋设点等部位。

用直接参比法进行管地电位测试时，只须在检测站（测试桩）上的管道连线端子和参比电极连线端子之间直接测量电位差即可。这种测量方法简便有效，而且由于参比电极紧挨管道附近埋设，可在很大程度上减小或忽略土壤欧姆电阻产生的电压降（IR 降）的干扰，提高管道保护电位测量的正确性和有效性。

直接参比法可用于测量不同工况条件下的管地电位；测量施加阴极保护管道的管地电位，提供判断阴极保护程度和效果的重要参数；测量未施加阴极保护管道的管地电位，这是衡量土壤腐蚀性的重要参数。当埋地管道处丁丁扰环境中时，测量的管地电位变化是判断干扰程度的重要指标。对于其他金属结构物在不同环境介质中所测量的金属/介质电位也都具有以上功能和一些其他特殊功能。

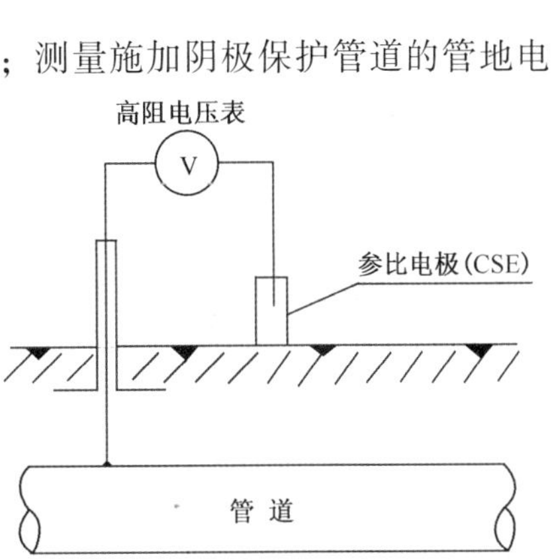

图 8-2 地表参比法测试接线示意图[1,2]

8.2.2 地表参比法

这是埋地金属结构物常用的电位测量方法，主要用于测量管道自然电位（自腐蚀电位）和牺牲阳极的开路电位，也可用于测量管道保护电位和牺牲阳极的闭路电位。地表参比法的测试接线如图 8-2 所示。

采用高内阻电压表测量管地电位。饱和硫酸铜参比电极(CSE)应安放在管道顶端上方地表面处。此处距地下的管道或牺牲阳极表面应是最近之处，但尚有一定的距离，当土壤中几乎没有电流(阴极保护电流和测试电流)流过时，可以认为从管道或牺牲阳极表面至参比电极安放处没有土壤的IR降。由于测量采用的是高内阻电压表，测试电流已近似为零。在测量管道自然电位和牺牲阳极开路电位(忽略其他埋设点牺牲阳极流过来的电流)时，阴极保护电流也为零。所以在这种情况下在地表安放参比电极测量电位时，可能由IR降引起的测量误差几乎为零。

当测量管道保护电位和牺牲阳极闭路电位时，土壤中除测试电流外，还有阴极保护电流流动。此时，从管道表面或牺牲阳极表面至参比电极安放处，必然存在有土壤IR降。尽管CSE置于管顶上方地表处已大大缩小了其间的土壤距离(减小了土壤电阻 R)，但这种IR降的存在仍然会给电位测量带来显著误差。在管道保护电位测量时，若断开阴极保护的供电电流(断电法)，在无直流杂散电流干扰的区域，土壤中几乎无电流流动，从而几乎无IR降产生，将CSE放置在地表或贴近防腐层破损处，这时的电位测量结果误差极小。

地表参比法测量电位时，务必将CSE安放于潮湿土壤地表处，因为在同一地段的相同土壤，潮湿土壤与干燥土壤相比，其土壤电阻率可能相差数倍。潮湿土壤的电阻率低，有利于减小CSE与土壤的接触电阻，从而提高电位测量精度。

8.2.3 近参比法

为了更精确地测量管地电位，要求尽可能地降低土壤IR降的影响。为此可将参比电极尽量靠近被测管道表面。如图8-3所示为近参比法测试接线示意图。在管道上方，距检测站站桩1m范围内挖一个安放参比电极的探坑，将参比电极置于距管壁3~5cm处土壤上。测量电位的方法与地表参比法相同。此法同样也可用于测量牺牲阳极的闭路电位(工作电位)。

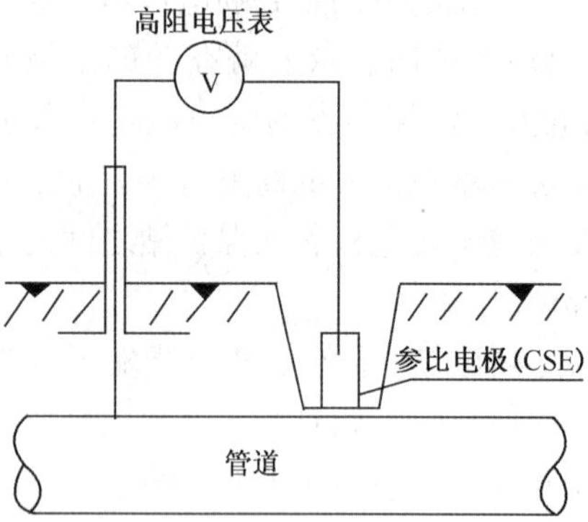

图8-3　近参比法测试接线示意图[1,2]

近参比法一般用于防腐层质量差的埋地管道保护电位和牺牲阳极闭路电位的测试。防腐层质量差的管道，其防腐层缺陷点一般很多。即使采用断电法，由于防腐层各缺陷点的破损面积不同，它们的阴极极化电位(即阴极极化程度)也不一样。断电后，土壤中的阴极保护电流虽然消失，但防腐层上各破损点之间通过土壤将会有平衡电流流动，并由此产生新的IR降，参见图6-14。要消除这种IR降误差，采用断电法测量是很复杂的，测量电位前要全面探伤，电位测量时，要沿管道每5m测量一次通电电位和相应的地电位梯度以及断电电位和相应的地电位梯度，再计算各点的保护电位。而采用近参比法，虽然存在挖掘探坑的麻烦，但具有测量操作简单、不需复杂的测量仪器等优点。由于参比电极贴近管道，IR降带来的误差也相对较小。

通过开挖探坑将参比电极安放到距管壁3~5cm的土壤中。这里的3~5cm距离是根据实践经验提出的。相距太远，IR降较大；相距太近，给操作带来极大不便。这一距离既便于操作，测量误差也很小。显然，近参比法与在管道邻近埋设长效固定参比电极的直接测量法是十分相似的，只是近参比法不需预先埋设长效参比电极，可节省投资。而且可以根据需要自由选点测量管道任一位置的电位，不限于埋设长效参比电极的某一固定位置。

对于热油输送管道，采用近参比法进行电位测量时应注意管道附近的热地场对参比电极的干扰影响。对于这种情况，可参照阴极保护检测片的使用那样(参见图4-30)，从被保护结构物上引出一辅助测试片(阴极保护检测片)，在其邻近预埋长效固定参比电极，采用直接参比法测量电位。在未预埋长效参比电极的情况下，也可开挖探坑采用近参比法测量该测试片的电位。

8.2.4 远参比法

远参比法主要用于外加电流阴极保护系统受辅助阳极地电场影响的管段和牺牲阳极埋设点附近的管段，通过测量管道对远方大地的电位，用以计算该处的负偏移电位值。

在几乎没有地电场影响的地区，管道保护电位与管道对远方大地的电位值相等。在计算该处负偏移电位时，只要计算出极化电位与自然电位的差值即可。在地电场影响较严重的地区，测量的管道保护电位中除上述负偏移电位外，还含有较大的地电位值。但此时管道对远方大地的电位中则不含任何地电位值。目前，在阴极保护设计和实施中，负偏移电位是个非常重要的参数。但在阴极保护站通电点附近的管段和牺牲阳极接入点附近的管段，用地表参比法、近参比法很难测准负偏移电位值。由此提出了把管道对远方大地的电位应用于阴极保护技术和负偏移电位的测定，即远参比法。

远参比法的测量方法(见图8-4)是，先确定地电场源的方位，将参比电极(CSE)朝远离地电场源的方向逐次按放在潮湿地表面上，第一个安放点距检测站站桩不小于10m，以后每次移动10m，各次移动应保持在同一直线方向上。按地表参比法的操作测量各个参比电极安放点处的管地电位。当相邻两个安放点的管地电位之差值小于5mV(即0.5mV/m)时，就不再继续朝远方移动参比电极而完成了测量过程。取此最远安放点处测量的管地电位为管道对远方大地的电位。

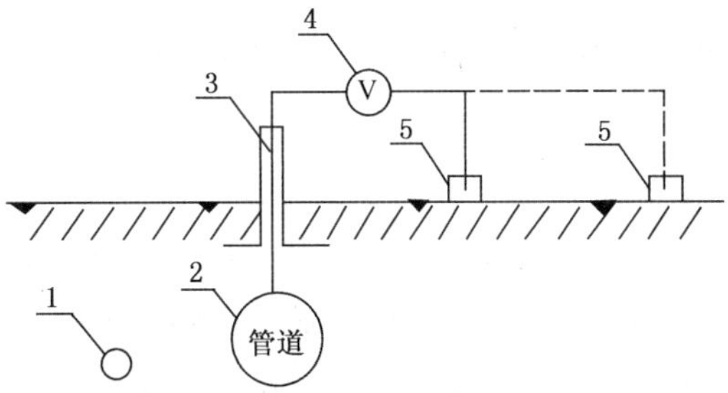

图8-4 远参比法测试接线示意图[1,2]

1—辅助阳极或牺牲阳极；2—管道；3—检测站
4—数字万用表；5—参比电极(CSE)

实际测试经验表明，各处的地电场影响范围是很不一致的，无法给出明确的不再远移参比电极安放点的确切距离。远参比法规定，当平均地电位梯度不大于0.5mV/m时，参比电极可不再往远方移动，是科学的、有根据的。因为一般认为，地电场梯度小于0.5mV/m已属弱干扰区，而且相距10m的两个参比电极安放点之间的管地电位差小于5mV时，管地电位的变化已相当微小，甚至已接近电位测量的误差范围。

8.2.5 断电法

8.2.5.1 断电法操作

由于各种原因产生的土壤IR降将给管地电位测量带来干扰影响。前述近参比法、远参比法都是为减轻或消除IR降影响的电位测量方法。在土壤IR降中，由阴极保护电流流经测量区域土壤所造成的欧姆电压降是最重要的来源之一。因此，如果能瞬间断开阴极保护电流(此时$I=0$)而又能准确地测量出极化电位，就可由此获得不含IR降的管地电位。这就是所谓断电法，也称通-断电法或电流中断法。如图8-5所示为断电法测试管地电位的配置原理图。

如图8-6所示为断电法测量电位时极化衰减示意图。E_m为阴极极化体系中测量到的带

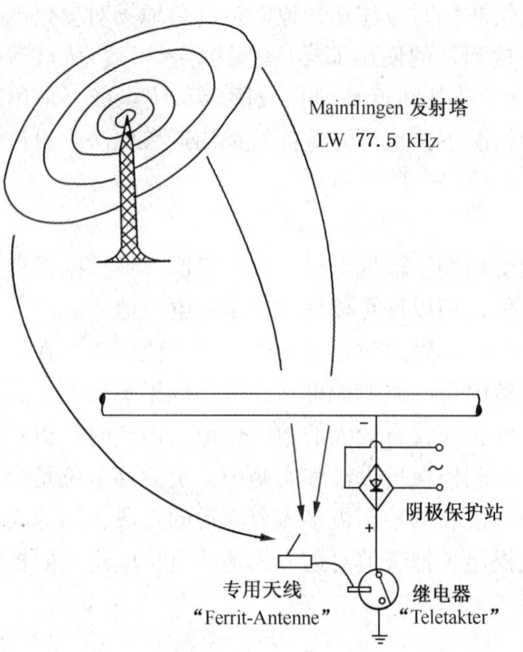

图 8-5　断电法测试管地电位的配置原理图[2,6]

有 IR 降的保护电位(管地电位)；在某一时刻突然断开阴极保护回路，电位立即从 E_m 突降至 E_0，此时因 $I=0$，故使 $IR=0$，断电瞬间测量到的管地电位 E_0 即为无 IR 降的阴极保护电位。然后，电位随时间呈指数关系衰减。相对于灵敏而响应迅速的电位测量仪器来说，这种电位衰减是较缓慢的，测量和记录瞬间断电电位 E_0(即无 IR 降的保护电位)

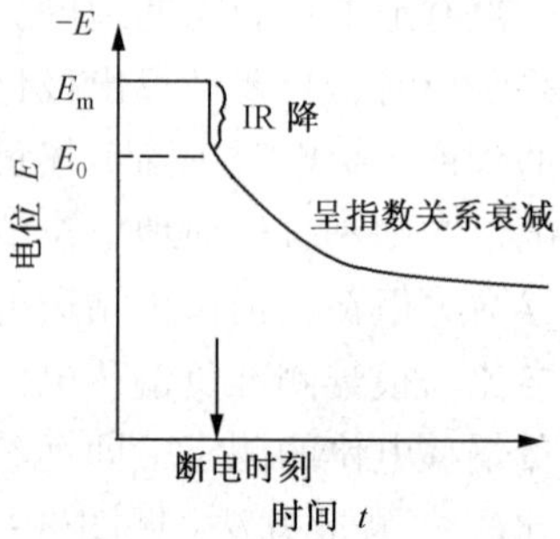

图 8-6　断电法去极化时电位衰减示意图

是不困难的。

我国行业标准 SY/T 0023—1997 规定了采用断电法测量管地电位的技术要求。断电法操作是在阴极保护电源的电流输出回路中串接电流断续器来实现的。在非测试期间，阴极保护站处于连续供电状态。而在测试管道保护电位或外防腐层绝缘电阻期间，阴极保护站处于向管道供电 12s、断电 3s 的间歇工作状态(不同国家的通-断电间歇时间分配略有不同)。同一系统的全部阴极保护站于断电法测量时必须同步通-断供电，同步误差不大于 0.1s。断电瞬间用地表参比法测得的电位，即为参比电极安放处对应的管道保护电位。

目前已有各种电子通断电路的仪器可供选用。关键是如何有效地实施阴极保护电位测量。在德国，利用设置在 Frankurt 附近小城 Mainflingen 的联邦邮政专用无线电发射台，全日 24h 发射固定频率为 77.5kHz 的长波，全德各地均可接收到此电波。这是断电法应用于阴极保护检测的典型实例。如图 8-5 所示为其工作原理。在阴极保护电源装置的电流回路中串联一种专用继电器装置(Teletakter)，该继电器受制于名为 Ferrit-Antenne 的接收天线。此天线装置专门接收 77.5kHz 的长波信号，以驱动继电器自动通断。在德国设定的这种通-断时间分配是，使阴极保护电源通电 12s、断电 3s。由此可在断电的 3s 内测量或记录到断电电位 E_0，即无 IR 降的管道保护电位。正因为使用了这种公共信号发射塔和统一制式的信号接收系统及继电器装置，使信号有效覆盖范围内的所有管道(尤其是特定的被测管道)的阴极保护站都同步地执行通电 12s、断电 3s 的工作程序，保障了断电法测量操作的正确执行和测量结果的有效性。

8.2.5.2　土壤欧姆电压降分析

对于埋地管道的阴极保护来说，必须把管道对地电位负移到某一个临界值(最小保护电位)以下。因此，阴极保护的有效性取决于在管道防腐层的每一个损伤点(包括各种缺陷)都达到保护电位，并且能通过电位测量予以证实。这是对阴极保护管道进行电位测量的重要意义所在。

在埋地管道上进行电位测量时，一般是把参比电极放置在管顶地表面。所测量的管道通电电位包括了土壤电阻引起的 IR 降。为评价管道在阴极保护条件下的真实极化状态，必须消除这一 IR 降。为此所采用的测量方法，必须能确切地改变保护电流或完全切断电流。而当有直流电气化铁路引起的杂散电流影响时，这是不可能的。

如图 8-7 所示为在管道防腐层上只存在一个单独的损伤点(建立起球形电场)以及同时存在多个统计分布的损伤点(建立起柱形电场)时的电位变化曲线。地表测量的通电管地电位中，除了在金属/电解质相界处为实现阴极保护所必须的阴极极化外，还包括防腐层损伤点处电阻和接地电阻上产生的 IR 降。然而，对阴极保护做出有效贡献的仅仅是相界处的极化作用。

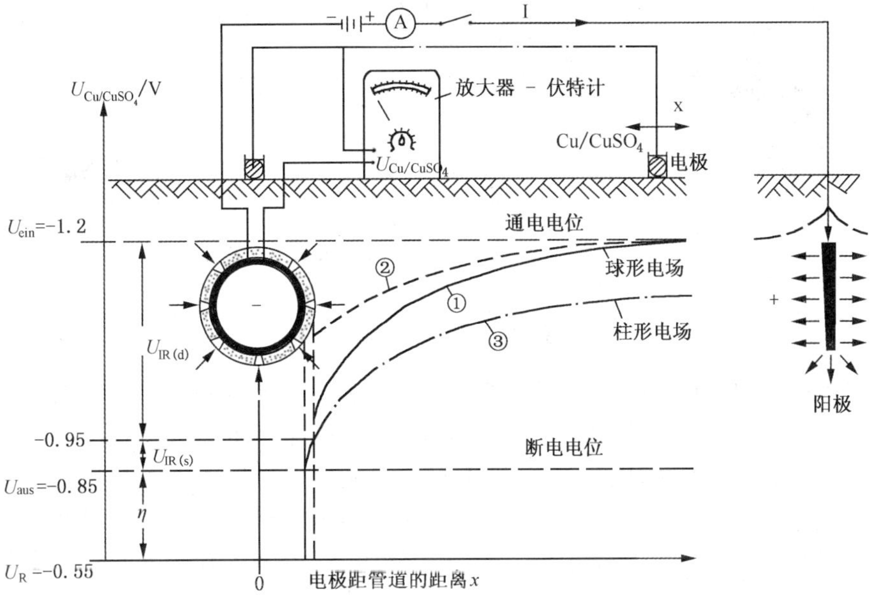

图 8-7 管道防腐层损伤点处的欧姆电压降(IR 降)分布情况[5]

①球形电场；②地表测量的电压降；③柱形电场

$U_{IR(s)}$ = 损伤点处的电压降，$U_{IR(d)}$ = 接地电阻的电压降

地表测量的通电电位值 U_{ein} 由阴极保护电流在防腐层损伤点处产生的极化 U_p 和在参比电极与防腐层损伤点之间的欧姆电压降(IR 降)组成。该欧姆电压降相当于保护电流在接地电阻 R_A 和损伤点处电阻 R_F 上产生的电压降。它还可以分解成一个可测量的水平分量 U_H 和一个不可测量的垂直分量 U_V (见图 8-8)。

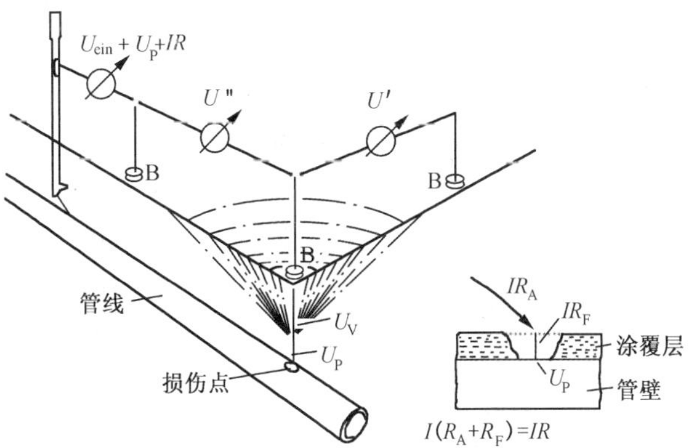

图 8-8 在一个阴极保护管道上为测定无 IR 降管地电位的测量配置[5]

在有保护电流 I_s 流动时，所测量的通电电位 U_{ein} 为：

$$U_{ein} = U_P + I_s(R_A + R_F) \tag{8-3}$$

将此通电电位直接用作保护判据时的分析指出，显然，在地表测量的通电电位 U_{ein} 比最小保护电位值更负的情况下，实际上真实极化电位 U_P 并没有达到这么负的水平。

如图 8-9 所示为各种尺寸损伤点处的电阻、电位和电压降关系。由图可见，当防腐层损伤点尺寸相同且在相同通电电位下，在低电阻率土壤中该损伤点已获得足够阴极保护，而

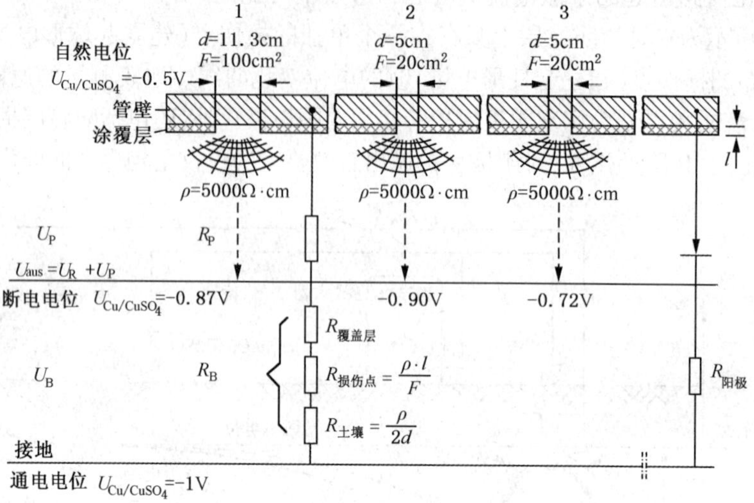

图 8-9　在防腐层损伤点上的电阻、电位和电压降[5]

在高电阻率土壤中的损伤点则未获得足够的阴极保护。图 8-10 则给出，在保护电流密度 $I_s=300\text{mA/m}^2$ 作用下，在不同通电电位条件下能够获得阴极保护的损伤点尺寸 d 与土壤电阻率 ρ 的关系。为了消除由保护电流引起的 IR 降，可利用电化学极化和土壤中欧姆电压降具有不同时间常数进行计算。近似地可把阴极区钢/土壤相界的极化阻抗看作为电容和电阻的并联。当保护电流断开时，由此可得电压随时间的变化关系：

$$U(t)=U_P\exp\left(\frac{-t}{\tau_P}\right)+U_B\exp\left(\frac{-t}{\tau_B}\right) \tag{8-4}$$

近似地可从双电层电容 C_D 和极化电阻 r_P 的乘积计算极化时间常数 $\tau_P=r_PC_D$。取 C_D 为约 $100\mu\text{F/cm}^2$，以及极化电阻为：

$$r_P=\left(\frac{\Delta U}{\Delta J}\right)=1\sim1000\Omega\cdot\text{cm}^2 \tag{8-5}$$

式中，ΔU 为在极化电流密度 ΔJ 作用下产生的极化电位偏移值。由此可得 τ_P 为 $10^{-4}\sim10^{-1}$s。由于扩散和沉积层形成，该时间常数还会进一步增大。

对于土壤中欧姆电压降而言，其时间常数 τ_B 为：

$$\tau_B=r_BC_B=s\rho\frac{\varepsilon_0\varepsilon_r}{s}=\varepsilon_0\varepsilon_r\quad\rho \tag{8-6}$$

在水溶液介质中可取相对介电常数 $\varepsilon_r=80$，由

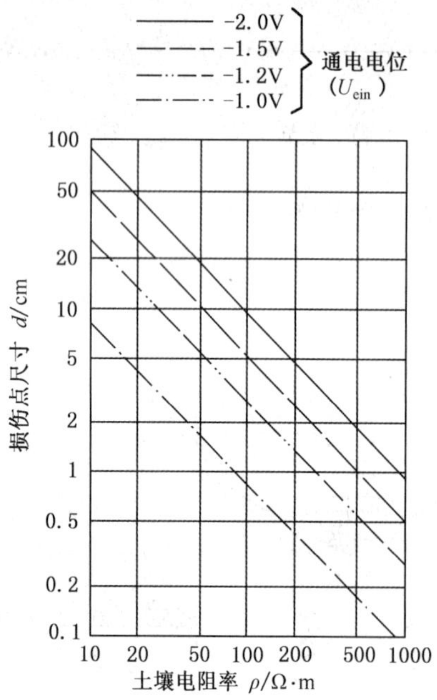

图 8-10　在不同通电电位下能获得有效阴极保护的损伤点尺寸 d 与土壤电阻率 ρ 的关系($I_s=300\text{mA/m}^2$)[5]

此可得：

$$\left(\frac{\tau_B}{\mu s}\right) = 7.1(\rho \cdot 10^{-6}\Omega^{-1} \cdot cm^{-1}) \tag{8-7}$$

对土壤电阻率取 $\rho = 10^5\Omega \cdot cm$，得 τ_B 为：$\tau_B < 10^{-6}s \ll \tau_P$。对于裸金属的情况，欧姆电压降的时间常数约为 $10^{-7}s$，电化学极化约为 $10^{-4}s$，而浓度极化则大于 $10^{-2}s$ 直至几分钟或几小时。

因为一经断电以后就可建立起 $\exp\left(\frac{-t}{\tau_P}\right)$ 和 $\exp\left(\frac{-t}{\tau_B}\right)$ 的关系，于是有：

$$U(t_0) = U_{aus} = U_P \tag{8-8}$$

此式表明，断电时刻 t_0 测定的管地电位 $U(t_0)$ 就是极化电位 U_P，即断电电位 U_{aus}。

在保护电流断开时，欧姆电压降立即消失，但金属/土壤界面电位的去极化过程进行得相当慢(参见图 8-6)。如果断电后立即测量电位，并且在防腐层上所有损伤点的极化状态是均一的，于是就可进行无欧姆电压降的测量，由此可获得该条件下真实的无 IR 降的阴极保护电位。测量值的准确性取决于测量仪器的平衡时间(响应时间)。当平衡时间<1s 时，就可获得足够准确的测量结果，可能出现的测量误差也在安全范围内。

如图 8-11 所示为钢在模拟土壤溶液中预极化 200h 后，在断开保护电流时用一个平衡时间为 2ms/10cm 的快速记录仪，在不同走纸速度下记录的阴极极化钢表面的电位随时间变化。当走纸速度为 1cm/s 时所测定的断电电位相当于用一个放大器-伏特计测量的电位。从图 8-11看到，采用平衡时间为 1s 的测量仪器进行电位测量时出现的误差约为 50mV，因为有一小部分极化值被当作欧姆电压降一起被测量了。为进行断电电位测量，测量仪器的平衡时间必须小于 1s 和具有非周期阻尼。多点自动记录仪的平衡时间取决于仪器的内阻和测量电压的源电阻，而在放大器-伏特计的情况下则取决于放大电路。

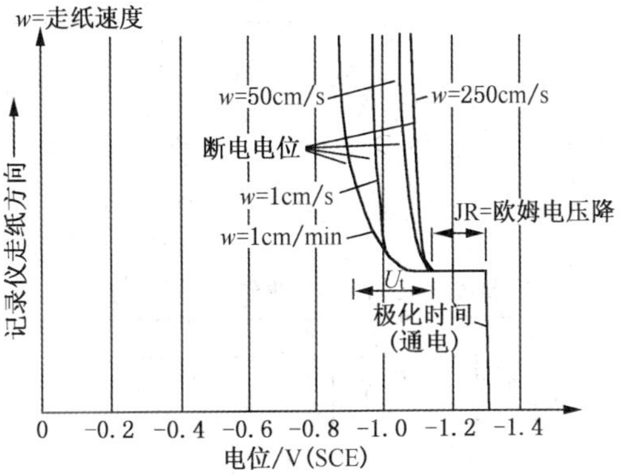

图 8-11　钢在模拟土壤溶液中预极化 200h 后，通电电位和断电电位随时间的变化[5]

断电法测量结构物对地电位是消除 IR 降的主要测量方法之一。断开保护电流时，$I=0$，因此 $IR=0$，这就可成功地消除保护电流引起的欧姆电压降对电位测量的影响。这一过程是在 ms 级时间区段内发生和完成的。随之将发生管道金属的去极化过程，即电化学极化的衰减过程。其衰减的快慢与结构物阴极保护持续时间(预极化时间)有关，也与涂防腐层质量有关，参见图 8-12。对于防腐层严重老化和破损的老旧管线并对之已进行长期阴极保护的结构物，它们的去极化过程是相当缓慢的。

8.2.5.3　由平衡电流产生的 IR 降

由于土壤电阻率不同和防腐层损伤点(缺陷)尺寸不同，在这些防腐层损伤点处承载的阴极保护电流密度也是不同的。因此在防腐层管道上各不同损伤点之间的阴极极化是不均一的。在防腐层损伤、缺陷较多的情况下，在地表测量的管地电位是极化不同的各损伤点处电位的一个混合电位。为了便于分析，取最简化的情况，假设管道防腐层上有两个损伤点①和②，它们的极化程度不同(见图 8-13)。在图 8-13 中，它们的电化学极化分别是 U_1 和 U_2，

接地电阻分别为 R_1 和 R_2。于是可得通电电位为：

$$U_{ein} = I\frac{R_1R_2}{R_1 + R_2} + \frac{U_1R_2 + U_2R_1}{R_1 + R_2} \tag{8-9}$$

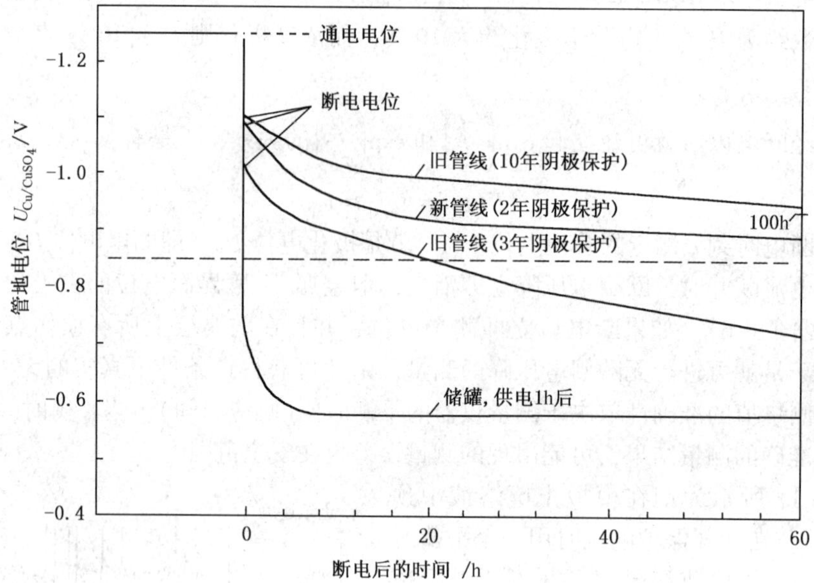

图 8-12　断开保护电流后结构物电化学极化随时间衰减过程与阴极保护持续时间(预极化时间)及防腐层质量的关系[5]

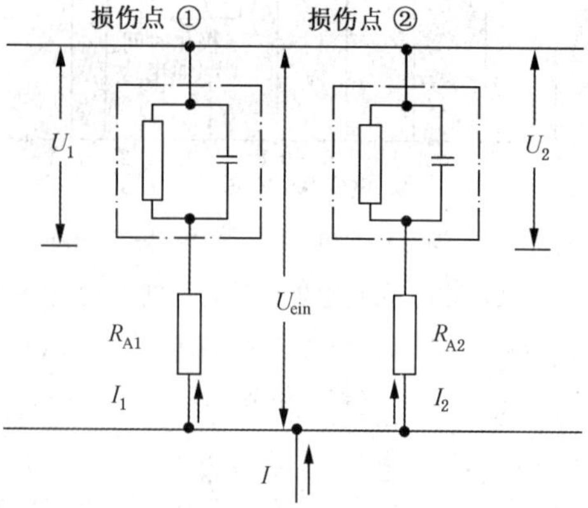

图 8-13　管道防腐层中有两个损伤点的等效电路图($R_{A1}=R_1$，$R_{A2}=R_2$)[5]

方程的第一项对应于所测得的管地电位中的 IR 降份额。当断开保护电流时，$IR=0$，第一项消失；于是方程的第二项就对应于所测量的断电电位 U_{aus}。该断电电位测量值应是众多不同电位的一个平均值(混合电位)。虽然高阻损伤点处的极化不足，但这无法通过断电电位识别出来。

管道防腐层各损伤点的损伤面积大小不同，相应的保护电流密度不同，从而导致极化程度不均一。为测量电位而进行断电后，这种极化程度的差异在不同损伤点之间形成了局部的宏观腐蚀电池。在这种宏观电池的局部阳极和局部阴极之间流过的电池电流称为平衡电流。此平衡电流流经宏观电池回路中的土壤环境就会产生欧姆电压降，并在断电法测量的电位中含有这种由平衡电流所产生的 IR 降(见图 8-14)。

当防腐层上存在两个大小不同的损伤点①和②时(见图 8-13)，它们的极化是不均一的，分别为 U_1 和 U_2，且在它们之间将流过上述平衡电流 I_A：

$$I_A = \frac{U_1 - U_2}{R_1 + R_2} \tag{8-10}$$

$$I_A = \frac{\Delta U}{R_1 + R_2} \tag{8-11}$$

由此在损伤点①处接地电阻上出现了由平衡电流所产生的电压降，即：

$$U_1^* = \frac{R_1}{R_1 + R_2}\Delta U \tag{8-12}$$

于是，在损伤点①处的真实极化电位应为：

$$U_1 = U_{aus} - U_1^* \tag{8-13}$$

$$U_1 = U_{aus} - \frac{R_1}{R_1 + R_2}\Delta U \tag{8-14}$$

对于各损伤点之间存在均匀极化的情况，$\Delta U = 0$，$U_{aus} = U_1$。

对于极化不均一的情况，如图8-14所示，在真实极化（无IR降电位）相对较正的防腐层损伤点处，所测得的断电电位相对更负一些。而在真实极化相对较负的损伤点处，所测得的断电电位则相对更正一些。这种差异就是平衡电流产生的IR降作用的结果。

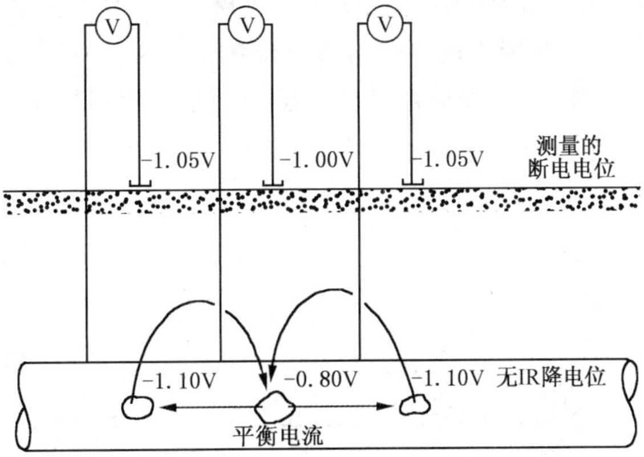

图 8-14 阴极保护电流瞬间断开时防腐层不同损伤点间流过的平衡电流及断电法测量的管地电位和无 IR 降电位的分布[5]

这种由平衡电流引起的测量电位误差，在用断电法测量电位时是无法识别的。在防腐层损伤点影响范围内，用两个参比电极（如饱和硫酸铜电极）测量土壤中的电压降 $U^{\perp}$，据此就可证明，由于平衡电流产生的电压降将会导致断电法测量电位值的偏差。这种测量方法的操作是，将一个参比电极置于管顶处地表面，另一个参比电极置于与管道垂直且相距（例如）10m 的地表面，分别测量通电和断电状态下两参比电极之间的电压降和管地电位（参见图8-8）。

通过简单推导，可得到如下关系：

$$\frac{U_{ein}^{\perp}}{U_{aus}^{\perp}} = \frac{U_{ein} - U_p}{U_{aus} - U_p} \tag{8-15}$$

$$U_p = U_{aus} - \frac{U_{aus}^{\perp}}{U_{ein}^{\perp} - U_{aus}^{\perp}}(U_{ein} - U_{aus}) \tag{8-16}$$

式中 $U_{ein}^{\perp}$ 和 $U_{aus}^{\perp}$——分别为通电和断电状态下置于管顶和垂直于管道的两个参比电极（见图8-8）之间测定的土壤中电压降；

U_{ein} 和 U_{aus}——分别为通电和断电状态下用地表测量法测定的管地电位；

U_p——真实的无 IR 降的极化电位。

式（8-16）就是近间距电位测量法的基本运算式。从式（8-16）可以得出以下结论：

① 当 $U_{ein}^{\perp}$ 和 $U_{aus}^{\perp}$ 具有相同符号时，U_p 比 U_{aus} 更正。当测量点处的电位比周围金属的电位相对更正时就会出现这种情况。即管地电位已经相当正的区域，它的真实电位比所测得的 U_{aus} 值还要更正一些。显然，这种偏差对于监测阴极保护是不利的，当用断电法测量的 U_{aus} 评价阴极保护有效性时，将会产生不利的误判。

② 当 $U_{ein}^{\perp}$ 和 $U_{aus}^{\perp}$ 具有不同的符号时，U_p 比 U_{aus} 更负。例如，在区域性阴极保护时埋地管

道与外部阴极发生接触，这时的断电电位测量就属于这种情况。由于真实的无 IR 降极化电位(U_p)比所测得的断电电位(U_{aus})更负，所以据此评价阴极保护有效性将具有更大的安全系数；也就是说，所产生的这种偏差倾向于更安全的一侧。

③ 当 $U_{aus}^{\perp}=0$ 时，$U_p=U_{aus}$。这时所测得的断电电位直接就等于真实的极化电位。

但是,式(8-16)中的第二项对误差是很敏感的;因为系数 $U_{aus}^{\perp}$ 中也包含了测量电极的误差,所以当 $U_{aus}^{\perp}$ 值很小时,使用式(8-16)将会由于误差而引起不确定性。为了避免上述这些可能出现的偏差,在按照式(8-16)计算极化电位时,必须考虑不同参比电极之间的电位差异。

如图 8-15 所示为对某长输管线在一个损伤点范围内用近间距电位测量法获得的测试结果，给出了 U_{ein}、U_{aus}、ΔU_{ein}(即 $U_{ein}^{\perp}$)、ΔU_{aus}(即 $U_{aus}^{\perp}$)的电位分布曲线，以及计算所得的 U_P 曲线。结果清楚地表明，在 105m 位置处所计算的无 IR 降极化电位 U_P 明显地不能满足保护判据，比判据规定的-0.85V(CSE)要更正约 100mV。结论是，此处的极化不足对应于存在一个较大的防腐层损伤点。

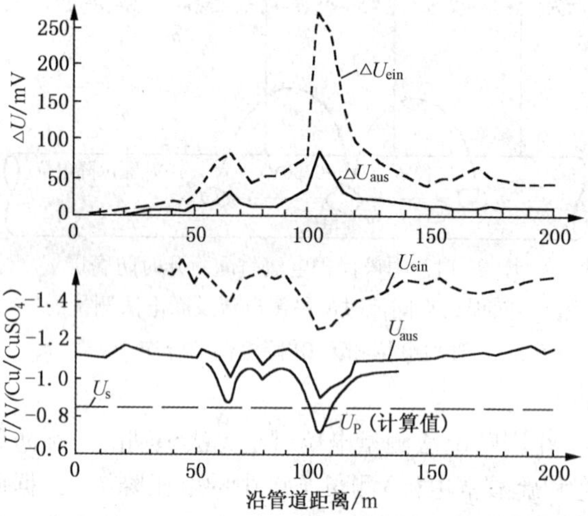

图 8-15　用近间距电位测量法对某长输管线上一个损伤点范围获得的测量结果，极化不足处对应于损伤点位置

除了在管道防腐层损伤点处出现电压漏斗之外，在无损伤的防腐层范围中测量不到由保护电流引起的这种电压降，因此就不能计算极化电位；而采用断电法的管地电位测量，由于平衡电流引起的欧姆电压降或多或少的与较大损伤点相关联。但与通电电位相反，断电电位给出了一个关于被保护体极化状态的明显有用得多的信息。通过断电电位测量，首先是在保护电位判据范围内能够反映出损伤评价效果，因为在紧邻损伤点的两侧管段测量到的断电电位更负，前者(损伤点处)达不到保护电位判据的要求，而后者(两侧管段)则可满足判据要求。

只有在确定了防腐层损伤点位置，测量通电电位、断电电位和相应的欧姆电压降的水平分量之后，才能按式(8-16)计算无 IR 降的极化电位。这种测量技术就是近间距电位测量技术的操作。也就是说，为了测量无 IR 降的极化电位(这对于评价阴极保护的有效性是必不可少的)，近间距电位测量也是一种非常重要的独特测量技术。

8.2.6　近间距电位测量法

近间距电位测量法[Close Interval Potential Surveys(CIPS)]主要是对有高度安全要求的、联合采用了防腐层和阴极保护的管道而开发应用的，并应在管道埋地服役 1~2 年后进行。

近间距电位测量法的基本原理已在上一节进行了分析，各测量参数之间的关系和无 IR 降极化电位的计算都集中表现在式(8-16)中。为了检验管道全线和防腐层各损伤点处是否都达到了阴极保护电位判据的要求，首先应定位损伤点，同时分析计算无 IR 降的真实极化电位的分布，尤其是在损伤点处是否达到保护电位判据的要求。

防腐层损伤点定位的原理是：土壤中的阴极保护电流只流向管道防腐层的损伤点处，于是就产生了在损伤点/土壤接地电阻上的电压降，这在地表面借助于两个参比电极就可以测定。形象地说，由此产生了一个电压漏斗。该电压漏斗的尖端，从几何学上说就是损伤点处的中心点。因此，应当在这些部位测量管地电位，并由此可确定损伤点的位置。

在有多个保护站的阴极保护长输管线上，为进行这些测量，必须使所有保护站都同步地通电和断电。考虑到极化和去极化的弛豫衰减时间，已被证明为合适的通-断时间节律是：在近间距电位测量时以通电 12s、断电 3s 的节律通断，而在复测时则以通电 27s、断电 3s 的节律通断。在长输管线上进行测量时，各保护站往往长达数周以这种通-断节律供应保护电流。也就是说，当以通电 12s、断电 3s 的节律运行时，在整个测量周期中管道保护电流总共减少了 20%。

由此得出结论，由于断电周期的累积效应，可能渐渐出现去极化，以至于金属/土壤相界处的极化将不像阴极保护站连续运行时的那么负。研究表明，这将会达到 50~100mV 的正偏差，这有可能对保护效果产生一定影响。为此建议，通-断仪器可以作一些调整，在下班时，在夜间以及在周末可以关掉其通-断节律，这样可以把由于通-断电测量所导致的保护电流供应减少维持在尽可能低的程度。

通-断仪器应随时可为各保护站的同步通-断控制提供服务，设在 Mainflingen 的德国联邦邮政发射台 24h 不间断地向全国各地发送 77.5kHz 的长波，全德国甚至部分其他欧洲地区的管网都可利用此频段长波实行通-断电的同步遥控，以进行有效的断电法测量和近间距电位测量。同时也可以利用这种全自动遥控系统在夜间和周末停止通-断电操作，而保持对管道阴极保护的持续供电。在美国则是利用 GPS 系统对各阴极保护站实行一定时间间隔的通-断电控制。

在近间距电位测量时，在管顶地表面的一定距离范围内应测量以下参数[参见图 8-8 和式(8-16)]：

a. 在通电和断电状态下的管地电位值：U_{ein} 和 U_{aus}；

b. 在管顶地表的参比电极与另一个垂直于管道且相距 10m 的地表参比电极之间，测量其在通电和断电状态下的电压降 $U_B^{\perp}$ 值：$U_{ein}^{\perp}$ 和 $U_{aus}^{\perp}$。

如图 8-16 所示形象地说明了这种测量操作。

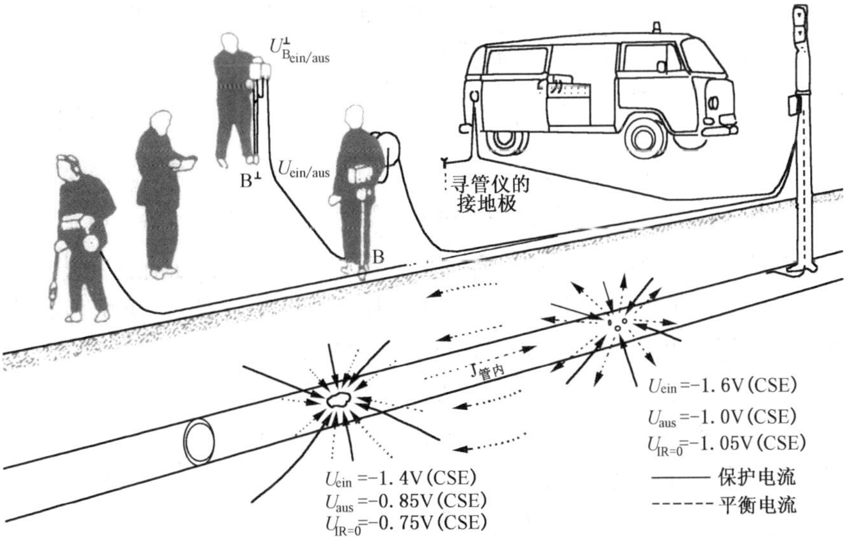

图 8-16　近间距电位测量法：为测定管地电位和防腐层损伤点处电压降的操作配置

① 前方第 1 人用一个寻管仪对管线定位，并携带一根 5m 长的测量缆绳，以便与第 2 人保持固定的测量间距(5m)；

② 第 2 人用参比电极 B 测量所在点处在通-断电状态下的管地电位 U_{ein} 和 U_{aus}。为测量管地电位必须与管道电连接；这一步的测量要求从一个检测站(测试桩)经第 2 人随身携带的电缆盘可移动到下一个检测站，以保持与管道的电连接；

③ 在管顶地表的参比电极 B(第 2 人)与垂直于管道且相距 10m 的参比电极 $B^{\perp}$(第 3 人)之间测量土壤中的电压降，即通-断电状态下的 $U_{ein}^{\perp}$ 和 $U_{aus}^{\perp}$，这对于确定防腐层损伤点的位置是必要的；

④ 评价测量值和做记录(第 4 人)，然后测量小组继续前进，继续重复进行上述测量工作。

在近间距电位测量时，在地表沿管线每 5m 测量一次管地电位和双参比电极间的电压降，对于防腐层管道一般是合适的。在个别情况下，为了对管道防腐层损伤点作更精确定位，必要时可缩短测量间距，甚至最短间距可减小至 0.5m。这种电位测量方法是对管线阴极保护及防腐层损伤点进行强化检测，所以称之为近间距电位测量法。

如果第二个参比电极 $B^{\perp}$ 放置在地表垂直于管道 50~100m 的远方大地范围中，可以对近间距电位测量技术和操作予以简化，参见图 8-17。

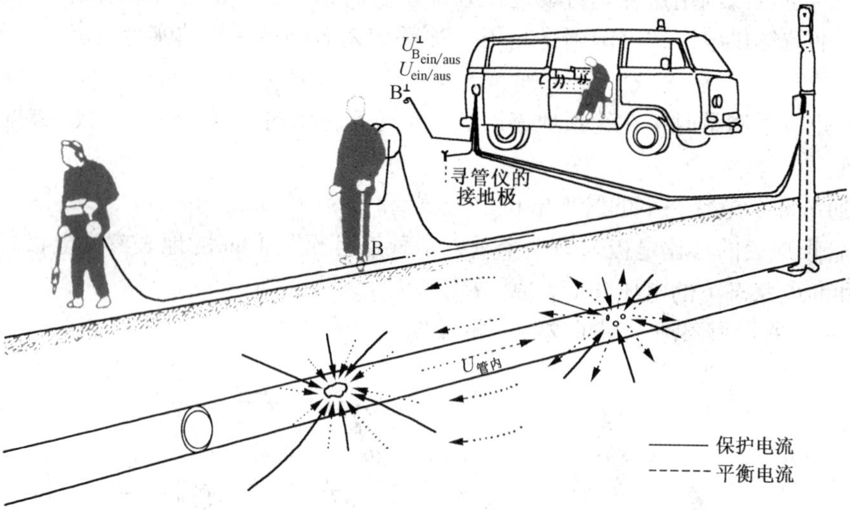

图 8-17　相对远方大地测定管道防腐层损伤点电压降和管地电位的近间距电位测量法操作配置

按照以下考虑还可以做出进一步的简化。如图 8-18 所示，在有保护电流流动的情况下，用参比电极 B_1 所测量的管地电位 U_{1ein} 应由防腐层损伤点处的钢/土壤相界的无 IR 降极化电位 U_p 和保护电流在土壤中引起的欧姆电压降 $(IR)_1$ 组成：

$$U_{1ein} = U_p + (IR)_1 \qquad (8-17)$$

在位置 B_1 点处，欧姆电压降有一个水平分量和一个垂直分量。

而在位置 B_2 点处的通电电位为：

$$U_{2ein} = U_p + (IR)_2 \qquad (8-18)$$

在垂直于损伤点上部的 B_2 点处，欧姆电压降只有一个垂直分量。在 B_1 点和 B_2 点处所测量的管地电位是不同的，也仅仅表现在这两点之间欧姆电压降的水平分量上。它等于在参比

电极 B_1 和 B_2 之间测量到的电压降 U''_B：

$$U''_B = U_{1ein} - U_{2ein} \tag{8-19}$$

与此相对应，在 B_2 点处的管地电位可以从在 B_1 点处测量的管地电位和在 B_1 点与 B_2 点之间测量到的电压降来计算：

$$U_{2ein} = U_{1ein} - U''_B \tag{8-20}$$

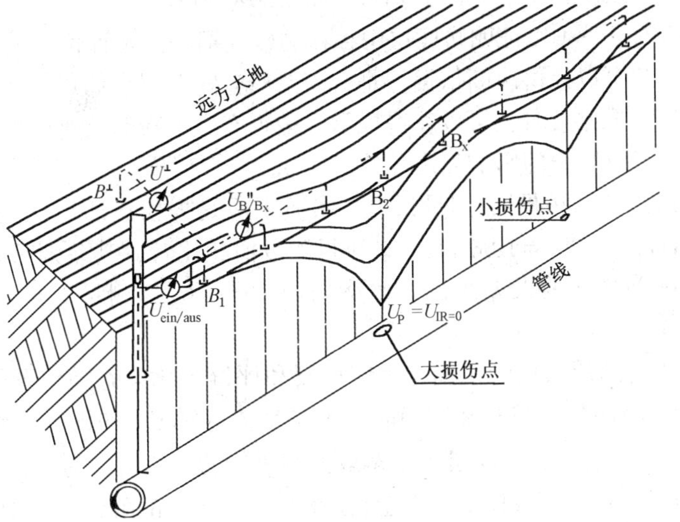

图 8-18　具有不同防腐层损伤点的管道上的电压漏斗构造

因此，一条管线的所有管地电位都可以由所测得的管地电位和在地表所测量到的分电压降（平行于管线的两个参比电极 B_1 和 B_2 之间测得的电压降）来计算。这些分析和计算类似地也适用于断电电位。如图 8-19 所示，采用这种测量方法取消了为连接到管道所需携带的长长的电缆，因而明显地减轻和简化了近间距电位测量法的操作。

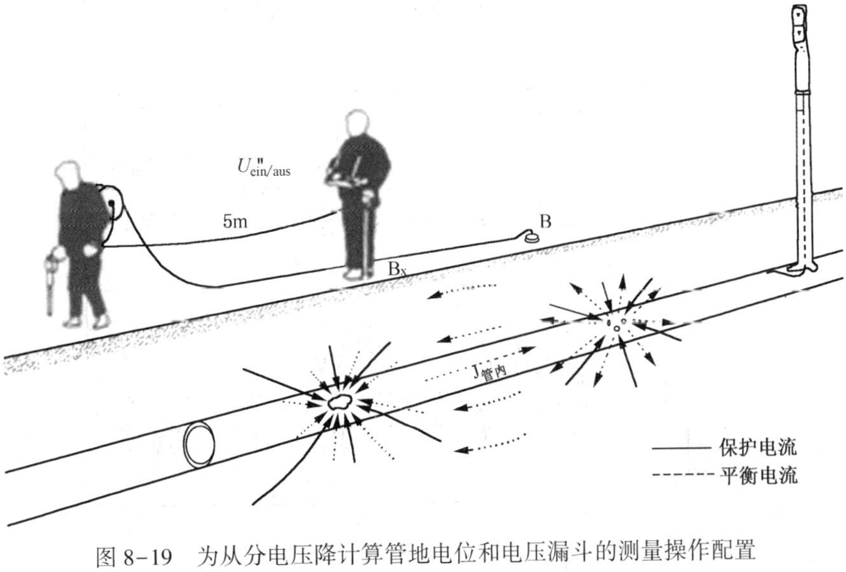

图 8-19　为从分电压降计算管地电位和电压漏斗的测量操作配置

在近间距电位测量时，通过所测得的管地电位 U_{ein} 和 U_{aus} 以及土壤中的电压降 $U^{\perp}_{ein}$ 和 $U^{\perp}_{aus}$ 可以获得以下信息：

① 通过管地电位测量，可以了解管道上极化状态沿管道位置变化的状态图。如果不满足阴极保护判据(如断电电位正于最小保护电位判据)，必须查找原因并予以排除。例如，排除与管道可能发生的外部接触，修复防腐层上较大损伤点或提高保护电流。

具有很好绝缘性能的现代塑料防腐层(如三层PE)管线，一般只有很少损伤点，这通过管地电位的差值就已经可以识别了(参见图8-15)。通电电位随位置的变化证明了损伤点处的局部电压漏斗，通过$U_B^{\perp}$值的测量可以详细地阐述这种情况。

② 通过$U_B^{\perp}$值测量，可以证明防腐层中存在的较大损伤点及评价其大小。$U_B^{\perp}$值的测量评价连同断电电位一起可以提供决断依据：是否需要修整防腐层损伤点。此外，在与早先进行的近间距电位测量结果比较时，可以获得提示：是否产生了新的防腐层损伤点，这有可能是通过未知的外部因素对管线的影响而产生的。

在$U_B^{\perp}$值测量时应考虑的附加测量误差，本质上应是损伤点的埋深t，而不是垂直管线的距离x。在$t=1$m时，将$x=10$m和$x=\infty$所得测量值相比较，其差别只有10%。应注意电极误差和外部电场等其他的误差来源，始终采用($U_{ein}^{\perp}-U_{aus}^{\perp}$)测量对于消除这些误差是有效的。

③ 在存有较大防腐层损伤的范围内，应检测和评价极化状态随位置的变化，以考察于平衡电流引起的IR降误差。在实际应用时，主要是估量对$U_{aus}^{\perp}$的误差影响。当有外部电场影响存在时，在一定情况下必须从管道两侧取其测量值的平均值作为$U_B^{\perp}$值。

如图8-20所示为一条沥青防腐层管道(防腐层平均绝缘电阻为$r_u=1500$kΩ·m^2)实测的通电电位和断电电位分布曲线；该图上还给出了垂直于管道的电压降。测量电压降$U_B^{\perp}$的第二个参比电极垂直管道的距离为100m。测量结果表明，所测量电压降的平均值为100mV，但这时出现了最高达500mV的电压漏斗，说明此处存在着较大的防腐层损伤，且该处金属/土壤相界未达到阴极保护判据。

如图8-21所示为图8-20管道在A点和B点处垂直于管道的电压漏斗分布。在图8-22中可以根据圆形等电位线识别各个损伤点,只是在较大距离处通过叠加而成为椭圆形的。

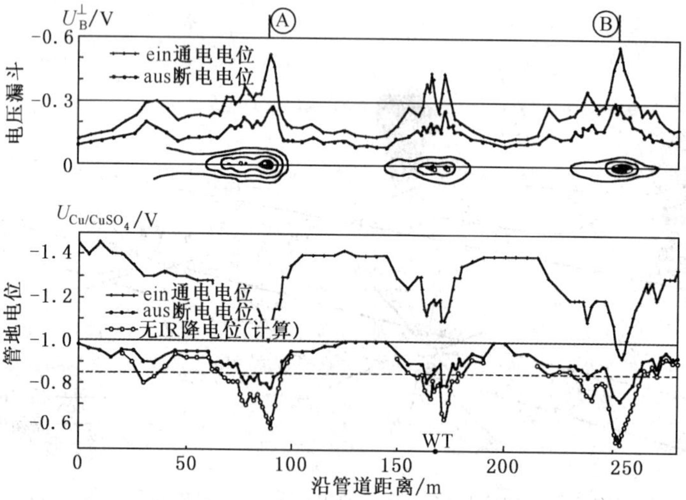

图8-20　一条沥青防腐层管道的电压漏斗和电位分布

($DN700$，$r_u=1500$kΩ·m^2)[7]

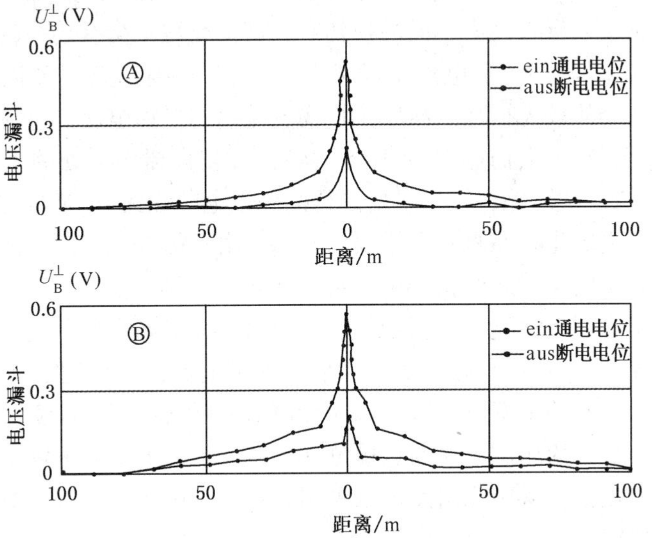

图 8-21　垂直于管道(图 8-20 中 A 点和 B 点)在 100m 距离内的电压漏斗[7]

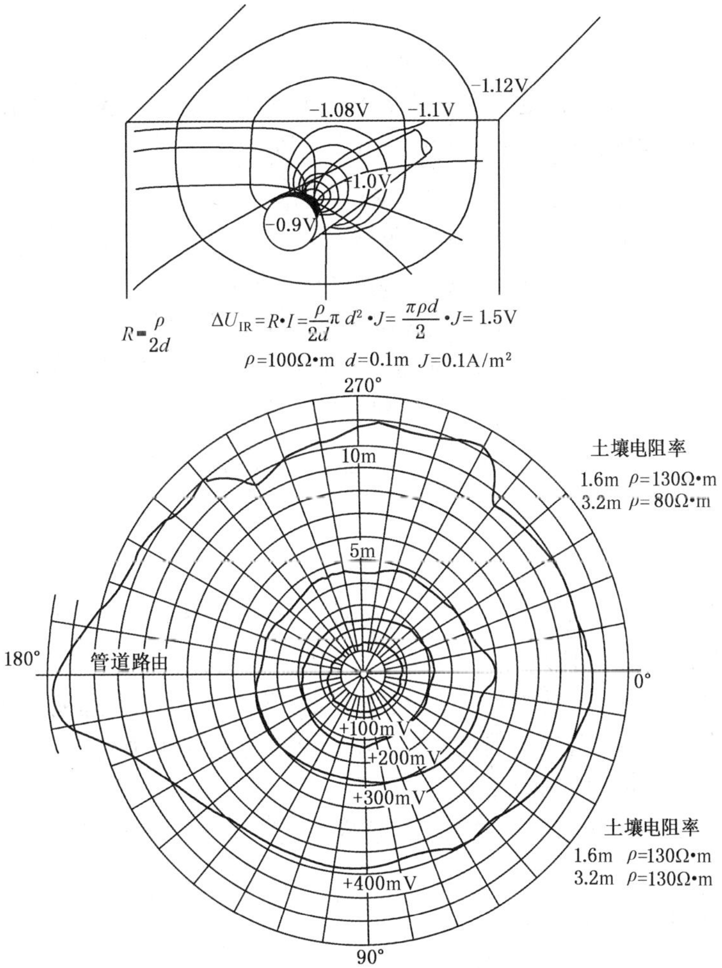

图 8-22　在管道防腐层损伤点上部地表处的等电位线(DN700，埋深 1.5m)[7]

只要不会因土壤中欧姆电压降使测量电位值产生误差，断电电位就可相当于无 IR 降电位。但是，管道防腐层上有着大小不同的损伤点，其上往往不会有均一的极化。在这种情况下，较大损伤点的极化不太负(从电流密度考虑)，而较小损伤点则极化得更负一些，于是在管道中就会产生一个从较大损伤点向较小损伤点流动的平衡电流。电流在较小损伤点处流出，并经过土壤流回到较大损伤点(参见图 8-14)；在较大损伤点处的土壤中就产生了一个负电压漏斗(见图 8-22)。因此，在这里所测得的断电电位比无 IR 降电位更负；于是，此时断电电位所显示的管道极化状态是一个错误的指示。由平衡电流所产生的这种较大电压漏斗现象，迄今已在沥青防腐层管道于 $\rho>50\Omega \cdot m$ 的土壤中得到证实。

正如前述，为了进行近间距电位测量，首先须对管线精确定位，这可以利用寻管仪的方法得以实现。阴极保护站以一定的通-断节律供应保护电流，以便测定通电和断电条件下的管地电位和损伤点处引起的土壤电压降，进而计算真实的无 IR 降的极化电位。为测量管地电位，通常需用一根长长的测试电缆通过检测站连接到管道上，而测定土壤电压降时则与检测站无关。前面已经提到，从实际出发可以采用一些简化操作。这里再对式(8-20)和图(8-19)的简化测量方法作进一步说明。

① 测定管地电位 U_0　在一个检测站按常规方式借助于管顶地表的一个参比电极 B_0 测量管地电位 U_0：

$$U_0 = \varphi_R - \varphi_{B_0} \tag{8-21}$$

沿管线在距 B_0 的距离为 a_1 处，于管顶上部放置参比电极 B_1。则 B_1 与 B_0 这两个参比电极之间的电压(即土壤电压降)为：

$$U_{B_1} = \varphi_{B_1} - \varphi_{B_0} \tag{8-22}$$

由此可以得到在 a_1 位置点处的管地电位 U_1：

$$U_1 = \varphi_R - \varphi_{B_1} = U_0 - U_{B_1} \tag{8-23}$$

在这种情况下为了测定管地电位 U_1，只需要已知 U_0 的测量值和 B_1 与 B_0 两个参比电极之间测得的电压，而不需要任何电缆与管道连接。这样，以恒同的间距 $\Delta a = a_\gamma - a_{\gamma-1}$ 可以重复这种操作，由此可以得到管道上任一点的管地电位。即：

$$U_n = U_{n-1} - U_{Bn} = U_0 - \sum_{\gamma=1}^{n} U_{B\gamma} \tag{8-24}$$

式中

$$U_{B\gamma} = \varphi_{B\gamma} - \varphi_{B(\gamma-1)} \tag{8-25}$$

用这种方法测量的管地电位值可能产生误差，电极误差应是一种可能的误差来源。因此，可在下一个检测站对 U_n 值进行验证测量，这也是必要的。

② 测定土壤电压降 ΔU　将参比电极 B_∞ 置于垂直于管道的无穷远地表处，即位于管道防腐层损伤点的电压漏斗之外，此时的参比电极就相当于位于无损伤点管道区域的管顶上。这可通过常规的 $U_B^{\perp}$ 测量来检测验证。

如果此时参比电极 B_0 就位于无损伤点管道区域的管顶上，可看作 $\varphi_{B_0} = \varphi_{B\infty}$。而当电极 B_1 已经落在管道防腐层损伤点的电压漏斗中，那么在距 B_0 为 a_1 距离处按式(8-22)可测得参比电极 B_1 与 B_0 之间的电压降 $\Delta U(1)$：

$$\Delta U(1) = \varphi_{B_1} - \varphi_{B_\infty} = U_{B_1} \tag{8-26}$$

对于位置点 a_n，利用式(8-25)可获得电压降的普遍式 $\Delta U(n)$：

$$\Delta U(n)=\varphi_{Bn}-\varphi_{B\infty}=\varphi_{Bn}-\varphi_{B_0}=\sum_{\gamma=1}^{n}U_{B\gamma} \quad (8-27)$$

在这里我们可以看到，近间距电位测量时，既要进行管地电位 U 值测量，也要进行电压降 ΔU 测量，它们的测定是基于置于管顶的两参比电极之间电位差的简单测量（见图 8-19）。通过多次等间距 Δa 的连续测量，在累计显示值中可能存在来自外部的电极误差。为了避免可能产生的这种测量误差，也可以直接对较大间距［例如$(a_k-a_1)\approx 300\text{m}$］测量它的各部分之和：

$$U_{k/1}=\varphi_{Bk}-\varphi_{Bl}=\sum_{\gamma=1}^{k}U_{B\gamma} \quad (8-28)$$

在这种情况下可直接测量在位置点 a_k 和 a_1 处参比电极之间的电位降 $U_{k/1}$。

采用近间距电位测量法时，为了现场计算管地电位和总电压降所耗费的时间如此之大，是其他各种测量方法所不可及的。只有采用计算机控制的测量仪器和移动数据采集器，才能经济地使用这种方法。例如，在进行每 1km 约 1000 个测量值的近间距电位测量时，使用微电子仪器来采集测量值和进行评价，通过携带一个小型计算机对式（8-24）和式（8-27）进行算术和叠加计算并由测量人员处理，这样做是符合要求的。

已经开发出专用计算机，以步阶 2.5mV 采集经过数字转换器的测量值，对之进行运算处理，并传递到固体存储器。在测量时，计算机可与测量人员进行简单而必需的人机对话。在结束测量之后，所有测量值被存入一个移动存储器中，传送到中心计算机，在那里作进一步运算处理，并画出曲线图。从采集测量值到运算处理和编制文件的整个过程中，几乎没有什么是必须人工操作的，由此极大地提高了近间距电位测量法应用的可靠性和经济性。

如图 8-23 给出了近间距电位测量法从测量值采集数据到数据运算、评价的移动计算机

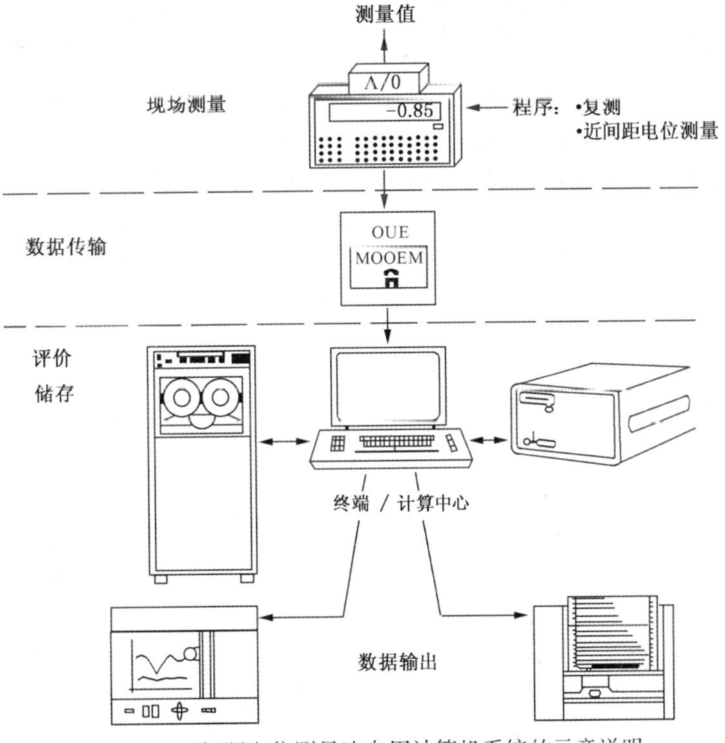

图 8-23　近间距电位测量法专用计算机系统的示意说明

系统的示意。这种专用计算机系统对近间距电位测量以及监测性测量都是有用的，并能提供以下一些应用功能：测量数据列表，绘制电位曲线图，长达数年期间的趋势分析，搜索防腐层损伤点，电位值校正，以及将特征数据和误差数据列表在一个保护站的卡片箱中。关于近间距电位测量法的实施和复演，目前还没有普遍性的要求和具体论述。但在一些重要的具体工程项目中，例如在建设平行的埋地管道复线后，应进行并复演近间距电位测量。

8.2.7 在杂散电流影响下的无 IR 降电位测量

当多分支的被保护埋地结构物上出现宏电池电流，或埋地管道与外部钢筋混凝土结构物接触，以及受到杂散电流影响而在测量的结构物对地电位中存在着高份额 IR 降，且又无法排除这些干扰时，可采用测量探头等技术来消除这种 IR 降，以便在杂散电流等干扰影响下仍能可靠地测量无 IR 降电位。

在杂散电流影响范围内，因为杂散电流源未予排除，由杂散电流引起的土壤中电压降依然存在，所以用断电法仍不能起到消除这种使管地电位发生偏差的杂散电流电压降的作用。

对直流电气化铁路而言，杂散电流的排流装置一般设在铁路配电站附近，此处当钢轨/土壤为负电位时，管道将具有最正的管地电位。当中断管道的阴极保护电流回路时，由于出现了阳极性负载，使管地电位比杂散电流排流装置运行时的管地电位更正[参见图 8-24(a)]。当杂散电流强制排流的供电系统短时间断开时，由其导出的杂散电流继续在土壤中引起电压降[参见图 8-24(b)]。因此，在这种情况下是不可能可靠地测量获得无 IR 降电位的。

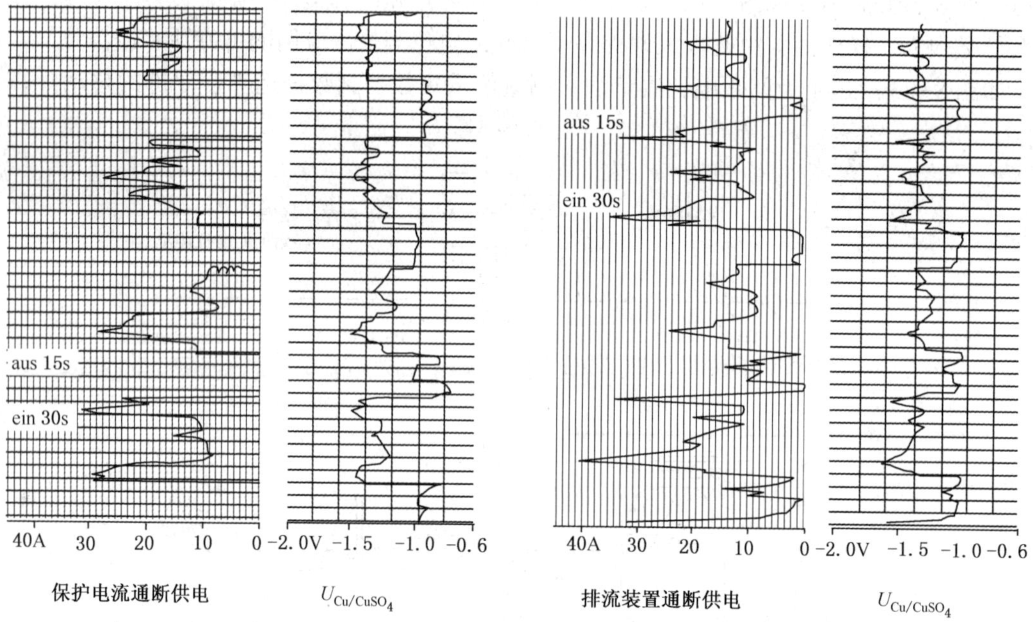

(a) 阴极保护电流通断供电时的电位记录　　(b) 排流装置通断供电时的电位记录

图 8-24　对一条实施杂散电流排流运行的管道的电位测量记录[5]

8.2.7.1　用测量探头测定无 IR 降电位

按图 8-25 在管道外部邻近处埋设一个测量探头，据此可通过模拟、比较的方法测定管地电位。在测量探头中，将一块具有一定暴露面积的钢试片置入一个塑料套筒中，背侧用填料完全绝缘。在试片绝缘侧后部，在塑料套筒中充满电解质溶液并安装一支参比电极。在钢试片上嵌置一个多孔陶瓷半透膜，以此实现参比电极溶液与环境介质的电解导通。由此就构成了一个测量探头，也称极化探头。使用时将其与埋地管道同时安装，测量探头的钢试片通过电缆在检测站上与被保护管道相连接，同时接受阴极保护。在这种构型中，测量探头的钢试片就相当于(模拟)管道防腐层上的一个损伤点(露铁点)。测量探头也是一个长效参比电极，以此可直接测量钢试片的无 IR 降电位，而不必切断保护电流或者断开与管道的电缆连接。因此测量电位时，在参比电极和钢试片之间已不存在欧姆电压降了。如果管道上防腐层损伤点暴露面积比探头钢试片小，则探头的测量电位将比管道防腐层损伤点的无 IR 降电位更正一些。

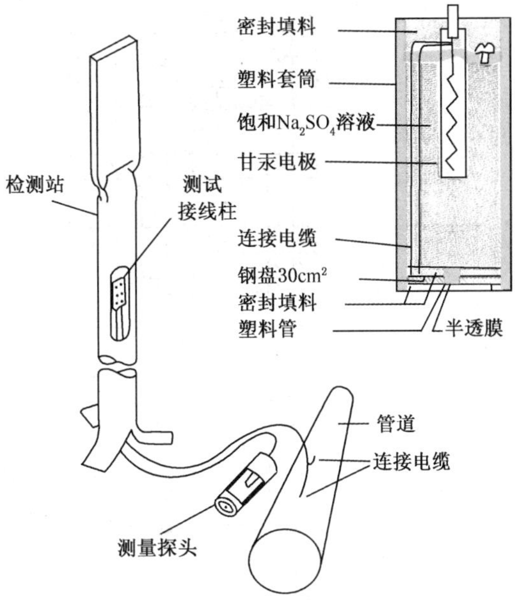

图 8-25　用于模拟防腐层损伤点的测量探头构型及其安装

如图 8-26 所示的记录为用内置参比电极的测量探头(c)和置于地表的外置参比电极(b)所测量的电位，以及从探头钢试片流向被保护管道的保护电流(a)。结果表明，用探头内置参比电极所测量的无 IR 降电位几乎是恒定不变的，而用外置地表参比电极所测量的电位出现了与测量探头汲取的保护电流相似的变化，其唯一的可能就是由土壤中杂散电流引起的欧姆电压降所致。这种行为也符合欧姆电压降和极化的不同时间常数。

因为无 IR 降电位随着防腐层损伤点尺寸减少而变得更负，所以在土壤电阻相同的情况下，被保护管道上尺寸小于测量探头钢试片的所有防腐层损伤点都必定呈现更负的电位。相反，损伤点尺寸越大，其电位越正。这样，仅仅了解探头/土壤电位还不能给出关于所测量结构物极化状态的确切表述，因为电位不是一个动力学参数，仅是一个热力学参数。但是，它们首先十分适合于监测受杂散电流影响的结构物阴极保护的有效性状态。

8.2.7.2　外推法

土壤中杂散电流只有一部分经防腐层损伤点进入埋地管道，所以在计算无 IR 降电位时也只考虑这一部分电流的作用。采用如图 8-27 所示的测量方法和配置，可以消除那些由未流入被保护管道的杂散电流所引起的 IR 降。利用参比电极 B_1、B_2和 B_3可以测量 IR 降在地表的水平分量的大小，分别表示为 $U_1^{\perp}$ 和 $U_2^{\perp}$。电压降的水平分量之和与其垂直分量 $U^{\perp}$ 成正比。

在防腐层损伤点处的通电电位 U_{ein}、它的无 IR 降极化电位 U_P以及土壤中由杂散电流引起的欧姆电压降 $U_1^{\perp}$ 和 $U_2^{\perp}$ 之间，存在着如下关系：

$$U_{ein} = U_P + c(U_{1ein}^{\perp} + U_{2ein}^{\perp}) \qquad (8-29)$$

式中，c 是常数，它表征参比电极和管线之间的有效土壤电阻的一种度量。由于欧姆电压降的水平与垂直分量的比例关系，当 $U_{1ein}^{\perp}+U_{2ein}^{\perp}=0$ 时，该垂直分量也为零。

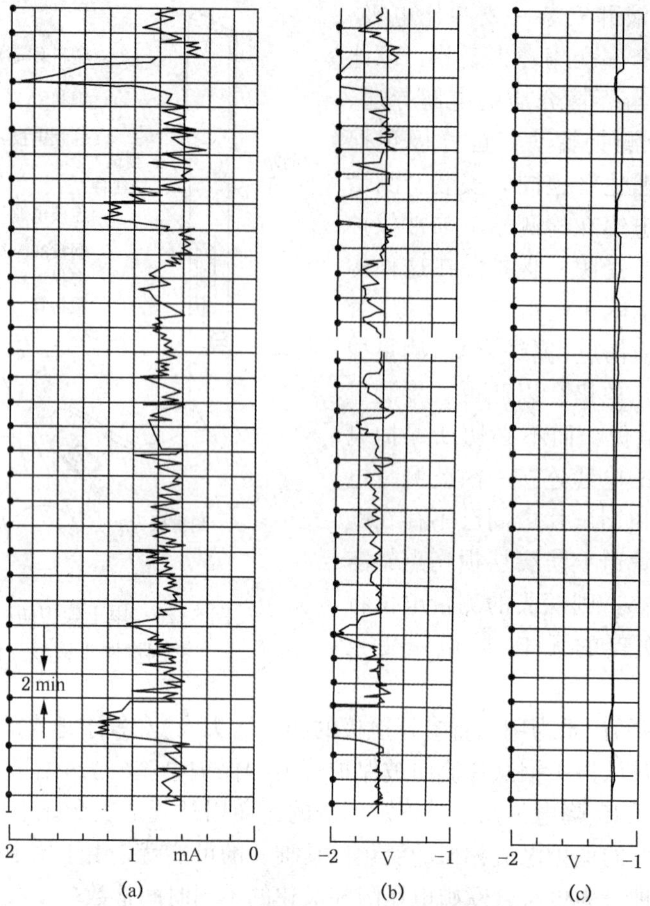

图 8-26 测量探头与一条受杂散电流影响的管道相连接的测量记录

(a) 测量探头所汲取的保护电流；(b)用地表参比电极测量的电位；

(c)用测量探头内置参比电极测量的电位

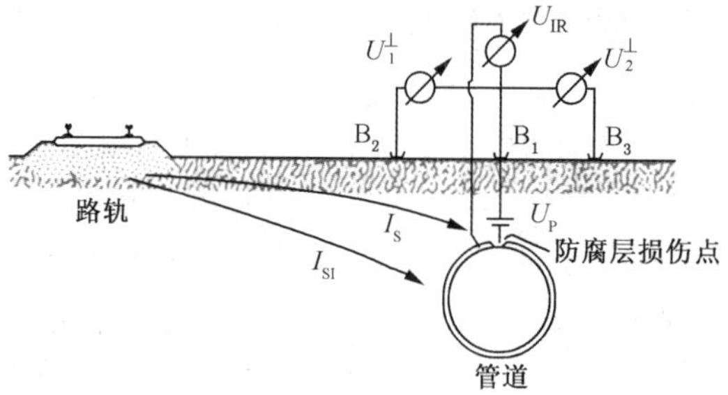

图 8-27 在一条受杂散电流影响的管道上为测定无 IR 降管地电位的参比电极配置示意图

在采用断电法时有：

$$U_{aus} = U_p + c(U_{1aus}^{\perp} + U_{2aus}^{\perp}) \quad (8-30)$$

通过解方程式(8-29)和式(8-30)，消去 c，可得无 IR 降电位 U_P：

$$U_p = U_{aus} - \frac{U_{1aus}^{\perp} + U_{2aus}^{\perp}}{(U_{1ein}^{\perp} + U_{2ein}^{\perp}) - (U_{1aus}^{\perp} + U_{2aus}^{\perp})}(U_{ein} - U_{aus}) \qquad (8-31)$$

利用方程式(8-31)就可以从含有由杂散电流和平衡电流引起的欧姆降之断电电位来计算无 IR 降电位，这种测定和计算无 IR 降管地电位的方法称为外推法。

在应用式(8-31)时必须注意到，当管线与有轨电车轨道近距离平行辅设时轨道电压漏斗所产生的变化过程。如图 8-28 所示为在各种有轨电车轨道上测量电压漏斗的结果。该测量值的分散性归结为钢轨路基对土壤绝缘性程度的差异。在所有情况下都可以看到，在道碴路基及其邻近，钢轨电压有一个陡峭下降过程。从距钢轨为 3m 的距离开始，钢轨电压漏斗几乎不再有任何明显的变化。据此可用于计算一个几乎恒定不变的、由杂散电流引起的、每单位长度的电压漏斗。从这个距离至钢轨，由并未流入管道损伤点的杂散电流引起的电压降，可以通过具有相同距离的参比电极 B_1 和 B_2 及 B_1 和 B_3 之间的测量结果来考察，并将它们所测得的电压 $U_{1ein/aus}$ 和 $U_{2ein/aus}$ 相加予以消除(参见图8-27)。

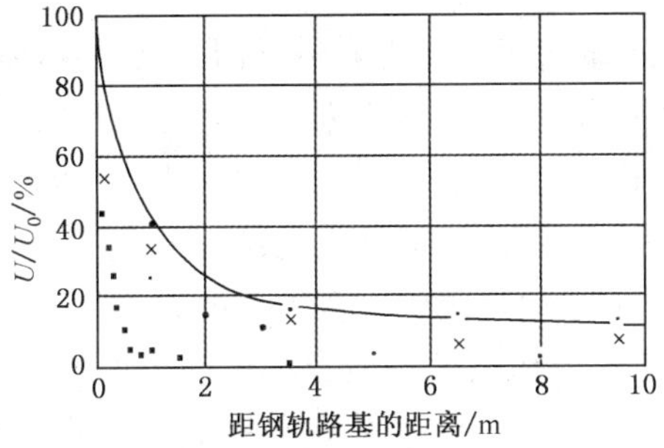

图 8-28 有轨电车轨道的电压漏斗

■ 新的道碴床；×• 旧的道碴床；+城市马路上的路轨

消除了这种由不断变化着的杂散电流所引起的电压降，就可以连续地测量与式(8-31)相对应的各电位值和电压值。因为欧姆电压降中的水平分量和垂直分量成比例关系，必须同步地测量当存在变化着的杂散电流时的通电电位值 U_{ein} 和两个水平分量电压降 $U_{1ein}^{\perp}$ 和 $U_{2ein}^{\perp}$。对这种情况，在通电周期中任意时刻都可以进行测量。对断电电位 U_{aus}，以及断电电压降 $U_{1aus}^{\perp}$ 和 $U_{2aus}^{\perp}$ 同样也必须同步测量。要注意掌握进行这种测量的时刻，即必须在断电后第 1s 内立即进行测量，以便尽可能地减少在这一时间段中的去极化过程可能产生的误差。因此，测量仪器和保护站通-断设备的同步性是非常必要的。将测量值输入一个已组合在测量仪器中的计算器，由此来按式(8-31)计算管道防腐层损伤点的无 IR 降电位。参比电极距管道轴线两侧距离必须至少达 3m。由于这一原因以及因为钢轨电压漏斗的变化过程，管道与钢轨的距离必须至少为 6m。

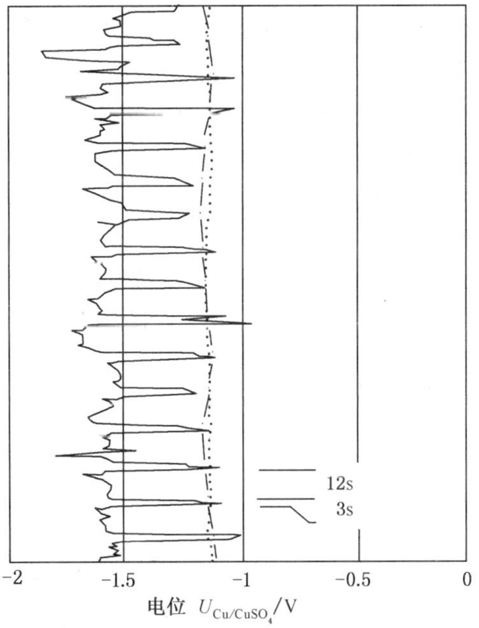

图 8-29 用不同方法测定的测量探头的试片对地电位

—— 用地表甘汞电极测量的探头试片对地电位；

-·- 用内置甘汞电极测量的测量探头对地电位；

…… 用外推法计算的探头试片对地电位

用一个连接到管道上的测量探头对这一方法进行试验。如图 8-29 所示为用探头内置参比电极测量的无 IR 降测量探头电位、用外置地表参比电极测量的探头试片的通电电位和断电电位，以及用外推法计算的无 IR 降试片对地电位。结果表明，外推法计算的试片电位和内置参比电极测量的探头电位实际上是一致的。外推法的使用条件是在管道与钢轨之间保持足够的距离。

测定无 IR 降管地电位的另一个前提条件是，参比电极应置于防腐层损伤点范围内。当管道防腐层完整无缺时，$U_{1ein}^{\perp}+U_{2ein}^{\perp}=0$，$U_{1aus}^{\perp}$ 和 $U_{2aus}^{\perp}=0$。此时按式(8-31)计算 U_p 将是不确定的。

对于这种情况，该计算机是这样编程的，即当 $U_{ein}^{\perp}$ 值很小(仅几个 mV)时，式(8-31)中的商等于零，且显示断电电位。这种处理方法也在测量记录上表示出来。因为在完整防腐层范围中，被保护管道并未被极化，也就测量不到无 IR 降电位，尤其是当断开保护电流时，只能测量到相当于式(8-9)中第二项(对应下一个防腐层损伤点)的断电电位 U_{aus}。

对于管道具有正常防腐层的情况，可以接受这种对小电压降 $U_{1ein}^{\perp}$ 和 $U_{2ein}^{\perp}$ 的删略处理，因为在这种管道上只存在一些小的防腐层损伤点，在这些损伤点处一般也都达到了保护电位。但是，在测定无 IR 降管地电位时还必须考虑这种情况：在管道具有高质量防腐层的位置，防腐层上存在的大损伤点在地表上只产生小的电压降，这是应当注意的。

8.2.8 极化试片法

对于埋地管道阴极保护系统而言，由于阴极保护电流在土壤电阻上产生的欧姆电压降将使在线测量的管地电位(保护电位)产生明显误差。这对于正确评价阴极保护有效性具有很大影响。采用断电法可以有效地消除这一部分 IR 降。正如前述，简单地采用断电法并不能解决防腐层上不同损伤点之间平衡电流所产生的 IR 降影响，附加在管地电位测量中的这种 IR 降也会对阴极保护有效性产生误判。此外，断电法也不能解决杂散电流影响区域中无序变动的杂散电流对管地电位测量的严重影响。前几节已对这些问题作了分析并介绍了一些有效的能解决这些问题的电位测量方法。极化试片法也是一种比较有效和方便实用的方法。

极化试片法的工作原理如图 8-30 所示。其配置和操作是，如同管道阴极保护系统中的检测片一样，在选定的测试点位置埋设一裸试片，其材质和埋设状态应与被保护管道相同。埋设试片处的土壤环境应与管道所处土壤环境一致。极化试片的暴露面积应根据设计确定并严格控制。试片暴露面积实际上是模拟防腐层损伤点的大小，当试片通过测试导线经检测站连接到被保护管道时，试片也就如同防腐层损伤点那样成为保护电流的漏泄点。因此，沿管道不宜设置过多的极化试片，以防损失保护电流过多。在埋设极化试片的同时，应在其邻近处也埋设一支长效固定参比电极(一般为饱和硫酸铜电极)，供测量电位之用。埋设极化试片时，应注意避免在连接的试片上产生电流屏蔽作用。

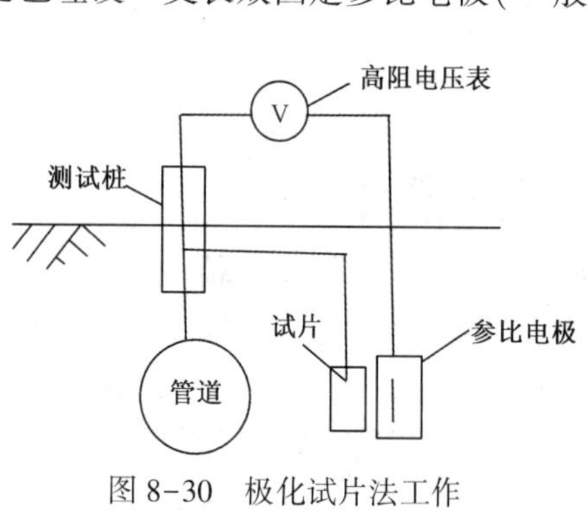

图 8-30　极化试片法工作原理和配置示意图

为测量极化试片的断电电位，只需在检测站处断开极化试片与管道的连接接线柱(或通断开关)，即可立即测得瞬时断电电位，也可进行较长时间的去极化测量。这种测量方法无需切断管道的阴极保护电流的供电回路，也不存在防腐层不同损伤点之间平衡电流可能产生的 IR 降影响。同样，环境土壤中的杂散电流可能产生的欧姆电压降对极化试片断电电位的干扰影响也很小。极化试片也可用于通电电位监测，尽管仍然存在一些较为明显的 IR 降误差，但它比常规在地表测量的通电管地电位中的 IR 降误差要小得多。极化试片法也能测定流向试片和流出试片的电流大小和方向，例如，在连接导线中串联一个分流电阻即可。重要的是，这种方法还能测定试片的腐蚀速率，电阻传感器即是原位腐蚀速率测量的一种选择。

我国行业标准 SY/T 0023—1997 在管地电位测试中规定了一种"辅助电极法"。它的基本要求和操作是，采用与管道同材质的钢片制作一个检查片作为辅助电极，其表面除一侧表面中心留下一个直径 10mm 的裸露孔外，其余部分全部被防腐层覆盖，埋设于管道附近冻土线以下的土壤中。埋设时裸露孔朝上，覆盖 1~2cm 细土后，将长效硫酸铜电极的底部置于裸露孔正上方，然后回填至地表面。辅助电极和长效硫酸铜电极的导线分别连接至检测站内各自的接线柱上，辅助电极通过检测站经导线与管道相连接。辅助电极相对硫酸铜参比电极测试的电位就代表阴极保护管道的保护电位。

显然，这种所谓辅助电极法实质上与前述极化试片法相同，只是对暴露面积具体地规定为仅直径 10mm 的裸露金属暴露于土壤中。它们与测量探头一起都是近参比法的发展和应用，都可以成功地测量代表管地电位的通电电位和断电电位。埋地金属管道是一个大型金属结构物，它的构型和尺寸关系是测量探头、试片、"辅助电极"不可与之相比和无法模拟的，尤其是防腐层损伤状况、损伤点大小无法准确模拟，而且随服役时间也在不断变化着。因此，测量探头、试片、辅助电极所测量的对地电位仅是代表管地电位，而不是完全等同于管地电位。但这种测量的电位偏差并不影响它们的实际应用，它们可直接用于管道阴极保护有效性评价以及跟踪它们随服役时间的变化。

在电化学研究和电化学测试技术中，辅助电极是一个确定的专业术语，有公认的定义、作用和特征要求。而此处介绍的"辅助电极法"中的"辅助电极"，实质上是电化学体系中的工作电极(研究电极)，而不是为构成完整电流回路和为工作电极输送电流的真正意义上的那种辅助电极。所以"辅助电极法"的命名易产生歧义和误解，建议为此法更名，也可如本书的建议，直接称之为极化试片法。

8.3 电流测试方法

8.3.1 牺牲阳极输出电流测量

8.3.1.1 标准电阻法

牺牲阳极与管道组成的闭合回路总电阻较小，通常小于 10Ω；该回路电流一般仅为数十至数百毫安。普通电流表的内阻，在经常使用的适当量程上总是大于回路总电阻的 5%，为此可采用标准电阻法(见图 8-31)。

在牺牲阳极与管道组成的闭合回路中串联接入一个小于回路总电阻 5% 的标准电阻 R，通常选用电阻值为 0.1Ω、精度为 0.02 级的标准电阻；再用高阻电压表 V 测量标准电阻上的电压降 ΔV。通过欧姆定律计算牺牲阳极输出电流 I：

$$I = \frac{\Delta V}{R} \qquad (8-32)$$

式中　I——牺牲阳极输出电流，mA；

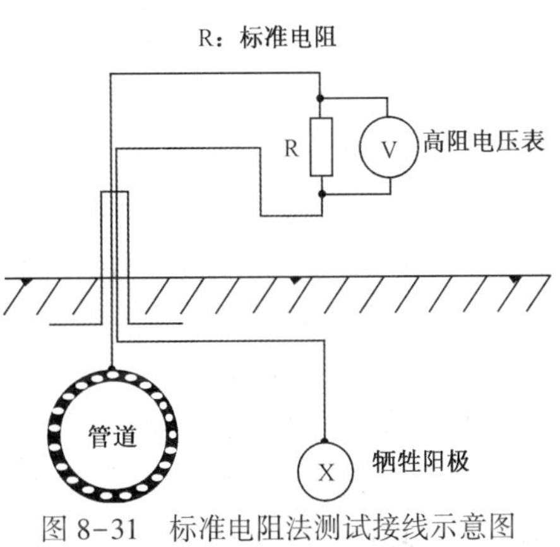

图 8-31　标准电阻法测试接线示意图

ΔV——标准电阻上的电压降，mV；

R——标准电阻的阻值，Ω。

采用标准电阻法测量电流时，要求串联的测试导线总长度不应大于1m；截面积不宜小于2.5mm²，以减小导线电阻可能产生的测量误差。但应注意，对牺牲阳极输出电流进行测量时，操作不应造成电流回路中断，否则会影响测量结果的准确性。总之，此法操作简单，准确度高，应用广泛。

8.3.1.2　双电流表法

此法为我国自创。双电流表法测试接线法如图8-32所示。选用两只同型号数字万用表(以确保两者在同一量程时内阻相同)，先按图8-32(a)将第一只电流表串联接入测量回路，测得电流I_1；再将第二只电流表与第一只电流表同时串联接入测量回路，如图8-32(b)所示，此时两只表的电流量程应与测量I_1时的相同，记录两只表上显示的I'_2和I''_2。取其平均值为$I_2=1/2(I'_2+I''_2)$。

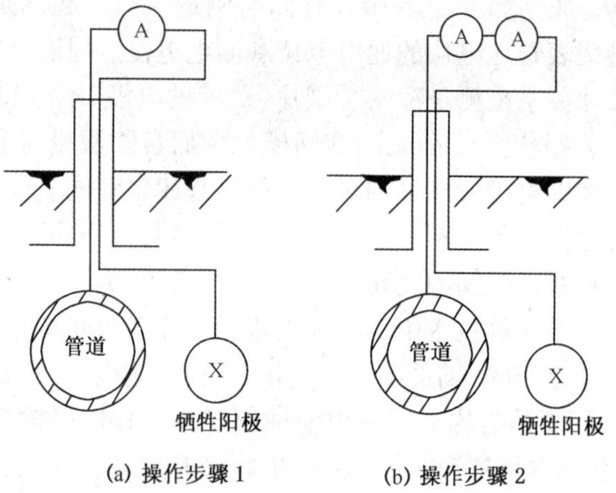

图8-32　双电流表法测试接线示意图

至此可按下式计算牺牲阳极输出电流I：

$$I=\frac{I_1I_2}{2I_2-I_1} \tag{8-33}$$

此法测量时的难点是，所采用的两只电流表的显示值往往差异较大。因此，务必选用两只型号相同的电流表，且在相同量程进行测量，且在测量前应对表的示值进行标定。在电流测量时均要求电流表内阻尽可能的小，一般要求在被测回路总电阻的5%以内，电流表的灵敏阀应小于被测电流值的5%，准确度不低于2.5级。

8.3.1.3　直接测量法

直接测量法(见图8-33)是将选定的一只电流表直接串联到牺牲阳极输出电流的回路中，电流表的示值即为牺牲阳极输出电流值。此法操作简单，但电流表内阻可产生测量误差。为此应尽可能选用低内阻电流表，一般可选用五位读数(即俗称四位半)的数字万用表，且应注意数字万用表的内阻是随量程而变化的。例如，DT-830数字万用表的直流电流档，200mA档的内阻为1.545Ω，10A档的内阻为0.0138Ω。显然，200mA档的内阻太大；10A档的内阻虽合乎需要，但灵敏阀(分辨率)高达10mA，则测读的绝对误差也达10mA，误差太大而不可选用。DT-930数字万用表为四位半读数显示，直流10A的内阻仅为0.132Ω，灵敏阀为 1mA，即测读绝对误差仅为 1mA，对于牺牲阳极输出电流的测量是可以接受的。

直接测量法可直接选用零电阻电流表测量牺牲阳极输出电流，此时仪器的内阻为零。图 8-34介绍了几种测量零电阻电流的方法。如图 8-34(a)所示为手动调零平衡的零电阻电流计法，线路简单，在实验室可自行组建。如图 8-34(b)所示为自动瞬时调零平衡的零电阻电流计法，此法以运算放大器替代了图 8-34(a)中的手动调零，可在微秒级时间内自动输出一个平衡电流实现自动瞬时调零平衡，以防止测量电源的电流对被测金属产生附加极化，从而避免给电流测量带来误差。如图 8-34(c)所示是用恒电位仪测量零电阻电流的接线示意图。测量时将恒电位仪的给定电位(控制电位)调在零状，在测试过程中，恒电位仪的电流表所指示的就是相当于仪器内阻为零时的测量电流。

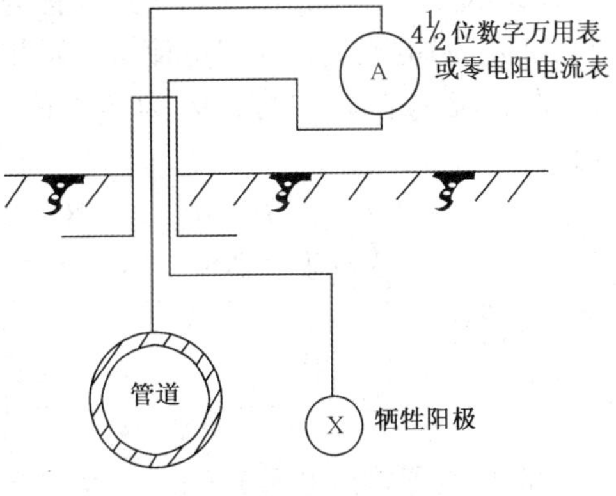

图 8-33　直接测量法的测试接线示意图

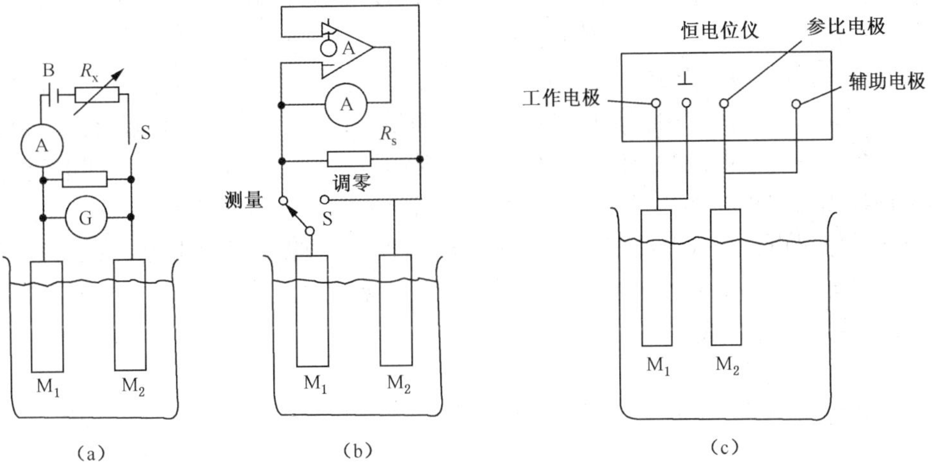

图 8-34　测量零电阻电流的几种方法[2]

M_1—管道金属；M_2—牺牲阳极；

R_x—可变电阻；S—开关；Ⓐ—微安计；Ⓖ—检流计；OA—运算放大器；R_s—标准电阻

由运算放大器可直接制成零电阻电流表(ZRA)，现已有多种商品仪器可供选用。其工作原理如图 8-35 所示。牺牲阳极法阴极保护系统实质上就是一个电偶电池(伽法尼电池)，测量牺牲阳极的输出电流也就是测量该电偶电池的电偶电流。零电阻电流计是一只内阻为零的电流表。测量时，电偶对的一个电极(如埋地管道)接地，另一个电极接高增益运算放大器 A_1 的反相输入端，并使运算放大器的同相端接地(公共端)。高输入阻抗高增益运算放大器有两个基本特性：

① 实质上没有任何电流通过放大器的两个输入端，因此对反相输入端应有 $I_s=0$。

② 由于引入了反馈(反馈电阻 R_f)，使放大器的两个输入端之间的电位差逼近于零。因为同相端接地，所以反相输入端 S 点电位 V_s 十分接近于零电位，此点称为“虚地点”或“虚零”。所以仪器具有零电阻(内阻)特性。

在此情况下，反相输入端 S 点也称为加合点，即电偶电流 I_g、反馈电流 I_f和反相输入端的电流 I_s 在此加合，因为 $I_s = 0$，所以有：

$$I_s = I_g + I_f = 0 \qquad (8-34)$$

且反馈电流 I_f与放大器输出电压 V_0之间的关系满足：

$$I_f = \frac{V_s - V_0}{R_f} \qquad (8-35)$$

因为放大器输出电压 $V_s = GV_s$，G 是开环增益(大于 10^6)，故有 $V_0 \gg V_s$，且由于 V_s逼近于零，可得：

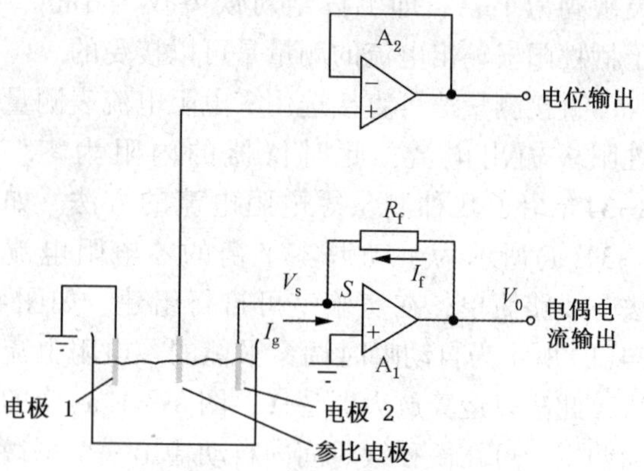

图 8-35 可监测电偶电流及电位的零电阻电流计工作原理图

$$I_g = - I_f = \frac{V_0}{R_f} \qquad (8-36)$$

即电偶电流 I_g与放大器输出电压 V_0成正比。此时电偶对两电极之间的电位差基本上为零，这样就获得了一个零电阻电流计。如在放大器 A_1的反相输入端串联接入一只标准电阻，还可以测量组成电偶对的两电极之间的开路电位差。

放大器 A_2是电压增益为 1 的电压跟随器，由于采用同相输入，因此具有很高的输入阻抗，这就起到阻抗变换的作用，从而可提高电压测量精度。如果再增接电压测量放大系统，就可以在测量电偶电流的同时也测量到短路电偶对相对于参比电极的电位，即电偶电位 E_g，即可测量牺牲阳极保护的埋地管道的保护电位。用此装置还可测量未偶合的各电极分别相对于参比电极的电极电位，即开路状态下的管地电位和牺牲阳极的开路电位。借助于长图式记录仪可以同时记录电偶电流 I_g及电偶电位 E_g随时间的变化过程。

8.3.2 管内电流测量

8.3.2.1 电压降法

国内外普遍采用电压降法以测量管道内实际流过的电流。这种方法的主要优点是测量方法简单、易于操作；缺点是必须已知单位管长的纵向电阻，否则无法从测量结果计算管内电流。对于具有良好外防腐层的管道，当被测管段间无分支管道，且已知管径、壁厚、材料电阻率时，便可采用电压降法测量沿管道流动的直流电流。其接线方式如图 8-36 所示。可根据欧姆定律测量和计算管内电流。

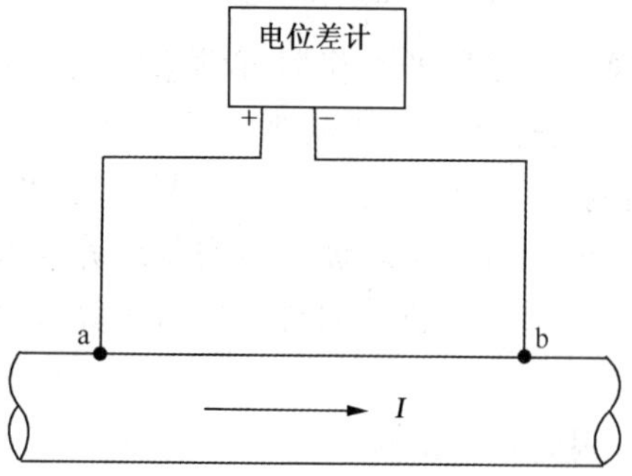

图 8-36 电压降法测试管内电流的接线示意图

在管道上预先选定 a、b 两点，引出导线连接至检测站；精确测定 a-b 间的电压降 V_{ab}(可采用微伏表或电位差计)，按下式计算管内电流：

$$I = \frac{V_{ab} \cdot \pi(D - \delta)\delta}{\rho L_{ab}} \qquad (8-37)$$

式中 I—— 流过 a-b 段的管内电流，A；

V_{ab}—— a-b 间测得的电压降，V；

D——管道外径，mm；

δ——管道壁厚，mm；

ρ——管材电阻率，$\Omega \cdot mm^2/m$；

L_{ab}—— a-b 间管道长度，m。

V_{ab}一般为 μV 级的，当采用的微伏表或电位差计(如 UJ33a)的最小分度值为 1μV 时，为保证电压降测量精度，要求 V_{ab}不小于 50μV，由此显定了管内电流测试所需的最小管距 L_{ab}。应根据管径大小和管内电流强度大致范围决定 a-b 间的管距。当管内电流量小和(或)管径大时，L_{ab}应增大。

为进行管内电流测量，对于 *DN*700 以下的管道，若取管长 30m，管段电阻约为 0.3mΩ，当选用精确的电压表，可测出 0.1mV 的电压，所以测量精确度不低于 0.3A。对于大于 *DN*700 的管道，电流测量段一般以 50m 为宜。由于壁厚的变化(无缝钢管为 10%，焊接管为 5%)以及难以获得指定管道钢的准确电导率，所以应尽量采用较长的测量管段长度。对于大于 *DN*1000 的管道，测量管段长度选择 100m 是合适的。应精确测量 a-b 间的管段长度，误差不大于 1%。

L_{ab}的长度是施工时预先测定的。单位管长的纵向电阻值取决于管径、壁厚和材料电阻率，可在施工前预先实测这些参数，也可从制造厂提供的参数获得。为便于地面测量，设有电流检测站，应将规定的测量管段长度和已知的该管段纵向电阻值标示在检测站铭牌上。通常电流检测站内接有 4 根导线，可按电阻测量方法，对 a-b 段的电阻进行实测标定，由此可以免除由测量管段长度和电导率等因素带入的误差。

测量操作时，先用数学万用表粗测 V_{ab}值，并判定 a、b 两点的正、负极性，然后再用 UJ33a 电位差计(或微伏表)精测。

8.3.2.2　补偿法

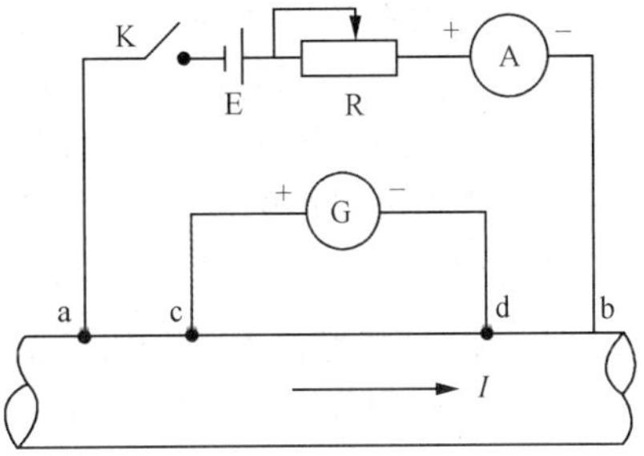

图 8-37　补偿法测试管内电流的接线示意图

对于具有良好外防腐层的管道，当被测管段间无分支管道，无接地极，管内流动的直流电流比较稳定时，可使用补偿法测试管内电流。接线方法如图 8-37 所示。使用此法时，要求 $L_{ac} \geqslant \pi D$，$L_{db} \geqslant \pi D$；而 L_{cd}的最小长度要求与上述电压降法的要求相同。这些要求是为了保证 c-d 管段处于电流均匀分布的管段。L_{cd}的长度要求是保证 V_{cd}不小于 50μV。

测量时先合上开关，缓缓调节变阻器 R，当检流计 G(或采用电位差计)指示为零时，c-d 间电位差被补偿到零，即此时的补偿电流正好等于流过 c-d 段的管内电流，但两者的方向相反。所以当检流计或电位差计(G)指零时，电流表(A)的读数即为管内电流值。

补偿法也是常用的管内电流测试方法。此方法的主要特点是，测试准确度高，且不需要知道管道的纵向电阻值。

8.4　电阻测试方法

8.4.1　绝缘连接器的绝缘性能测试

8.4.1.1　兆欧表法

埋地管道的绝缘连接器一般指绝缘接头或绝缘法兰。对于组装好的绝缘法兰或整体型绝缘接头，在安装到管道上之前应进行电绝缘性能测试。一般可采用兆欧表直接测量其绝缘电阻值。兆欧表法仅适用于未安装到管道上的绝缘接头(法兰)的绝缘电阻测量。

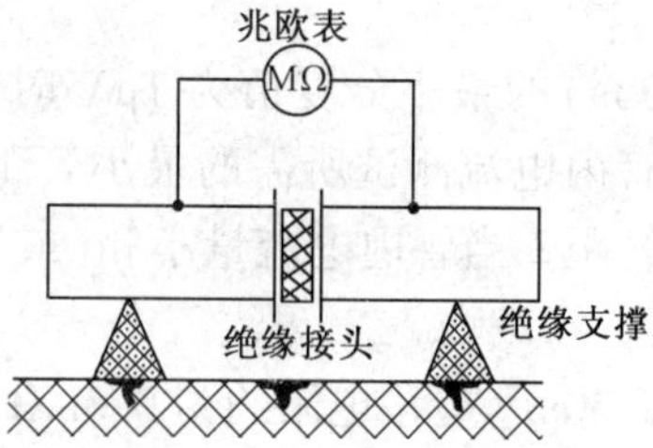

图 8-38　兆欧表法测试绝缘电阻的接线示意图

兆欧表法测试绝缘电阻的接线如图 8-38 所示。可用磁性接头(或夹子)将 500V 兆欧表输入端的测量导线压接在绝缘接头(法兰)两侧的裸露短管上，转动兆欧表手柄，使手摇发电机达到规定的转速并持续 10s，此时表针稳定指示的电阻值即为该绝缘接头(法兰)的绝缘电阻值。

应在绝缘接头(法兰)保持干燥状态下采用兆欧表进行测量，否则测量值将不稳定和不准确。此法不仅能测量出绝缘电阻值，而且也检验了其耐 500V 电压的耐电压击穿能力。

8.4.1.2　电位法

已安装到埋地管道上的绝缘接头(法兰)，其两侧的管道通过土壤已构成闭合回路，可视作为接地体，处于导通状态，所以不能再用兆欧表法测量绝缘电阻。此时可用电位法检测其绝缘性能。

电位法原理如下：若绝缘接头(法兰)的绝缘性能很好，将不会有任何阴极保护电流从被保护的管道侧经过绝缘接头(法兰)流向非保护侧。阴极保护站对被保护侧管道供电后，被保护侧管地电位在阴极保护电流作用下负移，但非保护侧则因无电流流入，其管地电位几乎不变。若绝缘接头(法兰)的绝缘性能不好，将由于阴极保护电流流过绝缘法兰，使非保护侧管地电位也随之负移。

电位法测试接线如图 8-39 所示。其测试操作步骤为，在对被保护管道通电之前，先用数字万用表测量绝缘接头(法兰)两侧的 a、b 两点的对地电位 V_{a1} 和 V_{b1}。然后接通电源 E，调节阴极保护电流，使管道保护侧 b 点的对地电位到达保护电位范围，一般为-0.85～-1.25V(CSE)。接着再测量 a、b 两点的对地电位 V_{a2} 和 V_{b2}。根据上述测得的电位值关系进行比较分析和判定绝缘接头(法兰)的绝缘性能，比较判定的要点如下：

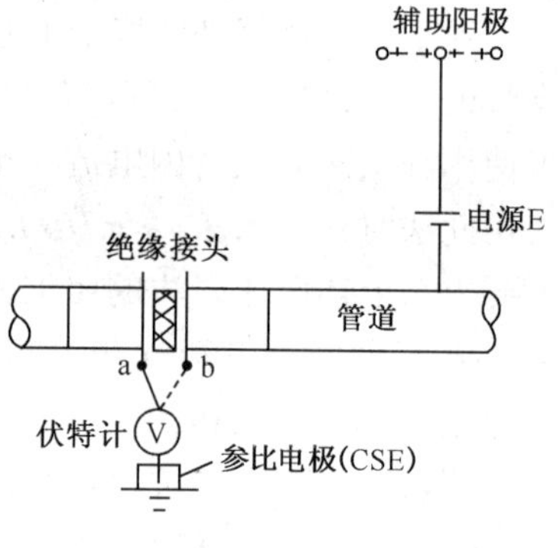

图 8-39　电位法测试绝缘性能的接线示意图

① 若 $V_{a2} \approx V_{a1}$，即 V_{a2} 和 V_{a1} 基本相等，则说明绝缘接头(法兰)的绝缘性能良好。

② 若 $|V_{a2}| > |V_{a1}|$，即 V_{a2} 明显变负或接近 V_{b2}，则说明绝缘接头(法兰)的绝缘性能不好。作此判断时，应确认辅助阳极距绝缘接头足够远，且非保护侧管道未与保护侧管道存在其他交叉或短接(通过其他金属构件)，否则应按漏电电阻测试法做进一步测试。

③ 电位法判据仅是定性判据。

使用电位法应当注意：当非保护侧管道的接地电阻值很小时，即使绝缘接头(法兰)漏电严重，由于漏电电阻远大于非保护侧管道的接地电阻，此时非保护侧的管地电位不会明显负移，导致电位法判断错误。此外，若阳极引出线的避雷器被击穿，或者辅助阳极距绝缘接头(法兰)太近，保护侧供电时将使绝缘接头(法兰)所在地的地电位明显正移，即使绝缘接头(法兰)不漏电，非保护侧的管地电位测量值也会明显负移，从而导致电位法误判。

按 SY/T 0086—1995 要求，凡是采用钢套管穿越公路、铁路的，在套管和输送管之间均应采用绝缘支撑块，两端绝缘密封。然而运行时经常发现套管内流进泥浆，甚至发生套管和输送管之间的金属接触，引起阴极保护电流大量流失。为此在管道验收和运行维护管理工作中必须对套管短路进行测试，这是绝缘电阻测试的另一种应用。

对套管的测试原理和对绝缘接头一样，兆欧表直测法已不适用，只能采用电位法，将参比电极放在同一位置，分别测试套管和输送管的电位。当输送管道通电流后，套管为自然电位，输送管达到保护电位，则说明绝缘正常。套管和输送管均为保护电位量级，则说明两者之间发生短路。套管的电位负移一些，还未到达输送管的电位，则说明有泥、水进入套管间隙，且输送管防腐层有破损处。

同样，电位法还可用于检测管道与桥梁的绝缘、与穿越套管的绝缘等。检测时可因地制宜采用某种临时接地，使用汽车蓄电池对输送管道送电。

8.4.1.3　漏电电阻测试法

漏电电阻测试法原为我国行业标准 SYJ 23—86 的电压电流法。由于原电压电流法规定管内电流在绝缘接头(法兰)非保护侧进行测量，这在绝大多数场合是不可能实现的。在新修订的行业标准 SY/T 0023—1997 中，改为在保护侧测量流入保护侧管道的电流与保护侧管道实现阴极极化的保护电流之差来获得绝缘接头(法兰)漏过的电流，以此来求得绝缘接头(法兰)的漏电电阻和漏电百分率。由此可定量地表征绝缘性能。

已安装到埋地管道上的绝缘接头(法兰)，由于两端已接地，可采用电位法测试绝缘性能，但此法不能做出定量评价，且存在误判的可能性。当采用电位法测试绝缘性能且对结果评价存疑时，或为了定量地评价绝缘性能，可按图 8-40所示的测试接线，进行漏电电阻或漏电百分率测试。

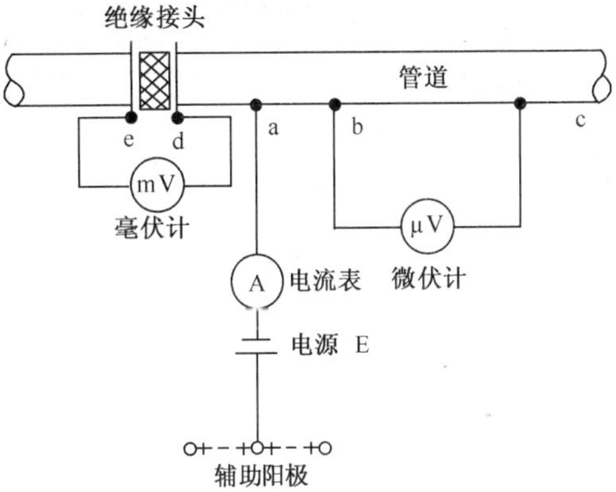

图 8-40　漏电电阻测试的接线示意图

对于测试范围内无分支金属结构物的管道系统，其绝缘接头(法兰)漏电电阻的测试步骤如下：

① 按图 8-40 连接测试线路，其中 a-b 之间的水平距离不得小于 πD，b-c 段的长度宜为 30m；

② 调节外电源 E 的输出电流 I_1，使保护侧的管道电位达到阴极保护电位范围的规定要求；

③ 用数学万用表测定绝缘接头(法兰)两侧 d-e 间的电位差 ΔV；

④ 用前述电压降法测试 b-c 管段的管内电流 I_2；

⑤ 读取外电源 E 向管道提供的阴极电流 I_1。

然后，按下式计算绝缘接头(法兰)的漏电电阻 R_H：

$$R_H = \frac{\Delta V}{I_1 - I_2} \tag{8-38}$$

式中　R_H——绝缘接头(法兰)的漏电电阻，Ω；

ΔV——绝缘接头(法兰)两侧 d-e 间的单位差，V；

I_1——外电源 E 的输出电流，A；

I_2——流过 b-c 管段的管内电流，A。

按下式计算绝缘接头(法兰)的漏电百分率 $n(\%)$：

$$n = \frac{I_1 - I_2}{I_1} \times 100 \tag{8-39}$$

一般情况下，测试结果可得 $I_1>I_2$。但是，有时也会出现 $I_2>I_1$ 的测试结果。标准 SY/T 0023—1997 规定：若测试结果为 $I_2>I_1$，则认为绝缘接头(法兰)的漏电电阻无穷大，漏电百分率为零，绝缘接头(法兰)的绝缘性能良好。

出现 $I_2>I_1$ 的原因是，由于 I_1 为外电源的输出电流，最大测量误差为 2.5%；而 I_2 是用电压降法测得的，鉴于制管时的管子壁厚允许公差很大，I_2 的测量误差可达 10%，在绝缘接头(法兰)漏电电阻较大时，将可能出现 I_2 比 I_1 大的情况，此时 (I_1-I_2) 成为负数。漏电电阻不可能是负数，故该标准作出上述规定。

8.4.2 接地电阻测试

8.4.2.1 测试接地电阻的三极法原理

测量一个接地体的接地电阻一般采用三极法。如图 8-41 所示为测定接地体 E_1 的接地电阻 $R_{A,E}$ 的三极法等效电路和测量原理。

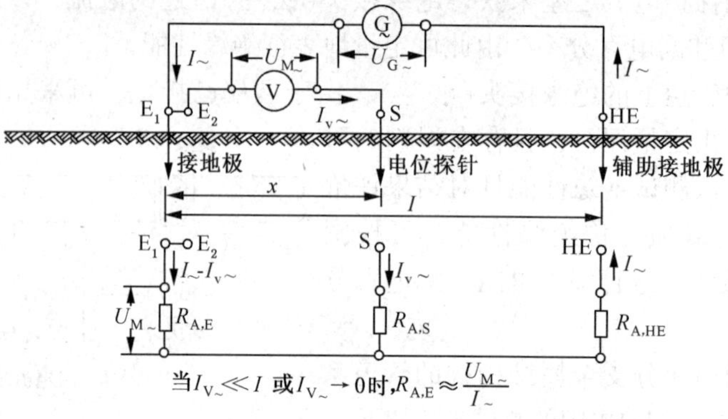

(a)为测定接地电阻 $R_{A,E}$ 的等效电路

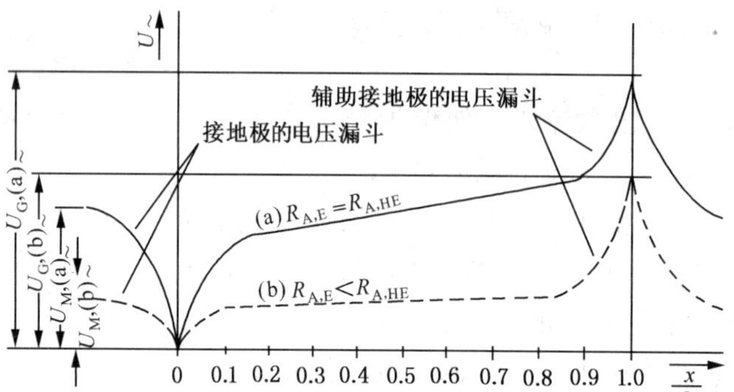

(b)在馈电电极 E_1 和HE之间的电压变化历程

图 8-41 测定接地电阻 $R_{A,E}$ 的三极法等效电路和测量原理

在待测接地体(接地极 E)一定距离处的地表土壤中插入一支辅助接地极 HE，以便在接地极和辅助接地极之间馈入测量电流，在待测接地极和辅助接地极之间进行电位测量，按欧姆定律计算电阻。为测出接地电阻 $R_{A,E}$，必须测出接地极附近的电压降 U_H，由此也就测出了由接地极在地表面附近引起的电压漏斗。为此需在接地极和辅助接地极之间地表土壤中插

入一支钢钎作为电位测量探针(电位极 S)，以此来测量电压降 U_H。当同时满足以下两条件时，在接地极和电位极之间测量的电位差就是接地极附近的电压降：

① 该电位差必须是用高阻电压表或按补偿法进行测量的。这样，在电位极上实际上未流过任何测量电流，因此可以忽略接地电阻 $R_{A,S}$。

② 电位极的配置必须既在接地极的电压漏斗之外，也在辅助接地极的电压漏斗之外。这样，就可了解接地极电压漏斗的真实大小。如果电位极位于接地极的电压漏斗内，例如在图 8-41 中的 $0 \leqslant x/l < 0.2$ 范围中时，测得的将是一个过于小的电压 U_M，因而也得到了一个过于小的接地电阻 $R_{A,E}$。如果电位极位于辅助接地极的电压漏斗内，例如在图 8-41 中的 $0.8 < x/l \leqslant 1$，就会把辅助接地极附近的一部分电压降叠加到接地极的电压降上。也就是说，测得的 U_M 和相应的接地电阻 $R_{A,E}$，就会被过高估算。

实际上，上述两个条件中的第一个条件，当采用交流电桥测量电阻时毫无疑问地就能满足。相反，第二个条件的满足经常有些困难。考虑第二个条件的处理方式时应取决于具体情况，例如：

① 接地极的接地电阻明显地低于辅助接地极的接地电阻[见图 8-41(b)中的曲线 b]。实践中大多属于这种情况。对于这类情况，应将电位极大致地置于接地极和辅助接地极之间的中间平滑段处，或者稍微靠近辅助接地极，这种操作是适合的。对此，接地电阻的估算宁可过高一点，而不要为了追求可靠而置于接地极附近。

② 如果为确定结构物防腐层质量而测量接地电阻，并且结构物(接地极)和辅助接地极具有大致相当的接地电阻[参见图 8-41(b)中的曲线 a]，电位极应稍微靠近结构物放置。对此，接地电阻的估算宁可低一些，以便对防腐层的评估更可靠一些。

实际上，为了测量小型结构物的接地电阻，在接地极(结构物)与电位极之间以及在电位极与辅助接地极之间，它们的最小距离各为 20m 是合适的。对于延展性结构物，它们各自的最小距离应当达到结构物的最大延展尺寸的大约两倍数值左右。此外，对于平面状结构物或接地装置还应当考虑，将电位极和辅助接地极总是设置在与结构物延展方向相背(垂直)一侧的土壤中。

8.4.2.2 外加电流辅助阳极的接地电阻测试

外加电流阴极保护的辅助阳极为大型接地装置，接地电阻不宜大于 1Ω。此处介绍采用 ZC-8 接地电阻测量仪(量程 0~1Ω 到 10~100Ω)测量接地电阻，此法简单，且不会造成电极的极化。测试接线如图 8-42 所示。

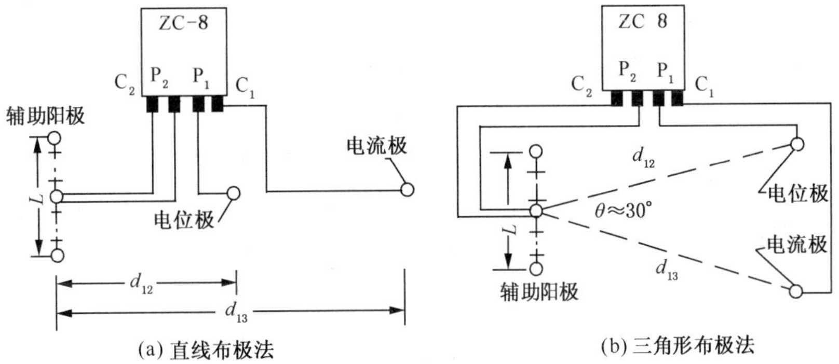

图 8-42 外加电流辅助阳极的接地电阻测试接线示意图

当采用图 8-42(a)的直线布极法进行测量时，在土壤电阻率较均匀的地区，取$d_{13}=2L$，$d_{12}=L$，L为辅助阳极床的延展长度。在土壤电阻率不均匀的地区，取 $d_{13}=3L$，$d_{12}=1.7L$。在测量过程中，应将电位极沿辅助阳极与电流极的连线方向移动三次，每次移距约为 d_{13}的5%，其目的是验证 d_{13}的距离是否符合测量要求。如果 d_{13}距离太短，则电位极不会处于地电位平缓区，电位极移动 d_{13}的 5%时，测量值将变化较大，对于这种情况应加大 d_{13}的长度，以使电位极处于电位平缓区。只有电位极处于电位平缓区，测量误差才会最小。若三次测量的电阻值相近，此时 d_{13}的距离合适，且电位极处于电位平缓区内，对此取其平均值为辅助阳极接地电阻值。

辅助阳极的接地电阻也可采用图 8-42(b)所示的三角形布极法测量，此时 $d_{13}=d_{12}\geqslant 2L$。

8.4.2.3　牺牲阳极的接地电阻测试

采用牺牲阳极保护的管道，为了充分发挥每支牺牲阳极的作用，每个埋设点使用的牺牲阳极数量一般不超过 6 支，而且均匀分布于管道两侧。对于这种小型接地体，采用接地电阻测量仪来测量接地电阻是非常方便的。

测量牺牲阳极接地电阻之前，必须首先将牺牲阳极与管道断开连接，否则无法测得牺牲阳极的接地电阻值。采用如图 8-43 所示的接线法，沿垂直于管道的一条直线布置电极，取 d_{13}约为 40m，d_{12}约为 20m。经验证明，这样的布极距离已能使其测量准确度满足使用要求。使用 ZC-8 接地电阻测量仪(量程 0~1Ω 到 10~100Ω)测量接地电阻值时，此时 P_2和 C_2用短接片予以短接，再采用一条截面积不小于 $1mm^2$且长度不大于 5m 的导线连接到牺牲阳极接线柱，P_1和 C_1分别接电位极和电流极。

当埋设点牺牲阳极的数量较多或采用带状牺牲阳极时，接地体的尺寸相对较大；该组牺牲阳极的对角线长度(或带状牺牲阳极长度)大于 8m 时，按图 8-42(a)规定的尺寸布极。但 d_{13}不得小于 40m，d_{12}不得小于 20m。

8.4.3　土壤电阻率测试

8.4.3.1　土壤箱

土壤箱也称为土壤测量电池，如图 8-44 所示，它是专用于测量从现场取回的土壤样品的土壤电阻率的。

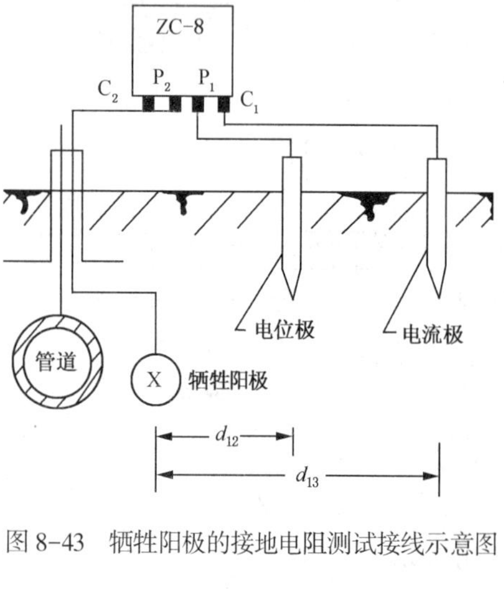

图 8-43　牺牲阳极的接地电阻测试接线示意图

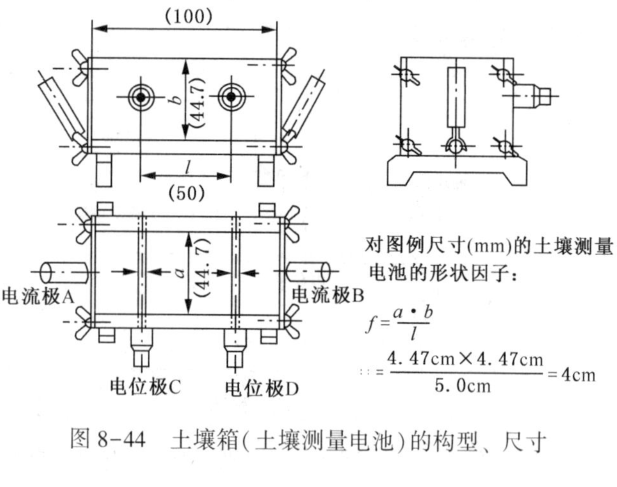

图 8-44　土壤箱(土壤测量电池)的构型、尺寸

土壤箱是一个敞口、无盖的长方形盒子，通常由塑料等绝缘材料制成。盒子的两个端面为金属板，作为承载电流的平面电极。在箱的侧面设置了两支细棒电极 C 和 D，作为电位测量值用。测量时，先把现场取回的待测土壤样品放入土壤箱内，充满并使顶面齐平，然后在分别连接至两个平面金属电极的引出导线 A 和 B 上，馈入交流电 I，由此就在该测量电池中产生了一个均匀分布的电场，伴之以一个线性电位分布。在跨距为 l 的两支电位测量电极 C 和 D 之间测得的电位差 U_{CD} 就是由土壤电阻所引起的电压降。从而可按下式计算土壤电阻率 ρ：

$$\rho = R\frac{A}{l} = \frac{U_{CD}}{I}\cdot\frac{ab}{l} = \frac{U_{CD}}{I}\cdot f = R\cdot f \qquad (8-40)$$

式中 ρ——土壤电阻率，$\Omega\cdot cm$；

a——土壤箱宽，cm；

b——土壤箱高，cm；

A——土壤箱横截面积，cm^2；

l——两电位测量电极的间距，cm；

I——馈入的交流电流，A；

U_{CD}——两电位测量电极间的电压降，V；

$f=\frac{a\cdot b}{l}$——形状因子，仅与测量电池几何形状有关的参数。

显然，只要直接测量交流电流 I 和电压降 U_{CD} 就可按式(8-40)测定土壤电阻率 ρ。正如前述，如果采用一个测量电阻的交流电桥，就可以更简单地获得土壤电阻率。为此，可把土壤测量电池上的引出接线 A、B、C、D 分别连接到交流电桥的 E_1、H_E、E_2 和 S 端子上(参见图 8-45)。在电桥达到零平衡后，就可通过指示值直接得到交流电阻 R。

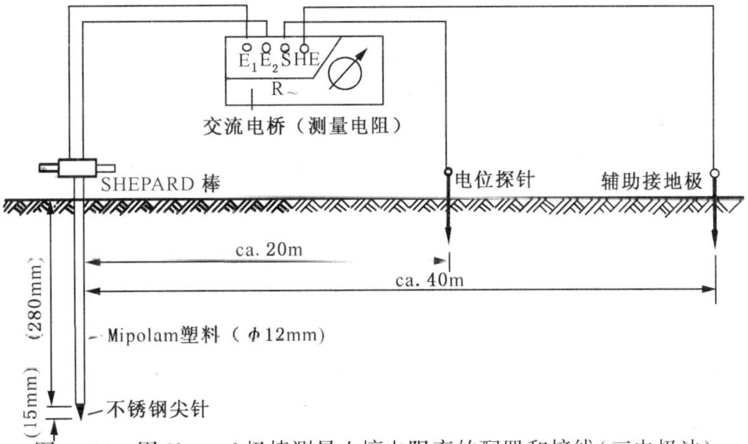

图 8-45 用 Shepard 极棒测量土壤电阻率的配置和接线(三电极法)

通过现场取土壤样品，再把它填入土壤盒，其土壤自然状态视土壤类型不同而发生了不同程度的改变。这给土壤电阻率的测定带来了不准确性；土壤越不均匀、扰动越大，其误差就越大。这种误差的大小实际上是不可控制的，在许多情况下这种方法也具有一定的意义；在个别的具体情况下，可作定性的或趋势性的判断。

8.4.3.2 极棒法

如果在一个相当窄小的限定土层中测量土壤电阻率，既不开挖也不为土壤箱取土样，则可用一支棒状电极进行测量。Shepard 极棒是这类电极的最简单的构型(参见图 8-45 和图8-46)。

如图 8-45 所示的 Shepard 极棒法是按三电极法通过测量接地电阻来测定土壤电阻率的。接地电阻是与土壤电阻率成正比的。上一节已介绍了接地电阻测量方法。类似于式(8-40),可从下式得到土壤电阻率ρ:

$$\rho = R_A \cdot f' \tag{8-41}$$

式中　R_A——接地电阻,Ω;

　　　f'——极棒法测量的形状因子,cm。

Shepard 棒的形状因子f'只与它的不锈钢尖端几何形状有关,且往往由制造商提供。如果缺乏形状因子参数,可以把极棒浸入一个灌满已知电阻率的电解质的槽中,然后测量其接界电阻。由电解质电阻率和接界电阻的商就可以得到形状因子f'。

在地表延展测量的例行四电极法所测定的是某个较大测量范围中的平均土壤电阻率。而要测量一个相当窄小范围内限定土层中的土壤电阻率,只能使用一个棒状电极来进行测量。如图 8-46 所示为三种棒状电极的构型、尺寸和形状因子f'。

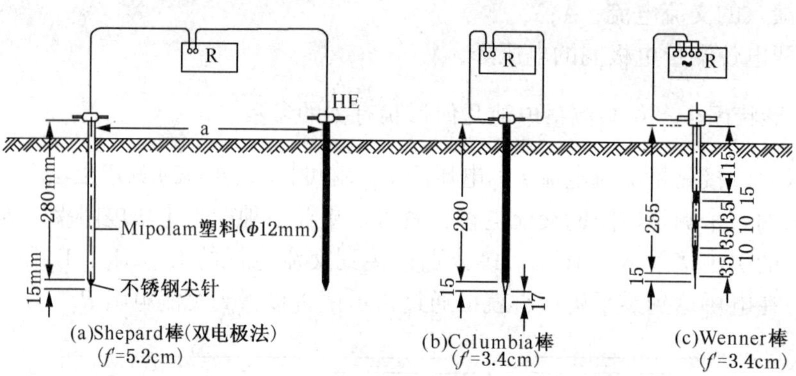

图 8-46　三种棒状电极的构型、尺寸(mm)和形状因子

Shepard 棒是一种构型十分简单的棒状电极,如图 8-46(a)所示。这是一种双电极测量方法,图中右侧的测量电极仅用作为辅助接地极,而由左侧电极来测量其上绝缘安装的不锈钢尖端的接地电阻,而该接地电阻与土壤电阻率成正比。在图 8-46(b)所示的 Columbia 棒上,插入地下的棒杆被用作为对电极,这也是一种双电极测量方法。因为这种棒杆打入地下时往往是摇曳振动的,这种测量方法易使测得的数值过高。上述两种方法都有一个前提条件,即认为钢尖与周围土壤始终保持良好接触。如果情况不是这样,就会得到虚假的过高数值。为了排除电极尖端处可能产生的测量误差,把电流极和电压极互相分开,即如图 8-46(c)所示的 Wenner 棒构型,这是一种组合式四电极测量方法。对于 Wenner 棒的情况,测量电流是在整个空间中分布的,即相当于一个球状电极,测得电阻R后可按下式计算出土壤电阻率ρ:

$$\rho = 4\pi aR \tag{8-42}$$

式中,a 是测量电极的间距。

因为 Wenner 棒在一定程度上对力学敏感,所以只用在疏松土壤或钻孔土壤中。对于各种极棒法,其土壤电阻率都等于所测得的电阻与形状因子(可通过标定测得)的乘积。

8.4.3.3　Schlumberger-Wenner 法原理

在防腐蚀技术中,尤其是在阴极保护技术中,应用最为广泛的测量土壤电阻率方法就是

Schlumberger-Wenner 法，也称为四极法。它具有原理简单、操作方便、数据可靠等特点。

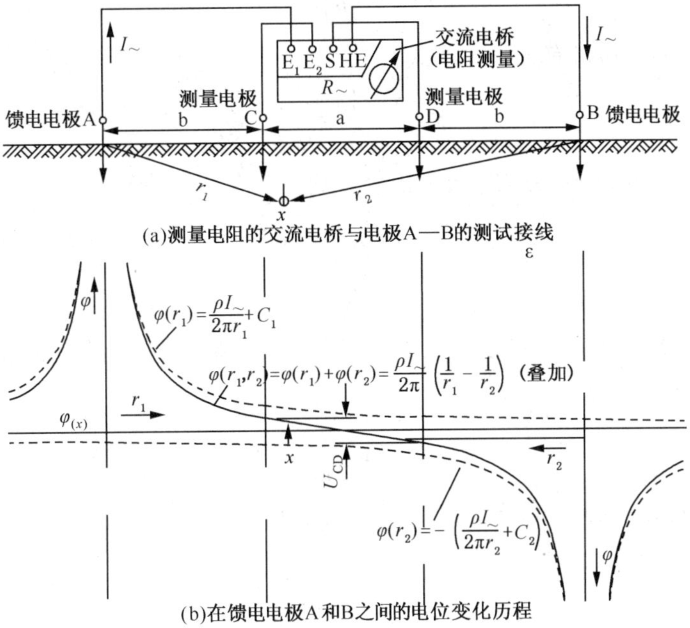

图 8-47 用 Schlumberger-Wenner 法测量土壤电阻率，其测量配置和理论推导说明

为在地表进行土壤电阻率测量，采用四支钢钎在地面沿一条直线设置，分布如图 8-47(a)所示。在外侧两电极 A 和 B 之间馈入交流电，这样就在土壤中形成了半球状的空间电场，这与偶极子的电场相当。在中间电极范围内产生了相对较均匀的电场分布，在这两个电极 C 和 D 之间的电位差 U_{CD} 被用于计算土壤电阻率。

为了进行理论推导，之所以产生这个电位差可以近似地理解为，A 点和 B 点的电场是由半球状小电极所产生。通过电场强度 E

$$E = \frac{d\varphi(r)}{dr} \tag{8-43}$$

及其与电流密度 $j(r)$ 的关系

$$E = \rho \cdot j(r) \tag{8-44}$$

可以得到电位 $\varphi(r)$：

$$\varphi(r)=-\rho\int j(r)\,\mathrm{d}r \tag{8-45}$$

对于半空间中的 $j(r)$ 可有如下关系式：

$$j(r)=\frac{1}{A}=\frac{I}{2\pi r^2} \tag{8-46}$$

考虑式(8-46)，可从式(8-45)通过积分得到：

$$\varphi(r)=\rho\frac{I}{2\pi r}+C \tag{8-47}$$

积分常数 C 表示距馈电点无限远处的电位值 $\varphi(r)$。

按照式(8-47)，由于在 A 点馈入电流，在半空间中某个任意位置点 x 处(设距馈电点 A 的距离为 r_1)所产生的电位为：

$$\varphi_{(x),\,A}=\rho\frac{I}{2\pi r_1}+C_1 \tag{8-48}$$

由于在 B 点馈入电流，在同一位置 x 处(距馈电点 B 的距离为 r_2)，考虑到电流方向，该处所产生的电位类似地为：

$$\varphi_{(x),\,B}=-\left(\rho\frac{I}{2\pi r_2}+C_2\right) \tag{8-49}$$

从这两个电位的叠加，可以得到在 x 点处的总电位 $\varphi_{(x)}$ 为：

$$\varphi_{(x)}=\varphi_{(x),\,A}+\varphi_{(x),\,B} \tag{8-50}$$

考虑到 $C_1=C_2$，可从式(8-48)~式(8-50)得到：

$$\varphi_{(x)}=\rho\frac{I}{2\pi}\left(\frac{1}{r_1}-\frac{1}{r_2}\right) \tag{8-51}$$

所需测量的电位差 U_{CD} 为：

$$U_{CD}=\varphi_C-\varphi_D \tag{8-52}$$

对于测量点 C 和 D 来说，它们各自距馈电点 A 和 B 的距离分别为 r_1 和 r_2，当用参数 a 和 b 来表示时，可得：

$$\varphi_c=\rho\frac{I}{2\pi}\left(\frac{1}{b}-\frac{1}{a+b}\right) \tag{8-53}$$

$$\varphi_D=\rho\frac{I}{2\pi}\left(\frac{1}{a+b}-\frac{1}{b}\right) \tag{8-54}$$

$$U_{CD}=\rho\frac{I}{\pi}\cdot\frac{a}{b(a+b)} \tag{8-55}$$

从方程式(8-55)可解得土壤电阻率 ρ，就得到了由 Schlumberger 发现的关系式：

$$\rho=\pi b\left(1+\frac{b}{a}\right)\cdot\frac{U_{CD}}{I}=f''\cdot R \tag{8-56}$$

式中 R——在测量电阻的交流电桥上直接测得的接地电阻值，$R=\frac{U_{CD}}{I}$；

f''——Schlumberger 法测量系统的形状因子，$f''=\pi b\left(1+\frac{b}{a}\right)$。

式(8-56)又称为 Schlumberger 方程。

当距离 a 和 b 相等时，式(8-56)就简化而得到所谓的 Wenner 方程：

$$\rho = 2\pi a \cdot R = f''' \cdot R \qquad (8-57)$$

式中，f'''是 Wenner 四极法测量系统的形状因子。

如果选择距离 a 为 0.8m 的整数倍，所得到的形状因子 f'''实际上就可以进行相当简单的计算，其形状因子f'''与 a 的关系数值示于表 8-1。

表 8-1　Wenner 四极法的形状因子 f'''与间距 a 的关系

a	0.8m	1.6m	3.2m	4.0m	6.4m
f'''	~5m	~10m	~20m	~25m	~40m

在推导 Schlumberger 方程和 Wenner 方程时曾采取某些假设，在通常情况下这与实际条件是不相符的。在理论研究各种关系时曾有一个前提条件，即电场是由半球状小电极引起的；而实际上这些测量钢钎电极具有不同的直径，且插入土壤的长度也是不同的，由此将会导致电阻测量误差。为使由此引起的测量误差小于 5%，测量钢钎的直径必须小于$\frac{a}{25}$，插入土壤深度必须小于$\frac{a}{5}$。而在冻土状态下，土壤电阻变得很大，当冻土层厚度达 20cm 以上时，将不可能测出土壤电阻率。

此外，在推导这两个方程时还曾假定所测土壤具有一个相同的、恒定不变的土壤电阻率，而现场的土壤往往是分层的，且具有不同的电阻率。因为这种测量方法具有积分性质，在这种情况下测得的将是一个平均电阻。实际上，土壤电阻率在垂直于地表的方向是随深度 t 而变化的，因此所测量的平均电阻率是一种表观电阻率，它是由上部土层和下部土层以相当复杂的关系构成的。

如图 8-48 所示为表观土壤电阻率 ρ 与上部土壤电阻率 ρ_1之比 ρ/ρ_1相对于下部土层与上部土层的电阻率之比 ρ_2/ρ_1随不同 a/t 比的变化关系。显然，若在电阻率 ρ_1的上部土层下面存在着低阻或高阻(电阻率 ρ_2)的下部土层，这对于测定表观土壤电阻率 ρ 有着重大影响，这一影响取决于电极间距 a 与上部土层厚度 t 的比例关系。可以看出，下部土层的影响只有当 $a>t$ 时才是显著的。几乎不可能测得下部土层的真实电阻率，因为即使在 $a/t=5$ 时，也只获得下部土层的土壤电阻率 ρ_2的大约一半数值。在测定土壤电阻时应采用不同的 a 值，至少要达到埋地结构物的下部边缘。

8.4.3.4　Schlumberger-Wenner 法操作

我国行业标准 SY/T 0023—1997 把测量土壤电阻率的四极法分为等距法(Wenner 法)和不等距法(Schlumberger 法)两种。如图 8-49 所示为采用 ZC-8 接地电阻测量仪测量土壤电阻率的接线示意图。当 $a=b$ 时称为等距法，当 $a\neq b$ 时称为不等距法。其中 C_1和 C_2为馈送电流的电极，P_1和 P_2为测试电压降的电极。

等距法(Wenner 法)测量时，要求四支电极(钢钎)沿一条直线分布，选定等间距 a，这时 $b=a$。电极入土深度为$\frac{a}{20}$。根据测得的 C_1、C_2两极间流过的电流和 P_1、P_2两极间的电压降，即可得到土壤电阻 $R=\frac{V}{I}$；采用 ZC-8 接地电阻测量仪可直接测定电阻 R。然后按式(8-57)计算土壤电阻率 ρ。

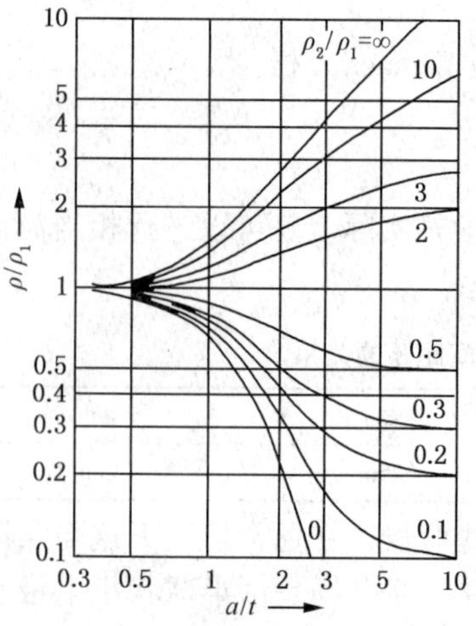

图 8-48　在土壤分层情况下的表观土壤电阻率 ρ 与上部、下部土层的电阻率 ρ_1 和 ρ_2 的相对关系[6]

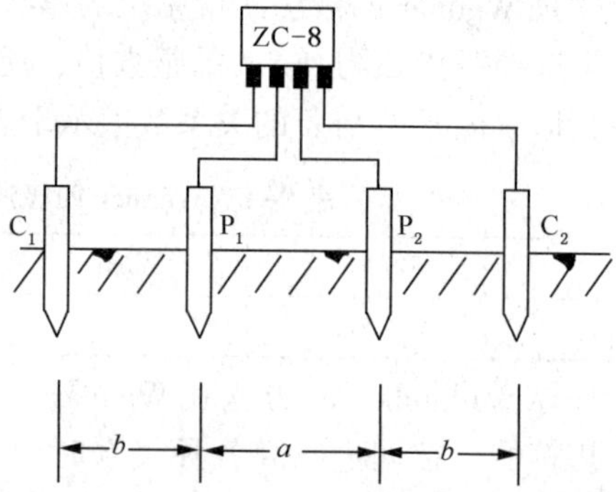

图 8-49　Schlumberger-Wenner 法(四极法)测量土壤电阻率的接线示意图

采用等距法测量时的电极间距 a 相当于被测量土壤的深度。所测得的土壤电阻率 ρ 是从地表至深度 a 这一土层范围中的平均土壤电阻率。

为了避免钢钎电极可能发生极化而对测量数值准确度产生影响，可将 P_1、P_2 两支钢钎电极改用饱和硫酸铜电极。为提高测量准确度可将电源改用交流电，例如按图 8-45 那样采用交流电桥来测量电阻。

不等距法(Schlumberger 法)与等间距法的区别就在于电极间距不相等，且 $b>a$(图 8-49)；其他测试操作要求与等间距法相同。采用不等距法测量时，四支电极中的中间两支电极 P_1 和 P_2 固定不变(间距为 a)，而改变间距 b 就可以测量不同深度土壤的电阻 R，然后按式(8-56)计算土壤电阻率 ρ。

用不等距法测量时的电极间距 b 相当于被测量土壤的深度。所测得的土壤电阻率 ρ 是从地表至深度 b 这一土层范围中的平均土壤电阻率。

不等距法适用于大深度(例如>20m)土壤电阻率的测量，并显著减少了大深度土壤调研测量的工作量。在不等距法测量时，b 值往往是按 a 的倍数递增选取和操作的。标准 SY/T 0023—1997 提到，测深 0～20m 时，可选 $a=1.6$m，$b=20$m；测深 0～55m 时，选 $a=5$m，$b=60$m。此时的测深 h 可按下式计算：

$$h=\frac{a+2b}{2} \tag{8-58}$$

对应测深 h 的平均土壤电阻率计算式就是 Schlumberger 方程，即式(8-56)。此处可表达为：$\rho=\pi R\left(b+\frac{b^2}{a}\right)$；其中 R 是图 8-49 中 ZC-8 电阻测量仪测得的电阻。

土壤电阻率测量结果可能受到土壤中裸露金属结构物的影响，尤其是在建筑物密集的城区及街区，有时测得的数值过小。但是，在与绝缘良好的管线平行或者与塑料包覆的电缆平行处进行测量时，其结果并无任何差别。在城区测量时建议，尽可能选用两套彼此垂直的测量装置，为外加电流辅助阳极选址时可采用较大的电极间距(1.6m、2.4m、3.2m)进行测量。

8.5 管道外防腐层绝缘电阻测试及故障点检测

8.5.1 管道外防腐层绝缘电阻测试

8.5.1.1 外加电流法

所谓管道外防腐层绝缘电阻实际上应是外防腐层所有漏点(缺陷)的总接地电阻，也称为防腐层漏电阻。无漏点的聚乙烯或沥青防腐层，它们的防腐层绝缘电阻(材料本身的电阻)都不小于 $10^8\Omega\cdot m^2$。例如，工厂预制的挤塑聚乙烯防腐层，按 DIN30670 的检验要求，试样在人工海水中浸泡 100d 后，防腐层绝缘电阻应不小于 $10^8\Omega\cdot m^2$。在管道实际运行中，聚乙烯防腐层的绝缘电阻大于 $10^6\Omega\cdot m^2$、沥青防腐层的电阻达 $10^5\Omega\cdot m^2$就已是很好的施工质量。但这与它们预制生产的出厂标准相差很远，其差别源自运输、施工、运行中造成的损伤。因为防腐层绝缘电阻是防腐层所有漏电点的接地电阻之和(并联值)，它代表了防腐层的完整性，所以是一个及其重要的参数，既体现外防腐层的质量，又是阴极保护设计的基本参数，国内外对此都非常重视。

对于无分支、无接地装置的任意一段防腐层管道，测试长度通常选择为 500～10000m(一般可选为 5000m)，可使用外加电流法测量管道外防腐层绝缘电阻。外加电流法的测试接线如图 8-50 所示。被测 a-c 管段距通电点必须不小于 πD(D 为管道外径)。精确测定被测试管段 a-c 段的长度(精确到 1.0m)；若 a-b 段内埋有牺牲阳极，则应断开所有的牺牲阳极；阴极保护站启动前，先测试 a、c 两点处的自然电位值，阴极保护站供电 24h 后，再测试 a、c 两点处的保护电位值，并计算 a、c 两点处的负偏移电位值。采用电压降法或补偿法测试a-b和 c-d 两段的管内电流，对此要求 L_{ab}和 L_{cd}的管段长度应达 10～30m。

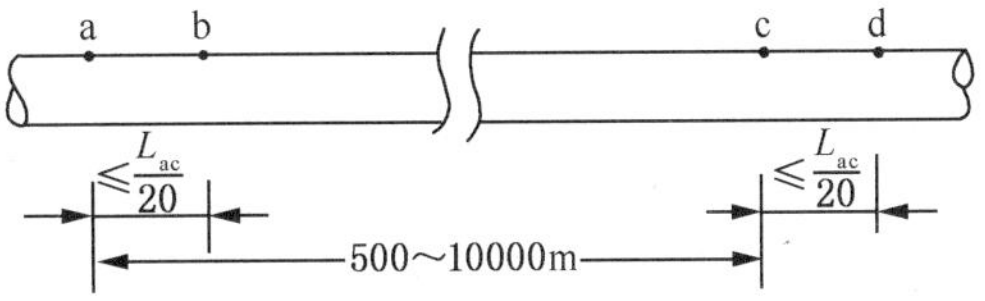

图 8-50 外加电流法测试管道外防腐层绝缘电阻的接线示意图

按下式计算管道外防腐层绝缘电阻 ρ_A($\Omega\cdot m^2$)：

$$\rho_A=\frac{(\Delta V_a+\Delta V_c)L_{ac}\pi D}{2(I_1-I_2)} \tag{8-59}$$

式中 ΔV_a，ΔV_c——分别为管段首端 a 点和末端 c 点的负偏移电位，V；

I_1，I_2——分别为 a-b 段和 c-d 段管内电流绝对值，A；

L_{ac}——被测 a-c 管段的管道长度，m；

D——管道外径，m。

式(8-59)表明，管道外防腐层绝缘电阻等于测试段管道的接地电阻乘以该段管道的总表面积。此接地电阻根据该段管道阴极保护的平均负偏移电位以及这段管道漏入土壤的总电流，可通过欧姆定律计算。

用此法测得的外防腐层绝缘电阻，实质上是三部分电阻的总和，即：ⓐ防腐层本身的电阻；ⓑ阴极极化电阻；ⓒ土壤过渡电阻。

对于防腐层质量不好的管道，极化电阻所占份额增加。而在土壤电阻率较高的地区，防腐层质量差的管道/土壤的过渡电阻所占份额也增加。所以，此法测量的结果并不完全是防腐层本身的电阻值，此法测得的绝缘电阻因此也被称为防腐层漏电阻。

此法测量的防腐层绝缘电阻结果能清楚地说明防腐层的质量：只有高质量的防腐层，才会测得高的绝缘电阻。而在普通土壤中的阴极极化电阻是很小的；至于土壤过渡电阻则与许多因素有关，一般也都只占绝缘电阻值的极小份额。

另一方面，防腐层绝缘电阻这个综合值非常有用，它可直接用于指导阴极保护设计。目前常用的阴极保护计算公式，都是利用这个防腐层绝缘电阻值的参数。

对于两端装有绝缘性能良好的绝缘接头(法兰)且无其他分流支路、防腐层质量良好的管道，当其长度不超过一座阴极保护站的保护半径时，从阴极保护站通电点至末端管道的防腐层绝缘电阻 ρ_A($\Omega \cdot m^2$)可按下式计算：

$$\rho_A = \frac{(\Delta V_a + \Delta V_e) L \pi D}{2I} \tag{8-60}$$

式中 ΔV_a，ΔV_e——分别为管道首端(供电端)a点和末端b点的负偏移电位，V；

I——向被测管道提供的阴极保护电流，A；

L——被测管道长度，m；

D——被测管道外径，m。

8.5.1.2 间歇电流法

对于无分支管道、无接地装置、具有良好外防腐层，且两端绝缘的均质管道，可采用间歇电流法测量管道外防腐层绝缘电阻。间歇电流法的测试接线如图8-51所示，d_{12}取50m，d_{13}取200~300m。

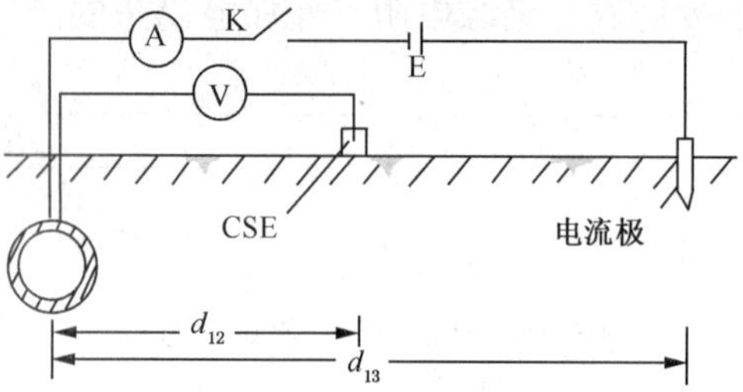

图8-51 间歇电流法测试管道外防腐层绝缘电阻的接线示意图

测量时，先合上开关K，向管道通电5s，并测量阴极保护电流 I(A)和管地电位 V_{on}(通电电位，V)；然后断开K，并立即测量断电后的管地电位 V_{off}(瞬间断电电位，V)；K断开5s后，接着再合上K，重复上述测量 I、V_{on}、V_{off}的步骤共5次。

根据上述测量数据，按下式计算管道接地电阻 R(Ω)：

$$R = \frac{V_{off} - V_{on}}{I} \tag{8-61}$$

将5次重复测量所得的管道接地电阻平均值 $\bar{R}_{平均}$代入下式，用试算法求出单位长度管道外防腐层绝缘电阻 ρ'_L($\Omega \cdot m$)：

$$\bar{R}_{平均} = \sqrt{\rho'_L \rho''_L} \cdot \mathrm{cth}\left[\sqrt{\frac{\rho''_L}{\rho_L}} \cdot L\right] \tag{8-62}$$

最后，按下式可计算得管道外防腐层绝缘电阻 ρ_A($\Omega \cdot m^2$)：

$$\rho_A = \rho'_L \pi D \tag{8-63}$$

式中 ρ''_L——管道纵向电阻率，Ω/m；

L——管道长度，m；

D——管道直径，m。

从物理意义看，管道外防腐层绝缘电阻是电位面积防腐层管道与远方大地间的电阻。其数值为负偏移电位除以漏泄电流密度。用间歇电流法测出管道的等效接地电阻 $\bar{R}_{平均}$后，按有限长、无分支均质管道的等效接地电阻公式计算出单位长度管道的对地电阻，即单位长度管道的外防腐层绝缘电阻。该值再乘以管道圆周长，由此可得管道外防腐层绝缘电阻值。

采用间歇电流法时，通电点必须设在管道的一端，不能设在中间区段内。此法的准确度比外加电流法高，因为采取断续供电，可以减少阴极极化电阻对测量结果的影响；采用等效接地电阻的公式计算防腐层绝缘电阻，更接近于真实的电位分布状况。但此法的操作和数据处理相对较麻烦，而且条件限制性较强。

按照国际流行的测试方法，对于长输管线应把管道划分为每 5km 左右一段，然后测试该段的电流漏失量。同时采用自动通断电技术，在 12s 通电、3s 断电的间歇供电状态下，测试该段管道始端和末端的通电电位和断电电位，取始末端的通电电位及断电电位之差的平均值作为 ΔV，这是平均负偏移电位。根据欧姆定律，从该段管道的平均负偏移电位和电流漏失量就可计算得该段管道外防腐层绝缘电阻值。这是一种采用了通断电技术的外加电流法。它比前述外加电流法和间歇电流法操作简便，测量结果更准确。而我国的实际情况是，绝大部分管道的阴极保护系统尚未安装电流断续器，不能实现 12s/3s 通-断电的间歇供电状态，所以仍常采用前述外加电流法，而上述间歇电流法则由于操作复杂而很少使用。

8.5.1.3　变频-选频法

为评价埋地管道外防腐层绝缘质量，通常对管道施加一个激励电信号，根据由此在管道中引起的某种电参数的响应变化或沿管道纵向传输过程中的衰耗变化，可以求得管道防腐层绝缘电阻。如果防腐层质量较差，缺陷(漏电点)较多，则电信号在管道传输途径中的衰耗将快得多。

变频-选频法的理论基础是利用高频信号传输的经典理论，确定高频信号沿管道-大地回路传输的数学模型。将一高频信号输入埋地管道，理论上可把该管道体系视为单线-大地回路。这是一个十分复杂的不平衡网络，反映这个网络特性的参数很多，都是分布函数。其中，管道防腐层绝缘电阻就是这一网络中的一个参数。通过高频信号传输理论的数学推导可确定如下关系：

$$\gamma_1 = \sqrt{(Z_1Y_1 - Z_2Y_2 + |Y| \cdot |Z|)/2} \tag{8-64}$$

$$Y_{i1} = \frac{2\pi(b-a)}{R_i \ln(b/a)} + \omega C \tan\delta + j\omega C \tag{8-65}$$

式中　Z_1、Z_2、$|Z|$——分别为纵向阻抗的实部、虚部和模值；

Y_1、Y_2、$|Y|$——分别为防腐层横向导纳的实部、虚部和模值；

γ_1——传播常数实部；

a——金属管道外半径；

b——防腐层管道外半径；

ω——角频率；

C——防腐层横向电容；

$\tan\delta$——绝缘材料损耗角正切；

R_i——管道防腐层绝缘电阻。

由式(8-65)可见，管道防腐层绝缘电阻 R_i 包含在高频信号沿单线-大地传输方程中的传播常数中，即包含在防腐层横向导纳实部 Y_{i1} 中。从式(8-64)可以推知，如果所需的金属材料、防腐层绝缘材料、环境土壤以及测试信号的有关原始参数均已知，就只存在两个未知参量，即 γ_1 和 R_i。上述有关原始参数均可通过实测或查表获得(参见表 8-2)。采用基于变频-选频法的管道防腐层绝缘电阻测量仪，实际测出管道传播常数 γ_1 就可以从式(8-64)和式(8-65)计算获得管道防腐层绝缘电阻 R_i。

管道传播常数 γ_1 是一个因管道防腐层绝缘质量而变的参量，通过现场测量传输信号的衰耗，然后根据下式计算求得传播常数 γ_1：

$$\gamma_1 = \frac{2}{L} \cdot \ln\left|\frac{U_0}{U_{L/2}}\right| \tag{8-66}$$

式中 L——被测管段长度，m；

U_0——输入信号电位，V；

$U_{L/2}$——被测管段末端电位，V。

应用式(8-66)的前提条件是，须满足 $\gamma_1 L>5.3$，即要求：$|U_0|$ 与 $|U_{L/2}|$ 之比应大于14.15。如果用电平表示，应为大于23dB。为了满足这一条件，可以通过改变输入信号的频率来实现，即所谓"变频"的含意。通过收端和发端的选频指示器同步测量收、发端的电平值，使传输信号的衰减大于23dB，即满足式(8-66)的条件，将计算得到的传播常数 γ_1 代入式(8-64)，即可获得管道防腐层绝缘电阻 R_i。

表 8-2 变频选频法计算防腐层①绝缘电阻所需数据[11,12]

参数名称	数据及获得手段	备注②
金属管道外半径 A/mm	实测和调查	
金属管道壁厚 T/mm	实测和调查	
金属管道材料电阻率 ρ_c/Ω·m	按管道材质查表	软件已存
金属管道材料相对导磁率 μ_τ	150	软件已存
真空介电常数 ε_0/(F/m)	$1/(36\pi)\times10^8$	软件已存
绝缘材料介电常数 ε_i/(F/m)	$(2.5\sim6)\cdot\varepsilon_0$	软件已存
绝缘材料损耗角正切 $\tan\delta$	0.015~0.2	软件已存
真空导磁率 μ_0/(H/m)	$4\pi\times10^{-7}$	软件已存
土壤介电常数 a_x/(F/m)	$15\cdot\varepsilon_0$	软件已存
土壤电阻率 ρ_x/(Ω·m)	实测	
防腐层厚度 T_i/mm	实测或调查	

现场测试记录

测段(长度)	发射频率	发端电平	收端电平	电平差	土壤电阻

注：① 表内数据系沥青防腐层。

② 商品仪器的附带软件中已存在这些参数，直接查找即可，不必再进行测量。

变频-选频法测试管道防腐层绝缘电阻的测试接线方式如图8-52所示。此法需用一台连续可调的变频信号源(0.8~300kHz)；两台可测量管道分布电位的选频指示器(0.8~300kHz)。发端变频信号源A有两个输出端子，一端连接管道，另一端连接距管道20m插入土壤的接地棒，发端和收端的选频指示器也各有两个端子，一端连接管道，另一端连接置于管顶地表的接地棒。测试时，发端变频信号源开机，预选初始测试频率为20kHz，输出信号电平为0dB。此时，发端和收端的选频指示器也各自调整至20kHz附近，并自动显示它们的各自电平值。通过对讲机联系，不仅要将发端的信号发射频率通知接收端，而且要报告发、收两端选频指示器的电平值，计算两端的电平差。如果电平差大于23dB，则需降低变频信号源频率，如果电平差小于23dB，则需提高变频信号源频率。不断改变频率重复上述测量步骤，直至收、发两

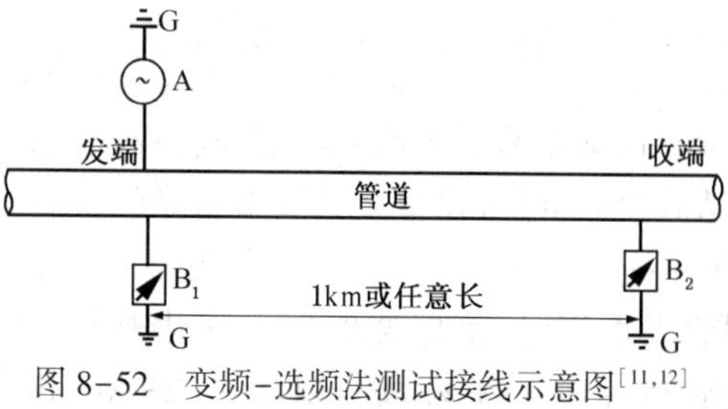

图 8-52 变频-选频法测试接线示意图[11,12]

A—变频信号源；B_1、B_2—发端和收端的选频指示器

端的电平差等于或略大于 23dB。此时应记录测量频率值及收、发两端测得的电平值。在正常情况下，试发三次即可满足 23dB 的要求，测量工作简单快捷。

同时还应采用 ZC-8 型接地电阻测量仪，测量被测管段环境土壤的电阻率，其他所需参数可以通过实测、查表获得(见表 8-2)。鉴于计算参数较多，计算过程繁复，已编制有专用计算程序，计算软件随商品仪器提供。将实测频率值及电平差值和所需其他参数输入计算机(使用 AY508-8.0 版软件)，即可在 PC 机上算出被测管段的防腐层绝缘电阻值($\Omega \cdot m^2$)。

8.5.1.4　拭布法

拭布法也是评价管道防腐层绝缘电阻的一种工程测试技术。其测试方法和接线如图 8-53所示。

拭布法用于测试埋地管道上一定面积防腐层的导电性，或在金属管道沿线每隔一定距离测试一定面积防腐层的导电性，然后计算其绝缘电阻值。测试时，先开挖露出待测试的管段，将一定长度管段上的防腐层用水清洗干净，并使之干燥；再用高岭土糊涂抹在防腐层表面，使防腐层所有空隙、缺陷部分都被充填涂满；然后用一张吸收了大量蒸馏水的白纸(或牛皮纸)包裹住涂抹了高岭土糊的防腐层管段，在纸层外表面再用经盐溶液浸湿的法兰绒布或毛巾布包裹缠绕2~3圈。最后，在拭布上放置一铜片制作的导电压紧箍，使拭布与管道防腐层完全压紧，保持良好导电接触，并在卡箍上引出一根测试导线。然后，再在待测量管段的两端将防腐层各挖出一个环形槽(宽 5cm 左右即可)，深至露出金属管体。在其中一个环形槽上安装另一个卡箍或安装一个特殊螺钉在金属管道上，以保证与金属管道的可靠电连接。并由此引出一根导线，如图 8-53 连接外部电源和电流表，压紧箍与电源负极相连，电源正极接环形槽管道金属，从而构成一个完整电流回路。并在待测试防腐层与环形槽管道金属之间跨接一个电压表。

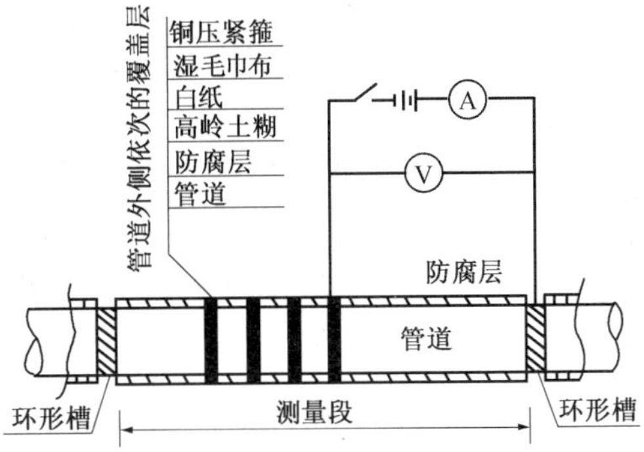

图 8-53　拭布法原理和测试接线示意图

测试该回路中的馈入电流和相应电压值，根据此电流、电压值和所测试的防腐层面积，就可计算出被高岭土糊所包覆的这一段防腐层的单位面积绝缘电阻(也称面电阻率)，单位为 $\Omega \cdot m^2$。在实践中，铜片压紧箍也可由薄片铜带或铜丝代替，但必须保证被测试防腐层段从一端至另一端均被压紧箍压紧，以确保可靠电连接。

8.5.2　防腐层漏点(缺陷)检测技术

金属结构物上防腐层存在的各种缺陷和损伤都会影响到其上阴极保护的有效性和经济性。因此，在涂覆防腐层的结构物在安装施工前后、投入运行前后，均应对防腐层可能存在的针孔、缺陷、损伤点进行探测和定位，以便及时修复和保障阴极保护的有效性。

8.5.2.1　Pearson 法

这是一种经典的埋地管线检漏测量技术，由 John M. Pearson 博士发明，并以他的名字命名。这种方法主要用于探测和定位埋地管道防腐层上的缺陷，一旦检测出这种缺陷，就能在这些重要位置对其上的阴极保护有效性进行更详尽的考查和对防腐层缺陷进行必要的修复处理。

如图 8-54 所示为 Pearson 法检测原理及其测试接线示意图。在被检测管道附近 10~

100m 的选定位置处把一个临时接地棒打入地表土壤，将一个音频信号发射机两极分别连接到埋地管道和此地面接地棒上。将大约 1000Hz 的交流电信号通过发射机施加到管道上。这一信号在管道上传输，如果遇有防腐层破损点，就会在破损点处形成一个电位场。在地面用一个专门的仪表检测这一电位场的信号变化，由此便可根据接收和检测的信号变化强度和位置，确定防腐层破损点的位置和破损程度大小。

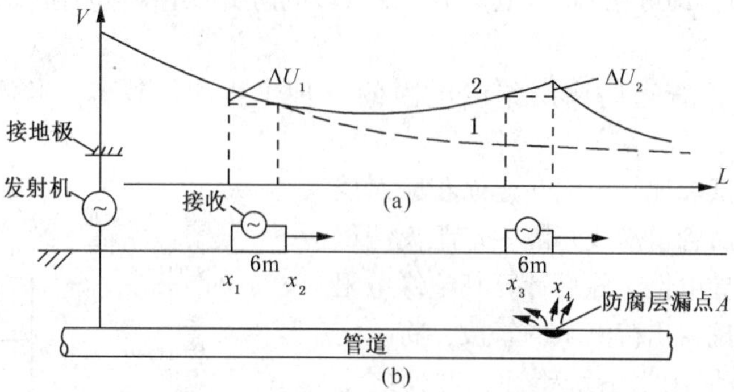

图 8-54　Pearson 法检测原理及其测试接线示意图

曲线 1：管道防腐层完好时检漏信号曲线；曲线 2：管道防腐层 A 点有损伤漏点时的检漏信号曲线

在测量操作时，先将发射机连接到管道和接地棒上，两位测量人员通过有钉齿的长靴（极靴）或铝棒与地面接触，两人的前后相隔距离一般为 6～8m，通过两人之间所牵一根测试线以控制距离。在管径地表面沿管线徒步行走，必要时由携带寻管仪的第三名检测人员引路。携带接收器的测量人员应通过仪表的指针变化或耳机中的声响变化确定接收信号的变化，因此这名操作者应富有现场测量经验。显然，在方法规定的这些条件下，测量结果完全取决于该操作者的判断。

实际上，接收器测量的信号是两名操作者之间距离的地表电位梯度。根据与防腐层缺陷的相对位置不同，地表电位梯度发生了不同方向、不同强度的变化，这些变化又转换成信号强度的变化，由此来确定防腐层缺陷的位置。

如图 8-54 所示，如果沿管道向前连续移动两个电极（通过极靴或铝棒），当它们各自位于 x_1 和 x_2 点时，由于所对应的电位曲线 1 和曲线 2 的陡度很小，所以极间电位差 ΔV_{12} 很小。当它们各自位于 x_3 和 x_4 点时，且 $x_1x_2=x_3x_4$，若管道防腐层无破损，其信号衰减将如曲线 1 所示，它们的电位差也很小。若防腐层在 A 点有了破损，其信号衰减将如曲线 2 所示，对应的电位差 ΔV_{34} 则很大，即有 $\Delta V_{34}>\Delta V_{12}$。如果继续移动两个电极，当两电极越过破损点 A 而到达另一侧时，如同上述分析一样，从此处起，极间电位差将由较大逐渐地减少。当两电极分别跨处在 A 点的两侧，且与 A 点的距离相等，即 $x_3A=Ax_4$ 时，由于此时 x_3 和 x_4 的电位几乎相同，使极间电位差接近于零。

从上述分析的结果可以看出，当两位测量人员（两个电极）位于防腐层破损点同一侧时，可以测出最大电位差的位置点；而当他们跨越破损点 A 的两侧时，可以测出位置 A 处的电位差为零或接近于零。依此方法沿管道连续向前测量，就可检测出防腐层上的破损点（漏点）。

在实际检测作业中，两位检测人员间隔距离只有 6～8m，极间电位差很小，信号强度低，需通过检测仪器进行放大。可通过仪器指针的指示位置变化，或将电信号转换成音频声响信号，以便于通过监视或监听来了解电位差变化。现代 Pearson 法检漏仪，有的已利用人体对地的耦合电容来接受信号，而不再使用极靴。

采用 Pearson 法实际检测时，如同在近间距电位测量操作一样，一般是沿管线在管道正上方直接行走进行测量和记录。当前面的测量人员接近破损点时，测量的信号强度增加；当他继续前行离开破损点时信号强度减弱；稍后当后面的测量人员接近破损点时，又采集到信号增强。由此通过检测最低信号强度，其对应的管道位置即为防腐层破损点所在位置。信号强度的差异可作为防腐层破损点相对大小的定性估计。当在两位测量人员之间有几处破损点时，对信号的解释显然变得混乱起来。在这种情况下，只需一位测量人员直接在管线正上方行走，第二位测量人员可沿管线平行地行走，所牵连接导线应与管线成直角。

Pearson 法检漏仪一般由发射机、接收机、导向仪(管道寻管仪)和电源(蓄电池)组成。当埋地管道上外加电流阴极保护系统运行(保持供电状态)时，原则上可以进行 Pearson 法检漏测量。而连接在管道上的牺牲阳极则必须被断开，因为牺牲阳极的运行作用将会掩盖真正的防腐层缺陷，影响检漏结果，除了牵引测量导线、携带接收机的两名测量人员外，还需要从事确定管线位置(导向)、进行调查记录、在地面标注已发现的防腐层损伤点标志以及定时移动发射机等工作的人员，因此通常需要由三人组成的作业小组实施检漏工作。

Pearson 法的特点是，通过步行走过整个管线长度，能比较可靠地查找到防腐层破损点，同时还能对管线沿线(路由)进行全面检查。原则上，所有明显的防腐层缺陷、损伤点和能引起电位梯度的外部金属体都能被探测到。这种测量不需要拖曳长长的电线，也不会使外加的阴极保护电流波动。

Pearson 法的局限性与近间距电位测量法相似，因为它也必须走过整个待测量管道并建立与地面的接触。因此该技术不适合道路、铺筑路面的场地以及河流地区等。事实上，它并不能指明防腐层破损的严重程度，也不能获得关于阴极保护系统运行性能的直接度量。如果不进行自动信号记录，其测量结果很大程度上取决于操作者的判断。

8.5.2.2　直流电位梯度法(DCVG)

直流电位梯度法测量是一种较近代的技术，它能确定埋地管道防腐层损伤点的位置，并对其严重程度进行评价。该技术是基于在外加阴极保护电流的情况下，在防腐层损伤部位附近土壤里产生了电位梯度这一基本作用。一般而言，损伤点尺寸越大，电位梯度越大。直流电位梯度数据与阴极保护系统的综合性能有着错综复杂的关系，因为它能给出在土壤中的电流大小和电流方向的描述。

电位梯度的操作是，由一名操作人员手持两个参比电极(通常是饱和的 $Cu/CuSO_4$电极)来测量的，两个电极的间距约为 0.5m。这种电位梯度测量电极的外形类似于一对越野雪橇撑杆。为进行直流电位梯度测量，把一个脉动的直流电信号施加到管道上。这种脉动的输入信号可使来自其他电源(如其他阴极保护系统、电气化铁路、地电流作用)的干扰减至最小。用现有整流器上的继电器，或通过一个叠加在正在运行的“稳定”阴极保护电流上的二次电流脉冲，就能得到这种信号。

在管线上行走的操作者观察毫伏计的指针变化，以确定防腐层损伤点位置。新近开发的 DCVG 系统采用数字式电压表，没有指针。为获得对防腐层损伤点的准确定位，操作者应尽可能地在管线正上方行走，其效果更好。如图 8-55 所示，当操作者接近防腐层损伤点时，毫伏计指针偏转增加，表明防腐层存在损伤点；当操作者正处在防腐层损伤点正上方时，指针不偏转；当操作者离开该损伤点处时，指针反向偏转。不管操作者走向或离开损伤点，毫伏计指针偏转总是指向损伤点处。据报道，用直流电位梯度法确定防腐层损伤点的准确度可达0.1~0.2m。当必须对防腐层进行修复时，据此可使随后的挖掘工作量减至最低程度，这是此方法的一个重要优点。

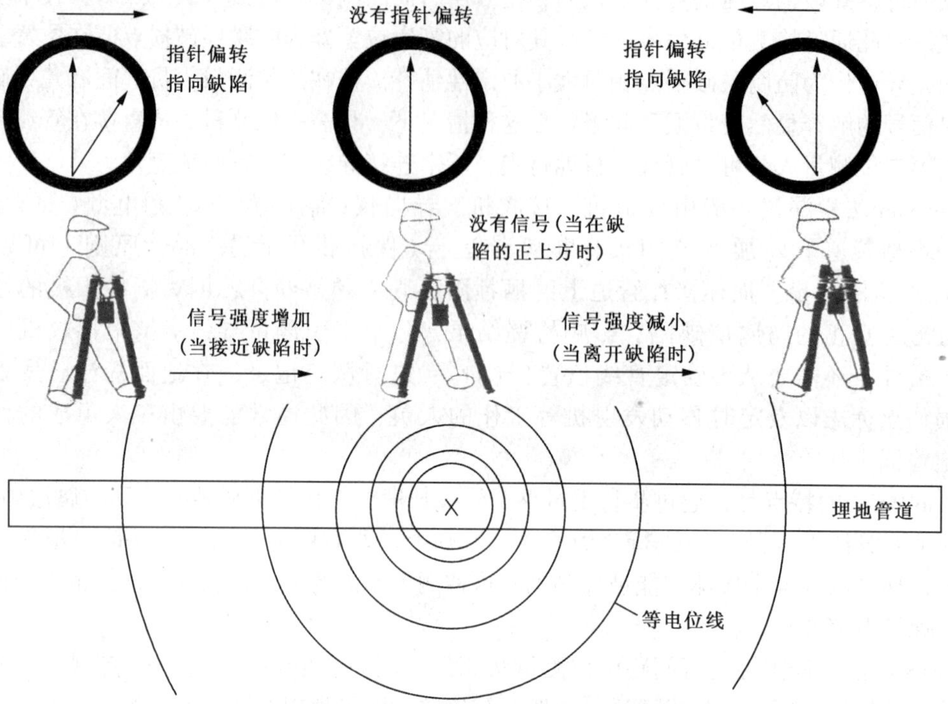

图 8-55　直流电位梯度法(DCVG)测量原理示意图

×—防腐层损伤位置

直流电位梯度法的另一个特点是，能为防腐层损伤点确定一个大致的尺寸系数(等级)。确定尺寸大小对于鉴别最严重的损伤缺陷和按优先顺序修复是十分重要的。Leeds 和 Grapiglia 提出了用直流电位梯度法确定防腐层损伤缺陷的尺寸大小的相关程序和判据。根据经验，他们提出了一种基于所谓“%IR”值的等级评定关系。一般地可将“%IR”值的分等评级按如下划分：

- 0~15%：损伤缺陷小，通常不需要修理；
- 16%~35%：损伤缺陷中等，可建议修理；
- 36%~60%：损伤缺陷大，建议尽早修理；
- 61%~100%：损伤缺陷特别大，建议立即修理。

为考察和分析%IR 值的理论基础，须测量在某检测站处相对于远方大地的管道电位(V_t)。该管道电位 V_t 由如下两部分组成：

$$V_t = V_i + V_s \tag{8-67}$$

式中　V_i——管道/土壤界面间的电位；

V_s——管道周围的土壤与远方大地之间的电位。

%IR 的定义为：

$$\%IR = \frac{V_s}{V_t} \tag{8-68}$$

本质上，管道/土壤界面和管道与远方大地之间的土壤可被视为两个串联的电阻，电流流经其中每个电阻都产生电压降。正如前述，管道/土壤界面电位 V_i 测量较为复杂，相对而言，可用 DCVG 仪器比较容易地测得 V_s。即开始时先把一个参比电极放在防腐层的损伤缺陷处，然后以此为中心把电极逐步移向远方大地，累计计算电压降的变化。实际上，应把在检测站所测量的 V_s 值外延到防腐层损伤缺陷位置的值。通常的做法是，采用包括损伤缺陷位置在内的两个检测站的测量读数，并作简单的线性外延。由于阴极保护所引起的管道电位负偏移主要由 V_i 偏移来表示，且阴极保护系统应可有效地保护损伤点，所以 V_s/V_t 的比值应很小。较高的%IR 值意味着较低的阴极保护水平。

采用直流电位梯度法可以确定在土壤里的电流方向，由此进一步提出了防腐层损伤缺陷严重程度的等级问题。在阴极保护系统运行时，电流倾向于从土壤环境流入损伤缺陷处。而在防腐层损伤缺陷处，由于腐蚀电池的作用所产生的阳极溶解电流（腐蚀电流）则是从损伤点流向土壤环境的。阴极保护电流正是相向而克服腐蚀电池的作用以保护金属管道的。据报道，采用直流电位梯度技术，借助于阴极保护系统在脉冲循环中的“通电”和“断电”，有可能确定电流是流向还是流出防腐层损伤点的。

直流电位梯度技术特别适用于埋地结构物密度相对较高地区的复杂阴极保护系统，而对其他检测方法来说，这些地区的检测环境则是十分困难的。直流电位梯度法所用设备装置相对较简单，不需拖曳电线。尽管对防腐层损伤缺陷的严重程度能鉴定，但等级系统仍是经验性的，并不能提供定量的动态腐蚀信息。该测量技术对地面的地形要求和限制类似于近间距电位测量技术。

8.5.2.3　多频管中电流法

多频管中电流法是对埋地管道防腐层损伤缺陷进行地面检测的技术，也可同时测量防腐层绝缘电阻（该方法中的特性参数 R_g）。其基本原理是，由发射机向管道发射某一频率的信号电流，电流流经管道时，在管道周围产生一个磁场。当管道防腐层完好时，随着管道延伸，电流沿管道分布较平稳，无电流流失现象或流失甚少，其在管道周围产生的磁场也比较稳定。当管道防腐层有损伤或老化时，在防腐层损伤缺陷处就会有电流流失现象，且随着管道延伸，其在管道周围产生的磁场发生变化，磁场强度就会减弱。检测人员在管道上方的地表面用专用接收机对管道周围的磁场信号接收处理后，从接收机上可直接读出该处的电流数值、管道埋深等，逐点记录各检测点的距离 x_i 及电流强度 I_i，将现场测量数据输入计算机，经计算机计算处理后得到该处管段的处理结果，并输出图形。同时，所有技术数据都可以存入计算机，供以后检查和进行对比判定使用。

采用多频管中电流法沿管道检测时，可测量记录沿管道的电流变化分布曲线，即 $I=f(x)$，其中 x 为管道上的距离。对于无损伤的正常防腐层体系，得到的电流分布曲线是一条近似水平的直线。当某一管段的防腐层存在损伤缺陷时，该处记录的电流就会明显衰减，这是由于该防腐层损伤处已露出钢管金属，成了实质上的漏电点。这时，在 $I-x$ 曲线上相应位置处，显示出局部较陡的电流变化（下降）。

为了更清晰地识别电流变化，规定 $Y = \Delta I/\Delta x$ 为检测到的电流沿管道距离的衰减率。在无损伤缺陷的防腐层情况下，$Y-x$ 曲线也是一条近似水平的直线。但在防腐层存在损伤缺陷处，在 $Y-x$ 曲线上该处将出现明显的波峰（参见图 8-56）。检测人员应在波峰指示位置处进行加密检测，就能较准确地指出该缺陷损伤点的位置。

多频管中电流法检测系统包括硬件和软件两部分。硬件是地下管道防腐层无线检测仪

(雷迪检测仪)，该仪器包括发射机和接收机。软件是利用计算机对现场测量数据进行计算处理的计算机程序。

发射机具有较大的发射功率，能发射 512Hz、640Hz、8kHz、33kHz、64kHz 等频率，工作电流最大可达 300mA。发射机发射的电流信号可利用管道上阴极保护检测站或直接焊接在金属管道表面的电缆而施加到管道上。

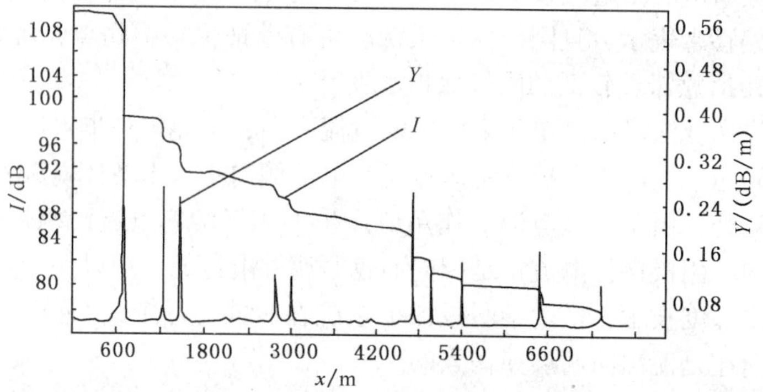

图 8-56　采用多频管中电流法对蒙一联至阿一站管道防腐层检测结果[16]
(ϕ159mm×5mm，长 7.52km)

配套的接收机能接收上述同样频率的电信号。实际上，该测量系统接收到的是电磁场信号感应的电流 I(dB)。据此可以对埋地管道定位、确定埋深以及测量“管中电流”大小，并进一步确定防腐层损伤缺陷所在的部位和可能的相对大小。

该方法的数据处理软件能对现场测量到的数据进行计算处理，生成直观图形，输出计算结构等。检测数据可以保存在计算机内，供以后检索和对比，尤其适合对重要管道长期或定期的检测管理。为了消除单频计算防腐层绝缘电阻会产生较大误差这一缺陷，可对同一管道使用不同频率(多频)的信号电流进行测量，然后再进行计算机处理。现有系统可以同时处理三种频率的测量数据，以求尽可能减小所测量的防腐层绝缘电阻的误差，故称“多频管中电流法”。

多频管中电流法也在一些管线上进行了实用，使用效果较好。如图 8-56 所示为采用多频管中电流法对蒙一联至阿一站输油干线(ϕ159mm×5mm，长 7.52km)防腐层损伤状况进行检测获得的结果。该管线采用厚 40mm 聚氨酯发泡层保温，用厚 1.3~2.0mm 聚乙烯黄夹克作防水层。1988 年投入运行，曾发生腐蚀穿孔而进行维修，因防腐层破损导致阴极保护失效，不能起到应有保护作用。检测时使用的测试频率为 640Hz 和 8kHz，测量间距为 20m。测量过程中，对发现的 10 处电流异常(突然降低)点进行加密测量，加密间距为 1m、2m、5m 等。最终结果证明，有 8 处防腐层破损，绝缘电阻很低；有 2 处防腐层老化和轻微破损，绝缘电阻较小，据此提出了维修管理建议。

用多频管中电流法在地面检测到的“管中电流”实际上并不完全是管道内真实流过的管内电流，这是一种感应电流。当然，它主要感应自施加于管道上的测量电流，与管道中的交流电流强度、管道阻抗、容抗、感抗密切有关。此外，它还可能受到管道埋深、环境土壤电阻率、土壤介电常数等的影响。管道中有时存在的交流干扰电流及架空电力线耦合感应电流也可能对测量结果产生影响。但是，利用这种方法检测的结果中，的确能发现所测电流信号中存在着突变点。现场开挖证明，这些信号突变点的位置与实际的防腐层损伤缺陷状况对应性很好。因此，和其他许多检测方法和测量技术一样，多频管中电流法也是一种有效的检漏技术。

8.5.2.4　电火花检漏

金属结构物上的防腐层可能存在不同的损伤缺陷，除人为的机械损伤外，还有在涂敷过程中产生的针孔、漏涂点和过薄位置，以及在结构物服役运行过程中由于自然原因产生的老化、破损和缺陷。这些损伤缺陷也可以用电火花检漏法进行检测。

对金属结构物防腐层进行电火花检漏就是利用空气间隙高压放电产生火花的原理检测防腐层的露铁微孔(针孔)、微裂隙及防腐层过薄处。主要用于生产厂预制金属结构物防腐层的产品质量检验，现场涂敷金属结构物后的质量检验和涂覆管道下沟埋地前的最终检验，以及涂覆金属结构物在服役运行中经检测后的复检定位等。

所采用的电火花检漏仪一般包括：主机(电源、高压脉冲发生器和报警系统)、内装倍压整流元件的高压枪和探头。常用探头有弹簧式软管和铜刷两种。仪器可输出500~20000V的可调检漏电压。

电火花检漏仪的工作原理是，当承载高压的探头贴近结构物防腐层移动，遇到防腐层中的针孔、微裂隙等缺陷时，高压将此处的气隙击穿，同时产生电火花，火花放电瞬间，脉冲变压器原边电流瞬间增大。此电流使报警采样线路产生一个负脉冲，触发单稳延时电路，再经驱动开关使音频震荡器起振，扬声器即发出报警声响。

电火花检漏仪的检漏电压可针对所检测防腐层的类型和规格，根据该防腐层的标准进行选择。也可用特定防腐层的每毫米厚度防腐层的绝缘击穿电压乘以防腐层最小允许厚度(mm)来确定检测电压。对指定类型的防腐层，确定每毫米厚度防腐层的绝缘击穿电压的试验方法是，在已知厚度的完好防腐层上逐渐增加检漏电压，直至检漏仪刚好鸣响时，将此电压值除以已知防腐层的厚度，便得到每毫米厚度防腐层的绝缘击穿电压值。

确定实际检测电压的另一种方法是，采用下列公式之一来计算需用检测电压：

① 当防腐层厚度<1mm时，可按下式计算：

$$V = 3290\sqrt{\delta} \tag{8-69}$$

式中　V——需用检测电压，V；

δ——防腐层厚度，mm。

② 当防腐层厚度≥1mm时，可按下式计算：

$$V - 7840\sqrt{\delta} \tag{8-70}$$

以上公式是以击穿与该防腐层厚度相等的空气间隙为依据的。因此可用于检测防腐层中的针孔、露铁点和防腐层过薄处，但不能用作防腐层厚度的质量控制工具。一般而言，电火花检漏仪适用于大于0.5mm厚度的防腐层。由于检测电压较高，它能用来检测防腐层较薄的位置。由于高压击穿的作用，显然属于破坏性检漏。因此，在电火花检漏时所发现的防腐层损伤缺陷应立即作出标记并及时补涂或修复。

与高压电火花检漏仪配套存在的还有一种低压检漏仪。低压检漏仪的检测电压，应使海绵电极与防腐层金属表面间施加的直流电压一般不超过100V，该电压是检漏仪处于正常工作状态下测得的电极-防腐层结构物表面间的有效电压。低压检漏仪所使用的电极通常为由导电液体(如自来水)浸湿的海绵探测电极。

低压检漏仪用于检测厚度为0.025~0.25mm的薄防腐层中的针孔和损伤缺陷。如在水中加入无泡湿润剂，则检测厚度可达0.5mm。这种型式的检漏仪不能用于检测防腐层过薄的位置。低压检漏仪启动后，将湿海绵电极沿结构物防腐层表面移动，当发生声响信号时，表明防腐层该处存在损伤漏点，再用电极端部进一步触击探测，便可确定准确的损伤位置。

应用电火花检漏仪和低压检漏仪之前，必须按操作说明书要求进行检验和校准，并严格按说明书要求进行操作，尤其是保证地线的良好连接。应用电火花检漏仪检测时，由于使用高压操作，当仪器启动后，一定不能同时接触地线和电极的金属部分，以确保人身安全。采用电火花检漏仪和低压检漏仪，均须确保被检测防腐层表面处于良好干燥状态，这是获得准确检漏结果的关键。此外，在整个检测过程中，务必保持探测电极距裸露金属表面至少为 12.7mm。

为保证检漏测量结果的正确性和可靠性，应进行精密度检验。其前提条件是，待检测防腐层的金属结构物表面预处理和防腐层材料、生产工艺保持均匀一致。在同一结构物上应制取两个相邻测试件。精密度检验的要求是：①重复性，即同一操作者使用同一台仪器，在同一测试件上重复测量值之差应在±5%以内；②再现性，即不同操作者使用不同仪器，在相同电压下检测同一测试件，所得平均值之差应在±10%以内。

8.5.3　故障点检测

旧管线往往存在大量与外部管道、电缆或其他接地装置的短路连接点，这些只有在接通阴极保护后才会注意到。然而在新建管线上，也总是不断地发生绝缘接头搭接短路，与外部管道或电缆发生搭接，套管接触，与电器接地装置连接，或与桥梁结构、桩基相接触等。这种低电阻的短接往往使整个阴极保护管道得不到足够的保护。因此，确定故障点位置和发生原因对于保障阴极保护的有效性和控制腐蚀是很重要的。

8.5.3.1　利用通-断电电位和管内电流测量的故障检测

通常，根据通-断电电位的变化及沿管道的电位差就能判定是否存在故障而妨碍了实现完全阴极保护，以及是哪种故障。如果管道防腐层的种类和使用年限已知，就可根据经验值估算管线的保护电流需用量。同时，测量管道上各点的管内电流也可识别妨碍达到完全阴极保护的故障点。

如图 8-57 所示为一条实际管线（*DN*800×10mm）上长约 9km 的一段管道上的通电电位和断电电位变化历程（电位分布）。在该管道的末端安装有一个绝缘接头（31.84km 处），在 22.99km 处该管道有一个阴极保护站，在管道保护站与末端之间有 4 个可测量管内电流的检测站。根据所测得的通-断电电位分布、各管段的管内电流和管道表面积就可计算得各管段中承载的保护电流密度和防腐层绝缘电阻。实际测量和计算结果表明，如图 8-57（a）所示，在保护站与绝缘接头之间各个管段中的保护电流密度和防腐层绝缘电阻值大致相同。在这种情况下，大约有 25%的馈入保护电流被从绝缘接头返流至保护站的负端，这一部分电流的多少反映了管道防腐层的绝缘质量、损伤缺陷情况以及是否存在外部接触的故障点。

如图 8-57（b）所示，从该图的电位分布历程和管内电流变化应可看出故障的种类及大致的故障位置。仅仅在保护站区域中，由于阳极电压漏斗的作用，使断电电位 U_{aus} 达到了比最小保护电位 U_s 更负的水平。在这种情况下，保护站输出的保护电流必须再提高约 50%。由此，从绝缘接头方向返流至保护站负端的电流达到了馈入保护电流的 75%。在 26.48km 处，几乎全部电流还可被看作为管道电流，而在 27.21km 处流过的电流就仅有很小的 80mA。这意味着，在这两个测量点之间存在着一个与外部接地体的接触点，其间全部电流经过这个低电阻接地体的接触点流入到管线中去了。除了与外部接地体发生接触的区域外，各个管段的保护电流密度都比无外部接触时的数值要明显地低得多。在发生外部接触的管段处，防腐层绝缘电阻相应地也明显低得多。而其他管段的防腐层绝缘电阻与无外部接触时的为同一数量级。如果绝缘接头处发生搭接，也会获得类似的电位变化，但在 27.21km 处的管道电流则要大得多。

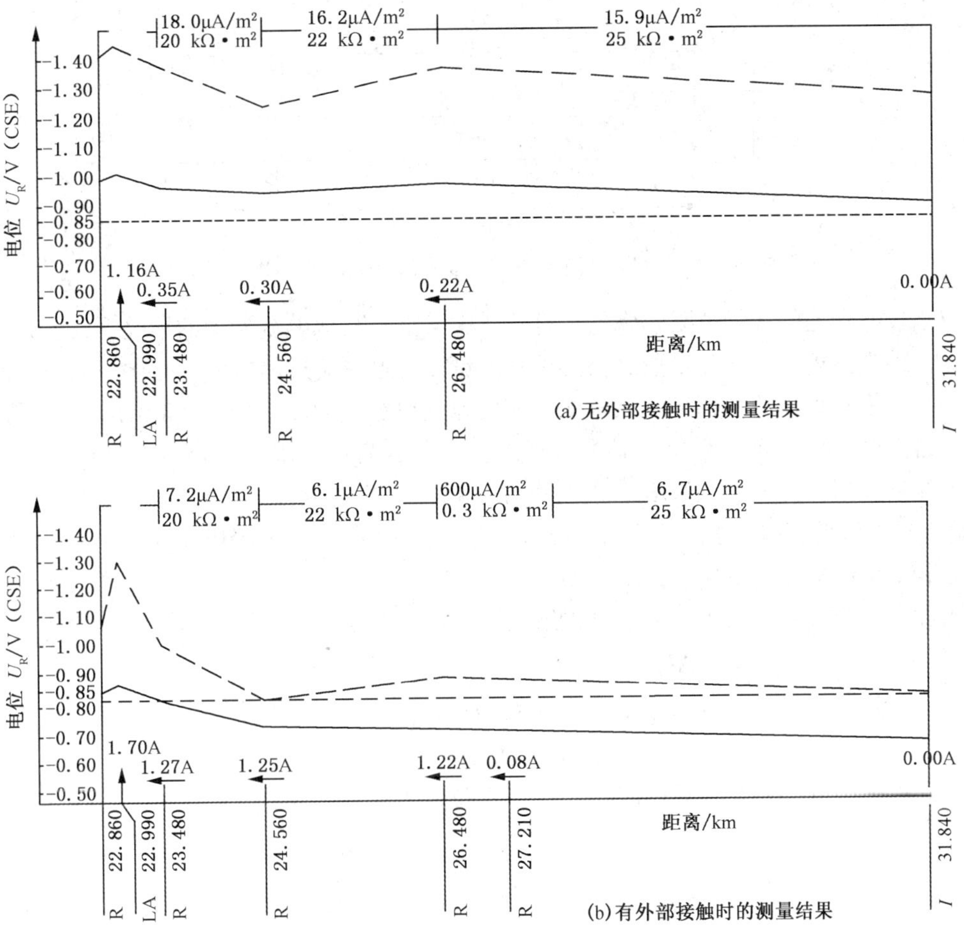

图 8-57　在一条阴极保护管道（DN800×10mm）上的电位分布和管内电流分布[6]

……通电电位 U_{ein}；——断电电位 U_{aus}

通过管内电流测量结果可把与其他管道或接地体的短接故障点限定在几百米范围内。当管线的阴极保护电流接通和断开时（实行通–断供电时），利用其他金属结构物上的电位测量结果也能找到与之相接触的故障点。在保护电流供电时，未连接的外部管道可认为应有较正的电位。同样，当外部管道与阴极保护管线相连接时，阴极保护电流也会流入该外部管道，并使电位下降。如果用这种方式还找不到外部接触的管道，或者说，还找不到故障点，就可使用直流法或交流法确定故障位置。

8.5.3.2　用直流法检测故障点

采用直流法检测故障点的技术基础是欧姆定律。假设在测试管段中的防腐层完好，实际上并未汲取任何电流，且纵向电阻 R' 是已知的。当从故障点位置有意外电流馈入，且直接由外部管道流至被保护管道，故障点位置如图 8-58 所示。据此就可从在测试管段上测得的电压降 ΔU 得到故障点的距离位置，其普遍式应有：

$$L_x = \frac{\Delta U}{I \cdot R'} \tag{8-71}$$

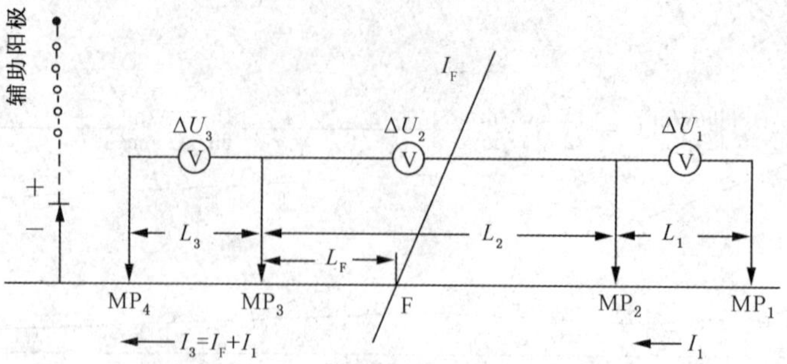

图 8-58　用直流法检测与外部管道接触的故障点(MP 为测量点)

仅当故障点处的接触电阻非常低、且管道中又没有其他电流流动的情况下，才允许做如此简化。否则，还必须在测量段之外再单独测量在管道中流过的电流，并注意电流方向。在检测一个与未知管道的外部接触点时也可间接地获得这些数据。图 8-58 给出了在所推测的外部接触点(故障点)前、后位置必需进行的管道电流测量。用 4 个临时的管道测量连接点把管道测量段划分为 L_1、L_2和 L_3；此时由保护站馈入的电流被分成流入外部结构物的电流 I_F和流入保护管道的电流 I_1，以及在外部接触点 F 之后的管道电流 $I=I_F+I_1$；测量与管段 L_1、L_2和 L_3相对应的电压降 ΔU_1、ΔU_2和 ΔU_3。

由此可得到含有三个未知数的方程组：

$$\Delta U_1 = I_1 L_1 R' \tag{8-72}$$

$$\Delta U_2 = I_1(L_2 - L_F)R' + (I_1 + I_F)L_F R' \tag{8-73}$$

$$\Delta U_3 = (I_1 + I_F)L_3 R' \tag{8-74}$$

解此方程组可得外部接触点(故障点)所在位置 L_F：

$$L_F = \frac{\Delta U_2 - I_1 L_2 R'}{I_F R'} = \frac{\Delta U_2 - \frac{\Delta U_1}{L_1}L_2}{\frac{\Delta U_3}{L_3} - \frac{\Delta U_1}{L_1}} \tag{8-75}$$

令 $U' = \frac{\Delta U}{L}$，U'表示纵向折合电压。故障点距离 L_F可进一步由下式计算而得：

$$L_F = \frac{(U'_2 - U'_1)L_2}{U'_3 - U'_1} \tag{8-76}$$

在埋地管道上往往在一些关键部位安装有套管，套管的作用是防止输送物料的管道遭受不能允许的力学影响。为防止套管与输送管道接触，破坏输送管道防腐层而导致阴极保护失效及套管内的输送管道腐蚀，人们非常注意保持套管内的输送管道的间距，以保证两者之间的电绝缘。但在新、旧管线上仍经常发生套管接触问题，致使阴极保护系统不能正常运行。

埋地输送管道与套管之间发生的金属性接触可通过两种方式影响到阴极保护。当套管与管道发生金属性短接时，由于套管防腐层质量不同，产生了大电压漏斗而使管道局部电位升高，以及类似于与外部埋地设施相接触的那样，导致管道电位呈空间扩展态势的变化而超越了保护电位范围。除了对套管之外的管道区域的阴极保护产生这些损害之外，当套管中有电解质存在时(如地下水进入套管与管道之间的空间)，在该区域中输送管道防腐层损伤缺陷处的腐蚀危险将显著提高。产生这种危害的原因是，生锈的套管内侧的自然电位通常要比输送管道上防腐层损伤点处的更正，从而形成了电偶腐蚀电池。同时其中还存在一个非常不利的面积关系，即大阴极(套管内表面)和小阴极(防腐层损伤点)的组合。因此，必须及时测定出埋地管道与套管的接触处并予以排除。

通常，用一个交流电桥测量电阻并结合对套管进行电位测量，一般都能确定埋地的输送管道与套管间的金属性接触。当电阻大于 0.1Ω，预期未发生接触。如果电阻低于此值，则应可通过电位差证实是否存在套管接触。在此情况下的电压为几个毫伏或几十个毫伏。

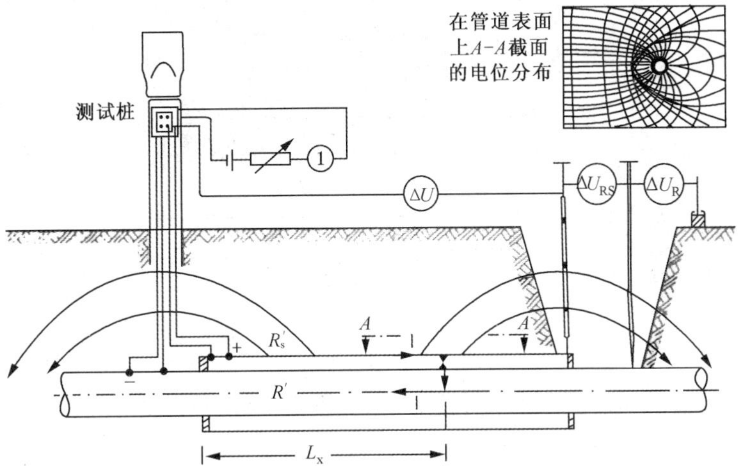

图 8-59　确定管道与套管之间故障点的一种检测方法[6,17]

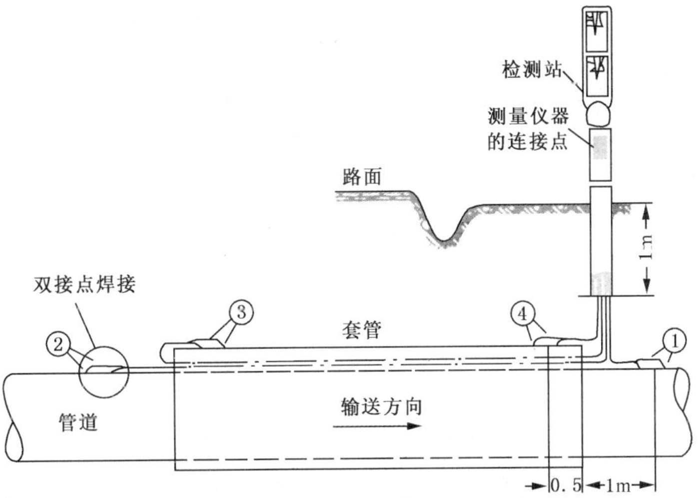

图 8-60　把输送管道和套管的测试电缆安装在套管两端的套管检测站[5]

如果套管检测站的连线如图 8-59 所示那样，把与检测站相对的套管另一端挖开并暴露出来，用两支测量探针通过测量管道表面电压降，就可准确测定接触故障点的位置。如果有一个如图 8-60 那样连线的套管检测站，就不必进行开挖了。因为此时从套管两端处的输送管道表面各引出连接电缆，也直接从套管两端引出连接电缆，把它们都安装在同一个检测站中。按照图 8-61 所示的测试接线方法进行标定测量，就可确定套管接触点的位置。如同对管道电流检测站那样，在此也可测定套管的纵向电阻，参见图 8-61(a)。假定套管总长度上的电阻是均匀的，由此可通过测量电压降来确定接触点。如图 8-61(b)所示，为此可先在套管与输送管道之间馈入一个电流。该电流回路的路径是，经套管流至发生金属性连接的接触点，再从接触点经输送管道流回到电源。仅仅在馈电点和接触点之间的长度上产生了电压降 ΔU。其余直至套管另一端的长度上无电流流过，只是起到一个如同测量导线的作用，此处也不会出现电压降。由此可得到接触故障点的位置 L_F，其表达式 $L_F=\dfrac{\Delta U}{I \cdot R'}$在形式上与式(8-71)相同。应当注意，为了获得一个足够大的电压降，所馈入电流应达到几个安培。

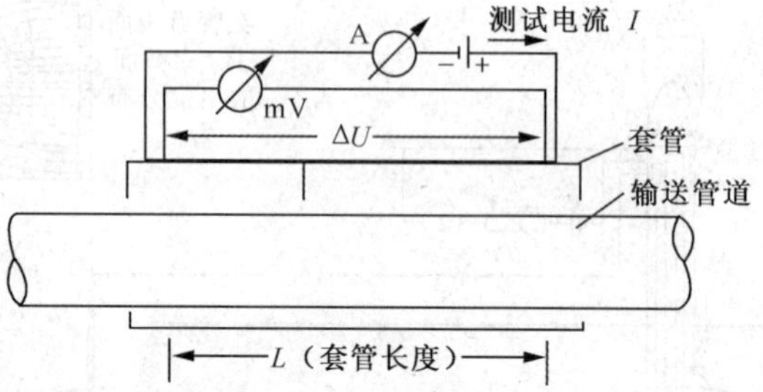

（a）测定纵向电阻

I—测试电流，A；ΔU—电压降，mV；$R_L=\dfrac{\Delta U}{I}$—管道纵向电阻，mΩ；

L—套管长度，m；$R'=\dfrac{R_L}{L}$—每米管道的纵向电阻，mΩ/m

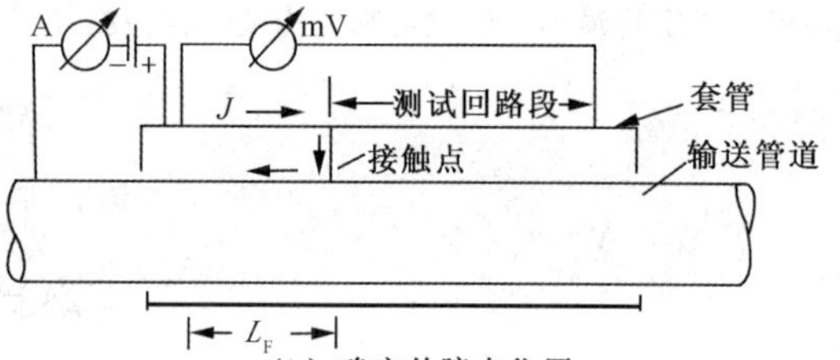

（b）确定故障点位置

I—测试电流，A；ΔU—电压降，mV；$R_K=\dfrac{\Delta U}{I}$—接触点前的电阻，mΩ；

$L_F=\dfrac{R_K}{R'}$—故障点位置所在的长度，m

图 8-61　测定套管与输送管道间金属性接触点的测量方法

在测试连接点以及接触点周围区域中，由于点状馈入电流，而使其电场分布是不均匀的(如同在管道电流检测站上测定电阻那样)。由此得到的测量结果误差或故障点检测的不准确性取决于套管直径及其长度。在测试点处把两根测试芯线扭绞在一起，并焊在同一个测试连接点上，这样做是特别合适的。通过在套管两端进行故障点检测，由此可以降低故障测定的误差。但上述故障点检测定位方法，只有当仅仅存在一个故障接触点时才是有效的。若同时存在两个或两个以上故障接触点，就无法检测定位了。

在套管中部发生的管道接触，通常无法采用在端部抬起输送管道的办法予以排除。在这种情况下，在已确定存在接触的范围中，把套管开挖出来，使包括管道在内暴露出几米长度，并把防腐层清除掉。利用精细测量(此时在输送管道和套管之间重新馈入电流)就可以确定套管接触点的具体位置。根据电压源的极性判定(见图 8-61)，套管表面上的电位最负点与接触点位置是一致的。为测定这一接触点，利用两支测量探针与套管表面相连接，接着测量这两支探针之间的电压降。其电位较负的位置点要比电位较正的位置点距离接触故障点更近。如果每次总是保持电位相对较负位置点的探针固定不动，而移动另一支探针，不断地寻找更负电位的位置，这样就可不断地接近故障点。因为套管的纵向电阻只有很少几个 $\mu\Omega/m$，即使在几安培电流作用下，可期待的电压降也只有几十 μV，所以必须采用量程相当低的测量仪表来进行检测。

在已定位的套管接触点区域中，只要在套管上开出一个窗口，就可以排除该处的套管与管道之间的接触。在旧管线上，最经常发生的故障原因是定距垫块的钢丝或螺栓断裂所造成的。而在较新的管线上，往往是在套管端部发生接触，其原因就是定距垫块被压碎了。

8.5.3.3　用交流法检测故障点

采用交流法检测故障点的技术基础是，利用流经管道的音频电流所产生的电磁场的感应效应。在管道与 20m 外的一个接地极之间连接一个音频发射机（1～10kHz），借助于斩波器和调节电阻产生高达 220V 的电压，通过此接地极就把相应的检测电流经土壤流入管道。用一个探测线圈作为接收机（探测棒），流经管道的一定频率的交流电在周围环境中形成了电磁场，电磁场的磁力线切割探测线圈，就在线圈中感应产生一个电压，该电压信号经过放大器放大到在耳机中能听见的程度。此接收机包括一个自动微调的振荡频率为 1～10kHz 的选择性带通滤波器，通过此滤波器可使 50Hz 或 $16\frac{2}{3}$Hz 的干扰电压按 1∶1000 的比率减弱。虽然这种检测故障点的方法容易受平行辅设的管道和高压电影响的干扰，但应用此法一般效率较高，操作方便，且探测速度快。

如图 8-62 所示为用最小值法和最大值法探测管道位置与故障点。由图可知在管道中流过交流电时所产生的电磁场中探测线圈所处的一些特征性的位置。视探测线圈位置不同，电磁场的磁力线或垂直于、或平行于探测线圈的纵轴。按照感应定律，当探测线圈的轴垂直于磁力线时，则在探测线圈中感应产生的感应电压最低（最小值）。此时探测线圈正好位于管道顶部。稍微侧向移动探测线圈（见图 8-62）就足以使一部分磁力线平行朝向探测线圈的轴，并使线圈中产生的感应电压增大。由此感应产生的电压经过适当放大后就可在耳机中或扩音器中听到探测声响，或在仪表上通过指针显示。声响强度或仪表指示的探测信号分布如图 8-62 中的左上部曲线所示。此法被称为“最小值法”，它能准确地确定被探寻管道的位置。

“最小值法”也可用于确定被探寻管道的埋设深度。把探测线圈调整到相对于管顶垂直线成 45°角的位置（见图 8-62，左下图），检测信号的最小值将位于管顶垂直线侧边的一定距离处（见图 8-62，左下图中的 a），此距离 a 就对应于管道中心至地表的埋设深度。当管道埋设深度增大时，由于磁力线的曲率半径增大而使信号最小值变宽，从而增大了测量误差。

类似地，当探测线圈的轴平行于磁力线时，则在探测线圈中感应产生的感应电压最大（最大值），此时探测线圈也正好位于管道顶部。稍微侧向移动探测线圈（见图 8-62，右下图）将使线圈中产生的感应电压减小，所获得的声响强度或仪表指示也会减弱，其探测信号如图 8-62 中的右上部曲线所示。此法被称为“最大值法”，它也能准确地确定管道位置。

当埋地管道与外部埋地结构物（如相邻管道）发生金属性接触时，由发射机所产生的探测电流(一定频率的交流电)也会通过接触点流入相接触的外部管道。与发射机相连接的管道在其接触点位置远处的电磁场强度将会明显地变得很小，尤其是当外部接触管道的接地电阻很小时其衰减特别明显。在相接触的外部管道上同样也能用探测器确定出声响最小值(最小值法)。由于“最大值法”有比较宽的显示电平，通常不适合于故障点的定位检测。

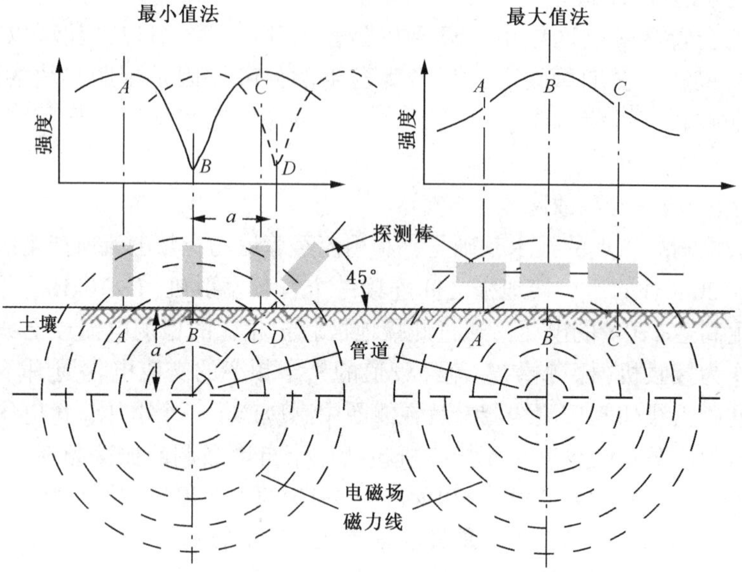

图 8-62　用最小值法和最大值法探测管道位置和故障点

上图：探测信号分布；下图：探测棒与管道的相对位置

由常用的全波整流器所产生的保护电流中含有 48%的 100Hz 交流份额。有一种 100Hz 选择性带通滤波器的接收机，它可对阴极保护电流中的一次谐波进行检波。通过这种低频探测电流可以避免相邻管线和电缆的感应耦合，由此可对故障点进行准确定位。

通过感应电压的指示值来测量电流强度是可能的，但这只是间接的测量方法。根据管道中流过的电流和在探测线圈中感应产生的电压之间的比例关系，可以对接收机上的指示值进行标定。当考虑到探测线圈与管道的距离和相对位置关系时，在管道通电点区域中进行标定是合理的，但不要在连接电缆处工作，以避免磁场叠加的影响。

8.6　交流干扰和直流干扰的测试方法

8.6.1　交流干扰的检测技术

8.6.1.1　埋地管道交流干扰电压测试

在架空的高压交流输电线路以及交流电气化铁路附近建设的埋地金属结构物将会遭受到交流干扰的影响。为掌握被影响金属结构物上的交流干扰情况和确定交流干扰对结构物产生的影响程度，为进行干扰计算和采取合理有效的防护措施，应进行交流干扰测试。对于埋地金属管道来说，主要是测量管道上的交流干扰电压，当需要进行交流干扰电压计算时，应进行管道交流参数测试。

埋地管道的交流干扰电压测试接线与图 8-2 所示相同，其中需使用一只交流电压表。这些交流干扰测试仪表是在电磁干扰环境中工作的，故要求交流电压等测试仪表应具有防电磁干扰功能。测量仪表及测试导线应符合现行国家相关标准[如 SY/T 0023—1997《埋地钢质管道阴极保护参数测试方法》]的有关规定。

参比电极可使用钢棒电极、饱和硫酸铜电极。交流干扰电压一般较高，且不会因电极极化而影响测试精度，故一般并不使用饱和硫酸铜电极。采用钢棒电极时，其钢棒直径一般不小于 16mm，插入土壤深度一般为 100mm。参比电极应竖直布置，与埋地金属管道之间的距离应大于 10m，因为 10m 以外可认为地电位梯度已经很小，地电场影响可予以忽略，由此可保证测试精度在允许范围之内。每次测量电位时，参比电极位置应尽可能保持一致。选择参比电极设置处，地下不应有冰层、混凝土层、金属及其他会影响测试工作的物体。如果该处土壤较干燥，应浇水湿润地面。

交流干扰测试前，应首先连接好仪表回路，然后再连接与被测对象的连接线。测量结束时，应按相反的顺序拆卸连接线。仪表和连接导线在进行连接和拆卸时应采用单手操作法。在交流干扰测试系统中，往往会出现意想不到的高电压情况。而人们习惯于在无干扰情况下的腐蚀参数测量，一般会对安全问题失去警惕，由此就会对测试操作人员发生电击伤害，执行右手单手操作的规定就是为了保障安全测试。

交流干扰测试过程中，经常会出现电火花现象。如油气管道均属高压、易燃易爆的设施，所以要求在可能存在有易燃易爆物料的环境中测试时，应避免接线或拆线过程中产生电火花。并在采取措施后，证明无燃爆危险时才可进行测试。

在测得的大量交流干扰电压数据中，应可确定交流干扰电压的最大值和最小值。交流干扰电压的平均值可按下式计算：

$$U_{\mathrm{P}} = \frac{\sum_{i=1}^{n} U_i}{n} \tag{8-77}$$

式中 U_{P}——规定测试时间段内测试点交流干扰电压平均值，V；

$\sum_{i=1}^{n} U_i$——规定测试时间段内测试点交流干扰电压各次读数的总和，V；

n——规定测试时间段内读数的总次数。

8.6.1.2 埋地管道交流参数测试

(1) 埋地管道交流参数测试方法

对遭受交流干扰影响的埋地管道进行交流参数测试时，被测埋地管道应符合下列边界条件：

① 被测试管道长度大于 20km，测试段内不得有电绝缘装置；

② 被测试管段内无分支管道；

③ 被测试管段内无接地极。

埋地管道交流参数的测试接线如图 8-63 所示。

埋地管道交流参数测试步骤的一些基本要求是：

① 整个测试过程中应断开管道阴极保护系统；

② 在被测管道上确定相距 1km 的两个测试点位置；

③ 按图 8-63 连接测试线路；

④ 确认无误后通以交流电流；

⑤ 通电测试时间段定为 10min，读数时间间隔为 30s，同时读取参数 I_{0i}、U_{0i}、U_{1i}、ϕ_{0i}、

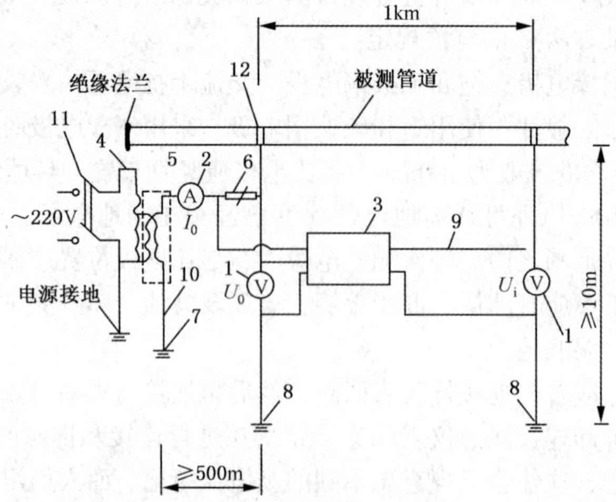

图 8-63　管道交流参数测试接线示意图

1—交流电压表；2—交流电流表；3—数字式相位计；4—自耦变压器；
5—隔离变压器；6—变阻器；7—通电接地体；8—测量电极；
9—测量导线；10—铜芯绝缘导线；11—单相闸刀；12—卡箍

ϕ_{1i}，并进行记录；

⑥ 若采用记录式仪表，通电测试时间应大于 30min；

⑦ 对被测管道进行交流参数测试，一般应通电重复测试三次。

(2)埋地管道交流参数测试的数据处理

将上述记录的参数数据 I_{0i}、U_{0i}、U_{1i}、ϕ_{0i}、ϕ_{1i}求取平均值：

$$I_0 = \frac{\sum_{i=1}^{n} I_{0i}}{n} \tag{8-78}$$

$$U_0 = \frac{\sum_{i=1}^{n} U_{0i}}{n} \tag{8-79}$$

$$U_1 = \frac{\sum_{i=1}^{n} U_{1i}}{n} \tag{8-80}$$

$$\phi_0 = \frac{\sum_{i=1}^{n} \phi_{0i}}{n} \tag{8-81}$$

$$\phi_1 = \frac{\sum_{i=1}^{n} \phi_{1i}}{n} \tag{8-82}$$

式中　I_0，I_{0i}——规定的测试时间段内通电点电流各次测试读数值和平均值，A；

U_0，U_{0i}——规定的测试时间段内通电点管道对地电位各次测试读数值和平均值，V；

U_1，U_{1i}——规定的测试时间段内单位长度处管道对地电位各次测试读数值和平均值，V；

ϕ_0，ϕ_{0i}——规定的测试时间段内 I_{0i}与 U_{0i}之间相位差各次读数值和平均值；

ϕ_1，ϕ_{1i}——规定的测试时间段内 U_{0i} 与 U_{1i} 之间相位差各次读数值和平均值；

$\sum_{i=1}^{n} I_{0i}$ ——规定的测试时间段内通电点电流各次测试读数的总和，A；

$\sum_{i=1}^{n} U_{0i}$ ——规定的测试时间段内通电点管道对地电位各次测试读数的总和，V；

$\sum_{i=1}^{n} U_{1i}$ ——规定的测试时间段内单位长度处管道对地电位各次测试读数的总和，V；

$\sum_{i=1}^{n} \phi_{0i}$ ——规定的测试时间段内 I_{0i} 与 U_{0i} 之间相位差各次读数的总和；

$\sum_{i=1}^{n} \phi_{1i}$ ——规定的测试时间段内 U_{0i} 与 U_{1i} 之间相位差各次读数的总和；

n——规定的测试时间段内测试读数的总次数。

在经过测试和数据处理后，通过式(8-78)~式(8-82)可获得 I_0、U_0、U_1、ϕ_0 和 ϕ_1 等平均值。由此可按下列各式计算管道交流传播常数 γ 和管道特性阻抗 Z：

$$\gamma = \ln\left|\frac{U_0}{U_1}\right| + j\phi_1 \tag{8-83}$$

$$Z = \left|\frac{U_0}{I_1}\right|\exp(j\phi_0) \tag{8-84}$$

按下列各式可通过计算获得管道的其他交流参数：

$$\mathrm{Re}(Z \cdot \gamma) = R \tag{8-85}$$

$$\mathrm{Im}(Z \cdot \gamma) = \omega L \tag{8-86}$$

$$\mathrm{Re}\left(\frac{\gamma}{Z}\right) = G \tag{8-87}$$

$$\mathrm{Im}\left(\frac{\gamma}{Z}\right) = \omega C \tag{8-88}$$

式中 ω——角频率；

R——管道分布电阻；

G——管道分布电导；

L——管道分布电感；

C——管道分布电容。

（3）埋地管道交流参数测试方法的原理

① 计算管道交流参数的公式　原苏联米哈伊洛夫提出了下列计算管道交流参数（管道分布电阻 R、分布感抗 ωL、分布电导 G、分布容纳 ωC）的公式：

$$R = \frac{\sqrt{\rho_s \mu\mu_0 f}}{\sqrt{\pi} D_p} + \frac{\pi f \mu_0}{4} \tag{8-89}$$

$$\omega L = f\mu \ln \frac{1.48}{D_p}\sqrt{\frac{\rho_s}{f\mu_0}} + \frac{\sqrt{\rho_s \mu\mu_0 f}}{\sqrt{\pi} D_p} \tag{8-90}$$

$$G = \frac{\pi D_p}{\gamma_u} \tag{8-91}$$

$$\omega C = \frac{2\pi^2 f D_p \varepsilon\varepsilon_0}{\delta} \tag{8-92}$$

式中　ρ_s——管道钢材的电阻率；

μ——管道钢材的相对磁导率；

μ_0——空气的磁导率；

f——干扰源频率；

D_p——管道直径；

γ_u——管道防腐层单位面积上的电阻值，又称防腐层电阻率；

δ——管道防腐层的绝缘厚度；

ε——防腐层绝缘材料的相对介电常数；

ε_0——空气的介电常数。

式(8-89)~式(8-92)表示的管道参数计算公式中，未考虑磁滞损耗等造成分布电阻值的增大，也不能反映磁导率μ的非线性。而管道防腐层电阻率γ_u随干扰电压超过几百伏时，可以增大几倍，所以根据上述公式计算出的管道交流参数偏大。这样必然会进一步影响到电磁干扰的计算结果。因此，有必要考虑用管道现场实测的方法来确定管道参数。

② 管道交流参数现场测量方法原理　在一支无限长、无分支的管道上通以交流电，如果没有外界电磁场的干扰影响，则任何一点位置的管道对地电位U_t和通电点管地电位U_0的关系式可用下式表达：

$$U_t = U_0 \exp(-\gamma x) \tag{8-93}$$

式中　γ——管道交流传播常数；

x——管道纵向长度，km。

若x等于单位管长，则该处对地电位U_1为：

$$U_1 = U_0 \exp(-\gamma) \tag{8-94}$$

则管道交流传播常数γ等于：

$$\gamma = \ln \frac{U_0}{U_1} = \ln \left| \frac{U_0}{U_1} \right| + j\phi_1 \tag{8-95}$$

式中　ϕ_1——U_0与U_1之间的相位差。

在一支无限长、无分支的管道上，任何一点位置处管地电位与电流之比为波阻抗，即特性阻抗Z，可表示为下式：

$$Z = \frac{U_0}{I_0} = \left| \frac{U_0}{I_0} \right| \exp(j\phi_0) \tag{8-96}$$

式中　U_0——通电点管地电位；

I_0——通电点电流；

ϕ_0——I_0与U_0之间的相位差。

根据管道电磁干扰方程及交流传播常数γ、特性电阻Z的定义应有：

$$\gamma = \sqrt{(R + j\omega L)(G + j\omega C)} \tag{8-97}$$

$$Z = \sqrt{\frac{R + j\omega L}{G + j\omega C}} \tag{8-98}$$

由此可确定管道纵向分布电阻R、纵向分布电感L、横向对地电导G和分布电容C，即如方程式(8-85)~式(8-88)所表述的那样。通过现场实测可得到$|U_0|$、$|U_1|$、$|I_0|$和ϕ_0、ϕ_1，由此可计算管道交流参数。通过若干现场测量试验可获得大量实测的管道数据，对这些数据经过计算和分析，得出上述管道交流参数，可供管道电磁干扰计算使用。

如图 8-64 所示为管道分布电阻的实测分析结果和按米哈伊洛夫公式计算结果的比较，显然，前者的分布电阻比后者要大。导致这种差别的主要原因是磁滞损耗、涡流损耗的附加电阻所致。如图 8-65 所示为管道分布电抗 X_L 的实测分析结果和按米哈伊洛夫公式计算结果的比较，前者的电抗比后者的要小。据认为，产生这种差别的主要原因是，管道磁导率 μ 并不是一个常数，它随电流增大而减小，从而影响计算结果。

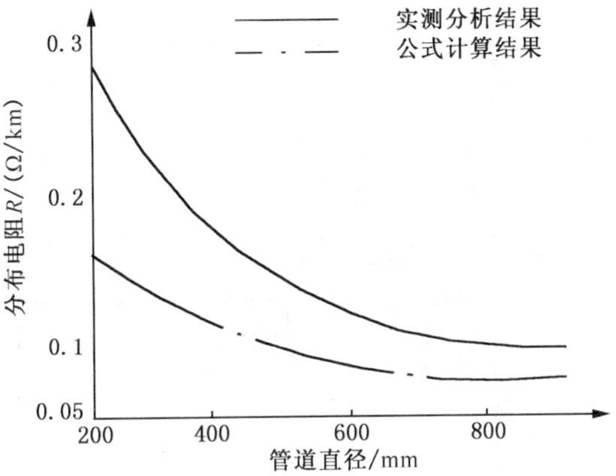

图 8-64 管道分布电阻 R 的实测分析结果和公式计算结果的比较[18]

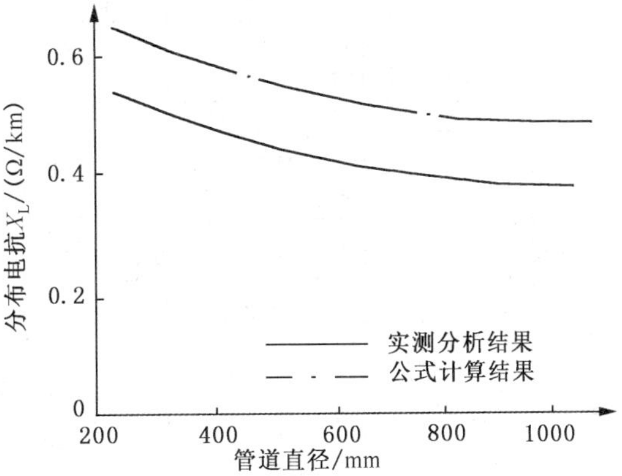

图 8-65 管道分布电抗 X_L 的实测分析结果和公式计算结果的比较[18]

由于分布电阻 R、分布电抗 X_L 的实测分析结果与计算结果存在着明显差值，致使管道传播常数角也不相同。图 8-66 为管道传播常数角 ϕ_r 与管径的依从关系曲线（分别给出了实测分析结果和计算结果）。实测的传播常数角比计算结果要小，前者在 32°~37°之间，国外文献计算的 ϕ_r 则为 40°±3°。显然，这种差别也会对计算结果产生影响。

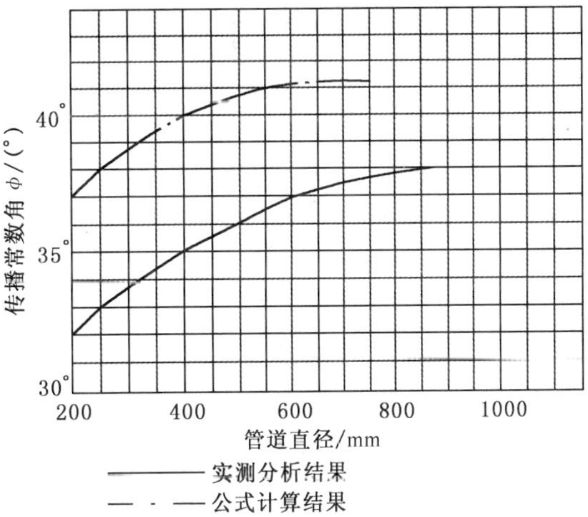

图 8-66 管道传播常数角 ϕ_r 的实测分析结果和公式计算结果的比较[18]

实测传播常数模 $|\gamma|$ 比计算值大，主要原因是分布漏导大。特别是当电压升高时，漏导增大。当干扰电压超过几百伏时，漏导可增大几倍。因此，传播常数模 $|\gamma|$ 在容许电压为 430V 时，应乘以 1.8，而在容许电压为 600V 时，应乘以 2.2。图 8-67 为正常运行时管道传播常数的模值 $|\gamma|$ 。管道传播常数模与管道防腐层质量有着密切关系。防腐层质量好的管道，所需阴极保护电流密度要小。阴极保护电流密度若为 30μA/m²，可采用图 8-67 中的曲线(1)来确定 $|\gamma|$ 值；阴极保护电流密度为 150μA/m²时，其值如图 8-67 中的曲线(2)；防腐层质量低劣的管道所需阴极保护电流密度大，若阴极保护电流密度为 750μA/m²时，则 $|\gamma|$ 值如图 8-67 中的曲线(3)。

电磁干扰计算中，输入阻抗(管道特性阻抗)Z也是一个重要的参数。由于G远大于μC，其幅角可近似等于传播常数角。传播常数模可按图8-67取值。从图8-68可见，管道特性阻抗Z与防腐层质量具有密切关系。图中曲线(1)、(2)、(3)分别对应于阴极保护电流密度为$30\mu A/m^2$、$150\mu A/m^2$、$750\mu A/m^2$时的特性阻抗值。防腐层质量愈好，特性阻抗愈大。

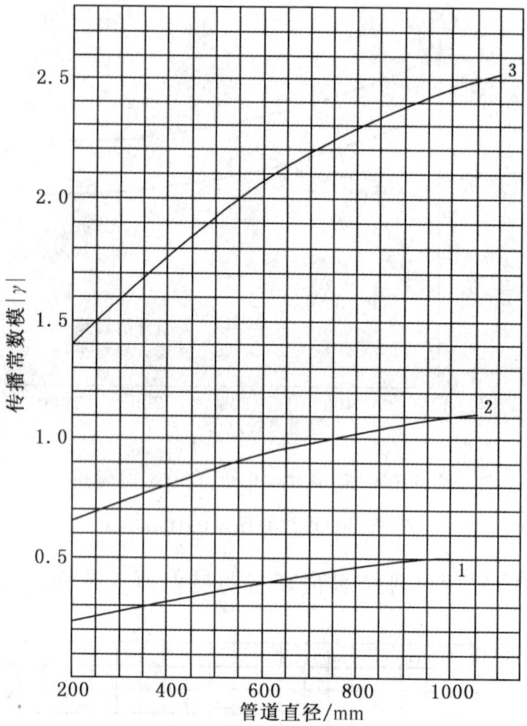

图8-67 正常运行时不同防腐层质量管道对应的传播常数模|γ|[18]

1—新涂覆管道或防腐层质量高的管道；

2—防腐层质量中等的管道；

3—老管道或防腐层质量差的管道

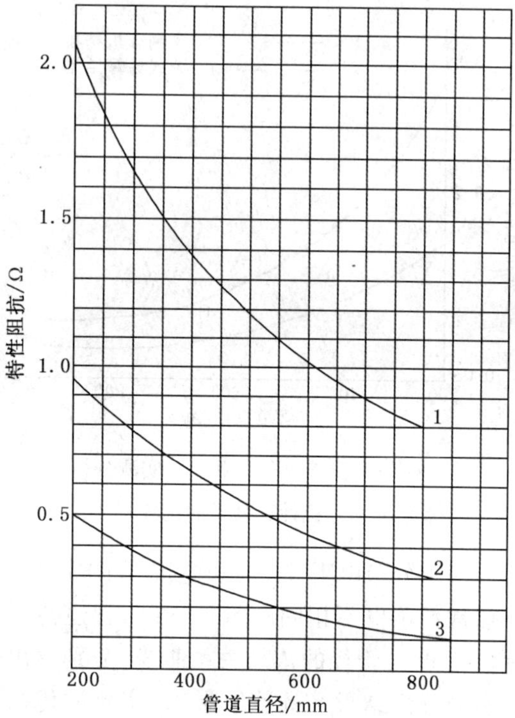

图8-68 正常运行时不同防腐层质量管道对应的特性阻抗值Z[18]

1—新涂覆管道或防腐层质量高的管道；

2—防腐层质量中等的管道；

3—老管道或防腐层质量差的管道

8.6.2 直流干扰的检测技术

这里仍然以埋地管道作为被干扰体来讨论土壤环境中可能存在的直流杂散电流干扰的测试技术。所需测量的参数一般为管地电位及其分布、地电位梯度及其分布、杂散电流干扰的强度和方向以及管道内流过的电流。

8.6.2.1 管地电位及其分布测试

管地电位测试的基本方法参见8.2.2节的地表参比法。在杂散电流干扰的调查测试中，更为重要的是测定管地电位分布，由此可通过管地电位的正向偏移值来确定是否存在杂散电流干扰、它的作用强度、在埋地管道上的干扰位置等。

一般采用移动参比电极法测试管地电位分布。采用此法需利用埋地管道上的一个连接点，通常是检测站上的管道接线柱，并使用一支饱和硫酸铜参比电极即可，其测试接线如图8-69所示。测试时固定地连接管道的某一位置点，将参比电极置于管道顶端上方的地表，平行地沿管道纵向以任意间隔(往往采用等间距，例如1m)移动，相应地测试a、b、c……各点管地电位。将测得的管地电位随距离的变化关系记录在电位-距离坐标图上，即可获得管地电位分布图。也可进一步测量在不同时刻的管地电位分布图，以了解可能存在的杂散电流变化情况。这是一种经济有效的常用测试方法。

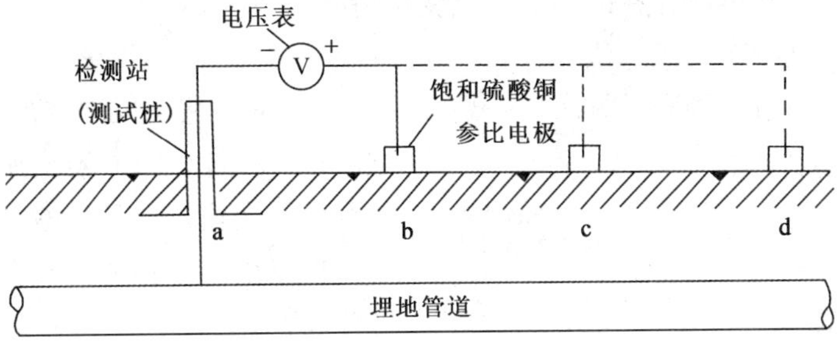

图8-69　移动一支参比电极测量管地电位分布的测试接线示意图

8.6.2.2　地电位梯度和杂散电流方向测试

(1) 移动一支参比电极法

这种方法与测量管地电位的移动参比电极法相似。如图8-70(a)所示，测试时将一支饱和硫酸铜参比电极固定在管顶上方地面的某一位置点a，再将另一支饱和硫酸铜参比电极置于管顶上方的地表面，平行地沿管道纵向以任意间隔(往往采用等间距，例如1m)移动，相应地测试b、c、d……各点与a点之间电位差，即电位梯度。将测得的电位梯度随距离的变化关系记录在电位-距离坐标图上，即可获得地电位梯度分布图。也可进一步测量在不同时刻的地电位梯度分布图，以了解可能存在的杂散电流变化情况。

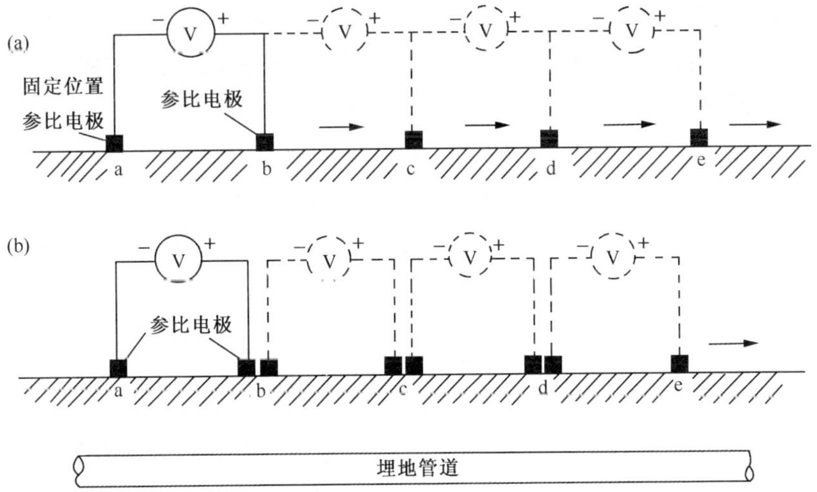

图8-70　地电位分布的测试接线示意图

(a) 移动一支参比电极法；(b)双参比电极法

(2) 双参比电极法

这种方法的测试原理与上述移动一支参比电极法相同，但是结果的表述不同，而且避免了测量导线延伸过长的麻烦。其测试接线如图8-70(b)所示。测试时将两支饱和硫酸铜参比电极平行地置于管顶上方的地表面，同时以固定间隔(一般为1m，根据测量示值需要可适当延长)沿管道纵向移动两支参比电极，连续测试和记录不同相邻位置处两支参比电极之间的电位差，即电位梯度。将测得的电位梯度随距离的变化关系记录在电位-距离坐标图上，即可获得地电位梯度分布图。当然，也可用双参比电极法进一步测量在不同时刻的地电位梯度分布图，以了解可能存在的杂散电流变化情况。

(3) 地电位梯度分布的表示法

地电位梯度分布有两种表示方法。一是按移动参比电极法，以选择的某基准点为原点，在电位-距离坐标上绘出所测得的电位梯度随距离的变化；二是按双参比电极法，从基准点出发绘出各相邻两支参比电极测得的电位梯度，如图8-71所示。它们都可以反映出电位梯度的分布，但后者更易于判别杂散电流在管道上的流入点和流出点，由此可发现管道上的损伤部位或与其他金属结构物的短接点。当在管道上施加外部阴极电流时，流入管道处的电位将更负，而流出管道处的电位将更正，这就显示出损伤部位处的电位极性反转。

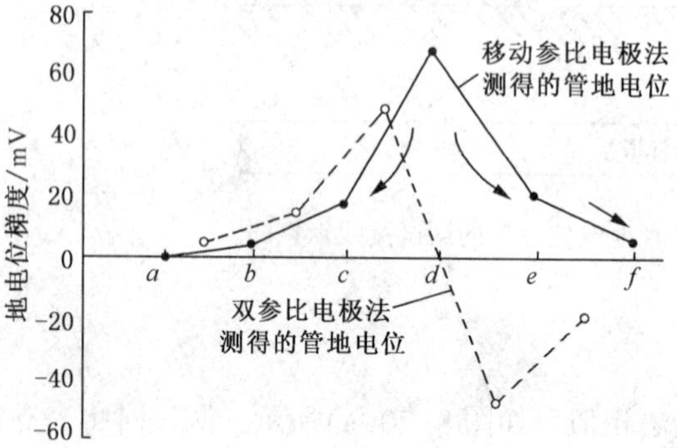

图8-71　地电位梯度分布的两种表示曲线

(4) 地电位梯度和杂散电流方向测试

人们不仅需要了解管道上是否存在杂散电流干扰，而且还应了解杂散电流源的方位。一般采用4支同种参比电极(如饱和硫酸铜电极)，各用100m长的测试导线(多股铜芯塑料软线)连接，并两两互相垂直分布。且参比电极a-b和c-d的距离相等，其中一组(例如c-d)应与管道平行，组成直角坐标系，如图8-72(a)所示。当受到环境限制时，参比电极的间距可适当缩短。用两只高阻电压表同时测量参比电极a-b和c-d的电位读数V_{ab}、V_{cd}，它们分别对应地分布在直角坐标系的4个象限中，然后求其矢量和，该矢量方向即代表杂散电流源的方位。将上述测得的V_{ab}、V_{cd}及求得的矢量和电位读数分别除以它们的对应间距，便可获得横向(与管道平行)、纵向(与管道垂直)、矢量方向的地电位梯度(V/m)。

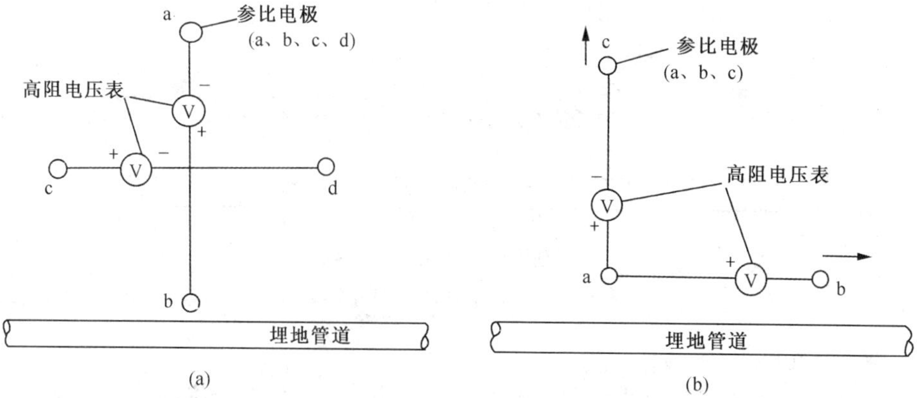

图8-72　杂散电流方向和地电位梯度的测试接线示意图

(a) 4支参比电极测量法；(b)3支参比电极测量法

沿管道方向选取若干位置重复进行上述测量，可进一步判断杂散电流源的确切方位，它们的作用强度以及杂散电流的流向趋势。

有时也可采用三支同种参比电极，如图 8-72(b)所示采用 a、b 和 c 三支饱和硫酸铜电极进行测试，a-b 与管道平行，a-c 与管道垂直。初始测量时，电极间距 a-b 和 a-c 分别为 1m，然后固定参比电极 a，参比电极 b 平行于管道等间距延伸，参比电极 c 垂直于管道等间距延伸，同时测量并记录两电极之间的电位差，也可获得直角坐标系中的横向(与管道平行)、纵向(与管道垂直)、矢量方向的地电位梯度(V/m)。

8.6.2.3　管内电流测量

管道内流过的电流是可以测量的，在 8.3.2 节中已介绍了电压降法和补偿法。当杂散电流流过管道时，由于杂散电流的随机变化和不稳定性，一般情况下是无法用这两种方法来测量杂散电流的数值的。只有当管内流过的杂散电流比较稳定时(例如，杂散电流源是外部阴极保护系统的情况)，才可以用上述方法来测量具体的管内电流值。按图 8-36 电压降法测得的是 a-b 管段内流过的电流，相对于绵长的埋地管线来说，a-b 管段只是管道上的一个点，所测得的只是这个点上流过的电流。

如果需要考查在 A-B 管段处从管道流出到土壤或者从土壤流入管道的电流数值和方向情况，可以在 A-B 管段的两端，采用电压降法分别测出 A 点和 B 点处流过的电流 I_{ab} 和 I_{cd} (参见图 8-73)。在 AB 管段长度大于 a-b 段和 c-d 段的 20 倍以上的情况下，可将 a-b 段和 c-d 段分别等效地看作为 A 点和 B 点，所测得的管内电流分别为 I_{ab} 和 I_{cd}。由此可按下式计算得到 A-B 管段处流出土壤或者从土壤流入的电流 I_1：

$$I_1 = I_A - I_B = I_{ab} - I_{cd} \tag{8-99}$$

8.6.2.4　轨-地电位和轨-管电位差测试

在研究和测试土壤环境中的杂散电流时，除了测试地电位梯度(*S/S*)及分布外，还应对管道附近的直流电气化铁路系统的影响进行必要的测量，即测量轨道对地电位及轨道与管道的电位差。测量轨-地电位，即轨道的对地电位(*R/S*)的方法与测量管地电位方法相同。测量轨道与管道的电位差(轨-管电位差)(*R/P*)只要用一支高阻电压表测量它们的电位差即可，其测试接线方法如图 8-74 所示。

图 8-73　在 A-B 管段处从管道流出或者从土壤流入的电流测量

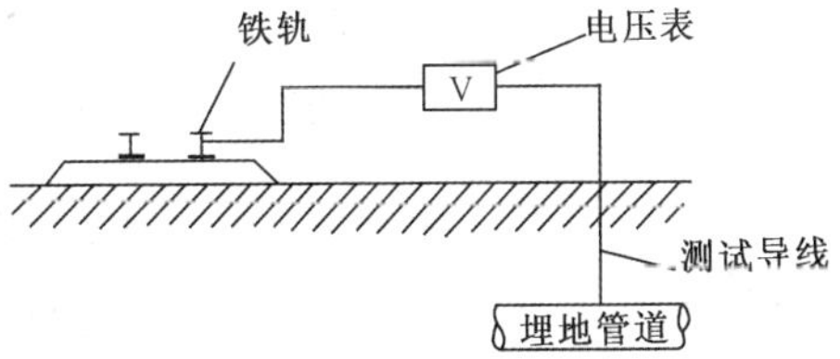

图 8-74　铁轨与管道间电压的测试接线示意图

从图 8-75 可以分析轨地电位(*R/S*)和地电位梯度(*S/S*)的关系。当电气化铁路未运行且无任何杂散电流存在时，其地电位梯度相当于轨地电位(*R/S*)= 0V 时刻 t_1 的地电位梯度，在图中约为+100mV。当电气化铁路运行时，轨地电位平均值约为-5V，此时在图 8-75(a)中相当于时刻 t_2，对应于图 8-75(b)中该时刻的地电位梯度约为+50mV。由此可见，轨地电位和地电位梯度之间存在着某种相关性，因此无需终日测试地电位梯度，仅从轨地电位的变化也可分析得知当时状况下的地电位梯度。

当由于周围环境差异，如分别位于沙土土壤和粘土土壤中时，埋地金属管道上相应部位将产生不同的管地电位(P/S)，由于这种管地电位差的存在而产生了由氧浓差电池引起的宏电池腐蚀现象。在相对低电位的粘土区(阳极)将有腐蚀电池电流流出，而在较高电位的沙土区(阴极)将有电流流入；相应地也在地面产生了地电位的差异，即产生了地电位梯度(S/S)。这时，沿管道分布的地电位梯度和管地电位存在着互反的分布规律，如图 8-76 所示。也就是说，当环境差异而在管道上形成宏电池时，将会对管地电位和地电位梯度产生干扰。

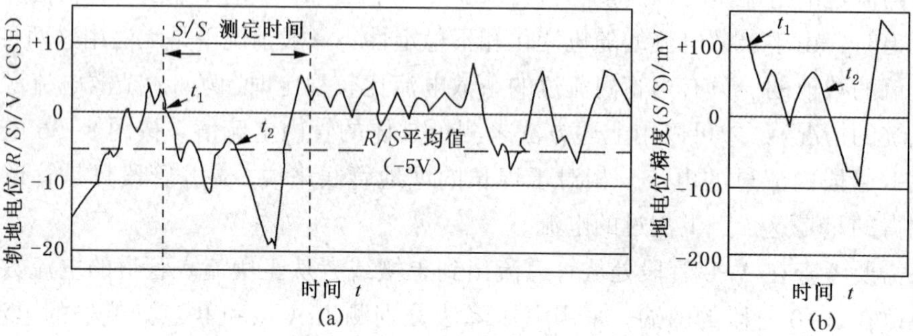

图 8-75　轨地电位和地电位梯度的测试结果分析[20]

(a) 测量的轨地电位(R/S)变化；(b) 测量的地电位梯度(S/S)变化

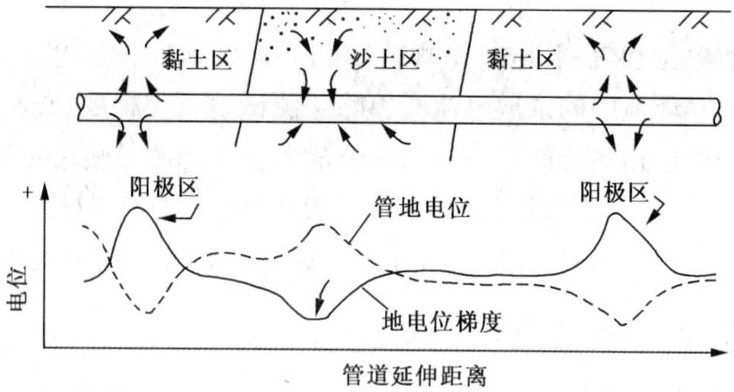

图 8-76　管道上存在宏电池时地电位梯度与管地电位之间的分布关系

当埋地管道紧邻处有直流电气化铁路运行时，铁轨漏失的杂散电流在管道上不同部位处将出现电流的流入和流出现象，由此也会在地面产生地电位梯度。这时，沿管道分布的地电位梯度和管地电位同样存在着互反的分布规律，如图 8-77 所示。但在这种情况下的管地电位分布所表征的管道上阳极、阴极位置判断和图 8-76 宏电池情况下的是不同的。因为宏电池作用是一种腐蚀原电池的过程，而杂散电流作用则是电解电池的作用过程。

8.6.2.5　铁轨电流和漏泄电流测试

对于直流电气化铁路系统，可以按图 8-78 的接线方式，首先测量轨距为 L 的 a-b 段铁轨上流过电流时的电压降，或者在一段考察时间段中的电压降算术平均值 V_{ab}。测试方法与前述 8.3.2 节中介绍的电压降法相同。然后按下式计算该时间段中在 a-b 段铁轨上流过的电

流 I_2：

$$I_2 = \frac{V_{ab}}{rL} \tag{8-100}$$

式中　r——单位长度铁轨的纵向电阻，Ω/m；

I_2——单根铁轨中流过的电流，A，总的铁轨电流应是 $2I_2$。

与上述关于管道流出流入电流的测试方法相同，也可以测试轨距大于 20L 的 A-B 段铁轨的漏泄电流 I_3。这时 a-b 段和 c-d 段分别相当于铁轨上的 A 点和 B 点，所测量的铁轨电流分别为 I_A 和 I_B，则有：

$$I_3 = I_A - I_B = I_{ab} - I_{cd} \tag{8-101}$$

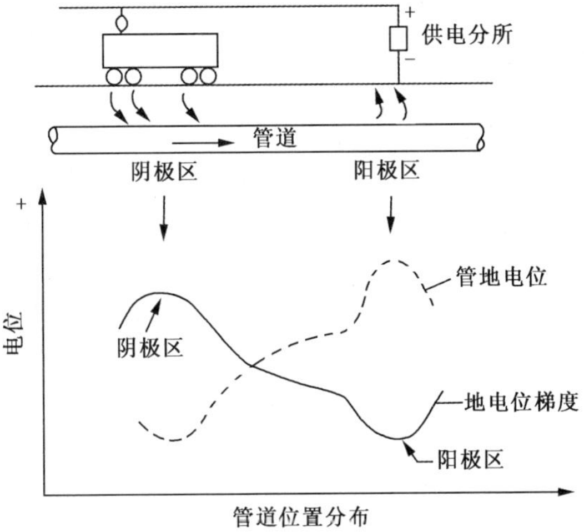

图 8-77　杂散电流作用下的地电位梯度与管地电位之间的分布关系

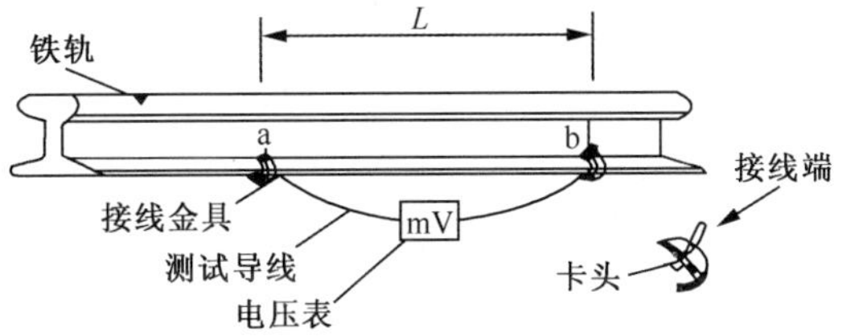

图 8-78　电气化铁路的铁轨电流测试接线图

参 考 文 献

1　中国石油天然气行业标准. SY/T 0023—97. 埋地钢质管道阴极保护参数测试方法. 北京：石油工业出版社，1998

2　吴荫顺等. 腐蚀试验方法与防腐蚀检测技术. 北京：化学工业出版社，1996

3　W v 贝克曼，W 施文克. 胡士信等译. 阴极保护手册(1971 年版). 北京：人民邮电出版社，1990

4　胡士信. 阴极保护工程手册. 北京：化学工业出版社，1999

5　Baeckmann W von. u. a. Messtechnik beim kathodischen Korrosionsschutz. 2. Auflage. Ehningen Germany, 1989

6　Baeckmann W von. Schwenk W. Prinz W. Handbuch des kathodischen Korrosionsschutzes. 3. Auflage. VCH Verlagsgesellschaft mbH. Weinheim Germany, 1989

7　Baeckmann W von. Taschenbuch fuer den kathodischen Korrosionsschutz. 3. Auflage. Vulkan-Verlag. Essen Germany, 1983

8　Baeckmann W von. Hildebrand H. Prinz W. Schwenck W. Werkstoff und Korrosion. 1983, 34: 230

9　Prinz W. Schoeneich H G. 3R International. 1988, 27: 352

10 Roberge P R. 吴荫顺等译．腐蚀工程手册．北京：中国石化出版社，2003
11 苑绍成．《‘97 全国城市地下管线防腐蚀工程技术交流会》论文集．1997，5，16～20．中国桂林．P. 262
12 苑绍成．《‘99 全国第三届埋地管线防腐蚀工程技术交流会》论文集．1999，9，17～21．中国昆明．P. 55
13 王强．地下金属管道的腐蚀与阴极保护．西宁：青海人民出版社，1984
14 Leeds J M，Grapiglia J. Corrosion Prevention and Control. 1995，42（4）：77
15 林守江．管道技术与设备．1999，（6）
16 薛登存，李京战．石油工程建设．1999，（3）：36
17 Baeckmann W von. Technische Ueberwachung. 1965，6：78
18 中国石油天然气行业标准．SY/T 0032—2000. 埋地钢质管道交流排流保护技术标准．北京：石油工业出版社，2000
19 中国石油天然气行业标准．SY/T0017—96. 埋地钢质管道直流排流保护技术标准．北京：石油工业出版社，1997
20 米琪，李庆林等．管道腐蚀手册．北京：中国建筑工业出版社，1994

第9章 阳极保护原理与主要参数

9.1 引言

大多数暴露于电解质环境中的金属材料都可以采用电化学保护方法来防止腐蚀破坏，或者采用阴极保护，或者采用阳极保护。选用哪种保护方法更为合适，这主要取决于金属/环境介质这一特定腐蚀体系的电化学特征。

一个金属在指定的环境介质中是否发生腐蚀可从热力学上判定。图 2-10 是一幅简化的 $Fe-H_2O$ 系电位-pH 图(腐蚀状态图)，它主要分为三类腐蚀状态的区域，即免蚀区、腐蚀区和钝化区。不同腐蚀状态的分区划界是基于金属/溶液的电极电位(E_H)和溶液 pH 值。

电位-pH 图是通过热力学计算而制成的。虽然它能指出钢是否会发生腐蚀，但并不能确定腐蚀速率。如果金属/溶液的电位维持在免蚀区，那么从热力学上看，在一定的 pH 值范围中是不可能发生金属腐蚀的，例如，-0.80V(SHE)和 pH=3~9。因此，如果钢在某种环境介质中发生了活性腐蚀，通过某种措施使金属电位朝负向移动，就可以控制腐蚀，这就是阴极保护的情况。如图2-10所示，位于 B 点状态的金属，其电位负向移动(B→E)至免蚀区，此即通过阴极保护技术防止金属腐蚀。反之，对于具有活化-钝化行为的金属/溶液体系，在某些情况(如钢、镍、钛、不锈钢等)下，通过使金属电位朝正向移动，在金属表面生成钝化膜，赋予金属以钝性，可使腐蚀速率大大降低，这就是阳极保护的情况。如图2-10所示，位于 B 点状态的金属，其电位正向移动(B→F)至钝化区，此即通过阳极保护控制(减缓)金属腐蚀。

作为电化学保护技术，阳极保护是一项与阴极保护技术呈电位反向的技术，依赖于金属钝性的原理。它的发现可以追溯到 1738 年 M. B. 罗蒙诺索夫观察硝酸对铁的作用，以及 19 世纪 40 年代 M. 法拉第对铁在硝酸中钝性现象的研究。1836 年，Schönbein 称金属在浓硝酸中获得的耐蚀状态为钝态。直至 1945 年，美国学者 J. H. Bartlett 研究铁在硫酸中的阳极瞬变现象时，发现外加阳极电流可使铁转入钝态，从而停止了铁的溶解，这是阳极保护现象的最早的确定发现。1954 年，英国学者 C. Edeleanu 在实验室中证明了用恒电位仪进行阳极极化可以控制腐蚀，首先正式将阳极保护作为一种防腐蚀技术，并指出了工业应用的可能性。1958 年，加拿大纸浆与造纸研究所首次在碱性纸浆蒸煮锅上实现阳极保护的工业应用。接着，美国大陆石油公司在磺酸中和器、发烟硫酸储罐和扬酸器上也实现了阳极保护的工业应用，并承担了硫酸、磷酸、有机酸、磺酸、烧碱等介质中各种化工设备阳极保护的研究、设计、安装业务。20 世纪 60 年代中期，加拿大工业有限公司(CIL)成功地开发了不锈钢浓硫酸冷却器的阳极保护技术，使阳极保护的工业应用向前迈进了一大步。

自 20 世纪 60 年代初以来，我国在阳极保护技术的研究和应用方面，也取得了不少进展。60 年代中期，原化工部化工机械研究院(所)刘小光、李挺芳等在北京化工实验厂开发碳化塔阳极保护技术，于 1967 年首次成功地在我国实现了阳极保护的工业应用。1972 年通过研究成功地实施了采用恒电位阳极保护技术对 300℃高温发烟硫酸碳钢设备的阳极保护。1978 年在含有少量尿素的 18%~20%氨水储槽上采用了恒电位阳极保护。1979 年，化工机械研究院与泸州天然气化工厂合作开发成功循环极化法控制罐群腐蚀的阳极保护技术。

阳极保护技术是利用电极过程动力学原理开发成功的，不采用电化学理论是很难对它进行论述的。简而言之，阳极保护就是通过对被保护结构物施加阳极性电流，在金属表面形成一层保护性钝化膜，从而使金属处于钝性状态而对金属实现有效腐蚀控制的一种防腐蚀技术。阳极保护具有许多独特的优越性。对金属/溶液介质所施加的保护电流通常就等于被保护金属在钝性状态的溶解电流(此时的金属腐蚀速率是很低的)。因此可以认为，阳极保护不仅提供防腐蚀保护，而且也是一种监测被保护系统腐蚀速率的直接方法。正如 M. G. Fontana 所言，“阳极保护是腐蚀科学整个历史中最重要的进展之一”。

对于适用的金属/溶液介质体系，采用阳极保护能够极大地降低腐蚀速率。表 9-1 列出了奥氏体不锈钢在含有 Cl^- 的硫酸溶液中有阳极保护和没有阳极保护时的腐蚀速率比较。从表中可以看出，阳极保护对某些系统的金属腐蚀能够降低其腐蚀速率 10 万倍。阳极保护的主要优点之一是，它能应用于腐蚀性极强的环境中，并且保护电流需用量较低。

表 9-1　S30400 不锈钢暴露于温度为 30℃的充气硫酸环境在有阳极保护[0.500V(SCE)]和没有阳极保护情况下的腐蚀速率比较

酸浓度/(mol/L)	NaCl/(mol/L)	腐蚀速率/(μm/a)		酸浓度/(mol/L)	NaCl/(mol/L)	腐蚀速率/(μm/a)	
		未保护的	有保护的			未保护的	有保护的
0.5	10^{-5}	360	0.64	5	10^{-5}	49000	0.41
0.5	10^{-3}	74	1.1	5	10^{-3}	29000	1.0
0.5	10^{-1}	81	5.1	5	10^{-1}	2000	5.3

阳极保护技术已经被十分广泛地用于保护那些储存和处理硫酸的设备。用于冷却硫酸制造设备的具有阳极保护的热交换器已在国际市场上大量销售，此即阳极保护技术的最成功实践之一。这些被售出的热交换器全部安装有阳极保护系统，并以此具有很明显的市场优势，即它能使用价格低廉的普通材料制作，既满足了应用性能的要求，又显著降低了设备成本。对硫酸(浓度>78%)储存容器用钢的保护目前是阳极保护的最常见的应用，而对其他化学介质的设备材料实施阳极保护的开发应用工作尚做得很少。

与其他腐蚀控制技术(特别是阴极保护)相比，目前阳极保护的应用程度还较低。这主要是受到阳极保护所能适用的金属/介质体系的限制。此外，如果保护系统的控制不当，反而有可能加速设备腐蚀，这是一种完全可以预防但又可能存在的一种潜在威胁。然而，仍可预见阳极保护在腐蚀控制领域有其独特的应用领域和地位。

相比较而言，在众多防腐蚀技术中，阳极保护是一种开发较晚的腐蚀控制技术，它也是一种比较经济且效率较高的有效防腐蚀技术。阳极保护与阴极保护所依据的科学原理不同，但都属电化学保护方法。一般说来，阳极保护所需投资费用比阴极保护略高，但由于被保护设备本身造价较昂贵，相比之下所占投资比例并不大。阳极保护的投资费用通常为被保护设备装置的 2%左右。

在结构装置设计时，为了补偿金属的腐蚀损耗，经常采用的办法之一就是增加结构物的壁厚，过大的金属裕量导致设备制造成本大幅增加。对于适宜的金属/环境介质体系，若采用可靠的阳极保护技术，就不必采用超量壁厚，从而节省大量昂贵的金属材料，降低了成本。此外，对于在一定环境介质中的某些设备结构物，为了解决腐蚀问题而不得不采用昂贵的高级合金材料。对这类体系，若采用普通金属材料(如碳钢)，同时施加阳极保护，同样可使腐蚀速率降低到很低水平。这样，就节省了大量昂贵的高级合金材料，也显著降低了投资成本。

阳极保护技术不仅可用于防止新建设备装置的腐蚀，而且也适用于现役旧设施，其防腐蚀效果同样是十分令人满意的。采用可靠的阳极保护技术，避免了可能发生的腐蚀泄漏，减少了物料漏损及可能的环境污染，保障了安全生产，延长了设备使用寿命。阳极保护技术的工业应用具有很大的直接和间接经济意义。

对阳极保护的经济合理性进行分析判断的因素与其他可比较的腐蚀控制方法一样。例如，对硫酸储罐的防护，既可用固化的酚醛内衬来实现，也可采用阳极保护。因为一个阳极保护系统有一些基本的技术要求，如电极、电位控制系统和电源的设置，这些因素与储罐大小无关。而分析表明，阳极保护对于大型储罐更为经济可行。对这种钢制储罐采用内衬防护或采用阳极保护的详细经济比较已有文献介绍。经过比较表明，对于一个容量约为 20000t 的硫酸储槽，每吨储酸容量的阳极保护成本比内衬酚醛树脂要低 42.5%；而对一个 1000t 容量的硫酸储槽，每吨储酸容量的内衬酚醛树脂的成本则要比阳极保护的低 74.3%。

对于其他采用普通金属材料制作的设备装置，可从经济方面对施加阳极保护和不施加保护的情况进行比较。在硫酸生产设备中采用了阳极保护的热交换器，业已证明几乎可降低 95%的维修费用。这种大幅度降低的维修费用，再加上该设备中所生产的硫酸质量的显著提高，这些都对阳极保护热交换器所需投资给出了非常吸引人的回报。利用工程经济比较的标准方法还可以发现，还有许多其他的阳极保护应用也都是经济合理的。随着经验的积累和对这种相对较新的腐蚀控制技术(阳极保护)的信心不断增强，还能开拓更多的其他方面的工业应用。应用实践的结果证明，阳极保护是一种有效的、非常经济的腐蚀控制技术。

9.2 金属钝性与阳极保护

9.2.1 可施加阳极保护体系的阳极极化曲线

凡是具有活化-钝化转变行为的金属/介质体系，都可以通过阳极保护的方法使金属产生并保持钝性，从而使其腐蚀速率大大降低。通过阳极极化曲线可以分析金属的活化-钝化转变行为，了解金属钝性以及实施阳极保护所需控制参数和达到保护的途径。

金属在电解质溶液环境中的阳极极化曲线总体上可分为两类：活化型阳极极化曲线和活化-钝化转变型阳极极化曲线。在一般情况下，外加阳极性电流将使金属发生阳极极化。对于非钝化金属，这将会加速金属的腐蚀，测量所获得的是活化型阳极极化曲线(参见图 2-16)。对于可钝化体系，即具有可钝化性的金属在一定条件下，外部阳极性电流增大到某个临界值之后，金属将转变为钝化状态而获得钝性，金属溶解速度急剧减小，这就是阳极钝化现象。获得的是活化-钝化转变型阳极极化曲线，它具有特征性的 S 形状，参见图 9-1。

第 2 章曾对具有活化-钝化转变行为的金属/介质体系，分析了理想阳极极化曲线的特征(参见图 2-24)，并把它们区分为活化区、活化-钝化过渡区、稳定钝化区、过钝化区等若干区段。是否具有活化-钝化转变行为，以及形成和维持稳定钝化状态的能力如何，是判定一个金属/介质体系能否实施有效阳极保护的电化学基础。

如图 9-1 所示为一个可钝化的金属/介质体系的实验阳极极化曲线。该曲线上标明了几个对阳极保护也就是对金属钝性至关重要的参数：E_{cr}为临界钝化电位，也称致钝电位；i_{cr}为临界钝化电流密度，也称致钝电流密度；$(E_p \sim E_r)$为稳定钝化电位范围，也称稳定钝化区，其中 E_p为起始钝化电位，E_T为过钝化电位；i_p为维钝电流密度。这些参数把电位区段划分为活化区、活化-钝化过渡区、稳定钝化区和过钝化区等。每一个电位区域表示了金属不同的阳极行为。

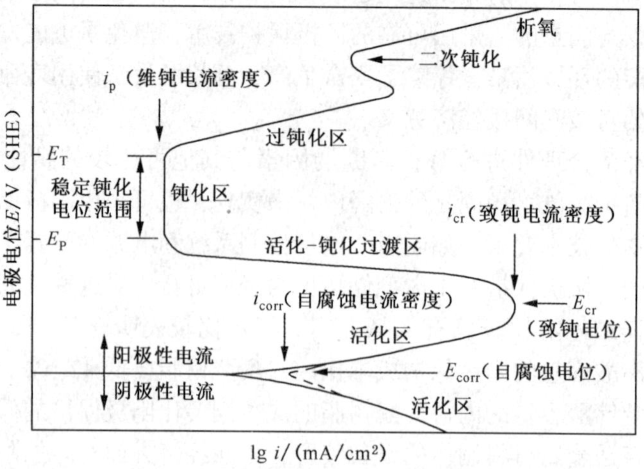

图 9-1　一个可钝化的金属/介质体系的实验阳极极化曲线

（1）活化区

金属/介质体系活化区的条件下，金属表面进行着活性溶解反应。通常，金属以低价形式溶解，例如：

$$Me \longrightarrow Me^{n+} + ne \qquad (9-1)$$

对于铁，其溶解反应为：

$$Fe \longrightarrow Fe^{2+} + 2e \qquad (9-2)$$

它的行为与非钝化金属的行为相似，电位随电流密度呈对数关系变化，遵从塔菲尔关系（参见第 2 章）。

在活化区内靠近临界钝化电位的对应电位下，有可能发生下列反应：

$$Me + H_2O \longrightarrow MeO + 2H^+ + 2e \qquad (9-3)$$

这时，将在金属表面形成化学吸附的氧化物薄膜，但膜的形成速度还很小，不能明显地将金属表面覆盖住，也不能明显地阻滞阳极溶解过程。但是当达到临界钝化电位值 E_{cr} 时，膜的形成速度已相当大，以至于使金属阳极溶解速度不能再进一步增大，此时金属表面保护膜的生长速度和金属溶解速度相等，于是就达到了为实现钝化所需的临界钝化电流密度 i_{cr}。

（2）活化-钝化过渡区

当电位正移越过临界钝化电位 E_{cr} 以后，金属表面保护膜的生长速度已显著超过它的化学溶解速度，开始在金属表面形成覆盖性保护膜。在这个电位区段中，阳极极化电流随电位正移而急剧减小，金属表面逐渐形成保护膜，但尚处于不稳定状态。直至起始钝化电位 E_p，金属表面已形成基本完整的钝化膜（这是一种吸附氧化膜），且使阳极极化电流降至很小的程度。施加阳极保护的过程，就是提升金属电位以使其阳极极化电流降至尽可能低的程度，同时在金属表面形成完整钝化膜、赋予金属钝性的过程。活化-钝化区的电化学反应变化就是施行阳极保护的过程。

（3）稳定钝化区

即稳定钝化电位范围。从起始钝化电位 E_p 处形成完整的保护膜以后，直至过钝化电位 E_T 的电位范围中，电极上的阳极过程速度已经与电位没有多少关系，并保持在一个很低的水平上，且在金属表面一直保持着完整的稳定钝化膜。在稳定钝化区中所对应的最小电流密度就是维钝电流密度 i_p，此即维持钝化膜稳定、补偿膜溶解所需的电流密度，在阳极保护系统运行过程中，必须供应维钝电流密度 i_p 以保证金属始终处于完善有效的钝化状态。

在稳定钝化区中，随阳极极化电位正移，金属表面钝化膜中氧的含量增加，以至于从吸附膜转变为阻挡膜(成相膜)，膜也随之变厚。表面膜生长的阳极过程[反应式(9-3)]和金属通过膜而溶解为离子的过程[反应式(9-1)]都变得很缓慢。在这一电位范围中，氧化膜的生长速度和膜的化学溶解速度始终维持动态平衡。膜的化学溶解反应为：

$$MeO + H_2O \longrightarrow Me^{2+} + 2OH^- \qquad (9-4)$$

在稳定钝化区电位下，阳极溶解的产物氧化成较高价的化合物。对于铁，其阳极过程的反应为：

$$Fe^{2+} \longrightarrow Fe^{3+} + e \qquad (9-5)$$

$$Fe \longrightarrow Fe^{3+} + 3e \qquad (9-6)$$

氧化物生成反应可以写成为：

$$2Fe + 3H_2O \longrightarrow \gamma - Fe_2O_3 + 6H^+ + 6e \qquad (9-7)$$

阳极上的沉积反应可以写成为：

$$(Fe - OH)^+ + H_2O \longrightarrow \gamma - FeOOH + 2H^+ + e \qquad (9-8)$$

形成氧化膜的反应过程也有可能为：

$$2Fe^{2+} + 3H_2O \longrightarrow Fe_2O_3 + 6H^+ + 2e \qquad (9-9)$$

对不锈钢而言，在稳定钝化区则形成 Cr^{3+} 氧化物的钝化膜。

(4) 过钝化区

在过钝化区电位下，情况更为复杂一些。从过钝化电位 E_T 开始，作为过钝化现象主要是发生了新的电极过程，如水分解的析氧反应：

$$2H_2O \longrightarrow O_2 + 4H^+ + 4e \qquad (9-10)$$

过钝化现象的另一重要原因是，某些金属在如此很正的电位下钝化膜氧化物被氧化成可溶性的高价氧化物，此时金属又开始以高价形式发生阳极溶解。例如，不锈钢在过钝化区电位下，Fe 溶解成为 Fe^{3+}，Ni 溶解成为 Ni^{2+}，Cr 则溶解成为 Cr^{6+}。产生 Cr^{6+} 化合物的反应式为：

$$2Cr^{3+} + 7H_2O \longrightarrow Cr_2O_7^{2-} + 14H^+ + 6e\text{[标准电位 1.33V(SHE)]} \qquad (9-11)$$

或

$$Cr_2O_3 + 4H_2O \longrightarrow Cr_2O_7^{2-} + 8H^+ + 6e\text{[标准电位 1.17V(SHE)]} \qquad (9-12)$$

Cr^{6+} 也可以 CrO_3 形式存在，也可能发生如下反应：

$$Cr_2O_3 + 5H_2O \longrightarrow 2CrO_4^{2-} + 10H^+ + 6e \qquad (9-13)$$

在软钢和铁和情况下，一般仍然是生成 Fe^{3+}。

即使在金属表面发生析氧反应时，铁的溶解速度还是高于稳定钝化区内的速度。例如，在饱和的 NH_4HCO_3 溶液中，在高于过钝化电位以上 400mV 范围内，碳钢上流过的电流中只有 1.15%~1.31%消耗于阳极溶解(腐蚀)，其余 98%以上的电流都消耗在析氧反应上。这种条件下的极化曲线如图 9-2 所示。而在相同情况下，不锈钢的过钝化溶解要比碳钢严重，可占流过电流的 4.73%左右。

如图 9-3 和图 9-4 所示分别为铁和镍在硫酸溶液中于过钝化条件下的腐蚀规律。镍在

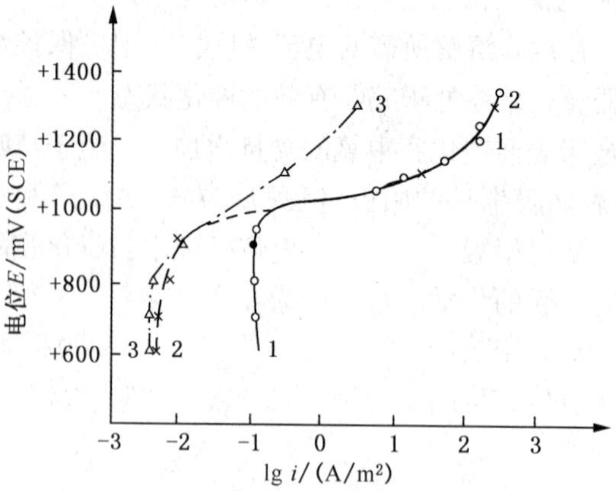

图 9-2　碳钢在饱和 NH_4HCO_3 溶液(30℃)中的腐蚀行为极化曲线[6]

1—恒电位阳极极化曲线；2—按总电量换算的曲线；3—按失重实测的溶解曲线

过钝化时以 Ni^{2+} 的形式溶解。在浓碱(例如，大于40%的 NaOH 溶液)中，铁在过钝化电位范围中还可能以 Fe^{6+} 的形式溶解，生成紫红色的 FeO_4^{2+}。锆、钛、铝等金属的过钝化电位可以正移到很高的电位值，例如在某些条件下可达到 10V。在铬锰氮钢的情况下，还会产生二次过钝化，析出紫红色 MnO_4^- 和大量 O_2。

9.2.2　钝化及表面膜

阳极保护是使金属建立稳定钝性状态的一种腐蚀控制方法，阳极保护技术是以金属钝性的生成和维持为基础的。金属和合金的钝性早在二百多年前就已被发现了，至今仍还在进行广泛的深入研究，因为它对腐蚀科学及提高金属和合金的耐蚀性具有十分重要的意义。但是，由于钝化现象的复杂性，人们对于产生钝性的机制、表面钝化膜的组成和性质等迄今依然不甚了解，歧见和争议颇多，以至于对金属钝性的确切定义，也尚无一致的阐述和共同看法。

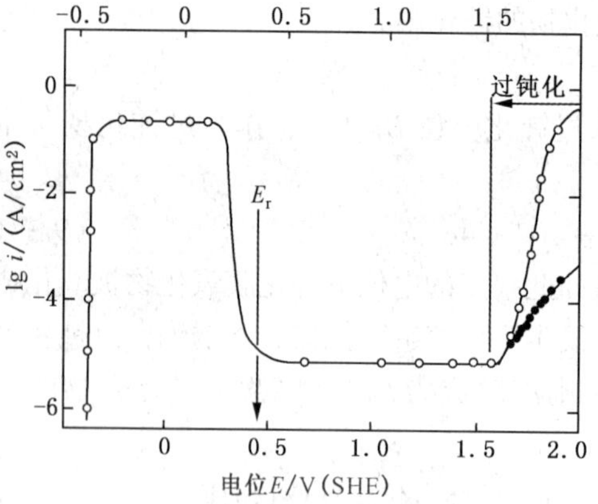

图 9-3　铁在 0.5mol/L H_2SO_4 溶液(25℃)中的稳态极化曲线[13]

i—阳极电流密度；i_{Fe}—铁溶解电流密度(Norio Sato)

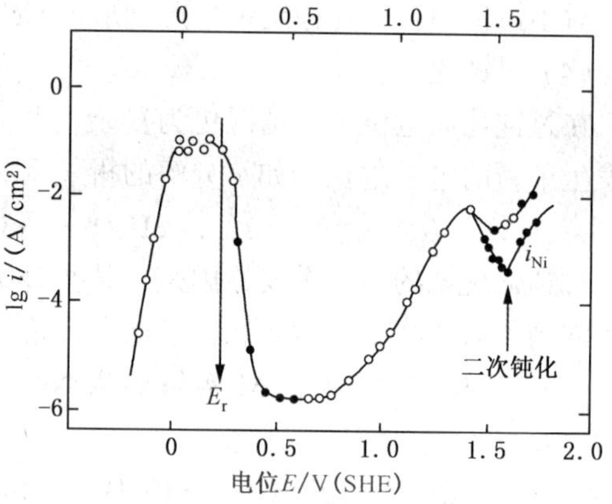

图 9-4　镍在 0.5mol/L H_2SO_4 溶液(25℃)中的稳态极化曲线[13]

i—阳极电流密度；i_{Ni}—镍溶解电流密度(Norio Sato)

钝性和钝化的概念最初来自法拉第对铁在硝酸溶液中的行为现象的观察研究。当把铁浸在低浓度的稀硝酸溶液中时，伴随着激烈的腐蚀反应，同时有强烈的氢气析出，这时铁发生了强烈的腐蚀，并且其腐蚀速度随硝酸浓度提高而增大，同时析氢反应也更加激烈。然而，当硝酸浓度达到某一临界浓度时，铁的腐蚀和析氢反应现象就突然停止，其腐蚀速度下降到可予忽略的程度；尽管腐蚀反应的热力学推动力此时显著增大，但铁在这种状态下实际上是耐蚀的。在浓硝酸中的铁仍具有金属光泽，它的行为就如同贵金属一样。1836 年，Schönbein 将铁在浓硝酸中获得的这种耐蚀状态称为钝态。

金属和合金在特定的溶液介质中，在一定的条件下，由于阳极过程优先阻滞所引起的高耐蚀状态，称为钝性。金属/介质体系在一定条件下由活化状态转变为钝性状态的这种突变过程称为钝化。从介质对金属作用时起至金属达到钝性状态为止，这段时间称为钝化时间。

已经建立钝性状态的金属，当外部条件变更时，可以继续保持钝性状态，也可以重新转变为活性状态。但是，必须将获得钝性状态的条件和保持钝性状态的条件明确区分开。例如，把原先在浓硝酸中已经钝化了的铁取出，再浸入稀硝酸溶液中(如30%HNO_3)，并没有出现原先在稀硝酸溶液中时那样的析氢现象和腐蚀过程，也就是说，此时铁仍能长时间地继续保持钝态。

钝化的趋势和行为，以及钝性的生成和保持，主要取决于金属与其所处环境介质之间的相互作用。环境介质的变化和(或)金属材料的变化都会强烈地影响到钝化行为。

溶液介质中的氧化剂和氧化过程可使金属钝化而达到钝性状态。例如，铁在下列溶液中能转变成钝性状态：HNO_3、$AgNO_3$及其他硝酸盐溶液，$HClO_3$、$KClO_3$、HIO_3、H_3AsO_4、$K_2Cr_2O_7$、$KMnO_4$等溶液且当浓度足够高时。实际上，这些溶液能使铁实现自钝化。

镍比铁容易钝化，除了对铁能钝化的溶液以外，镍还能在下列溶液中发生自钝化：CH_3COOH、H_3BO_3、H_3PO_4、柠檬酸及有空气存在的许多中性溶液。

铬更容易钝化。与铁和镍相比，只需较弱的氧化剂和较低的氧化剂浓度，铬就能转变成钝性状态(自钝化状态)。HNO_3在非常稀的浓度下已能使铬钝化。铬容易在许多中性溶液中钝化，即使溶液中含有氯离子，但只要溶液中含有来自空气中的氧就可以了。氯水和溴水都能使铬钝化。

氧化剂的存在和调整是通过溶液介质的氧化还原电位对金属的钝化过程起作用的。当溶液氧化还原电位比析氢电位更负时，极少数金属还能在非氧化性酸或相关溶液介质中钝化。这种情况的一个典型例子是钛及其合金，它们能被大多数酸很容易地钝化。反之，低碳钢则需在强氧化剂溶液(如发烟硝酸)中才能实现它的钝化。

可以认为，在一定的条件下，几乎所有金属都能在一定程度上形成钝性状态，只是它们的钝态稳定性是很不相同的。最易钝化的金属有铬、铝、钛、镍、铁、钼、铌等。用易钝化金属作为合金化元素添加到铁或低碳钢中，一般可使其更容易钝化，并降低致钝电位。例如，不同Cr含量的Fe-Cr合金在10%H_2SO_4溶液中的情况，参见表9-2。各种所谓的不锈钢，就是以铁为基础加入了Cr、Ni等元素的合金。不锈钢在某些环境介质中之所以耐腐蚀，就是因为它们在该条件下发生了钝化，进入了钝性状态。研究证明，在碳钢中加入少量Cu作为合金元素，能降低其在硫酸中的维钝电流密度。必须对每种合金体系自身的钝化行为做出实际的评价。例如，在Ni-Cr合金的情况下，Ni元素添加到铬里和Cr元素添加到镍里，都能减小Ni-Cr合金在含有0.25mol/L K_2SO_4的硫酸混合溶液中的临界钝化电流密度(致钝电流密度)，参见表9-3。

表9-2　Cr含量对Fe-Cr合金在10%硫酸溶液中的致钝电流密度和致钝电位的影响

Cr含量/%	致钝电流密度i_{cr}/(mA/cm^2)	致钝电位E_{cr}/V(SHE)	Cr含量/%	致钝电流密度i_{cr}/(mA/cm^2)	致钝电位E_{cr}/V(SHE)
0	1000	+0.58	9.5	27	+0.15
2.8	360	+0.58	14.0	19	−0.03
6.7	340	+0.35			

表 9-3　Ni 含量对 Ni-Cr 合金在含有 0.25mol/L K_2SO_4 的 0.5mol/L 和 5mol/L H_2SO_4 溶液中的致钝电流密度和致钝电位的影响

Ni 含量/%	致钝电流密度 i_{cr}/(mA/cm²)		致钝电位 E_{cr}/V(SHE)		Ni 含量/%	致钝电流密度 i_{cr}/(mA/cm²)		致钝电位 E_{cr}/V(SHE)	
	0.5mol/L	5mol/L	0.5mol/L	5mol/L		0.5mol/L	5mol/L	0.5mol/L	5mol/L
100	100	23	+0.36	+0.47	27	0.012	0.041	+0.02	+0.05
91	0.95	3.9	+0.06	+0.14	10	0.0013	0.011	+0.04	+0.08
77	0.11	0.82	+0.07	+0.08	1	1.0	5.0	−0.32	−0.20
49	0.020	0.20	+0.03	+0.06	0	1.5	8.0	−0.30	−0.20

铝、钛等一些金属在标准电极电位表(电动序)中排列很靠前，说明它们在热力学上是很不稳定的，或者说是一些化学性质很活泼的金属，但它们在大气中或一般的工业介质中都很耐蚀，可作为重要的耐蚀工程材料使用。这是因为它们在那些介质中都能自发地发生钝化，处于稳定的钝性状态之故。

金属发生钝化所必需的条件与金属材料的元素组成、组织结构甚至表面状态等密切有关。金属材料中存在的杂质将造成组织结构的不均匀性和相应的电化学性质不均匀性，而金属的表面状态和行为则更不均匀，这就使得实现钝化过程变得困难。但在另一方面，对于金属材料中的阴极性杂质(例如铁中的 Fe_3C 或石墨)，将会增大铁表面的阳极电流密度，因而使钝化变得更为容易。合金中钝化元素(例如 Cr)含量增加，或者添加阴极活性的金属元素(例如微量 Pd)，均可使合金的钝化更容易实现。但不锈钢的热处理(如敏化处理)也会显著影响其致钝、维钝行为。如图 9-5 所示为 S30400 不锈钢暴露在 1mol/L H_2SO_4 溶液(90℃)中时，它的敏化作用(不同敏化时间)如何影响其钝化行为。随着不锈钢敏化程度增加，其致钝电位和维钝电流密度均十分显著地增大，这使得实现和维持阳极保护技术的困难和经济成本都增大了。

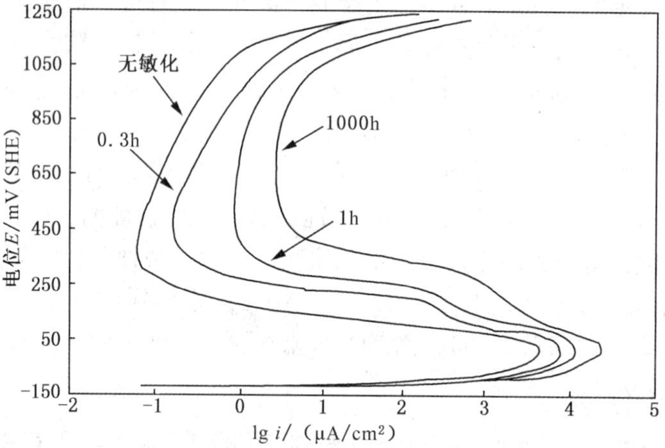

图 9-5　经不同敏化处理的 S30400 不锈钢在 1mol/L 硫酸溶液(90℃)中的阳极极化曲线[14]

金属转变为钝性状态时，一般都同时发生金属电位的升高，即金属处于更正的电位值。因此可以通过阳极保护来实现金属钝性的建立。铁从活性状态转变为钝性状态时，它的电位从−0.2～−0.5V(SHE)升高至+0.5～+1.0 V(SHE)；铬钝化时，电位从−0.4～−0.6 V(SHE)升高至+0.9 V(SHE)。对于一定的金属/介质体系，所形成钝化膜的厚度、组成和电化学性质是电极电位的函数。

金属钝性状态的稳定性取决于钝化剂性质、钝化条件、金属材料组织结构和表面状态、以及钝化剂作用时间。一般而言，钝化剂的作用时间越久，金属钝性就越稳定。但是作用较强的钝化剂并不一定能使金属达到稳定的钝态。例如，高锰酸钾溶液具有很高的氧化-还原电位，但铁在其中的钝化倾向很弱。

在水溶液中，金属表面钝化膜形成之初，开始是发生氧离子或羟基离子的电化学吸附，产生了一个吸附单层。氧吸附单层的形成将使金属溶解过程减缓到一定程度，这取决于金属和溶液两者的条件和组合情况。然而，对于大多数可钝化的铁族金属来说，氧吸附单层形成后，可以生成多原子的氧化物层(成相膜层)，正是这种多原子的氧化物层，使金属的溶解速度大大下降。

在中性溶液中，铁上氧化膜的生成，既可以通过铁的直接阳极氧化来实现，也可以通过溶液中由亚铁离子形成的三价铁化合物的阳极沉积而实现。直接氧化反应导致生成一种 Fe_3O_4-γ-Fe_2O_3 型薄膜，而阳极沉积反应则导致生成 γ-FeOOH 型薄膜。

在中性和碱性溶液中，铁上的钝化膜由两层组成，靠铁基体侧是阻挡层，靠溶液侧是沉积层。阻挡层厚度随电位正移而增加，沉积层厚度则与电位大体上无关(参见图 9-6)。阻挡层是尖晶石型的铁氧化物(Fe_3O_4 或 γ-Fe_2O_3)。在 pH 值小于 3 的酸性溶液中，沉积层溶解，只剩有在钝化区电位下形成的阻挡层(见图 9-7)，其组成与在中性溶液中形成的不同，内层为 Fe_3O_4，外层为 γ-Fe_2O_3。然而，在酸性和中性溶液中形成的膜，其阻挡层性能并无明显不同。

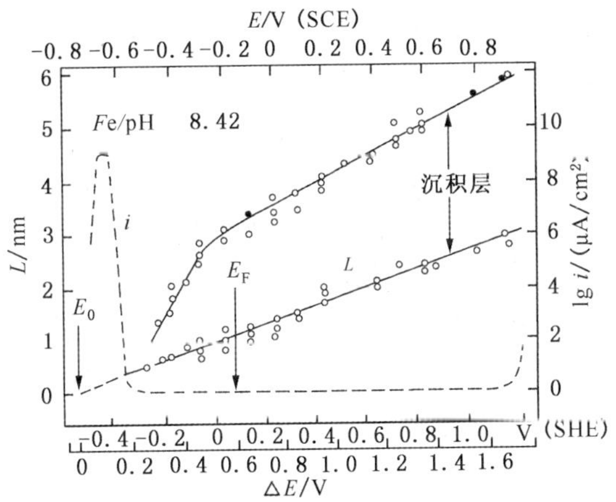

图 9-6　铁在硼酸盐缓冲溶液(pH=8.42，25℃)中的稳态极化曲线和膜厚-电位曲线(T. Noda，K. Kudo，N Sato)[13]

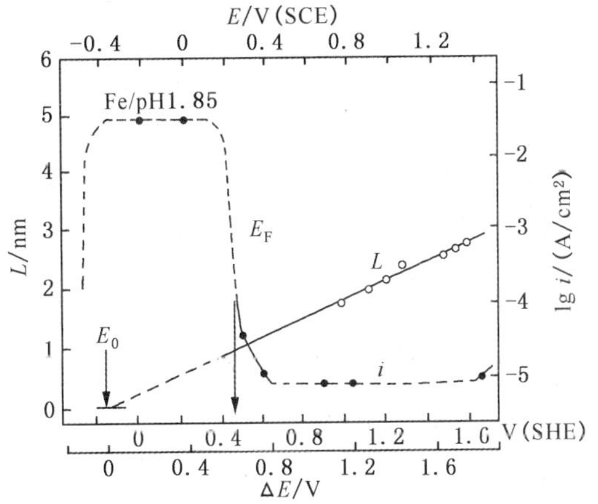

图 9-7　铁在硼酸盐缓冲溶液(pH=1.85，25℃)中的稳态极化曲线和膜厚-电位曲线(T. Noda，K. Kudo，N Sato)[13]

托马晓夫等认为，根据金属和条件不同，钝化的发生或是由于表面个别点的氧的吸附，或形成连续的单分子氧吸附层或多分子吸附层，或是由于形成保护性的阻挡层。有些情况下，甚至是由于形成了较厚成相膜的氧化物层。此时，实现阳极过程阻滞所依靠的是双电层中电位跃的变化或金属活性点被封闭，以及有半导体性能的氧化物的化学吸附层或阻挡层的离子导电性降低。看来只有很厚的膜才可能有覆盖(绝缘)阻滞作用。最完善的保护膜是那些形成了化学吸附层并能保证充分地阻滞阳极过程的膜。

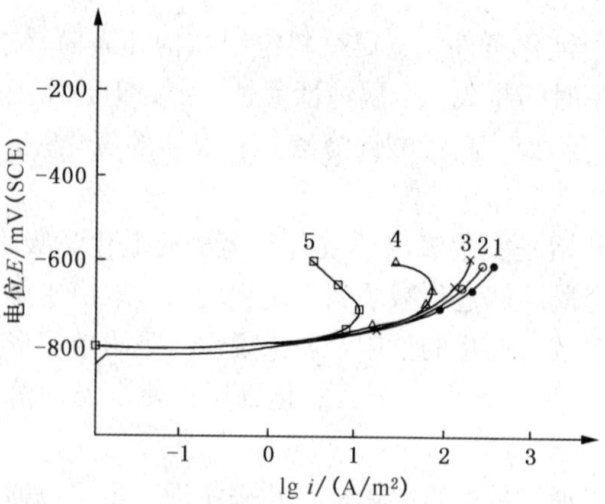

图 9-8　反复阳极极化对碳钢致钝过程的影响[16]

溶液：NH_3—104 滴度，CO_2—72mL/mL 氨水，

S^{2-}— 0.34g/L，40℃，搅拌

（注：每次极化前电极未充分活化，曲线 1~5 表示阳极极化次数）

钝化膜的形成电位并不是如图 9-1 中所示的 E_{cr}。在图 9-6 和图 9-7 中，将膜厚与电位关系的曲线外推到膜厚为零时，可得到形成这种阻挡层膜的平衡电位 E_o，此值与铁上尖晶石型氧化物 Fe_3O_4 或 γ-Fe_2O_3 的阳极形成平衡电位是一致的。

碳钢在碳酸氢铵生产溶液中，经过反复的阳极极化，即使每次的极化并未达到致钝电位，结果仍然能使钝化膜逐渐形成，最终导致金属完全钝化。这种多次极化的极化曲线变化如图 9-8 所示。这表明，钝化膜的形成并不一定在 E_{cr} 才能开始。钛在盐酸溶液中、18-8 不锈钢和钛在硫酸溶液中也是如此。

9.2.3　钝性的破坏与建立

引起金属钝性破坏的原因有多种。一些活化因素经常引起钝性破坏，例如阴极极化、溶液中存在活性阴离子、温度升高、表面机械刮伤等。当钝化膜受到机械作用（如高速流体冲刷、颗粒磨损、机械破坏、形变等）而遭受损伤，若不能引起再钝化，保护膜无法修补，钝性也会破坏。

当金属电位正移到过钝化区，或者在点蚀敏感介质中正移到点蚀电位（膜击穿电位）以上，钝性就会遭到破坏。当外加电流阳极极化时，如果不能保持维钝电流密度，钝性也会发生破坏。采用外加电流阳极极化并维持在稳定钝化区，一旦切断阳极电流，电极电位将自发地朝负方向移动，这就开始了金属表面的自活化过程。这种自活化过程中的电位变化规律，典型地如图 9-9 所示。开始时，电位迅速负移，然后在某一电位下有一个较长时间的相对不变的稳定过程；经过一定时间之后，活化作用突然发生，然后电位又继续负移，直至自腐蚀电位。从断电开始，直至发生活化作用的时间 τ_a，称为钝性金属的自活化时间。显然，应用阳极保护技术时，必须避免发生钝性金属的活化破坏。在图 9-9 的电位变化曲线上，当电位稳定的静止时间结束的瞬间，电位刚要负移之前的电位点，以发现者的名字命名，称为弗拉德（Flade）电位。

在弗拉德（F. Z. Flade）的经典性论文中，曾对铁在硫酸溶液中钝化-活化转变现象作了先导性的科学观察和论述。外加阳极极化电流使硫酸溶液中的铁发生钝化。切断外部阳极电流后，金属钝性衰变且伴随着电位负移，至某一个临界电位，突然发生金属的活化作用，这是一个金属从钝化状态转变为活化状态的临界转变电位。他进一步指出，当金属电位从稳定钝化区负移时，如果接近了该转变点，及时施加一个阳极电流将会立即使铁再钝化；相反，如果已经越过这个转变点电位，则施加阳极电

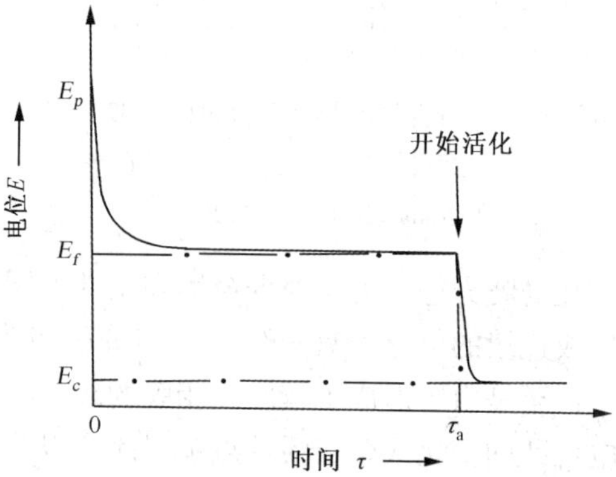

图 9-9　钝性金属自活化过程中电位随时间的变化[12]

流就会加速钝性铁的活化过程。这一转变点电位就是著名的弗拉德电位，即 Flade 电位 E_f。

弗拉德电位 E_f的物理意义应是，处于钝性状态的金属开始发生钝化-活化转变的临界去钝化电位，即钝态金属开始转变为活性金属的临界去钝化电位。弗拉德电位 E_f与致钝电位 E_{cr}不同，后者是对同一体系采用外加电流阳极极化测定的活化-钝化转变型阳极极化曲线上开始发生活化-钝化转变的临界钝化电位。弗拉德电位 E_f与起始钝化电位 E_p也不同，后者是经过外加电流阳极极化，刚刚完成活化-钝化转变，开始在金属表面建立起稳定钝性，且是稳定钝化电位范围的起始点电位。这三个参数 E_f、E_{cr}、E_p相互之间在物理本质上是截然不同的。它们之间的技术性区别对于实施阳极保护控制方面也是十分重要的。在阳极保护系统中，E_{cr}是为实现金属钝化的转换电位，当实施阳极保护时，对金属应施加大于致钝电流密度的阳极电流，以使越过致钝电位 E_{cr}而进入稳定钝化电位范围。而弗拉德电位 E_f则是避免从钝化区转化回到活化腐蚀状态的临界的电位，电位 E_f越低(或越负)，金属钝态的稳定性越大。

达到钝化状态的金属要保持钝性，首要的条件是钝化膜的形成速度必须等于膜的溶解速度。如果不能满足这一条件，则金属的钝性将遭到破坏。

实际上，金属表面的钝化膜总是非均匀的。钝化膜下的金属表面存在有晶界、夹杂物、焊接缺陷及敏感区、划痕、切边等，它们会使膜内产生内应力，因而在钝化膜内存在许多薄弱位置点。当金属置于电解质溶液中时，这些薄弱的位置点将优先开始溶解。进一步的发展有三种不同的可能情况：

① 在溶解处的膜孔内重新生长出新膜，即发生了膜的自愈现象。

② 在膜孔内暴露出裸金属，金属溶解反应继续进行，局部腐蚀向深入基体金属内部的方向发展。

③ 钝性的破坏从小孔处沿膜/金属界面横向扩展，直至无膜存在，金属从钝化状态转变为活化状态。

也就是说，在不同的条件下，或者是钝性金属具有自愈能力，破坏的膜被修复，阻止了腐蚀过程继续进行；或者是不具有自愈能力，钝化膜遭受破坏，随条件不同引起点腐蚀(向纵深发展)或全面的活化腐蚀(沿金属表面横向发展)

暴露在溶液中的膜孔底部的裸露金属与周围有膜表面构成了活化-钝化电池。在这些裸露金属上的腐蚀电流密度可以达到很大，如果超过致钝电流密度 i_{cr}，同时腐蚀电位超过致钝电位 E_{cr}，则膜孔底部裸露金属表面将发生再钝化，重新生长出钝化膜，这就是所谓的自愈现象。这时，金属腐蚀电位将随时间继续上升，达到 E_{cr}以上在稳定钝化区内的某一电位值。如图 9-10 所示为表征金属表面钝化膜破坏及修复情况的阳极极化曲线，以及相应的电位随时间的变化趋势。图中阳极极化曲线 A_1为金属表面钝化膜层与存在膜孔时的混合极化曲线。如膜孔自愈修复，极化曲线将移至 A_3。如钝化膜继续遭到破坏和腐蚀过程严重发展，极化曲线将移至 A_2。

当膜孔中的金属溶解过程继续进行，正电性的金属离子聚集孔内而形成明显的正电场。溶液中的阴离子(如 Cl^-)从孔外扩散进入孔内而富集，以实现电平衡，并产生了金属氯化物。氯化物盐类的水解使孔内溶液 pH 值降低，以致不能发生再钝化。阴离子与周围氧化膜的置换使膜内空穴浓度增加，使金属阳离子易于通过空穴而溶解，于是微孔就向四周扩展，从而使钝化膜继续遭到破坏，金属表面发生全面腐蚀，同时表现为电位下降，如图 9-10 (b)所示。

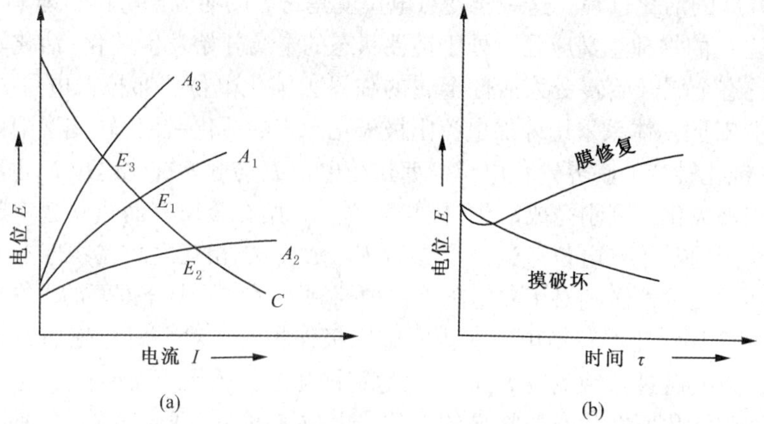

图 9-10　表征金属表面钝化膜破坏及修复的阳极极化曲线和电位变化

(a)阳极极化曲线；(b)金属电位随时间变化

金属钝化膜的局部破坏及发生点蚀与溶液氯离子浓度、点蚀电位、溶液温度有关。溶液氯离子浓度增加使点蚀电位下降；而在金属铁中添加元素铬，可使点蚀电位升高。钝化膜的破坏也与时间因素有关，例如，在含有 0.3mmol/L 氯化物的 0.5mol/L 硫酸溶液中，于 1.0V(SHE)条件下铁上的膜经 3h 被破坏；而在含有 5mmol/L 氯化物时，只经 1min 膜就被破坏了。铁在 0.02mol/L NaCl 溶液中，活化时间约 1s；在 0.001mol/L NaCl 溶液中，活化时间也很短，约为 6s。

阴极极化的还原过程、还原剂和某些阴离子的存在都是破坏金属钝化膜的活化因素。其中，对钝态金属施行阴极极化是一种强烈的电化学活化因素。在阴离子中，卤素离子(Cl^-、Br^-、I^-、F^-)是非常强烈的活化剂，H^+是强活化剂，SO_4^{2-}、SCN^-、ClO_4^-、CH_3COO^-等离子则是比较弱的活化剂。

9.3　阳极保护原理

9.3.1　阳极保护原理

对于任一具有活化-钝化转变行为的可钝化金属体系，其典型的阳极极化曲线如图 2-24 和图 9-1 所示。在外加阳极性直流电作用下，金属电位向正方向移动，当其正移到致钝电位 E_{cr}或流经金属的外部电流密度达到 i_{cr}时，金属将发生阳极钝化现象，表面生成钝化膜。如果电位进入稳定钝化区，金属表面将形成完善的钝性。这时若对金属仅施以一个比 i_{cr}小得多的电流密度 i_p，就能使金属维持这种钝性。由此使金属的腐蚀电流密度(也即腐蚀速度)大大地减小。也就是说，利用金属的阳极钝化现象，通过外加阳极电流而使金属表面生成钝化膜，并用一定的微小电流密度维持钝化膜的稳定，则金属将从腐蚀强烈的话化状态转变为腐蚀极轻微的稳定钝化状态，这种防止金属腐蚀的控制技术称为阳极保护技术。

简言之，阳极保护是使金属处于稳定钝性状态的一种腐蚀控制方法。这种方法是以金属产生并维持钝性为基础的。

在电位-pH 图(图 2-10)上，通过提升电位可使金属从腐蚀区正移到钝化区，从而避免了金属处于强烈腐蚀的状态。图 9-11 给出了具有活化-钝化转变行为的阳极极化曲线与电位-pH 图的组合关系，进一步说明了阳极保护和阴极保护的电化学原理。显然，将金属电位从自腐蚀电位 E_{corr}提升到稳定钝化电位范围，就可赋予金属以良好钝性而实现阳极保护。

而将金属电位从自腐蚀电位 E_{corr} 负移到一定电位范围，就可对金属实现阴极保护。阳极保护和阴极保护，两者都是控制金属腐蚀的电化学方法，但它们的电化学原理不同。阳极保护是基于金属钝性而发展起来的，只有一部分金属在一些特定的化学介质中具有钝性。为获得和维持金属钝性需要较为严格地控制金属电位。而对大多数阴极保护应用则并不一定要求如此严格控制电位。一般情况下，阳极保护的电流需用量比阴极保护的电流需用量低得多。就阳极保护而言，维钝电流密度 i_p 比致钝电流密度 i_{cr} 成数量级地减小。

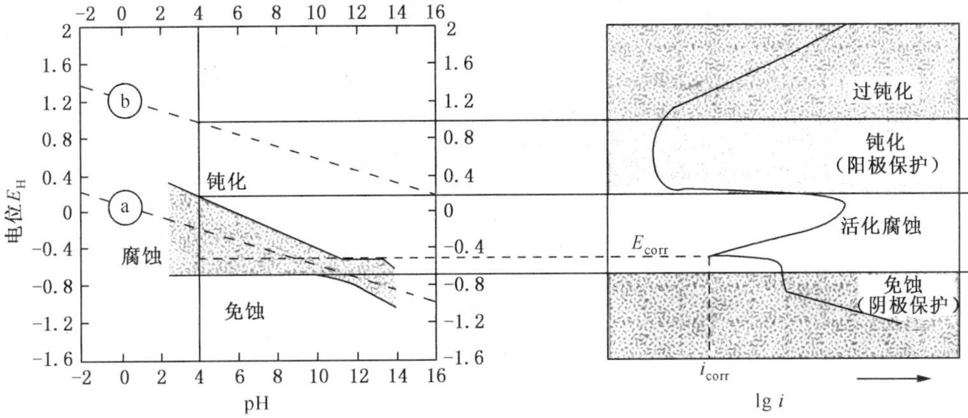

图 9-11　具有活化-钝化转变行为的阳极极化曲线与电位-pH 图组合关系

在腐蚀金属电极上进行着至少一对共轭反应。在最简单的情况下，通常进行的是两个电极分反应，其中一个是金属溶解的阳极氧化反应，另一个是去极化剂的阴极还原反应。对于任一金属/介质的实际腐蚀体系，这一对电极分反应总是耦合在一起进行的。这时，金属阳极溶解的氧化反应所释放的电子被去极化剂的还原反应全部消耗，整个腐蚀电极反应实现了电荷平衡，氧化反应速度与还原反应速度相等，尽管金属溶解和去极化剂消耗的物质变化是不平衡的。在这种稳定状态下，金属的稳定电极电位就是金属电极上短路腐蚀电池的混合电位，即自腐蚀电位；实现电荷平衡的分反应速度就是该金属的自腐蚀电流密度。

在实践中，可以直接从实验测得腐蚀金属电极的极化曲线，即所谓实验极化曲线。这是一种表观极化曲线，它反映了金属电极电位随外加电流密度变化的关系。通常，把构成金属腐蚀过程的两个电极分反应的电位与电流密度的关系称为理论极化曲线，也称真实极化曲线。实验极化曲线容易直接测得，但要直接测量真实极化曲线目前尚无简单的直接方法，不过它们的变化规律和基本行为还是清楚的。分析真实极化曲线与实验极化曲线之间的关系，对于理解腐蚀金属电极的电化学行为和阴极保护原理是十分重要的。

如图 9-12 所示是根据一个活化-钝化金属上阴极分反应曲线与阳极分反应曲线的不同相交组合情况，给出了它们与实验的动电位阳极极化曲线相对应的行为关系。图的左侧是一对共轭分反应真实极化曲线相交组合的三种不同情况，图的右侧是腐蚀金属体系在对应情况下的实验极化曲线。

(1) 第Ⅰ种情况

阴极分反应与阳极分反应的真实极化曲线只有一个交点，交点 *A* 处于阳极分反应的活化区(图 9-12 中情况Ⅰ之曲线 1A)。在 *A* 点处，表征金属溶解的阳极分反应速度与去极化剂还原的阴极分反应速度相等，且反应速度很大。图中曲线 1B 是对应这种情况的实验极化曲线。与 A 点相对应的腐蚀金属电极的自腐蚀电位 E_{corr} 也是该实验极化曲线的起始电位，并呈现典型的活化-钝化转变行为。该体系金属在自然状态下将发生活化腐蚀，但可以进行外加电流的阳极保护。在稀硫酸中的纯铁就属于这种情况。通过对这种腐蚀金属外加阳极电流，就可使金属发生阳极极化，金属电位从活化区被有控制地提升进入钝化区。虽然如此，当外电源切断后，金属电位就会自动地从钝化区回落到活化区内的自腐蚀电位 E_{corr} 处。这是一种可以进行阳极保护的外加电流致钝体系，而不是能自发地处于稳定钝化区的自钝化体系。

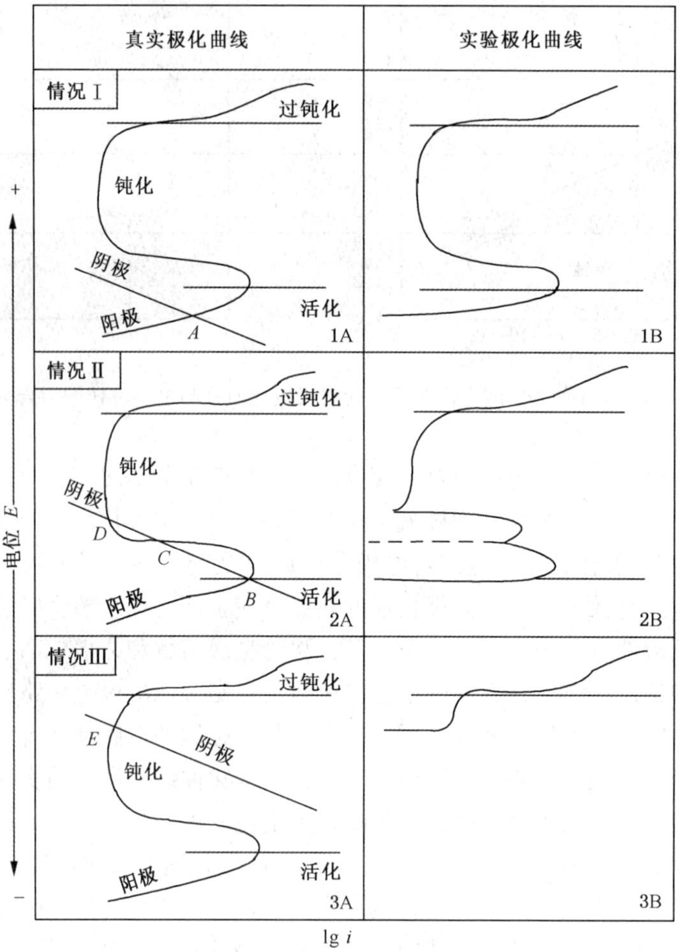

图 9-12　活化-钝化金属的真实极化曲线和实验极化曲线的对应关系

实验极化曲线可以通过真实的阳极分反应曲线和阴极分反应曲线的代数加合方法获得。即在任一电位下，实验极化曲线上所对应的电流应为真实极化曲线上阳极分反应和阴极分反应的反应电流之代数和。

（2）第Ⅱ种情况

阴极分反应与阳极分反应的真实极化曲线有三个交点，即交点 B、C、D（图 9-12 中情况Ⅱ之曲线 2A）。在其中任一交点，总的氧化分反应速度与总的还原分反应速度都是相等的。显然，位于活化-钝化过渡区的 C 点是不稳定的，外部条件的任何微小变化都会使金属状态从 C 点或者移动到 B 点，或者移动到 D 点。B 点处于活化区，因而此时金属阳极溶解速度(腐蚀速度)很大，且随电位正移而增大。D 点处于稳定钝化区，金属阳极溶解速度非常小，在钝化区范围内随电位移动变化不大。所以，这一体系可能存在两个稳定状态：稳定的活化状态和稳定的钝化状态。

当该体系的金属电位比 C 点电位更负时，将自发地活化，并过渡到稳定的 B 点电位。如果该体系的金属电位比 C 点电位更正，这时将自发地钝化，并过渡到稳定钝化区中的 D 点电位。如果发生外部作用(例如阴极极化或表面膜划伤)，金属电位将从稳定钝化区移出，直至比 C 点电位更负的电位处。那么在取消这些外部作用以后，该体系也不能返回到原来的钝化状态，而是自发地活化，并转变到对应 B 点的活化状态。硝酸中的铁，划伤表面以后从钝化态转变成活化态就是这种情况的一个例子。

图中曲线 2B 是对应情况Ⅱ的实验极化曲线。在这种活化-钝化极化曲线上出现三个零电流电位，分别对应于曲线 2A 上的三个交点 B、C、D 点的电位。曲线 2B 上的虚线为阴极性电流，也称为“阴极圈”；这是由于在曲线 2A 上 C-D 电位范围内，去极化剂的阴极分反应电流大于阳极分反应电流所致。在“阴极圈”电位范围中，金属腐蚀电流很小，金属腐蚀极轻微，甚至无腐蚀。不管这一体系的电极电位处于 B-C-D 电位范围中的任一电位，对这一体系是可以进行阳极极化的，即可以通过外加阳极电流施行阳极保护。

对于这种体系不能依靠去极化剂还原反应的作用来使其金属由活化态转变为钝态，也就是说，不能发生自钝化过程，但可实施外加电流的阳极保护使金属达到钝态。即使随后切断外部电源，仍可以依靠去极化剂的阴极还原反应来维持金属的钝态。如果由于某种原因(如划伤)使金属钝态遭到破坏，则其钝化膜不能自动修复，从而导致金属腐蚀的进一步发展。304 型不锈钢在 NH_4NO_3溶液中就属于这种情况的体系。

(3) 第Ⅲ种情况

阴极分反应与阳极分反应的真实极化曲线只有一个稳定的交点 E，处于稳定钝化区(图 9-12 中情况Ⅲ之曲线 3A)。这时，表征金属溶解的阳极分反应速度与去极化剂还原的阴极分反应速度相等，但反应速度很小。图中曲线 3B 是对应这种情况的实验极化曲线，腐蚀金属电极的自腐蚀电位 E_{corr}与 E 点电位相对应。由于 E_{corr}位于稳定钝化区中，说明该腐蚀体系金属不必依靠外加阳极极化电流就能自发地进入钝化状态。具有这种特性的体系称为自钝化体系。例如，硝酸中的不锈钢、浓硝酸中的铁、在含有溶解氧的酸中的不锈钢或金属钛等，就属于此类情况。由图 9-12 中曲线 3B 可以看到，该实验极化曲线的起始电位(自腐蚀电位)位于钝化电位区，除非采取特殊的能使金属预先进行活化的手段，否则对于这种自钝化体系来说，在它们的实测阳极极化曲线上一般不出现活化区。

正如上述，有些腐蚀体系的金属须施加阳极电流，通过阳极极化而进入钝化区和获得钝性。有些腐蚀体系的金属则无须外加阳极电流，就能够自动地处于稳定钝化电位区，自发地发生钝化，即自钝化。自钝化特性是许多金属或合金在某些介质条件下具有高耐蚀性的重要原因。一个腐蚀体系的金属能够发生自钝化至少应具备两个条件：

① 必要条件　在致钝电位 E_{cr}处的去极化剂还原反应电流密度必须大于致钝电流密度 i_{cr}，以保证金属自发地由活化态转变为钝化态，产生钝性。

② 充分条件　金属的钝化-活化转变电位 E_f(即弗拉德电位)必须负于去极化剂的平衡电位。对于氢去极化腐蚀体系，要求 $E_f \leq -0.059[pH]$，单位 V(SHE)；对于氧去极化腐蚀体系，要求 $E_f \leq 1.21-0.059[pH]$，单位 V(SHE)。这一条件的满足是为了保证能维持所形成的钝化状态(钝性)。

根据上述两个条件的分析可知，为促进一个腐蚀体系的金属能发生自钝化，可采取以下措施：

① 添加阳极性缓蚀剂 可改变金属的阳极极化曲线形状。由此降低了致钝电流密度 i_{cr}，并使钝化-活化电位 E_f向负方向移动，从而使上述必要条件和充分条件都能得到满足。

② 添加强氧化剂 以增大氧化剂(去极化剂)的还原反应电流密度，从而满足必要条件关于“必须大于致钝电流密度 i_{cr}”的规定。

③ 在可钝化金属中添加阴极性组分促进钝化 例如，在钛合金中加入少量钯，能增强钛合金的自钝化能力，因为钯是一种非常有效的阴极性组分，氧化剂在钯上的还原反应电流密度要比钛上的大得多，由此就满足了自钝化的必要条件。在不锈钢中加入 1%Pd 或 1%Cu 能显著降低其在硫酸中的腐蚀速度，其道理也是一样的。

除了图 9-12 中的三种典型情况外，还有一种情况，阴极分反应与阳极分反应的真实极化曲线也只有一个稳定的交点，但它处于过钝化区。这时的金属自腐蚀电位就位于过钝化区中，并与该交点相对应。如不锈钢在浓硝酸中的体系就属于这种情况。因此，不能认为氧化能力强的氧化剂都是良好的钝化剂，在不锈钢/浓硝酸的体系中则使不锈钢进入了不希望的过钝化区。

某些金属或合金(如镍、不锈钢等)还可能出现二次钝化现象，其阳极极化曲线的形状如图 9-13 所示。软钢在高温碱溶液中也存在二次钝化现象(见图 9-14)。人们对二次钝化现象的原因及规律研究甚少，一般认为是由于氧原子或羟基的吸附引起的。

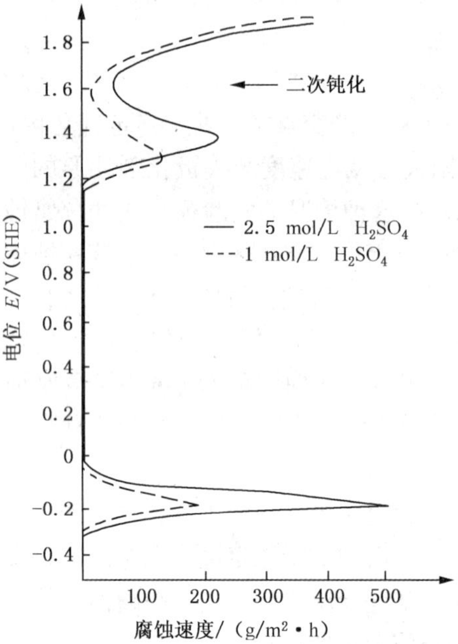

图 9-13 0Cr17Mn14Mo2 钢在 H_2SO_4溶液(25℃)中的溶解速度-电位曲线[12]

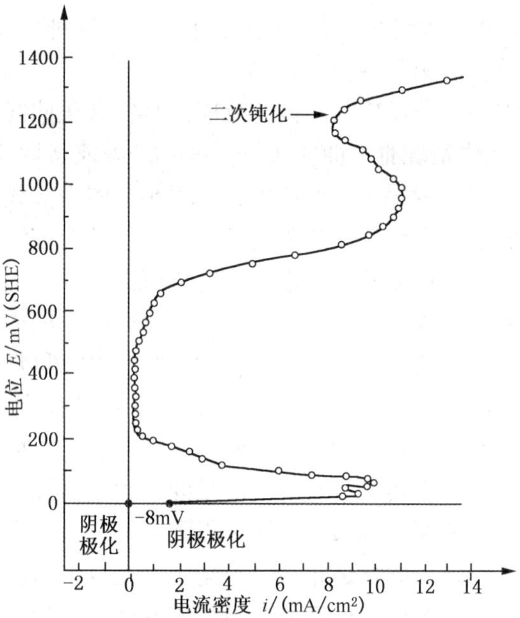

图 9-14 软钢在 5mol/L NaOH 溶液(300℃)中的极化曲线[20]

如果溶液介质含有卤素离子，尤其是 Cl^-，钢铁、镍、铝、不锈钢等很多材料的阳极极化曲线形状将如图 2-24 所示。图中的 E_b称为钝化膜的击穿电位，在这一电位下将很容易引起点腐蚀，因此 E_b也称为点蚀电位。E_b点对应的电位比过钝化电位 E_T更负，有时负得很多，应对 E_b和 E_T予以区分。

显然，阳极保护的保护电位不允许处于过钝化区和点蚀区，通常也不希望处于二次钝化区。

根据上面的分析来看，图 9-12 中的第三种情况是最符合需要的，处于自钝化状态的金属是耐蚀的、安全的。然而，如果对系统有了正确的了解和认识，则可以采用适当的阳极保护装置和阳极保护技术对第一种和第二种情况进行有效的腐蚀控制，实现有效的阳极保护。

对于阳极保护原理，人们常利用阳极极化曲线来进行说明。在具体的实际体系条件下，实验阳极极化曲线的形状有时可能并不像前述分析的那样典型。例如，在活化区阳极极化时，如果金属阳离子(如 M^{2+})能与溶液中的阴离子因二次反应而生成有遮盖力的盐膜(即腐蚀产物膜)：

$$M^{2+} + 2OH^- \longrightarrow M(OH)_2 \tag{9-14}$$

或

$$M^{2+} + SO_4^{2-} \longrightarrow MSO_4 \tag{9-15}$$

则在活化区内，盐膜机械性地遮盖了部分表面(此非真正的钝化作用)，使真实表面积减少，相应使表观电流密度减小。在这种情况下，极化曲线并不遵循塔菲尔关系，某种程度上类似浓差极化曲线的形状。钢铁在硫酸中的阳极极化就常常发生这种盐膜效应。例如，在稀硫酸时可在钢铁表面生成 $FeSO_4 \cdot 7H_2O$；较浓硫酸时为水合物较低的硫酸亚铁，浓度为 24%~81.5% H_2SO_4 时可能生成 $FeSO_4 \cdot H_2O$；硫酸浓度为 90%~94%时，可能生成的是 $FeSO_4 \cdot H_2O$。盐膜效应有利于最终生成三价铁氧化物的钝化作用。

9.3.2 钝化过程

对于一个典型钝性金属，它的钝化过程(钝态形成过程)一般将经历阳极活性溶解、活化-钝化转变、钝化膜形成及其生长发展等几个阶段。

从总反应式来看，金属阳极活性溶解过程似乎很简单：

$$M \longrightarrow M^{n+} + ne \tag{9-16}$$

但实际上它也是一个多步骤的、相当复杂的过程。例如，在有些情况下包括：金属原子离开晶格成为表面吸附原子，表面吸附的溶液组分与该表面吸附原子形成吸附络合物，表面吸附络合物放电而成为吸附的络合离子，然后络合离子进入溶液并成为水化金属离子等多个步骤。一般认为，金属阳极活性溶解有如下三种可能的反应机理：

① 非配位体机理　这是一种最简单的、不涉及金属离子与溶液中某种特殊配位体相结合的溶解机理。金属或者经历单一电离步骤，使金属原子由晶格迁移进入溶液，或者使金属表面原子部分电离成为吸附于表面的中间络合物。

② 氢氧根离子配位体机理　此机理认为，金属活性溶解须经历吸附于金属表面的 OH^- 与金属离子形成表面吸附络合物 $M \cdot OH$ 的步骤，然后分解成 OH^- 和水化金属离子，进入溶液。

③ 阳离子配位体机理　在此情况下，金属离子不是与 OH^- 而是与存在于溶液中的其他阳离子结合。

吸附于金属表面的 OH^- 或阳离子，究竟是加速还是阻抑金属溶解过程，取决于这种表面吸附络合物的能级是高于还是低于处在外 Helmholtz 平面上的水化金属离子的能级。

金属是如何从活化态转变为钝化态的？转变过程中的反应是什么以及表面发生了哪些变化？对这些问题目前仍然不能做出完全明确、肯定的回答。一般来说，有三种可能情况。

① 第一种情况　表面直接形成钝化膜。金属与溶液中某些组分直接反应，在金属表面

上形成氧吸附膜、致密氧化物膜或者具有保护性的固体盐膜。

② 第二种情况　金属首先发生阳极溶解，溶解的金属离子随后又沉积在金属表面，形成沉积层。这种溶解-沉积过程对钝化的发生具有极其重要的作用，但它本身并不就是钝化膜。沉积层的形成阻碍金属正常的溶解过程，导致钝化膜的形成。至于沉积层如何使钝化发生的机理尚不很清楚。

③ 第三种情况　金属首先发生阳极溶解，溶解下来的金属离子接着被氧化并在金属表面上形成氧化物膜或盐膜。

经实验证明，无论在恒电流(对金属施加一个恒定的、大于致钝电流密度 i_{cr} 的外电流)或是恒电位(对金属施加一个恒定的、高于致钝电位 E_{cr} 的电极电位)条件下，为促使活化-钝化转变的实现，都需要经历一个钝化诱导时间。在恒电位钝化过程中，总电流随时间连续变化，最终使金属表面达到稳定的钝态。此过程中的总电流由金属的溶解电流、成膜电流和膜溶解电流三部分电流构成。

一个腐蚀体系中的金属是否能发生钝化，很大程度上取决于表面各种反应的动力学过程和它们的动态平衡。按照 Gelain 等人的观点，假设金属表面发生了如下反应：

$$M + H_2O \xrightarrow{K_1} MOH_{ad} + H^+ + e \tag{9-17}$$

$$MOH_{ad} \xrightarrow{K_2} MOH_{ag}^+ + e \tag{9-18}$$

$$MOH_{ad} \xrightarrow{K_3} MO_{ad} + H^+ + e \tag{9-19}$$

$$M + MO_{ad} + H_2O \xrightarrow{K_4} 2MOH_{ad} \tag{9-20}$$

$$MO_{ad} + H^+ \xrightarrow{K_5} MOH_{aq}^+ \tag{9-21}$$

式中，下标 ad 表示该物质为表面吸附态，下标 aq 表示该物质是处于水溶液中；MOH_{ad}为表面吸附络合物；MO_{ad}为吸附于表面的金属氧化物。

假设 θ_o 为钝化物质(MO_{ad})覆盖表面部分的分数，θ_M 为未吸附(MO_{ad})的裸露金属表面部分的分数，$K_1 \sim K_5$ 为上述各反应的反应速度常数，θ_M 与 θ_0 两者之间存在如下函数关系：

$$\theta_M = \frac{(K_2 + K_3)(1 - \theta_0)}{K_1 + K_2 + K_3 + 2K_4\theta_0} \tag{9-22}$$

$$\theta_M = \frac{K_3 - (K_3 + K_5)\theta_0}{K_3 + K_4\theta_0} \tag{9-23}$$

如果(MO_{ad})覆盖表面部分的分数 θ_0 达到 1，这时便可认为金属已处于钝态。

由方程式(9-22)和式(9-23)求解可知：在钝化物质(MO_{ad})的吸附速率 K_3 与解吸速率 K_5 相近(即 $K_3 \approx K_5$)的条件下，当体系达到稳态时，θ_M 不为零，即仍然有部分金属表面处于裸露状态，说明该体系不能发生钝化。而在(MO_{ad})吸附于表面的氧化物生成速率大大高于(MO_{ad})的溶解速率(即 $K_3 \gg K_5$)的条件下，体系可达到 $\theta_M = 0$，$\theta_0 = 1$ 的状态，说明该体系可以发生钝化。由此可见，金属表面所发生的各种反应的相对反应速度大小对体系是否能实现钝化而达到钝态有着重大影响。

9.3.3　钝化膜结构

在钝态金属表面上生成的钝化膜，按其结构、形貌和厚度大致可分为 5 种类型，示意地在图 9-15 中予以说明。

① 类型 1 在金属表面产生了由氧或其他物质的单原子层或多分子层所构成的吸附膜。例如，有人测定了在酸溶液中的 Fe-Cr 合金表面，发现只要仅有相当于 0.36mC/cm^2电量的氧（或氢氧化物）单层存在，就能使电位正移，进入钝态电位区。

② 类型 2 金属表面产生了三维氧化物阻挡膜。但是，要区分多分子吸附层和很薄的三维膜是很困难的，因为初始形成的氧吸附膜在通常情况下总是会转变而生长为三维氧化物膜的。一般而言，假如维钝电流不随电位变化，那么当达到稳态时，阻挡层的膜厚就是一个电位的线性函数，即膜的厚度随电位而线性增加。

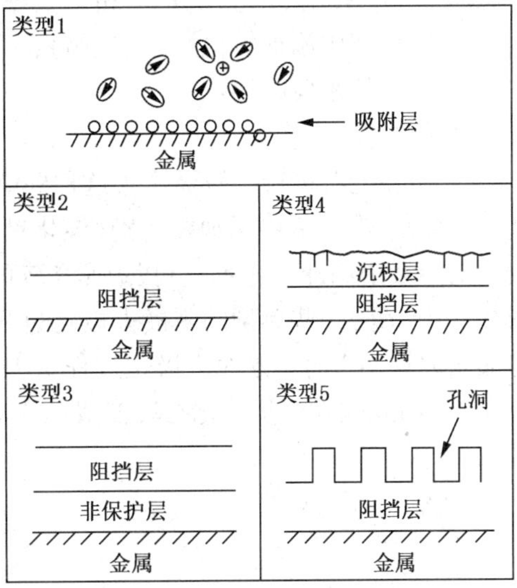

图 9-15 金属表面钝化膜的 5 种类型说明

③ 类型 3 金属表面已形成一层不太具有保护性的膜，在其上又再生长出一层阻挡性膜层。例如，金属钴在中性溶液中生成的表面钝化膜就属于这种类型。比较缺乏保护性的氧化物 CoO 构成内层，而外层则是由 Co_3O_4构成的具有保护性的阻挡层。Co_3O_4层的膜厚与电位呈线性关系，而 CoO 膜的厚度与电位不呈线性关系。

④ 类型 4 金属表面首先形成一层具有保护性的阻挡层，然后在其上面又再生长一层氢氧化物沉积层。内层保护性膜的厚度与电位呈线性关系，直线的斜率为 1.7nm/V，而外部沉积层的厚度几乎与电位无关。例如，金属钛在酸性溶液中生成的表面钝化膜就属于这种类型，其内层的具有保护性的钝化膜是锐钛矿晶型的 TiO_2，而外层是非保护性的金红石晶型的 TiO_2。

⑤ 类型 5 金属表面生成了致密阻挡层，外表面又形成一层其成分与内阻挡层相同的多孔膜。例如，金属铝在酸性溶液中形成的阳极氧化膜就属于此种类型。

在水溶液中生成的金属钝化膜通常均含有一定量的水。水的存在将对钝化膜的物理和化学特性产生不可忽视的影响。

关于钝化膜究竟是晶态还是非晶态，尚无一致的看法。从电子特性来看，大多数金属钝化膜属于不良导体，其电子特性介于半导体和绝缘体之间。虽然如此，如果钝化膜的厚度十分薄，借助于电子隧道效应，依然能够在其表面上进行氧化还原反应。实验表明，析氧反应之所以依然能够在覆盖有钝化膜的金属锆表面上进行，就是借助于这种电子隧道效应。但是，当锆的钝化膜厚度达到某一临界值后，析氧反应电流就突然减小了。当在锆的表面形成厚膜后，就再也观察不到有析氧反应发生。在半导体钝化膜中，在传导电子方面，半导电特性与隧道效应是同时起作用的，离子可以在钝化膜中传导。膜的生长可以是金属离子通过膜迁移到膜/溶液界面上与阴离子（例如 O^{2-}）结合，也可以是 O^{2-}通过膜迁移到金属/膜界面上与金属离子结合而实现的。离子在膜中的传导迁移遵循高场传导机理或位置交换机理，究竟是哪一种机理支配离子在膜中的迁移，可能取决于钝化膜的厚度。

9.4 实现阳极保护的方法

阳极保护是通过对金属施加阳极性电流使金属电位正移而获得稳定钝性、达到稳定钝化状态的电化学技术。但广义地分析，实现阳极保护(实现钝态)的方法可有如下四种方法：

① 在溶液中添加氧化剂(钝化剂)；

② 合金的阳极改性；

③ 保护器法；

④ 用外电源进行阳极极化，这种外电源法就是常用的阳极保护法。

9.4.1 在溶液中添加氧化剂(钝化剂)

向溶液中添加氧化剂，可增强溶液的氧化能力，从而使金属发生化学钝化作用。如图 9-16所示为一些典型的阴极去极化过程的极化曲线。这些曲线规律表明，当向酸性介质中加入大量 Fe^{3+}时，这时去极化过程从 $H^{+}+e\rightarrow H$ 的析氢反应转变为 Fe^{3+} 还原反应：$Fe^{3+}+e\rightarrow Fe^{2+}$，因此铁就会从活化态转变成钝态，参见图 9-17。

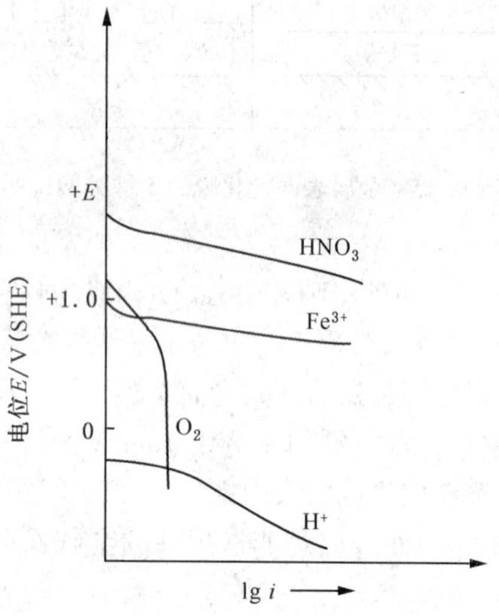

图 9-16 一些典型阴极反应的阴极极化曲线[12]

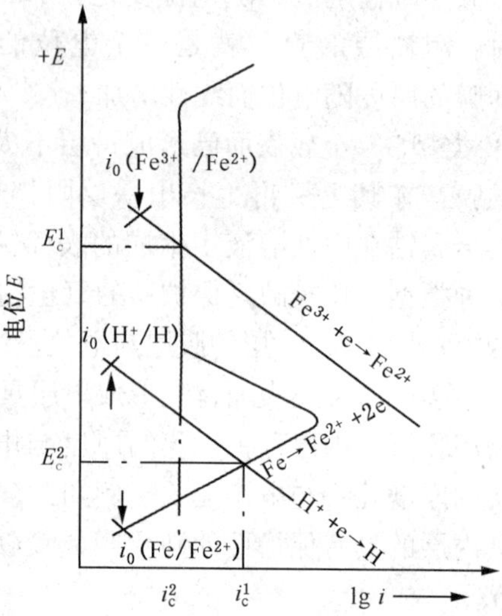

图 9-17 加入氧化剂(Fe^{3+})可使酸溶液中的铁实现钝化之原理说明

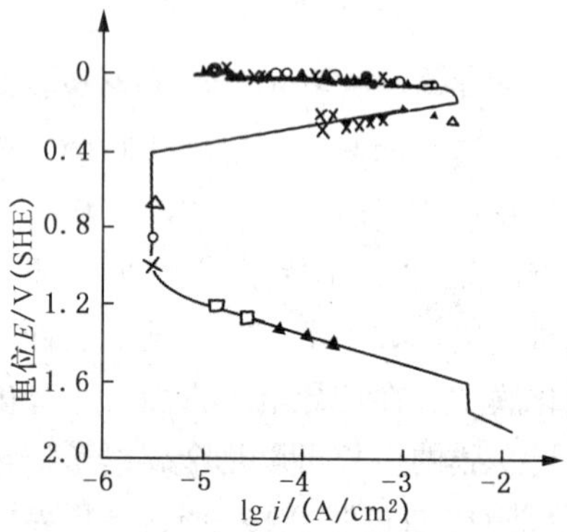

图 9-18 镍在 0.5mol/L H_2SO_4中阳极极化时(实线)和在各种浓度氧化剂中非极化条件下(点)的稳定溶解速度与电位的关系[12]

○—$Fe_2(SO_4)_3$；△—H_2O_2；×—$K_2Cr_2O_7$；□—$KMnO_4$；▲—$Ce(SO_4)_2$；●—O_2

氧化剂使金属趋向于钝化的作用完全类似于外电源法阳极极化的作用。氧化剂的存在可使金属建立不同的电位，在该电位下的溶解速度与恒电位法所测定的极化曲线能很好地重合，不但在活化区电位下重合，在钝化区和过钝化区电位下也能很好地重合，参见图 9-18。由此说明，金属溶解速度和金属表面具有的钝性程度仅仅由电位值决定，而与实现该电位值的方式无关。图 9-18 还表明，氧化剂的离子或分子并不直接参与钝化层的生成。

如图 9-19 所示为一个金属腐蚀体系的氧化还原特性与氧化剂致钝能力的关系。一般情况下，氧化剂的氧化还原电位 E_0^D 越正，交换电流密度越大，反应的极化性越小，该体系的致钝能力就越强，即越容易使金属进入钝化状态。然而，一些极强的氧化剂，有可能使金属进入过钝化区，这是不希望出现的结果。因此，不能简单地认为，氧化能力强的氧化剂就一定都是良好的钝化剂。实质上，在指定的溶液介质中金属的本性将决定其自身的钝化行为。每一种氧化剂对不同金属致钝作用的有效程度可能明显不同，对某种金属是有效钝化剂的氧化剂，对另一些金属则可能是无效的。

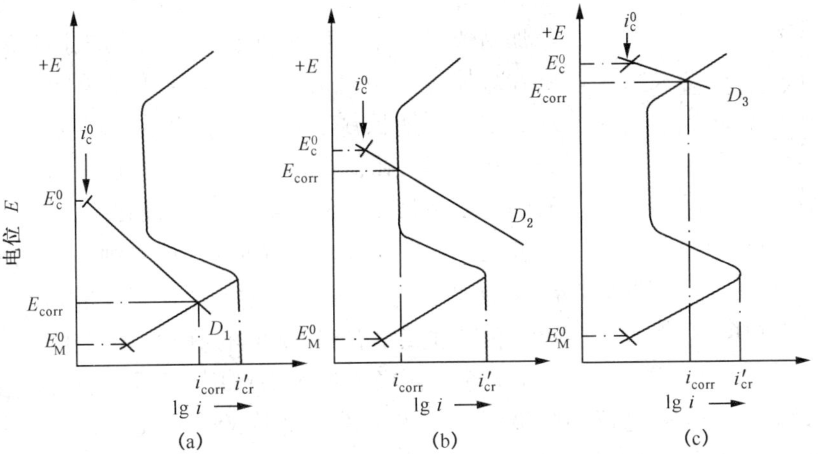

图 9-19　金属腐蚀体系氧化还原特性对氧化剂致钝能力的影响

(a)致钝能力弱(活化)；(b)致钝能力强(钝化)；(c)氧化性过强(过钝化)

9.4.2　合金的阳极改性

(1) 在金属中添加易钝化的合金元素

在金属中添加易钝化的合金元素可以促进钝化。如图 9-20 所示，由于添加了合金元素使金属极化曲线 M_1左移至 M_2，从而使致钝电流密度显著减小，致钝电位负移，自腐蚀电位从活化区中的 E_{corr}^1转变至钝化区中的 E_{corr}^2，使金属形成钝性而处于钝化状态。如图 9-21 所示为 Fe-Cr 合金在 0.5mol/L H_2SO_4溶液(室温)中致钝电位和致钝电流密度与合金中 Cr 含量的关系。显然，元素 Cr 有很强的钝化作用，著名的 18-8 不锈钢的规律大致与铬相似。但是，铬和不锈钢在 0.95V(SHE)时就发生了过钝化；而铁虽然从 0.4V(SHE)开始才进入稳定钝化区，可是直至 1.5V(SHE)左右才主要因析氧而出现过钝化。镍对合金钝化行为的影响不大。

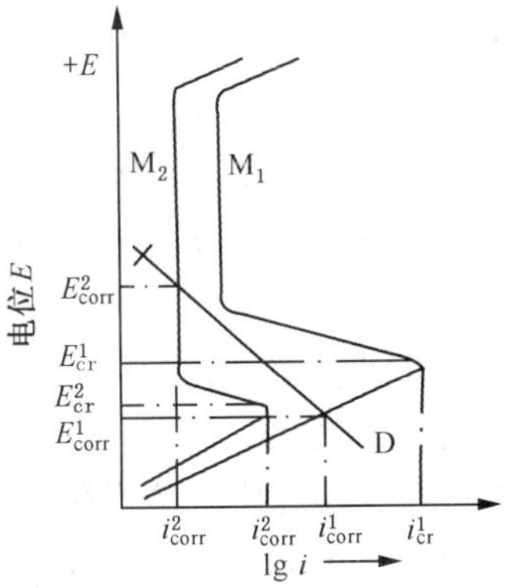

图 9-20　添加合金元素使金属从活化态转变为钝化态之原理说明

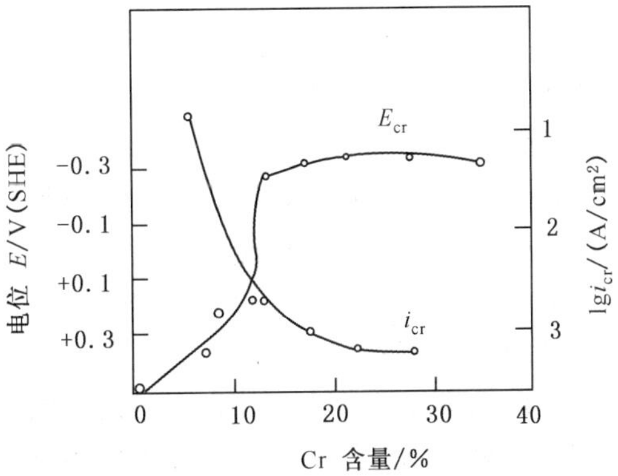

图 9-21　Fe-Cr 合金在 0.5mol/L H_2SO_4 溶液(室温)中致钝电位和致钝电流密度与 Cr 含量的关系[12]

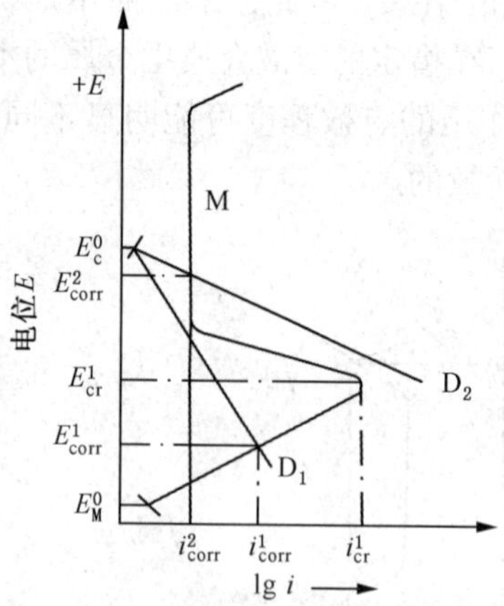

图 9-22　金属中添加高效阴极性合金元素导致自钝化之原理说明

(2)在金属中添加高效阴极性元素

在金属中添加高效阴极性元素可增大去极化剂的阴极还原反应速度，使金属发生自钝化作用。这样的合金元素有钯、铂、钌等铂族元素；有些场合也可采用铼、铜、镍、钼、钨等。这些元素都称为阴极添加剂。如图 9-22 所示为添加高效阴极性元素促使金属自钝化的原理说明。去极化剂在添加了阴极性合金元素的金属上的还原反应曲线为 D_2，这与无阴极添加剂时金属上的还原反应曲线 D_1 相比，去极化反应将在低得多的过电位下进行。其结果导致了含有阴极性合金元素的金属发生自钝化。自腐蚀电位由 E_{corr}^1 正移至 E_{corr}^2，自腐蚀电流密度(自腐蚀速率)由 i_{corr}^1 降低为 i_{corr}^2。例如，向 18-8 型不锈钢中加入少量 Pt、Pd 或 Cu，就可改善其在从室温到 100℃的 H_2SO_4溶液中的耐蚀性。

合金中阴极添加剂的作用，实际上与保护器法的原理相似。它们是通过外加高电位的阴极组分，在金属表面形成许多微观电偶电池(伽法尼电池)，使金属发生阳极极化，金属电位正移至稳定钝化区，从而使金属达到稳定钝态。阴极添加剂的加入量很少，一般仅为 0.2%~0.5%，但经过一定时间腐蚀(也有可能比不含添加剂的金属腐蚀更严重)之后，合金表面会富集这些阴极性添加元素，其量可增大几十倍至上百倍，由此足以使合金处于稳定钝态。

(3) 在溶液中添加贵金属离子

在溶液中添加某些贵金属离子(如 Pt^{4+}、Pd^{2+}、Ag^+、Cu^{2+}等)，也能起到在金属中添加高效阴极性元素那样类似的作用。溶液中的这些贵金属离子将通过化学置换反应而在金属表面沉积析出。析出的贵金属元素在金属表面形成了许多微观电偶电池，并在其中起强阴极作用，加速了去极化剂的阴极还原反应。在酸性溶液中，这将降低氢的析出过电位，加速析氢反应，从而促使合金进入钝态。显然，这与上述向溶液中添加钝化剂的原理(见图 9-17)是不同的。而与直接在金属中添加高效阴极性合金元素相比，在溶液中添加贵金属离子要方便得多，昂贵的贵金属消耗也少得多。

9.4.3　保护器法

当被保护设备金属与电位更正的材料(如铂、钯、石墨、不锈钢、Fe_3O_4、MnO_2等)实行偶接时，也能起到阳极保护的作用。这时，由于形成了宏观电偶电池，外接的高电位材料在该电偶电池中起阴极作用，可使作为阳极的设备金属电位正移，通过阳极极化而进入稳定钝化区，从而实现阳极保护。所以由高电位材料构成的这种导致设备金属实现阳极保护的器件被称为阳极保护器，也称为伽法尼阴极。例如，钛与铂或石墨连接，可使钛在热盐酸和硫酸中得到可靠的阳极保护。据介绍，在热 H_2SO_4溶液中，可以通过偶接 Fe_3O_4或 MnO_2材料来保护铬钢和铬镍钢。

这种实现阳极保护的方法就称为阳极保护器法。其工作原理与牺牲阳极法阴极保护的工作原理相似，只是相对的电位高低和极性相反而已。在采用阳极保护器工作时，没有任何一个电极的材料被“牺牲”溶解掉，而却使设备金属获得了阳极保护。阳极保护器暴露在溶液中时，较高电位的材料与被保护金属的面积比 R 对于保障金属体系处于稳定钝化状态具有重要影响。对于一个给定的保护体系，其面积比 R 应不低于某个临界值。在硫酸中，不锈钢与铂偶接时，去极化剂的阴极极化曲线取决于铂阴极的面积。如果铂与不锈钢的面积比很小，例如 $R=0.1$，则 H^+ 放电所提供的阴极电流不足以使被保护金属获得致钝所需要的阳极电流密度。当其面积比较大时，如 $R=1$，阴极放电提供的电流至少可等于致钝电流，由此使不锈钢进入不稳定钝化状态并受到类似于电抛光条件的侵蚀，从而使金属的真实工作面积和反应速度随时间而减小，相应地使真实 R 值进一步增大。经过一段时间作用之后，金属钝性就变得稳定了。如果它们的面积比更大，如 $R=10$，当阳极保护器开始工作时，不锈钢很快就能建立起稳定钝态。如果用金来代替铂，使不锈钢立即钝化的面积比要增大到 $R=50$ 才能实现。在 25℃ 的 10%～40% H_2SO_4 溶液中以及在 98.5℃ 的 5%～10% H_2SO_4 溶液中，若铂与不锈钢的面积比为 5∶1，也可使不锈钢钝化。

作为阳极保护器的成功应用实例，如铂阴极被用来保护不锈钢制造的硫酸储槽，钛管阴极被用来保护碳钢制造的氢氧化铵溶液容器。在阳极保护系统中采用石墨阴极，由此可实现阳极保护器法和外加电流阳极保护法的联合应用。石墨阴极可在设备阳极保护的维钝过程中提供足够的电流；当需要的时候，还可以通过石墨阴极施加外部电流，以重新建立阳极保护（致钝过程）。

钛在沸腾硫酸中与石墨、铂或奥氏体不锈钢偶接，能大大减小钛腐蚀速度。在 40% H_2SO_4 溶液（20℃）中，钛与钯、铂、金、铼、钨、铜偶接，也可以发生钝化。用工业纯钛与碳钢偶接的方法，曾成功地保护了一个 $76m^3$ 的盛装 28%～30% 氨水的碳钢储槽。利用铁镍电偶对，则能保护热浓碱中的铁。

阳极保护器与被保护金属偶接后，其电偶电流就是使被保护金属发生阳极钝化的极化电流（见图 9-23）。实质上，电偶电流的产生也是由于保护器材料在电偶电池中起到高电位阴极的作用，从而使去极化反应速度加快。

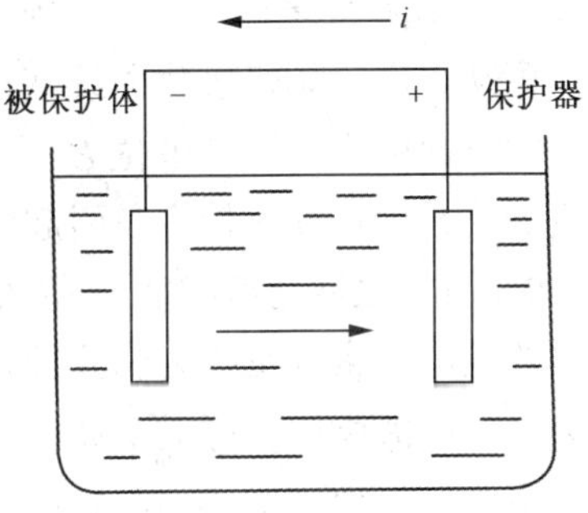

图 9-23　保护器法阳极保护的原理说明

在实际应用阳极保护技术时，有时也可将保护器法和外电源法阳极保护联合使用，即采用外电源法对被保护金属进行致钝操作，然后用保护器法进行维钝保持。

9.4.4　外电源法

外电源法是利用外部电源施加直流电，使被保护金属发生阳极极化而达到实施阳极保护目的的一种方法。在该保护系统中，被保护金属连接外电源正极，置于设备内溶液中的辅助阴极连接外电源负极。从电源正极流出的阳极性电流，经被保护金属和溶液介质流至辅助阴极，返回到电源负极，构成了完整的电流回路。还应在溶液中插入参比电极，以控制和监测设备电位。外电源法阳极保护系统的基本组成和配置如图 9-24 所示。

外电源施加的阳极性电流使被保护金属发生阳极极化，电位正移。当阳极电流密度达到致钝电流密度 i_{cr} 时，金属开始发生钝化，电位越过致钝电位 E_{cr} 后迅速正移到稳定钝化区。之后只要用很小的维钝电流密度 i_p 就可使金属电位维持在稳定钝化电位范围中（参见图 9-1）。由此可见，为实施阳极保护技术应满足两个基本条件：一是必须使金属表面生成钝化膜，二是必须始终维持钝化膜的完整性。第一步称为致钝过程，满足上述第一个基本条件；第二步称为维钝过程，满足上述第二个基本条件。外电源法阳极保护技术具有明确的致钝过程和维钝过程，而添加钝化剂、合金的阳极改性、保护器法技术中，通常并不明显区分这两个过程。

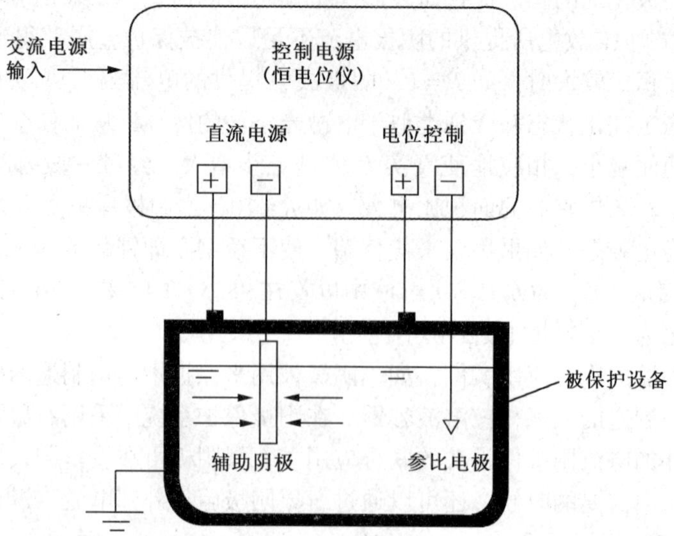

图 9-24　外电源法阳极保护系统的基本组成和配置(示意图)

9.5　阳极保护的主要参数

致钝电流密度 i_{cr}、维钝电流密度 i_p、稳定钝态区电位范围是阳极保护技术的三个基本参数，可从恒电位阳极极化曲线获得。在实际应用中，还有三个重要参数，即自活化时间 τ_a、体系的分散能力和致钝电位 E_{cr}。而致钝电位也是一个很有用的参数，一般而言，致钝电位较负的体系，往往比较容易引起钝化，实现钝态。

9.5.1　致钝电流密度 i_{cr} 和致钝电位 E_{cr}

致钝电流密度也称为临界钝化电流密度，它是在阳极极化曲线上与致钝电位(E_{cr})相对应的极化电流密度，以 i_{cr} 表示。它表征金属从活化态开始向钝化态转变的最大反应电流密度，由此便开始逐渐建立起钝性，且反应电流密度也相应地迅速减小。显然，只要通过外部电源向金属表面施加等于或大于 i_{cr} 的电流密度，均可使金属钝化。因此，致钝电流密度是使金属在给定的环境介质条件下发生钝化所需的最小电流密度。在阳极保护工程实践(设计、致钝和运行操作)中，i_{cr} 是比 E_{cr} 更为重要的设计和操作参数。

致钝电流密度的大小可以表明被保护金属在给定的环境介质中钝化的难易程度。i_{cr} 较小的体系，金属较易实现钝化。反之，若 i_{cr} 大则将使致钝困难，相应地，为实现致钝所用的外部电源装置必须有很大的容量。当被保护设备表面积很大时，则很大的 i_{cr} 将会构成重大的经济性问题。例如，对于设备表面积为 $S=100m^2$，$i_{cr}=100A/m^2$ 的体系，为使设备致钝必须施加高达 1×10^4A 的电流强度。显然，需要如此大容量的电源和输电线路的阳极保护方案是没有实用价值的，但也不能因此而简单地否定阳极保护技术，从工艺技术方面还是有可能经济地解决此类问题的。

影响致钝电流密度的因素主要有金属材料、溶液组成、温度以及钝化时间等。凡是有利于金属钝化的因素均能使致钝电流密度减小。例如，在金属中添加易钝化合金元素，在溶液中加入氧化剂(助钝化剂)，降低溶液温度等均能使 i_{cr} 减小。

表 9-4 给出了一些金属材料在不同溶液介质中为实施阳极保护所需的致钝电流密度。

可见，对不同体系和条件所需的 i_{cr} 相差可达 $10^5 \sim 10^6$ 倍。表 9-5 给出了 S30400 不锈钢在不同溶液介质中所需的致钝电流密度 i_{cr}。表 9-6 则给出硫酸浓度对 S31600 不锈钢的 i_{cr} 的影响。

表 9-4　一些金属材料在不同溶液介质中阳极保护的电流需用量

溶液介质	温度/℃	合金	电流密度 致钝要求(i_{cr})/(mA/cm²)	电流密度 维钝要求(i_p)/(μA/cm²)	溶液介质	温度/℃	合金	电流密度 致钝要求(i_{cr})/(mA/cm²)	电流密度 维钝要求(i_p)/(μA/cm²)
H_2SO_4					H_2SO_4				
1mol/L	24	S31600	2.3	12	93%	24	低碳钢	0.28	23
15%	24	S30400	0.42	72	99.9%	24	低碳钢	4.7	12
30%	24	S30400	0.54	24	H_3PO_4				
45%	65	S30400	180	890	75%	24	低碳钢	41	20000
67%	24	S30400	5.1	3.9	115%	82	S30400	3.2×10^{-5}	1.5×10^{-4}
67%	24	S31600	0.51	0.10	NaOH				
67%	24	N08020	0.43	0.9	20%	24	S30400	4.7	10

表 9-5　在不同溶液介质中的 S30400 不锈钢的致钝电流密度和维钝电流密度

溶液介质	致钝电流密度 i_{cr}/(mA/cm²)	维钝电流密度 i_p/(μA/cm²)	溶液介质	致钝电流密度 i_{cr}/(mA/cm²)	维钝电流密度 i_p/(μA/cm²)
20%NaOH	4.65	9.9	80%HNO_3(24℃)	0.0025	0.031
67%H_2SO_4(24℃)	0.51	0.093	115%H_3PO_4(24℃)	0.000015	0.00015
LiOH(pH=9.5)	0.08	0.022			

表 9-6　硫酸浓度(24℃)对 S31600 不锈钢的腐蚀速率和致钝电流密度的影响

硫酸/%	腐蚀速率/(mm/a)	致钝电流密度 i_{cr}/(mA/cm²)	硫酸/%	腐蚀速率/(mm/a)	致钝电流密度 i_{cr}/(mA/cm²)
0	0	4.7	65	7.8	0.7
40	2.2	1.6	75	6.7	0.4
45	5.6	1.4	105	0	0.1
55	8.9	1.0			

被保护体系溶液介质温度升高可能产生多方面的作用。温度上升可能使钝化更困难，使致钝电流密度成数量级地增大，缩小金属维持稳定钝态的电位范围，非常明显地增大维钝电流密度或钝态腐蚀速率，如图 9-25 所示为温度对 10%H_2SO_4中的低碳钢动电位扫描阳极极化曲线的影响。应当注意，这时致钝电流密度的量级要高于 10mA/cm²，如此高的电流密度要求将给实际阳极保护系统设计和实施带来困难，因为这种系统所要保护的面积相当大。

通常所给出的体系 i_{cr} 是根据恒电位控制的动电位扫描阳极极化曲线求得，而不是用恒电流法求得的。这种恒电位极化曲线的形状与电位变化(扫描)速度有关。在恒电位控制的动电位扫描条件下要测定对应于 E_{cr}的、稳定的且可准确重现的稳态电流密度并非易事，因为在如此大的峰值电流密度下，电极表面状态很难不发生变化。为此可在一定程度上把测定的 i_{cr}值看作为是一个大致的数值，或者是落在某一个数值范围内。

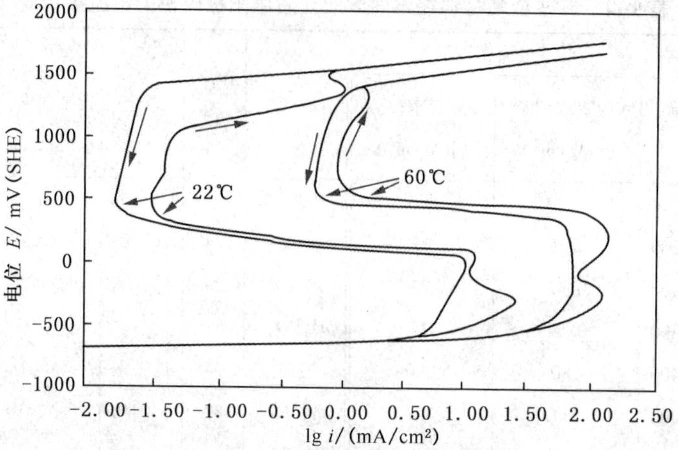

图 9-25 温度对 10% H_2SO_4溶液中的低碳钢动电位扫描阳极极化曲线的影响(22℃和 60℃)[11]

钝化膜的形成需要一定的电量。对于一定的电量来说，时间越长，相应所需电流就越小。因而延长钝化时间，可以降低致钝电流密度，但同时也增加了在这段时间内金属的电解腐蚀量。如图 9-26 所示为碳钢在饱和 NH_4HCO_3溶液(40℃，静止)中不同阳极电流密度对致钝时间(也称钝化时间)和金属失重的关系。金属致钝时所施加的阳极电流密度越大，金属建立钝态所需时间越短，反之亦然。即使外加电流密度小于 i_{cr}，经长时间通电作用，仍有可能使金属钝化，但这时金属的电解腐蚀将是相当严重的。当外加电流密度小于某一临界值时，则无论怎样延长作用时间，都不能使金属钝化，只能使金属产生极其严重的电解腐蚀。

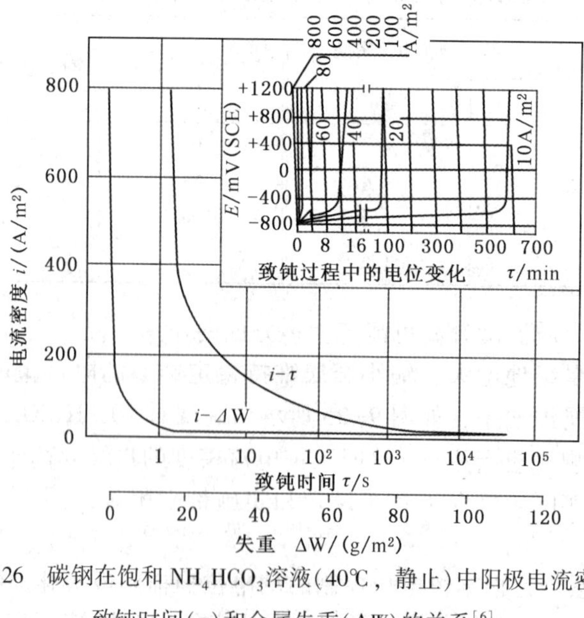

图 9-26 碳钢在饱和 NH_4HCO_3溶液(40℃，静止)中阳极电流密度与致钝时间(τ)和金属失重(ΔW)的关系[6]

可以看到，致钝时所施加电流密度与致钝时间的乘积并非常数。这种现象与电流效率有关。外加电流密度越大，形成钝化膜的电流效率越高。反之，外加电流密度越小，电流效率就越低，因为这时有一部分电流消耗于金属的电解腐蚀。当电流密度小到某一定值时，电流效率等于零，全部外加电流均消耗于金属的电解腐蚀。所以在应用阳极保护技术时，对致钝电流密度的选择既要考虑尽量减小电源设备的容量，同时也要考虑应有适当大的电流效率，尽量缩短致钝时间，避免在活化区内于大电流密度下长时间通电，以防止金属发生严重的电解腐蚀。对大型设备应用阳极保护时，一种很可取的致钝方法就是分段钝化法（逐步致钝法）。

9.5.2 维钝电流密度 i_p

维钝电流密度也称为稳定钝化电流密度，它是金属在给定的环境介质条件下维持钝态所需的外加电流密度，以 i_p 表示。它有时和金属溶解速度等值（按法拉第定律计算），有时则大于溶解速度。阳极保护系统运行时，为维持金属钝化而外加的电流密度不能认为就等于维钝电流密度。因为用固定槽压的方法维钝时，金属电位可能处于过钝化区边缘，此时的电流密度将大于稳定钝化区内的真实 i_p，此外还有一个电流效率问题。

维钝电流密度 i_p 的数值直接反映出阳极保护系统正常运行时耗用电流的大小。当控制的维钝电位远离氢和氧的析出电位，且溶液中不存在其他去极化剂、又没有其他副反应时，i_p 就和钝态金属的腐蚀速率等效，直接可表征保护效果。所以，i_p 也是一个经济指标。此外，i_p 值也可表征钝态稳定性的程度。i_p 小的体系，阳极保护时的金属腐蚀速率很小，钝态也很稳定，而且电能消耗小，电源设备的容量也可减小。在阳极保护系统投入运行的过程中，维钝电流密度随时间延长将会逐渐减小，最后趋于稳定。

影响维钝电流密度的因素有金属材料、溶液组成、浓度和温度等。表 9-4 和表 9-5 给出了一些金属材料在不同溶液介质（包括不同的浓度）和在不同温度下的维钝电流密度。在图 9-25 中十分清楚地证明，温度对维钝电流密度具有显著的影响。表 9-7 给出了一些金属材料在 67% H_2SO_4 溶液中的维钝电流密度，可见，其数值可相差上千倍之多。

表 9-7　一些金属在 67% H_2SO_4 中的维钝电流密度和膜电阻

金属或合金	维钝电流密度 i_p/（μA/cm²）	膜电阻/（MΩ · cm）	金属或合金	维钝电流密度 i_p/（μA/cm²）	膜电阻/（MΩ · cm）
低碳钢	150	0.026	S31600 钢	0.1	17.5
S30400 钢	2.2	0.50	钛	0.08	1.75
S31000 钢	0.5	2.1	N08020	0.03	4.6

对上述这些影响因素的研究结果表明，铁基合金添加 Cr、Ni 等合金元素可减小其 i_p；降低溶液温度也可减小其 i_p，在金属已实现钝化的条件下，当在其上有副反应存在时，往往会使 i_p 增大，尽管此时的金属腐蚀速率并无增加。

9.5.3 稳定钝态区电位范围

稳定钝态区电位范围是指金属钝性开始完全形成的起始钝化电位 E_p（即活化-钝化过渡区的终点电位）与过钝化电位 E_T（即过钝化区的起始电位）之间的电位范围。在阳极保护下的金属电位超出这个范围，将使金属快速溶解，同时也会使阳极保护系统的经济成本显著增大。

稳定钝态区电位范围($E_p \sim E_T$)是阳极保护系统进行电位控制的重要指标。阳极保护系统选择控制指标时，应保证在控制条件下金属腐蚀速率最低，不会使已钝化了的金属再活化，以及该指标比较容易实现控制。在生产实践中的阳极保护系统都是选择被保护金属(设备)的电位作为控制指标，要求其严格限定在稳定钝态区内。如果电位发生不允许的偏离，则须通过调整保护电流的大小使金属电位继续维持在规定的电位范围中。阳极保护系统中的电位控制，可以通过恒电位仪自动控制，也可以手动调节。系统中流过的保护电流是一个考核指标，但不是控制指标。可以通过比较系统保护电流与维钝电流密度 i_p 的差别来监视保护系统运行的状态。

一个体系稳定钝态区电位范围的大小表征了阳极保护系统运行的安全性及维持钝态的难易程度。稳定钝态区很宽的体系，实行阳极保护比较容易和简便，也比较安全可靠。对这种体系，允许金属电位有较大程度波动。如果由于某种原因引起了金属电位变化，将不容易超出稳定钝态区而进入危险电位区(活化区或过钝化区)。这种体系能较好地适应构型复杂的设备，以使各部位都能满足阳极保护的要求。体系对电源设备的电位控制精度要求较低，对参比电极稳定性的要求也较低。

对于稳定钝态区较宽的体系，并不一定非采用恒电位控制方法不可，用普通的稳压直流电源也能获得良好的阳极保护效果。有时甚至可不设参比电极，例如当溶液电导率很高、稳定钝态区宽达 2000mV 以上时，只需设置辅助阴极，采用具有稳定电压输出的直流电源直接连接在阴、阳极上，即可保持设备的钝态。英国帝国化工公司曾采用可控硅稳压直流电源和大面积镀铂阴极，省掉了参比电极，成功地保护了一个盛装 200t 78% H_2SO_4 的钢制储槽。该公司提出，对于钝化区很宽、阴极极化不大、溶液电导率高、致钝电流密度和维钝电流密度差别不很大的体系，若致钝电流和维钝电流下的阴极电位变化与溶液欧姆电压降之和小于或等于稳定钝态区电位范围宽度，这时就可采用固定电压的电源实施阳极保护。

相反，当一个钝化体系的稳定钝态区电位范围很窄时，就必须采用恒电位控制的阳极保护系统。例如，体系的金属稳定钝态区自身只有很窄的电位范围；或者由于被保护的设备装置是由几种不同金属构成的，各种金属的稳定钝态区不同，且重叠区域很窄；或者金属低溶解速率的电位范围虽然很宽，但当电位移动较大时会引起强烈的副反应。对于这些体系，这时就必须采用恒电位装置实施阳极保护，以保证被保护设备的保护电位始终被恒定地控制在设定的电位范围中。

从阳极保护技术的实践应用考虑，总是希望任意宽窄的稳定钝态区的体系都能施加阳极保护。但是，从保护电源装置的控制精度和参比电极的实际稳定性考虑，稳定钝态区过窄的体系实施阳极保护是不安全、不可靠的。电位控制稍有不慎，易使金属电位超出钝态区，从而导致金属加速腐蚀。为了安全可靠地控制体系的保护电位，基于电源装置和参比电极当前的技术水平，一般要求体系的稳定钝态区电位范围应不小于 50mV。

实施阳极保护的体系，其控制的保护电位及允许的保护电位范围并不完全等同于稳定钝态区电位范围。在选择和确定阳极保护的保护电位和保护电位范围时，应综合考虑多种因素，如被保护设备的构型和尺寸、电源装置的控制精度、参比电极和辅助阴极的选择和布置、工况条件等。但其中尤为重要的是，应准确测定该体系的阳极极化曲线，充分了解稳定钝态区内各电位下的电极行为。

在讨论阳极保护原理和保护参数时，一般使用的是动电位扫描阳极极化曲线。动电位极化曲线采用的是电位连续扫描法。它是利用一种线性扫描讯号电压控制装置，按预定的电位扫描速度使施加到金属上的外加电位连续地变化，同步地测定(记录)相应的极化电流随时间的变化，或者等效地随外加电位的变化关系，这就是动电位极化曲线。显然，除非电位扫描速度是无限慢的，否则所得到的极化曲线不可能十分准确地反映电极过程动力学。但可以比较迅速地测定极化曲线，在用于相对比较不同电极体系的行为时是相当有效的。动电位极化曲线十分明显地受电位扫描速度影响(见图9-27和图9-28)。

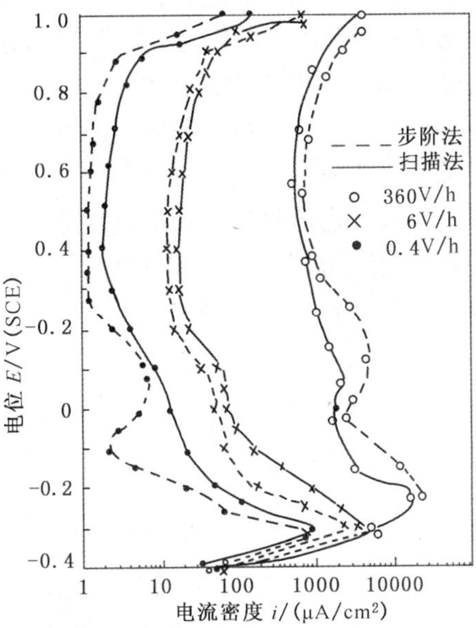

图9-27 304型不锈钢在0.5mol/L H_2SO_4溶液(25℃)中的动电位扫描法和恒电位步阶法极化曲线(不同的电位扫描速度和电位步阶间隔)

为了对各电位下的电极行为有更准确的了解和认识，还可以采用稳态法或准稳态法测定极化曲线。稳态法是指，在进行恒电位测量时与每一个给定电位(控制的自变量)对应的响应信号(测量的电流)完全达到了稳定不变的状态。在测量技术上要求某参数完全不变是不可能的。考虑到仪器精度及实验要求可统一规定，所测量的响应信号在测试过程中的变化幅度不超过某一指定范围，就可以认为达到稳态。然后使给定电位提高一个固定增量的电位幅度，在该恒定的给定电位下维持足够长的时间，以使作为响应信号的电流达到规定变化幅度的稳定值。一般情况下，给定电位的每一步电位增量都是相同的。这样，就可获得一系列相对应的电位-电流值，从而绘制出恒电位稳态极化曲线。同样，恒电流稳态极化曲线也是如此操作。此即经典的稳态步阶法。

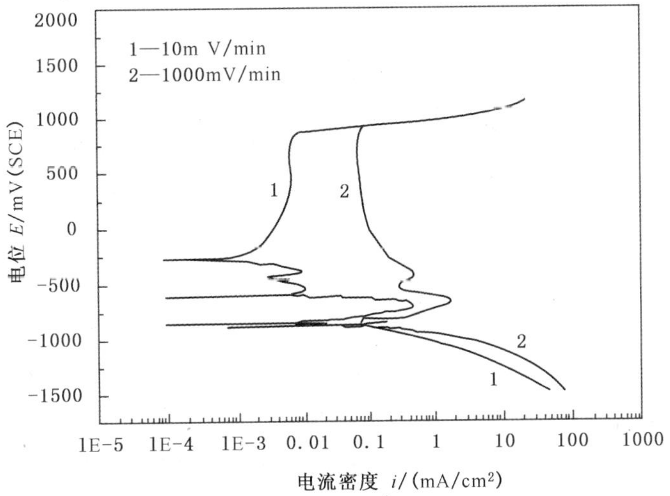

图9-28 Q235钢在0.5mol/L Na_2CO_3+1mol/L $NaHCO_3$溶液中不同扫描速率的动电位极化曲线

准稳态法是指，在进行恒电位测量时与每一个步阶下的给定电位对应的响应信号(测量的电流)并未达到完全稳态。因为稳态法耗费时间很长，且随体系而异，实验测量很不方便，测量结果的重现性和可比性较差。为此可人为规定在每一个给定电位的水平上都维持规定的相同时间，在保持时间终了前测读或记录相应的响应信号，接着将给定电位调节到程序规定的下一步阶。例如，可以统一规定在每个给定自变量的水平上都保持5min时间。显然，这只能采用逐点测量的步阶法或者能发出自动给定信号的阶梯波阶跃法。通过一系列对应的电位-电流值，就可以绘制出恒电位准稳态极化曲线。对恒电流准稳态极化曲线同样也是如此操作。此即常用的准稳态步阶法。

显然，采用恒电位稳态法、恒电位准稳态法和动电位扫描法测量极化曲线，各有其自身特点和应用目的。为测量和确定阳极保护参数，其测量操作和步骤一般如下。

① 首先测定待保护体系金属的自腐蚀电位，此电位表征该金属于活化态时的表面状态特性。

② 用动电位法测试和绘制金属的阳极极化曲线，电位扫描速度通常选用10mV/min或20mV/min。从这一动电位阳极极化曲线上，可确定稳定钝态区的电位范围。

③ 采用准稳态的恒电位步阶法，在设定的工作电位范围内进行按电位步阶的逐点测量，并在每一步阶的给定电位下保持相同的规定时间，以使对应的测量电流值稳定。由此测试和绘制获得金属的阳极极化曲线，从该极化曲线上可确定致钝电流密度 i_{cr} 和维钝电流密度 i_p。

如图9-29所示为对430不锈钢(铬钢Cr17)在0.5mol/L H_2SO_4溶液中的阳极极化曲线及有关的阳极保护参数。

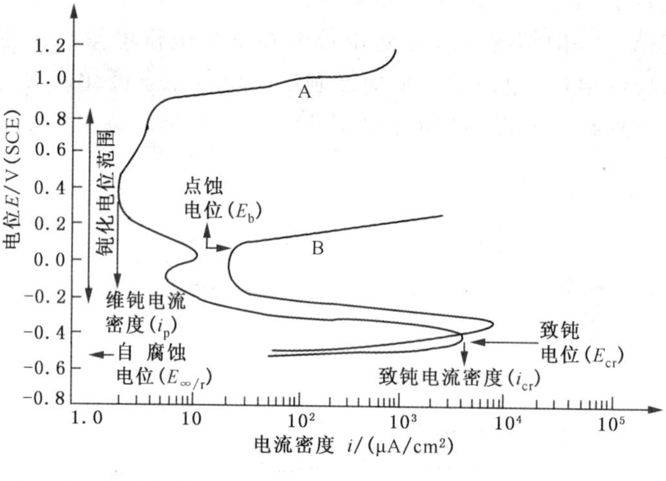

图9-29　430不锈钢在0.5mol/L H_2SO_4溶液中的阳极极化曲线[22]

曲线A—0.5mol/L H_2SO_4；曲线B—0.5mol/L H_2SO_4+ 0.5mol/L NaCl

阳极极化曲线的行为和特征与被测试体系的金属组成、溶液介质种类和性质及环境条件等因素直接相关。因而可以利用阳极极化曲线来研究这些因素对阳极保护参数的影响。

图9-30所示为含Cr和Ta的钛合金在100℃的5%HCl溶液中的阳极极化曲线，以此说明合金元素的影响。可以看出，在淬火的(单相)及退火的(双相)钛合金中，Cr含量增加将使活化区及钝化区的阳极电流密度增大，而Ta含量增加却使相应的阳极电流密度减小。

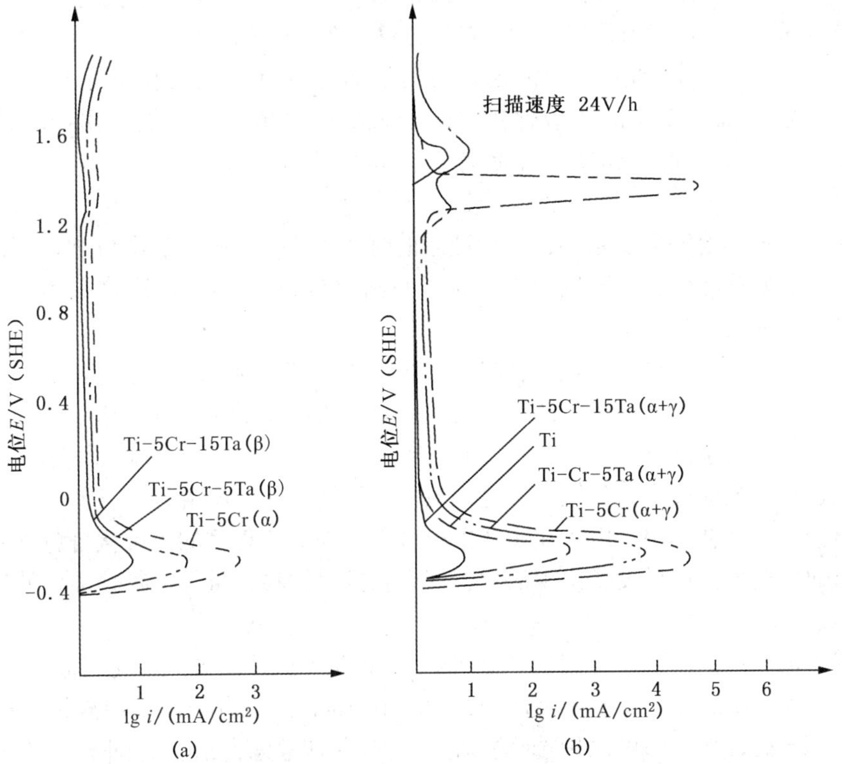

图 9-30 Ti-Cr-Ta 合金在 5%HCl 溶液(100℃)中的阳极极化曲线[9]

(a) 单相合金；(b) 双相合金

图 9-31 所示为 Fe97-Si3 合金在氢饱和的不同浓度硫酸溶液(22℃)中的阳极极化曲线。测量结果表明，随着硫酸浓度增大，使该体系合金的致钝电流密度增大，但是却使维钝电流密度降低。在 5mol/L H_2SO_4溶液中，维钝电流密度 i_p为 0.06mA/cm^2，相当于金属腐蚀速率 0.6mm/a。

不同的溶液介质种类和介质的不同浓度对金属的阳极极化曲线有着很大影响，如前述各例图示，从这些不同体系的极化曲线获得的阳极保护参数也有着非常大的差别。例如，从图 9-14 的阳极极化曲线可以获得该体系的稳定钝化区电位范围达 500mV，i_{cr} 为 10mA/cm^2，i_p 为 0.4mA/cm^2，这与图 9-25 的结果有着很大差别。

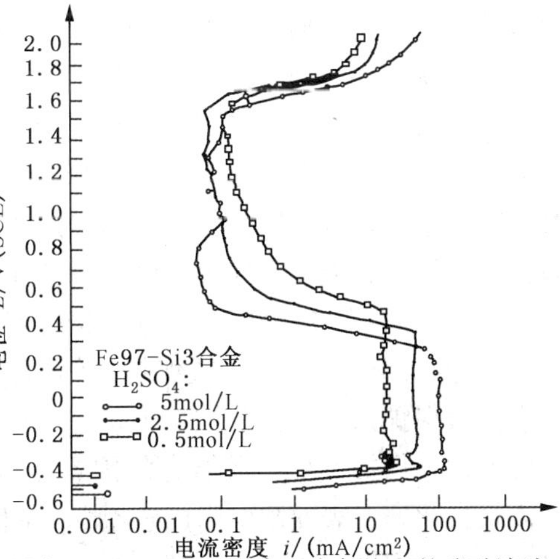

图 9-31 Fe97-Si3 合金在氢饱和的硫酸溶液(22℃)中的阳极极化曲线[23]

9.5.4 自活化时间 τ_a

以上三个参数是十分重要的，但也还有一些其他的重要参数，如自活化时间和分散能力等。实现阳极保护时，采用外加电流阳极极化，并使金属电位维持在稳定钝化区。一旦切断外加阳极电流，金属电位将自发地向负方向移动，这就开始了破坏金属钝性的自活化过程，如图9-9所示。从断电开始直至发生活化作用的时间τ_a称为钝性金属的自活化时间。

自活化时间(τ_a)可以表征体系金属钝态的稳定性。τ_a值越大，即自活化时间越长，体系实施阳极保护的可靠性越大，维钝也越容易。而且有可能利用长τ_a的特性，允许采用间歇通电的方法来维持设备的阳极保护。对于成群的设备，还可能采用循环极化法阳极保护技术，即只利用一台周期转换控制装置，就可以同时保护多台设备，以取得最大经济效益。

金属在钝态下的溶解速度越小，维持钝态的时间越长，阳极保护电位越正，通常都会使τ_a更长。溶液中去极化剂的还原反应也会延长自活化过程。外力作用(如擦伤、冲刷等)将会加速已钝化金属的活化过程。

当钝化金属表面出现局部活化时，将会在金属表面产生钝化-活化原电池。这种原电池电流将加速作为电池阳极的活化区的溶解反应，且有可能使活化过程迅速蔓延到整个设备的金属表面。在一定的条件下(如外电源、氧化剂的作用，钝化-活化的表面积比很大等)，也可能控制住这种原电池反应，甚至使原电池极性短暂地逆转，电流方向反转，从而使局部活化区发生再钝化的修补作用。由于在实践中很难掌握局部活化区的再钝化自愈过程，在阳极保护操作时通常规定，如果设备出现活化，就必须排放物料，重新进行预钝化处理，待形成钝化膜后再继续其维钝操作。

有一些阳极保护工作者以τ_a时间长短来决定阳极保护控制方式。他们认为，τ_a在3min以上者即可采用间歇极化法实施阳极保护，而τ_a在3min以下者则需采用连续通电的阳极保护控制技术。严格说来，阳极保护选择控制方式不应只考虑自活化时间τ_a，还应考虑致钝操作的难易程度、控制装置的可靠性等因素。尤其是应充分考虑被保护设备在生产工艺流程中的重要作用和它的经济性，即控制方式万一失效可能造成的风险性。例如，对于稳定钝态区较窄，维钝电流大且τ_a较短或随生产条件而变化较大的体系，宜采用连续通电的阳极保护技术；而对于庞大复杂、在生产工艺流程中起关键作用的设备，为慎重起见，应考虑采用连续通电的恒电位阳极保护技术。

9.5.5 分散能力与保护距离

分散能力是指，阳极保护系统能把保护电流均匀地分布到被保护设备各组成部分、所有各处的能力。可由设备被保护表面各部位的电位均匀性来表征。阳极保护和阴极保护技术中的分散能力，两者的概念是相同的。阳极保护技术中的“保护距离”这一术语指的是，阳极保护系统中从辅助阴极所发出的保护电流，能使被保护金属表面钝化而获得有效保护的金属表面上的最大范围，并非指辅助阴极至金属能被钝化的最远点之间的距离。

阳极保护系统的分散能力好，意味着被保护设备远近各处，包括异形、凹凸、隐蔽部位等都能较好地获得有效阳极保护。保护距离和分散能力这两个概念具有相同、且也相异的含意。保护距离大，能使金属表面钝化的作用范围大，在一定程度上也可说明分散能力好。但是，当设备表面存在有缝隙、隐蔽沟槽等时，若不采取特别措施，该系统的分散能力不好，将使这些隐蔽部位得不到有效保护。然而，该系统这时的保护距离可能仍然是很大的。因此，在阳极保护系统中，分散能力是一个更为重要的工程参数。

影响阳极保护系统分散能力的因素多且复杂。如被保护设备的表面几何构型、屏蔽结构、阳极极化率、表面膜电阻(钝化膜、涂料膜)、辅助阴极分布、阴-阳极间的距离、溶液电导率、溶液温度、流速等。其中，设备的被保护表面形状变化万千，很难用数学通式来定量计算分散能力。阳极保护设计时，一般采用模拟试验测量评价各部位的电位分布。有的因素对分散能力的影响是双向的。例如，提高溶液温度，可通过增加溶液电导率来改善分散能力，但升温往往又增大了 i_{cr} 和 i_p，这又将使分散能力降低。

对于一个给定的保护体系，通常在致钝时分散能力差，而在维钝时则要好得多。显然，致钝电流密度 i_{cr} 小和维钝电流密度小的体系，其分散能力就好。如果被保护设备已经确定，一般是通过调整辅助阴极布置来取得最佳分散能力。为解决致钝操作时分散能力差的问题，可采用一些特定的操作措施，例如临时采用导电性较好的替代介质或 i_{cr} 小的替代介质，先进行致钝处理，待致钝完成后再排放替代介质，注入正常生产的工艺溶液。

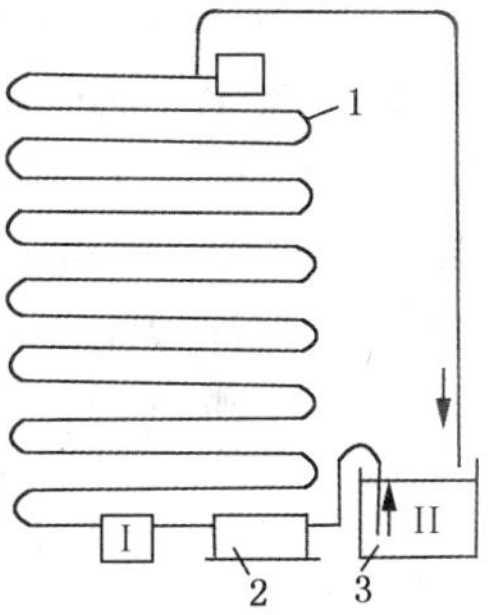

图 9-32　复杂形状装置的阳极保护分散能力模拟试验系统[3]
1—304 不锈钢蛇形管；2—离心泵；3—储槽（玻璃）

阳极保护系统一般应用于导电性良好的强电解质溶液中，达到钝态后的金属表面膜电阻高且极化率大，所以通常具有良好的分散性。如图 9-32 所示为一个典型的检测阳极分散能力的试验系统。把一支总长 18m、直径 19.05mm 的 304 不锈钢管制成如图所示的多弯头蛇形装置，计有 13 个 180°弯头和 2 个 90°弯头。利用一个离心泵使浓度 67% 的 H_2SO_4 溶液通过该装置和 20L 储槽进行循环。在施加阳极保护时，该装置循环运行 17h，定期测量溶液中的 Fe 含量，17h 后 Fe 含量超过1000mg/L。排除酸溶液，用水冲洗后再注入新酸溶液，施加阳极保护。在位置Ⅰ处，放入铂制辅助阴极和饱和甘汞参比电极（SCE），施加阳极保护运行 24h 后，取溶液进行分析，未检测到 Fe 含量。同样在位置Ⅰ处，撤消 SCE，铂片既作辅助阴极，也作参比电极，运行 90h 后也仅检测到非常低的 Fe 含量。在位置Ⅱ处，把 SCE 和铂阴极放置在玻璃储槽中，运行 24h 后检测到少量 Fe 含量，但与无阳极保护的结果相比，仍可忽略。试验结束后切开不锈钢管检查内壁腐蚀，在基体金属和焊缝处均未发现腐蚀痕迹。试验结果证明，该阳极保护系统的分散能力很好，从一端输出的辅助阴极电流能保护长达 18m 的蛇形细管内壁。测量了沿管子不同部位的阳极电位，其结果是，在紧挨辅助阴极一端的电位为 0.8V（SCE），而在最远点的另一端电位为 0.4V（SCE）。但从测量的极化曲线判断，仍都在稳定钝化区中。

参 考 文 献

1　Edeleanu C. Metallurgia. 1954, 50: 113
2　Mueller W A. Canadian Journal of Chemistry. 1960, 38: 576
3　Sudbury J D, Riggs O L, Sholk D A. Corrosion. 1960, 16: 47t
4　Sholk D A, Riggs O L, Sudbury J D. Corrosion. 1960, 16: 55t
5　Riggs O L, Hutchison M, Conger N L. Corrosion. 1960, 16: 58t
6　Liu X Q, Li T F. Proleeding of 8th International Congress on Metallic Corrosion. 1981, 2: 1139
7　李廷芳，刘小光，龙学义等．化工机械．1975，(2)：47
8　Li T F, Wen M Z. Proleeding of 9th International Congress on Metallic Corrosion. 1984, 3: 67
9　Riggs O L, Lolke C E. Anodic Protection: Theory and Practice in the Prevention of Corrosion. New York: Plenum Press, 1981
10　Fontana M G. Corrosion Engineering. Third Edition. New York: McGraw Hill, 1986
11　Roberge P R. 吴荫顺等译．腐蚀工程手册．北京：中国石化出版社，2003
12　化学工业部化工机械研究院编．腐蚀与防护手册——耐蚀金属材料及防护技术．北京：化学工业出版

社，1990
13 Staele R W, Okada H. Passivity and its Breakdown on Iron and Iron Base Alloy. NACE Publication. Houston TX. USA, 1976
14 Sedriks A J. Corrosion of Stainless Steels. New York: McGraw Hill, 1979
15 Н Д 托马晓夫．Г П 契尔诺娃．曹铁梁等译．腐蚀与耐蚀合金．北京：化学工业出版社，1982
16 刘小光，李廷芳，龙学义等．化工机械．1974，（4）：59
17 Фикин М Н. Тимонин В А. Защита Металлов. 1968, 4 (2): 185
18 Greene N D, Leenard R B. Electrolhemical Acta. 1964, 9 (1): 45
19 Frade F. Z. Physikalischer Chemie. 1911, 76: 513
20 Jones R L, Stratian L W, Osgood E O. Corrosion. 1970, 26 (10)
21 Томацов Н Д. Чернова Г П. Пассивностъ и Защита Металов от Коррозия. Изд-Во <Наука>. 1965
22 Ailor W H. ed. Handbook on Corrosion Testing and Evaluation. New York: John Wiley and Sons, 1971
23 Crow W B, Meyers J R, Jeffreys J V. Corrosion. 1972, 28 (3): 79

第 10 章　阳极保护设计与应用技术

阳极保护系统必须具备一些装置：辅助阴极、参比电极、电位控制器(恒电位仪)、电源以及被保护设备，如图 9-24 所示。本章将介绍阳极保护系统各组成部分的特点和要求、相应的设计、安装、操作和运行管理。

10.1　阳极保护系统

10.1.1　辅助阴极

10.1.1.1　辅助阴极的作用和要求

辅助阴极连接在直流电源(通过恒电位仪)的负极，其作用是使电源、被保护设备金属表面(阳极)、设备内的工艺溶液(电解质)构成一个完整的电流回路，以使电流流通而到达被保护的金属表面，从而实现阳极保护。

辅助阴极是阳极保护系统电化学电池的重要组成部分，是在腐蚀性介质中于通电状况下持续工作的。所以，选择辅助阴极材料的主要因素是它的长期稳定性、价格及尺寸大小。

辅助阴极通常是由金属材料制成，如铂、不锈钢、碳钢等。在阳极保护系统运行时，辅助阴极上进行着还原反应。例如，在低 pH 值溶液(一般为酸溶液)中进行的还原反应为：

$$2H^+ + 2e \longrightarrow H_2 \qquad (10-1)$$

而在高 pH 值的中性和碱性溶液中通常进行的还原反应为：

$$O_2 + 2H_2O + 4e \longrightarrow 4OH^- \qquad (10-2)$$

伴随着还原反应进行，发生的阴极极化使阴极电位向负方向移动，该电位负移值与反应的过电位有关。如果过电位大，阴极电位负移值也大。对于具有活化-钝化转变行为的阴极材料(如 Cr-Ni 钢)，阴极极化将可能使金属电位从钝化区负移至活化区，由此促使阴极发生活化腐蚀。对于碳钢这类阴极材料，金属电位负移到一定数值可使其获得阴极保护，从而减缓和抑阻腐蚀。所以，阴极材料在承载外加阴极电流时应是电位稳定的和耐蚀的。显然，阴极的工作电位与其材料稳定性具有直接关系。

在阳极和阴极之间的总电路电阻是金属导体电阻率和阳极/溶液、阴极/溶液的接界电阻的函数。阴极基体金属的导电性很好，它对总电路电阻的作用可予忽略。而金属/溶液接界电阻对总电路电阻具有较重要的影响作用，它是电极表面积的函数。在阳极保护技术实际应用时，与辅助阴极相比，阳极面积要大得多，所以阳极/溶液的接界电阻很小，对总电路电阻的贡献也是微不足道的。于是，总电路电阻在很大程度上受辅助阴极表面积所控制。电源的功率要求与总电路电阻成正比。所以，辅助阴极表面积应尽可能大些，以降低阳极保护时所需电能。这在经济上和实际可行性方面都是合理的。

在阳极保护系统中可选用的辅助阴极材料有多种。其中铂及包铂金属用作辅助阴极具有很好的稳定性和适用性，但价格很贵，以至于使铂阴极在整个阳极保护系统中费用约占 30%。从长期稳定性和使用寿命考虑，使用昂贵阴极材料仍是合算的。但在其他许多工艺条件下，经综合考虑应尽可能选用廉价阴极材料，以降低成本。表 10-1 列出了一些工业介质中应用阳极保护时常用的辅助阴极材料。

表 10-1 一些工业介质中常用的辅助阴极材料[1,2]

阴极材料	环　境	阴极材料	环　境
包铂黄铜	各种浓度的硫酸	哈氏合金 C	硫酸、化肥溶液②
铬镍钢	硫酸	“空气电极”	硫酸
硅　铁	硫酸	钼	—
钢　管	纸浆液	铜	—
钢　缆	纸浆液	不锈钢 304	硫酸
ICr18 Ni10Ti	氮肥溶液①、氢氧化铵	镀镍电极	化学镀镍槽

注：① 指含氮肥料，如$(NH_4)_2SO_4$，NH_4NO_3，NH_4Cl、尿素等。

② 除氮肥外，还有钾肥、磷肥等。

10.1.1.2　辅助阴极材料

（1）铂和包铂材料

铂可以直接用作为辅助阴极，但价格昂贵。为了降低成本，可在一些廉价金属表面包覆一层铂，例如，在铜、黄铜、青铜、铜镍合金、铁、铅、银、钽等金属上包覆一层铂，制成包铂阴极。这种阴极的价格仍较贵，一般尺寸不大(例如，直径 4cm，长 6.25cm)，但其长期稳定性是很出色的。

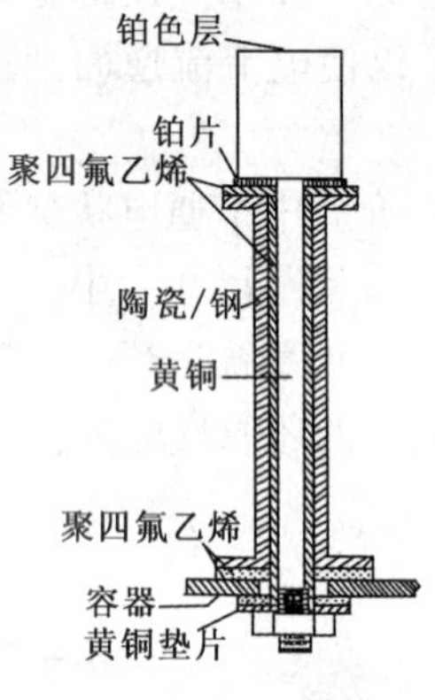

图 10-1　一种包铂阴极结构及其安装连接方式[1]

如图 10-1 所示为一种最早用于工业设备阳极保护的包铂阴极结构及其安装连接方式。阴极芯材是黄铜，包铂层厚度最小为 0.254mm。由于阴极表面积小，所以它的载流量小，接界过渡电阻较大。显然，这种阴极尺寸受限于包铂层的价格。

如图 10-2 所示是硫酸储罐阳极保护时用的一种包铂辅助阴极装置。它是从罐壳侧壁开孔插入安装的，如果密封不严，就会出现溶液泄漏问题。如果从罐盖顶部或气相部位开孔，垂直地向下安装阴极(参见图 10-3)，不仅安装和取出很方便，而且也避免了溶液泄漏问题。包铂阴极可用于各种浓度硫酸介质中，在这种情况下的阴极反应仅为析氢还原反应，这种阴极是非常稳定的。

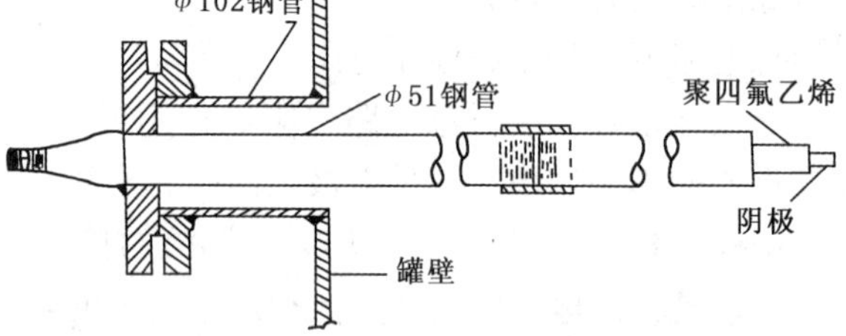

图 10-2　硫酸储罐阳极保护时用的一种包铂辅助阴极装置[1]

（2）不锈钢

各种不锈钢曾用来制造辅助阴极。含 18%Cr 的铬钢管可在氮肥溶液及氢氧化铵溶液中用作阳极保护的辅助阴极。如图 10-4 所示为一个大型氢氧化铵储罐的阳极保护系统，采用了 8 支 38mm 直径、长 11.7m 的 1Cr18Ni10Ti 不锈钢管作辅助阴极。值得注意的是，还采用了一些互连支撑的支柱用于固定辅助阴极。铬镍不锈钢可用于硫酸溶液及硝酸铵溶液中作辅助阴极。

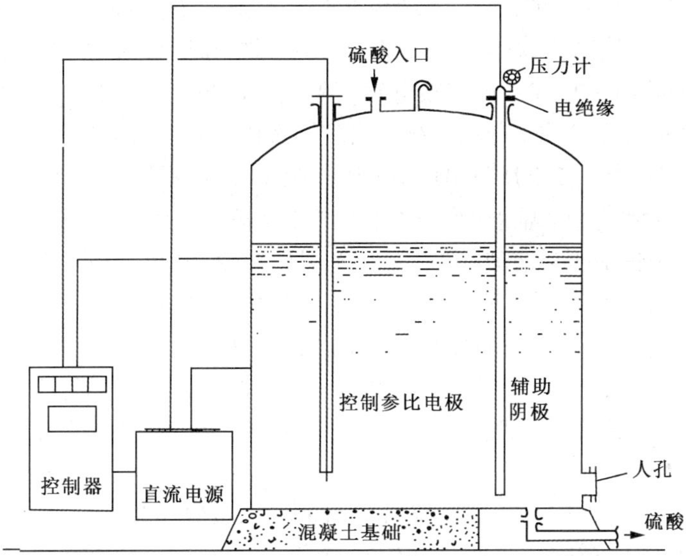

图 10-3 不锈钢管辅助阴极从硫酸储罐顶部插入安装的构型[1]

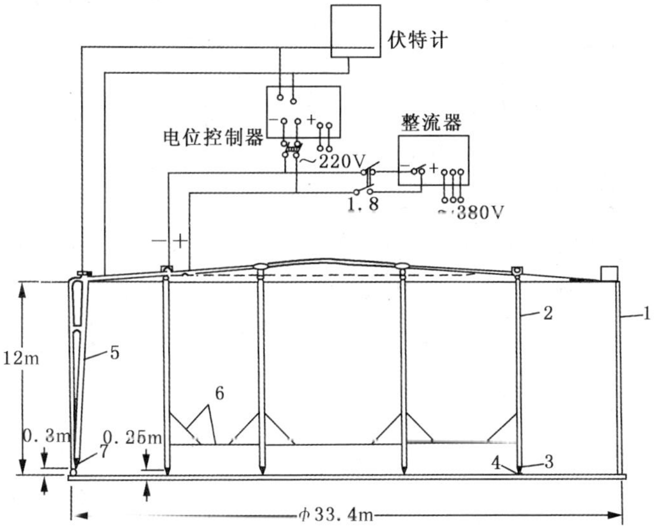

图 10-4 大型氢氧化铵储罐的阳极保护系统[1]

1—碳钢储罐；2—1Cr18Ni10Ti 阴极；3—套筒；4—聚四氟乙烯棒；

5—参比电极用管(1Cr18Ni10Ti)；6—阴极支柱(1Cr18Ni10Ti)；7—参比电极插座

不锈钢是一种活化-钝化金属，在一般情况下，只要介质中没有活性阴离子(如 Cl^-)存在，它就容易处于自钝化状态，且相当稳定。但是，当它在阳极保护系统中作为辅助阴极工作时，由于阴极极化而使其电位负移至相当负的电位，从而就有可能使其从钝态转变为活化态，这时作为阴极的不锈钢将发生腐蚀。

在间歇式阳极保护系统中，作为辅助阴极的不锈钢也是间歇工作的，即按预定的通-断电程序进行一段时间通电、一段时间断电，交替间歇地工作。当断电时，阴极电位正移而处于自钝化状态，这时的阴极不腐蚀或腐蚀极轻微。例如，在 10% H_2SO_4 溶液（40℃）中，06CrNi28MoCuTi 不锈钢阴极在阳极保护电流密度 2A/m^2 作用下（对不锈钢材料而言承载的是阴极电流），其电位负移至-0.3V；而在断电时，阴极电位强烈变正，并迅速正移回到稳定电位，此时不锈钢阴极发生自钝化作用，处于稳定钝态而不腐蚀。

在 50% NH_4NO_3 溶液中，12Cr18Ni10Ti 及 06CrNi28MoCuTi 不锈钢也能自钝化。在间歇性极化条件下，阴极电流密度为 2A/m^2 时，它们具有高稳定性，腐蚀速度分别为 8mg/(m^2·h) 和 1mg/(m^2·h)。在 94% H_2SO_4 溶液（20℃及 95℃）中，06CrNi28MoCuTi 不锈钢呈自钝化状态，所以耐腐蚀。当阴极极化时，不锈钢电位负移，腐蚀速度增大。

在氮磷复合肥料浆液中，Cr28Ni4Mo2Ti、06CrNi28MoCuTi、15Cr25Ti 高铬钢具有自钝化性能。在阴极电流密度为 2A/m^2 和极化 3s/断电 3min 的间歇极化条件下，不锈钢阴极在断电时仍能自钝化，钢表面形成了钝化膜。但是高铬钢可能会发生点腐蚀，所以在这种情况下以采用连续阳极保护为宜。

表 10-2 给出了对高铬钢进行连续阴极极化时的腐蚀试验结果。从表中数据可以看出，当阴极电流密度为 0.16A/m^2 时，这些高铬钢具有高稳定性，因为这时 Cr25Ti 钢的电位为 -0.7V(Ag/AgCl)，Cr28Ni14Mo1Ti 钢的电位为-0.6V(Ag/AgCl)，比这些钢的阳极溶解电位（-0.4～-0.5V）更负，使钢受到了阴极保护。

表 10-2 高铬钢在复合肥料浆液中的腐蚀速率（连续阴极极化）[4]

阴极/阳极面积比 S_c/S_a	阴极电流密度 i_c/(A/m^2)	腐蚀速率/(mm/a)		
		06CrNi28MoCuTi	Cr25Ti	Cr28Ni14Mo1Ti
1:10	1.6×10^{-2}	0.003	0.050	0.016
1:50	8.0×10^{-1}	0.004	0.042	0.001
1:100	1.6×10^{-1}	0	0	0

304 型不锈钢也是商用阳极保护系统中的一种辅助阴极材料。在一个典型的阳极保护装置中，用作辅助阴极的 304 型不锈钢管用焊接封闭，使管内保持正压。如果阴极钢管穿孔，就会有压力降的信号出现并作为报警信号，避免了那些由于不隔绝酸与空气而导致泄漏和阴极短路的状态。

（3）其他阴极材料

在一些工业应用中采用了哈氏-C 合金（16Cr-16Mo-5Fe-4W-Ni 余量）作为辅助阴极，这是一种高耐蚀的 Ni-Cr 合金。目前，哈氏-C 合金阴极较普遍地用于管壳式热交换器，接触的介质是硫酸。如图10-5所示为这种合金的管状阴极的安装方式。哈氏-C 合金阴极也用于运载氮肥溶液的槽车。但这种合金的阴极在硫酸换热器中的寿命不长，估计每隔三、四年就要更换。哈氏-C 合金制作的丝状阴极已用于螺旋状热交换器的阳极保护，该阴极构型已获专利保护。

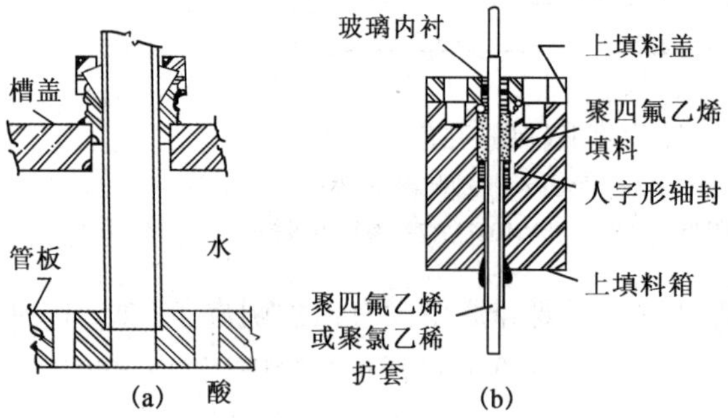

图 10-5 哈氏-C 合金制造的管状阴极在管壳式热交换器中的安装方式[1]
(a)水封结构；(b)酸封结构

碳钢作为辅助阴极可用于纸浆蒸煮釜的阳极保护，如图 10-6 所示为作为辅助阴极的碳钢管在其中的安装方式。随后，在纸浆环境中的一些装置实施阳极保护时采用钢缆作为阴极，直接从蒸煮釜的顶部悬挂到釜内。有的在下端部用夹持机构固定，有的则自由悬挂，但连接部位都须作绝缘处理，以防与釜壁发生短路。

高硅铸铁(含 15%Si)可用于硫酸储槽的阳极保护系统中。在浓硫酸中，用高硅铸铁作为辅助阴极，在 1~100A/m^2电流密度下阴极极化 500h，结果表明，高硅铸铁的耐蚀性良好，是一种有效的辅助阴极材料。

铜可在硫酸中用作为辅助阴极，因其可受到阴极保护而具有较高稳定性，设计的阴极表面积可承载的工作电流密度为 5~500A/m^2。铜制辅助阴极的安装方式参见图 10-7。

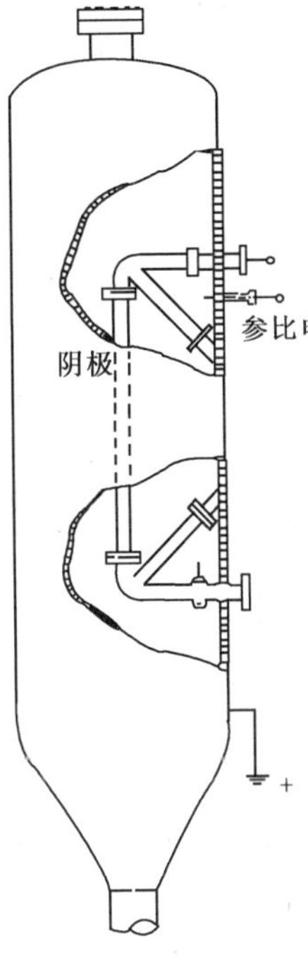

图 10-6　在纸浆蒸煮釜阳极保护系统中碳钢管辅助阴极的安装方式[1]

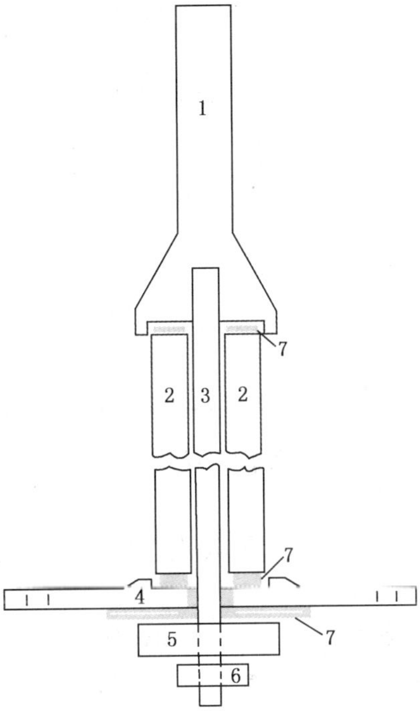

图 10-7　阳极保护系统中铜制辅助阴极装置的安装方式[1]
1—铜阴极；2—陶瓷绝缘；3—钢棒；4—法兰；
5—固定阴极的螺母；6—固定导线的螺母；7—绝缘垫片

铅、钼、钽等金属可用于硫酸介质中作辅助阴极。Ti-Pt、Ti-Ta、Ti-Nb 合金可用于多种腐蚀性介质中。碳钢和镍可用于碱溶液作阳极保护系统的辅助阴极。

10.1.2　参比电极

10.1.2.1　阳极保护系统参比电极的作用和要求

在阳极保护系统中，须使被保护设备的电位控制在规定的电位范围内，才能获得成功的阳极保护效果。因此，在阳极保护系统运行时，应持续测量和控制设备电位，参比电极就是准确可靠地获取电位信号的传感器。阳极保护所用的参比电极应满足下列一些主要的要求：

① 电极表面反应是可逆的电极过程，具有稳定的、不随时间而变的电位；

② 电极过程的交换电流密度相当高，是不极化或难极化的电极体系；

③ 电极电位的温度系数很小；

④ 电极电位再现性高，电极在工作环境中具有稳定的电位，不受环境条件波动的影响；

⑤ 电极与工作介质互不污染，且液界电位小；

⑥ 电极结构坚固，材料稳定，制造及使用方便。

在阳极保护系统中，可作为参比电极的种类较多，有金属/不溶性盐电极、金属/氧化物电极、金属电极等。对任何一种电极来说，不可能适用于所有各种不同的工艺介质。所以在进行阳极保护设计时，应根据工艺介质的性质和工况条件来选用合适的参比电极（参见表10-3）。

表 10-3　阳极保护系统常用参比电极及其适用工艺介质[1,10]

电　极	适用工艺介质	电　极	适用工艺介质
甘汞电极	各种浓度的硫酸	Mo/MoO_3	碳酸钠溶液
	纸浆蒸煮釜		纸浆蒸煮釜
Ag/AgCl	新鲜硫酸或废旧硫酸		绿液或黑液
	硫酸盐制浆液	铂	硫酸
	尿素-硝酸铵	铋	氢氧化铵溶液
	磺化车间	S31600 不锈钢	氮肥溶液
Hg/Hg_2SO_4	硫酸		发烟硫酸
	羟胺硫酸盐	镍	氨肥溶液
Pt/PtO	硫酸		镀镍溶液
Au/AuO	乙醇溶液	硅	氨肥溶液

10.1.2.2　阳极保护系统应用的主要参比电极

(1) 甘汞电极

作为参比电极的甘汞电极是基于如下电极反应：

$$2Hg + 2Cl^- \rightleftharpoons Hg_2Cl_2 + 2e \qquad (10-3)$$

市售甘汞电极是由氯化亚汞（Hg_2Cl_2）和汞制成一种糊状混合物，封装在玻璃中，通过盛装有饱和 KCl 溶液的盐桥与工艺溶液实现电接触。在早先一些阳极保护装置中，甘汞电极置于被保护容器（如储罐）的顶部，而盐桥则穿过顶盖伸入到容器内的溶液中。虽然采用这种结构时，由于盐桥的易碎性而存在许多问题，但当时并无更合适可用的固体参比电极。后来发展出一些新的适用电极，甘汞电极在阳极保护系统中就弃用了。

在纸浆蒸煮釜的阳极保护应用中提到一种所谓"永久性"型式的甘汞电极，它并不需要用盐桥。这种设计构型可能类似于 Hg/Hg_2SO_4电极。

(2) 银/氯化银电极

银/氯化银电极是最早应用于阳极保护系统的固体参比电极。它也广泛用于实验室研究和海洋环境的阴极保护。银/氯化银电极是基于如下电极反应：

$$Ag + Cl^- \rightleftharpoons AgCl + e \qquad (10-4)$$

可采用电解法、热解法或沉积法制作这种电极，也可用熔铸法制造。阳极保护系统所用的银/氯化银电极是采用熔铸法的某一种改型技术制造的，或是把熔融的氯化银浇注在银上，或是用银浸在这种熔液中。

在制作熔铸电极时是有难点的。如果浇注温度高于熔点许多，电极就会产生很高的内阻。这种阻抗如此之高，以至于用静电计或其他高输入阻抗伏特计也无法测量电位。这种熔铸电极是坚固可靠的，并容易安装插入容器。如图10-8所示是一种用于硫酸储罐的银/氯化银电极构型。应当注意，氯化银在发烟硫酸中是可溶的，因此需在实验室中预先做试验研究。在阳极保护的工业应用中，不用盐桥就可直接使用银/氯化银电极，这是十分令人感兴趣的。这种电极已获得了成功应用。

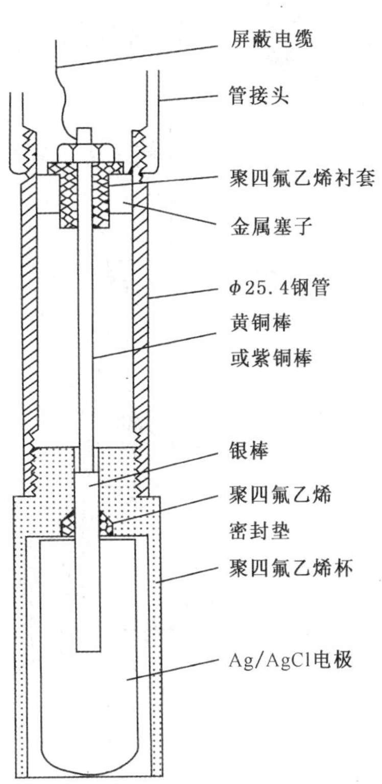

图 10-8　用于硫酸储罐阳极保护系统的 Ag/AgCl 参比电极[1]

（3）汞/硫酸亚汞电极

汞/硫酸亚汞电极的基本电极反应为：

$$2Hg + SO_4^{2-} \rightleftharpoons Hg_2SO_4 + 2e \qquad (10-5)$$

这种电极的制法与甘汞电极的制法相同。先制备汞和 Hg_2SO_4 的糊状物，将其安装在聚四氟乙烯制的筒体中，通过硫酸浸湿的石棉塞与外部工艺溶液导通。这种电极可直接浸在腐蚀性溶液中，并已成功用于硫酸储罐的阳极保护系统。如图 10-9 和图 10-10 所示为可直接浸入溶液使用的汞/硫酸亚汞参比电极的两种构型。在 1mol/L H_2SO_4 溶液中，汞/硫酸亚汞电极的电位为+0.674V(SHE)，或为+0.430V(SCE)。所以，汞/硫酸亚汞电极应用于阳极保护的工业设备时，应注意电位的换算。

（4）金属/金属氧化物电极

一些金属/金属氧化物电极已用于表 10-3 所列工艺溶液介质中的阳极保护体系。这些金属/金属氧化物电极具有相似的半电池反应：

$$2M(OH)_2 + 4e \rightleftharpoons 2M + 2H_2O + O_2 \qquad (10-6)$$

低 pH 值时

$$M(OH)_2 \longrightarrow M^{2+} + 2OH^- \qquad (10-7)$$

高 pH 值时

$$M(OH)_2 \longrightarrow MO_2^{2-} + 2H^+ \qquad (10-8)$$

这些电池反应的电极电位与 pH 值有关，所以应在 pH 值恒定的系统中应用这些电极，以保持其必需的电位稳定性。表 10-4 中 列出了一些金属/金属氧化物电极在氢氧化钠溶液和磷酸溶液中的电位。表中的数据表明，这些电极在碱溶液和酸溶液中的电位差别很大。这些电极可通过化学方法或电化学方法使金属氧化来制得。金属/金属氧化物电极属于固体参比电极，其电位稳定性和重现性都是令人满意的。

如图 10-11 所示为四种性能较优良的参比电极电位与硫酸浓度的关系。其中 Hg/Hg_2SO_4 电位基本不随硫酸浓度而变化；在 67% H_2SO_4 中，电极电位为+310mV(SCE)，在 105% H_2SO_4 中，降低到+235mV(SCE)。贵金属/贵金属氧化物电极在较稀浓度 H_2SO_4 中电位也相当稳定。只是在 96% ~100% H_2SO_4 范围中电位有一个突变上升。如图 10-12 所示为两种参比电极电位与硫酸温度的关系。结果表明，硫酸温度对 Hg/Hg_2SO_4 电极和 $Pt/PtO:PtO_2$ 电极电位的影响不大。

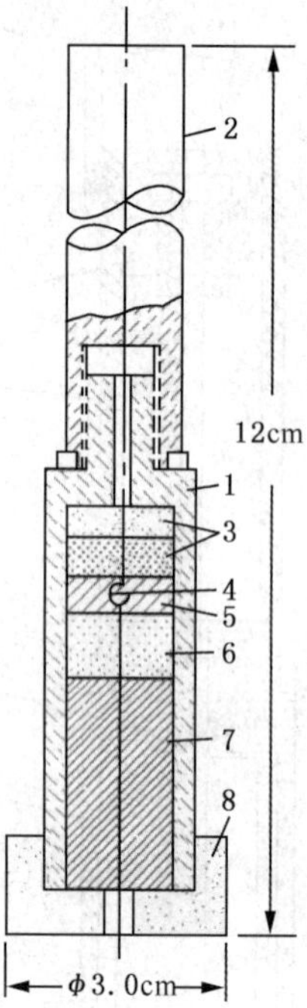

图 10-9 可直接浸入溶液的汞/硫酸亚汞参比电极构型[1]

1—聚四氟乙烯；2—管柱；3—橡胶垫块；4—铂丝；5—汞；6—Hg/Hg_2SO_4糊；7—石棉绒；8—塑料螺母

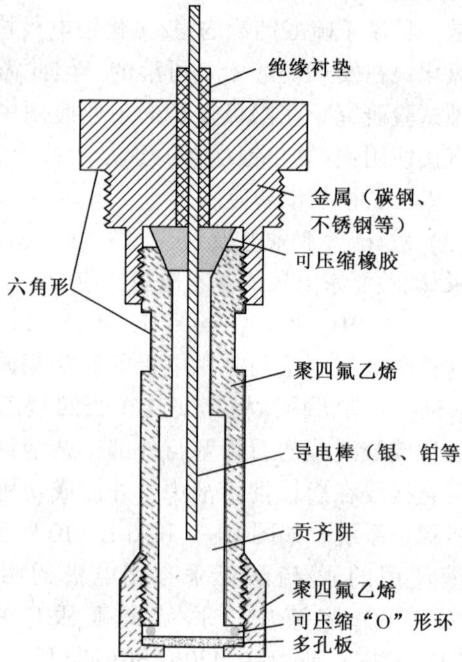

图 10-10 可浸入溶液的汞齐型参比电极的改型结构[1]

表 10-4 一些金属/金属氧化物电极在不同浓度 NaOH 溶液和 H_3PO_4溶液中的电位 mV(SCE)[1]

电　极	NaOH/%(质量)			H_3PO_4/%(质量)	
	10	20	40	85	95
Pt/PtO	-105	-95	-200	+370	+340
Mo/MoO_3	-550	-600	-710	+170	+200
$AuAuO_2$	-105	-95	-200	+90	+160

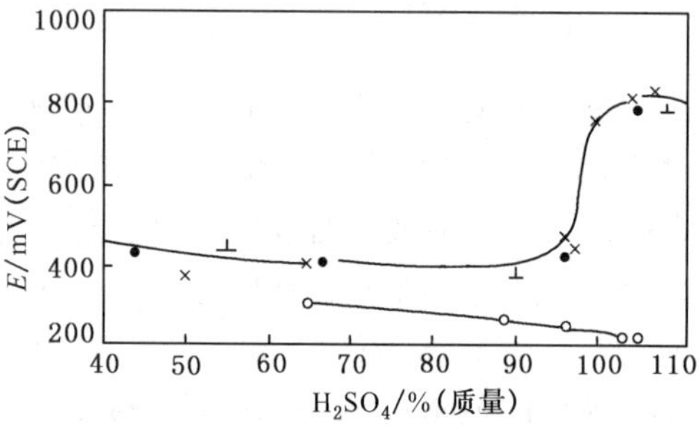

图 10-11 四种参比电极电位与硫酸浓度关系(相对 SCE，25℃)[5]

○—Hg/Hg_2SO_4；×—Au/AuO_2；⊥—Pt/PtO PtO_2；●—Rh/Rh_2O_3

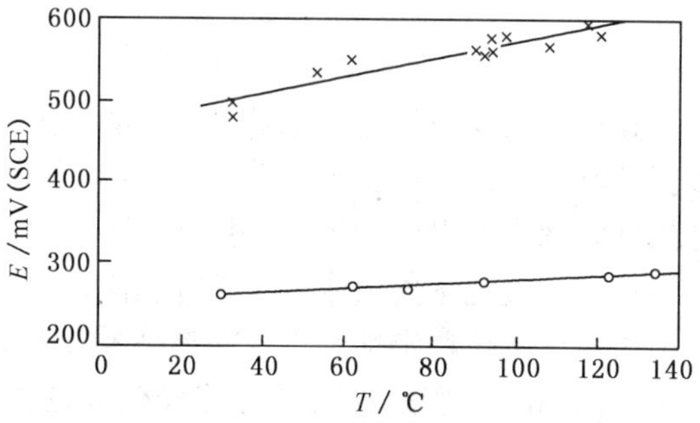

图 10-12 溶液温度对两种参比电极在 96%H_2SO_4中的电位的影响(相对 SCE，25℃)[5]

○—Hg/Hg_2SO_4；×—Pt/PtO PtO_2

Pt/PtO 电极曾用于发烟硫酸和浓硫酸储槽中。Mo/MoO_3电极用于高浓度碱性溶液中，例如纸浆蒸煮釜及纸浆厂回收液储槽中。Au/AuO_2电极被用于使不饱和烃水解为醇类的装置中。

(5)金属电极

纯金属或合金，如果在工艺溶液中具有稳定的电位，就可作为阳极保护的参比电极；并已有一些金属参比电极被成功应用于阳极保护系统的实例。

铂电极已用于硫酸储槽的商品阳极保护系统。铂是一种惰性金属，所以它的电位非常稳定。然而仅用纯金属铂作为参比电极也有一些问题，因为许多还原反应很易在铂表面上进行，结果会使其电极电位发生改变。所以在这种情况下，还是采用铂/氧化铂电极作为参比电极较好。

铋电极在中性的、碱性的以及含氨介质中，均有稳定的电极电位。这种电极曾用于大型氨水储槽的阳极保护中。如图 10-13 所示是一种铋电极的结构。这种电极由金属铋杆安装在聚四氟乙烯等绝缘材料的壳体中制成。电极表面用电解法或化学氧化法覆盖一层氧化物。与未氧化的金属铋电极相比，这种经氧化的电极其电位约高 0.15V。金属铋电极在 pH=12 时的电位是-0.45V(SCE)，据报道，这一电位在 pH 为 11~12.8 范围中与 pH 值无关。但在一个实例中发现，在氨水中浸泡 15 天时，铋电极电位从-0.45V(SCE)正移至-0.30V(SCE)，且在电极表面产生了暗褐色氧化物。显然，对铋电极阳极氧化可获得更好的使用效果。在 pH 值恒定的情况下，铋电极电位与电解液的浓度及性质无关。在 pH 为 7~13 范围中，$\Delta E/\Delta pH$ 之比约为 0.04V，温度系数为 0.001V/℃。

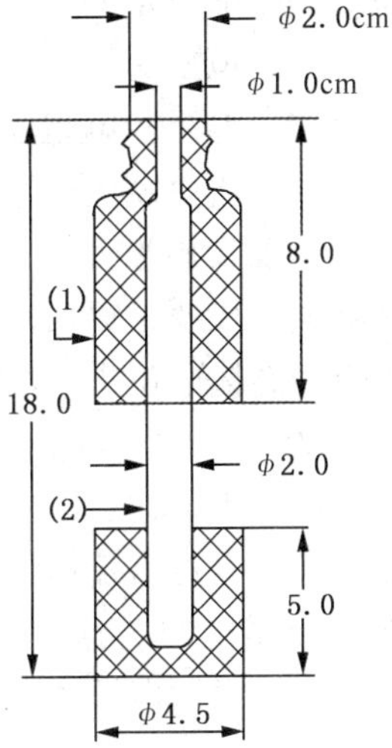

图 10-13　阳极保护系统中用作参比电极的铋电极结构[1](单位：cm)

1—聚四氟乙烯；2—铋

在容积为 2000~10000m^3氨水储槽的阳极保护系统中成功地采用铋电极作为参比电极。氨水成分为：25% NH_3，6~200mg/L CO_2，2~5mg/L NO_3^-，100mg/L Cl^-，2~5mg/L CH_3COO^-，pH=12。在 20℃ 的这种溶液中，经氧化处理的铋电极电位为(-0.3±0.01)V(SCE)。在阳极保护过程中，氨的浓度从 4%上升至 25%，pH 值从 11.6 改变至 12，温度从 5℃上升至 30℃，在这种情况下，铋电极的电位与平均值-0.30V(SCE)的偏离不大于 0.05V。

316 型不锈钢曾作为参比电极成功地用于氮肥溶液中的阳极保护，例如在含 NO_3^-的液体肥料中。在这些溶液中，不锈钢处于钝态，所以其电位通常是稳定的。但是，当有污染存在时，可能使不锈钢转变成活化态。这样，作为参比基准的电位就发生了改变，有时可达几百毫伏，这将破坏阳极保护系统正常运行。在这种情况下不能使用不锈钢参比电极。

镍电极和硅电极可用于复合肥料料浆中。复合肥料料浆的粘度大，温度高，有搅拌，含有硝酸盐、磷酸盐、硫酸盐及氯化物等组分。硅电极电位与溶液 pH 值有关。如图 10-14 所示是作为参比电极的硅电极结构。

钼电极可作为强酸(如硫酸、磷酸)中阳极保护的参比电极。而前面提到的 Mo/MoO_3电极却可用于强碱溶液中阳极保护的参比电极，但不适用于酸介质。

10.1.3　阳极保护电源

10.1.3.1　实现阳极保护的通电极化方式

为了实现阳极保护，须使金属电位达到并保持在稳定钝态区。为此，应以某种选定的方式对被保护金属施加阳极性电流，达到致钝和维钝的目的。对金属施加电压、实现阳极极化及控制电位，通常有下列方法。

① 恒槽压法　在被保护金属表面与辅助阴极之间施加恒定的、但不进行调整的电压，即施加一个恒定的槽压，这种方法比较简单。所用装置由电源和电阻器组成。当致钝电流密度比维钝电流密度大得不是很多，而稳定钝化区电位范围又相当大时，就可采用这种方法。所施加的电压要足以实现钝化和维持钝化，但又不能使金属电位进入过钝化区。

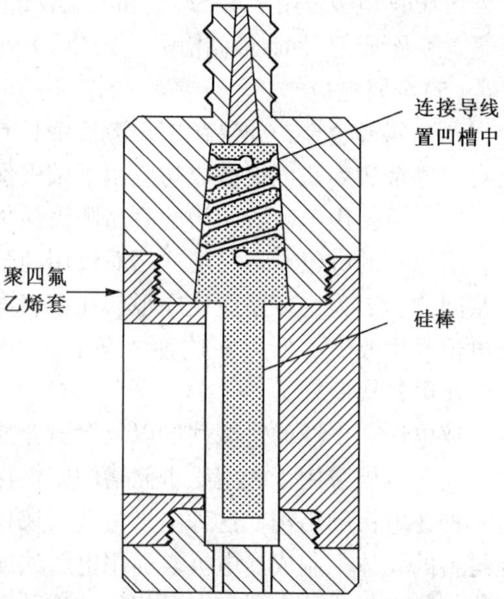

图 10-14　阳极保护系统中用作参比电极的硅电极结构[1]

② 连续恒电位法　对被保护金属表面实施连续的阳极极化，即在被保护金属与辅助阴极之间施以受控直流电，并通过参比电极监测和控制金属电位。这是一个三电极阳极保护系统，它是通过电源和电位控制器(或恒电位仪)来实现的。

③ 间歇恒电位法　对被保护金属表面实施间歇的阳极极化，即按照预定的程序在被保护金属与辅助阴极之间进行通电和断电操作，同时由参比电极监测金属电位。这种阳极保护系统是由电源和电位控制器以及继电器来实现的。

10.1.3.2　阳极保护系统的供电电源

在阳极保护系统中，电源的作用是在被保护金属(阳极)与辅助阴极之间提供直流电。蓄电池组也可作电源。但是，通常以交流市电作为一次电源，经过变压和整流，再供阳极保护系统应用。如图 10-15 所示为对阳极保护系统供电的变压电源的框图。

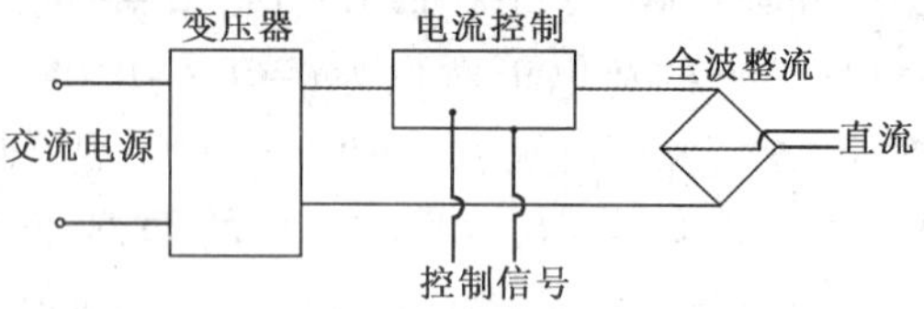

图 10-15　对阳极保护系统供电的变压电源框图

通过变压器将市电的交流电压降低到较低的应用电压值。需用电压与总电路电阻有关，而后者主要取决于辅助阴极面积的大小。电压范围一般在 10~50V 之间，目前常用电源的输出电压为 10~20V。电源中的电流控制模块由电位控制器反馈的信号驱动，以调整电源的输出电压。而在间歇式阳极保护系统中，通-断电的电流控制是由继电器来完成的。在采用这种通-断电控制方法时，因为总电流必须机械地中断，由于接触点处起弧而缩短了继电器接触的延续时间。这一问题可以通过用继电器切断反馈到电流控制模块的信号而得以解决。这种信号电压只有几毫伏，因此不会对继电器接触产生多大影响。

饱和铁芯抗流圈可作为电流控制器。当直流线圈被控制信号“饱和”时，该装置就传导电流。从理论上说，当除去控制信号时，抗流圈就不再传导电流。但是，当控制信号降低到零时，这种装置并未完全切断电流，而仍有一些电流会泄漏过去。在有些阳极保护设备中，这种泄漏电流相当大，以至于设备的电位高于所需电位值。采用“降压”电路可把泄漏电流减少到可接受的水平。现在所用的装置就有这种电路。

可控硅整流电路也可作为电流控制器。可控硅整流器工作时，只允许一部分电流周波可以通过，其数量与控制信号的大小成比例。这种装置需要一个附加的触发电路来启动。由于它可切断来自硅整流器的全部电流，所以就消除了泄漏电流问题。但是，可控硅整流器并不如饱和铁芯抗流圈那样耐用，更易因电流冲击和瞬变而损坏。

电源位置通常应靠近被保护设备，以缩短连接到阳极和阴极的承载大电流的电缆长度。因为必须排放电源产生的热量，可采用空气冷却的机壳；而在防爆区或有强腐蚀性气氛的地区，则采用油冷外壳。

10.1.3.3　电位控制器

电位控制器可以看作为一个功能有限的恒电位仪。其电路和要求与常规恒定电位仪相同。电位控制器有两个功能，即传感和控制。传感电路本质上是一个高阻抗电压表，其阻抗值至少为 $10^6\Omega$，因为参比电极的阻抗也很大。通常还装有示值读出装置，用于监视被保护系统运行时的电位情况。电位控制器测量和采集了参比电极与被保护设备之间的电位信号，将该电位与预置的给定电位进行比较，其差值用于控制电源的电流输出。即将此差值信号反馈至电流控制器，控制电流控制器的运作，以调整辅助阴极和被保护金属表面之间的直流电流。

现场仪器的电位控制精度并不需要像实验室恒电位仪的那么高。例如，大多数现场的电位控制器，只要其电位维持在所需值的±5mV 内就足够了。而实验室用的恒电位仪则往往要求能控制在±0.1mV，甚至更加精确。

连续操作的电位控制器能够用于对设备提供阳极保护，以控制腐蚀；为此要求被保护金属的保护电位范围不小于 50mV。

间歇操作的电位控制器只有在保护电位范围足够大(不小于 100mV)且断电后电位须呈缓慢衰减方式降低到保护电位范围低限值的条件下才可应用。在这类装置中，利用继电器的可调触点来接通或切断极化电流，通电时间往往比断电时间短。有人认为，断电以后的金属表面钝态应能保持 3min 以上。

在通电时间比断电时间短的设备体系中，这种通-断电的间歇操作控制方式是可行的。在 30~40℃ 的 100% H_2SO_4储槽实施这种阳极保护时，通电时间只占大约 10%(储槽灌满硫酸后的情况除外)。酸的浓度和温度会影响到通电时间。据报道，美国大陆石油公司在 20 世纪 60 年代初期就曾采用这种间歇式通-断电法对一个内装 98% H_2SO_4、容积为 159m^3的碳钢储罐实施阳极保护。采用的是包铂阴极，Ag/AgCl 或铂/氧化铂参比电极。通-断电周期为：5s 通电、5min 断电，即通电维钝时间仅不到 2%。在 93% H_2SO_4储槽中实施通-断电间歇式阳极保护，当溶液温度为 27℃ 时通电时间份额只占 1%；而在 66℃ 时通电时间份额却占 63%。曾在发烟硫酸储槽上观察到，通电时间仅几秒钟，而断电时间则可持续长达 1h。与高浓度溶液相比，酸浓度越低，断电时间间隔往往越短。

利用这种通-断电极化的间歇式阳极保护技术主要的成功应用是保护硫酸储槽，此外也成功地用于氨水储槽、硝酸盐肥料储槽以及槽车等。

10.2　阳极保护系统的设计与安装

10.2.1　阳极保护系统的设计

阳极保护系统必须仔细地设计。这种保护方法只有在具有活化-钝化转变的阳极极化行为的体系中才是有效的。阳极保护也有其固有的风险性，即当阳极保护技术使用不当时可能会加速腐蚀。但是，只要正确地设计、操作和维护，这种腐蚀控制方法在腐蚀工程师手中就是一种很有效的手段。

10.2.1.1　电化学测试及参数确定

面对准备提供阳极保护的设备，首先必须考虑的问题是，对这一指定的设备体系实施阳极保护是否可行。这一问题只需在实验室中测试该体系的恒电位阳极极化曲线，确定其阳极极化行为和结果，就能容易地解决。

在实验室测试时所用试样材料必须与现场设备的金属相同，通常只要求其合金成分和含量一致。不一定要从设备构件上切取试样，除非设备所用合金材料是独特的或稀缺的。但所用试验溶液则应要求与现场完全相同。如果可能，应直接取用生产工艺中的真实溶液作为试验溶液，因为这样的试验溶液将确保在工艺溶液中附带的杂质也成为被评价的影响因素。如果取不到实际工艺溶液，则可配制模拟溶液，应包括工艺溶液中可能涉及的各种元素，以使其具有代表性，否则将会导致试验特别困难和错误的结果。生产中工艺溶液的特征是非常重要的，如生产实践有重大变化，实验室试验溶液也应做出必要的调整及安排。

在现场设备上曾发生过一些难以解释的现象，即现场设备阳极保护的电流需用量要比实验室测定的大得多。例如，当来自处理工段的一槽车废酸被泵入储槽时，很难再维持原有的阳极保护。从储槽中取出挂片后发现，挂片上覆盖着一厚层软的腐蚀产物。经分析，这种产物是硫酸铅，是在处理工艺中由酸反应产物堆积起来的。再用这种覆盖有腐蚀产物的挂片测试极化曲线，发现其需用电流极大，这时的阳极保护在经济上只算是勉强可用的腐蚀控制方法了。

许多事例说明，必须获得具有合理代表性的溶液取样，这是成功试验的一个前提条件。在实验室试验时还应模拟生产中的各种工艺条件，例如压力和温度。实验室试验条件和生产设备之间的压力差也会导致溶液成分不同，如溶液中的可溶性气体含量在不同压力下会发生改变。温度也要模拟实际情况，特别应注意金属的温度，在传热的情况(涉及热交换器)下金属温度往往比溶液温度高。设备器壁金属温度是影响腐蚀速度的一个重要因素，热流对许多合金是一个加速腐蚀的因素。

通常在实验室采用恒电位的动电位扫描法来测试上述体系的阳极极化曲线。根据极化曲线特征就可确定该设备体系是否可实施阳极保护。只要极化曲线上具有活化-钝化转变行为，致钝电流密度 i_{cr} 不是太大，且稳定钝化区的电位范围足够大，对这种体系就可以实施阳极保护，参见图 9-1。

从所测定的阳极极化曲线上可确定出保护电位范围、致钝电流密度 i_{cr} 和维钝电流密度 i_p。在极化曲线上的稳定钝化区电位范围(见图 9-1)中，选择所需电流最小且稍稍远离过钝化电位和弗拉德电位的一段电位区间，作为最合适的保护电位范围。实验室测试所得数据可直接用于现场设备的阳极保护。但应注意电位数据所相对的参比电极，如有不同，应注意换算后使用。

为获得金属钝性和维持钝性所需的致钝电流密度及维钝电流密度可从极化曲线上测定。在直接使用时必须注意，这些电流密度与时间有很大关系。在多数情况下，实验室测试所得数据要比现场所需的大。如果直接采用，可增加安全系数，但会增大电源成本，因为现场设备的实际所需电流一般很小。

已有一些研究结果证明了致钝电流密度的时间影响关系。如图 10-16 所示为时间对致钝电流密度的影响，这是几项现场和实验室测试结果的组合图。数据表明，在 30～40min 内，该体系的致钝电流密度随时间而下降。如果未施加阳极保护时设备的腐蚀速率小于

0.51~0.76mm/a，在这种情况下可以采用较小的致钝电流密度且同时延长钝化时间来建立钝化状态。硫酸储槽的阳极保护中就有这样的实例。如果设备金属的腐蚀速率大，则应选用较大的致钝电流密度，以使设备能在较短的时间内钝化，避免在钝化过程中对设备造成电解腐蚀。

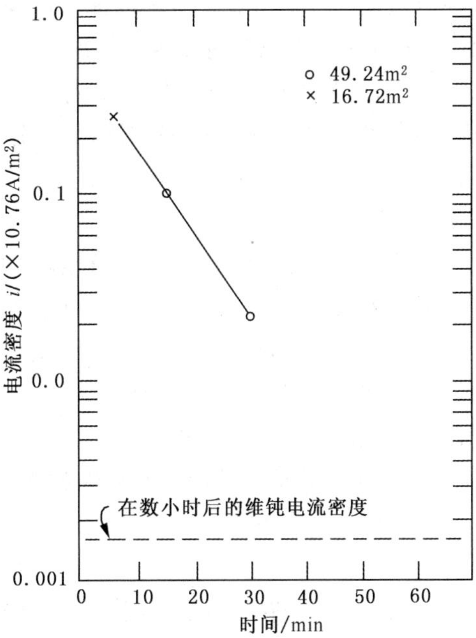

图 10-16　时间对致钝电流密度的影响[7]

碳钢，93%H_2SO_4储罐(27℃)

10.2.1.2　设计步骤与基本原则

对于给定的设备体系采用阳极保护，可按以下步骤和基本原则进行阳极保护设计工作。

① 测定该体系的恒电位阳极极化曲线，判断实施阳极保护的可行性。

② 从测定的极化曲线上可求得致钝电流密度 i_{cr}、维钝电流密度 i_p和稳定钝态区电位范围。

③ 根据 i_{cr}和被保护的设备面积 S，计算致钝时所需电流强度 I_1：

$$I_1 = i_{cr} \cdot S \tag{10-9}$$

然后选择致钝方法，并据此设计致钝电源(整流器、阳极极化控制装置或恒电位器)的电流容量。再根据溶液导电性、辅助阴极结构和导电母线预测电压降，设计电源的电压容量。继之选择确定电源规格型号。

如果总电流太大，必须考虑采用特殊的致钝方法，如采用逐步致钝法、化学或低温致钝法等。也可考虑联合采用涂覆层来配合阳极保护，但电源容量应留有足够裕量。

电源输出电压 V_o按下式计算：

$$V_o = E_A - E_c + IR_L + IR_S \tag{10-10}$$

式中　E_A——致钝时设备的最正电位，V；

E_c——致钝时辅助阴极的最负电位(以负值代入)，V；

IR_L——致钝时溶液的欧姆电压降，V；

IR_S——致钝时输电线路的总欧姆电压降，V。

④ 根据 i_p和 S 计算正常维钝时所需电流强度 I_2：

$$I_2 = I_p \cdot S \tag{10-11}$$

维钝时电源输出电压的计算方法与致钝时类似。但是，维钝时溶液欧姆电压降和线路电压降一般都很小，甚至可予忽略。

⑤ 测定体系的自活化时间 τ_a，并考虑稳定钝态区电位范围宽度和被保护设备台数及其在生产中的重要性，确定电源类型和控制方式。

对于稳定钝态区宽、τ_a长的体系，可采用蓄电池、普通整流器进行手控，或采用两点式电位控制器、间歇通断式控制器进行自动控制。若设备坐落成群，工艺条件不十分复杂，且设备暂停使用对生产影响不大，还可考虑采用循环极化法。若要求比较严格，可采用恒电位器作为维钝电源。

⑥ 测定恒电位维钝下的设备金属腐蚀速率，估计保护效果，推算出阳极保护后的设备寿命，并根据长时间维钝后的保护电流密度(它比从极化曲线测定的 i_p小)，估算电能消耗

和经济效益。但应注意，由于被保护体系尚未达到稳定状态，或者由于在保护电位区存在副反应，i_p有时并不能与腐蚀速率等值。

⑦ 根据模拟试验或经验，确定体系的分散能力，从而决定辅助阴极的结构及布置。这是对复杂设备和导电性差的溶液介质进行阳极保护设计中最重要的环节之一。辅助阴极的结构及布置需结合阴极材质及其安装、维修、引出方式、绝缘和密封方法等综合考虑。

⑧ 根据工艺溶液的腐蚀特性和阴极工作条件下的腐蚀行为，选择辅助阴极材质。再根据阴极布置及强度、刚度、寿命要求，得出阴极尺寸及数量，大致估算阴极工作面积。为此，往往需测出不同电流密度阴极极化条件下的腐蚀速率。只有当自腐蚀和阴极极化时都耐蚀，阴极选材才是合理的。辅助阴极的结构、布置、尺寸、数量主要是根据分散能力的需要来确定，此外还应考虑连接、强度、刚度、寿命、更换维修等要求。

⑨ 根据工艺条件选择参比电极和进行测试，确定合适的参比电极及其在设备中的布放位置、结构。选择性能优良和合乎工艺需要的参比电极也是阳极保护设计中的一个重要环节。

⑩ 必须采取的特殊设计及措施。如某些管道的绝缘，最低液面的维持，设备上局部结构或材质的更改等，需根据具体问题的性质和条件作具体处理。其原则是，避免非保护区发生电解腐蚀以及避免不必要的活化。

⑪ 根据阳极保护的操作要求以及生产工艺特点进行适当的互相协调。致钝操作常常需要工艺配合，维钝操作也要求工艺条件尽量稳定，特别是保持液位稳定。在某些情况下，对工艺进行适当改变(如果允许的话)以满足阳极保护需要，这也是合理的。

10.2.1.3　电源选择与设计

为阳极保护系统选择电源，主要是确定合适的电流容量和电能容量。电流容量可由电化学试验预先确定，由设备钝化所需的电流来决定。有的体系所需的致钝电流密度 i_{cr} 比维钝电流密度 i_p要大 $10^2 \sim 10^4$倍，电源的容量对致钝和维钝两者很难协调。为此可以使用移动式的、辅助的或后备的大容量电源来建立初期钝态(致钝)，然后用适当容量的小电源来维持钝态(维钝)。大容量致钝电源可以手动操作，小容量维钝电源可手控，也可自控，包括采用恒电位仪。

选择的电源容量大小应使设备能在合理时间内实现钝化，因为钝化所需的电流与时间有很大关系。如果钝化时间从 1s 延长到 30～60min，所需电流可能减小 1 个数量级。正如前述，在钝化过程中，由于阳极极化的作用会使金属腐蚀速率加速，所以，只有在设备很少需要再钝化并且在非保护状态下的腐蚀速率也较低的情况下，才采用长时间钝化。反之，设计时就应考虑尽可能缩短钝化时间。

表 10-5 列出了一些金属/溶液介质体系为阳极保护致钝和维钝所需的电流数据，其大多数来自实验室的试验数据，所以可能偏高。也可参考 9-4 和表 9-5 提供的需用电流数据。

电源设计和选择的另一个重要参数是输出电压。输出电压值是根据总电路电阻中如下一些因素来确定的：电缆、设备的金属壁、溶液、辅助阴极、阴极/溶液的接界电阻。其中，阴极/溶液接界电阻是主要因素。目前常用的电源电压是 10～20V，可提供的电流高达 750A。

表 10-5　一些金属/溶液介质体系为阳极保护致钝和维钝的需用电流[1]

溶　　液	浓度/%（质量）	温度/℃	金　　属	致钝电流密度/（mA/cm^2）	维钝电流密度/（mA/cm^2）
发烟硫酸		25	碳钢	2.640	0.00380
硫　酸	93~98	25	碳钢	2.640	0.03960
硫　酸	93~98	20	316 不锈钢	0.044	
硫　酸	90~94	25	碳钢		0.00198
硫　酸	78	25	碳钢	3.080	0.05500
氢氧化铵	25	25	碳钢	40.070	0.00484
草　酸	0.1mol/L	20	碳钢		0.12760
化肥溶液 $(NH_4)_2CO_3$、$CO(NH_2)_2$		20	碳钢		0.001012
硫　酸	93	60	316L 不锈钢		0.0080
硫　酸	67	25	317 不锈钢	3.608	0.00189

实际的阳极保护体系中，采用较多的电源是可调节式的整流器或恒电位器。电镀常用的硅整流器或可控硅整流器适合于用作阳极保护致钝和维钝电源。现在已有阳极保护专用电源供应。如果采用恒电位仪或电位控制器，仪器应具有足够高的输入阻抗，否则可能引起参比电极极化。一般而言，仪器输入阻抗应不小于 10MΩ；如果采用金属参比电极，尤其是当表面积较大时，仪器输入阻抗可不小于 1MΩ。采用可控硅整流电源时，往往要求它具备低压下能有较大电流输出的特性。因为阳极保护技术的致钝需用电流比较大，而槽压却往往比较低。

10.2.1.4　辅助阴极选择与设计

首先应选择阴极材料，主要考虑阴极在溶液介质中的稳定性。阴极材料应该是惰性的，或者在阳极保护系统运行时，它们由于承载了阴极电流而受到阴极保护。

阴极材料的价格也是一个重要的考虑因素。消耗电能的费用与阴极面积有很大的关系，因为在阳极保护系统载流电路中的总电阻主要取决于辅助阴极与溶液之间的接界电阻。这种接界电阻是总电阻的控制性因素，因此应该尽可能采用表面积大的辅助阴极，以降低电能消耗，提高经济效益。曾在一些阳极保护设备中采用包铂阴极，因为它很稳定。但是由于这种电极材料价格很贵，限制了大表面积包铂阴极的使用。而使用表面积小的包铂阴极，又会导致电能消耗增大。正如前述，还有许多其他的辅助阴极材料可供选择使用。

在设计时选择了阴极材料后，接着就应确定辅助阴极的大小和数量。阴极大小及数量是根据电路电阻和电流分布来确定。关于电流分布主要是考虑阴极的分散能力，它还与阴极的构型、分布、安装有密切关系。

在选用点状辅助阴极的情况下，可以预期正电性的阳极保护电流是均匀地从阳极向阴极辐射分布的。点状阴极在溶液中的接界电阻 $R_c(\Omega)$ 可按下式计算：

$$R_c = \rho\left(\frac{\frac{1}{r_1} - \frac{1}{r_2}}{3.94\pi}\right) \tag{10-12}$$

式中　r_1——阴极半径，cm；

r_2——从阴极中心线至槽壁的距离，cm；

ρ——溶液电阻率，Ω·cm。

在通常的大型储槽中，可近似地认为点状辅助阴极半径 r_1 比它至槽壁的距离 r_2 要小若干数量级，因此在式(10-12)中可忽略($1/r_2$)，从而简化成下式：

$$R_c = \rho\left(\frac{1}{3.94\pi r_1}\right) \qquad (10-13)$$

所以，只要已知溶液电阻率 ρ 和点状阴极的半径 r_1，就可以计算得阴极的接界电阻 R_c。而且 R_c 在这种情况下是基本恒定不变的，与阴极在储槽中的具体位置及储槽尺寸无关。

对于圆柱状阴极，可按下式计算阴极在溶液中的接界电阻 $R_c(\Omega)$：

$$R_c = \rho\left(\frac{\lg\left(\frac{r_2}{r_1}\right)}{1.97\pi l}\right) \qquad (10-14)$$

式中 r_1——阴极半径，cm；

r_2——从阴极中心线至槽壁的距离，cm；

l——阴极长度，cm；

ρ——溶液电阻率，$\Omega \cdot$ cm。

从式(10-14)得到的计算值与实际测量值能较好地吻合。但对长阴极来说，计算的电阻值有些偏离，且趋近于某个渐近值。这说明，长阴极可能存在某个极限电阻值。在设备的阳极保护体系中，采用较长的圆柱体阴极可以降低电阻。例如，据报道在浓硫酸中采用长阴极，其电路电阻仅为0.04Ω。

在圆柱状阴极的情况下，r_1、r_2 和 l 都会影响阴极的接界电阻。由于在化工工艺环境中，溶液电阻率往往是变化的，且变化较大，因此可预期接界电阻 R_c 也是随之变化的。为考虑和补偿在不同化学环境中溶液电阻率 ρ 的变化，可通过设计对圆柱体电极予以控制和调整。即使在同一个给定的化学环境中，溶液电阻率 ρ 也是随温度变化的，这也需要通过设计来限定和处理。

辅助阴极的材质选择和结构设计的基本原则是：

① 在阳极保护状态及自腐蚀状态下具有长期稳定性，耐蚀耐用，使用寿命长。设计时应留有腐蚀裕量。

② 阴极横截面积及其连接面的载流能力大，以满足阳极保护系统运行操作之需。

③ 设计时应考虑使阴极暴露表面积尽可能地大，减小阴极/溶液的接界电阻，以降低阳极保护时所需电能和对电源容量的要求。

④ 阴极极化率要小，工作电位稳定。

⑤ 辅助阴极在阳极保护设备中应装取方便，结构可靠，保证引线处满足绝缘和密封要求。

⑥ 阴极材料力学性能好，易于加工、安装、维修、更换。选用的阴极材料不仅具有优良的性能，而且材料来源广泛，价格低廉。

10.2.1.5　参比电极选择与设计

阳极保护的实现和控制主要是基于被保护设备的电位值，而施加和获得电位信号的传感器就是参比电极。阳极保护所用的参比电极与通常电化学测量及阴极保护选用的参比电极具有基本相同的一些主要要求，参阅10.1.2节。表10-3已给出了一些阳极保护系统常用的参比电极及其适用工艺介质。

在阳极保护设计时，在参比电极的众多影响因素中，选用参比电极的关键性因素是参比电极在腐蚀性工艺介质中的适用性和电化学稳定性。参比电极在该溶液介质中基本上是不可溶的，应具有良好的材料稳定性。参比电极的电化学电位随时间是稳定不变的，受溶液组分及温度变化的影响极小。在阳极保护的各种设备/溶液介质中，有许多参比电极可供选用(参见表 10-3)。参比电极的大小并不是决定性的因素，而参比电极的易碎性则往往是阳极保护失效的一个重要因素。参比电极在被保护设备中的位置选择应合理，要求能监测到阳极保护电位分布中最不利的电位。参比电极结构以及它与被保护设备的绝缘、密封应是参比电极选择和设计时格外关注之处。

10.2.2 阳极保护系统的构型配置与安装

10.2.2.1 辅助阴极结构与安装

辅助阴极结构的设计与安装应考虑其强度和刚度，与作为阳极的设备壁应保持一定距离并尽量均匀，与设备绝缘良好，其引出线及引出系统与设备的绝缘、密封性能良好。如图 10-17 所示是一种用于阳极保护系统的集中式阴极引出方式的结构。它是将被保护设备的一些辅助阴极组合连接、集中引出到设备外部与电源相连接。通过它可馈送很大电流，可承受相当大的工作压力，密封和绝缘可靠。如图 10-18 和图 10-19 所示分别是对插入式水箱管束进行阳极保护时的两种阴极引出方式。

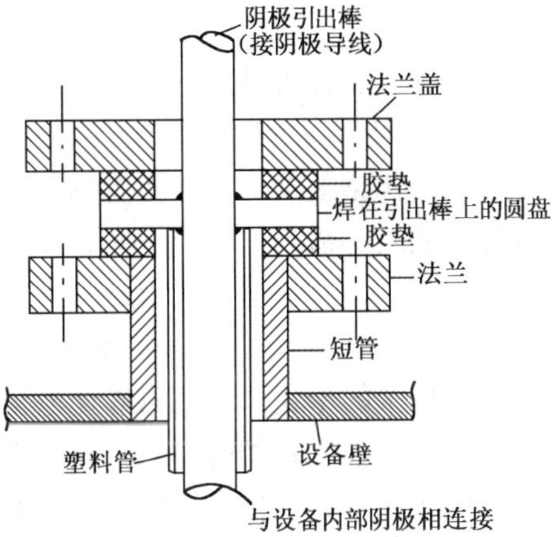

图 10-17 阳极保护系统的集中式阴极引出方式[8]

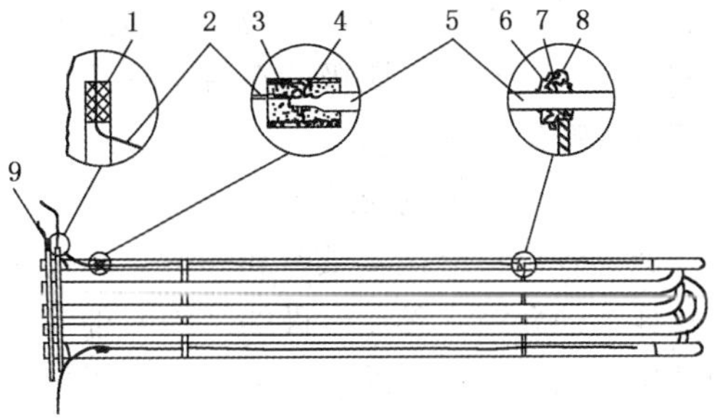

图 10-18 阳极保护系统的分散式阴极引出方式[8]

1—胶垫；2—导线；3—环氧胶泥；4—螺栓；5—阴极；6—卡块；7—PVC 绝缘台；8—花板；9—水箱管板

为了解决设备溶液从阴极连接处泄漏的问题，许多阳极保护系统是从设备顶部安装辅助阴极的，如图 10-3 所示。这种安装方式同时也提供了阴极装取、维修、更换方便的优点。图 10-20 是从设备顶部安装阴极的一种构型方法。在设备顶部焊上开孔法兰，安装阴极时用绝缘垫片将阴极与设备绝缘。该绝缘垫片还必须耐设备内溶液蒸气和凝液的侵蚀。阴极的固定也是十分重要的，尤其是在流速大或有气体冲击、震动的场合以及辅助阴极悬挂过长的情况下，应采取一些专门措施保障阴极安装的牢固。图 10-4 中就采取了这种加强固定阴极的

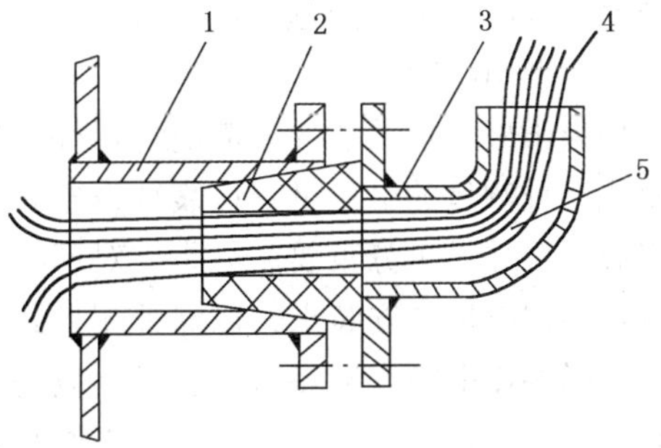

图 10-19 电缆盒式阴极引出方式[8]

1—短管；2—胶塞；3—弯管；4—导线；5—环氧胶泥

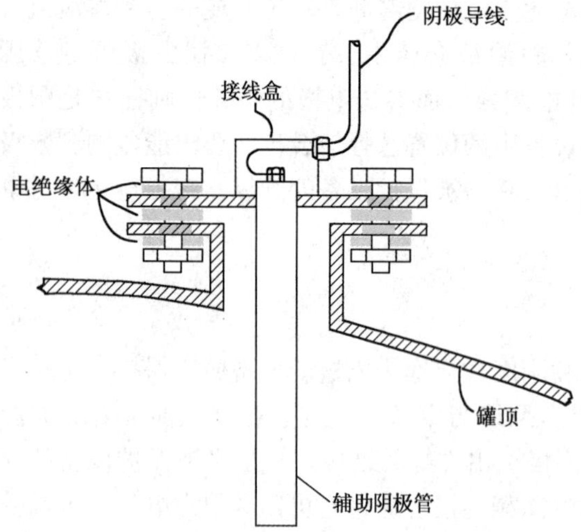

图 10-20　从设备顶部安装辅助阴极的连接方法[1]

支撑筋。根据阳极保护实践的经验，在小型槽罐容器(直径小于6.1m)中，只需安装一个辅助阴极，更大的设备则用3个阴极。

只安装一个辅助阴极的体系，阴极位置不一定要处于设备中央，因为被保护体系一般都具有足够的分散能力，可以获得适当的电流分布。然而，如果使用多支阴极，它们相对于容器壁可以均匀地分布。例如，当使用3个阴极时，它们可以呈120°地匀称分布。阴极位置至容器侧壁的距离并不十分重要，但为了获得有效的电流分布，阴极至侧壁距离最好不小于设备半径的1/2。

辅助阴极至设备底部的距离至少应为30cm，这样可以防止在阴极下面设备底部的局部区域发生过钝化。此外，阴极的底端应在设备运行时始终被溶液介质所浸没，以保证阳极保护系统有效工作。

如果被保护设备不是立式安装，而是水平安装的，电极的分布设置就有些不一样了。如果只用一支阴极，应将它放在设备中部(从一端至另一端的中间)。如果使用多支阴极，则应将它们沿设备长度方向均匀地设置。如果被保护设备的几何构型复杂，电极布置的设计就比较困难一些。总之，阴极的布置必须使被保护设备所有各处获得适当的电流分布，而且避免局部位置产生过钝化。

10.2.2.2　参比电极结构与安装

在前述各章对电化学试验和测量、阴极保护控制与测量技术的论述中，已对参比电极做了比较详细的介绍。参比电极的结构多种多样，对它们的基本要求大致相同。对于现场设备的阳极保护系统所选用的参比电极，除了电极对环境介质的适用性和电化学稳定性，更要特别注意设备的复杂结构和多变的工艺条件对电极的特殊要求。现已发展出许多阳极保护专用参比电极。即使是实验室常用的饱和甘汞电极，针对被保护系统的稳定情况，经适当的防震、防渗、抗压、耐蚀等方面的改制处理，也可直接应用于设备的阳极保护系统。

参比电极的安装结构同样也须充分考虑与设备绝缘(如使用金属棒参比电极时)以及密封防泄漏等两个重要问题。从设备上盖顶部向下垂直插入溶液，是一个解决此类问题的有效方法，如图 10-3 所示。

如果阳极保护系统的分散能力很好，参比电极能够容易地反映距离很远处设备表面电位的变化，且测量的电位可直接表征设备表面的平均电位。在这种情况下，参比电极在设备中的安放位置并不十分重要。但是，对于分散能力不太好，或者设备构型相当复杂时，则应仔细选择参比电极的安装点，以保证测量到合理的电位信号。

选择参比电极安装点时应注意到设备各结构部位的电位分布是否均匀，溶液的欧姆电压降影响如何。选择安装点的一个基本原则是，参比电极应安装在阳极保护最不利的部位，既要防止过钝化，又要防止保护电位过低而达不到保护要求。对于储槽类设备，应将参比电极安装在靠近底部处，以防液位降低时参比电极露出液相而断开信号回路。对于一些大型复杂设备(如碳化塔)，液位随工艺变化而升降，对此就需多设置几个参比电极。在这种情况下，采用如图 10-3 那样的长金属棒参比电极也是一种优选方案。

为了准确可靠地控制阳极保护电位，同时监测了解不同部位的电位分布，也可分别设立信号控制参比电极和电位测量参比电极。即专门用一个参比电极作为电位控制器的信号参比电极，另外用一个或几个参比电极专门用作测量电位和电位分布。两者可以是同种类的，也可以是不同种类的电极。例如，对管壳式硫酸冷却器的阳极保护，就安装了这两种参比电极。其中，用金属电极（如钨铈合金）作为信号参比电极，用 Hg/Hg_2SO_4 电极作为电位测量参比电极。

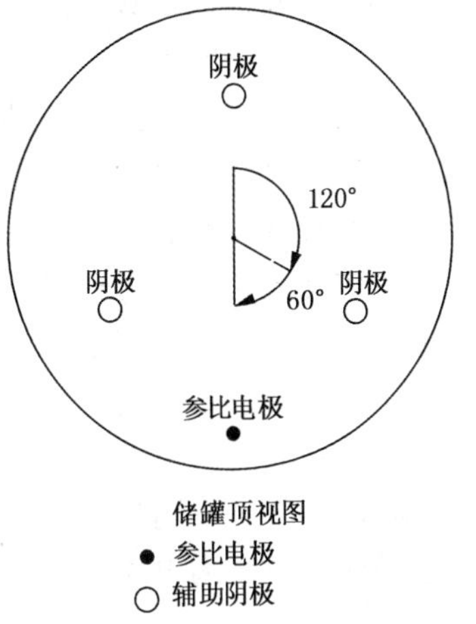

图 10-21　3 个辅助阴极和 1 个参比电极在圆槽中的配置[1]

安装参比电极应使其至阴极的径向距离尽可能远些，以便合理地测出设备表面的平均电位。如果系统中只用一个辅助阴极，参比电极的安放位置应与阴极相对 180°配置。如果使用 3 个辅助阴极且呈 120°均匀配置，则参比电极可安装在距某一阴极 60°位置附近，如图 10-21所示。通常，将参比电极安放在与辅助阴极相同的半径圈处，这样它们与设备表面的距离也大致相同。虽然也可把参比电极安放在更紧靠器壁之处，如若这样，所测量的电位就可能不是设备表面的平均电位了。

参比电极应延伸至接近设备底部处，以免当液位下降时参比电极露出液面，否则电位控制器将会自动地断开电流。参比电极的底端部应比阴极的底端部至少高出 15cm，以防止液位下降时产生火花。在施加阳极保护设备中，一般可安装 3 个参比电极，一个作测量电位用，一个备用，另一个作为液位传感器。

在阳极保护系统中，保护电流流过溶液介质将产生欧姆电压降。当参比电极测量设备表面的电位时，将会把其间的欧姆电压降叠加在测量的电位值中而产生误差。参比电极的安放位置不同，欧姆电压降的影响大小也不同。如果保护电流大和/或溶液介质电导率小，则更不能忽视欧姆电压降的影响。通过适当选择和安放参比电极位置可减少欧姆电压降的影响。

10. 2. 2. 3　电缆、电源配置与安装

辅助阴极连接至电源负极的母线电缆须符合相应电工规范的要求。电缆大小应根据流经每个阴极的最大电流来选择。为降低阴极母线电缆的载流要求，可从电源负极用各自独立的电缆分别连接到各个阴极上。从电源正极连接到被保护设备的母线电缆应相当大，足以输送设备与各阴极之间流过的全部电流。先在设备上焊接夹板，再将电缆连接在夹板上。

参比电极连至电位控制器的测量导线载有较弱的信号，它对杂散电流是敏感的，建议采用屏蔽电缆并一端接地，以防止杂散电流进入。同样的原因，在电位控制器的电位传感回路与电源之间也应采用单独的屏蔽导线。

通常应将电源安装在尽可能靠近被保护设备附近的位置，这样可以缩短母线电缆的长度。在一些工厂中，电源安放在控制室中，与电位控制器靠近。也有的是将电源安放在水泥座上并靠近被保护设备。电气器件被沉浸在油槽中，油可熄灭火花（火花具有引爆危险），并且也是导出热量的一种媒剂。

电位控制器安装在控制室中，可定期进行监测。在靠近海滨或大气腐蚀性严重的地方，应使电气装置内维持有过滤的干燥空气，并保持正压，以防有害的腐蚀性大气侵入。

10.3 阳极保护致钝、维钝及运行管理

10.3.1 阳极保护致钝方法

10.3.1.1 一般考虑

在阳极保护设计、选材、结构安装等就绪后，对被保护设备实施阳极保护的第一步操作是致钝处理。其目的是使被保护金属表面接触工艺溶液后获得大于 i_{cr} 的电流密度，以便尽快从活化态转入钝化态。为此可根据实际情况和条件，或是采用整体直接致钝，或是采用其他不同的致钝方法。后者这些方法分属两类：一是设法增大局部表面接受的电流密度(如逐步致钝法)；二是设法降低致钝所需的电流密度(如化学致钝法、脉冲致钝法、低温致钝法等)。几种主要的致钝方法列于表 10-6，供比较参考。

致钝操作时的不慎处理将可能导致电解腐蚀的危害。在活化区电位下长时间通入大电流就会造成严重的电解腐蚀。对于过钝化可能造成较强溶解的体系，致钝时也应注意避免长时间在过钝化电位区大电流驻留。

表 10-6 几种阳极保护致钝方法的比较说明[8]

致钝方法	原　理	操作方法
整体致钝法	利用强大电源使设备表面电流密度大于 i_{cr}，全部表面基本同时进入钝态	1. 向设备充入工艺介质，直至生产要求的高度 2. 接通致钝用的大功率电源，通入尽可能大的、满足需要的电流 3. 设备各部位全部进入钝态后，降低电流，转入正常维钝
逐步致钝法	尽量提高设备局部表面的电流密度，用带电进槽法逐步实现整个表面的致钝	1. 设计适当的阴极结构，使溶液浸没设备表面积尽可能小时，便能构成电流回路 2. 选择具有足够容量的电源，使构成电流回路的局部表面上电流密度显著超过 i_{cr} 3. 先合闸送电，再向设备注入工艺溶液，使液面逐步升高，设备表面逐步钝化 4. 溶液达到工作高度，致钝即完成 5. 降低电流，转入正常维钝
化学致钝法	采用其他化学介质，使设备自钝化或减小体系的 i_{cr}	1. 向设备加入其他化学介质，按规定方法致钝 2. 排走其他化学介质，换入工艺介质，同时向设备供电，即转入正常维钝操作 或者： 1. 向工艺介质中添加助钝化剂 2. 按整体致钝法或逐步致钝法致钝
脉冲致钝法	利用表面阳极极化后的残留钝性，用一定频率的较小的电流密度反复多次(时断时续)通电	1. 基于整体致钝法或逐步致钝法的操作 2. 用小于 i_{cr} 的电流密度，以一定的脉冲频率供电，每次极化电位不必正移到致钝电位
低温致钝法	降低设备溶液温度使体系 i_{cr} 减小	1. 基于整体致钝法或逐步致钝法的操作 2. 利用设备的冷却系统，在比工艺温度低的条件下先致钝 3. 转入维钝以后再使设备处于工艺温度

10.3.1.2 整体致钝法

整体致钝法是将被保护设备先充满工艺溶液，然后合闸通入足够的直流电，使设备阳极极化而致钝。理论上，使设备表面钝化所需的电流强度 I(单位，A)为：

$$I = i_{cr} \cdot S \tag{10-15}$$

式中 i_{cr}——致钝电流密度，A/m^2；

S——被保护设备的表面积，m^2。

一般而言，受总致钝电流强度限制，这种整体致钝法只适用于体系 i_{cr} 不大、保护面积 S 也不很大的情况，它的致钝时间通常也较长。电源的电流容量应比式(10-15)计算的大许多，以便能在更大电流下加速实现钝化。

整体致钝法也可用于钝化的设备表面刚发生活化破坏时重新致钝、恢复钝性。

采用整体致钝法要求被保护体系具有良好的分散能力。否则，距阴极相对较远的部位或屏蔽部位，致钝处理需很久才进入钝态，有时甚至无法实现钝态。这时，一旦降低电流，设备就会发生活化，无法达到致钝要求，不能进入维钝操作。当分散能力差时，局部位置有可能出现电解腐蚀，设备的损坏将极其迅速。这正是阳极保护技术的主要局限性。

10.3.1.3　逐步致钝法

逐步致钝法也称为分段钝化法。它是采用较小容量的直流电源，能使被保护面积大且 i_{cr} 也很大的设备体系实现钝化的一种致钝方法。即选择合适的辅助阴极结构和电源容量，采用适当的工艺操作，通过提高设备局部表面接受的电流密度，使设备表面分段依次建立钝态。先将被保护设备接通电源，缓慢地将工艺溶液注入设备。设备表面先被溶液浸没的部分首先被钝化，因为这时该处接受的电流密度显著地大于 i_{cr}。钝化后该处只需很少的电流实施维钝，其余大部分电流便可供新被溶液浸没的另一部分表面致钝所用。液面继续逐步升高，设备表面相应地就一部分接一部分地被钝化。当液面达到工作高度时，整个设备致钝完毕。

逐步致钝法也要求设备体系具有良好分散能力，这可以通过辅助阴极结构设计来实现。在致钝操作时，应确定和控制与电源容量相适应的、合适的液位上升速度，并有效掌握设备各部位的电位分布及其变化规律。

应当注意，逐步致钝法操作过程中，局部阳极电流密度是很高的，有可能会使某局部位置达到过钝化状态，由此可能会发生强烈的析氧反应。对于碳钢，过钝化阳极溶解无疑比稳定钝态区强烈得多，但比在活化电位下的电解腐蚀则轻得多，且致钝时间有限，所产生的金属腐蚀量一般是可允许的。但是，如果致钝时间滞延较久或频繁进行致钝操作，仍需对过钝化腐蚀问题给予足够重视，尤其是对不锈钢设备进行致钝操作时，更应特别注意。

10.3.1.4　化学致钝法

化学致钝法是采用一些适当的化学介质，使设备表面发生自钝化。或者是向工艺溶液中添加助钝化剂以降低体系的 i_{cr}，使致钝过程变得容易进行。

例如，对316型不锈钢，可先用70℃的混酸(12%HNO_3+2%HF+2%HCl+84%H_2O)酸洗20min，然后在5%$Na_2Cr_2O_7$溶液中于70℃下钝化处理1h；或者，不经混酸酸洗，而在25% HNO_3溶液中于室温下处理1h，然后再用5% $Na_2Cr_2O_7$溶液在70℃下处理1h，这些钝化方法均可使不锈钢获得良好的钝性。对铬镍不锈钢，在30%HNO_3溶液中于50~60℃下浸泡处理1h，也能获得满意的钝化效果。

对于316L不锈钢尿素设备，酸洗配方(体积比)为25%HNO_3+4%HF+71%H_2O，其中HNO_3浓度为61%(质量)，HF浓度为40%(质量)。钝化操作还可以采用由$BaSO_4$和硝酸制成的糊状钝化膏进行。对316L和Cr25Ni22Mo2不锈钢还可用蒸汽升温至125~150℃(1h)进行化学预钝化。

在工艺溶液中加入某些添加剂，可促进体系的阳极钝化作用，其作用机制是降低 i_{cr}，甚至可能使体系金属发生自钝化。这种添加剂就是助钝化剂。表10-7列出了一些给定设备体系中可加入的添加剂及其作用效果。

表 10-7　一些给定的设备体系中添加剂对阳极钝化作用的影响[8]

金属	溶液	添加剂加入量	效果
碳钢	58%NH_4NO_3+15.8%~19.0%NH_3+7.7%~11.0%$CO(NH_2)_2$，pH=10	0.03%$Na_2Cr_2O_7$	i_{cr}降低到 1/6~1/14(从0.13~0.30A/m^2降到 0.022A/m^2)
	38.8%~44.3% NH_4NO_3+31.2%~35.4% $CO(NH_2)_2$，pH=7	0.1% $Na_2Cr_2O_7$	自钝化(原来 i_{cr}0.01~0.03A/m^2)
	65% NH_4NO_3+22.2% NH_3，pH=10	0.1% NH_4CNS	i_{cr}从 0.95A/m^2降到 0.13A/m^2
	纸浆蒸煮锅介质	5.13g/LS	促进阳极钝化甚至使自钝化
	NH_4HCO_3生产溶液	0.75~1.25g/L $(NH_4)_6Mo_7O_{24}\cdot 4H_2O$	使 i_{cr}减小到 1/4~1/15，对 i_p影响不大，但使 τ_a缩短
	18%~20%NH_3+1.5%CO_2+2% $CO(NH_2)_2$	$K_2Cr_2O_7$	使 i_{cr}大大减小甚至自钝化
1Cr18Ni9Ti	7.15mol/L H_2SO_4，25℃	1.25g/L 氰基胍	使 i_{cr}从 64A/m^2降到 1.5A/m^2
	H_2SO_4	丙烯酸，马来酸，乌洛托品，氨基胍，氨基苯酚	可降低 i_{cr}

添加剂可降低 i_{cr}，但一般对 i_p影响不大，对钝化膜寿命影响也不大。但也存在一些例外情况，如表 10-7 指出，添加钼酸铵使碳钢在碳酸氢铵中的自活化时间 τ_a缩短。此外，S^{2-}的存在不仅降低 i_{cr}，而且因引起副反应而使 i_p增大，且 τ_a也缩短。

对于农用氨水或工业氨水储槽，即使辅助阴极安装得距槽底很近，要使底部致钝，仍需非常大的电流，逐步致钝法也难以成功实施。对此，可先向储槽注入 2.5%~5.0%氨水，碳钢在这种氨水中能发生自钝化，先将槽底致钝后，再注入生产溶液，侧壁致钝就可采用逐步致钝法继续完成。

10.3.1.5　脉冲致钝法

如图 9-8 所示，它说明了反复阳极极化对致钝过程的影响。采用小于 i_{cr}的电流密度对设备反复进行致钝，每次并不一定要极化到 E_{cr}，每次极化时间也不长，在自腐蚀电位下驻留时间极短，经过这样的多次反复极化，就可使设备成功地完成致钝处理。

因为在比 E_{cr}稍负一些的电位下，实际上已开始了钝化膜的生成过程，在这种小于 i_{cr}的多次反复致钝(阳极极化)过程中，每一次致钝都在金属表面形成了部分钝性。当后一次致钝时，前一次极化获得的钝性(阳极产物)尚驻留金属表面，因而使后一次致钝变得容易，表现为表观的 i_{cr}减小，E_{cr}负移(参见图 9-8)。反复阳极极化对维钝过程影响不大。

刚从钝态转变到活化态的设备表面，即使电位已经负移到活化区，实际上金属表面仍然有残余钝性。在这种情况下，对设备重新致钝所需的电流密度也将小于对完全活化表面致钝时的 i_{cr}。

大量腐蚀研究结果表明，如果金属表面在空气中生成氧化膜，当它与腐蚀介质接触时，刚开始金属电位较正，处于钝化区。但空气中形成的氧化膜在腐蚀性溶液中是不稳定的，随时间而溶解，导致金属表面活化。然而，利用这种暂态钝性(即空气中形成的氧化膜)，在金属表面尚未完全活化时就进行阳极致钝操作，可使金属很容易地进入稳定钝态区(见图 10-22)。显然，金属表面的初始状态是影响致钝过程的一个重要因素。所谓脉冲致钝法也正是利用了这一影响因素的作用。

M. H. Фokuh 和 B. A. Tumohuh 于 1968 年就提出采用较高频率的脉冲阳极电流进行反复极化以实施致钝的方法。他们利用频率为 0.05Hz、0.1Hz、0.2Hz、3.3Hz、8.5Hz、20Hz 的阳极脉冲对金属进行断续阳极极化。这种方法与固定电流连续致钝法相比的优点是，可节省总电流，降低直流电源容量。实验结果还表明，随着脉冲频率增加，对脉冲电源装置的电流容量要求可明显降低，但这也限制了充电电流的提高。

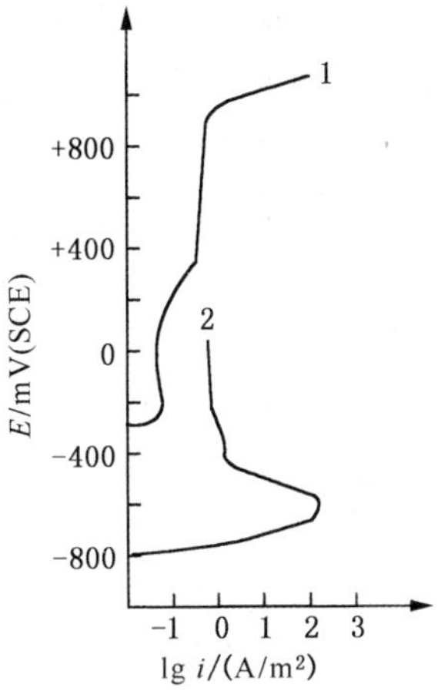

图 10-22 碳钢表面状态对其在碳酸氢铵溶液中阳极极化行为的影响(40℃，搅拌)[8]

1—在空气中已形成氧化膜的电极；

2—表面已完全活化的电极

10.3.1.6 低温致钝法

对于高温运行的工艺设备，在低温下进行致钝处理以降低阳极保护所需致钝电流密度的方法，称为低温致钝法。例如，碳钢在发烟硫酸中，于 300℃时 $i_{cr}=640\sim750A/m^2$，而在室温下致钝，i_{cr}仅为 $10\sim15A/m^2$，降低到 1/50~1/60。316 不锈钢在 30%H_2SO_4中，于 80℃时 $i_{cr}=370\ A/m^2$；若在 20℃下致钝处理，则 $i_{cr}=1.2\ A/m^2$，i_{cr}已减小到约 1/300。Cr18Ni10Ti 不锈钢在 93.6 %H_2SO_4中，若在 100℃下致钝，分散能力差，并需钝化处理相当长时间后才稳定在相同电位下；而在室温下致钝，再升温到 100℃，则电位均匀。

利用低温法致钝后，在维钝时随温度升高，所需电流会出现一个较大的电流峰。且升温速度越快，电流峰越大，但电量的增加却大致相同。达到既定温度后的维钝电流密度 i_p仍与高温条件下致钝后的 i_p基本一致。由此可见，低温致钝形成的钝化膜性质与高温致钝形成的有差别，需有一个大电流(或一份电量)作用于金属表面，才能使金属钝性适应于高温条件应用。经过这样的峰值电流作用后，在随后的升温过程中电流变化(峰值)就不大了。

10.3.1.7 涂层的应用

在设备内暴露于工艺溶液的金属表面上，也可采用工艺条件允许的、相容性良好的涂料涂敷覆盖金属表面，使金属在工艺溶液中的真实暴露表面积显著减小，从而达到降低致钝电流强度的目的。这种施加涂层的方法，本质上与阴极保护技术中施加防腐层的联合保护措施一样，都是为了降低工作电流强度，获得更为可靠的保护效果。

在设备金属表面上施加涂层与阳极保护技术联合用于防腐蚀目标，也是一种有效的联合保护措施。对于某些 i_{cr}很大且保护面积也很大的体系，由于辅以涂层保护可大大降低致钝电流强度，这时甚至可能采用整体致钝法实施致钝。同时，也使维钝电流密度 i_p显著减小。

尽管选用了与工艺条件相容性良好的涂层体系，但在腐蚀性工艺溶液的长期作用下，在高温高压和液流条件下，涂层难免会发生破损和老化。在阳极保护体系中，有时因过钝化析出氧气会加速涂层的剥离、老化和破坏。因此，在联合保护设计时，应对电源的电流容量留有充分裕量，并对设备涂层及时采取适当的保养维护措施。

10.3.2 阳极保护维钝方法

10.3.2.1 一般考虑

阳极保护系统对被保护设备成功实施致钝操作之后，设备已具有完整钝性。接着提出的要求是，如何在设备运行的工艺条件下，长期地始终使设备保持良好钝性，处于有效防腐蚀的钝化状态。作为第二步的重要操作，就是阳极保护的维钝过程。它的特点是，与致钝过程相比，维钝所需电流密度很小，只要不发生钝态的再活化转变，允许维钝时设备金属电位有一定范围的波动，甚至短暂的间歇断电。

对阳极保护维钝电源的选择，可分为手动控制和自动控制两类。手动控制电源，例如有蓄电池、普通的硅整流器、可控硅整流器等。采用这类电源实施阳极保护时，被保护设备电位不能自动维持在任一选定的电位值或某一电位范围内。对于自动控制的维钝电源，包括连续恒电位法(一点式控制)、电位区间控制法(两点式控制)、间歇通电法、循环极化法等。自动控制法维钝操作的特点是，采用现代电化学仪器和电子技术使被保护设备电位自动控制在规定的某一电位值或某一电位范围内，从而保证设备电位不随工艺条件或其他因素而变化。

手动控制维钝法的操作技术简单，除简单电源外无需专用控制装置。但它的适应体系领域较小，而且需要操作人员较多的日常管理，当设备工艺条件有较大范围变化时应格外注意。自动控制维钝法的应用领域很广，阳极保护参数控制精确，日常管理工作量很小，但需要配备专用控制装置，也需要有适用的电子仪器。

表 10-8 列出了阳极保护技术一些常用的维钝方法。

表 10-8　阳极保护系统的一些常用维钝方法[8]

方　法		作用原理	适用条件	电源控制装置
非自控	固定槽压法	利用一定输出电压的直流电源供电，手动调节电压取得维钝所需的电流	1. 稳定钝态区宽 2. 自活化时间长 3. 过钝化腐蚀不严重 4. 有时需有可靠的参比电极	硅整流器，可控硅整流器，蓄电池，整流器+蓄电池浮充
自控	电位区间控制法：	利用控制装置，使设备电位自动保持在某个区间内		
	①时基间歇通电法	按预定时间程序对设备实行通-断式间歇通电	1. 稳定钝态区宽 2. 自活化时间长	时间程序控制器+开关电路+恒电位仪或普通直流电源
	②电位基间歇通电法	按预定电位限对设备实行通-断式间歇通电	1. 稳定钝态区宽 2. 自活化时间长 3. 可靠的参比电极	电位控制器+开关电路+直流电源
	③电位基连续通电法	依靠电位控制器使设备电位保持在预定电位区间	1. 稳定钝态区宽 2. 自活化时间长 3. 可靠的参比电极	电位控制器+直流电源
	④循环极化法	用一台周期转换控制装置同时维持一群设备的钝化	1. 稳定钝态区宽 2. 自活化时间长 3. 可靠的参比电极 4. 设备坐落成群	周期转换恒电位装置
	恒电位法	利用恒电位仪对设备实行连续的恒电位维钝	1. 通用性强，特别适合于要求保护电位精确固定的体系 2. 可靠的参比电极	恒电位仪

10.3.2.2　固定槽压法

用普通直流电源，如蓄电池、直流发电机、硅整流器、可控硅整流器等，把它们的负极和正极直接连接在阳极保护系统的阴极和阳极(被保护设备)上。电源输出稳定的直流电压，如果忽略馈电母线上的电压降，则施加到阴、阳极之间的槽压基本上就等于电源输出的直流电压，这就是所谓固定槽压的维钝方法。采用整流器可获得很大的电源容量。如图 10-23

所示为固定槽压法维钝的阳极保护系统接线图。

对于稳定钝态区相当宽的被保护体系，且体系 i_{cr} 比较小的情况，只要能使槽压稳定(即电源输出的直流电压稳定)，固定槽压法就能可靠地维持设备的钝态。例如，对浓硫酸中的碳钢设备进行阳极保护时，就可采用固定槽压法。

采用固定槽压法维钝时，阳极设备的电位与所施加槽压及阴极/阳极的面积比有关。

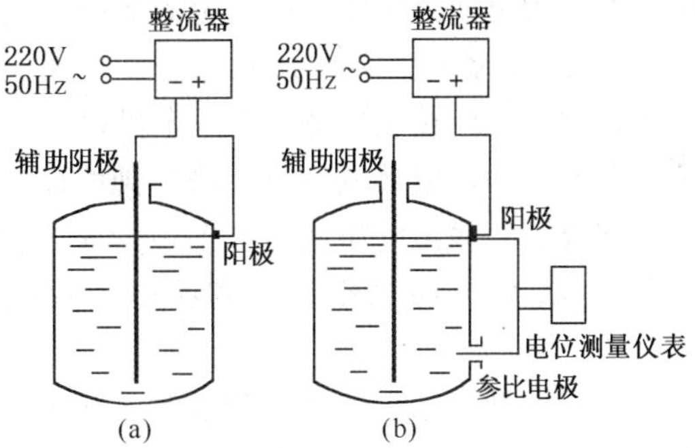

图 10-23　固定槽压法维钝的阳极保护系统接线示意图

在阳极保护的设备体系中，辅助阴极的表面积往往比被保护设备表面积(阳极)小得多，这时的阴极电流密度比阳极电流密度要大得多，阴极产生的极化也就比较大，甚至可使阴极还原反应达到扩散控制的程度。在这种情况下，如果体系的 i_{cr} 也比较大，这时再采用固定槽压法就应慎加处置。为了使工艺条件变化时阳极电位较为稳定，必须采用有较大余量的电流来实施维钝，也就是将阳极电位控制在轻度过钝化的条件下运行。

如果生产条件发生变化或其他原因，引起设备电位负移，同时由于采用手控的整流器维钝，设备电位就不可能通过反馈信号调节电流使之自动恒定在原定数值上，这样设备金属就可能发生活化。鉴于整流器的输出电压没有自动调节功能，槽压也无法适时调整，同时该体系 i_{cr} 相当大，阳极面积又比阴极面积大许多倍，因而设备将在活化电位下承受大电流作用，产生电解腐蚀，无法实现钝化。这时，辅助阴极在极高电流密度作用下也产生了很大的阴极极化。总而言之，这种体系在相同槽压作用下，阳极电位既可能处于钝化状态，也可能处于活化状态。显然，用固定槽压法对这种体系实施维钝是不能保证对设备提供可靠阳极保护的，它既可能使设备维持在低腐蚀率的钝化状态，也可能造成强烈的电解腐蚀。

槽压值并不能反映设备是否处于钝化状态，仅用槽压作为阳极保护的控制指标是不恰当的(而对某些特定体系还是可用的)。实际上，还应设置参比电极，根据测量的设备金属电位来判断维钝操作是否正常，设备是否处于钝化状态，参见图 10-23(b)。

对上述这种体系采用固定槽压法维钝时，由于设置了参比电极，就有可能使电位较好地控制在轻度过钝化条件下运行，这样可保证阳极电位变化不大，但仍允许槽压在容许范围内波动。此时虽然未采用恒电位装置，设备电位也能大致保持在稳定钝态区上限附近，无需操作人员经常调整。

这种维钝方式消耗的电流比控制在稳定钝态区内稍大。如果被保护金属的过钝化溶解不太明显，所增加的电流部分将主要消耗于析氧反应。但是，如果过钝化析氧会加速防护涂层老化和剥落，尤其是当工艺条件变化很大或存在副反应时，应注意不能在较大过钝化状态下运行。而对于过钝化状态下腐蚀量增加明显的不锈钢材料，这种维钝方法还会较明显地降低保护效果。

采用整流器电源的固定槽压法维钝操作时，施加在阴、阳极之间的槽压无法适时调整。如果改用恒槽压电源，就可以实际获得阴、阳极之间的恒定槽压。普通的恒电位仪都可以简单地改装成恒槽压装置，即将三电极测量系统的恒电位仪工作电极端子连接到被保护设备，而辅助电极端子及参比电极端子则共同连接到辅助阴极，这就构成了一个恒定电位的双电极系统。由此就可使该阳极保护系统的槽压恒定不变。

10.3.2.3　蓄电池浮充法

所谓蓄电池浮充法，就是将一个可以调节输出电压的整流器与蓄电池并联后，共接于被保护设备上，即构成蓄电池浮充法维钝线路，如图 10-24 所示。把整流器的输出电压调至与蓄电池正常充电时的工作电压一致，由此将同时由整流器和蓄电池提供设备维钝所需电流。

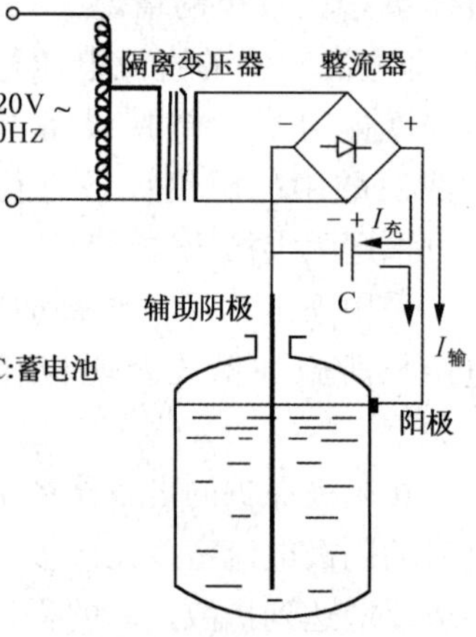

图 10-24　蓄电池浮充法维钝的阳极保护系统接线示意图

当由于某种原因使设备电位负移，出现活化倾向时，因蓄电池内阻比整流器内阻低得多，所以此时蓄电池能输出瞬时大电流，阻止了设备电位负移，从而避免设备金属表面活化，这就起到了“自动”的维钝作用，且不需要采用参比电极。当蓄电池工作放电达到一定程度，其电池电压将低于整流器输出电压，这时整流器在向设备输出维钝所需电流的同时，也向蓄电池输出充电电流。浮充法系统工作时，不需要经常调节。实际上，这也是一种固定槽压式的维钝方法。

该浮充法系统中，蓄电池的工作电压实质上与整流器保持一致。蓄电池对设备输出瞬时大电流是一种浮充电状态，蓄电池电压偏低时接受整流器的充电也是一种浮充电状态。

蓄电池浮充法曾成功地用于碳钢制浓硫酸设备阳极保护的维钝运行。该体系的 i_{cr} 不大，而稳定钝态区却非常宽，维钝时的工作槽压与铅酸蓄电池工作电压基本相同。此外，浮充法还曾用于保护钛制稀硫酸换热器。该体系的稳定钝态区宽达数伏至+12V，外加电压至+15V还被认为是安全的。

10.3.2.4　恒电位法

恒电位法维钝，就是利用恒电位仪对被保护设备实施持续的恒电位维钝运行。此时，设备电位被恒定地控制在设计规定的给定电位值。即使生产条件变化引起设备电位移动，恒电位仪将通过参比电极(电位信号传感器)把检测到的设备电位与给定电位值进行比较，基于其差值输出一个反馈信号，指令该供电系统输出一定大小的反向电流，迫使设备电位回移到给定电位值。这一系列过程是由恒电位仪在瞬间完成的，所以恒电位法维钝能连续自动地使设备电位持久维持在稳定钝态区内某一给定电位值。

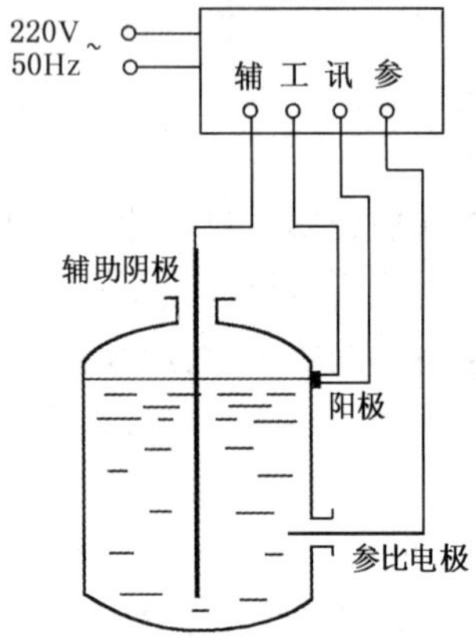

图 10-25　恒电位法维钝的阳极保护系统接线示意图

现代恒电位仪已把计算机技术与电子技术相结合，能保证恒电位仪的电位控制精度相当高，漂移很小。但是，这种方法的应用必须采用参比电极，参比电极电位(测量设备电位时的基准电位)的自身波动将会产生电位测量和控制的误差，这将引起恒电位仪向错误的方向工作。因此，采用恒电位法时必须选择高稳定性、高可靠性的参比电极(参见图 10-25)，以保证恒电位仪正常工作及取得良好保护效果。

在阳极保护系统中采用恒电位法控制，还必须保证恒电位仪有足够的电流容量和电位容量。由于 i_{cr} 通常比 i_p 要大 2~3 个数量级，一旦设备发生活化，恒电位仪必须立即输出大电流，使设备实现再钝化。否则，被保护设备将会遭受大电流电解腐蚀的破坏，恒电位仪也可能因过载受损。为此，恒电位仪中应设计限流电路，这是阳极保护恒电位仪的一个重要安全措施。具有足够容量的恒电位仪适用于各种阳极保护系统。

10.3.2.5 电位区间控制法

这是一类利用特定控制装置、自动控制维钝电位区间的阳极保护维钝方法。与恒电位法相比，电位区间控制法是将设备电位有控制地保持在某个电位区间，而不是恒定地保持在某一给定电位值。控制电位区间的下限电位往往比稳定钝态区下限正一些，而该区间的上限电位既可以比稳定钝态区上限略负一些，也可以略正一些。电位区间控制法在维钝控制装置和方法上有几种改型，都是使设备电位控制在规定的电位区间，只是控制技术和控制参数有所不同，如控制通-断时间或控制通-断电位的间歇通电法、以电位为基的连续通电法等。

(1) 控制通-断时间的间歇通电法

正如前述，处于有效阳极保护中的设备体系，一旦切断保护电流，设备金属就会发生从钝态向活化状态转变的自活化过程。根据这种电位变化的自活化规律，确定一个时间程序：若干时间通电，若干时间断电，再通电，再断电，周期性地重复进行。也就是说，处于稳定钝态的设备通电若干时间后自动断电，断开若干时间后再自动接通电路，如此循环重复地进行，以此对设备实施阳极保护的维钝运行。此间保护电流连续地通-断，被保护设备则交替地处于阳极极化和自活化过程的循环作用。这就是控制通-断时间的间歇通电维钝法，也称为以时间为基的间歇通电维钝法。

采用这种维钝方法的阳极保护系统，通电时可以是恒电位控制的，即电位区间的上限电位值受到精确控制；也可以是非恒电位的，即上限电位值是可以波动的，仅维持一定的槽压。断电时，电位衰减的下限值不能精确控制，即下限电位值是可以波动的，但必须保证设备的钝化状态在断电期间不会活化。按规定的时序进行通-断电，这是维钝操作的实践。通-断电期间的电位数值并不重要，重要的是须保证被保护设备总是处于有效钝态而不被活化。

通-断电周期的时间分配，应根据测试数据和体系的自活化规律择定，并据此编制通-断电工作时序。时序择定原则是，必须保证被保护设备在通-断电运行过程中始终处于有效钝态而不被活化。为实施这种控制通-断时间的间歇通电维钝法，可采用时序开关器作为通-断程序控制器。

研究结果表明，在被保护体系分散能力良好、恒电位装置响应时间足够快的情况下，刚一通电，极化开始，金属电位就立即跟随到给定值(控制电位区间的上限电位值)，并保持恒定；一旦断电，电极立即开始其自活化过程，电位逐渐负移。在稳定钝态区中设定的给定电位越正(通电状态的金属电位)，自活化过程越缓慢；通电时的极化周期延续越长，自活化过程弛豫越久。

碳钢在含 CO_2 的 20%氨水中间歇恒电位阳极极化研究表明，在断电期末、通电之前的金属衰减电位与通电给定电位可相差数百毫伏，恒电位装置在如此大的电位差信号下并未出现瞬时超载现象，只出现了一个瞬间电流脉冲。随着间歇极化次数增加，电流脉冲峰值逐次减小，并趋于恒定。

美国大陆石油公司在 20 世纪 60 年代初就曾成功地采用控制通-断时间的间歇通电法保护一个内装 98% H_2SO_4、容积为 159 m^3 的碳钢储罐。采用包铂的辅助阴极，参比电极为 Ag/AgCl 或铂/氧化铂电极。每通电 5s 后断电 5min，即通电维钝时间少于 2%。

(2) 控制通-断电位的间歇通电法

这是一种以设备电位为控制参数的间歇通电法。根据设备的腐蚀电化学特征，选择一个合适的阳极保护电位区间(稳定钝态区中的某一个给定的电位范围)，并由此采用或设置一个能控制该保护电位范围的电位控制器。在阳极保护系统运行过程中，当设备电位上升到控制电位区间的上限电位值时，控制器自动切断保护电流，断电后设备电位负移。当设备电位下降到电位区间的下限时，控制器自动接通保护电流，重新对设备进行极化，如此往复进行。当设备电位处于上下限之间时，控制器可能处于“接通”状态(如果电位从下限上升)，也可能处于“断开”状态(如果电位从上限下降)。控制器在“接通”状态时，对设备是固定槽压式的，而不是恒电位式的施加阳极极化。这种自动维钝技术能使设备电位自动地维持在稳定钝态区某个规定的电位范围内。

这种控制通-断电位的间歇通电法，控制的是保护电位区间的上限和下限，实施的是通-断保护电流，也称为以电位为基的间歇通电法。这种方法要求安装性能可靠的参比电极，以检测准确的电位信号，同时用作控制信号。

这种自动维钝方法曾被用于运输液体氮肥的铁路槽车(碳钢)的阳极保护。槽车容积为 $37.9m^3$，主要装载 $69\%NH_4NO_3+25\%NH_3$ 的液体肥料，有时也装载含尿素的氨、硝铵溶液。供给保护电流的电源为蓄电池组，由晶体管电位控制器实施开关式控制。参比电极为316不锈钢，辅助阴极为哈氏合金。实际运行时，由于钝化膜很稳定，电位控制器并未频繁动作。

这种维钝方法还被用于载运93%和98% H_2SO_4 的汽车槽车(不锈钢)的阳极保护。一种通-断式电位控制器将槽车电位控制在±100mV范围内，电源为汽车的蓄电池组，通电时电流可达25~30A，辅助阴极为包铂黄铜，参比电极为铂/氧化铂电极。电位控制器工作时，通电仅1~2s，然后断电5~10min。施加阳极保护后使酸中的Fe含量降低了80%~90%。

(3) 控制电位区间的连续通电法

对于固定槽压维钝法，通过安装电位控制器，就可改进成为控制电位区间而又连续通电的阳极保护装置。在设备电位相对较稳定的一般情况下，这种方法与固定槽压法维钝完全一样。然而，当设备电位由于某种原因而升高且正移到控制电位区间的上限电位值时，电位控制器的放大器动作，给出控制信号使槽压降低，保护电流减小，使设备电位停止上升，以免进入过钝化区，并逐渐回复到正常电位值。当设备电位由于某种原因而下降且负移到控制电位区间的下限值时，电位控制器的放大器反向动作，给出控制信号使槽压升高，保护电流增大，使设备电位停止下降，以免设备表面发生活化，设备电位逐渐回复到较正的正常电位值。

基于检测到的设备电位信号，由电位控制器带动伺服电机正转或反转，以调节硅整流器的输出电压，从而可使设备电位维持在选定的控制电位区间内。也可采用磁放大器调压式的电位控制装置，磁放大器的交流绕组与整流变压器原边绕组串联，连接在交流电源上。由于电位控制器作用，在直流绕组中通入起控制作用的直流电流，使铁芯产生附加磁化。若改变此直流电流的大小，其上电压也随之改变，由此达到改变整流器原边电压，从而改变硅整流器直流输出电压的目的。

10.3.2.6 循环极化法

循环极化法维钝的原理是，利用设备阳极极化后形成的钝化膜在切断保护电流后仍具有较长的、维持钝性的稳定时间，即自活化过程较为缓慢这一特点，使用一台周期转换恒电位控制装置，同时对多个设备(设备群)实施循环极化的阳极保护维钝操作。这对多个设备而言是循环极化法维钝的阳极保护，而对其中任一单个设备来说，则是间歇通电法的阳极保护。

对于一个被保护的设备群，通过程序控制器按照时序在一段确定的时间内，先对第一个设备实行恒电位阳极保护，随后自动转换至第二个设备实行阳极保护，这时第一个设备处于断电后的自活化过程，但在一个循环周期内不会到达活化状态。对第二个设备进行相同时间的通电极化后，又自动转换至第三个设备进行恒电位阳极保护，这时第二个和第一个设备都处于自活化过程。如此依次转换至第四、第五个设备……，同样进行相同时间的通电保护后断电，并转换至下一序列设备，直至程序控制器重新切换回到第一个设备通电保护，这样就完成了一个循环极化周期。在一个循环极化周期内，对每一个设备来说，都只有一段时间处于恒电位阳极保护状态，其余时间均处于自活化过程中。由于自活化过程较为缓慢，任一设备尚未达到活化状态就开始了下一个循环的通电极化，从而使该设备群中所有设备都能始终处于钝态。

循环极化法阳极保护技术采用一种周期转换的恒电位自动控制装置来实施。如图10-26所示是这种装置的工作原理图。程序控制器按照设定的时序规律周期性地发出指令，通过控制继电器来执行循环极化操作。先使各个被保护设备上安装的参比电极采集的电位信号按顺序依次自动地输入控制放大器，同步地使相应顺序的可控硅触发器触发导通，也就使可控硅整流器与相应顺序的阴极接通。由此使各被保护设备按顺序受到阳极极化，获得阳极保护。李挺芳等对碳钢制氨水罐群成功地实施了循环极化法阳极保护，并设计了这种周期转换、自动控制的恒电位装置。

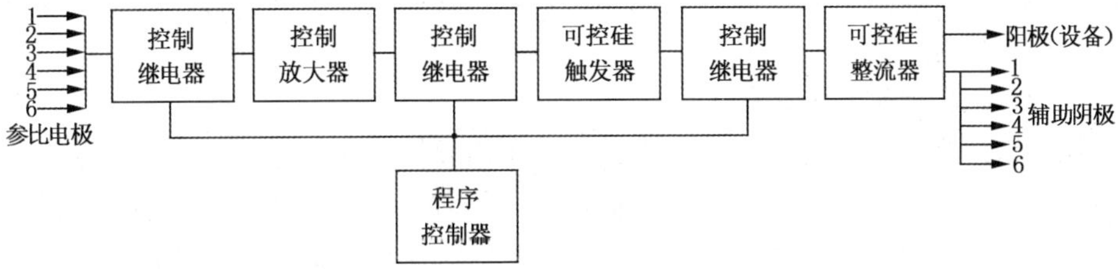

图 10-26　周期转换的恒电位自动控制装置工作原理图[8]

10.3.3　阳极保护的运行管理

10.3.3.1　阳极保护系统开车

阳极保护系统安装完毕，于开车之前应先对设备和阳极保护系统进行防燃防爆的安全检查，这对装载危险物料的化工设备尤为重要。然后对阳极保护系统进行绝缘密封检查，必须保证辅助阴极和参比电极与作为阳极的被保护设备绝缘良好、密封安全。首次开车及每次停车后重新开车都必须先检查绝缘状态。若有短路点，必须予以排除。

阳极保护的初始阶段是使被保护设备钝化(致钝阶段)。实施致钝操作的关键是根据体系电化学特征和工作条件选择合适的致钝方法。首选的条件是，所安装的保护系统具有足够的电流容量，以使待保护设备表面在合适的时间内钝化。如果为实现这个目的的电流容量不足，则需用辅助电源。

当暴露于工艺溶液的表面积较小、溶液温度较低或溶液腐蚀性降弱时，均可使初始钝化较容易地进行。

对于大容积储槽等暴露表面积很大的设备，可考虑选用逐步致钝法(分段致钝法)。采用这种致钝方法，须在工艺开车之前进行，且保证设备体系无燃爆危险。具体的致钝操作可使用带电进槽的办法，即先合闸施以最大槽压，再逐渐地注入溶液，使被溶液浸湿的设备表面先后陆续被钝化，但须保证设备所有待保护表面均钝化完全。也可先注入少量溶液，然后通电。开始时液位较低，湿润表面积较小，比较容易实现钝化。接着再注入溶液，提高液位，增加浸湿表面积，再使新的浸湿表面钝化，同时使原先的浸湿表面维持在钝态。如此逐步分段地使新浸湿的表面钝化，直至全部待保护表面均被钝化为止。采用这种逐步致钝法所需致钝电流显然比整体致钝法所需的要小得多。

对于一些工艺条件许可的体系，可先在低温下进行钝化，然后再将温度升高至操作条件，这也可降低所需钝化电流。但对某些高温应用的被保护设备(如酸冷却器)，仍要求电源具备足够的电流容量，以使被保护设备在正常操作温度下也能实现致钝。对有的设备，如有可能，可在致钝过程中以冷却水降温，也有利于致钝操作。应尽量避免在工艺气体强烈搅动下进行致钝处理，但有时轻微均匀的搅动，也会有利于致钝操作。

在致钝操作完成之后，应尽可能使被保护设备维持几个小时，以使金属钝性完善，然后再进行工艺开车。

致钝阶段完成之后，接着就是工艺过程中的维钝阶段。由于维钝电流密度 i_p 远小于致钝电流密度 i_{cr}，设备进入钝态后，就需先逐渐地降低阳极保护电流至 i_p。降低电流过程中应密切注意设备各部位的电位变化。如果降低电流时某处电位负移较大，且有活化趋势，往往是由于距阴极和参比电极较远处个别部位钝化不完全所致。在这种情况下，可暂时保持较大的电流，以期完善该处钝性。但如较长时间仍不能把电流降下来，应果断地切断电源，查找原因，排除故障进行调整后重新实施致钝操作。否则，在大电流下强行开车，会造成整个设备活化或导致电解腐蚀。

10.3.3.2 阳极保护系统运行管理

阳极保护系统在正常维钝运行过程中，一般不需要操作人员过多管理。但这是一个电力运行的电化学保护系统，专业性、技术性很强，仍需对其运行管理给予足够重视。应由工艺操作岗位的工人对其进行日常操纵，监测电位、电流和实施维护。而专业性和技术性很强的特殊决策性工作则应由有经验的防腐蚀工程师执行或在他们指导下完成。阳极保护电气系统应有专人负责。

在运行管理中，应将阳极保护系统的需用电流和操作条件按时间记录在报表上，储存在微机内。即使采用自动控制的维钝系统，操作人员除了注意控制参比电极所在部位的维钝状况外，还应关注其他参比电极所在部位的电位状况。日常记录和发现的异常情况均应由专业的防腐蚀工程师解决和处置。

阳极保护系统的控制装置应安装报警系统，当电位达到某个容许极限时就发出报警信号，并使该控制装置停止工作，由操作人员迅速处理有关故障。

为了监测保护系统在控制腐蚀方面的有效性，可以同时采用一些技术措施。例如，可采用挂片失重法，金属试片的制备和试验操作应遵循相关的标准和操作规范。试片材料应与被保护设备材质完全相同。这些失重试片牢固地安装在工艺溶液中并与设备被保护器壁实行电连通，这样便同等地处于阳极保护之下。为了评价阳极保护效率，还须试验测定未受阳极保护的金属在工艺溶液中的自腐蚀速率。因此，还需在工艺溶液中安装自然腐蚀试片，并保持与被保护设备处于电绝缘状态。

因为所生产的产品纯度在许多工业设备中是阳极保护成功与否的重要判据，所以现场监测工艺溶液中的金属含量就成为评价保护成功的常用有效方法。采取溶液样品的操作和分析方法必须遵循有关标准和操作规范。为进行分析而采用的溶液样品，必须保证它们能真实代表所运行的工艺溶液。采取溶液样品时应十分小心：不要在静滞区和旁路管道中采样；采样前必须冲洗旁路管；一定要防止溶液样品中额外增氧，否则会影响分析结果；盛装溶液样品的容器必须对溶液是耐蚀的。

此外，也可安装电阻探针等，通过测量腐蚀速率的方法来监视被保护设备的腐蚀状况。

10.3.3.3 阳极保护系统停车

如果工厂的工艺生产因故停车，被保护设备的阳极保护系统不一定要中断运行，仍可对设备施行阳极保护。如果需要阳极保护系统也停车时，在可能的情况下应尽量缩短保护系统的中断时间。若保护系统停车期间，设备并未活化，或并未完全活化，重新开车时的重新致钝将十分容易。从设备表面的电位来看，即使电位由于活化过程而负移到了自腐蚀电位，但金属表面的实际状态往往滞后于电位的变化，而且设备某些部位的表面有可能仍保持有残留钝性，再进行致钝也比较容易。如果阳极保护系统中断过久，重新开车时应视作新设备进行致钝处理。

阳极保护系统停车时，应先断电，再排放设备内的溶液。尤其是对于采用恒电位器维钝的系统，应按照操作规程指定步骤关车。也可先排放设备溶液，然后断电(要求气相不存在燃爆条件)。为使设备表面钝化膜能完好地保留下来，应尽可能排空设备内溶液，并用清水洗净后使之干燥，这样可使钝化膜较长时间地完好留存在设备表面，重新开车时的致钝将很容易进行。这种留存的钝化膜在停车期间可使设备防止大气腐蚀。

在对管壳式浓硫酸冷却器进行阳极保护技术设计时，专门将冷却器的安装标高设置在很低位置。当工艺停车时，冷却器就成为一个“低位槽”，其中充满溶液，仍可使这一部分继续维持阳极保护系统正常运行而不中断保护。

如果阳极保护系统完全停车，为保障安全，须将配电闸刀拉开，关闭电位测量仪表。

显然，在规划阳极保护系统时必须关注的各种技术要求和工程决策并非琐碎小事，而都是十分重要的。在这方面，它们与处埋腐蚀性溶液(工艺溶液)的任何设备装置在进行设计和防护时必须考虑的各种因素并无本质区别。已经有足够的信息可以提供给处理腐蚀性溶液的业主，指导他们合理采用阳极保护的各种决策。对工业装置的了解以及对一些判据参数的监测能够帮助安装和实施阳极保护的管理人员对阳极保护有效性实施监控。

10.4 阳极保护技术的工业应用

10.4.1 阳极保护技术的适用范围

许多腐蚀控制方法的发展规律是，首先按经验方式获得应用和认可，然后经过若干年的实践和研究才阐明其科学原理。然而，阳极保护技术则与此不同，它是首先在实验室经过研究和发现，阐明其基本原理而发展的一种有效腐蚀控制技术。在获得这些发现和创造性成果后，接着是一段小规模试验开发时期，包括在一些化工厂中建设了许多试验性装置。最终形成了商业化技术并投入市场应用。阳极保护技术的这种研发步骤对科学家和工程师们来说是非常令人满意的。

阳极保护是一种经济有效的腐蚀控制方法，既可控制全面腐蚀，也可控制局部腐蚀，但它也有其自身的局限性。拟采取阳极保护的金属/介质体系在其阳极极化行为方面必须具有活化-钝化转变特征。在第9章中已经充分讨论了表征阳极保护体系的极化曲线及其理论分析的实际意义。只有具备活化-钝化转变行为的材料体系，阳极保护才能成为一种成功的腐蚀控制方法。作为一种实用技术，阳极保护技术已在许多工业体系获得了广泛应用。

作为阳极保护的适用介质必须是电解质溶液，例如强氧化性酸和还原性酸。作为被保护的材料，包括碳钢、不锈钢在内的黑色金属，也包括钛、铝在内的有色金属。但并非所有金属/电解质溶液体系都能实施阳极保护。例如，阳极保护可成功应用于钛/盐酸体系但不适用于碳钢/盐酸体系，因为后者并不具备活化-钝化转变行为。

至于金属/介质体系的腐蚀条件和影响因素，如温度、压力、流速、溶液杂质以及金属的成分、相组织等，对于具有活化-钝化转变行为的体系，这些因素都是可以调制和控制的，不影响有效地采用阳极保护。此外，还应考虑实施阳极保护的技术条件和经济合理性，这些应在项目规划和阳极保护设计时予以充分评价。

显然，阳极保护并不适用于气相环境中的设备金属。即使溶液分散性很好的体系，在细管内壁、狭窄构型的部件和缝隙深处也很难实施有效阳极保护。在溶液导电性很差的体系中，阳极保护效果也不好，在阳极保护过程中，如果会引起溶液电解或产生激烈副反应，这种体系不宜采用阳极保护。

阳极保护的另一重要局限性是阳极保护控制不当可能会产生严重的电解腐蚀，即保护电位进入活化区且在大电流作用下使金属产生强烈的活化腐蚀。

10.4.2 硫酸体系中的阳极保护

10.4.2.1 硫酸腐蚀特点

硫酸是世界上产量和用量最大的化工产品之一。常用硫酸浓度为77%～100%；在浓度为100%的硫酸中溶入SO_3，可制成发烟硫酸。在硫酸生产、储存和运输时所用结构物设备大多是碳钢制成的，一部分是不锈钢制造的。阳极保护可在很宽温度范围中控制硫酸腐蚀。控制硫酸腐蚀是阳极保护的最普遍应用，并成为阳极保护商业成功的主要用途。

硫酸的制造、销售、应用的浓度范围很宽，而碳钢则是储运硫酸设备的主要结构材料。因此，碳钢在硫酸中的腐蚀规律及特点是阳极保护工作者十分关心的问题。碳钢在硫酸中腐蚀的主要影响因素是温度、流速、酸浓度和酸纯度(其中杂质含量如Fe含量)，钢中的微量合金化元素(例如铜元素)对其腐蚀速率有很大影响。

如图10-27所示为硫酸浓度和温度对碳钢腐蚀速率影响的综合数据图。图中的数据表明，碳钢在24℃的77%～100%H_2SO_4中，其腐蚀速率在508～1016μm/a范围内；在100%H_2SO_4浓度时，其腐蚀速率显著增大。研究结果表明，温度仅提高21℃，就使碳钢腐蚀率显著增加。例如，在98.5%H_2SO_4中，提高温度的影响比增大硫酸浓度的影响要大得多。此外，

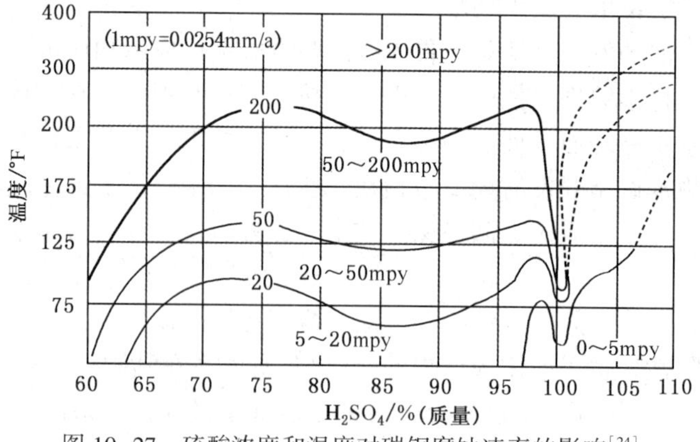

图10-27 硫酸浓度和温度对碳钢腐蚀速率的影响[24]

硫酸中的杂质 Fe 含量也对碳钢腐蚀速率有明显影响。

碳钢在硫酸中的腐蚀速率从特征上看是低的，因为金属表面沉积了腐蚀产物硫酸亚铁，它起到一个扩散阻挡层的作用，因而降低了碳钢的腐蚀速率。这种阻挡层膜是相当软的，在低流速下就可将它冲走，因此，泵一类的设备腐蚀速率要高得多。在容器侧壁的注入喷嘴下部，冲蚀破坏的影响也成了问题。在向槽中灌注酸时，酸的喷溅可使钢壁注入口处腐蚀速率显著增大，使该处钢壁严重减薄。如果硫酸温度升高，将使腐蚀急剧加快。加拿大工业公司曾在其拥有的一台装载 93% H_2SO_4 的 2722t 储槽发生一起灾难性断裂事故，原因就是注酸时的喷溅作用使注入喷嘴附近钢壁严重减薄之故。

奥氏体不锈钢在硫酸中具有活化-钝化转变行为。在钝化状态下的不锈钢，其腐蚀速率很低。AISI 300 系列不锈钢在许多实际体系中的钝态腐蚀速率低于 25.4μm/a，而其活化态腐蚀速率则高于 2540μm/a。如图 10-28 和图 10-29 所示为 AISI 300 系列不锈钢在无空气硫酸及含空气硫酸中的腐蚀速率。

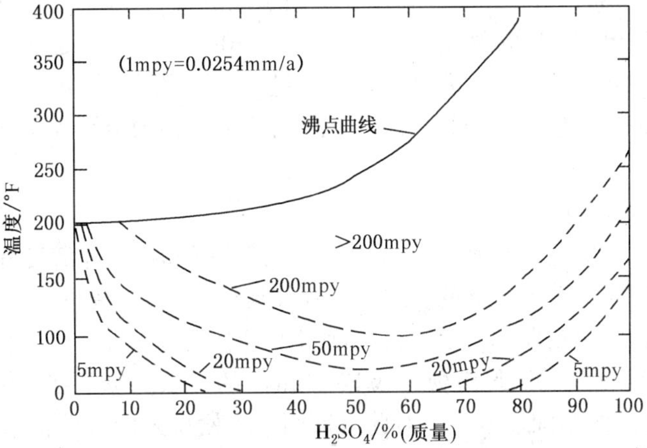

图 10-28　316 型不锈钢在无空气硫酸中的腐蚀速率及温度影响[24]

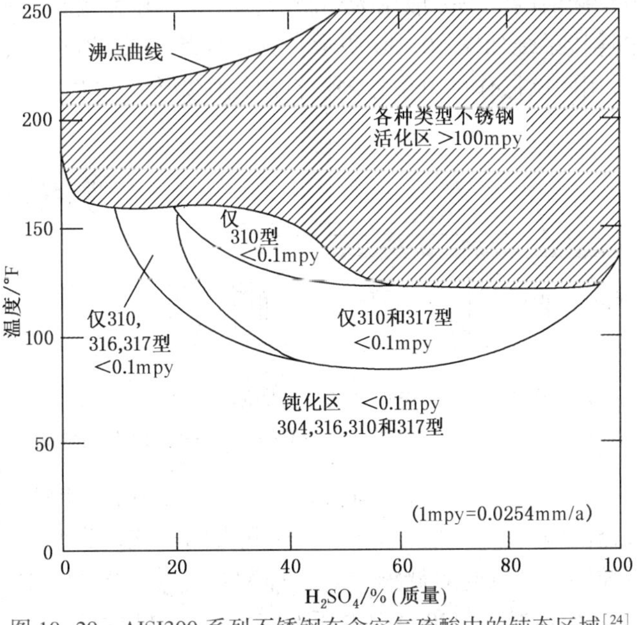

图 10-29　AISI300 系列不锈钢在含空气硫酸中的钝态区域[24]

氢损伤也是钢制硫酸储槽破坏的一个问题。钢在硫酸中发生析氢反应，生成氢气，在钢表面集聚而形成氢气流并沿钢壁表面向上逸流，破坏了具有保护性但不坚实的硫酸亚铁腐蚀产物膜($H_2SO_4 \cdot 7H_2O$)，从而形成沟槽。沟槽一般出现在侧部人孔和侧壁安装的排料口处，从9点钟到3点钟的位置呈环形分布。此外，氢鼓泡也是钢制硫酸储槽破坏的又一个普遍问题。众所周知，氢鼓泡是氢在钢板内的分层、夹杂物或微小孔隙处积聚所致。腐蚀的阴极过程产生的氢原子扩散渗入金属母体，直至到达某个材料缺陷(金属的不连续处)，在该处氢原子发生化合反应而生成氢分子。氢分子在金属内是不易扩散的，它们积聚在缺陷处并使氢分压不断升高。缺陷处的氢分压可达到极高的程度，以至于使金属发生局部变形和破坏，从而在材料中形成氢鼓泡。阳极保护显著减缓了铁的溶解，因而抑制了阴极析氢反应，阻止了氢原子和氢分子形成，从而防止了氢损伤。

在储存硫酸的钢制容器中努力控制腐蚀的另一目的是为了防止硫酸产品的纯度遭污染而下降。对于许多终端用户和采用硫酸的反应工艺，硫酸产品中的高Fe含量会引起麻烦，所以低Fe含量的硫酸产品销售价格也高得多，提高了经济价值。因此，对硫酸中的Fe含量也有严格要求，例如，电解级的硫酸Fe含量不能高于50mg/L。这对于裸露的或未加保护的钢制储槽中储存了一段时间的硫酸，要维持这一含量水平几乎是不可能的。采用阳极保护，不仅可以控制金属腐蚀和氢损伤，而且可以降低作为腐蚀产物的金属离子含量，从而成功地提高硫酸产品的质量。

10.4.2.2　硫酸储存设备的阳极保护

阳极保护已经成功应用于储罐、工艺反应器、热交换器以及盛装各种腐蚀性溶液的运输罐。大多数阳极保护应用涉及硫酸的制造、储存和运输，世界上硫酸的生产比任何其他化学剂都要多得多。成功的阳极保护系统已将碳钢储槽的溶铁速率从5~20mg/L·d降低到1mg/L·d或更少。硫酸纯度足以满足市场对低Fe含量酸的要求。硫酸在运输过程中(卡车、铁路槽车、驳船等)将继续增加铁含量，对此可采用一种便携式阳极保护系统，以维持这类容器中的酸纯度及延长储存时间和容器寿命。

储存浓硫酸和发烟硫酸的储槽一般用碳钢制造，有竖式和卧式两种构型。采用阳极保护的卧式储槽结构和电连接系统如图10-30所示，其中使用两支辅助阴极，至两端的距离各为3m。该保护系统采用间歇操作的电位控制器，用铂作为参比电极。

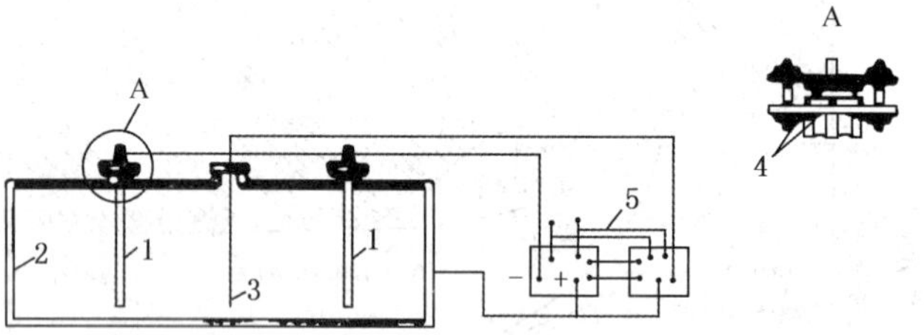

图10-30　硫酸储罐(碳钢)的阳极保护系统[2]

1—辅助阴极；2—槽壁；3—参比电极；4—织物垫片；5—阳极保护控制装置

该硫酸储罐实施阳极保护时所需致钝电流很大，约达150A。储槽中硫酸电解质的电阻率较大，而一般整流器的输出电压低，不能给出如此大的电流。为此需设计大功率整流器，包括间歇操作的电位控制器，以此对储槽实施致钝和维钝。如图10-31所示为这种整流器及电连接的原理图。变压器电流达200A，电压50V，输出电压可以在5~50V范围内调整。

整流器由整流管 BK-200 按桥式电路构成，电流可达 200A。

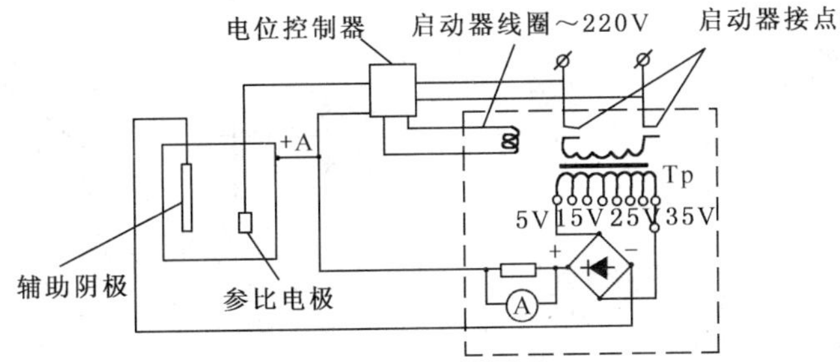

图 10-31　硫酸储槽阳极保护用电位控制器及整流器的电连接示意图[2]

在实施阳极保护时，先将硫酸逐渐注入储槽，同时从整流器馈送电流(70A)，1min 后钝化电流减小；经 2h 钝化处理，电流已降至 5A；当电流下降达到 2A 时，转为采用周期性操作的电位控制器，进行自动调节。

当储槽中硫酸浓度在 90%~94%范围内时，碳钢的稳定电位为-0.4V(SCE)，处于活化状态。可供阳极保护选用的稳定钝化区电位范围相当宽，可达 0.7V，因而保护电位随硫酸浓度变化的波动不大。在保护电位为 0.7~0.9V(SCE)时，稳定的保护电流密度为 0.01A/m^2，相当于钢在稳定钝化区的腐蚀速率，即 6.5mg/m^2·h。而未加保护的对比试片的平均腐蚀速率则高达 780mg/m^2·h。由此可见，在 90%H_2SO_4的储槽中，阳极保护可使碳钢腐蚀速率减小到原来的 1/100 左右。

对于在常温下储存发烟硫酸、100%(30℃)、98%、93%、90%~94%、77%~发烟硫酸的各种碳钢储槽，采用阳极保护的主要目的是降低酸中的 Fe 含量，且保护结果很有效。如图 10-32 所示的数据表明，在阳极保护 1 年的发烟硫酸储槽中，Fe 含量约为 40mg/L。如图 10-33 所示为一个 94%H_2SO_4的碳钢储槽中施加阳极保护和不加保护时的 Fe 含量变化数据。这些数据说明，当温度为 0℃或更低时，酸中几乎不发生杂质 Fe 的积聚。而在室温下，未加保护的储槽中 Fe 含量非常明显地增长，实施阳极保护则可显著降低 Fe 含量。

稀硫酸储存通常使用不锈钢储槽。曾对一个储存 50%H_2SO_4的 1Cr18Ni10Ti 不锈钢储槽实施阳极保护，使其腐蚀速率从 9100mg/m^2·h 降低到 3mg/m^2·h。对另一个储存 10℃的 6.4%H_2SO_4的 1Cr18Ni10Ti 不锈钢储槽采用缓蚀剂(卡他品，C_nH_{2n+1}—C_6H_4—N —C_5H_5)和阳极保护的联合控制，结果使储槽的腐蚀速率降低到原来的 1/1900。

许多公司把用过的废硫酸再生使用。再生的酸溶液中所含有机物质和水的浓度波动很大，它们对碳钢的腐蚀性很强。表 10-9 摘要地给出了碳钢在一些典型的废酸溶液(黑酸)中的腐蚀特性和对其采用阳极保护的有效性。已经有不少处理这种腐蚀性溶液的储槽和工艺设备实施阳极保护的经验。曾对一个用于混合(产自烷化过程的)两种废酸的碳钢容器成功地采用了阳极保护。在对用于处理 86%废酸的碳钢容器实施阳极保护时，曾采用了一套转换机构，使一个控制器和一个电源能循环地保护三个碳钢容器。已发表的结果表明，被保护设备的腐蚀速率在夏天降低了 90%，在冬天降低了 98%。遇到的问题是，电源容量还不够大，当采用转换系统时这种影响更严重。

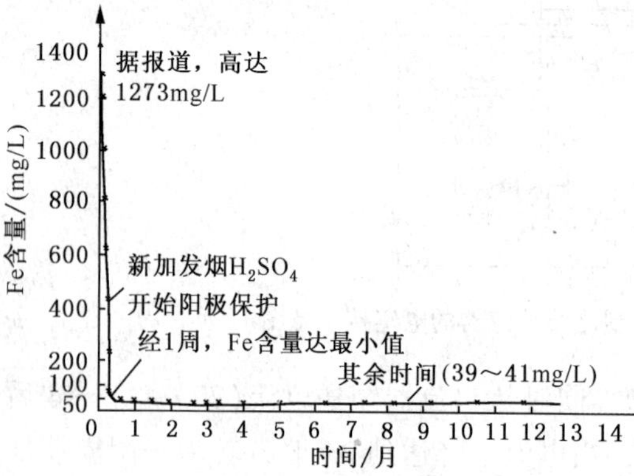

图 10-32　对发烟硫酸的碳钢储槽实施阳极保护的效果[1]

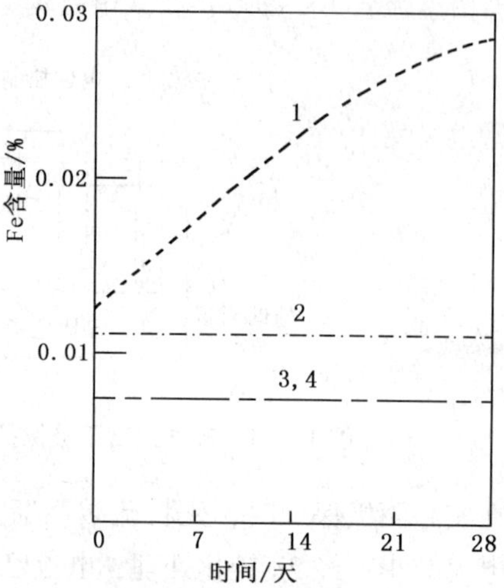

图 10-33　94%H_2SO_4的碳钢储槽中的 Fe 含量[1]

1—未加保护(4～30℃)；2—阳极保护(4～30℃)；3—阳极保护(0℃以下)；4—未加保护(0℃以下)；

表 10-9　碳钢试片在黑酸溶液中阳极保护和未加保护时的腐蚀速率(试验 24h)[26]

酸的类型	温度/℃	腐蚀速率/(mm/a)		保护电位/mV	保护电流密度/(mA/m^2)	保护度/%
		未保护的	阳极保护的			
再生的醇酸(静态)	60	0.53	0.09	+900	43.04	84
废乙醇(静态)	26～60	1.14～1.96	0.21～0.04	+900～+1000	75.3～0.54	84
废烷化酸(静止、搅动)	27～71	0.36～6.43	0.04～3.23	+800～+1300	32.3～2012.1	81～99

10.4.2.3　硫酸换热器的阳极保护

阳极保护技术已被成功地应用于各种换热器的防腐蚀，尤其是硫酸换热器。由于阳极保护技术的成功应用，可使用多种材料(如不锈钢、钛)制造的换热器，从而基本上淘汰了老式的铸铁排管喷淋式冷却器。

在硫酸的制造工艺中，先通过催化-转化反应使 SO_2 转化成 SO_3，然后，SO_3 被浓硫酸(一般为 98%H_2SO_4)所吸收。这种吸收是强烈的放热反应，所以必须对酸溶液进行冷却，以控制操作温度。多年来，硫酸冷却器都是铸铁制造，排管内侧走酸，水在其外表面流淌。这种冷却器的维修工作量很大，以至于大多数制酸厂都有一大堆备用铸铁冷却器。此外，由于采用这种冷却器使酸中 Fe 含量很高。

碳钢制造的螺旋管换热器在热的浓硫酸中工作一昼夜，就可能腐蚀损坏。不锈钢制造的螺旋管换热器在这种条件下腐蚀损坏也很快。因此，适当选材并施以阳极保护就成了有效的首选防腐蚀方案。表 10-10 给出了 12Cr18Ni10Ti 不锈钢和 A3 碳钢在 100～120℃ 的 70%～90%H_2SO_4溶液中施加阳极保护和未加保护时的腐蚀速率比较。表中数据指出，阳极保护使 12Cr18Ni10Ti 不锈钢在 70%H_2SO_4(120℃)和 90%H_2SO_4(120℃)中的腐蚀速率分别降低到原先未保护时的 1/2300 和 1/24。在这一阳极保护体系中，保护电位范围为 0.4～0.8V(SCE)。在连续通电保护的情况下，被保护不锈钢的阳极电流密度为 0.1A/m^2，在间歇通电的情况下，不锈钢电位在 0.43V(SCE)时断电，当电位降至 0.25V(SCE)时复又通电，阳极电流密度为 0.3A/m²。试验结果还表明，对碳钢的阳极保护在温度不高于 90℃时效果较好。

表 10-10　12Cr18Ni10Ti 不锈钢和 A3 碳钢在 100~120℃的 70%~90%H_2SO_4中阳极保护及未保护时的腐蚀率[4]

H_2SO_4浓度/%(质量)	温度/℃	腐蚀速率/(mm/a)		电位/V(SCE)
		未保护	阳极保护	
12Cr18Ni10Ti 不锈钢				
70	100	105	0.04	0.4
			0.07	0.5
70	120	460	0.2	0.5
90	120	19	0.8	0.6
90	100	8	—	—
A3 碳钢				
76	100	—	0.07	0.4
70	100	20	—	—
70	120	42	—	—
90	100	54	—	—
90	120	175	—	—

美国热回收公司(American Heat Reclaiming Co.)于 1966 年首先设计了一台带阳极保护系统的整体型 304 不锈钢热交换器，用于冷却 66 ℃的 93%硫酸，以替代铸铁冷却器。阳极保护系统的效果是令人满意的，它能保护不锈钢免遭硫酸腐蚀。由于工厂位于大盐湖的海滨，冷却水直接取自湖水，从而产生了由冷却水中氯离子引起的应力腐蚀开裂，损坏了热交换器。在这一例子中，阳极保护操作是成功的，但热交换器系统的选材和冷却水品质的配伍设计却是有问题的。

上述实例是一种螺旋型热交换器，它的结构和安装的阳极保护电极如图 10-34 所示。这是双螺旋通道结构，一个通道走酸，相邻的另一通道走冷却水。热交换器结构材料采用

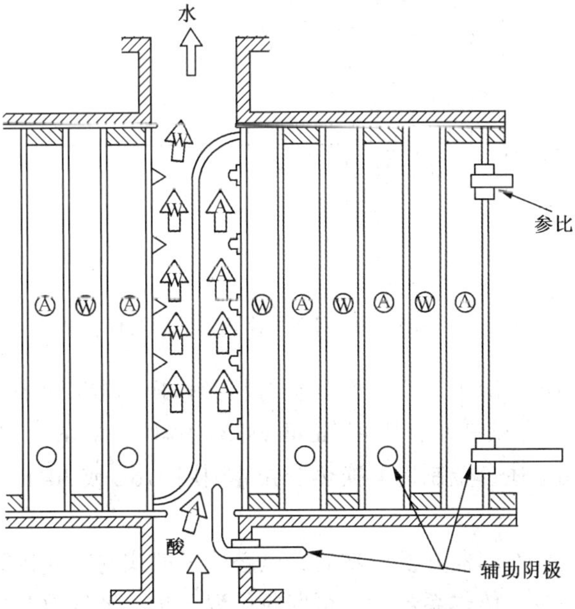

图 10-34　螺旋型热交换器及其阳极保护电极安装结构[1]

AISI316 型不锈钢，可用于冷却低于 240℃的 93%~98%硫酸。阳极保护系统采用丝状阴极和一种专利参比电极，保护后的腐蚀速率达到 25.4μm/a。

加拿大 CIL 公司 20 世纪 60 年代末开发成功的一种带阳极保护的浓硫酸冷却器，称为 CIL 冷却器。这是一种列管式换热器，管子由 316L 不锈钢制造，换热器壳体材料为 304L 不锈钢，辅助阴极材料为 Hastelloy C 合金(使用寿命为 3~4 年)，外侧套以带孔的聚四氟乙烯管绝缘，与管束平行放置。使用两个参比电极，一个用作控制，另一个用于监测。管程走冷却水，管间(壳程)走硫酸。CIL 冷却器有立式和卧式两种，如图 10-35 所示是这种冷却硫酸的列管式换热器阳极保护装置示意图。其结构特点是，管束不排满，而是留有足够空间走硫酸，并采取了严格的焊接和密封措施，以防泄漏。酸速 0.5m/s；水速较高，约 3m/s，以避免结垢和 Cl^- 积累而引起点蚀穿孔及应力腐蚀开裂。在 63℃的 93%H_2SO_4 和 110℃的 99%H_2SO_4 中，未实施阳极保护时不锈钢管的腐蚀速率约在 5.08~10.16mm/a 范围中，而实施阳极保护后的腐蚀速率则降低到 25.4μm/a。

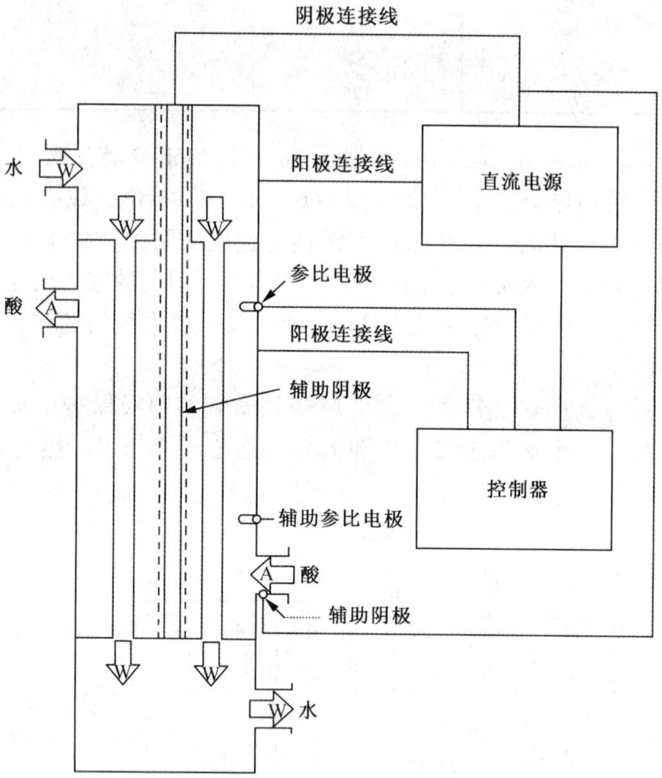

图 10-35　用于冷却硫酸的列管式换热器的阳极保护装置[1]

对于不同水质的冷却水，应采用不同的合金材料制作换热器管子。如果冷却水是淡水，可使用 316L 不锈钢，如果是微咸水，则用 Incoloy825、904L、Alloy 20Cb3 或 Hastelloy C 合金。管板及水室内衬也用上述合金制造。换热器壳体则用 316L 或 304L 不锈钢制造，这取决于硫酸浓度。

带阳极保护的 CIL 硫酸冷却器开发成功后，已替代了旧式的铸铁排管喷淋式冷却器，因为它们具有寿命长、维修少、传热系数大、可回收低温余热、经济效益显著等特点，迄今已在许多国家获得了广泛应用。

阳极保护曾用来控制 1Cr18Ni9Ti 及 Cr17Ni13Mo2Ti 不锈钢制造的套管式热交换器在浓硫酸中的腐蚀，换热器的寿命可延长至 12 年。阳极保护已成功地应用于处理稀硫酸(人造丝纺纱槽)的钛管换热器的防腐蚀保护。阳极保护还曾成功地应用于不锈钢的硫酸管道。

瑞典于 1980 年成功开发了阳极保护的焊接板式换热器，用于冷却 110℃ 的 98.5% H_2SO_4,已在比利时投入使用。德国于 1975 年成功应用了空气冷却的阳极保护硫酸冷却器，其使用温度可提高到 160℃。在这种装置中，冷却管子和联箱为阳极，对于小型装置利用不锈钢进酸总管作为阴极，而对大型装置则向管箱插入辅助阴极。但若管长超过 10m，管子内表面就不能获得良好的保护。

硫酸冷却器和管道通常由不锈钢(如 316 不锈钢)制造。实施阳极保护能防止其点蚀穿孔，从而避免了设备破坏、人员安全威胁和环境影响的事故潜因。

在室温下，不锈钢冷却器和管道是免受 93%～98% H_2SO_4 腐蚀的。然而，随温度升高，金属电位开始在活化态和钝化态之间波动。当温度升至约 75℃或更高时，这种电位波动越来越明显，且也越来越频繁。有时，不锈钢就直接维持在活化态，由此将对金属产生严重的腐蚀损伤。在这种情况下，阳极保护是很有用的，它可抑阻电位波动。通过施加阳极性电流，使金属电位维持在钝态，由此就可使不锈钢寿命成数量级地提高。

这种体系中不锈钢的维钝电流不大，但一定不能使电位进入过钝化区，否则会使腐蚀速率增大。这里的关键是要有一支可靠的参比电极，以给出良好的反馈信号。参比电极必须是稳定的、可再现的，并且能承受硫酸环境的工艺温度和压力。

对于输酸管道，辅助阴极的间距和布置是不可忽视的因素。阴极太少会产生电流分布(电流分散性)问题；阴极太多，则在材料和安装方面会产生诸多问题，在经济上不可行。阴极间距和布置通常是管子直径的函数。管径越大，阴极间距也越大。通常情况下，对于直径小于 152mm 的管道，阳极保护成本太大，经济上是不合算的。

在冷却器和管道的情况下会出现对辅助阴极的冲蚀问题，在储槽中则无此问题。高流速的硫酸会通过冲蚀破坏阴极表面，因此需定期检查和更换阴极。在阳极保护设计时必须把现场原位更换阴极的操作设计在保护系统中。

虽然阳极保护系统是工厂中一个重要的设备组件，但它并非是工厂管理人员关注的重点。所以，重要的是应对阳极保护系统实行监控而不给操作人员和管理人员增添过多负担。现已开发出远程监控装置 RMU，可以满足这种要求。RMU 是一种基于微处理机、带有调制解调器的计算机集成系统。它可以经由声频电话线远程监测阳极保护系统的操作参数。该装置有安装在内部的记忆单元，可储存 10 天操作数据的平均值。通常情况下，在 7 天后该 RMU 就被呼叫，下载数据和画出图表。典型的记录参数有直流电流、直流电压、所有的参比电位以及电源温度等。此外，该装置还能提供硫酸液面传感器的模拟信号。通过添加简单的硬件就能使 RMU 具有接通和断开功能的转换系统，并可以远程改变给定值。还可能采用其他一些控制模式，进一步提高产品品位的更先进装置也在研究开发之中。

对硫酸冷却器还有一种令人感兴趣的现场电化学保护系统，即在冷却器中联合采用阳极保护和阴极保护以控制腐蚀，如图 10-36 所示。该硫酸冷却器的壳和管子均由 316L 不锈钢制造。壳侧和管内走硫酸，对它们实施阳极保护时将两支 Hastelloy 合金棒作为辅助阴极，分别插入两支管子的适当位置，在壳侧硫酸空间中安装一支可伸缩的参比电极。冷却器两端的集水箱由碳钢制造，箱内走冷却水，对此集水箱采用牺牲阳极的阴极保护。携运硫酸的管道系统也可采用阳极保护。

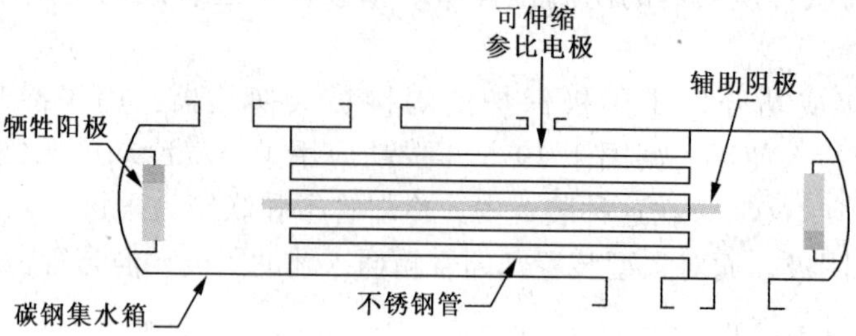

图 10-36　联合采用阳极保护和阴极保护的硫酸冷却器[27]

10.4.2.4　硫酸运输车船的阳极保护

硫酸在从制造厂运输到用户的过程中，将会使运输车船的金属容器腐蚀和使硫酸产品中的溶铁量增加。便携式阳极保护已被用于这些容器(卡车槽车、铁路槽车、驳船)，以维持酸的纯度和延长储存时间。

曾对装运93%硫酸的卡车槽车安装了阳极保护系统，采用了一个轻便的控制电源系统和一个较大的直流稳压电源。后者是在槽车充灌硫酸后用于使槽车致钝，而前者则是在槽车运输过程中用于维持钝化。该阳极保护系统运行正常，保护效果良好。

另一个成功的阳极保护应用实例是，对装运93%和99%H_2SO_4的不锈钢槽车实施阳极保护，并跟踪测量其保护效果和酸中的Fe含量。该阳极保护装置包括一台电位控制器、辅助阴极、参比电极和电池盒。电位控制器是全晶体管的，由12V电池提供直流电。通过测量探头测试电位，经过比较和反馈电路输出电流，以使设备金属电位移动进入设定的保护电位范围。采用通-断电方式工作，控制电位范围在±100mV。辅助阴极为包铂材料或黄铜。采用铂/氧化铂参比电极，也可用饱和甘汞电极或Ag/AgCl电极。将装有电位控制器和电池的盒子安装在槽车侧部(参见图10-37)。在槽车顶部开孔，焊有连接嘴，将安置了辅助阴极和参比电极的管子从上向下引入槽车内。用耐酸导线把辅助阴极和参比电极分别连接到控制器。用2只电压12V、容量为200A·h的电池作为电源。

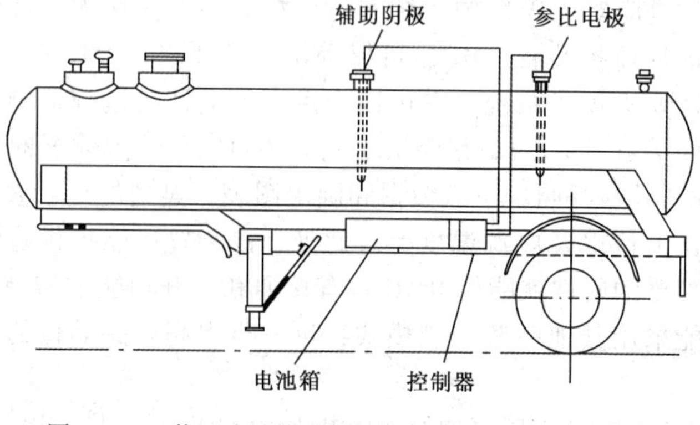

图 10-37　装运硫酸的不锈钢槽车的阳极保护系统[21]

该硫酸槽车的阳极保护系统的工作步骤如下。在槽车注酸前，定期检查控制器的电气性能、接线和测试回路。当向槽车泵酸时，电位控制器自动工作，并在金属表面形成钝化膜，然后实施维钝操作，直至槽车硫酸泵出。实践证明，该保护系统的电流需用量很低，起初安装的 200A·h 电池并不需要，就把它拆除了。仅汽车本身的蓄电池就可提供维钝所需的全部电能。在保护系统运行时，控制器通电流仅 1~2s，接着断开 5~10min。随硫酸浓度不同，这些供电的电流脉冲在 25~30A 范围内变化。

在安装阳极保护前，槽车硫酸溶液中的 Fe 含量为 10~15mg/L。在阳极保护系统投入运行后的检测结果表明，对 93% H_2SO_4，酸中 Fe 含量是 2.5 mg/L；对 99% H_2SO_4 则为 1.6 mg/L。阳极保护使硫酸中 Fe 含量降低了 80%~90%。这种便携式阳极保护系统使得向用户运输的硫酸中 Fe 含量可以降低到最低水平。同样的阳极保护系统也成功地用于装运腐蚀性的浓肥料溶液的碳钢铁路槽车。

阳极保护也曾成功地用于载运硫酸的驳船。一艘驳船上设有若干个小型碳钢储槽，每个可装载 2721.6t 93% H_2SO_4。在安装阳极保护前，在一次 8 天的航程中，硫酸中 Fe 含量增大到 200 mg/L。在安装阳极保护后经两次航程，每次航程的硫酸 Fe 含量都已降至 8 mg/L，并且硫酸已呈洁净状态，而不是在 200 mg/L Fe 含量时的乳白色。

10.4.2.5　三氧化硫发生器的阳极保护

这是我国于 20 世纪 70 年代研究成功的阳极保护应用实例。三氧化硫发生器为碳钢制设备，结构尺寸为 ϕ1400mm×2340mm，壁厚 12mm，内装 102% H_2SO_4。采用明火加热设备，使其中的发烟硫酸（游离 SO_3 含量为 20%）由常温逐渐升高到 300℃，与此同时释放出 SO_3。

高温的发烟硫酸具有强烈的腐蚀性，可使碳钢设备在短期内腐蚀穿透而报废，其腐蚀速率可高达 39mm/a。

碳钢在不同温度发烟硫酸中的阳极极化曲线如图 10-38 所示。测试结果表明，在 100 ℃和 200 ℃时，发烟硫酸的氧化能力比室温下的更强，所以碳钢表现为自钝化状态，稳定电位处于钝化区内。当温度升高至 250 ℃以及 300 ℃时，碳钢处于活化状态，需要相当大的电流（每平方米数百安培以上）才能使其钝化。但是在钝化以后，维持钝化所需电流却很小，均小于 1A/m²，而且与温度关系不大。此外，碳钢/发烟硫酸体系在相当宽的电位范围内并不出现过钝化现象。

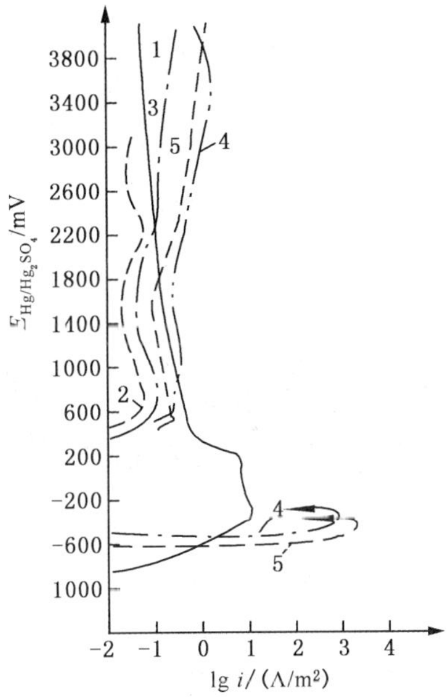

图 10-38　碳钢在发烟硫酸中的阳极极化曲线[14]

1—室温；2—100℃；3—200℃；4—250℃；5—300℃

碳钢制的三氧化硫发生器的阳极保护装置及其连接如图 10-39 所示。在该保护系统中，恒电位仪的输出电压为 7V，输出电流为 100A；辅助阴极由 1Cr18Ni9Ti 不锈钢制成；参比电极也是 1Cr18Ni9Ti 不锈钢，它在室温至 300℃ 发烟硫酸中的电位为（400±50）mV［Hg/Hg_2SO_4（K_2SO_4）］。在生产上选择的恒电位器控制指标为：相对 1Cr18Ni9Ti 参比电极为 +2200mV，即相对 Hg/Hg_2SO_4（K_2SO_4）参比电极为 +2600mV。表 10-11 列出了碳钢在发烟硫酸中的阳极保护参数。

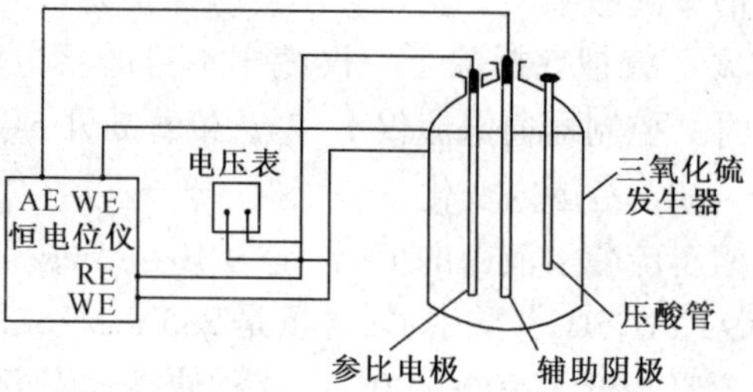

图 10-39　三氧化硫发生器的阳极保护装置及其连接示意图[14]

表 10-11　碳钢在发烟硫酸中的阳极保护参数[14]

温度/℃	稳定电位(相对硫酸亚汞电极)/mV	致钝电流密度 i_{cr}/(A/m²)	维钝电流密度 i_p/(A/m²)	稳定钝化区范围(相对硫酸亚汞电极)/mV
室温	-780	10~15	0.1~0.3	约+400 以上
100	+400	(自钝化)	0.05~0.1	约+400 以上
200	+350	(自钝化)	0.1~0.3	约+400 以上
250	-670	460~600	0.2~0.5	约+400 以上
300	-650	640~750	0.2~0.7	约+400 以上

三氧化硫的发生是一个间歇的过程。发生器中的发烟硫酸从室温逐渐升高到 300℃，保温 3h，然后自由冷却到 60℃，抽出废酸，加入新的发烟硫酸，再升温。如此一个循环，约需 8~9h。

三氧化硫发生器的阳极保护是在常温发烟硫酸中致钝以后，随着酸液温度升高，不断维持其钝化状态，所需维钝电流相应地也随之变化（参见图 10-40)。图中的三条曲线表示温度对三种不同的致钝过程所产生的影响。致钝过程都是在室温的发烟硫酸中进行的。

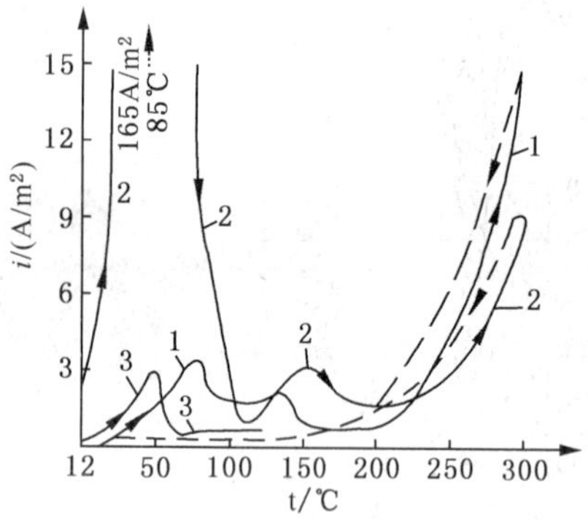

图 10-40　碳钢在发烟硫酸中于恒电位(+2600mV，相对硫酸亚汞电极)下的维钝电流密度与温度的关系[2,14]

1—试样活化后再致钝；2—试样带电进槽致钝；3—试样已经过一个升温循环的钝化

如图 10-40 所示，曲线 1 表示碳钢试样在浸入酸液以后，先建立稳定电位，然后再通入一个大的致钝电流，使其实现钝化。在这种情况下获得的钝态较为完善，所以在随后的升温过程中显示的电流峰值不大。曲线 2 表示试样带电进槽，从被空气氧化所形成的不完善钝化态直接进行致钝，所需致钝电流不大，但所获得的钝态结构不完善，所以在随后升温过程中出现相当大的电流峰。曲线 3 表示试样已经经过一个升温循环的钝化，接着再来一次重复试验(换新酸)，所以在随后升温过程中显示的电流峰值很小。

在三氧化硫发生器中，当温度升高到 200℃以上时，所需维钝电流密度随温度升高而迅速增大。这是由于这时的碳钢稳定电位处于活化区(参见图 10-38 和表 10-11)，而高于 200℃时的致钝电流密度很大，从而使已形成的钝化膜很不稳定，即使局部重新钝化也需要很大电流，最终表现为所需维钝电流密度随温度升高而迅速增大。

三氧化硫发生器采用阳极保护后，腐蚀率从未保护时的 39mm/a 降低到 1.5mm/a，水线腐蚀问题也同时获得解决。该系统阳极保护耗电量很小，正常操作时不大于200W。

10.4.3 氨水及铵盐溶液中的阳极保护

10.4.3.1 碳钢在化肥溶液中的阳极保护

近数十年来，农业产量增长很大程度上依赖于大规模应用化肥。常用化学肥料有氨水、硝酸铵溶液、其他氨水和尿素的混合物等。这些溶液(液体化肥)会腐蚀碳钢，因此在许多情况下采用铝或某些铬-镍不锈钢。然而，阳极保护可以有效地控制碳钢腐蚀。表10-12综合性地列出了碳钢试片在化肥溶液中未保护及阳极保护的试验结果。结果表明，碳钢在这些不同的化肥溶液中的腐蚀率差别较大，有的可高达8.89mm/a。但是施加阳极保护后均可使腐蚀率降低到相当小的程度。

表10-12 碳钢在化肥溶液中的未保护及阳极保护的试验结果[2,3]

溶液	pH	温度/℃	液相腐蚀速率(24h)/(mm/a)		极化电位/mV(SCE)	维钝电流密 i_p/(mA/m²)	气相腐蚀速率/(mm/a)
			未保护	保护			
$28\%\sim30\%NH_3$	13~14	27	0~0.69	0.00254	-300	3.228	—
				0.0127	-200	3.228	—
				0.0127	+200	3.228	—
$67\%NH_4NO_3$	4.5	27	2.54	0.0127	+500	7.532	0.168
$67\%NH_4NO_3$ 含 NH_4OH	7~8	27	0.0076~8.89	0	+500	6.456	0.022
$83\%NH_4NO_3$ 含 $0.25\%NH_4OH$	7	74	0.033	0.00254	+600	5.38	—
$83\%NH_4OH$	6.5	93	—	0.00759	+800	86.08	—
$83\%NH_4NO_3$ 含 $0.25\%NH_4OH$	7	93	0.033	0	+600	5.38	0.0076~0.508
商品溶液 $25.6\%NH_3$ $68.5\%NH_4NO_3$ $5.9\%H_2O$	11	27	2.565	0	+100	100.76	0.279
商品溶液：$19.0\%NH_3$ $65.6\%NH_4NO_3$ 6.0%尿素 $9.4\%H_2O$	11	27	1.499	0	-100	4.304	0.244

曾经对一个盛放NH_4NO_3、NH_3、$(NH_4)_2CO_3$和尿素溶液的碳钢容器进行阳极保护，试验周期一年；另一个相同容器未加保护，以作比较。在两个容器中均悬挂失重试验的试片。结果表明，在阳极保护容器中的试片无失重，腐蚀速率为零；而在未保护的容器中，试片的腐蚀速率达到1.8mm/a。未保护的容器发生了泄漏，溶液由于积聚腐蚀产物而变成暗褐色。切开两个容器观察内部发现，经阳极保护的容器内表面洁净，无腐蚀迹象，焊缝也完好如初；而未加保护的容器，内表面已遭受腐蚀损伤，焊缝开裂，在接头处产生了泄漏。

在常温情况下，氨水对碳钢的腐蚀一般并不严重。但是，腐蚀产生的氧化铁污染氨水以后可能会带来麻烦。此外，槽底发生的严重点腐蚀也是值得注意的问题。另外，由于形成了氧浓差电池，使腐蚀行为发生了很大变化。在贫氧区域测量到的腐蚀速率更高。

阳极保护成功应用的另一实例是对两个氨水容器的保护。一个容器内径33.4m，高12m，盛装25%氨水达10000m³。首先充灌稀氨水溶液以实施致钝，然后转接到控制系统以实施维钝，此后溶液浓度逐渐提高到25%。该控制系统有足够大的容量可以维持钝态，但不能在高浓度溶液中建立钝态(致钝)。由于实施了阳极保护，使容器腐蚀速率降低到未保护时的0.0033%。

除了用外加电流实施阳极保护以外，还可偶接一个电位更正的金属来进行阳极保护，即采用阳极保护器法，偶接的电位更正的金属为该电偶电池中的阴极。一个容积为75.7m^3的容器，内装浓度28%~30%的氨水溶液，从容器顶部悬挂一段废钛管插入溶液，另一段钛管连接到容器底部，都用作为辅助阴极。如此保护了两年以上，容器内的溶液未被腐蚀产物污染，也未变色。

10.4.3.2　碳化塔的阳极保护

碳化塔是生产碳酸氢铵化肥的重要设备。合成氨生产中的转化气从塔底进入，其中CO_2与浓的氨水溶液反应而生成碳酸氢氨。碳化塔为碳钢制造，尺寸大小不一。例如：一座被阳极保护的碳化塔，直径2.2m，高18m，带有80个插入式换热器，分20层安装，共1760支冷却管，总传热面积达350m^2，塔内温度为40℃，压力为7kgf/cm^2。

有些碳化塔的内壁和换热器采用了涂层保护，但是碳钢制造的冷却管腐蚀仍很严重，腐蚀速率高达7mm/a，一般使用3~6个月就出现腐蚀穿孔，一年左右即报废，平时需经常停产检修和更换损坏的换热器(冷却水箱)，不仅消耗材料和资金，而且影响生产正常进行，污染环境。

我国从1967年开始，对碳化塔实施阳极保护，取得了较好效果，冷却水箱的使用寿命延长了一倍至数倍。这是阳极保护成功应用于大型复杂反应塔的有效实例。

在设计和实施阳极保护之前，应先了解被保护体系的阳极极化行为。如图10-41所示为碳钢在塔化塔反应溶液中的阳极极化曲线。测试结果表明，碳钢在含有CO_2的氨水中是一个典型的活化-钝化体系。在低于40℃的含有不同浓度CO_2的溶液中，稳定钝化区的电位范围为-300~+850mV(SCE)，致钝电流密度约为280~480A/m^2，维钝电流密度约为0.5~1A/m^2。在新涂刷两遍环氧树脂漆的情况下，致钝电流密度只需1~2A/m^2，维钝电流密度约为50~60mA/m^2。

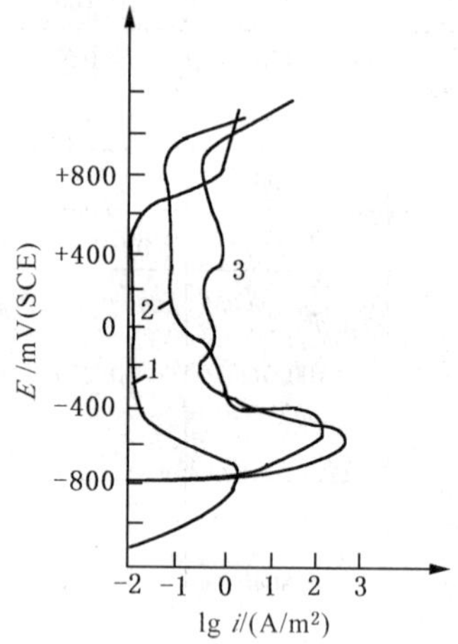

图10-41　碳钢在含CO_2的氨水中的阳极极化曲线[25]
1—在25%NH_4OH溶液中；2—在饱和的NH_4HCO_3溶液中；3—在从碳化塔中取出的含CO_2的氨水中

对碳化塔实施阳极保护时，采用碳钢作为阴极材料。它不仅材料来源广，比较经济，力学性能较好，而且在碳酸氢铵的生产条件下，如果阴极的总表面积选取合适，使阴极的电流密度在4~8A/m^2范围内，碳钢阴极本身就可获得良好的阴极保护，从而有较长的使用寿命。也有些工厂采用不锈钢作为阴极材料。

阴极结构有两类，一类是塔内连接，为固定式的，另一类是塔外连结，为插入式的。前者固定可靠，能承受大电流，但由于塔内施工而使得安装、检修不方便。后者则相反，塔外施工、安装及检修方便，阴极布置较灵活。塔内的阴极引线易损坏，引线截面积小时就不能承受大电流。但不论采用何种类型，阴极的布置应尽可能使电流均匀地流到每个冷却水箱和塔体内壁各个部分。

作为参比电极可采用碳钢或铅电极，它们在碳化塔生产液中的稳定电位分别为(-800±50)mV(SCE)和(-620±50)mV(SCE)，重现性良好，且可以容许通过大的讯号电流。如果要求电位波动必须控制在±50mV以内，则这两种参比电极容许的阳极电流为220μA/cm^2，碳钢容许的阴极电流为50μA/cm^2，铅为135μA/cm^2。也可用1Cr18Ni9Ti不锈钢作参比电极，它在碳化塔生产液中的电位为-0.3V(SCE)，电位波动值为±100mV。

电源系统大多采用硅整流器，整流线路可分为桥式整流和半波整流两种，常用容量为400(600)A/8(12)V，2500A/12V。也可采用可控硅恒电位仪作为直流电源，输出电流为200A，控制电位在0~+2V之间，长时间连续使用时电位漂移小于±10mV。

采用分段致钝方法，由此可以缩短致钝时间和减小电源装置的容量。用一台容量为2500A/12V的整流器就可完成对直径2.2m、高18m的碳化塔致钝。

维钝时的电位控制可以是手动控制的，这时将整流器的控制电位调整在+900mV(SCE)；也可以是自动控制的，即采用两点控制的恒电位仪，设定上、下限控制电位点，将电位控制在+800~+300mV(SCE)；或采用固定给定电位的恒电位仪，维钝控制电位为+700mV(SCE)。

对碳化塔实施阳极保护后，冷却水箱和塔体的腐蚀得到了有效控制，冷却管的腐蚀速率降低到小于0.05mm/a。

10.4.3.3 氨水储槽的阳极保护

碳钢制造的氨水储槽是合成氨厂普遍拥有的设备，有的作为中间容器，有的作为成品罐。碳钢在氨水中的腐蚀行为随条件不同而有相当大的差别。在纯净氨水中，碳钢腐蚀轻微；氨水中充氧，可使碳钢钝化而减轻腐蚀；氨气对碳钢有缓蚀作用，故气相腐蚀不大；当氨水中含有CO_2等杂质时，碳钢的腐蚀速率可增大几个数量级。在温度为25℃、pH≤12的含CO_2氨水中，碳钢的腐蚀速率高达0.3~0.5mm/a。生产中曾经发生氨水储槽(壁厚8mm)使用3年左右即腐蚀穿孔的失效案例。为了防止氨水对碳钢槽罐的腐蚀，最经济有效的方法是采用阳极保护。

(1) 大型氨水储槽的阳极保护

前苏联曾对碳钢氨水储槽采用了间歇式电位控制器进行阳极保护。例如，对一个容积为10000m^{3}的氨水储槽实施了成功的阳极保护，装置结构和阳极保护系统如图10-4所示。该储槽为碳钢制造，直径33.4m，高12m。阴极为8支不锈钢管(1Cr18Ni9Ti，直径0.38m，长11.7m)，参比电极为铋电极。采用氟塑料绝缘垫使阴极与槽体绝缘。所用阴极的表面积与被保护槽体的碳钢表面积之比为6:1000。

该储槽的阳极保护实施程序为，首先向储槽中充以氮气，直至槽中剩余氧量降至3%以下；然后向槽中注入浓度为4%的氨水，使液面高度达0.35m。碳钢在这种氨水中可自动钝化，即化学钝化(参见图10-42中曲线1)。随后用整流器进行阳极保护致钝，使碳钢在氨水溶液中的电位达到0.2~0.3V(SCE)，同时缓慢地继续注入氨水溶液，并提高氨的浓度。

图10-42中的电位-时间曲线是在储槽实施阳极保护时测得的。开始时无阳极保护，测得碳钢在含4%NH_3的溶液中的稳定电位为-0.1V(SCE)，该值接近于实验室中所测得的数值。当施加4A的阳极电流(0.5mA/m^2)时，经过2天，碳钢电位达到0.2V(SCE)；经过6天，碳钢电位达到0.3V(SCE)。在此期间，NH_3的浓度增大至9%(见图10-42中的曲线3)，液位升至1.3m。在此之后，用1A的极化电流就足以使碳钢表面的电位保持在0.2~0.3V(SCE)。

当液位升至2m，NH_3的浓度达到14%，切断极化电流，储槽电位经过2天时间负移了0.3V，电位如此缓慢地衰减，表明在中断极化的情况下，有可能及时排除故障，而不致破坏金属表面的钝化状态。可用4A电流使储槽电位重新回复到0.2~0.3V(SCE)。随后的极化电流可减小为1A，并且转用间歇操作的电位控制器来进行极化，这时NH_3的浓度达到25%，即达到储槽正常的生产条件。采用这种方法实施阳极保护，启动致钝时间约需3~4个星期。

这一大型氨水储槽实施阳极保护后，碳钢的腐蚀速率从0.3mm/a降至0.001mm/a，效果非常显著。

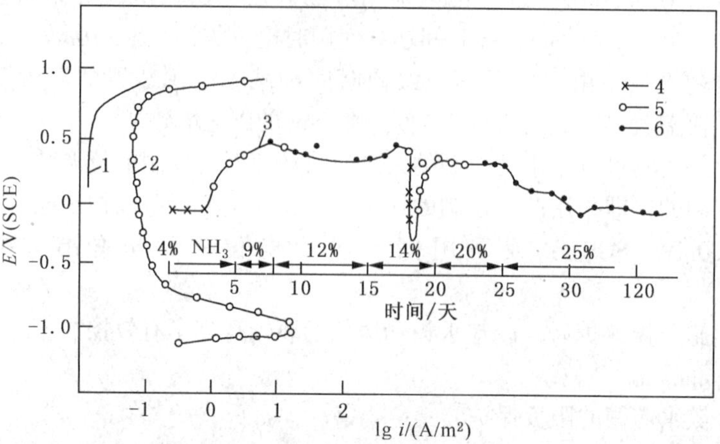

图10-42　碳钢在4%氨水中的阳极极化曲线[2,3,23]

1，2—阳极极化曲线；3—储槽电位随时间的变化；4—无阳极保护；5—阳极电流为4A；6—阳极电流为1A

（2）氨水罐群的循环极化法阳极保护

极化曲线测量表明，碳钢在含有$20\%NH_3+2\%$尿素$+2\%CO_2$的氨水溶液中以及在取自储槽的溶液中（室温），致钝电位为-620~-750mV（SCE），稳定钝化区电位范围为-300~+700mV（SCE），致钝电流密度为26~60A/m²，维钝电流密度为0.04~0.12A/m²。在该溶液中，金属钝化后，自活化过程相当缓慢。实验表明，当碳钢在上述氨水溶液中分别阳极极化至+400mV、+600mV、+700mV（SCE），并维持2~5min后断电，电位衰减弛豫经66h，金属表面均未活化。所以对氨水罐群的阳极保护具备采用循环极化法的条件。

李挺芳等曾对由四个罐组成的氨水罐群成功地采用了循环极化法的阳极保护。如图

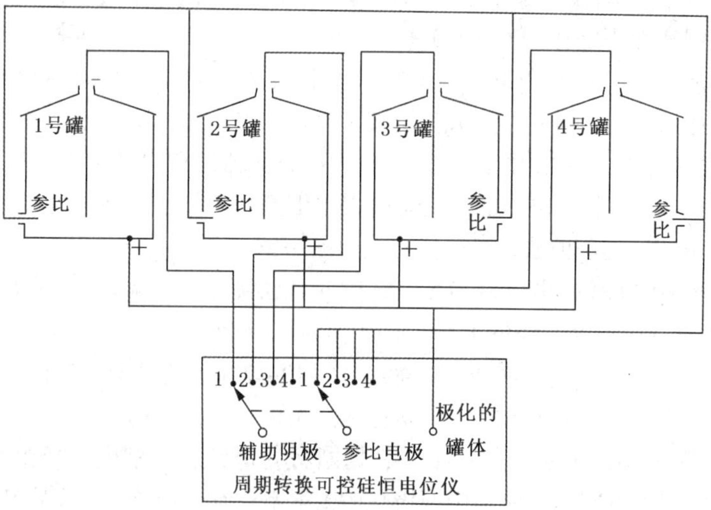

图10-43　氨水罐群循环极化法阳极保护装置[28]

10-43所示为氨水罐群循环极化法的阳极保护装置。每个氨水罐的直径 6m、高 6m，碳钢制造，壁厚 10mm，由四个罐组成一个罐群。每罐容积 160m^3，内表面积 170m^2，底面积 28.3m^2。氨水的组成在下列范围内变化：17%~20%NH_3、0~2%CO_2、0~1.5%尿素，室温。

被保护的四个氨水罐相互之间用碳钢板焊接相连，并通过操作平台用一根公共电缆连接到一台可周期转换的可控硅恒电位仪的工作端子。采用 1Cr13 不锈钢管作阴极，每一罐内的阴极总面积为 2.1m^2，大部分阴极布置在罐的底部，集中由罐顶引出。各罐的阴极分别用电缆连接到可控硅恒电位仪的辅助端子。

在每一罐内下部，各安装一个铅电极作为参比电极，分别用屏蔽电缆连接到可控硅恒电位仪的参比端子。铅电极在氨水中的电位稳定在-700~-750mV(SCE)范围内。

周期转换的可控硅恒电位仪在致钝时的最大输出电流为 50A，输出电压为 12V；维钝时的最大输出电流为 10A，输出电压为 0~12V；恒电位范围为 0~3V；限流电流 5~10A，可调。每台设备通电极化时间，即程序控制器的转换时间间隔有 1min、2min、5min、10min、20min 五档可供选择。

在正常运行时，循环极化周期定为 8min，即每罐通电极化 2min，断电 6min，全自动控制。通电时的控制电位值为+1000mV(相对铅电极)。

实施阳极保护时，首先进行致钝操作，这是逐罐进行的。如果是原始开车，则利用钢表面在空气中形成的半钝态，先进行各罐底部的致钝操作，然后通过周期转换的可控硅恒电位仪开始循环极化，即进入维钝状态。接着向各罐内注入氨水，投入工艺运行；随之在通电极化时间内完成罐壁的致钝处理。如果罐底发生了完全活化的情况，则应采取专门措施使之重新致钝。例如可采用含氨低于 5%的稀氨水，或加入钝化剂(重铬酸钾等)，或外接直流电焊机等进行致钝操作。在正常维钝时，实测的罐群电位变化如图 10-44 所示。

该氨水罐群在通电时，电位维持在操作指标(给定电位)：+1000mV(相对铅电极)。断电时电位负移，最低达到+800mV(相对铅电极)，但罐体金属始终保持钝态而不活化。在电位控制器转换时，电流出现一脉冲值，峰值不大，且很快衰减。长期运行后，储罐所需的保护电流逐渐减小，最后稳定在 0.2~0.3A，最大不超过 1A，电流脉冲不超过 5A。

1Cr13 不锈钢阴极在通电时极化到-1200~-1500mV(SCE)；断电后 10s，已正移至-630mV(SCE)左右，但在下一个极化周期到来之前，始终未能自行钝化。在循环极化法阳极保护条件下，间歇极化的阴极，其腐蚀速率小于 0.1mm/a。

采用循环极化法阳极保护后，氨水罐群设备的碳钢平均腐蚀速率从约 0.2mm/a 降低至 0.001mm/a 以下，保护效果非常显著。不仅降低了腐蚀速率，且大幅度减少腐蚀产物等污染物，提高了产品质量，而且还延长了检修周期，大修周期已从原来的 2 年延长至 10 年以上，设备寿命可与不锈钢相比拟，同时也改善了劳动条件。四个罐用于阳极保护的总耗电仅需 40W。比原先采用涂覆层防腐蚀时节省费用 94.5%，总投资费用在一年内即可收回。而原先的涂覆层防护，不但需逐年维修，且使用 15~20 年之后碳钢罐即因减薄过度而报废。

10.4.4 纸浆及造纸工业中的阳极保护

10.4.4.1 碳钢在纸浆液中的电化学行为

(1) 纸浆液的性质和极化曲线

纸浆及造纸工业是早期大规模应用阳极保护的工业之一。Mueller 和 Watson 于 1958 年编写了“牛皮纸浆液蒸煮釜的阳极保护”，并于 1961 年获得了美国专利。他们描述了在一个 79.83t 容量的碳钢蒸煮釜上的阳极保护装置。

纸浆是造纸的原料，而纸浆是用木材等原料制成的。为了将纤维素($C_6H_{10}O_5$)与木质素及其他组分分离，先在苛性碱溶液中于高温下蒸煮木材碎片。这种蒸煮液是由氢氧化钠和硫化钠配制的。所生产的纤维素可用于制造许多产品，如印刷用纸。配制的新鲜纸浆液称为“白液”，循环的溶液依其浓度不同称为“绿液”和“黑液”。其中，“白液”的浓度最高，为100g/L NaOH+30g/L Na_2S。由“白液”和循环溶液混合一起组成蒸煮液。在177℃的温度条件下进行周期式操作的工艺过程，使工艺压力达到792kPa左右。这样的工艺条件会使大型碳钢容器产生严重的腐蚀问题。如果不加防护，当蒸煮釜的壁厚减小到不能承受工艺压力时，那将是极为危险的。

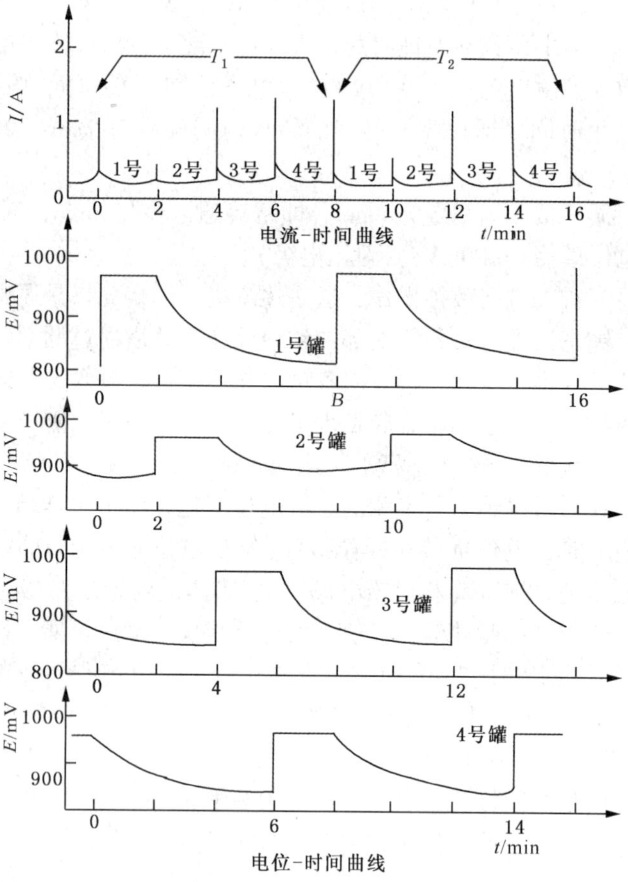

图 10-44 循环极化时氨水罐群中各罐的阳极电流和电位随时间变化的相互关系[2,28]

[参比电极：铅；给定电位：+1000mV(相对铅电极)；循环周期：8min]

第一次成功地实现牛皮纸浆液罐的阳极保护是在1984年末，该阳极保护系统的成功应用导致许多相关商品设备诞生；并在许多白液储槽、绿液储槽和澄清槽中安装了阳极保护。在这些商品应用的最初几年中，曾报道在几个罐槽的局部区域产生了意想不到的高速腐蚀，尽管罐体表面的其余部分的腐蚀速率很小，仅达小于0.127mm/a。遇到的大多数问题是由于未完全理解碳钢在这些液体中的电化学行为以及在电化学极化曲线上活化、钝化区域共存，而在早期的控制策略中没有正确地处理这些问题。

碳钢在纸浆液中的电化学过程是相当复杂的，因为它涉及多种氧化态的硫化合物(见表10-13)、许多可能的Fe-S-H_2O反应，以及存在着活化-钝化转变行为。由于一些Fe-S化合物是半导体，这可使上述电化学过程更为复杂化。活化-钝化转变行为决定了阳极极化曲线上有一个负电阻部分。除了电化学过程之外，电压控制的负电阻机构在其他学科中是罕见的。有意思的是，一种称为隧道二极管的半导体机构表现出与活化-钝化界面几乎一致的行为。有的研究工作正在探讨：半导体膜对纸浆液中的腐蚀过程有什么样的作用和意义。

表 10-13 在牛皮纸浆液中的主要含硫物质

含硫物质	符 号	硫的化合价	含硫物质	符 号	硫的化合价
硫酸盐	SO_4^{2-}	6	多硫化物	$S^-_{x(x=1)}$	-1
亚硫酸盐	SO_3^{2-}	4		$S^{2-}_{x(x=1)}$	-2
硫代硫酸盐	$S_2O_3^{2-}$	2	硫化物	S^{2-}	-2
硫	S	0			

Tromans 提出了一个精致但却是简单的钢在碱性硫化物中的钝化模型，以此解释了硫化物在该过程中的作用。根据这一模型，在磁铁矿（Fe_3O_4）初期成核以后，硫离子作为置换离子被结合进 Fe_3O_4 的尖晶石晶格，形成了一种非保护性的化合物 $Fe_3O_{4-x}S_x$。Tromans 预测，在活化-钝化转化峰处的 x 大约是 0.19。因为在膜中硫化物被氧化完全去除以前，不可能发生钝化，为促进这种反应需要高电流密度。然而，一旦没有了硫化物，只要该电位保持得比弗拉德电位更正（这里的弗拉德电位对应于氧化态含硫物质的还原反应，如硫代硫酸盐 $S_2O_3^{2-}$ 和 S_2^{2-}），膜就能保持稳定。

如图 10-45 所示为一条阳极和四条阴极的分反应极化曲线，包括可能的交叉点。交叉点的数目和位置产生了四种不同类型的行为，即单稳活化态、双稳态、不稳态和单稳钝态。不稳态行为并不经常出现，因为它要求在阳极曲线的负电阻部分只有一个阳极-阴极曲线交叉点。这是一个不稳定的工作条件，它导致在活化电位和钝态电位之间的连续摆动。在高温硫酸中的各种合金就表现出这种行为。

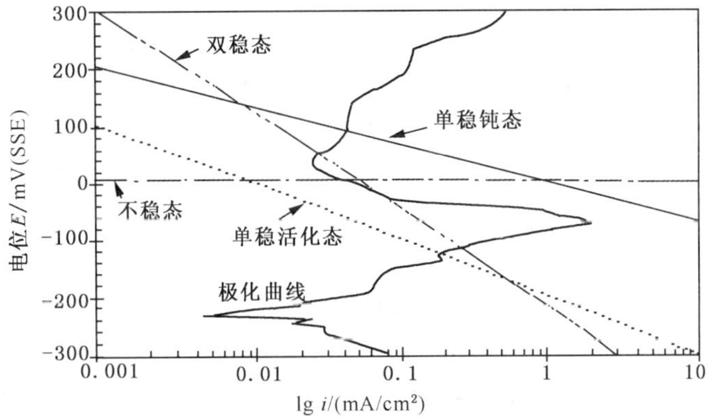

图 10-45 碳钢暴露于纸浆液的混合电位模型及其相对应的阴极-阳极曲线交叉的几种可能组合[29]

上述四种混合电位的模型过于简单化，不能准确地反映碳钢在纸浆液中的全部行为，因为这些模型都假定其反应是不随时间而变的。如图 10-46 所示为现场测试的碳钢在澄清池白液中的典型极化曲线。以两种不同扫描速率测得的极化曲线有着十分明显的区别。其共同点是，只有电位正移穿越活化-钝化转换点以后，才产生钝化状态。因此，除非通过自然发生的阴极反应或外加的阳极保护电流使碳钢上流过足够的阳极电流密度，否则碳钢/纸浆液的界面将仍然是单稳活化态，因为此时并不存在钝化膜及其低电流密度性质。

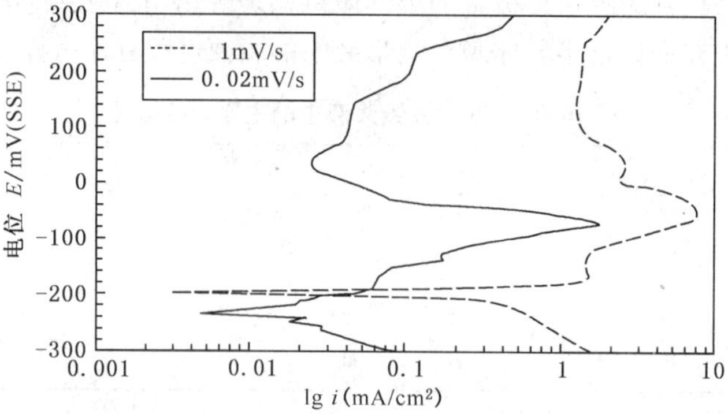

图 10-46　现场测试的碳钢在澄清池白液中的典型阳极极化曲线(以两种扫描速率)[29]
(SSE 是硫化银参比电极)

在正常生产的白液和绿液的化学条件下，碳钢表现为单稳活化态行为，而只有钝化过程完成到一定程度后(即越过活化-钝化势垒)，才出现双稳态行为，这与 Tromans 所预测的并被一些典型曲线所证实的一致。然而，产生了钝态之后，该钝态也不是永久稳定的。当曲线的方向反转，就建立了第二个稳定的平衡电位。

(2) 致钝前的阳极反应

阳极保护和强制性产生钝性都需要在活化电位区中操作一段有限的时间。Thompson 通过试验测定了这段时间周期中的腐蚀速率。用控制电位法将碳钢试样控制在活化区峰值电位处达 21h，同时仔细地监测电流，测得的平均电流密度为 12.5mA/cm^2。假定所有的电流都用于铁的腐蚀，并溶解成 Fe^{3+}(反应产物按 $Fe_3O_{4-x}S_x$ 考虑)，按法拉第定律计算，所产生的失重应达到约 96520μm/a。但实际测量到的腐蚀速率却只有 9195μm/a。

综合阳极曲线的 20 次循环进行预测，每次穿越活化区产生的侵蚀深度将为 4.3μm。然而，实验结果指出，每次循环的实际浸蚀深度为 0.34μm。因此，引起铁阳极氧化所耗用电流只占总放电电流的约 6%~10%。所以，其余电流必定消耗在 $Fe_3O_{4-x}S_x$ 膜中硫化物的氧化上，或者直接消耗于溶液。这就在邻近钝化表面的扩散层中产生了大量由这些氧化反应所产生的含硫物质(如 $S_2O_3^{2-}$ 或 S_2^{2-})。在金属/溶液界面处这些可还原离子的存在可以显著地增大阴极反应速率。

由于上述情况，在钝化以后出现的双稳态并非持久稳定的。$Fe_3O_{4-x}S_x$ 的氧化和阴极反应物含量提高导致阳极曲线和阴极曲线相交。缺乏稳定性的这种现象可通过试验来证实，先将碳钢试片在静置的白液中钝化 3 天，此后即关断电流，试片的电位在钝化区中维持了 2 天，接着发生了再活化。阴极反应和阳极反应变得不均等了，这样就只产生了一种单稳活化态的工作状态。碳钢在白液中并不存在自发的双稳态条件，只有在钝化以后才能出现双稳态条件。如果自发产生的阴极反应速率小于阳极反应速率，从电荷平衡的要求将不可能维持这些条件。所以 Munro 认为，这种双稳态条件最好称之为“强制双稳态”条件。

(3) 阴极反应

为了控制腐蚀，一个阳极保护系统必须在所有可能的各种纸浆液化学介质中，都能产生并维持钝化条件。在单稳活化态条件下，该系统必须提供为使碳钢钝化(致钝)需用的电流密度，以及提供必要的稳态电流（维钝），它应等于在最佳保护电位处阴极分反应和阳极分反应的电流之差。如果出现了所谓强制双稳态条件，该系统必须能完全防止再活化。这两种情况的控制动力学有相当大的差别。

迄今的研究工作集中在阳极反应方面，而对阴极曲线的关注不多。大多数研究工作认为，即使在低浓度多硫化物的纸浆液中，也存在着一个使多硫化物反应成硫化物的单独阴极反应。硫代硫酸盐是白液和绿液中一种众所周知的腐蚀加速剂，尽管这种离子的直接还原反应是难以证实的。有人认为，硫代硫酸盐是在腐蚀反应中直接被还原的，而且实验数据表明，硫代硫酸盐浓度对腐蚀电位和腐蚀速率具有显著的影响。

假设硫代硫酸盐的活度为 10^{-6}mol/L，硫化物的活度为 0.423mol/L，则计算的硫代硫酸盐平衡电位为 $E(S_2O_3^{2-}/S^{2-}) = -21$mV（SSE），相当于-921mV（SCE）。硫代硫酸盐活度每增大一个数量级，该平衡电位正移约 10mV。据此在相应的阴极-阳极曲线上交点电位将低于碳钢致钝电位，增大硫代硫酸盐浓度将会增大腐蚀速率，而不能使碳钢钝化。在钝化电位处，硫代硫酸盐可能被氧化，因而在还原反应中不会起重要作用。尽管硫代硫酸盐看来是一种氧化剂，在任何浓度下它都不能使碳钢钝化。估计多硫化物平衡电位 $E(S_2^{2-}/S^{2-})$ 为大约 100~150mV（SSE）。所以，多硫化物的还原反应可以为碳钢实现钝化提供足够的电流，只要溶液中有足够多的多硫化物存在。

（4）阳极保护储槽上的分离的活化区和钝化区

由于白液具有高导电率，围绕着阳极保护的应用就产生了一些猜测的说法。有一种说法是，如果阳极保护设备的大部分表面处于钝化状态，那么一些活化区将由于电偶性的电化学极化而进入钝态。这种强制双稳态的情景可以促进稳定的钝化区和活化区共存，即多交点共存。分离的钝化区和活化区的同时存在，将导致分别产生低腐蚀速率和比开路时略高的腐蚀速率。这种工作状态是远离最佳条件的，但这并不是最不利的可能情况。

从极化曲线斜率可以计算金属试样的等效膜电阻，它与电位存在着函数关系。在活化区的膜电阻是低的，而从致钝电位处的电流峰至稳定钝化区的起始电位，膜电阻是负值。在钝化区，膜电阻增至很大数值且随时间而变。用参比电极所测得的电位是结构物上所有电位的加权平均值。加权系数就是从表面各位置至参比电极的电阻（溶液电阻和膜电阻）。由于保护电流流过电解质所产生的欧姆电压降使情况变得复杂化了。因为结构物上活化区和钝化区之间的表面膜电阻差别很大，用参比电极测量结构物各位置的电位，就可检测出活化区。

如果活化区面积扩展长大，电位控制的电源就要提供更多的电流以响应较低的参比电位。但在参比电极位置处产生的欧姆电压降增大了所测得的电位。这掩盖了存在着活化区面积的证据，以至于电源输出的电流不足以使活化区钝化。没有足够的致钝电流密度，小的活化区在尺寸上就会扩展长大，于是电源就在活化区产生了更大的电流输出。最终在活化区尺寸和电流输出之间形成了一种平衡。于是就产生了一处（往往是一个椭圆）小面积，该处工作在碳钢/纸浆液体系的峰值电流密度之下，从而导致很高的局部腐蚀速率。

只要确证有活化区和钝化区共存的可能性，阳极保护系统的上述这种运行模式是容易校正的。活化区的电位由于它相对参比电极的电阻很低而十分突出，这样就能够容易地将活化区检测出来。如果检测出活化区，使活化区钝化就简单了；如果活化区小，它是可以再钝化的。

（5）阳极保护储槽上的电位测量

有一项实例，曾从大约 40 个白液储槽和绿液储槽采集了大量电位数据。所有储槽中，除了两个例外，其中未保护的电位都为(-125±10)mV(SSE)，而与纸浆液的类型无关。两个异常储槽之一的电位是，在储槽壳体上环向相对两点处的电位分别为-110mV 和-80mV(SSE)。另一个储槽是用不锈钢制造的，它的电位落在钝化区，为 75mV(SSE)。

据 Tromans 报道，在硫化银电极(SSE)的精确度范围内，最经常出现的电位范围[-125mV(SSE)]对应于在-770mV(SHE)处较小的峰。他认为，这是 S^{2-} 结合进晶格的电位。

在纸浆液/空气界面处的电位通常要比槽底处电位更正 5~10mV。电位分布随纸浆液深度呈线性变化。在湿/干界面处和全浸区之间未出现电位突变。如果钝化的试验失败，槽体电位将比稳态值负移 10~20mV。

如果关掉阳极保护系统，电位将分两个不同阶段衰减。初始阶段的电位衰减迅速，衰减至-75mV(SSE)后，在这一电位可维持达数天，在某个案例中曾持续达 3 周。衰减的第二阶段经历数小时，且随时间呈线性地衰减到-125mV(SSE)。这些随时间的衰减变化与等效膜电阻-电位的关系曲线是相对应的。与初始钝化不同，为重建设备电位所需要的时间是相当短的(30min)，这意味着金属表面钝化膜仍然是完整无损伤的。也许是因为 S^{2-} 重新结合回到膜内的过程是不可逆的，或者很可能是一个依赖于时间的过程。

当清洗阳极保护的储槽时，除去苛化泥和硫化铁(FeS)沉积物后，发现槽底表面呈青铜色泽。据认为，这层薄膜是黄铁矿(FeS_2)或 $NaFeS_2 \cdot 2H_2O$。

10.4.4.2　纸浆液设备的阳极保护设计和系统操作

(1) 纸浆液中的电流分布

现代阳极保护和控制系统的设计将许多方面的特征要求组合在一起，包括使储槽致钝、维钝、检测活化区，以及需要时进行再钝化。如图 10-47 所示为一种阳极保护系统的多功能电路图。

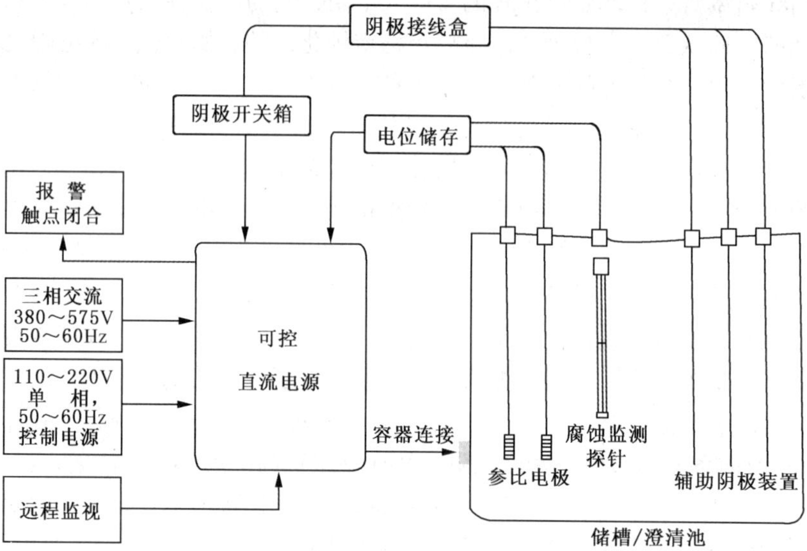

图 10-47　一种阳极保护系统的多功能电路图

白液的电阻率约为 1Ω·cm，它的导电性比海水高 30 倍。这种高导电性，连同钝化膜的大电阻可使人们相信，纸浆液中的电流分布是均匀的，而不管阴极安装在什么位置。然而，这种假设是不正确的，因为它将会导致纸浆液储槽产生不完全钝化。

假设，一次电流分布仅仅与阳极和阴极的几何构型有函数关系，所有表面被认为是不极化的。这样，溶液电导率和电极动力学在计算中就不予考虑了。如图 10-48 所示为按线-平面模型计算的一次电流分布。随着线电极逼近平面电极，平面上的电流均匀性以某种非线性方式降低。

二次和三次电流分布假设存在着电极极化。如果碳钢在纸浆液中的电化学极化曲线上，仅在活化-钝化转变处有一个电流峰，接着是一个低电流区，那么储槽表面的极化将会产生非常均匀的电流分布。在白液中，硫化物分解电流阻碍了有重要意义的二次电流分布(参见图 10-49)。硫化物氧化消耗了过多的电流密度，因此这部分电流不可能分配到其他位置。所以，纸浆液储槽的阳极保护必须根据一次电流分布进行设计，而不是二次电流分布。

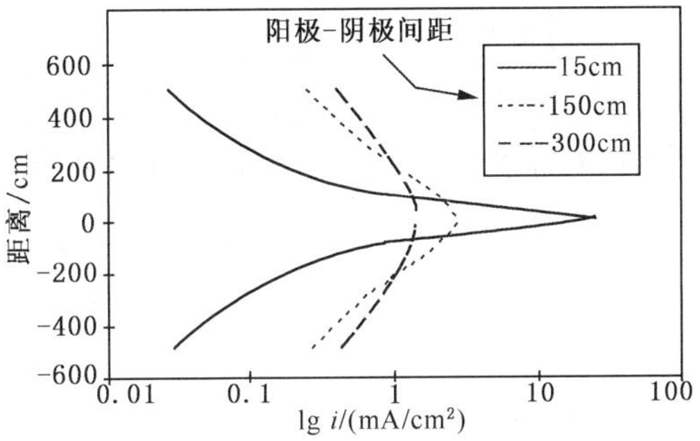

图 10-48　按线-平面模型计算的一次电流分布[30]

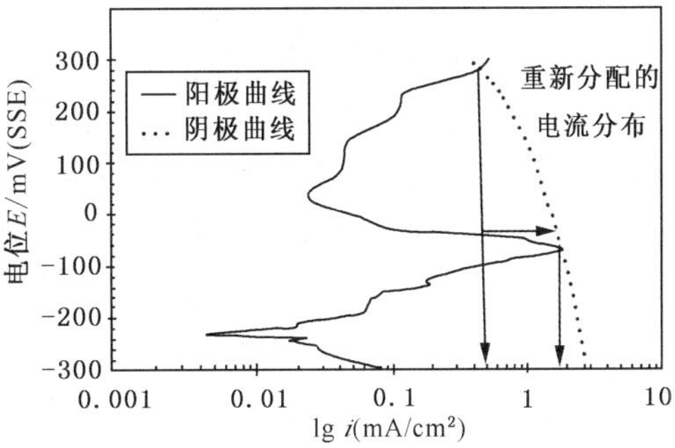

图 10-49　硫化物氧化分解对电流分布的影响[30]

(2) 辅助阴极设计

辅助阴极位置设计将会影响到储槽壁表面的电流分布。根据一次电流分布进行设计，要求沿储槽周向的最小电流密度与最大电流密度之比大于 0.9。

阳极保护系统的设计必须允许储槽液面波动。这就要求能产生更大的初始电流密度和更频繁的再钝化循环，以形成强韧的钝化层。当灌注了纸浆液后，储槽的湿/干交界处的电位比槽内其他浸没部位的更正，由此可说明在湿/干区的腐蚀速率更高。然而，曾经观察到，储槽的湿/干区表面并未覆盖沉积物，而持久浸没区的被保护表面则覆盖着厚厚的一层沉积物。这种表面沉积物可能通过限制扩散而抑阻了反应速率。

(3) 控制系统

阳极保护系统的传统控制模式是依据比例积分算法。当有活化区与钝化区共存时，这种技术不是最好的，如使用这种控制类型有可能会引起活化区的加速腐蚀。

当储槽整个表面都处于钝化状态，其上所测量的电位将是均匀的，沿储槽周向的电位波动仅几个毫伏。如果存在任何尺寸大小的活化区，就会明显地破坏这种电位均匀性。只要电位测量是精确的，就可以用三角定位法来确定活化区的位置。

一旦检测到表征有活化区存在的这种电位变化，阳极保护系统就会启动自动再钝化程序，按可控程序输出大电流且持续一段时间。当再钝化过程完成后就对设备表面电位进行再检测，以确保均匀的钝性。执行这一工作程序后可以显示出，在被保护设备上于何时、在什么部位形成了活化区。然后，改进阴极设计以实现均匀的电流分布。这样，在初始钝化之后，如发生活化现象，就只出现在湿/干交界处。在这一区域的钝化膜的初始稳定性要比其他部位的差。在阳极保护系统开车运行的第一个月中，经历一些再钝化过程是常见的事。在这一段稳定化周期后很少再出现活化现象。

(4) 阳极保护储槽的腐蚀速率测量

在查明影响储槽和澄清池阳极保护的可能问题之后，必须确实证明，所实施的解决措施在储槽的湿/干区和浸没区两种部位都能显著地降低其腐蚀速率。从槽罐的顶部至底部延伸分布的挂片是这种检测方法之一。一组挂片与槽罐相连，同时受到阳极保护；另一组挂片则与槽罐绝缘，以模拟非保护状态槽罐的腐蚀速率。

刚开始时采用的挂片是外径为3.17mm的细金属棒，它用于模拟非保护槽罐测试腐蚀速率已具有足够的横截面积。在浸没区域的挂片，所测定的腐蚀速率略高于真实槽罐的腐蚀速率，可能是垢泥影响的缘故。然而，在湿/干交界区测定的腐蚀速率与真实槽罐壁厚减薄结果良好一致。

为使设备及其上安装的挂片实施初始致钝，需要施加大电流密度，但是，外径为3.17mm的挂片线电阻对于保证钝化来说是太大了。此后就增大了挂片直径，以确保正确模拟槽罐。如图10-50所示为澄清液中受阳极保护和未保护的碳钢挂片的腐蚀速率。

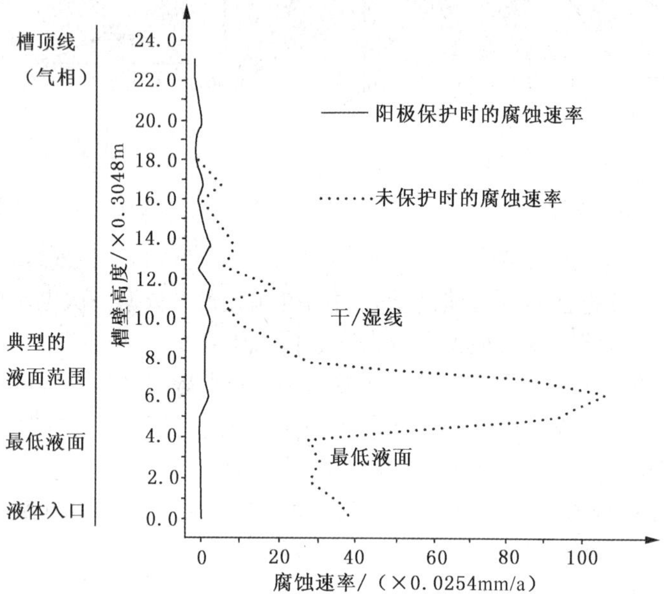

图10-50 白液澄清池中阳极保护和未保护的碳钢挂片腐蚀速率[30]

除了挂片试验之外，还用超声测厚法仔细地检测了一些储槽壳体的壁厚。先前曾经历过加速活化腐蚀的一个储槽，用0.6m×0.6m的坐标方格进行了内部检测。结果表明，平均腐蚀速率小于152.4μm/a。在一个澄清池中，通过内部和外部对壁厚的超声监测得到的结果是，其腐蚀速率远在254μm/a以下。在阳极保护系统设计时充分考虑了纸浆液中的电化学过程和行为，因此使阳极保护获得成功，显著地降低了腐蚀速率。

(5) 降低安装阳极保护系统的成本

安装阳极保护系统的成本，早先大部分投资于电源和安装大容量电缆，以便把低电压、大电流的直流电从受控电源传送到储槽。而现在采用逐步致钝法的阳极保护系统，所安装的整流器载流容量只是储槽在采用整体致钝法时所需电流的约50%。采用逐步致钝法进行致钝，要求储槽液面降低到满槽液面的 50%以下，致钝处理使纸浆液浸没表面发生钝化而受到保护。此后，缓慢地提升储槽液面。只要控制纸浆液的注入速度足够慢，新浸没的槽壁面积部分就会陆续被钝化。如果纸浆液加注得太快，将会形成活化区，对此不得不重新将液面降低位置，以便使整个设备重建钝化。

过去，这种装置系统有一个问题，因为车间操作人员需要有灵活性，如果制浆厂的某处出现了工艺混乱，就利用储槽的储存能力作为生产控制的缓冲。这种情况会使储槽中突然出现活化区和钝化区共存的不完全钝化状态。

自 1994 年以来，阳极保护系统设计已发生了变化，克服了早期系统的缺点，而不增大安装成本。如图 10-51 所示是对每一个阴极采用分布电源的阳极保护系统电路图。这种电源直接安装在储槽顶部，因此所需用的大负载电缆就缩短多了。该保护系统是由 208V 三相交流电控制器所控制，使得布线范围缩小了，由此明显降低了安装成本。目前，这种阳极保护系统作为市售商品是以对容器整体致钝所需电流的 100%电流容量供应的，以便把致钝时要求降低储槽液面的需求降至最低程度。

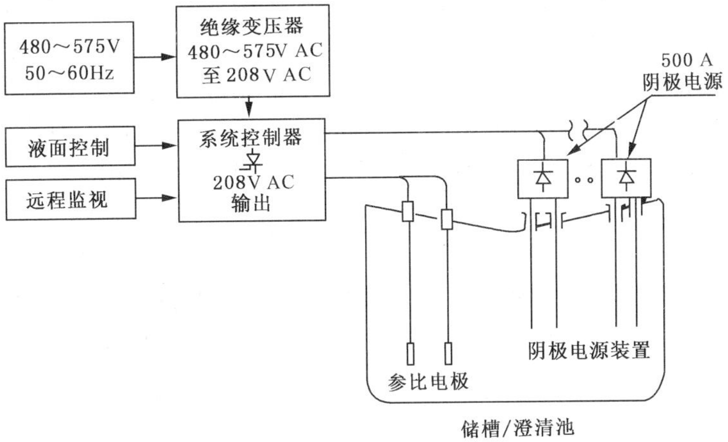

图 10-51　一种采用分布电源的阳极保护系统电路框图[30]

10.4.4.3　纸浆蒸煮釜的阳极保护

在纸浆蒸煮工艺的前半期蒸煮过程中，蒸煮釜处于活性腐蚀状态；而在后半期过程中，由于多硫化物及硫代硫酸盐的氧化作用，釜就处于钝化状态。阳极保护系统在蒸煮开始时就能使釜壁金属钝化，并且在前半期维持其钝态。在最初的前 3min 施加了很大的电流（4000A），之后降低到 2700A，保持 12min，在剩余的时间里，所施加电流为 600A。之所以需要这样大的电流，是由于蒸煮过程中进行的氧化反应和还原反应以及钢壁上进行的钝化过程。表 10-14 给出了一些蒸煮釜壁厚的测量结果。

表 10-14　蒸煮釜的腐蚀速率及阳极保护效果[1]

所测量的蒸者釜数量	平均腐蚀损失/(mm/a)	
	蒸煮釜壁	锥　　体
5 个未保护的	0.96	1.65
1 个保护的	0.06	0.27
保护效率/%	99.90	99.80

蒸煮过程中的黑液是循环使用的，在不同的工艺步骤中，由其颜色命名。表 10-15 给出了 1020 碳钢在三种纸浆液中进行实验室试验的测量结果。由表中的数据可以看出，绿液及氧化的重黑液对碳钢的腐蚀性强，而弱黑液则较弱。阳极保护可以有效地控制钢设备在这些溶液中的腐蚀。

表 10-15　1020 碳钢在循环液中的阳极保护参数和测量的腐蚀速率[1]

液　体	温度/℃	腐蚀速率/(μm/a)		极化电位/mV	电流密度/(mA/m^2)
		未保护	保护		
绿　液	71	2844	16	-700	124.6
氧化的重黑液	83	711	46	-600	154.7
弱黑液	76	58	43	-600	61.9

10.4.5　其他材料/介质体系的阳极保护应用

碳钢在硝酸中由于自钝化作用而腐蚀很弱，硝酸浓度在 20%以上时，可采用阳极保护。如果硝酸浓度低于 20%，或硝酸中含有一定浓度的氯离子或其他卤素离子时，阳极保护的效果很差，而且致钝电流密度很大。

Cr18Ni18Mo3.5Cu2.5 不锈钢在浓度低于 10%的硝酸中进行阳极保护时，溶液中氨的存在可增强钝化，而甲酸会削弱钝化，二氧化硫会缩小钝化区，但能降低平均的钝化电流密度。1Cr18Ni9Ti 不锈钢在 1.5mol/L 硝酸中(含 1mol/L NaCl)进行阳极保护时，腐蚀速率可降低到原来的 1/2000。钛在硝酸中也可进行阳极保护，但在添加氟化铵时会遭受严重腐蚀。

碳钢在过磷酸中，阳极保护效果很好，在浓度低于 100%的磷酸中，维钝电流很大，阳极保护用得较少。不锈钢在 75%以上的浓磷酸中，维钝电流密度相当小，钝化区比较宽；当磷酸中含有氯离子时，即使温度不高，全面腐蚀和点腐蚀也都很严重，采用阳极保护可有效地降低腐蚀速率，并消除点腐蚀。

Cr18Ni8 不锈钢和铬锰氮钼不锈钢在沸腾的 37%甲酸、70%醋酸、30%草酸或 50%乳酸中，阳极保护的效率均可达 90%以上。

钛在 20%~37%盐酸、60%磷酸、50%甲酸或 20%~25%草酸中，采用阳极保护均可得到一定的保护效果。

1Cr18Ni10Ti、Cr21Ni6Mo2Ti、0Cr21Ni5Ti 及 Cr18Ni21Mo3Ti 不锈钢在羟胺硫酸盐溶液中可采用阳极保护来控制腐蚀。在含有羟胺硫酸盐溶液的碳钢槽内，采用阳极保护以后，可使己内酰胺产品中的 Fe 含量降低到原来的 1/7500，从而改善了产品的质量和颜色。

阳极保护可用来防止碳钢以及 Cr13、304、316 不锈钢在室温的硝酸铵溶液和 10% H_2SO_4溶液中的腐蚀疲劳。实施阳极保护的金属发生腐蚀疲劳破坏所需的临界应力要比未保护时的高。

有机磺酸中和罐为 304 不锈钢制造，内装 20%NaOH，用 $HRSO_3$中和。该体系的稳定钝化区只有 90~125mV 宽。可采用铂阴极，通过恒电位控制实施阳极保护。由于溶液 pH 值不断变化，必须选择适当的参比电极才能有效地控制电位。实施阳极保护后，产品中 Fe 含量从 300mg/L 下降至 16~20mg/L，加快了产品分离过程，产品质量得到了提高。该工业系统中的碳钢制发烟硫酸储槽和扬酸器通过开关切换，用一台恒电位装置同时进行保护。该阳极保护系统装置如图 10-52 所示。

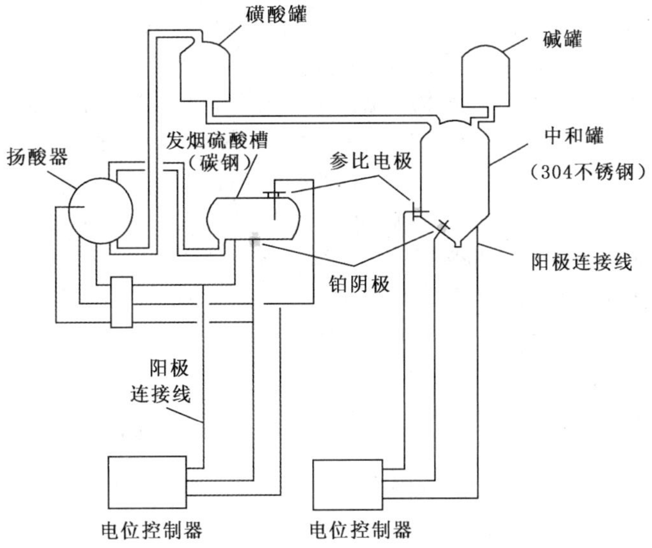

图 10-52　工业磺化装置的阳极保护系统[31]

参 考 文 献

1　Riggs O L, Locke C E. Anodic Protection: Theory and Practice in the Prevention of Corrosion. New York: Plenum Press, 1981
2　火时中．电化学保护．北京：化学工业出版社，1988
3　Sudbury J D, Banks W P, Locke C E. Materials Protection, 1965, 4 (6): 81
4　Кузуб В С. Анодная Защита Металлов от Коррозии. Москва. Химия. 1983
5　Every R L, Banke W P. Corrosion, 1967, 23 (6): 151
6　Sudbury J D, Locke C E, Conger N L. Chemical Processing, 1963, 26 (2): 11
7　Banks W P, Sudbury J D. Corrosion, 1963, 19 (9): 300
8　化学工业部化工机械研究院编．腐蚀与防护手册——耐蚀金属材料及防护技术．北京：化学工业出版社，1990
9　Stammen J M, Townsend C R. Corrosion, 1967, 23 (11): 343
10　Roberge P R. 吴荫顺等译．腐蚀工程手册．北京：中国石化出版社，2003
11　Цинман А И. Данилян Л А. Кузуб В С. Защита Металлов, 1973, 9 (2): 156
12　刘小光，李廷芳，龙学义等．化工机械，1974，(4)：59
13　Фокин М Н. Тимонин В А. Защита Металлов, 1968, 4 (2): 186
14　李廷芳，刘小光，龙学义等．化工机械，1975，(2)：47
15　梅野秀夫，斋藤宏，岛田进等．防食技术，1964，13(10/11)
16　Макаров В А. Зарубин П И. и т. д. Защита Металлов, 1977, 13 (2): 181
17　Evans L S, Hapfield P C, Morris M C. Werkstoff und Korrosion, 1970, 21 (6): 449
18　Li T F, Wen M Z. Proceeding of 9th International Congress on Metallic Corrosion. Vol. 3. National Research Council of Canada. 1984. 67
19　Sudbury J D. Locke C E. and Coldiron D. Chemical Processing, 1963, 26: 3
20　Banks W P. and Hutchison M. Materials Protection, 1969, 8 (2): 31
21　Locke C E. Materials Protection, 1965, 4 (3): 59
22　李挺芳，袁美琴，温铭箴等．氨水罐群循环极化法阳极保护．《电化学保护》(火时中编著)．北京：化

学工业出版社，1988. 178
23 Даниелян Л А. Цинман А Е. и т. д. Защита Металлов，1973，9（4）：492
24 Fontana M G. Industrial Engineering Chemistry，1951，43（8）：652
25 Liu X Q. and Li T F. Proceeding of 8th International Congress on Metallic Corrosion，1981，2：1139
26 Locke C E，Banks W P，French E F. Materials Protection，1964，3（6）：50
27 Munro J I，Shim W W. Materials Performance，2001，40（5）：22
28 李廷芳，温铭箴等．化工机械，1983，（1）：49
29 Munro J I. materials Performance，2002，41（2）：22
30 Munro J I. Materials Performance，2002，41（3）：24
31 Riggs O L. Hutchison M. Conger N L. Corrosion，1960，16（2）：102